Lambacher Schweizer 10

Mathematik für Gymnasien

Ausgabe A

bearbeitet von
Christina Drüke-Noe
Edmund Herd
Andreas König
Michael Stanzel
Andrea Stühler

Ernst Klett Verlag

Stuttgart · Leipzig

Lambacher Schweizer 10, Mathematik für Gymnasien, Allgemeine Ausgabe

Begleitmaterial
Zu diesem Buch gibt es ergänzend:
- Lösungsheft (ISBN 978-3-12-734803-3)

1. Auflage 1 5 4 3 2 | 2013 12 11

Autoren: Manfred Baum, Martin Bellstedt, Dr. Dieter Brandt, Heidi Buck, Detlef Dornieden, Christina Drüke-Noe, Prof. Rolf Dürr, Hans Freudigmann, Dieter Greulich, Prof. Dr. Heiko Harborth, Dr. Dieter Haug, Edmund Herd, Thorsten Jürgensen-Engl, Andreas König, Rolf Reimer, Reinhard Schmitt-Hartmann, Ulrich Schönbach, Andrea Stühler, Dr. Peter Zimmermann
Berater: Michael Stanzel

Redaktion: Wilfried Lorenzen, Heike Thümmler
Gestaltung: Ulrike Glauner

Zeichnungen/Illustrationen: Uwe Alfer, Waldbreitbach; Sibylle Gückel, Stuttgart; Helmut Holtermann, Dannenberg; Annette Liese, Dortmund
Bildkonzept Umschlag: SoldanKommunikation, Stuttgart
Satz: Satzkiste GmbH, Stuttgart
Reproduktion: Meyle + Müller, Medien-Management, Pforzheim
Druck: Druckhaus Götz GmbH, Ludwigsburg

Printed in Germany
ISBN 978-3-12-734801-9

9 783127 348019

Moderner Mathematikunterricht mit dem Lambacher Schweizer

Mathematik – vielseitig und schülerorientiert

Ein zeitgemäßer Mathematikunterricht soll den Jugendlichen neben Rechenfertigkeiten zahlreiche weitere Fähigkeiten vermitteln, die grundlegend für die Allgemeinbildung sowie hilfreich zum Verstehen ihrer Umwelt sind. Das Erlernen solcher fachlicher und überfachlicher **Basisfähigkeiten** wird im Lambacher Schweizer in einem vielfältigen Aufgabenangebot für die Schülerinnen und Schüler ermöglicht. Auf den Seiten „Wiederholen – Vertiefen – Vernetzen" und im Sachthema werden zudem die Inhalte der Kapitel bzw. des Buches für integriertes und vernetzendes Lernen aufbereitet. Das Sachthema behandelt unter dem Oberthema „Mathematik in Berufen" Inhalte aus vielen Kapiteln des Buches oder schult Fähigkeiten wie das Argumentieren und das Begründen. Es lässt sich sowohl nutzen, um in ein Kapitel einzusteigen, als auch als Wiederholung und Festigung im Anschluss an die Kapitel.

Leitideen

Den Inhalten des Mathematikunterrichts sind fünf zentralen und schülerverständlichen **Leitideen** zugeordnet, die über die gesamte Gymnasialzeit hin Bestand haben und sich im Lambacher Schweizer durchgängig wieder finden: Zahl, Messen, Raum und Form, Funktionaler Zusammenhang sowie Daten und Zufall. Dies bietet für die Schülerinnen und Schüler die Chance, Zusammenhänge über die Kapitel hinaus herzustellen und damit ein größeres Verständnis für die Mathematik zu erlangen.

Basiswissen

Um grundlegende Fertigkeiten und Inhalte, also das **Basiswissen**, bei den Schülerinnen und Schülern langfristig zu sichern, werden mit der Frage „Kannst du das noch?" Aufgaben zu früheren Themen eingestreut. Weitere Möglichkeiten zum selbst kontrollierten Üben sind unter „Bist du sicher?" und in den „Trainingsrunden" am Ende eines jeden Kapitels gegeben.

Exkursionen

Die Exkursionen am Ende eines Kapitels stehen im inhaltlichen Bezug zum Kapitel und bieten Vertiefungen, Erweiterungen und andere Blickwinkel auf die Mathematik an. Dabei werden die Inhalte des Kapitels gefestigt. Die Exkursionen sind in drei Bereiche unterteilt, in Horizonte, Entdeckungen und Geschichten. Auf den **Horizonte**-Seiten wird das im Kapitel Behandelte verwendet, um weiter zu arbeiten, also den Horizont zu erweitern. Es werden Exkursionen in die Geschichte der Mathematik, in Kunst und Architektur sowie in die Musik unternommen. Die **Entdeckungen**-Seiten bieten die Möglichkeit mit Dynamischer Geometrie-Software, dem Taschenrechner oder einem Tabellenkalkulationsprogramm zu experimentieren.

Einsatz des Computers in Klasse 10

Tabellenkalkulationsprogramme können eingesetzt werden, um schwierige Fragestellungen zu bearbeiten oder Zusammenhänge zu entdecken. Im Kapitel „Körper" wird gezeigt, wie ein Tabellenkalkulationsprogramm zur Berechnung von π eingesetzt werden kann.

Geometrieprogramme eignen sich für entdeckendes Lernen und das Anleiten zum Experimentieren.

Inhaltsverzeichnis

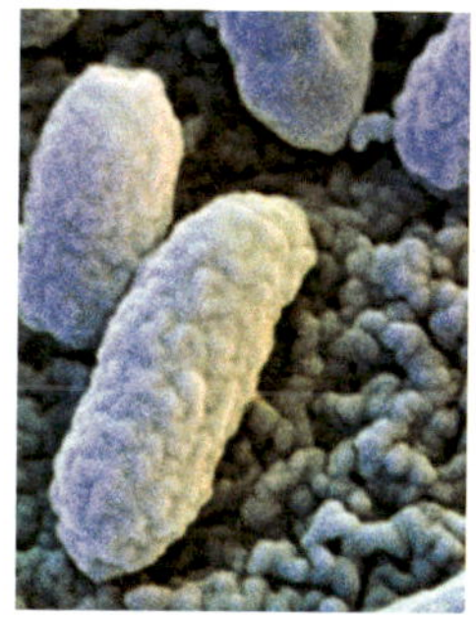

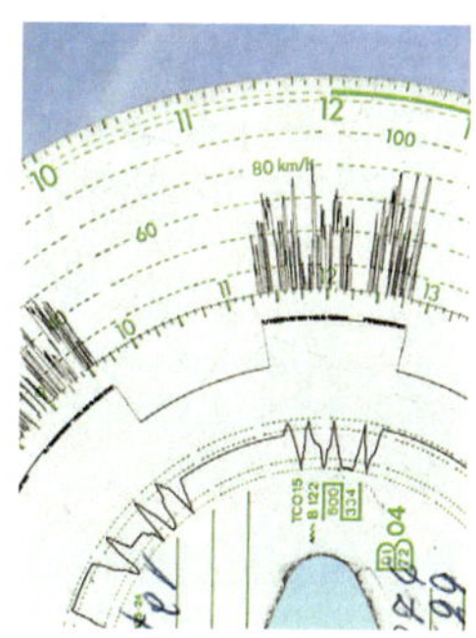

Lernen mit dem Lambacher Schweizer

Liebe Schülerinnen und Schüler,

auf diesen zwei Seiten stellen wir euer neues Mathematikbuch vor, das euch im Mathematikunterricht begleiten und unterstützen soll.

Wie ihr im Inhaltsverzeichnis sehen könnt, besteht das Buch aus sieben **Kapiteln** und einem **Sachthema**. In den Kapiteln lernt ihr nacheinander neue mathematische Inhalte kennen. Im Sachthema trefft ihr wieder auf die Inhalte aller Kapitel, allerdings versteckt in Geschichten, die ihr in eurem Alltag erleben könnt. Ihr seht also, der Mathematik begegnet man nicht nur im Mathematikunterricht.

In den Kapiteln geht es darum, neue Inhalte kennen zu lernen, zu verstehen, zu üben und zu vertiefen.
Sie beginnen mit einer **Auftaktseite**, auf der ihr entdecken und lesen könnt, was euch in dem Kapitel erwartet.

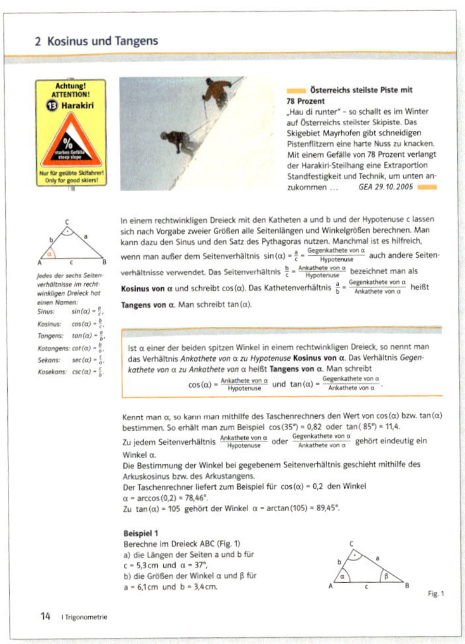

2 Kosinus und Tangens

Achtung! ATTENTION! 13 Harakiri
% starkes Gefälle steep slope
Nur für geübte Skifahrer! Only for good skiers!

Österreichs steilste Piste mit 78 Prozent
„Hau di runter" – so schallt es im Winter auf Österreichs steilster Skipiste. Das Skigebiet Mayrhofen gibt schneidigen Pistenflitzern eine harte Nuss zu knacken. Mit einem Gefälle von 78 Prozent verlangt der Harakiri-Steilhang eine Extraportion Standfestigkeit und Technik, um unten anzukommen … *GEA 29.10.2005*

In einem rechtwinkligen Dreieck mit den Katheten a und b und der Hypotenuse c lassen sich nach Vorgabe zweier Größen alle Seitenlängen und Winkelgrößen berechnen. Man kann dazu den Sinus und den Satz des Pythagoras nutzen. Manchmal ist es hilfreich, wenn man außer dem Seitenverhältnis $\sin(\alpha) = \frac{a}{c} = \frac{\text{Gegenkathete von } \alpha}{\text{Hypotenuse}}$ auch andere Seitenverhältnisse verwendet. Das Seitenverhältnis $\frac{b}{c} = \frac{\text{Ankathete von } \alpha}{\text{Hypotenuse}}$ bezeichnet man als **Kosinus von α** und schreibt cos(α). Das Kathetenverhältnis $\frac{a}{b} = \frac{\text{Gegenkathete von } \alpha}{\text{Ankathete von } \alpha}$ heißt **Tangens von α**. Man schreibt tan(α).

Jedes der sechs Seitenverhältnisse im rechtwinkligen Dreieck hat einen Namen:
Sinus: $\sin(\alpha) = \frac{a}{c}$,
Kosinus: $\cos(\alpha) = \frac{b}{c}$,
Tangens: $\tan(\alpha) = \frac{a}{b}$,
Kotangens: $\cot(\alpha) = \frac{b}{a}$,
Sekans: $\sec(\alpha) = \frac{c}{a}$,
Kosekans: $\csc(\alpha) = \frac{c}{b}$.

Ist α einer der beiden spitzen Winkel in einem rechtwinkligen Dreieck, so nennt man das Verhältnis *Ankathete von α zu Hypotenuse* **Kosinus von α**. Das Verhältnis *Gegenkathete von α zu Ankathete von α* heißt **Tangens von α**. Man schreibt

$$\cos(\alpha) = \frac{\text{Ankathete von } \alpha}{\text{Hypotenuse}} \text{ und } \tan(\alpha) = \frac{\text{Gegenkathete von } \alpha}{\text{Ankathete von } \alpha}.$$

Kennt man α, so kann man mithilfe des Taschenrechners den Wert von cos(α) bzw. tan(α) bestimmen. So erhält man zum Beispiel $\cos(35°) \approx 0{,}82$ oder $\tan(85°) \approx 11{,}4$.
Zu jedem Seitenverhältnis $\frac{\text{Ankathete von } \alpha}{\text{Hypotenuse}}$ oder $\frac{\text{Gegenkathete von } \alpha}{\text{Ankathete von } \alpha}$ gehört eindeutig ein Winkel α.
Die Bestimmung der Winkel bei gegebenem Seitenverhältnis geschieht mithilfe des Arkuskosinus bzw. des Arkustangens.
Der Taschenrechner liefert zum Beispiel für $\cos(\alpha) = 0{,}2$ den Winkel $\alpha = \arccos(0{,}2) \approx 78{,}46°$.
Zu $\tan(\alpha) = 105$ gehört der Winkel $\alpha = \arctan(105) \approx 89{,}45°$.

Beispiel 1
Berechne im Dreieck ABC (Fig. 1)
a) die Längen der Seiten a und b für $c = 5{,}3\,cm$ und $\alpha = 37°$,
b) die Größen der Winkel α und β für $a = 6{,}1\,cm$ und $b = 3{,}4\,cm$.

Fig. 1

14 I Trigonometrie

Die Kapitel sind in **Lerneinheiten** unterteilt, die euch immer einen mathematischen Schritt voranbringen. Zum **Einstieg** findet ihr stets eine Anregung oder eine Frage zu dem Thema. Ihr könnt euch dazu alleine Gedanken machen, es in der Gruppe besprechen oder mit der ganzen Klasse gemeinsam mit eurer Lehrerin oder eurem Lehrer diskutieren.

Im **Merkkasten** findet ihr die wichtigsten Inhalte der Lerneinheit zusammengefasst. Ihr solltet ihn deshalb sehr aufmerksam lesen.

Vor den Aufgaben findet ihr **Beispiel**aufgaben. Sie führen euch vor, wie ihr die nachfolgenden Aufgaben lösen sollt. Hilfreiche Hinweise sind in kursiver Schrift ergänzt.

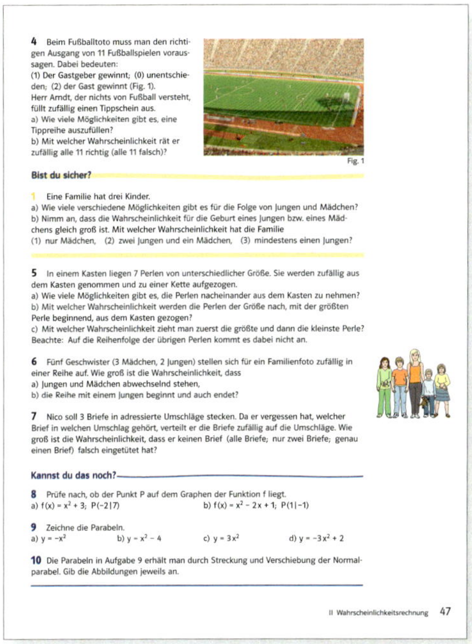
4 Beim Fußballtoto muss man den richtigen Ausgang von 11 Fußballspielen voraussagen. Dabei bedeuten:
(1) Der Gastgeber gewinnt; (0) unentschieden; (2) der Gast gewinnt (Fig. 1).
Herr Arndt, der nichts von Fußball versteht, füllt zufällig einen Tippschein aus.
a) Wie viele Möglichkeiten gibt es, eine Tippreihe auszufüllen?
b) Mit welcher Wahrscheinlichkeit rät er zufällig alle 11 richtig (alle 11 falsch)?

Fig. 1

Bist du sicher?

1 Eine Familie hat drei Kinder.
a) Wie viele verschiedene Möglichkeiten gibt es für die Folge von Jungen und Mädchen?
b) Nimm an, dass die Wahrscheinlichkeit für die Geburt eines Jungen bzw. eines Mädchens gleich groß ist. Mit welcher Wahrscheinlichkeit hat die Familie
(1) nur Mädchen, (2) zwei Jungen und ein Mädchen, (3) mindestens einen Jungen?

5 In einem Kasten liegen 7 Perlen von unterschiedlicher Größe. Sie werden zufällig aus dem Kasten genommen und zu einer Kette aufgezogen.
a) Wie viele Möglichkeiten gibt es, die Perlen nacheinander aus dem Kasten zu nehmen?
b) Mit welcher Wahrscheinlichkeit werden die Perlen der Größe nach, mit der größten Perle beginnend, aus dem Kasten gezogen?
c) Mit welcher Wahrscheinlichkeit zieht man zuerst die größte und dann die kleinste Perle? Beachte: Auf die Reihenfolge der übrigen Perlen kommt es dabei nicht an.

6 Fünf Geschwister (3 Mädchen, 2 Jungen) stellen sich für ein Familienfoto zufällig in einer Reihe auf. Wie groß ist die Wahrscheinlichkeit, dass
a) Jungen und Mädchen abwechselnd stehen,
b) die Reihe mit einem Jungen beginnt und auch endet?

7 Nico soll 3 Briefe in adressierte Umschläge stecken. Da er vergessen hat, welcher Brief in welchen Umschlag gehört, verteilt er die Briefe zufällig auf die Umschläge. Wie groß ist die Wahrscheinlichkeit, dass er keinen Brief (alle Briefe; nur zwei Briefe; genau einen Brief) falsch eingetütet hat?

Kannst du das noch?

8 Prüfe nach, ob der Punkt P auf dem Graphen der Funktion f liegt.
a) $f(x) = x^2 + 3$; $P(-2|7)$ b) $f(x) = x^2 - 2x + 1$; $P(1|-1)$

9 Zeichne die Parabeln.
a) $y = -x^2$ b) $y = x^2 - 4$ c) $y = 3x^2$ d) $y = -3x^2 + 2$

10 Die Parabeln in Aufgabe 9 erhält man durch Streckung und Verschiebung der Normalparabel. Gib die Abbildungen jeweils an.

II Wahrscheinlichkeitsrechnung 47

In dem Aufgabenblock **Bist du sicher?** könnt ihr alleine testen, ob ihr die grundlegenden Aufgaben zu dem neu gelernten Stoff lösen könnt. Die Lösungen dazu findet ihr hinten im Buch.

In den Aufgaben, die mit oder gekennzeichnet sind, bietet es sich besonders an, mit einem Partner oder in einer Gruppe zu arbeiten.

Mit den **Kannst-du-das-noch?**-Aufgaben könnt ihr altes Wissen wiederholen. Oft bereitet es euch auf das nächste Kapitel vor. Die Lösungen für diese Aufgaben findet ihr hinten im Buch.

Wiederholen – Vertiefen – Vernetzen

Auf den Seiten **Wiederholen – Vertiefen – Vernetzen** findet ihr Aufgaben, die den Lernstoff verschiedener Lerneinheiten und manchmal auch der Kapitel miteinander verbinden.

Rückblick

Training

Am Ende des Kapitels findet ihr jeweils zwei Seiten, die euch helfen, das Gelernte abzusichern. Auf den **Rückblick**seiten sind die wichtigsten Inhalte des Kapitels zusammengefasst. Und in den **Trainingsrunden** könnt ihr noch einmal üben, was ihr im Kapitel gelernt habt. Sie eignen sich auch gut als Vorbereitung für Klassenarbeiten. Die Lösungen dazu findet ihr auf den hinteren Seiten des Buches.

Exkursion Horizonte

Exkursion Entdeckungen

Besonders viel Spaß wünschen wir euch bei den **Exkursionen** Horizonte und Entdeckungen am Ende der Kapitel.
Auf den **Horizonte**-Seiten könnt ihr beispielsweise Interessantes über Pyramiden und GPS-Systeme erfahren.
Interessante **Entdeckungen** könnt ihr zum Beispiel machen, indem ihr die Geschichte der Zahl π lest.
Vielleicht werdet ihr manchmal staunen, wie alltäglich Mathematik sein kann.

Ihr könnt euch also auf euer Mathematikbuch verlassen. Es gibt euch viele Hilfestellungen für den Unterricht und die Klassenarbeiten und vor allem möchte es euch zeigen: Mathematik ist sinnvoll und kann Freude machen.

Wir wünschen euch viel Erfolg!
Das Autorenteam und der Verlag

Das kannst du schon

- Dreiecke mithilfe der Kongruenzsätze konstruieren
- Den Satz des Pythagoras anwenden
- Ähnlichkeit von Dreiecken erkennen und begründen
- Strahlensätze anwenden

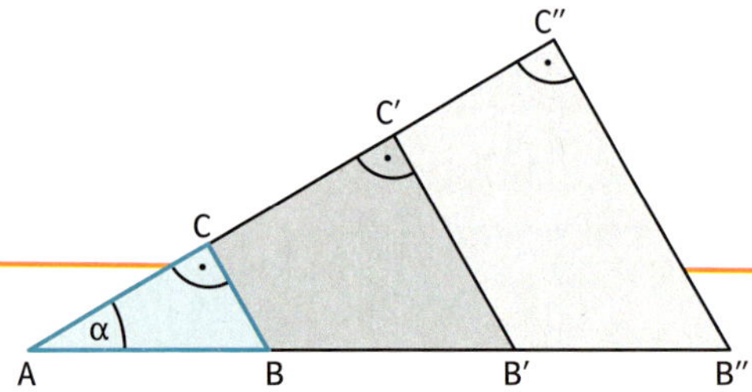

$$\sin(\alpha) = \frac{\overline{BC}}{\overline{AB}} = \frac{\overline{B'C'}}{\overline{A'B'}} = \frac{\overline{B''C''}}{\overline{A''B''}}$$

$$\text{Sinus} = \frac{\text{Gegenkathete}}{\text{Hypotenuse}}$$

Zahl

Messen

Raum und Form

Funktionaler Zusammenhang

Daten und Zufall

Neue Werkzeuge zur Dreiecksbearbeitung

Ein Dreieck hat nicht nur drei Ecken,
hat noch Seiten und Winkel dazu!
Lass Dich davon aber nicht erschrecken,
wir berechnen alle sechs im Nu!

Das kannst du bald

- Die Funktionen sin, cos und tan erklären
- Seitenlängen und Winkel in rechtwinkligen Dreiecken berechnen
- Zusammenhänge zwischen Sinus, Kosinus und Tangens erkennen und anwenden

1 Seitenverhältnisse in rechtwinkligen Dreiecken – Sinus

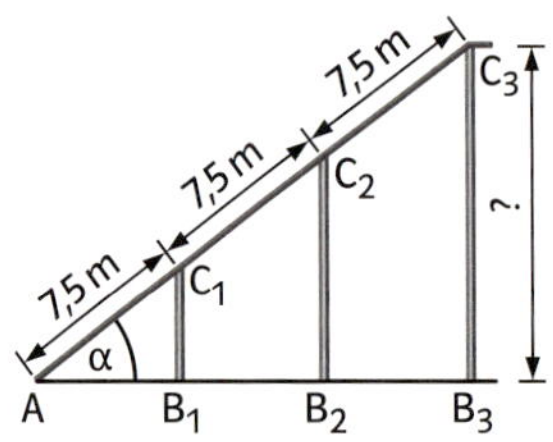

Die Rampe der Achterbahn wird durch zueinander parallele Pfeiler abgestützt. Die Sicherheitsvorschriften erlauben aber höchstens einen Steigungswinkel von 40°.
Knut meint: „Schade, dann wird die Rampe bei drei Pfeilern höchstens 10 Meter hoch!“

Die rechtwinkligen Dreiecke in Fig. 1 stimmen in einem weiteren Winkel (α) überein. Da die Winkelsumme in einem Dreieck stets 180° beträgt, sind auch die beiden nicht gekennzeichneten Winkel gleich groß.

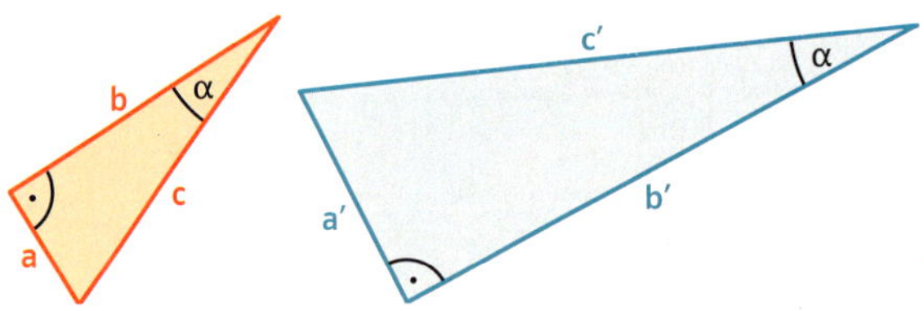

Fig. 1

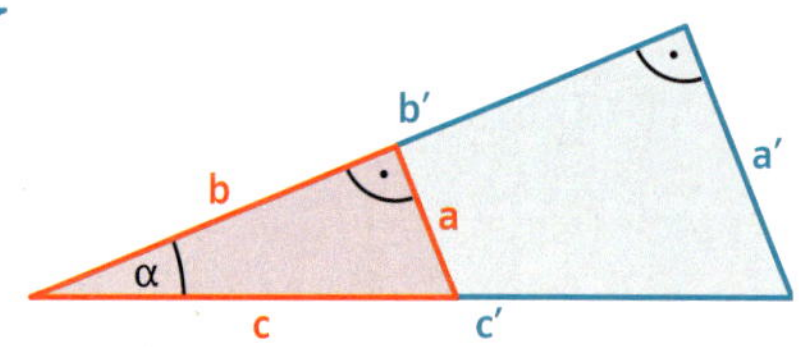

Fig. 2

Fig. 2 zeigt, wie sich die beiden Dreiecke aus Fig. 1 zu einer Strahlensatzfigur anordnen lassen. Nach dem ersten Strahlensatz gilt daher $\frac{b'}{b} = \frac{c'}{c}$. Der zweite Strahlensatz ergibt die Gleichungen $\frac{a'}{a} = \frac{c'}{c}$ und $\frac{a'}{a} = \frac{b'}{b}$. Formt man die drei Gleichungen um, so erhält man $\frac{b'}{c'} = \frac{b}{c}$, $\frac{a'}{c'} = \frac{a}{c}$ und $\frac{a'}{b'} = \frac{a}{b}$.

Bei ähnlichen Figuren stimmen die Verhältnisse einander entsprechender Seiten und die entsprechenden Winkel überein.

Dies bedeutet: In den beiden Dreiecken stimmen die Seitenverhältnisse einander entsprechender Seiten überein. Die Dreiecke sind ähnlich.
Sind α und β die beiden spitzen Winkel in einem rechtwinkligen Dreieck (Fig. 3), so heißt die Kathete, die dem Winkel α gegenüber liegt, **Gegenkathete von α**. Die am Winkel α anliegende Kathete heißt **Ankathete von α**.
Bezogen auf den Winkel β tauschen die Katheten die Rollen: Die Gegenkathete von β ist Ankathete von α, und die Ankathete von β ist Gegenkathete von α (Fig. 4):

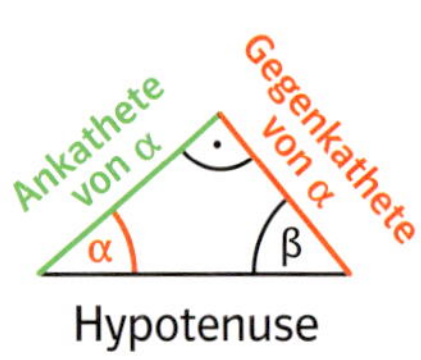

Fig. 3

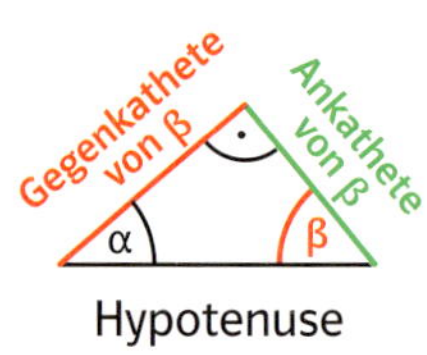

Fig. 4

Bei allen rechtwinkligen Dreiecken mit gleich großem Winkel α hat das Verhältnis *Gegenkathete von α zu Hypotenuse* denselben Wert. Dieser Wert ist eindeutig durch die Größe des Winkels α bestimmt.

Stimmen rechtwinklige Dreiecke in allen Winkeln überein, so stimmen auch die Seitenverhältnisse einander entsprechender Seiten überein. Die Dreiecke sind dann zueinander ähnlich.

Ist α einer der beiden spitzen Winkel in einem rechtwinkligen Dreieck, so nennt man das Verhältnis *Gegenkathete von α zu Hypotenuse* **Sinus von α** und schreibt

$$\sin(\alpha) = \frac{\text{Gegenkathete von } \alpha}{\text{Hypotenuse}}.$$

Ist zum Beispiel $\sin(\alpha) = 0{,}4$, so bedeutet dies, dass die Gegenkathete von α und die Hypotenuse des zugehörigen Dreiecks im Verhältnis $0{,}4 = \frac{2}{5} = 2 : 5$ stehen.
Kennt man α, so kann man mithilfe des Taschenrechners den Wert von $\sin(\alpha)$ bestimmen. Man erhält zum Beispiel $\sin(45°) \approx 0{,}71$.

Zu jedem Seitenverhältnis $\frac{\text{Gegenkathete von } \alpha}{\text{Hypotenuse}}$ gehört eindeutig ein Winkel α.
Man schreibt $\alpha = \arcsin\left(\frac{\text{Gegenkathete von } \alpha}{\text{Hypotenuse}}\right)$ und liest „Arkussinus von Gegenkathete von α durch Hypotenuse". Mit dem Taschenrechner kann man die Größe des Winkels berechnen. Hat z. B. die Gegenkathete von α die Länge 6 cm und ist die Hypotenuse 14 cm lang, so ist $\sin(\alpha) = \frac{6}{14} = \frac{3}{7}$, also $\alpha = \arcsin\left(\frac{3}{7}\right)$. Der Taschenrechner liefert $\alpha \approx 25{,}4°$.

Beispiel 1
Berechne im Dreieck ABC (Fig. 1)
a) die Größe des Winkels α für $a = 6{,}7\,\text{cm}$ und $b = 7{,}3\,\text{cm}$,
b) die Längen der Seiten a und c für $b = 8{,}5\,\text{cm}$ und $\gamma = 43°$.

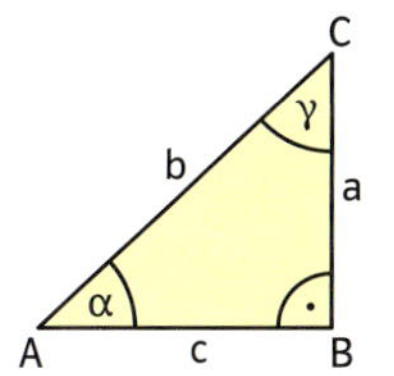

Fig. 1

Lösung:
a) $\sin(\alpha) = \frac{a}{b} = \frac{6{,}7}{7{,}3}$. Daraus folgt $\alpha = \arcsin\left(\frac{6{,}7}{7{,}3}\right) \approx 66{,}6°$.
b) $\sin(\gamma) = \frac{c}{b}$, also ist $c = b \cdot \sin(\gamma) = 8{,}5\,\text{cm} \cdot \sin(43°) \approx 5{,}8\,\text{cm}$.
$b^2 = a^2 + c^2$, also ist $a = \sqrt{b^2 - c^2} \approx 6{,}2\,\text{cm}$.

Beispiel 2
a) Berechne die Größe des Winkels α in Fig. 2 für $\gamma = 90°$, $a = 7{,}2\,\text{cm}$ und $c = 10{,}8\,\text{cm}$.
Wie lang ist die Höhe h?
b) Gib zu $\sin(\alpha)$, $\sin(\beta)$, $\sin(\gamma_1)$ und $\sin(\gamma_2)$ gehörende Seitenverhältnisse an.

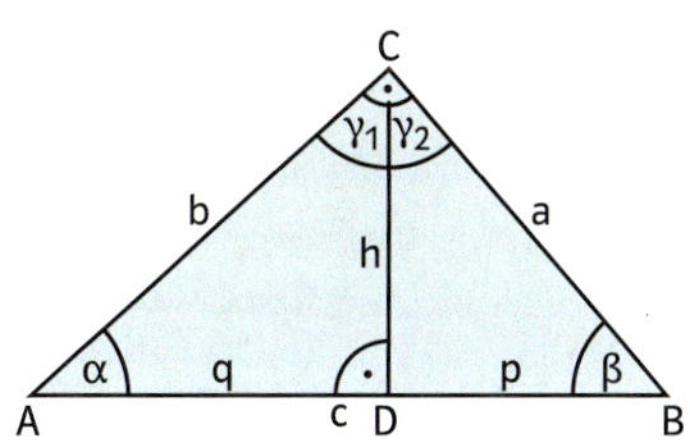

Fig. 2

Lösung:
a) $\sin(\alpha) = \frac{a}{c} = \frac{7{,}2}{10{,}8}$. Daraus folgt $\alpha = \arcsin\left(\frac{7{,}2}{10{,}8}\right)$.
Der Taschenrechner liefert $\alpha \approx 41{,}8°$.
Da die Winkelsumme im Dreieck 180° beträgt, ist $\beta = 180° - 90° - \alpha \approx 48{,}2°$.
Im Teildreieck DBC ist $\sin(\beta) = \frac{h}{a}$, also $h = a \cdot \sin(\beta) \approx 7{,}2\,\text{cm} \cdot \sin(48{,}2°) \approx 5{,}4\,\text{cm}$.
b) $\sin(\alpha) = \frac{a}{c} = \frac{h}{b}$; $\quad \sin(\beta) = \frac{b}{c} = \frac{h}{a}$; $\quad \sin(\gamma_1) = \frac{q}{b}$; $\quad \sin(\gamma_2) = \frac{p}{a}$.

Aufgaben

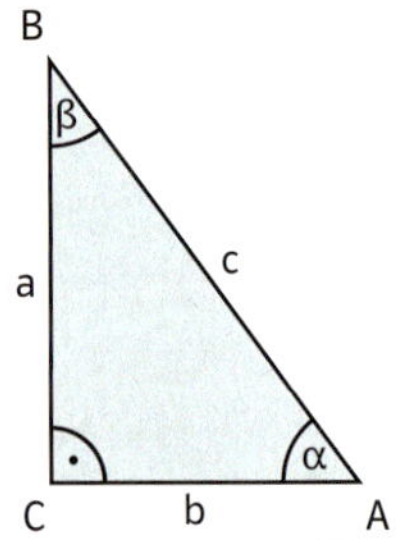

Fig. 1

1 Bestimme für das rechtwinklige Dreieck in Fig. 1 mithilfe des Taschenrechners die Größe der Winkel α und β.
a) $a = 3\,cm$; $c = 8\,cm$ b) $b = 5\,cm$; $c = 10\,cm$ c) $a = 15\,cm$; $c = 12\,cm$

2 Bestimme für das Dreieck in Fig. 1 den Wert der Seitenverhältnisse $\frac{a}{c}$ und $\frac{b}{c}$.
a) $\alpha = 45°$ b) $\beta = 40°$ c) $\alpha = 25°$ d) $\beta = 65°$

3 Prüfe, ob ein rechtwinkliges Dreieck mit den Katheten $a = 5\,cm$ und $b = 12\,cm$ die gleichen Winkel hat wie ein rechtwinkliges Dreieck, das
a) eine 6,5 cm lange Hypotenuse und eine 6 cm lange Kathete besitzt,
b) eine 10 cm lange Hypotenuse und eine 8 cm lange Kathete besitzt.

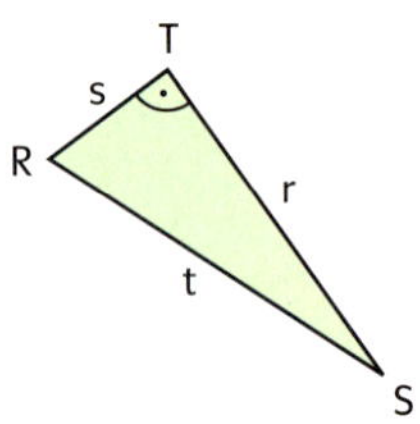

Fig. 2

4 a) Zeichne ein Dreieck RST mit rechtem Winkel bei T, bei dem sich die Katheten r und s wie 5 : 2 verhalten (Fig. 2). Miss die Größe der Winkel bei R und S.
b) Verlängere die Kathete s um die Hälfte und zeichne das Dreieck R'ST. Wie verhält sich jetzt $\overline{TS}$ zu $\overline{TR'}$? Wie groß sind die Winkel bei R' und S?

5 Ergänze die fehlenden Angaben.

a) $\sin(\varepsilon) = \frac{\square}{\square}$

$\sin(\square) = \frac{y}{\square}$

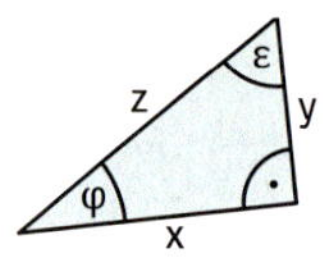

b) $\sin(\beta) = \frac{\square}{\square}$

$\sin(\square) = \frac{\square}{d}$

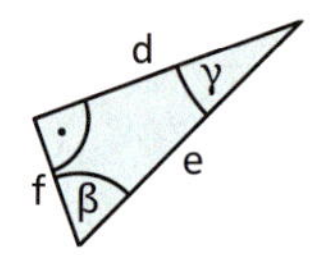

6 Berechne die fehlenden Seitenlängen.

a)
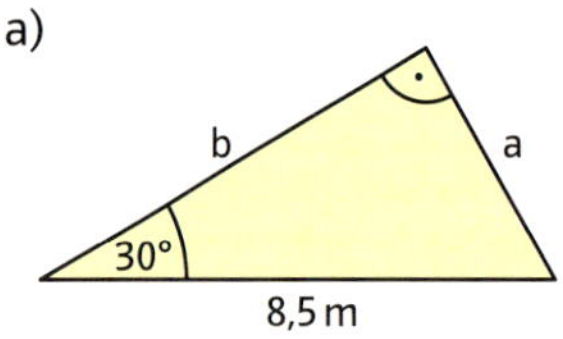

b)
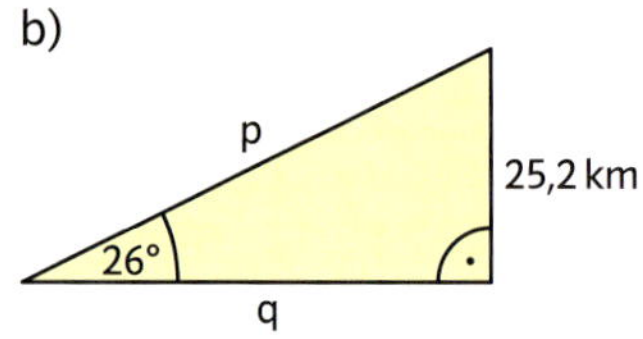

c)
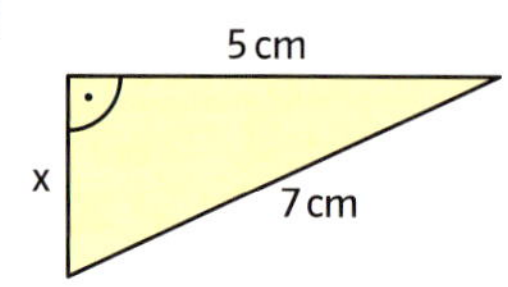

7 Berechne die fehlenden Winkelgrößen.

a)
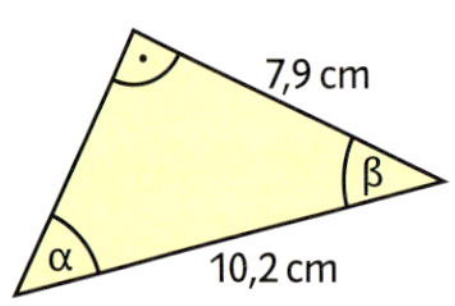

b)
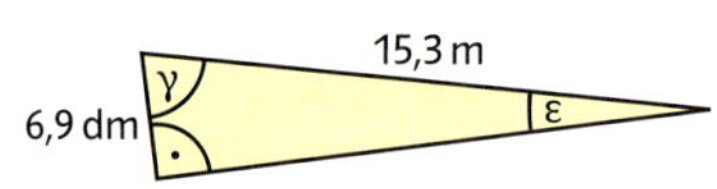

c)
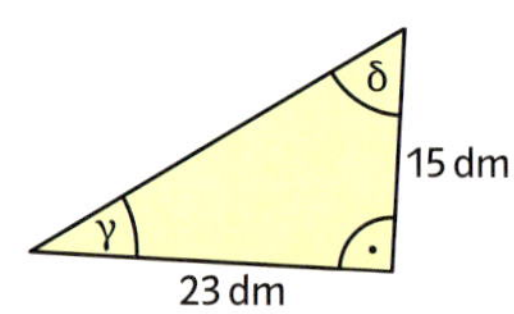

8 Bestimme die Seitenverhältnisse eines rechtwinklig-gleichschenkligen Dreiecks.

Hinweis zu Aufgabe 9:
Zeichne zunächst ein zum gesuchten Dreieck ähnliches Dreieck. Bringe dieses dann durch eine geeignete Abbildung auf die richtige Größe.

9 Konstruiere ein rechtwinkliges Dreieck mit der Hypotenuse $c = 6\,cm$, bei dem sich die Katheten a und b zueinander verhalten
a) wie 2 zu 3,   b) wie 3 zu 5.

10 Zeichne das Dreieck ABC. Miss die Größe der fehlenden Winkel und die Länge der fehlenden Seite. Überprüfe die Zeichnung deines Nachbarn durch Rechnung.
a) $\gamma = 90°$; $a = 6,5\,cm$; $c = 10,5\,cm$ b) $\alpha = 90°$; $a = 7\,cm$; $b = 4,5\,cm$

Bist du sicher?

1 Berechne die fehlenden Seitenlängen und Winkelgrößen im Dreieck ABC.

	a	b	c	α	β	γ
a)	4,5 cm		7,6 cm			90°
b)		8,61 dm		26°	90°	
c)		3,6 m	13,2 dm	90°		

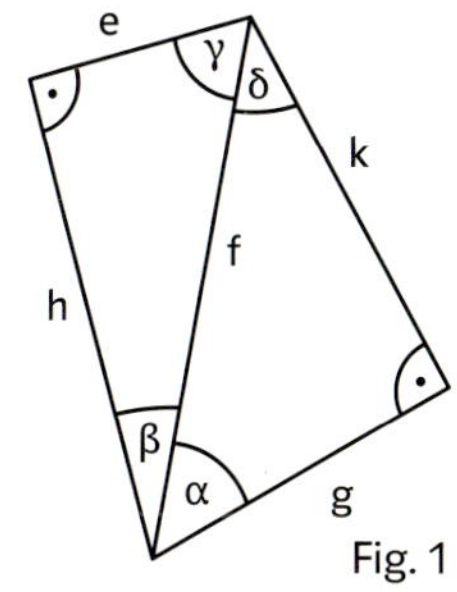

Fig. 1

2 Übertrage die Gleichungen in dein Heft und ergänze die fehlenden Angaben mithilfe von Fig. 1.

a) $\sin(\alpha) = \frac{\square}{\square}$ b) $\sin(\square) = \frac{h}{\square}$ c) $\sin(\delta) = \frac{\square}{\square}$ d) $\sin(\square) = \frac{e}{\square}$

11 Gib für das Rechteck in Fig. 2 drei Seitenverhältnisse für $\sin(\alpha)$ an. Welche Seitenverhältnisse ergeben sich für $\sin(\beta)$?

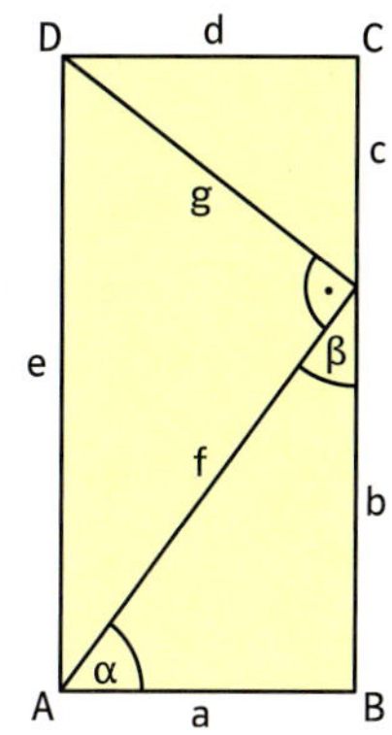

Fig. 2

12 Eine 7,5 m lange Leiter lehnt in 6,8 m Höhe an einer Wand.
a) Wie groß ist der Winkel zwischen Leiter und Boden (Anstellwinkel)? Welchen Abstand hat das untere Ende der Leiter von der Hauswand?
b) Zwischen welchen Höhen an der Wand bewegt sich das obere Ende der Leiter, wenn sich der Anstellwinkel zwischen 60° und 80° bewegt?

13 Ein Mast soll mit 20 m langen Stahlseilen gesichert werden.
a) In welcher Höhe müssen die Seile am Mast angebracht werden, wenn die gespannten Seile mit dem Boden einen Neigungswinkel von 65° einschließen sollen?
b) Welchen Neigungswinkel haben die Seile, wenn sie 11,50 m vom Fußpunkt des Mastes entfernt im Boden verankert werden? Wie hoch liegen nun die Befestigungspunkte am Mast?

14 Bei einer Stehleiter mit 3 m langen Holmen ist der Öffnungswinkel γ zwischen den Holmen 30° (Fig. 3).
a) In welcher Höhe befindet sich das Leitergelenk G über dem Boden? Wie weit sind die Fußpunkte der Leiter voneinander entfernt?
b) Wie groß kann der Öffnungswinkel γ höchstens sein, wenn die Sperrketten jeweils 1,20 m lang und genau in der Mitte der Leiterholme befestigt sind?

Fig. 3

15 Vom Querschnitt eines Deiches (Fig. 4) sind die folgenden Maße bekannt:
k = 2,80 m, u = 20,00 m, α = 15°, β = 35°.
Berechne
a) die Höhe h des Deiches und die Breite a der Deichsohle,
b) den Flächeninhalt des Deichquerschnitts und das Volumen an Material für einen 250 m langen Deich.

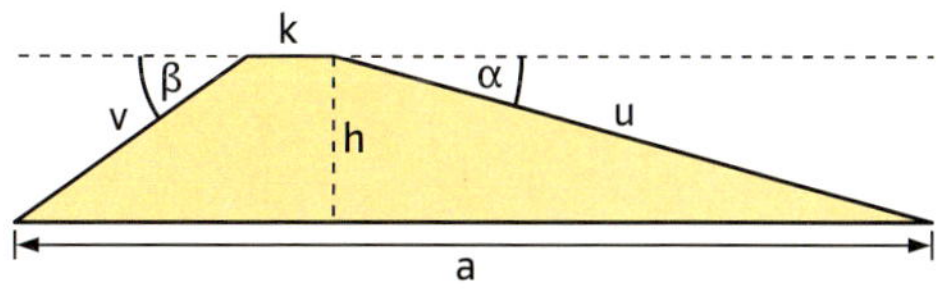

Fig. 4

2 Kosinus und Tangens

Österreichs steilste Piste mit 78 Prozent
„Hau di runter" – so schallt es im Winter auf Österreichs steilster Skipiste. Das Skigebiet Mayrhofen gibt schneidigen Pistenflitzern eine harte Nuss zu knacken. Mit einem Gefälle von 78 Prozent verlangt der Harakiri-Steilhang eine Extraportion Standfestigkeit und Technik, um unten anzukommen … *GEA 29.10.2005*

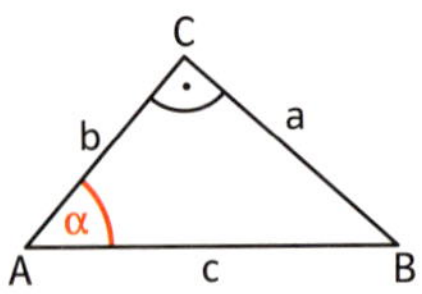

Jedes der sechs Seitenverhältnisse im rechtwinkligen Dreieck hat einen Namen:
Sinus: $\sin(\alpha) = \frac{a}{c}$,
Kosinus: $\cos(\alpha) = \frac{b}{c}$,
Tangens: $\tan(\alpha) = \frac{a}{b}$,
Kotangens: $\cot(\alpha) = \frac{b}{a}$,
Sekans: $\sec(\alpha) = \frac{c}{a}$,
Kosekans: $\csc(\alpha) = \frac{c}{b}$.

In einem rechtwinkligen Dreieck mit den Katheten a und b und der Hypotenuse c lassen sich nach Vorgabe zweier Größen alle Seitenlängen und Winkelgrößen berechnen. Man kann dazu den Sinus und den Satz des Pythagoras nutzen. Manchmal ist es hilfreich, wenn man außer dem Seitenverhältnis $\sin(\alpha) = \frac{a}{c} = \frac{\text{Gegenkathete von } \alpha}{\text{Hypotenuse}}$ auch andere Seitenverhältnisse verwendet. Das Seitenverhältnis $\frac{b}{c} = \frac{\text{Ankathete von } \alpha}{\text{Hypotenuse}}$ bezeichnet man als **Kosinus von α** und schreibt cos(α). Das Kathetenverhältnis $\frac{a}{b} = \frac{\text{Gegenkathete von } \alpha}{\text{Ankathete von } \alpha}$ heißt **Tangens von α**. Man schreibt tan(α).

Ist α einer der beiden spitzen Winkel in einem rechtwinkligen Dreieck, so nennt man das Verhältnis *Ankathete von α zu Hypotenuse* **Kosinus von α**. Das Verhältnis *Gegenkathete von α zu Ankathete von α* heißt **Tangens von α**. Man schreibt

$$\cos(\alpha) = \frac{\text{Ankathete von } \alpha}{\text{Hypotenuse}} \quad \text{und} \quad \tan(\alpha) = \frac{\text{Gegenkathete von } \alpha}{\text{Ankathete von } \alpha}.$$

Kennt man α, so kann man mithilfe des Taschenrechners den Wert von cos(α) bzw. tan(α) bestimmen. So erhält man zum Beispiel $\cos(35°) \approx 0{,}82$ oder $\tan(85°) \approx 11{,}4$.
Zu jedem Seitenverhältnis $\frac{\text{Ankathete von } \alpha}{\text{Hypotenuse}}$ oder $\frac{\text{Gegenkathete von } \alpha}{\text{Ankathete von } \alpha}$ gehört eindeutig ein Winkel α.
Die Bestimmung der Winkel bei gegebenem Seitenverhältnis geschieht mithilfe des Arkuskosinus bzw. des Arkustangens.
Der Taschenrechner liefert zum Beispiel für $\cos(\alpha) = 0{,}2$ den Winkel $\alpha = \arccos(0{,}2) \approx 78{,}46°$.
Zu $\tan(\alpha) = 105$ gehört der Winkel $\alpha = \arctan(105) \approx 89{,}45°$.

Beispiel 1
Berechne im Dreieck ABC (Fig. 1)
a) die Längen der Seiten a und b für $c = 5{,}3\,\text{cm}$ und $\alpha = 37°$,
b) die Größen der Winkel α und β für $a = 6{,}1\,\text{cm}$ und $b = 3{,}4\,\text{cm}$.

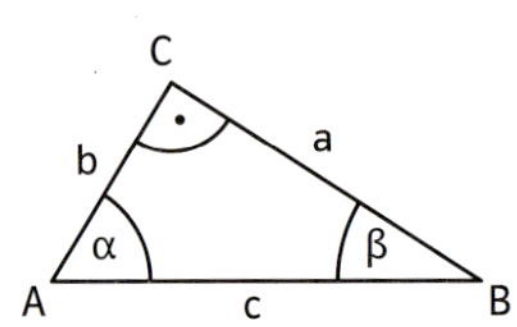

Fig. 1

Lösung:
a) $\sin(\alpha) = \frac{a}{c}$, also $a = c \cdot \sin(\alpha) = 5{,}3\,\text{cm} \cdot \sin(37°) \approx 3{,}2\,\text{cm}$
$\cos(\alpha) = \frac{b}{c}$, also $b = c \cdot \cos(\alpha) = 5{,}3\,\text{cm} \cdot \cos(37°) \approx 4{,}2\,\text{cm}$
Nach der Berechnung einer Seitenlänge lässt sich die zweite Seitenlänge auch mit dem Satz des Pythagoras bestimmen: $c^2 = a^2 + b^2$, also $b = \sqrt{c^2 - a^2} \approx \sqrt{5{,}3^2 - 3{,}2^2}\,\text{cm} \approx 4{,}2\,\text{cm}$.
b) $\tan(\alpha) = \frac{a}{b} = \frac{6{,}1}{3{,}4}$, das bedeutet $\alpha = \arctan\left(\frac{6{,}1}{3{,}4}\right) \approx 60{,}9°$; $\beta = 90° - \alpha \approx 29{,}1°$.

Beispiel 2
a) Gib in Fig. 1 zu $\cos(\alpha)$ und $\tan(\gamma)$ gehörende Seitenverhältnisse an.
b) Drücke in Fig. 1 die Seitenverhältnisse $\frac{s}{t}, \frac{u}{r+s}, \frac{h}{r}, \frac{t}{r+s}, \frac{t}{u}$ und $\frac{h}{t}$ als Sinus, Kosinus oder Tangens aus.

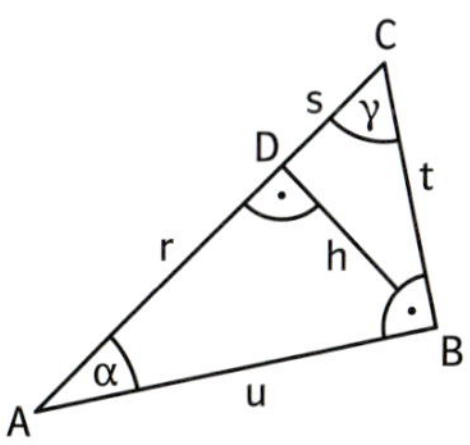

Fig. 1

Lösung:
a) $\cos(\alpha) = \frac{u}{r+s} = \frac{r}{u}$, $\tan(\gamma) = \frac{u}{t} = \frac{h}{s}$
b) $\frac{s}{t} = \cos(\gamma)$ (Dreieck DBC),
$\frac{h}{r} = \tan(\alpha)$ (Dreieck ABD),
$\frac{h}{t} = \sin(\gamma)$ (Dreieck DBC),
$\frac{u}{r+s} = \cos(\alpha) = \sin(\gamma)$ (Dreieck ABC)
$\frac{t}{r+s} = \sin(\alpha) = \cos(\gamma)$ (Dreieck ABC)
$\frac{t}{u} = \tan(\alpha)$ (Dreieck ABC)

Aufgaben

1 Ergänze die fehlenden Seitenverhältnisse.

a) $\tan(\alpha) = \frac{□}{□}$
$\cos(\beta) = \frac{□}{□}$
$\sin(\beta) = \frac{□}{□}$

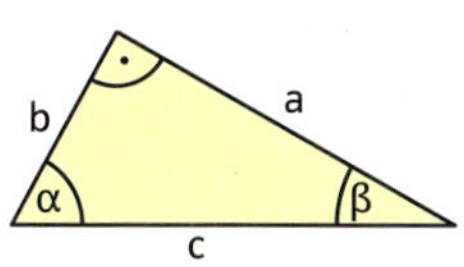

b) $\tan(\delta) = \frac{□}{□}$
$\tan(\gamma) = \frac{□}{□}$
$\cos(\delta) = \frac{□}{□}$

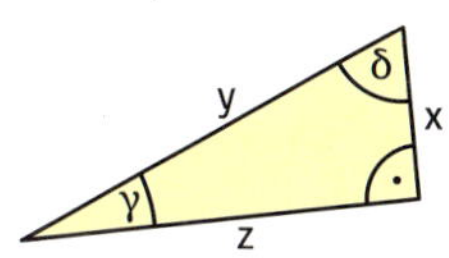

2 Ergänze die fehlenden Angaben.

a) $\frac{w}{v} = \tan(□)$
$\frac{v}{u} = □(\varphi)$
$\frac{v}{w} = \cos(□)$

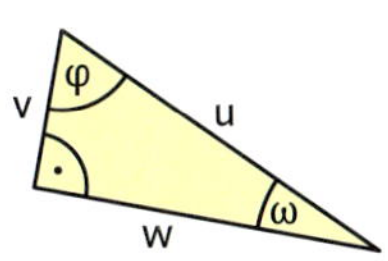

b) $\frac{q}{r} = \tan(□)$
$\frac{p}{□} = \sin(□)$
$\frac{□}{q} = \tan(□)$

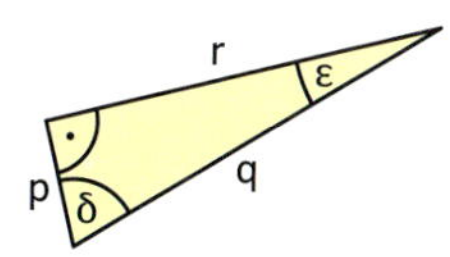

3 Berechne die fehlenden Seitenlängen.

a)
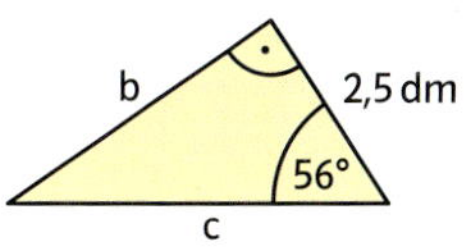

b)
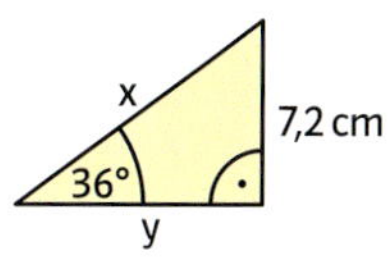

c)
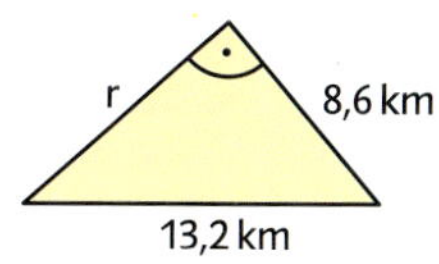

4 Berechne die fehlenden Seitenlängen und Winkelgrößen.

a)
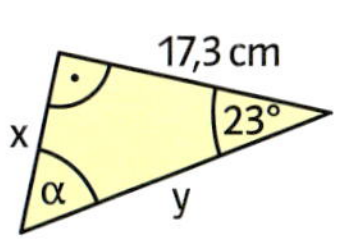

b)
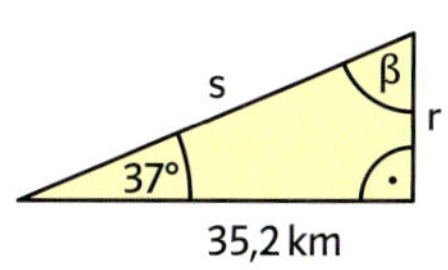

c)
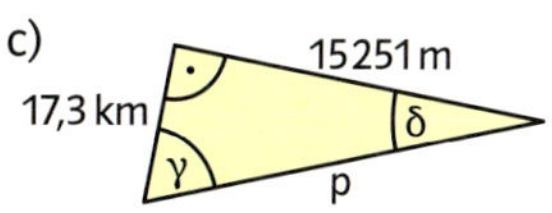

5 In einem Dreieck ABC sind
a) $\alpha = 37°$, $\beta = 90°$, $c = 7{,}2\,cm$;
b) $\alpha = 90°$, $b = 5{,}2\,cm$, $c = 6{,}5\,cm$;
c) $\beta = 62°$, $\gamma = 90°$, $c = 9{,}2\,cm$;
d) $\gamma = 90°$, $a = 5{,}6\,cm$, $c = 7{,}0\,cm$.
Bestimme die fehlenden Seitenlängen und Winkelgrößen zeichnerisch und rechnerisch.

Bist du sicher?

1 Berechne die fehlenden Seitenlängen und Winkelgrößen in Fig. 1.

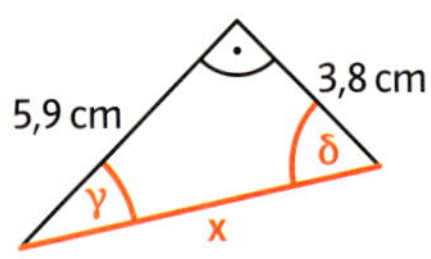

Fig. 1

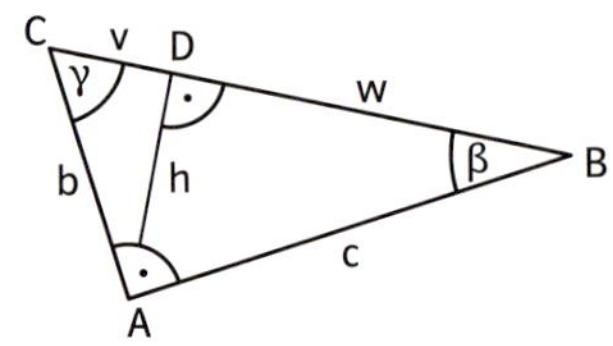

Fig. 2

2 Gib in Fig. 2 die zu $\sin(\beta)$, $\cos(\gamma)$ und $\tan(\beta)$ gehörenden Seitenverhältnisse an.

6 Welche der Angaben zu Fig. 3 gehören zusammen? Ordne zu und schreibe mit Gleichheitszeichen.

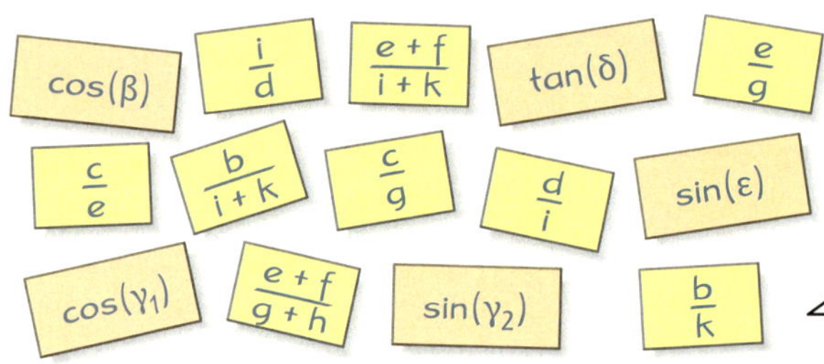

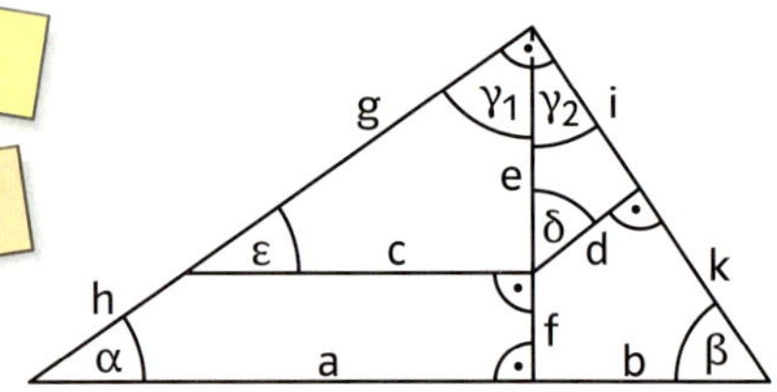

Fig. 3

7 Vereinbart für die Strecken und Winkel in Fig. 4 geeignete Bezeichnungen.
a) Jeder notiert vier verschiedene Seitenverhältnisse, die der Nachbar durch Sinus, Kosinus oder Tangens geeigneter Winkel ausdrücken soll.
b) Gib verschiedene Winkel vor. Lass deinen Nachbarn den Sinus (Kosinus, Tangens) dieser Winkel jeweils durch Streckenverhältnisse ausdrücken.
c) Sucht gemeinsam Streckenverhältnisse in Fig. 4, die sich nicht durch Sinus, Kosinus oder Tangens geeigneter Winkel ausdrücken lassen.

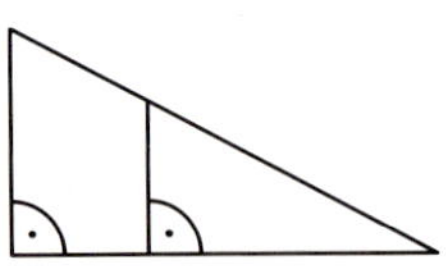
Fig. 4

8 **Wahr oder falsch?**
Wenn man in einem rechtwinkligen Dreieck mit $\gamma = 90°$
a) den Winkel α verdoppelt, so verdoppelt sich auch $\tan(\alpha)$,
b) die Hypotenuse halbiert und die Ankathete von α beibehält, so verdoppelt sich $\cos(\alpha)$,
c) die Ankathete von α halbiert und die Gegenkathete von α verdoppelt, so vervierfacht sich $\tan(\alpha)$,
d) den Winkel α vergrößert und die Hypotenuse beibehält, so vergrößert sich $\cos(\alpha)$,
e) den Winkel α verkleinert und die Hypotenuse beibehält, so verkleinert sich $\tan(\alpha)$.

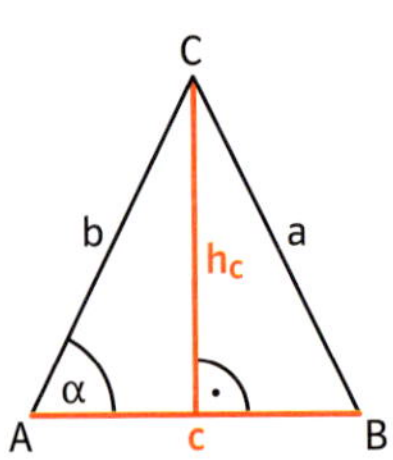

Fig. 5

9 In einem gleichschenkligen Dreieck ABC (Fig. 5) mit $a = b = 5\,cm$ ist $\cos(\alpha) = 0{,}7$. Berechne die Höhe h_c und die Länge der Basis c. Zeichne das Dreieck.

10 Zeichne ohne Berechnung der Winkel ein Dreieck ABC mit $\gamma = 90°$, $a = 4{,}8\,cm$ und
a) $\tan(\alpha) = 1{,}2$;
b) $\sin(\alpha) = 0{,}6$;
c) $\cos(\beta) = 0{,}8$;
d) $\tan(\beta) = 1{,}5$.

11 a) Zeichne ein rechtwinkliges Dreieck mit $\cos(\alpha) = \frac{2}{7}$.
b) Zeichne ein gleichschenkliges Dreieck mit $\tan(\alpha) = 1{,}5$.
c) Zeichne zwei verschiedene Dreiecke mit $\sin(\beta) = 0{,}9$.

12 Beweisen
α und β sind die beiden spitzen Winkel eines rechtwinkligen Dreiecks.
Beweise, dass dann die folgenden Behauptungen richtig sind.
a) $\sin(\alpha) = \cos(\beta)$
b) Die Werte von $\cos(\alpha)$ und von $\sin(\alpha)$ sind stets kleiner als 1.
c) Die Werte von $\tan(\alpha)$ können beliebig groß werden.
d) Ist das Dreieck gleichschenklig, so gilt $\sin(\alpha) = \cos(\alpha)$ und $\tan(\beta) = \tan(\alpha) = 1$.

Die Steigung einer Straße ist das Verhältnis des Höhenunterschiedes h zur horizontal gemessenen Strecke s.

13 Ein Mountainbiker überwindet auf einer Fahrstrecke von 500 m einen Höhenunterschied von 89 m. Berechne den Steigungswinkel α und die Steigung in Prozent (Fig. 1). Welche Voraussetzungen hast du bei der Rechnung gemacht? Entsprechen diese Voraussetzungen der Realität?

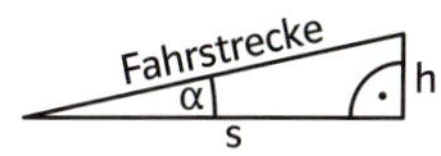

Fig. 1

14 In einer Autozeitschrift wird die Steigfähigkeit des Mercedes G 500 mit 80 %, die des Hummer H2 mit 60 % angegeben.
a) Welche Steigungswinkel können die beiden Geländewagen gerade noch bewältigen?
b) Welche Höhendifferenz kann der Mercedes G 500 auf einer Fahrstrecke von 100 m Länge höchstens überwinden, welche der Hummer H2?
c) Kann es Fahrzeuge mit einer Steigfähigkeit von 100 % geben? Erläutere.

15 Eine 2,3 km lange gerade Straße hat die mittlere Steigung 12,5 %.
a) Berechne den Steigungswinkel α der Straße und den Höhenunterschied h, der von der Straße in Fig. 2 überwunden wird.
b) Wie lang ist dieses Straßenstück auf einer Karte vom Maßstab 1 : 25 000?

Fig. 2

16 Der Mast eines Segelbootes wirft einen waagerechten Schatten, dessen Länge vom Stand der Sonne abhängt. Um wie viel Grad steht die Sonne über dem Horizont, wenn der Schatten genauso lang (halb so lang; dreimal so lang) ist wie der Mast?

17 Wie lang ist der waagerechte Schatten eines
a) 20 m hohen Baumes, b) 78 m hohen Fernsehturms, c) 10 cm hohen Maiglöckchens,
wenn die Sonne 24,5° über dem Horizont steht?

18 Frage deinen Nachbarn nach seiner Körpergröße und miss bei strahlendem Sonnenschein die Länge seines waagerechten Schattens. Berechnet daraus, um wie viel Grad die Sonne über dem Horizont steht (Sonnenhöhe).
Vergleicht mit dem Ergebnis, das ihr erhaltet, wenn ihr die Rollen tauscht.

Kannst du das noch?

19 Berechne ohne Verwendung eines Taschenrechners.
a) 10^5 b) $5 \cdot 2^4$ c) $5 \cdot 4^2$ d) $2 \cdot 5^4$ e) $3 \cdot 4 - 3^4$ f) $(-10)^6 - 10^5$ g) $-10^6 - 10^5$

20 Berechne.
a) $\sqrt{144}$; $\sqrt{1{,}44}$; $\sqrt{0{,}01}$; $\sqrt{0{,}25}$; $\sqrt{3600}$ b) $(\sqrt{2{,}5})^2$; $(-\sqrt{2{,}5})^2$; $(-\sqrt{0{,}04})^2$; $(-\sqrt{0{,}04})^3$
c) $6\sqrt{2} + 13\sqrt{2}$; $5\sqrt{3} - 7\sqrt{12} + \sqrt{75}$; $\sqrt{5}(\sqrt{50} - \sqrt{2})$; $(\sqrt{7} - \sqrt{3})(\sqrt{7} + \sqrt{3})$

3 Berechnungen an Figuren

Nicht nur Dachkonstruktionen enthalten eine Vielzahl von Dreiecken. Oft sind diese rechtwinklig und als Teildreiecke in anderen Figuren oder im Raum versteckt …

Mithilfe der Seitenverhältnisse Sinus, Kosinus und Tangens kann man in vielen Figuren fehlende Streckenlängen, Winkelgrößen oder Flächeninhalte berechnen. Dazu muss man in den Figuren oftmals rechtwinklige Teildreiecke finden, in denen die gesuchte Strecke oder der unbekannte Winkel vorkommt.
Häufig sind nicht alle benötigten Größen bekannt. Um den Flächeninhalt eines Parallelogramms berechnen zu können, benötigt man die Länge einer Seite und der zugehörigen Höhe. Kennt man stattdessen z. B. die Seitenlängen $a = 6{,}5\,cm$ und $b = 3{,}5\,cm$ sowie die Winkelgröße $\alpha = 62°$, kann man so vorgehen:
Zuerst fertigt man eine Skizze an und trägt die benötigte Höhe ein (Fig. 1). So entsteht das rechtwinklige Dreieck AFD. In diesem Dreieck gilt $\sin(\alpha) = \frac{h}{b}$ und damit $h = b \cdot \sin(\alpha)$.
Den Flächeninhalt A des Parallelogramms kann man nun mithilfe der Gleichung $A = a \cdot h = a \cdot b \cdot \sin(\alpha)$ berechnen. Es ist $A = 6{,}5\,cm \cdot 3{,}5\,cm \cdot \sin(62°) \approx 20{,}1\,cm^2$.

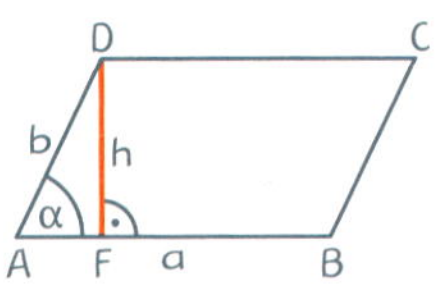

Fig. 1

Zur Berechnung von Streckenlängen und Winkelgrößen in Figuren ist folgende Vorgehensweise sinnvoll:
- Fertige eine Planskizze an und benenne alle gegebenen und gesuchten Strecken und Winkel.
- Suche rechtwinklige Teildreiecke. Zeichne, falls nötig, Hilfslinien ein.
- Berechne mithilfe der Seitenverhältnisse, des Satzes von Pythagoras und der Winkelsumme im Dreieck die gesuchten Streckenlängen und Winkelgrößen.

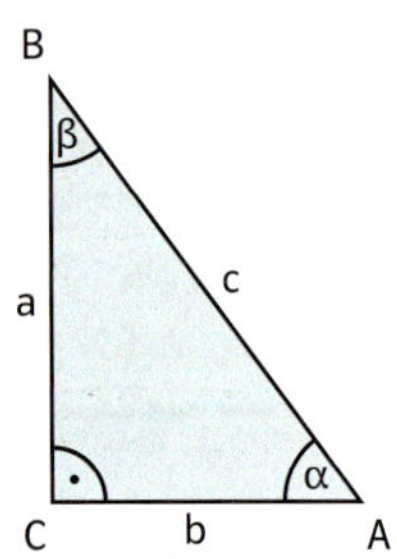

$\sin(\alpha) = \frac{a}{c}$; $\cos(\alpha) = \frac{b}{c}$;
$\tan(\alpha) = \frac{a}{b}$; $\sin(\beta) = \frac{b}{c}$;
$\cos(\beta) = \frac{a}{c}$; $\tan(\beta) = \frac{b}{a}$;
$\gamma = 90°$; $\alpha + \beta = 90°$;
$c^2 = a^2 + b^2$

Beispiel
Bei einem Dach sind die Dachneigungen und die Länge einer Dachkante bekannt (Fig. 2).
a) Wie lang ist der Träger? Wie weit ist der Fußpunkt des Trägers vom Punkt B entfernt?
b) Wie lang ist der längere Dachsparren?
Lösung:
Zuerst fertigt man eine Skizze mit geeigneten Bezeichnungen an (Fig. 3), die Bezeichnungen können beim Lösen der Aufgabe benutzt werden.

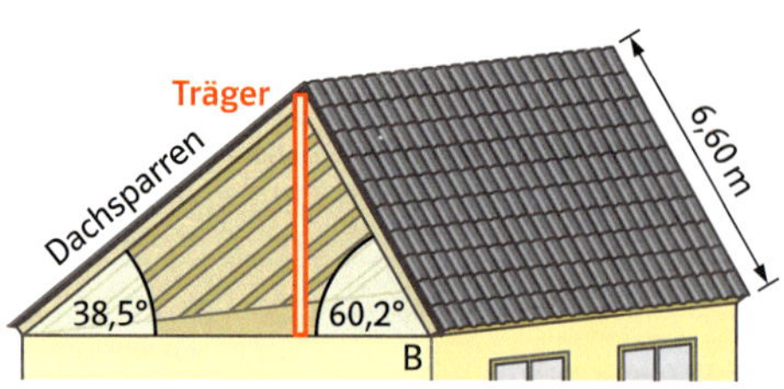

Fig. 2

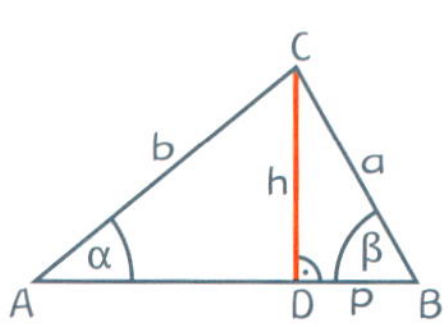

Fig. 3

a) Im Teildreieck DBC sind außer dem rechten Winkel die Längen der Hypotenuse a und die Größe des Winkels β bekannt, die Längen der Katheten h und p sind gesucht.

$\sin(\beta) = \frac{h}{a}$, also $h = a \cdot \sin(\beta) = 6{,}60\,m \cdot \sin(60{,}2°) \approx 5{,}73\,m$

$\cos(\beta) = \frac{p}{a}$, also $p = a \cdot \cos(\beta) = 6{,}60\,m \cdot \cos(60{,}2°) \approx 3{,}28\,m$

Der Abstand p kann auch mit dem Satz des Pythagoras berechnet werden:

$h^2 + p^2 = a^2$, also $p = \sqrt{a^2 - h^2} = \sqrt{6{,}60^2 - 5{,}73^2}\,m \approx 3{,}28\,m$.

Der Träger ist etwa 5,73 m lang, sein Fußpunkt ist etwa 3,28 m vom Punkt B entfernt.

b) Im rechtwinkligen Teildreieck ADC sind die Werte von α und h bekannt, die Länge der Hypotenuse b ist gesucht.

$\sin(\alpha) = \frac{h}{b}$, also $b = \frac{h}{\sin(\alpha)} \approx \frac{5{,}73\,m}{\sin(38{,}5°)} \approx 9{,}20\,m$. Der längere Dachsparren ist etwa 9,20 m lang.

Aufgaben

1 Berechne im gleichschenkligen Dreieck ABC (Fig. 1) die fehlenden Seitenlängen und Winkelgrößen sowie den Flächeninhalt.

a) $a = 5{,}9\,cm$, $\alpha = 32°$ b) $a = 4{,}5\,dm$, $\gamma = 98°$ c) $a = 65{,}4\,m$, $c = 54{,}7\,m$

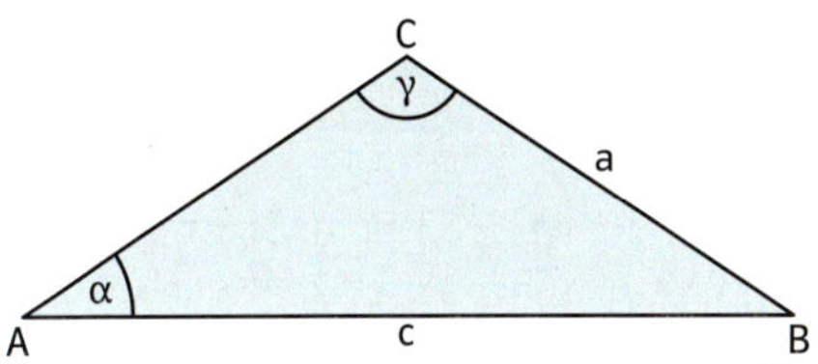

Fig. 1

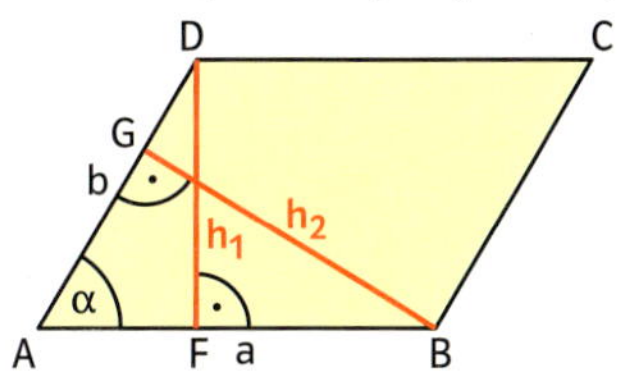

Fig. 2

2 In einem Parallelogramm ABCD sind $a = 4{,}1\,cm$ und $b = 3{,}4\,cm$ (Fig. 2). Berechne die Höhen h_1 und h_2 sowie den Flächeninhalt A für a) $\alpha = 42°$; b) $\alpha = 115°$.
Zeichne das Parallelogramm und trage die Höhen ein.

3 Berechne für ein symmetrisches Trapez ABCD die fehlenden Größen (Fig. 3).

a) $a = 9{,}2\,cm$, $b = 4{,}0\,cm$, $\alpha = 40°$ b) $a = 5{,}1\,cm$, $h = 3{,}2\,cm$, $\gamma = 108°$

c) $b = 7{,}5\,cm$, $c = 3{,}4\,cm$, $h = 5{,}0\,cm$ d) $a = 8{,}5\,cm$, $c = 4{,}9\,cm$, $\gamma = 116°$

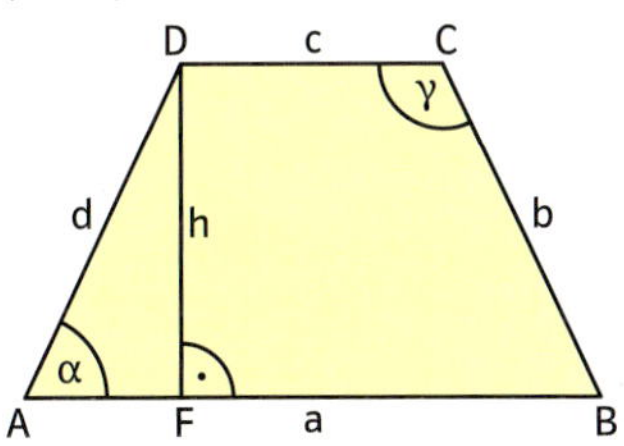

Fig. 3

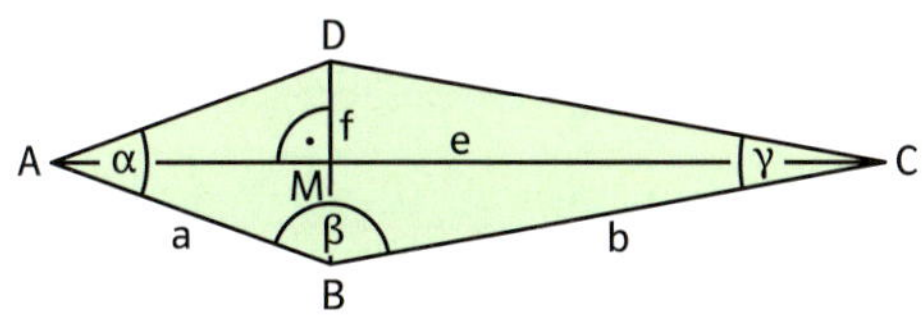

Fig. 4

4 Bei einem symmetrischen Drachen ABCD ist $\alpha = 39°$ (Fig. 4). Die Diagonale f ist 7 cm lang und teilt die Diagonale e im Verhältnis 1 : 2. Berechne

a) die Länge der Diagonalen e und den Flächeninhalt A,

b) die fehlenden Winkelgrößen sowie die Seitenlängen a und b.

5 In einem Würfel mit der Kantenlänge a ist die Raumdiagonale e eingezeichnet (Fig. 2).

a) Bestimme die Größe des Winkels, den die Raumdiagonale e mit der Grundfläche des Würfels einschließt.

b) Begründe: Die drei eingezeichneten Winkel, die die Raumdiagonale e mit den Würfelkanten einschließt, sind gleich groß. Berechne die Größe dieser Winkel.

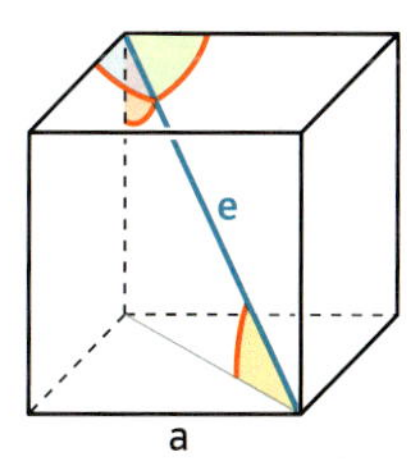

Fig. 5

6 Die Diagonalen eines Rechtecks schneiden sich unter dem Winkel $\varepsilon = 40°$ (Fig. 1). Die Diagonalen sind jeweils 12,5 cm lang.
Wie lang sind die Rechteckseiten? Wie groß ist der Flächeninhalt des Rechtecks?

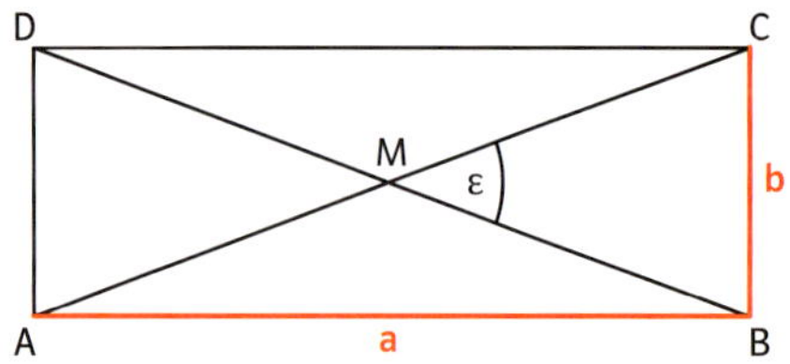

Fig. 1

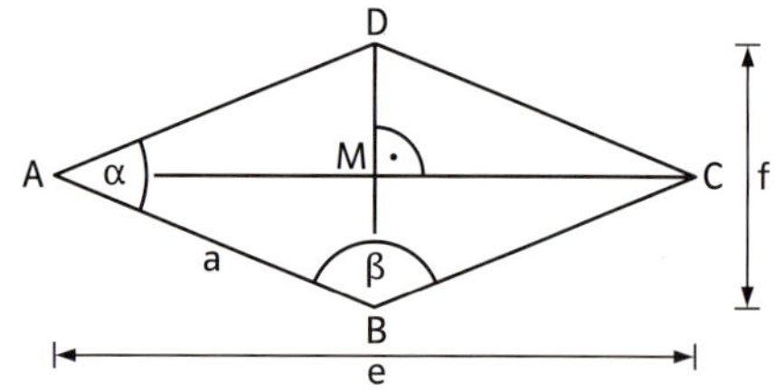

Fig. 2

7 Berechne für die Raute ABCD (Fig. 2) die fehlenden Größen sowie den Flächeninhalt.
a) $a = 4{,}4\,cm$, $\alpha = 68°$ b) $a = 5{,}5\,cm$, $e = 9{,}2\,cm$ c) $f = 4{,}8\,cm$, $\beta = 136°$

8 a) Begründe mithilfe von Fig. 3: Für den Flächeninhalt eines Dreiecks, dessen Seiten a und b einen stumpfen Winkel γ einschließen, gilt $A = \frac{1}{2} a \cdot b \cdot \sin(180° - \gamma)$.
b) Berechne mit dieser Beziehung den Flächeninhalt eines Dreiecks mit $a = 5\,cm$, $b = 8\,cm$ und $\gamma = 130°$.

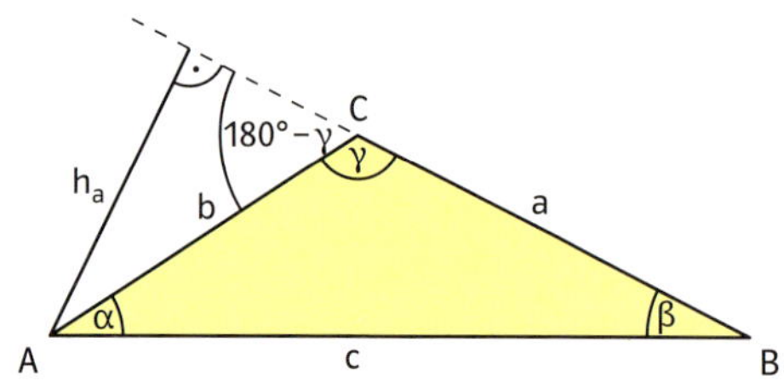

Fig. 3

Bist du sicher?

1 Der Giebel eines Daches hat die Breite $b = 8{,}4\,m$ und die Höhe $h = 5{,}4\,m$ (Fig. 4). Berechne die Dachneigung α und die Länge der Dachkante a.

2 Eine Dachfläche hat die Form eines symmetrischen Trapezes, bei dem die parallelen Seiten 12,8 m und 9,6 m lang und zwei der Innenwinkel 72° groß sind. Wie viel Quadratmeter müssen mit Dachziegeln eingedeckt werden?

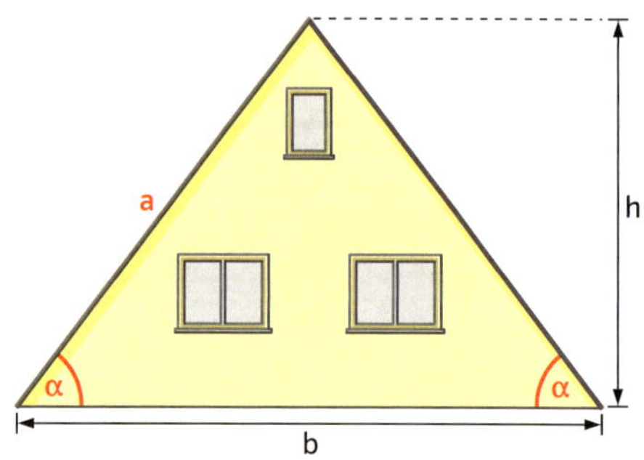

Fig. 4

9 Wie hoch ist eine Tanne, deren Schatten 27,50 m lang ist, wenn die Sonnenstrahlen unter einem Winkel von 38,5° einfallen?

10 Otto Lilienthal (1840 – 1896) flog mit seinem Drachenflieger aus 25 Metern Höhe unter einem Gleitwinkel von 8°. Wie lang war seine Flugstrecke?

11 Eine Treppe wird so aus Steinquadern gebaut, dass die Stufen 15 cm hoch und 25 cm tief sind (Fig. 5).
a) Wie groß ist der Neigungswinkel α des Treppengeländers?
b) Wie lang ist der Handlauf, wenn der Überstand auch d lang ist?

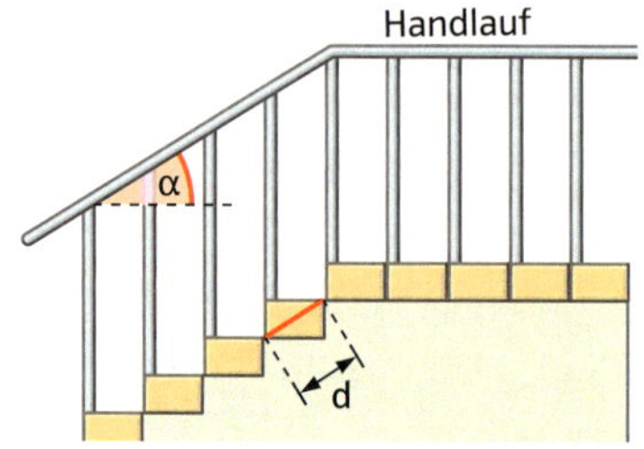

Fig. 5

12 Ein Freiluftballon mit dem Durchmesser d = 20 m wird unter einem Sehwinkel von β = 0,4° beobachtet (Fig. 1). Wie weit ist der Ballon vom Beobachter B entfernt?

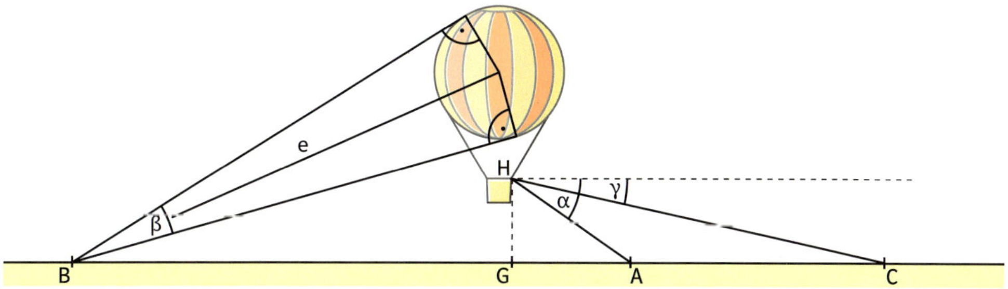

Fig. 1

13 Ein Freiluftballon befindet sich oberhalb eines Punktes G, der in ebenem Gelände liegt. Die Punkte A und C werden unter den Tiefenwinkeln α = 69° und γ = 33° gesehen (Fig. 1). Wie hoch schwebt der Ballon oberhalb des Punktes G, wenn die Punkte A und C den Abstand 1300 m voneinander haben?

Hinweis zu Aufgabe 13:
Berechne zunächst die Strecke $x = \overline{GA}$ mithilfe der rechtwinkligen Dreiecke GAH und GCH.
Kontrollergebnis:
$x = \frac{\overline{AC} \cdot \tan(\gamma)}{\tan(\alpha) - \tan(\gamma)}$

14 Ein Aussichtsturm steht 30 m vom diesseitigen Kanalufer entfernt (Fig. 2).
Von der Aussichtsplattform aus erscheint das diesseitige Kanalufer unter dem Winkel α = 24,5°, das jenseitige unter dem Winkel β = 64°.
a) Wie hoch ist der Aussichtsturm?
b) Wie breit ist der Kanal?

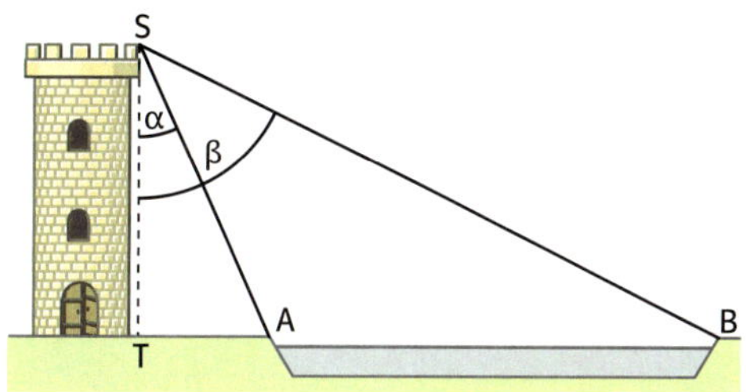

Fig. 2

15 Fig. 3 zeigt den Giebel eines Pultdaches, bei dem eine symmetrische Trapezfläche durch eine Dreiecksfläche ergänzt ist.
a) Berechne die fehlenden Längen von a, h_1, h_2, h und d.
b) Wie groß ist der Flächeninhalt des Giebels?

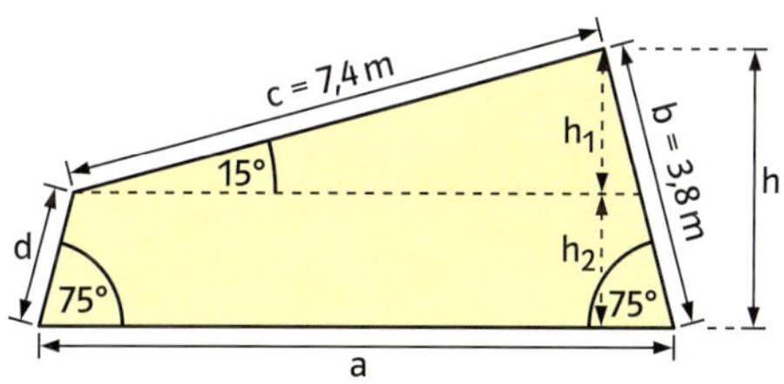

Fig. 3

16 **Rund um den Turm**
a) Ordne jedem der Aufgabentexte eine der Skizzen zu. Besprich dich mit deinem Nachbarn. Bearbeitet eine der Aufgaben gemeinsam.
b) Jeder berechnet nun eine weitere Aufgabe. Erklärt euch gegenseitig den Lösungsweg.

Ein Turm ist 28,6 m hoch und 6,0 m vom Ufer eines Flusses entfernt. Vom Turm aus erscheint die Flussbreite unter dem Sehwinkel von 17°. Wie breit ist der Fluss? **C**

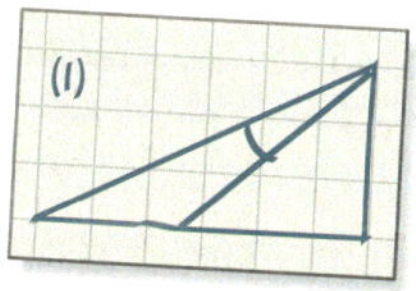

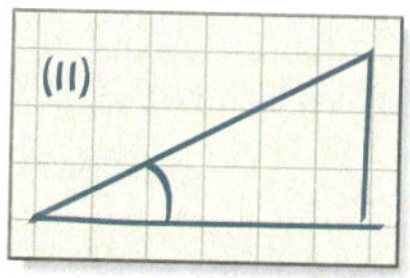

Eine Turmspitze erscheint von einer Stelle aus, die in horizontaler Richtung 141 m vom Fuß des Turms entfernt ist, unter einem Erhebungswinkel von 48,5°. Berechne die Turmhöhe (Augenhöhe 1,5 m). **A**

Auf einem 15,0 m hohen Turm ist ein Fahnenmast befestigt. Ein Beobachter ist 12,0 m vom Turm entfernt. Ihm erscheinen die beiden Enden des Mastes unter einem Sehwinkel von 6,5°. Seine Augenhöhe beträgt 1,6 m. Wie lang ist der Fahnenmast? **B**

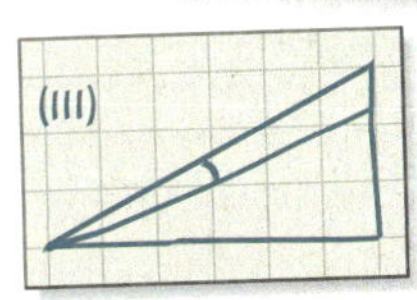

4 Beziehungen zwischen Sinus, Kosinus und Tangens

Clemens und Sarah fahren mit dem Riesenrad. Sie freuen sich auf den Ausblick aus 60 Metern Höhe.
Clemens: „Wow! 60 Meter sind doch ganz schön hoch! Mir reichen die 60 Grad schon, die wir jetzt geschafft haben."
Sarah: „Aber dann sind wir doch erst 20 Meter hoch! Oder ...?"

Wählt man im rechtwinkligen Dreieck die Länge der Hypotenuse als Längeneinheit, so lassen sich $\sin(\alpha)$, $\cos(\alpha)$ und $\tan(\alpha)$ wie in Fig. 1 als Streckenlängen am **Einheitskreis** auffassen.
Man erkennt am Einheitskreis: Nähert sich α immer mehr 0°, so nähern sich $\sin(\alpha)$ und $\tan(\alpha)$ immer mehr 0. Wenn sich α immer mehr 90° nähert, so unterscheidet sich der Sinuswert immer weniger von 1 und der Kosinuswert immer weniger von 0. Der Tangenswert wird dagegen beliebig groß.

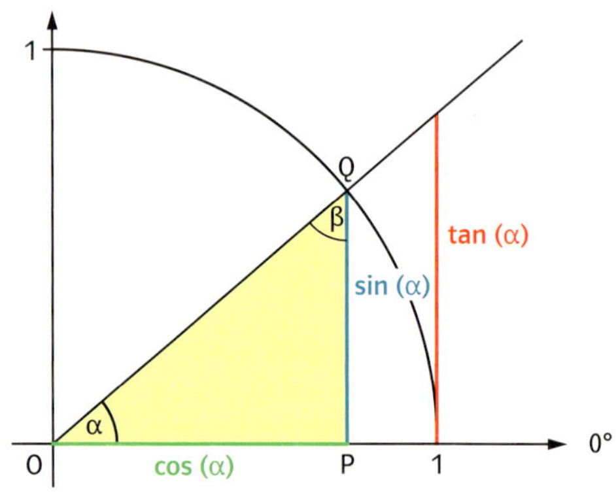

Fig. 1

Für den Winkel 90° kann man keinen sinnvollen Tangenswert festlegen.

Man schreibt für $(\sin(\alpha))^2$ auch $\sin^2(\alpha)$ (lies: Sinus Quadrat α). Bei Kosinus und Tangens verfährt man ebenso.

Obwohl für $\alpha = 0°$ und $\alpha = 90°$ kein Dreieck entsteht, sind die folgenden Festlegungen sinnvoll: $\mathbf{\sin(0°) = 0;\ \sin(90°) = 1;\ \cos(0°) = 1;\ \cos(90°) = 0}$ **und** $\mathbf{\tan(0°) = 0}$.
Im Dreieck OPQ in Fig. 1 ist $\beta = 90° - \alpha$. Damit gilt
$\sin(\alpha) = \overline{PQ} = \cos(\beta) = \cos(90° - \alpha)$ und $\cos(\alpha) = \overline{OP} = \sin(\beta) = \sin(90° - \alpha)$.
Aus dem Satz des Pythagoras folgt für das rechtwinklige Dreieck OPQ

$$(\sin(\alpha))^2 + (\cos(\alpha))^2 = 1.$$

Außerdem kann man am Dreieck OPQ ablesen

$$\tan(\alpha) = \frac{\overline{QP}}{\overline{OP}} = \frac{\sin(\alpha)}{\cos(\alpha)} \text{ und } \tan(90° - \alpha) = \tan(\beta) = \frac{\overline{OP}}{\overline{QP}} = \frac{1}{\tan(\alpha)}.$$

Wählt man nicht die Länge der Hypotenuse als Längeneinheit, lässt aber die Winkelgrößen unverändert, so ändern sich die Seitenverhältnisse im Dreieck OPQ nicht. Daher gelten die am Einheitskreis hergeleiteten Beziehungen zwischen Sinus, Kosinus und Tangens für beliebige rechwinklige Dreiecke.

Für alle Winkel α mit $0° \leqq \alpha \leqq 90°$ gilt:

$$\sin(\alpha) = \cos(90° - \alpha) \text{ und } \cos(\alpha) = \sin(90° - \alpha) \text{ sowie}$$
$$\sin^2(\alpha) + \cos^2(\alpha) = 1.$$

Für alle Winkel α mit $0° < \alpha < 90°$ gilt: $\tan(\alpha) = \frac{\sin(\alpha)}{\cos(\alpha)}$ und $\tan(90° - \alpha) = \frac{1}{\tan(\alpha)}$.

Beispiel 1 Näherungswerte grafisch bestimmen

Bestimme Näherungswerte für sin (50°), cos (50°) und tan (50°) am Einheitskreis. Vergleiche mit den Näherungen, die der Taschenrechner liefert.

Lösung:

Es wird ein Viertelkreis gezeichnet, dessen Radius eine Längeneinheit lang ist (Einheitskreis). Zum Winkel $\alpha = 50°$ werden die Punkte A, A_1, B und B_1 konstruiert (Fig. 1).

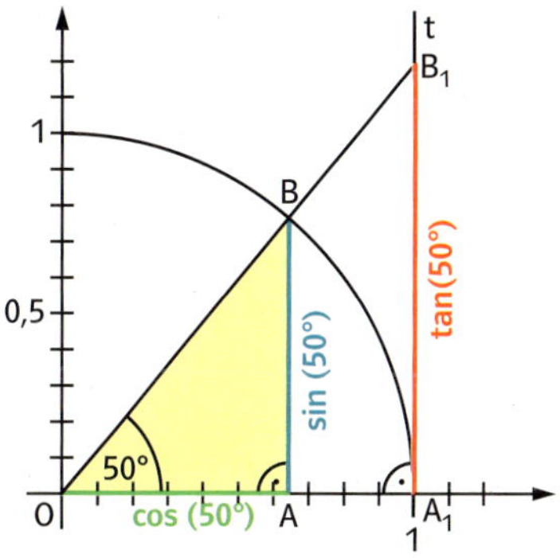

Fig. 1

Abgelesene Werte:

$\sin(50°) \approx 0{,}8$; $\cos(50°) \approx 0{,}6$; $\tan(50°) \approx 1{,}2$

Taschenrechnerwerte:

$\sin(50°) \approx 0{,}766$; $\cos(50°) \approx 0{,}643$;

$\tan(50°) \approx 1{,}192$

Die abgelesenen Werte sind eine Näherung für die genaueren Taschenrechnerwerte.

Beispiel 2 Genaue Werte berechnen

Gegeben ist $\sin(\alpha) = \frac{3}{5}$. Berechne genaue Werte für

a) $\cos(\alpha)$; b) $\tan(\alpha)$.

Lösung:

a) $\sin^2(\alpha) + \cos^2(\alpha) = 1$. Also: $\cos^2(\alpha) = 1 - \sin^2(\alpha) = 1 - \left(\frac{3}{5}\right)^2 = \frac{16}{25}$

$\cos(\alpha) = \sqrt{\frac{16}{25}} = \frac{4}{5}$

b) $\tan(\alpha) = \frac{\sin(\alpha)}{\cos(\alpha)} = \frac{\frac{3}{5}}{\frac{4}{5}} = \frac{3}{4}$

Beispiel 3 Sinus-, Kosinus- und Tangenswerte für 30° und 60°

a) Bestimme sin (30°), sin (60°), cos (30°), cos (60°), tan (30°) und tan (60°) mithilfe des gleichseitigen Dreiecks in Fig. 2.

b) Berechne $\frac{\sin(\alpha)}{\cos(\alpha)}$ für $\alpha = 30°$ und $\alpha = 60°$. Vergleiche jeweils mit $\tan(\alpha)$.

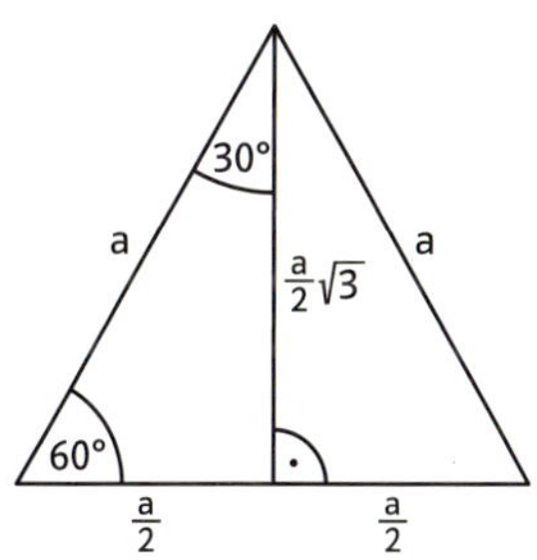

Fig. 2

Außer 30° und 60° gibt es noch andere Winkelgrößen, für die die Sinus-, Kosinus- und Tangenswerte exakt angegeben werden können.

Lösung:

a) $\sin(30°) = \cos(60°) = \frac{\frac{a}{2}}{a} = \frac{1}{2}$

$\sin(60°) = \cos(30°) = \frac{\frac{a}{2}\sqrt{3}}{a} = \frac{1}{2}\sqrt{3}$

$\tan(30°) = \frac{\frac{a}{2}}{\frac{a}{2}\sqrt{3}} = \frac{1}{\sqrt{3}}$; $\tan(60°) = \frac{\frac{a}{2}\sqrt{3}}{\frac{a}{2}} = \sqrt{3}$

b) $\frac{\sin(30°)}{\cos(30°)} = \frac{\frac{1}{2}}{\frac{1}{2}\sqrt{3}} = \frac{1}{\sqrt{3}} = \frac{1}{3}\sqrt{3} = \tan(30°)$; $\frac{\sin(60°)}{\cos(60°)} = \frac{\frac{1}{2}\sqrt{3}}{\frac{1}{2}} = \sqrt{3} = \tan(60°)$

Beispiel 4 Terme vereinfachen

a) Vereinfache den Term $\frac{\tan^2(\alpha)}{1 + \tan^2(\alpha)}$.

b) Drücke $\sin(\alpha)$ durch $\cos(\alpha)$ aus.

Lösung:

a) $\frac{\tan^2(\alpha)}{1 + \tan^2(\alpha)} = \frac{\frac{\sin^2(\alpha)}{\cos^2(\alpha)}}{1 + \frac{\sin^2(\alpha)}{\cos^2(\alpha)}} = \frac{\sin^2(\alpha)}{\cos^2(\alpha) + \sin^2(\alpha)} = \frac{\sin^2(\alpha)}{1} = \sin^2(\alpha)$

b) $\sin^2(\alpha) = 1 - \cos^2(\alpha)$. Also: $\sin(\alpha) = \sqrt{1 - \cos^2(\alpha)}$, da $\cos^2(\alpha) \leqq 1$.

Aufgaben

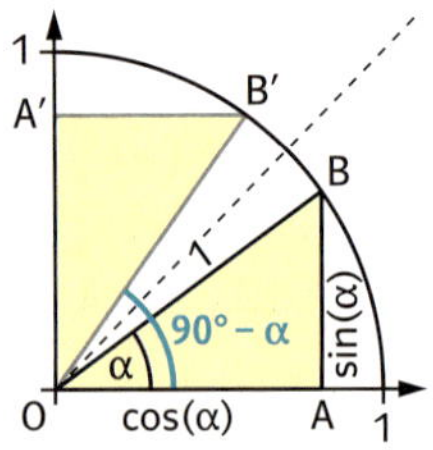

Fig. 1

1 Bestimme grafisch einen Näherungswert für
a) $\sin(35°)$, b) $\cos(35°)$, c) $\tan(35°)$, d) $\sin(55°)$.

2 Erläutere, wie man in Fig. 1 Näherungswerte für $\sin(40°)$ und $\cos(40°)$ ablesen kann.

3 Bestimme Näherungswerte für $\sin(\alpha)$, $\cos(\alpha)$ und $\tan(\alpha)$ am Einheitskreis. Wähle $\alpha = 38°$ ($\alpha = 27°$; $\alpha = 63°$) und vergleiche mit den Näherungen, die der Taschenrechner liefert. Berechne jeweils $\frac{\sin(\alpha)}{\cos(\alpha)}$ und $\sin^2(\alpha) + \cos^2(\alpha)$. Was stellst du fest?

4 Begründe anhand von Fig. 1: $\sin(\alpha) = \cos(90° - \alpha)$ und $\cos(\alpha) = \sin(90° - \alpha)$.

5 Zeichne einen Einheitskreis und bestimme den Winkel α grafisch.
a) $\sin(\alpha) = 0{,}7$ b) $\tan(\alpha) = 0{,}7$ c) $\cos(\alpha) = 0{,}4$ d) $\tan(\alpha) = 2$

Merkhilfe:

α	$\sin(\alpha)$	$\cos(\alpha)$
0°	$\frac{1}{2}\sqrt{0}$	$\frac{1}{2}\sqrt{4}$
30°	$\frac{1}{2}\sqrt{1}$	$\frac{1}{2}\sqrt{3}$
45°	$\frac{1}{2}\sqrt{2}$	$\frac{1}{2}\sqrt{2}$
60°	$\frac{1}{2}\sqrt{3}$	$\frac{1}{2}\sqrt{1}$
90°	$\frac{1}{2}\sqrt{4}$	$\frac{1}{2}\sqrt{0}$

Tab. 1

6 In der Tabelle 1 sind einige Sinus- und Kosinuswerte zusammengestellt.
Die Werte, die bereits begründet wurden, sind farbig hervorgehoben.

	0°	30°	45°	60°	90°
$\sin(\alpha)$	0	$\frac{1}{2}$	$\frac{1}{2}\sqrt{2}$	$\frac{1}{2}\sqrt{3}$	1
$\cos(\alpha)$	1	$\frac{1}{2}\sqrt{3}$	$\frac{1}{2}\sqrt{2}$	$\frac{1}{2}$	0

Begründe den Sinuswert und den Kosinuswert für $\alpha = 45°$ mithilfe eines rechtwinkligen Dreiecks.

α	$\tan(\alpha)$
0°	0
30°	$\frac{1}{\sqrt{3}}$
45°	1
60°	$\sqrt{3}$
90°	–

Tab. 2

7 In der Tabelle 2 sind spezielle Tangenswerte aufgelistet. Begründe die Tangenswerte
a) mithilfe eines geeigneten Dreiecks, b) mithilfe der Gleichung $\tan(\alpha) = \frac{\sin(\alpha)}{\cos(\alpha)}$.

Kannst du das noch?

8 Vereinfache.
a) $(a + 6)(a - 7) - (3a^2 + 2a - 5)(a + 1)$ b) $x(y + 2z) - y(3x - z) + z(2x - 3y)$

9 Multipliziere aus und fasse zusammen.
a) $(a - 6)(7a^2 - a)$ b) $(4c^2 - 5d)^2$ c) $(x^2 - 5xy^2)(-5xy^2 - x^2)$

10 Faktorisiere. Benutze, falls möglich, auch die binomischen Formeln.
a) $8t^4n^4 - 8$ b) $4k - 8p^2k - 4kp^4$ c) $50x^2 + 8z^2$ d) $27ab^2 - 75a$

11 Die Gondel eines Riesenrads (Durchmesser 60 m) startet in Position 1 und ist nach 9 Minuten am höchsten Punkt.
a) Ermittle die Höhenzunahme h nach 1 min; 2 min; …; 9 min zeichnerisch.
b) Überprüfe die Werte rechnerisch. Stelle das Ergebnis in einer Tabelle und in einem geeigneten Koordinatensystem dar.

12 Bestimme $\cos(\alpha)$ ohne Taschenrechner für einen Winkel α mit
a) $\sin(\alpha) = \frac{4}{5}$, b) $\sin(\alpha) = \frac{5}{13}$, c) $\sin(\alpha) = \frac{2}{3}$, d) $\sin(\alpha) = 0{,}3$, e) $\sin(\alpha) = \frac{1}{3}\sqrt{5}$.

13 Bestimme $\sin(\alpha)$ ohne Taschenrechner für einen Winkel α mit
a) $\cos(\alpha) = 0{,}6$, b) $\cos(\alpha) = \frac{1}{4}\sqrt{7}$, c) $\cos(\alpha) = \frac{2}{7}\sqrt{7}$, d) $\cos(\alpha) = 0{,}2$, e) $\cos(\alpha) = \frac{5}{6}$.

14 Gegeben ist $\sin(\alpha) = \frac{2}{7}\sqrt{6}$. Bestimme ohne Taschenrechner.
a) $\cos(\alpha)$, b) $\tan(\alpha)$, c) $\sin(90° - \alpha)$, d) $\tan(90° - \alpha)$.

15 Vereinfache:
a) $\tan(\alpha) \cdot \cos(\alpha)$
b) $\frac{\sin(\alpha)}{\tan(\alpha)}$
c) $\sin^3(\alpha) + \sin(\alpha) \cdot \cos^2(\alpha)$
d) $\frac{1}{\tan(\alpha) \cdot \cos(\alpha)}$
e) $\sqrt{1 + \cos(\alpha)}\,\sqrt{1 - \cos(\alpha)}$
f) $\sin(\alpha) + \frac{\cos(\alpha)}{\tan(\alpha)}$
g) $\sin^4(\alpha) - \cos^4(\alpha)$
h) $\frac{\tan(\alpha)}{\sin(\alpha)} - \tan(\alpha) \cdot \sin(\alpha)$
i) $\frac{\cos(\alpha)}{1 - \sin(\alpha)} - \frac{1}{\cos(\alpha)}$

16 a) Drücke $\tan(\alpha)$ aus durch $\sin(\alpha)$ (durch $\cos(\alpha)$).
b) Berechne $\tan(\alpha)$ mit der passenden Formel aus a), wenn $\sin(\alpha) = \frac{12}{13}$ ist (wenn $\cos(\alpha) = \frac{1}{3}\sqrt{5}$ ist).

17 a) Nimm Fig. 1 zu Hilfe und drücke sowohl $\sin(\alpha)$ als auch $\cos(\alpha)$ durch $\tan(\alpha)$ aus.
b) Berechne $\sin(\alpha)$, wenn $\tan(\alpha) = 2\frac{1}{5}$ ist.
c) Berechne $\cos(\alpha)$, wenn $\tan(\alpha) = \frac{1}{6}\sqrt{3}$ ist.

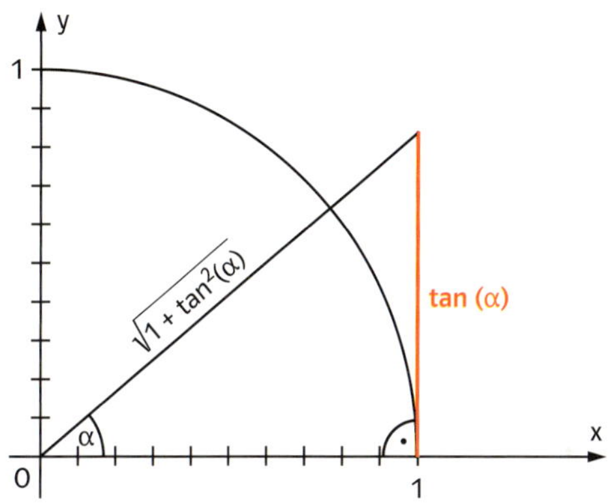

Fig. 1

18 Von den Werten $\sin(\alpha)$, $\cos(\alpha)$ und $\tan(\alpha)$ ist jeweils nur einer gegeben. Berechne die beiden anderen.
a) $\sin(\alpha) = \frac{1}{4}$ b) $\cos(\alpha) = 0{,}7$ c) $\sin(\alpha) = \frac{3}{4}$ d) $\tan(\alpha) = \frac{3}{4}$
e) $\cos(\alpha) = 0{,}1$ f) $\sin(\alpha) = \frac{1}{5}\sqrt{3}$ g) $\cos(\alpha) = \frac{1}{3}\sqrt{6}$ h) $\tan(\alpha) = \frac{1}{2}\sqrt{5}$

Tipp zu Aufgabe 18: Benutze in d) und h) Fig. 1.

19 Welche Beziehungen zwischen Sinus, Kosinus und Tangens erhält man, wenn man die Beziehung $a^2 + b^2 = c^2$ im rechtwinkligen Dreieck mit $\gamma = 90°$ durch a^2 (durch b^2; durch c^2) dividiert?

20 Welche Beziehungen zwischen Sinus, Kosinus und Tangens ergeben sich, wenn man in Fig. 2 den 1. Strahlensatz (den 2. Strahlensatz) anwendet?

21 Beweise die Formeln.
a) $\frac{1}{\cos^2(\alpha)} = 1 + \tan^2(\alpha)$
b) $\frac{1}{\sin^2(\alpha)} = 1 + \tan^2(90° - \alpha)$

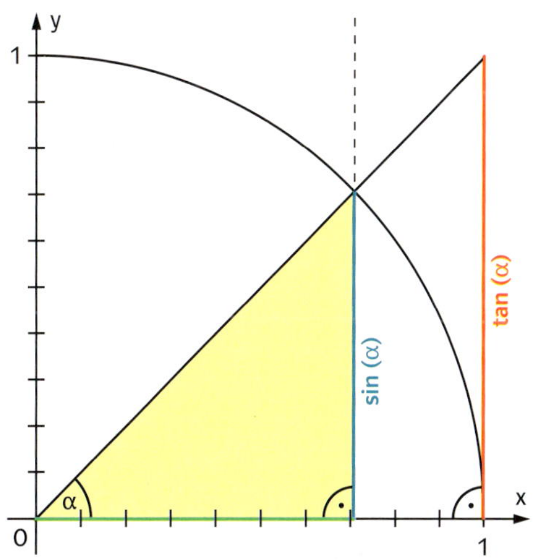

Fig. 2

Wiederholen – Vertiefen – Vernetzen

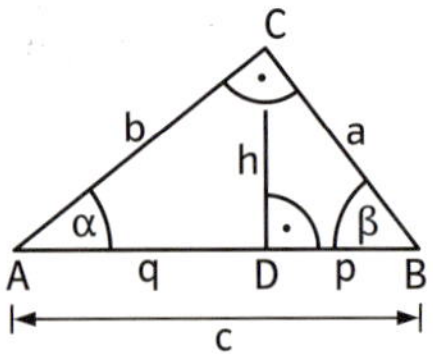

Fig. 1

1 a) Die Dreiecke ABC, ADC und DBC in Fig. 1 sind ähnlich. Begründe.
b) Gib jeweils drei zu sin(α), cos(α) und tan(α) gehörende Seitenverhältnisse an (Fig. 1).
c) Leite mithilfe der Seitenverhältnisse aus Teil b) den Kathetensatz, den Satz des Pythagoras und den Höhensatz für das Dreieck ABC her.

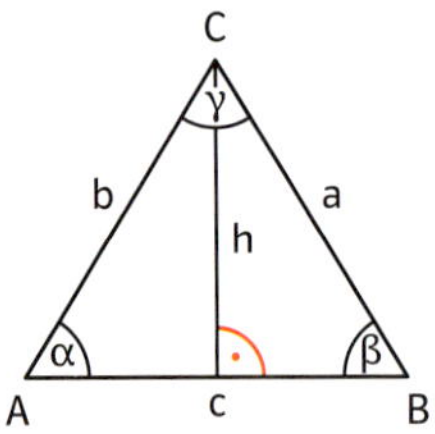

Fig. 2

2 Im Dreieck ABC ist $\gamma = 90°$ (Fig. 2). Berechne
a) die Höhe h und die fehlenden Winkelgrößen für $p = 4{,}8\,cm$ und $q = 2{,}7\,cm$,
b) die Länge der Hypotenuse und die Größe des Winkels α für $q = 4\,cm$ und $h = 3\,cm$,
c) alle Seitenlängen und Winkelgrößen für $h = 3\,cm$ und $p = 1{,}8\,cm$.

3 Berechne die fehlenden Seitenlängen und Winkelgrößen in einem rechtwinkligen Dreieck mit den Katheten a und b und der Hypotenuse c.
a) $b = 3{,}2\,cm;\ \alpha = 32°$ b) $c = 7{,}5\,cm;\ \beta = 12°$ c) $a = 1{,}8\,cm;\ \alpha = 15{,}2°$
d) $a = 4{,}1\,cm;\ \beta = 50{,}5°$ e) $b = 2{,}8\,cm;\ c = 5{,}5\,cm$ f) $a = 4{,}3\,cm;\ c = 9{,}7\,cm$

4 Berechne für ein gleichschenkliges Dreieck mit der Grundseite c (Fig. 2) die fehlenden Seitenlängen und Winkelgrößen sowie den Flächeninhalt.
a) $c = 4{,}8\,cm;\ \alpha = 75°$ b) $a = 7{,}3\,cm;\ \beta = 68°$ c) $h = 6{,}9\,cm;\ b = 10{,}4\,cm$

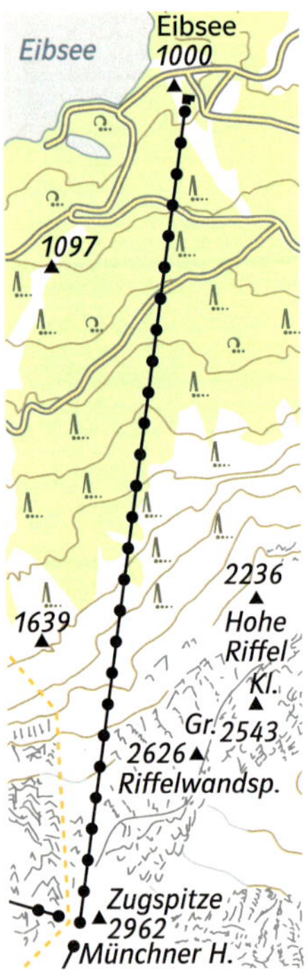

Maßstab 1:50 000

Fig. 6

5 Bestimme die fehlenden Seitenlängen und Winkelgrößen und den Flächeninhalt A eines symmetrischen Trapezes (Fig. 3).
a) $c = 3{,}5\,cm;\ h = 5{,}1\,cm;\ \beta = 65°$
b) $a = 5{,}2\,cm;\ e = 8{,}4\,cm;\ \alpha_1 = 40°$

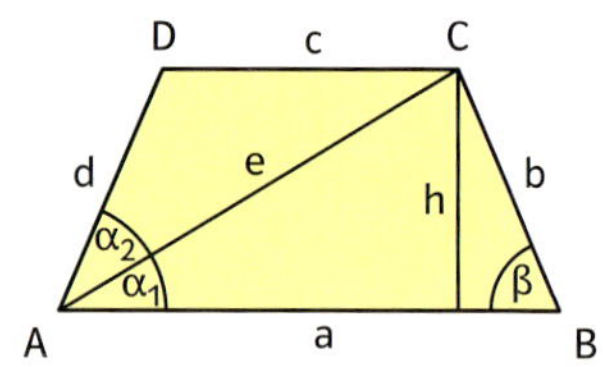

Fig. 3

6 Berechne die Seitenlänge und den Flächeninhalt einer Raute ABCD mit den Diagonalen e und f (Fig. 4).
a) $\alpha = 40{,}6°;\ e = 5{,}4\,cm$
b) $\beta = 128{,}2°;\ e = 10{,}6\,cm$

7 Bei einem symmetrischen Drachen teilt die Diagonale e die Diagonale f im Verhältnis 5 : 2 (Fig. 5). Bekannt sind $e = 5{,}2\,cm$ und die Seitenlänge $b = 4{,}0\,cm$. Berechne die Winkelgrößen und die fehlende Seitenlänge des Drachens.

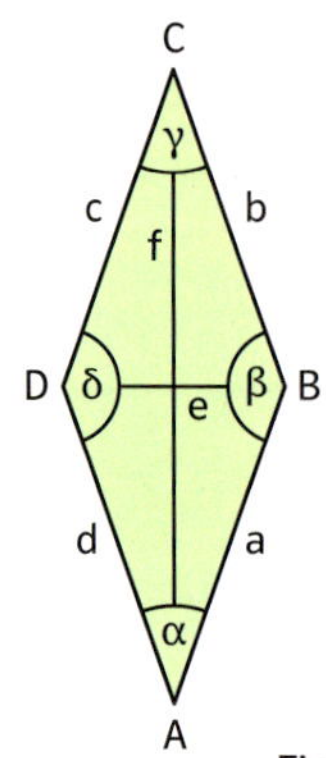

Fig. 4

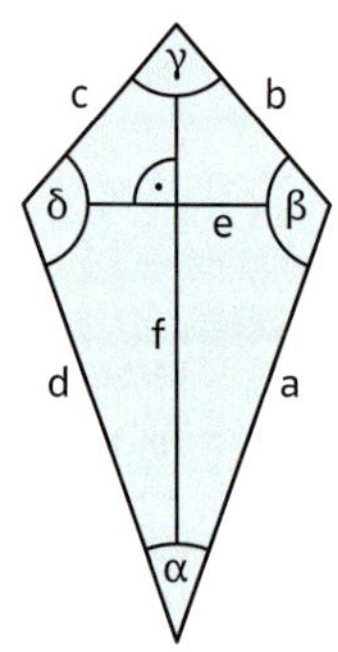

Fig. 5

8 Die Zugspitzbahn ist die längste Seilbahn in Deutschland. Sie führt von der Talstation am Eibsee auf den Gipfel der Zugspitze. Berechne die Mindestlänge des Seiles und die durchschnittliche Seilneigung. Entnimm dazu Fig. 6 alle erforderlichen Angaben.

9 Der Bodensee ist $b = 63{,}5\,km$ lang. Wie viel Meter steht das Wasser in der Mitte des Sees höher als an den Enden? In Fig. 7 ist übertrieben dargestellt, warum die Seemitte höher liegt. Berechne daran zunächst den Winkel α und damit die Höhe h.

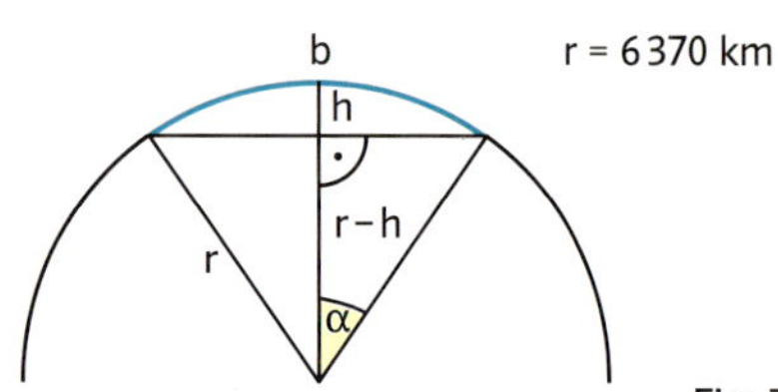

Fig. 7

Tipp:
Runde den Winkel α nicht, da er bei der Berechnung von h verwendet wird!

10 Am Rhein-Main-Flughafen in Frankfurt werden die Flugzeuge von einem Instrumenten-Lande-System auf einem Gleitpfad automatisch zur Landebahn geführt.

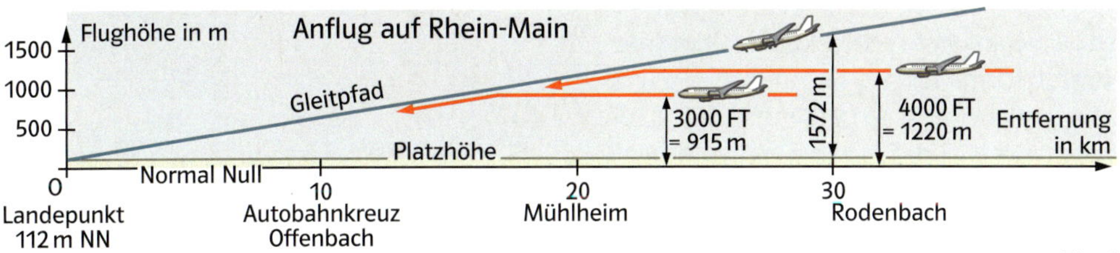

Fig. 1

a) Gib die Steigung des Gleitpfades (Fig. 1) in Grad und in Prozent an.
b) Wie viele Kilometer gleitet ein Flugzeug auf dem Gleitpfad, das in einer Höhe von 3000 Fuß auf die Bahn einschwenkt (1 Fuß = 30,5 cm)?
c) Berechne die Flughöhe, wenn das Flugzeug 25 km vom Flughafen entfernt gleitet.

11 Ein 2,55 m hoher Damm mit symmetrischem Querschnitt soll aufgeschüttet werden. Das Schüttmaterial lässt als maximalen Böschungswinkel (Neigung der Böschung) $\alpha = 29°$ zu. Um wie viel Meter muss der Damm unten mindestens breiter sein als oben?

12 Ein 32,0 m hoher Turm (Höhe h) ist 64,0 m vom Ufer eines Flusses entfernt (Entfernung a). Von der Turmspitze aus erscheint die Flussbreite unter dem Sehwinkel 4,8°. Berechne die Breite des Flusses an dieser Stelle.

13 In einem gleichschenkligen Dreieck mit der Basis g und den Schenkeln s sind α und β die Basiswinkel, γ liegt der Basis gegenüber (Fig. 2).
Berechne die fehlenden Größen sowie den Flächeninhalt des Dreiecks.
a) s = 5,9 cm, $\alpha = 62°$ b) s = 45,2 m, $\gamma = 98°$ c) g = 54 dm, s = 0,0654 km

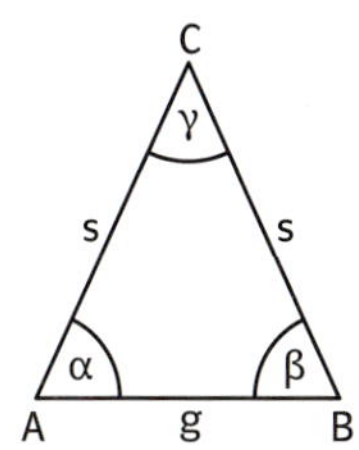

Fig. 2

14 In einem Quader mit den Seitenlängen a = 5 cm, b = 4 cm und c = 3 cm sind die Raumdiagonalen d und e eingezeichnet (Fig. 3). Berechne
a) die Winkel α, β und γ, die die Raumdiagonale d mit den Quaderkanten einschließt,
b) den Winkel δ, unter dem sich die Raumdiagonalen d und e schneiden.

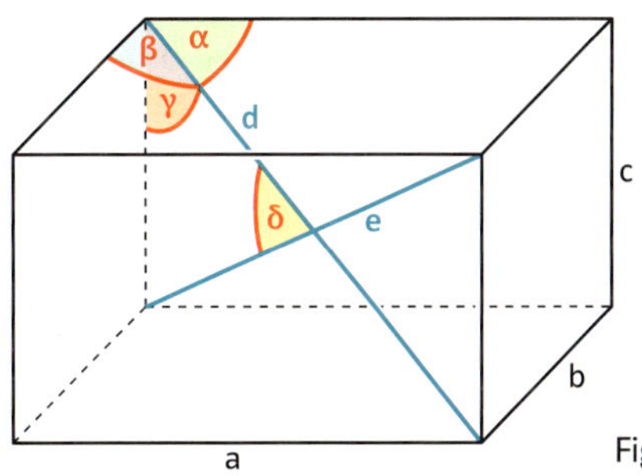

Fig. 3

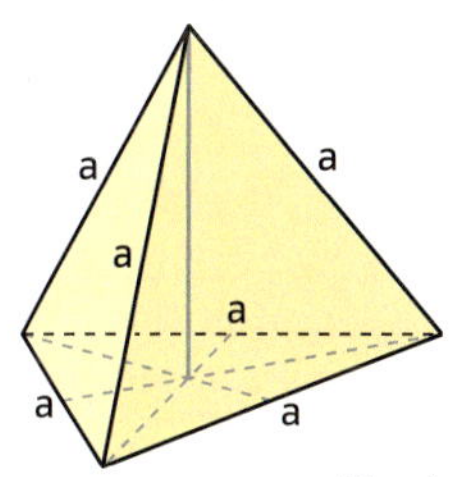

Fig. 4

15 Das Tetraeder in Fig. 4 wird von vier gleichseitigen, kongruenten Dreiecken begrenzt. Berechne den Neigungswinkel, den
a) eine Seitenkante, b) eine Seitenfläche
mit der Grundfläche einschließt.

16 Die Raumdiagonale d eines Quaders schließt mit den Quaderkanten a, b und c die Winkel α, β und γ ein (Fig. 5). Zeige, dass für jeden Quader gilt:
$\cos^2(\alpha) + \cos^2(\beta) + \cos^2(\gamma) = 1$.

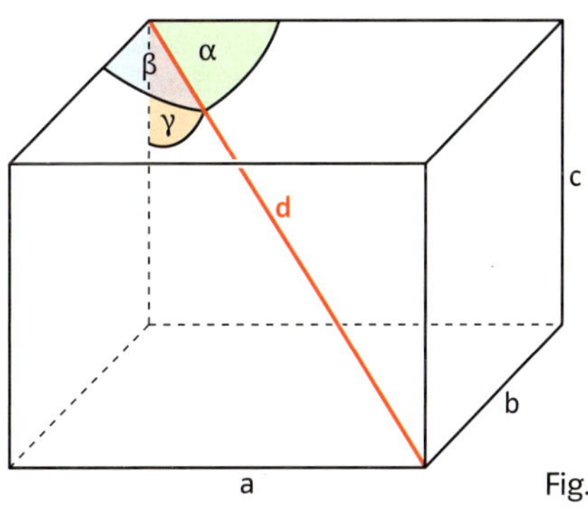

Fig. 5

17 Beweise: Ein gleichseitiges Dreieck mit der Seite s hat den Inkreisradius $r = \frac{s}{6}\sqrt{3}$.

18 Ein Haus mit rechteckigem Grundriss (Breite: 9,8 m; Länge: 13,2 m) soll ein symmetrisches Walmdach erhalten (Fig. 1). Der Dachfirst f ist 8 m lang und hat vom Dachboden den Abstand h = 3,1 m.
a) Berechne die Neigungswinkel der Dachflächen I und II.
b) Berechne die Länge der Kante g.

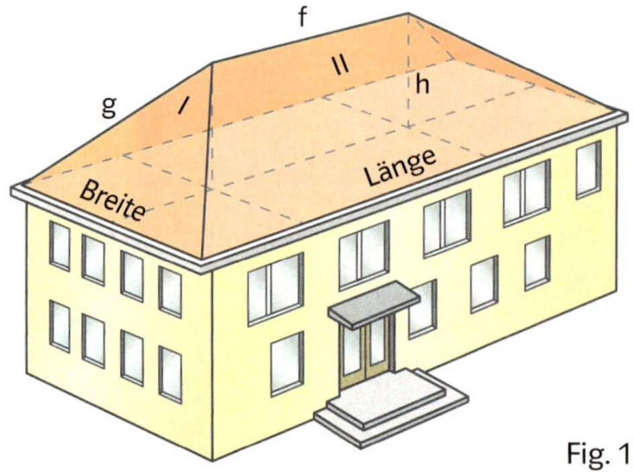

Fig. 1

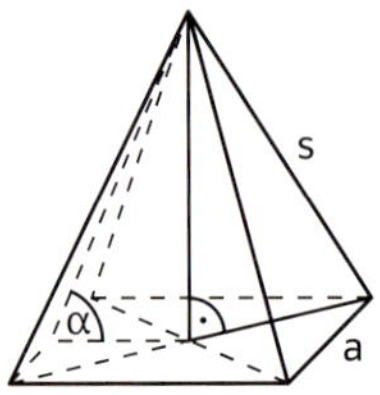

Fig. 2

19 Bei einer regelmäßigen Pyramide mit quadratischer Grundfläche (Fig. 2) ist a die Grundkantenlänge. Die Seitenflächen sind unterm Winkel $\alpha = 60°$ gegen die Grundfläche geneigt. Drücke die Höhe h der Pyramide und die Seitenkanten s durch a aus.

20 Bei einem Quader ist die Kante b halb so lang wie die Kante a und die Kante c halb so lang wie b. Berechne die Winkel α, β, γ, welche die Raumdiagonale mit den Kanten a, b, c des Quaders bildet.

21 Die Spitze eines Kirchturms hat die Form einer regelmäßigen quadratischen Pyramide mit der Grundseite a und der Höhe h (Fig. 3). Berechne
a) den Neigungswinkel α der Seitenflächen gegenüber der Grundfläche,
b) den Öffnungswinkel γ an der Turmspitze,
c) den Flächeninhalt des Daches, wenn a = 7,20 m und h = 13,60 m sind.

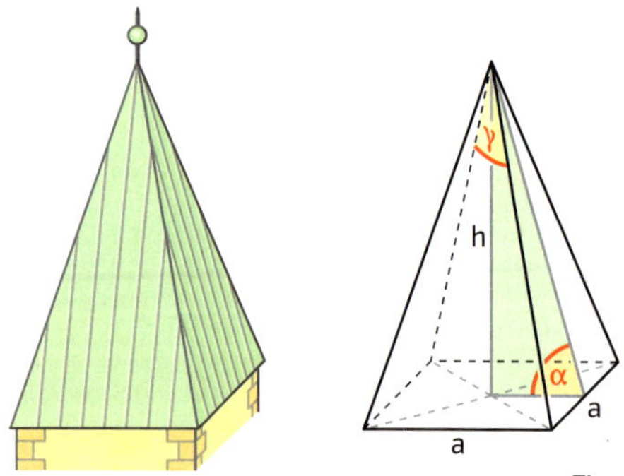

Fig. 3

22 Die Rohrleitung eines Wasserkraftwerks fällt um 450 m. In einer Karte mit dem Maßstab 1:25 000 ist sie 4,2 cm lang eingezeichnet. Berechne den Neigungswinkel und die Länge der Leitung.

23 In einem Kreis mit Radius r liegen dem Mittelpunktswinkel α die Sehne s und der Bogen b gegenüber. Berechne die fehlenden Stücke für
a) r = 12 cm; α = 120°
b) b = 33,5 cm; α = 75°
c) r = 66,5 cm; b = 71,0 cm
d) r = 7,3 cm; α = 99,5°
e) b = 25,4 cm; α = 165,3°
f) r = 11,3 cm; b = 28,1 cm

24 a) Stelle für das einbeschriebene regelmäßige Vieleck in Fig. 4 eine Formel für den Flächeninhalt A auf. Drücke dazu den Flächeninhalt eines Teildreiecks durch den Kreisradius r und die Eckenzahl n aus.
b) Berechne den Flächeninhalt A für ein regelmäßiges Vieleck mit r = 5 cm und n = 10 (16; 256). Wie viel Prozent des Kreisflächeninhalts beträgt A jeweils?

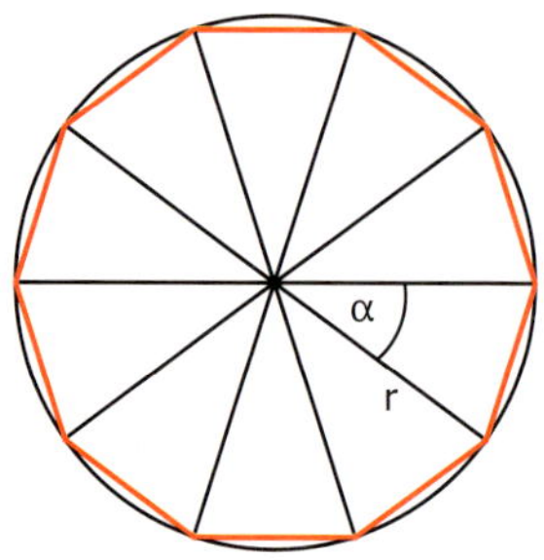

Fig. 4

Pyramiden, Gauß und GPS

Wie die Ägypter Winkel festlegten

Die ägyptischen Pyramiden wurden schichtweise aus großen Kalksteinquadern gebaut und dann nach außen mit Kalksteinplatten verkleidet. Der Neigungswinkel α aller vier Seitenflächen ist immer gleich und liegt meistens, wie bei der um 2500 v. Chr. erbauten Cheopspyramide, zwischen 52° und 54°. Die Pyramidenbauer kannten kein Winkelmaß. Wie schafften sie es trotzdem, bei einem riesigen Bauwerk Winkel so genau einzuhalten?

Die Ägypter legten die Neigung der Seitenflächen fest, indem sie vorschrieben, wie weit je Elle Höhe jeweils die nächste Schicht zurückgesetzt werden muss (Fig. 1). Dieses Maß hieß seqt (= Rücksprung, sprich: seket) und nach heutiger Sprechweise ergibt sich für den Neigungswinkel α:

$\tan(\alpha) = \frac{1 \text{ Elle}}{1 \text{ seqt Ellen}}$, also $1 \text{ seqt} = \frac{1}{\tan(\alpha)}$.

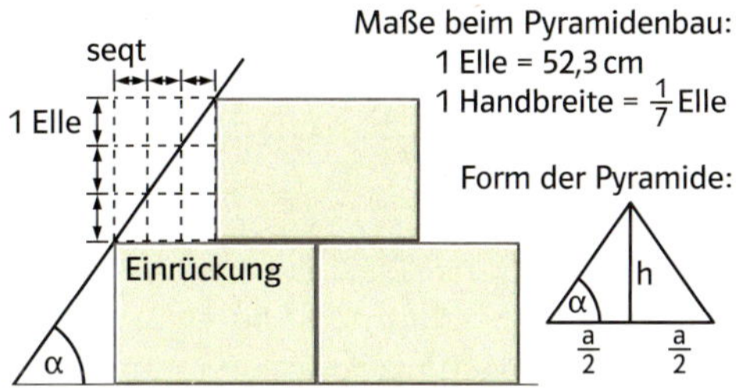

Fig. 1

Aus einem Papyrus aus der Zeit um 1700 v. Chr.:

Beispiel der Berechnung einer Pyramide, 360 Ellen in der Länge, 250 Ellen in der Höhe. Lass mich wissen ihren seqt.
Nimm $\frac{1}{2}$ von 360, es ist 180.
Rechne mit 250, um 180 zu erhalten. Es ist $\overline{2}\,\overline{5}\,\overline{50}$ Elle.
Eine Elle hat 7 Handbreiten. Nimm mal 7.

1	*7*
$\overline{2}$	$3\,\overline{2}$
$\overline{5}$	$1\,\overline{3}\,\overline{15}$
$\overline{50}$	$\overline{10}\,\overline{25}$

Der seqt ist $5\,\overline{25}$ Handbreiten.

Fig. 2

Die Beispiele in altägyptischen Rechenbüchern zeigen, dass der seqt tatsächlich als Seitenverhältnis im rechtwinkligen Dreieck berechnet wurde. So wird zum Beispiel in Fig. 2 der seqt als Quotient 180 : 250 berechnet, also halbe Grundkante : Pyramidenhöhe.
Als Ergebnis wird der Bruch $\overline{2}\,\overline{5}\,\overline{50}$ Ellen angegeben, in der heutigen Schreibweise $\frac{1}{2} + \frac{1}{5} + \frac{1}{50}$ Ellen, also $\frac{18}{25}$ Ellen. Dann wird der seqt noch in Handbreiten umgerechnet:
$1 \text{ seqt} = \frac{18}{25} \text{ Ellen} = 5\frac{1}{25} \text{ Handbreiten}$ (Fig. 1).
Für den Neigungswinkel α ergibt sich $\tan(\alpha) = \frac{1 \text{ Elle}}{\frac{18}{25} \text{ Ellen}} = \frac{25}{18}$ und damit $\alpha \approx 54{,}2°$.

Aus der Astronomie

Dass die Babylonier ursprünglich Winkel durch Seitenverhältnisse von rechtwinkligen Dreiecken festlegten, schließt man aus gefundenen Tontafeln.

Die Tafel in Fig. 3 stammt aus dem 18. Jahrhundert v. Chr. Von rechts gezählt geben die erste und zweite Spalte die Katheten a und b eines rechtwinkligen Dreiecks an, in der letzten Spalte (ganz links) findet sich $\left(\frac{b}{a}\right)^2$, also $\tan^2(\beta)$, wobei β der Kathete b gegenüberliegt.

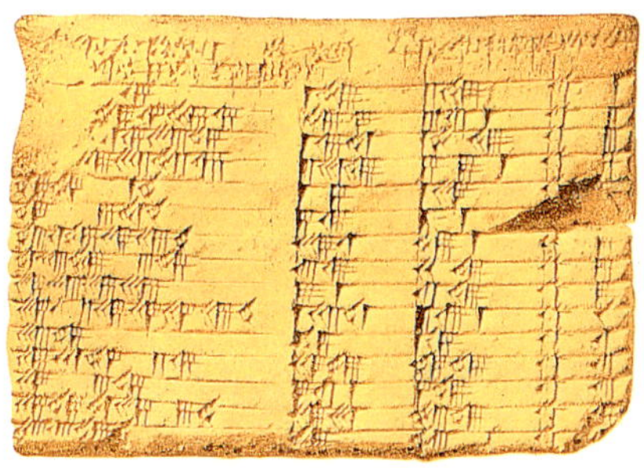
Fig. 3

Zur Orientierung, zum Beispiel in der Wüste oder auf dem Meer, beobachtete man schon sehr früh die Stellungen von Sonne, Mond und Planeten. So entwickelte sich aus Aufzeichnungen über den Weg der Sonne durch die Tierkreissternbilder langsam ein Winkelmaß, das auf der Unterteilung des Vollkreises beruht. Babylonische, später auch ägyptische Kenntnisse wurden von griechischen Mathematikern aufgegriffen und ergänzt.

Pyramiden, Gauß und GPS

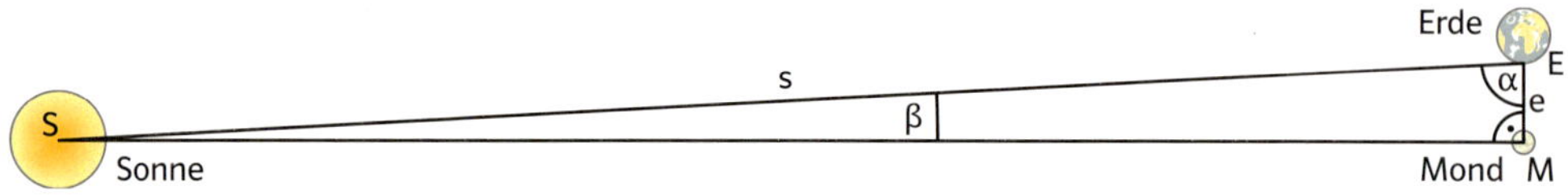

Fig. 1

Aristarchos von Samos, 310 v. Chr. bis 230 v. Chr., Astronom und Mathematiker, gilt wegen seiner Gedanken zum heliozentrischen Weltbild als „griechischer Kopernikus".

Im 3. Jahrhundert v. Chr. verwendete **Aristarch von Samos** in seiner Schrift „Über die Größen und Abstände von Sonne und Mond" das Seitenverhältnis Sinus, ohne es so zu nennen. Er bestimmte unter anderem das Verhältnis der Sonnenentfernung s zur Mondentfernung e, zum Winkel β in Fig. 1 also den Kehrwert von sin(β): $\frac{s}{e} = \frac{1}{\sin(\beta)}$.

Wenn der Mond für einen Beobachter auf der Erde exakt als Halbmond zu sehen ist, hat das Dreieck SME bei M einen rechten Winkel. Für diesen Zeitpunkt bestimmte Aristarch den Winkel α zwischen den Richtungen zur Sonne und zum Mond. Er fand $\frac{29}{30}$ eines rechten Winkels, also $\alpha = 87°$ und damit $\beta = 3°$. Durch Vergleich mit einem rechtwinkligen Dreieck, in dem $\beta = 30°$ ist, folgerte Aristarch $18 < \frac{s}{e} < 20$, dass also die Entfernung der Sonne von der Erde 18- bis 20-mal größer ist als die des Mondes von der Erde.
Der Wert für $\frac{s}{e}$ ist rechnerisch recht genau, denn $\sin(3°) \approx 0{,}0523 \approx \frac{1}{19}$. Allerdings ist der Winkel α nach heutigen Erkenntnissen mit 89,85° deutlich größer als von Aristarch angenommen. Wegen $\sin(\beta) = \sin(0{,}15°) \approx 0{,}002\,618 \approx \frac{1}{380}$ ist die Sonne tatsächlich etwa 380-mal weiter von der Erde entfernt als der Mond.

1 Zeichne zu Fig. 1 ein rechtwinkliges Vergleichsdreieck mit $\beta = 30°$.
Bestimme das Seitenverhältnis $\frac{s}{e}$ im Vergleichsdreieck.
Erläutere die Überlegung, mit der Aristarch zu der Ungleichung $18 < \frac{s}{e} < 20$ gelangte.

Die Überlegungen zur griechischen Sehnenrechnung findet man auch beim Näherungsverfahren von Archimedes.

Griechische Sehnenrechnung

Ein Problem für Aristarch war, dass er keine Tafeln mit Sinuswerten zur Verfügung hatte. Etwa um 150 v. Chr. soll der griechische Mathematiker **Hipparch von Nicäa** eine „Sehnentafel" aufgestellt haben. Sie ist nicht überliefert, hatte jedoch wahrscheinlich eine Schrittweite von 7,5° für den Mittelpunktswinkel und gab die Länge S(α) der Sehne in Abhängigkeit von α an (Fig. 2). Wegen der Beziehung $S(\alpha) = 2r \cdot \sin\left(\frac{\alpha}{2}\right)$ gibt eine solche Tafel indirekt auch Sinuswerte an.

Hipparchos von Nicäa, 190 v. Chr. bis 120 v. Chr., Geograf und Mathematiker

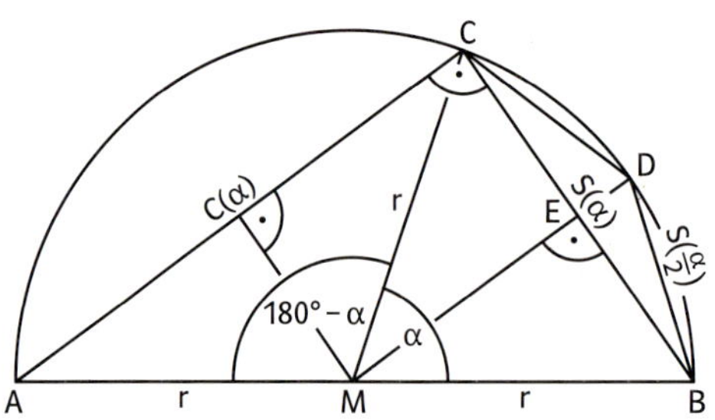

Fig. 2

Sehnenrechnung

$C^2(\alpha) + S^2(\alpha) = 4r^2$ und

$S^2\left(\frac{\alpha}{2}\right) = \frac{1}{4}S^2(\alpha) + (r - \overline{ME})^2$

Mit $\overline{ME} = \left(\frac{1}{2}\right)C(\alpha)$ folgt daraus

$S^2(\alpha) = \frac{1}{4}S^2(\alpha) + \left(r - \frac{1}{2}C(\alpha)\right)^2$

$= 2r^2 - r \cdot C(\alpha)$

Fig. 3

2 Begründe die Sehnenrechnung des Hipparch (Fig. 3). Welche Aussagen ergeben sich für $S(180° - \alpha)$ und $C(180° - \alpha)$ in Fig. 2? Erläutere den Zusammenhang.

3 Entwickle ausgehend von S(90°) und S(60°) die Sehnenlängen S(α) mit einer Schrittweite von 15°. Schreibe die Ergebnisse als Wurzelterme und notiere eine „Sehnentafel".
Hinweis: Bei der Entwicklung der Sehnentafel erhältst du aus den Startwerten S(90°) und S(60°) weitere Sehnenlängen, indem du den Winkel α halbierst und zu 180° ergänzst.

Sehnentafel

α	S(α)	C(α)
0°	0	2r
15°		
30°		
...		
180°		

4 Die zu Aufgabe 3 entwickelte Sehnentafel soll als Grundlage einer Wertetabelle für die Sinus- und die Kosinusfunktion verwendet werden.
Welche Schrittweite ist für den Mittelpunktswinkel α möglich?
Schreibe die für sin(α) und cos(α) erhaltenen Wurzelterme in Tabellenform und ergänze eine Spalte für tan(α).

Wie der Sinus zu seinem Namen kam

Im 2. Jahrhundert n. Chr. bewies **Ptolemäus** Additionssätze, mit deren Hilfe er die Sehnenlänge S(1°) bestimmte. Daraus konnte er eine Sehnentabelle mit einer Schrittweite von nur 0,5° berechnen. Noch heute existiert eine arabische Übersetzung dieser Tafel.
Die Mathematik der folgenden Jahrhunderte wurde durch Inder und Araber geprägt. In Indien wurde im 5. Jahrhundert die Sehnenrechnung durch eine „Halbsehnenrechnung" ersetzt und damit der Sinus und Kosinus eingeführt. Die Araber ergänzten diese Betrachtungen mit der Festlegung des Tangens und dessen Kehrwertes.
Vermutlich wurde aus dem indischen Wort jîva für Sehne im Arabischen „dschiba". Da in der arabischen Schrift nur Konsonanten notiert werden, wird es „dschb" geschrieben. Auch das arabische Wort „dschaib" für Busen, Brustbeutel, Bucht wird „dschb" geschrieben. Bei der Übertragung mathematischer Texte vom Arabischen ins Lateinische übersetzte **Gerhard von Cremona** (1114 – 1187) das Wort „dschb" mit sinus, dem lateinischen Begriff für Krümmung, Bucht, Geldtasche.

Klaudios Ptolemaios (ca. 100 – ca. 175), Mathematiker, Geograf und Astronom

Landesvermessung und Trigonometrie

Aus dem zunehmenden Interesse, die Erdoberfläche immer genauer auszumessen und abzubilden, entwickelte sich im mittelalterlichen Europa mit der Geodäsie eine eigene Wissenschaft, die sich vorzugsweise trigonometrischer Berechnungen bedient.
Grundlage für Vermessungsarbeiten und Kartenerstellung ist die **Triangulation** (Aufteilung einer Fläche in Dreiecke). Mithilfe von Triangulationsverfahren berechnete **W. Snellius** Anfang des 17. Jahrhunderts die Länge eines Meridianbogens und konnte damit den Erdumfang angeben.
Etwa 200 Jahre später führte C. F. Gauß mit einem Triangulationsnetz eine flächendeckende Vermessung des damaligen Königreiches Hannovers durch.
Seit den 80er-Jahren werden die klassischen Methoden durch satellitengestützte Messverfahren ergänzt (**GPS**: **G**lobal **P**ositioning **S**ystem, zunächst militärisch genutztes System zur Standortbestimmung). Der Vorzug der Winkelmessung gegenüber der Längenmessung verliert in der Geodäsie zunehmend an Bedeutung. Dennoch finden trigonometrische Verfahren, bei denen oft riesige Datenmengen verarbeitet werden, bis heute insbesondere im Ingenieurwesen Anwendung.

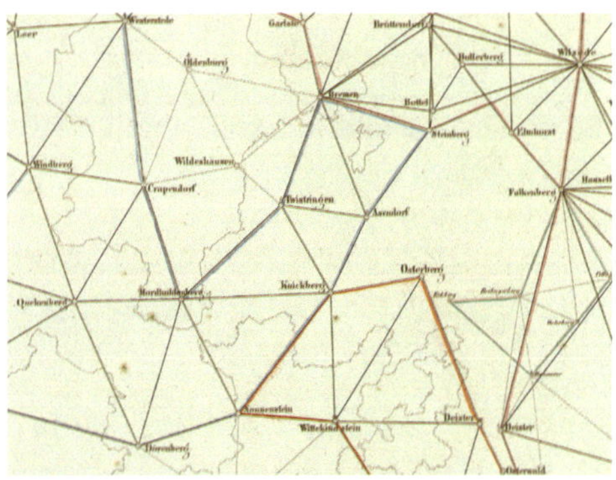

Willebrord van Roijen Snell (1580 – 1626)

Carl Friedrich Gauß (1777 – 1855)

Rückblick

Seitenverhältnisse
Stimmen rechtwinklige Dreiecke in allen Winkeln überein, so stimmen auch die Seitenverhältnisse einander entsprechender Seiten überein.

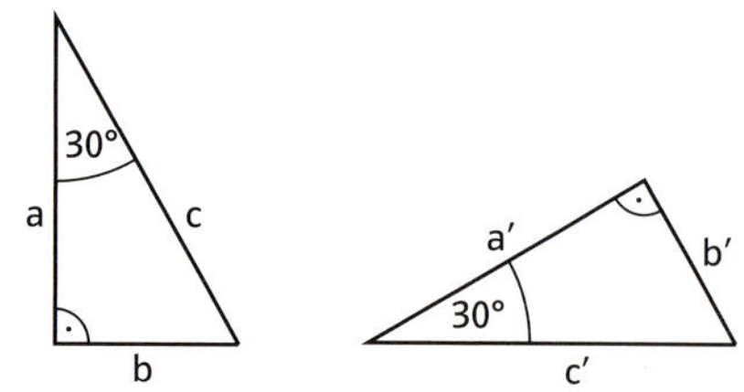

$\frac{a}{b} = \frac{a'}{b'}$ $\quad \frac{a}{c} = \frac{a'}{c'}$ $\quad \frac{b}{c} = \frac{b'}{c'}$

$\frac{b}{a} = \frac{b'}{a'}$ $\quad \frac{c}{a} = \frac{c'}{a'}$ $\quad \frac{c}{b} = \frac{c'}{b'}$

Sinus, Kosinus und Tangens
Ist α einer der beiden spitzen Winkel in einem rechtwinkligen Dreieck, so nennt man das Verhältnis *Gegenkathete von α zu Hypotenuse* den Sinus von α und das Verhältnis *Ankathete von α zu Hypotenuse* den Kosinus von α. Das Verhältnis *Gegenkathete von α zu Ankathete* von α heißt Tangens von α.

Kurzschreibweise: $\sin(\alpha) = \frac{\text{Gegenkathete von } \alpha}{\text{Hypotenuse}}$

$\cos(\alpha) = \frac{\text{Ankathete von } \alpha}{\text{Hypotenuse}}$

$\tan(\alpha) = \frac{\text{Gegenkathete von } \alpha}{\text{Ankathete von } \alpha}$

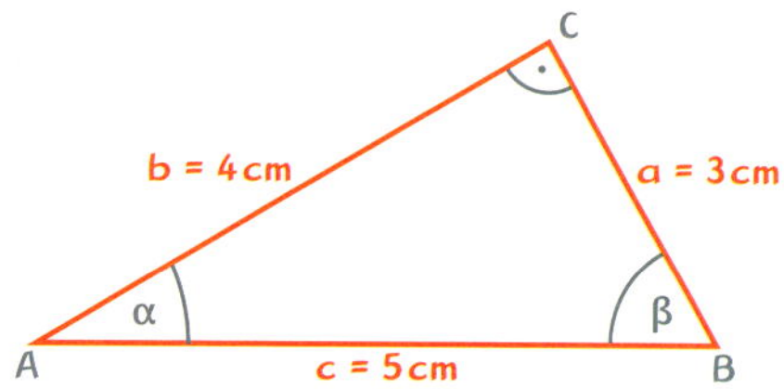

$\sin(\alpha) = \frac{a}{c} = \frac{3}{5} = 0{,}6$; $\cos(\alpha) = \frac{b}{c} = \frac{4}{5} = 0{,}8$

$\tan(\beta) = \frac{b}{a} = \frac{4}{3}$

$\alpha = \arcsin\left(\frac{3}{5}\right) = \arccos\left(\frac{4}{5}\right) \approx 36{,}87°$

$\beta = \arctan\left(\frac{4}{3}\right) \approx 53{,}13°$

Berechnungen an Figuren
- Planskizze erstellen
- rechtwinklige Dreiecke suchen, eventuell Hilfslinien einzeichnen
- gesuchte Streckenlänge und Winkelgröße berechnen

Berechne die Länge der Schenkel und die Höhe eines gleichschenkligen Dreiecks, dessen Basiswinkel 48° groß ist. Die Grundlinie ist 5 cm lang.

Planskizze:

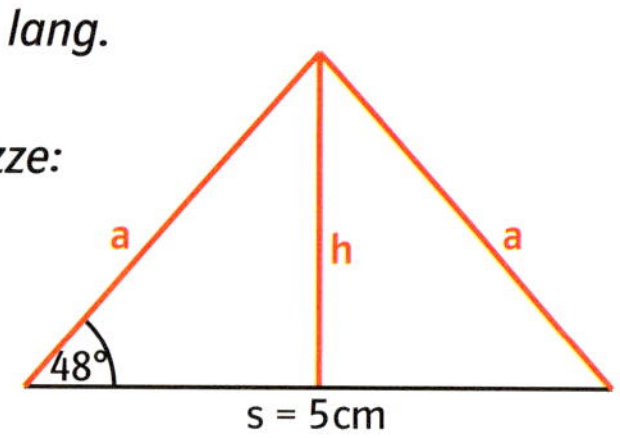

Rechnung:

$\cos(48°) = \frac{\frac{s}{2}}{a}$; $a = \frac{2{,}5\,\text{cm}}{\cos(48°)} \approx 3{,}74\,\text{cm}$

$h = \sqrt{a^2 - \left(\frac{s}{2}\right)^2} \approx 2{,}78\,\text{cm}$

Beziehungen zwischen Sinus, Kosinus und Tangens
Für alle Winkel α mit $0° \leqq \alpha \leqq 90°$ gilt:

$\sin(\alpha) = \cos(90° - \alpha)$, $\cos(\alpha) = \sin(90° - \alpha)$ und

$\sin^2(\alpha) + \cos^2(\alpha) = 1$

Für alle Winkel α mit $0° < \alpha < 90°$ gilt:

$\tan(\alpha) = \frac{\sin(\alpha)}{\cos(\alpha)}$ und $\tan(90° - \alpha) = \frac{1}{\tan(\alpha)}$

Beispiel: $\alpha = 30°$:

$\sin(30°) = \cos(60°) = \frac{1}{2}$

$\sin^2(30°) + \cos^2(30°) = \left(\frac{1}{2}\right)^2 + \left(\frac{1}{2}\sqrt{3}\right)^2 = \frac{1}{4} + \frac{1}{4} \cdot 3 = 1$

$\tan(30°) = \frac{\sin(30°)}{\cos(30°)} = \frac{\frac{1}{2}}{\frac{1}{2}\sqrt{3}} = \frac{1}{\sqrt{3}}$

$\tan(90° - 30°) = \tan(60°) = \sqrt{3} = \frac{1}{\tan(30°)}$

Training

Runde 1

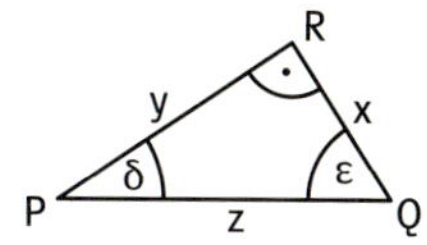

Fig. 1

1 Berechne die fehlenden Seitenlängen und Winkelgrößen im Dreieck PQR (Fig. 1).
a) $x = 4{,}80$ m, $z = 6{,}40$ m b) $y = 12{,}5$ km, $\delta = 64°$ c) $z = 5{,}4$ mm, $\varepsilon = 25°$

2 Ein symmetrischer Hausgiebel ist 7,20 m breit und hat eine Dachneigung von 42,5°. Wie lang müssen die tragenden Balken sein, wenn sie 1,20 m über den Auflagepunkt A hinausragen sollen (Fig. 2)?

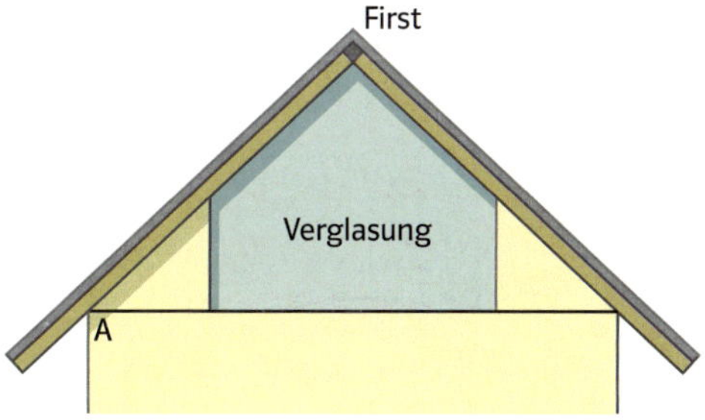

Fig. 2

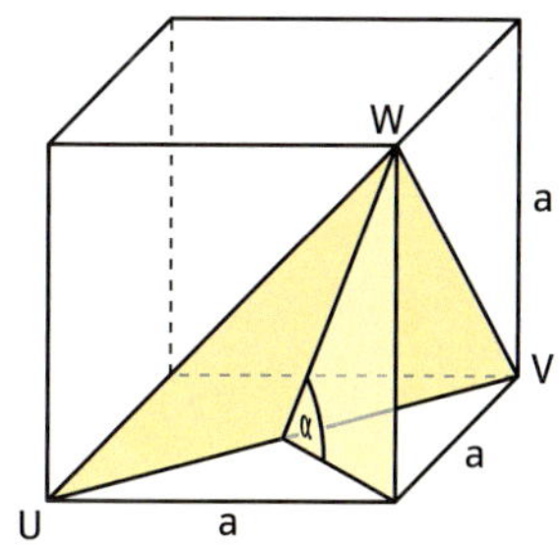

Fig. 3

3 Drei Flächendiagonalen eines Würfels bilden ein Dreieck UVW (Fig. 3). Bestimme den Neigungswinkel α, den das Dreieck UVW mit der Grundfläche einschließt.

4 a) Zeige durch Umformen, dass $1 + \tan^2(\alpha)$ gleich dem Kehrwert von $\cos^2(\alpha)$ ist.
b) Berechne die fehlenden Werte der Tabelle, ohne den Winkel α zu bestimmen.

sin(α)	0,11			0,54		
cos(α)		0,73			0,13	
tan(α)			1,45			0,17

Runde 2

1 Berechne die farbig hervorgehobenen Größen.

a)

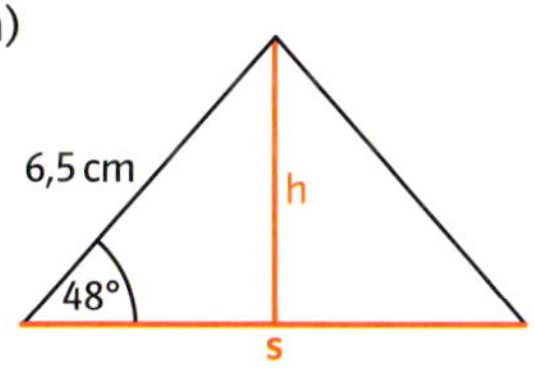

gleichschenkliges Dreieck

b)

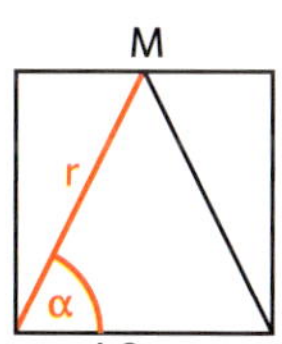

Quadrat

c)

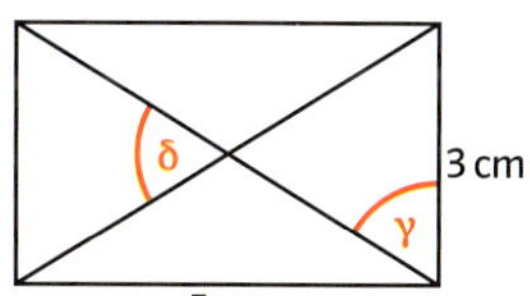

Rechteck

2 Ein Drachenflieger startet am Tegelberg oberhalb von Füssen und fliegt in Richtung einer 1000 m tiefer gelegenen Ebene.
a) Wie groß ist der durchschnittliche Gleitwinkel, wenn der Drachenflieger nach einer Gleitstrecke von 8,2 km landet?
b) Wie lang ist die Gleitstrecke, wenn der Gleitwinkel durchschnittlich 5° groß ist?

3 Für die Höhe h und die Seite b in einem symmetrischen Trapez (Fig. 4) gilt $h : b = 2 : 3$.
Berechne die fehlenden Seitenlängen, die Winkelgrößen und den Flächeninhalt des Trapezes für $a = 8{,}2$ cm und $b = 3{,}1$ cm.

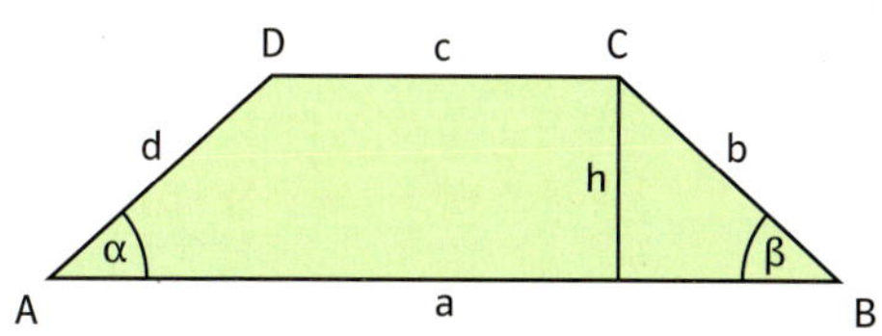

Fig. 4

Lösungen auf den Seiten 241–242.

Das kannst du schon

- Wahrscheinlichkeiten bei Zufallsgeräten bestimmen
- Summenregel und Pfadregel bei einfachen Situationen anwenden

Ein Fluggast, der eine Phobie vor Schlangen hat, erkundigt sich bei einem Mathematiker, wie hoch die Wahrscheinlichkeit ist, dass eine Schlange im Flugzeug ist. Der Mathematiker rechnet eine Woche lang und verkündet dann: „Die Wahrscheinlichkeit ist ein Zehntausendstel!"

Dem Fluggast ist das zu hoch, und er fragt den Mathematiker, ob es nicht eine Methode gibt, die Wahrscheinlichkeit zu senken. Der Mathematiker verschwindet wieder für eine Woche und hat dann die Lösung: „Nehmen Sie selbst eine Schlange mit! Die Wahrscheinlichkeit, dass außer Ihrer Schlange noch eine Schlange an Bord ist, ist dann das Produkt (1/10 000) · (1/10 000) = Eins zu Hundertmillionen. Damit können Sie beruhigt fliegen!"

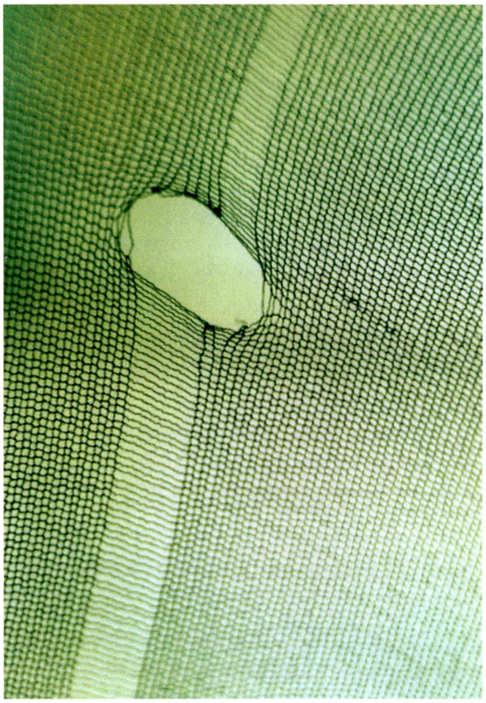

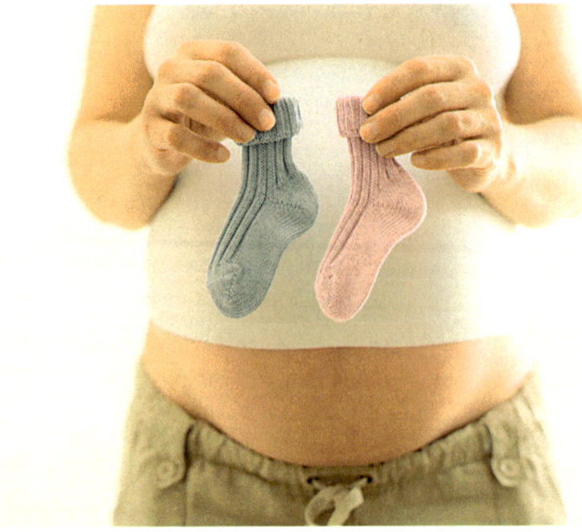

Zahl

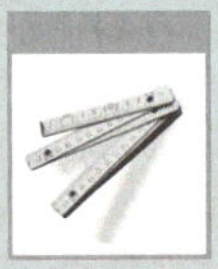
Messen

Raum und Form

Funktionaler Zusammenhang

Daten und Zufall

Mit dem Zufall muss man immer rechnen

Je planmäßiger die Menschen vorgehen, desto wirksamer trifft sie der Zufall.

Friedrich Dürrenmatt

Der Zufall hat kein Gedächtnis.

Das kannst du bald

- Baumdiagramme zur Berechnung von Wahrscheinlichkeiten umfassend einsetzen
- Vierfeldertafeln verwenden
- Anzahlen durch kombinatorische Abzählverfahren bestimmen

1 Laplace-Experimente

Alissa: „Wenn wir diesen Spielstein bei ‚Mensch ärgere dich nicht' als Würfel benutzen, können wir sogar eine 7 werfen!"

Pierre Simon Laplace (1749–1827)

Ein Experiment, dessen **Ergebnisse** man nicht sicher vorhersagen kann, nennt man **Zufallsexperiment**. Jedes Ergebnis eines Zufallsexperimentes tritt mit einer bestimmten **Wahrscheinlichkeit** ein. Addiert man die Wahrscheinlichkeiten aller Ergebnisse, so erhält man stets den Wert 1 (oder 100 %).

Das Glücksrad in Fig. 1 ist in 10 gleich große Sektoren eingeteilt. Man nimmt daher an, dass der Pfeil nach dem Drehen des Glücksrades auf jeden Sektor mit der gleichen Wahrscheinlichkeit $\frac{1}{10}$ zeigt. Alle Ergebnisse dieses Zufallsexperimentes sind also gleich wahrscheinlich. Man spricht in einem solchen Fall von einem **Laplace-Experiment**.

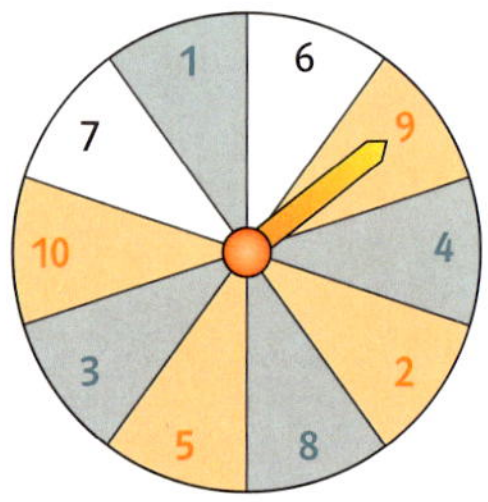

Fig. 1

Die Zahlen 2, 5, 9 und 10 stehen auf einem roten Feld. Diese vier Ergebnisse lassen sich zu dem **Ereignis E**: „Der Pfeil zeigt auf ein rotes Feld" zusammenfassen. Die Wahrscheinlichkeit dafür, dass dieses Ereignis eintritt, beträgt $\frac{4}{10}$, denn 4 von 10 Feldern sind rot gefärbt.
Dafür schreibt man kurz $P(E) = \frac{4}{10} = 0{,}4 = 40\,\%$.
Um bei Laplace-Experimenten die Wahrscheinlichkeit eines Ereignisses E zu berechnen, muss man also nur wissen, wie viele Ergebnisse der Zufallsversuch insgesamt hat und wie viele dieser Ergebnisse das Ereignis enthält.
Das **Gegenereignis $\overline{E}$** enthält alle Ergebnisse, die nicht zu E gehören; deshalb gilt:
$P(\overline{E}) = 1 - P(E)$.

Ein Zufallsexperiment, bei dem man annehmen kann, dass alle Ergebnisse gleich wahrscheinlich sind, heißt **Laplace-Experiment**.
Bei einem Laplace-Experiment erhält man die **Wahrscheinlichkeit P(E)** für das Eintreten eines **Ereignisses** E, indem man die Anzahl der zu E gehörenden Ergebnisse (die „günstigen" Ergebnisse) durch die Gesamtzahl aller möglichen Ergebnisse dividiert:

$$P(E) = \frac{\text{Anzahl der günstigen Ergebnisse}}{\text{Anzahl aller Ergebnisse}}.$$

Zum **Gegenereignis** $\overline{E}$ gehören alle Ergebnisse, die nicht zum Ereignis E gehören.
Es gilt: $P(\overline{E}) = 1 - P(E)$.

Beispiel

In einer Lostrommel befinden sich Lose mit den Nummern 1000 bis 9999. Losnummern mit drei Nullen bedeuten „Hauptgewinn“. Endet die Losnummer auf 3 oder 7, so gibt es einen Trostpreis. Bestimme die Wahrscheinlichkeit für das Eintreten der Ereignisse.

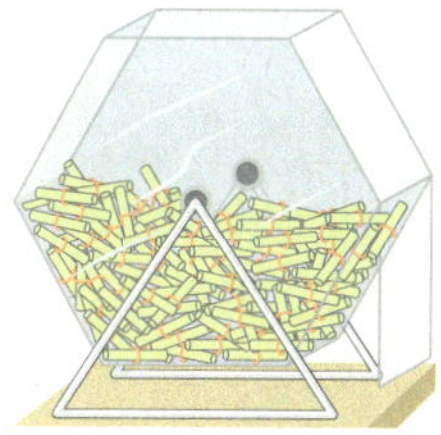

A: Man zieht einen Hauptgewinn.

B: Man zieht einen Trostpreis.

C: Man zieht eine Niete.

Lösung:

Man nimmt an, dass alle Lose mit der gleichen Wahrscheinlichkeit gezogen werden.

Die Anzahl der möglichen Ergebnisse beträgt 9000, denn es gibt $9999 - 999 = 9000$ Lose.

Die Anzahl der Hauptgewinne beträgt 9, nämlich die Lose 1000, 2000, 3000, …, 9000.

Die Anzahl der Trostpreise beträgt 1800. Dies sieht man so: Insgesamt enden 900 Lose auf 3, nämlich die Lose mit den Nummern 1003, 1013, 1023, …, 9993, also jedes zehnte Los. Ebenso enden 900 Lose auf 7.

$P(A) = \frac{9}{9000} = \frac{1}{1000} = 0{,}001 = 0{,}1\,\%$,

$P(B) = \frac{1800}{9000} = \frac{1}{5} = 0{,}2 = 20\,\%$,

$P(C) = 1 - \frac{1}{1000} - \frac{1}{5} = 1 - \frac{1}{1000} - \frac{200}{1000} = \frac{799}{1000} = 0{,}799 = 79{,}9\,\%$,

denn die Nieten bilden das Gegenereignis zu den Hauptgewinnen und Trostpreisen.

Aufgaben

1 a) Fig. 1 zeigt das Netz eines Farbwürfels. Bestimme die Wahrscheinlichkeit für das Werfen der einzelnen Farben.

b) Zeichne das Netz eines Farbwürfels, für den gilt:

$P(„rot“) = \frac{1}{2}$, $P(„blau“) = \frac{1}{3}$, $P(„gelb“) = \frac{1}{6}$.

Fig. 1

2 In einer Lostrommel liegen 20 Kugeln mit den Zahlen 1 bis 20. Es wird eine Kugel gezogen. Wie groß ist die Wahrscheinlichkeit für das Ziehen einer Kugel mit

a) einer ungeraden Zahl, b) einer Primzahl, c) einer Zahl kleiner als 4?

3 Aus einer Urne wird eine Kugel gezogen. Die Urne enthält

a) 10 Kugeln mit den Zahlen 1 bis 10, b) 100 Kugeln mit den Zahlen 1 bis 100.

Berechne jeweils die Wahrscheinlichkeit dafür, dass die Zahl auf der gezogenen Kugel die Ziffer 5 nicht enthält (durch 5 teilbar ist).

4 Bei einem Spiel werden ein roter und ein blauer Spielwürfel gleichzeitig geworfen. Bestimme die Wahrscheinlichkeit der folgenden Ereignisse:

a) Die Augensumme ist größer als 10.
b) Die Augensumme ist kleiner als 10.
c) Die Augensumme ist gerade.
d) Die Augensumme ist eine Primzahl.
e) Die Würfel zeigen einen Pasch.
f) Die Augensumme ist kleiner als 12.
g) Die Augenzahl des blauen Würfels ist um zwei größer als die des roten.

5 Handelt es sich um ein Laplace-Experiment? Begründe.

a) Ein Tetraeder wird geworfen.
b) Ein Legostein wird geworfen.
c) Ein Reißnagel wird geworfen.
d) Eine Münze wird geworfen.
e) Ein Glücksschwein wird geworfen.
f) Eine Roulettescheibe wird gedreht.

2 Mehrstufige Zufallsexperimente

Lisa: „Du darfst zweimal nacheinander eine Kugel aus der Schale ziehen, ohne hinzusehen. Du gewinnst, wenn eine gelbe Kugel dabei ist."
Tim: „Muss ich die zuerst gezogene Kugel in die Schale zurücklegen?"

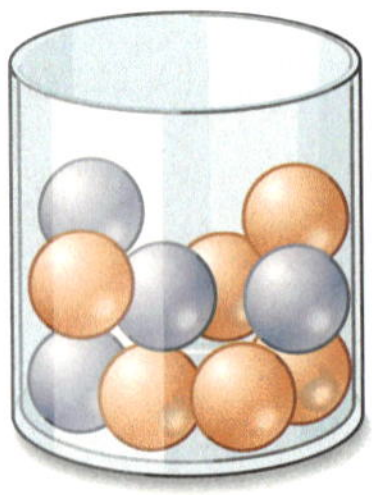

Führt man ein Zufallsexperiment mehrmals hintereinander durch, so spricht man von einem **mehrstufigen Zufallsexperiment**.
Aus einer Urne mit 6 roten und 4 blauen Kugeln werden 2 Kugeln gezogen. Es soll die Wahrscheinlichkeit für das Ergebnis bestimmt werden, dass beide Kugeln rot sind. Die Wahrscheinlichkeit dieses Ergebnisses hängt davon ab, ob man die zuerst gezogene Kugel vor dem zweiten Zug wieder zurücklegt oder nicht. Dies wird im Folgenden veranschaulicht.

Ziehen mit Zurücklegen
Nach dem Ziehen wird die gezogene Kugel zurückgelegt.

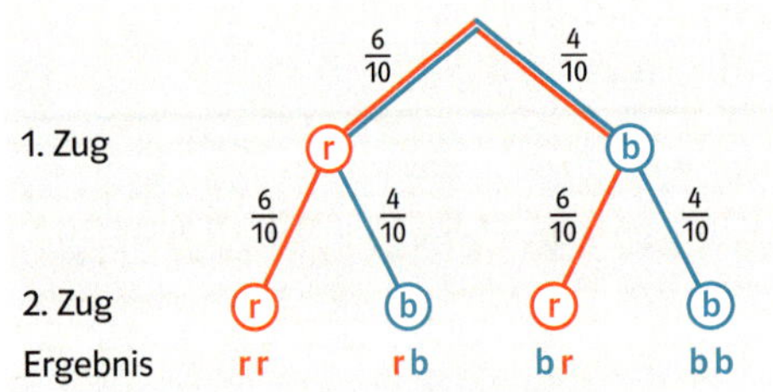

Nach der Pfadregel beträgt die Wahrscheinlichkeit für das Ergebnis rr
$P(rr) = \frac{6}{10} \cdot \frac{6}{10} = \frac{36}{100} = 36\,\%$.

Ziehen ohne Zurücklegen
Nach dem Ziehen wird die gezogene Kugel nicht zurückgelegt. Die Wahrscheinlichkeiten ändern sich im zweiten Zug.

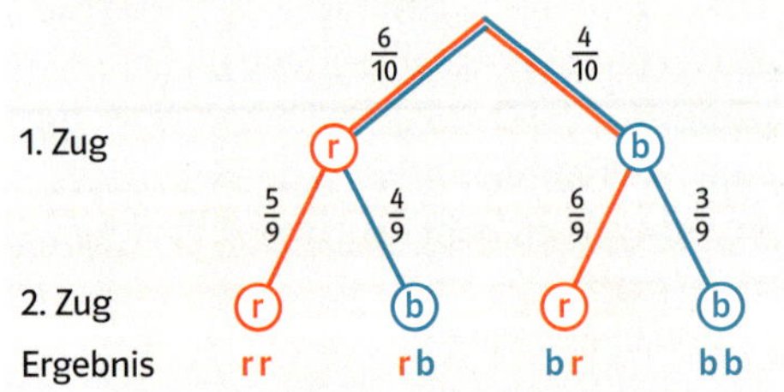

Nach der Pfadregel beträgt die Wahrscheinlichkeit für das Ergebnis rr
$P(rr) = \frac{6}{10} \cdot \frac{5}{9} = \frac{30}{90} = 33\frac{1}{3}\,\%$.

__Pfadregel:__ Die Wahrscheinlichkeit eines Ergebnisses wird berechnet, indem man die Einzelwahrscheinlichkeiten entlang des zugehörigen Pfades multipliziert.

Das vollständige Zeichnen eines Baumdiagramms ist oft aufwändig und unübersichtlich. Man kann sich Arbeit sparen, wenn man zur Berechnung einer gesuchten Wahrscheinlichkeit nur einen geeigneten Teil des Baums aufzeichnet.

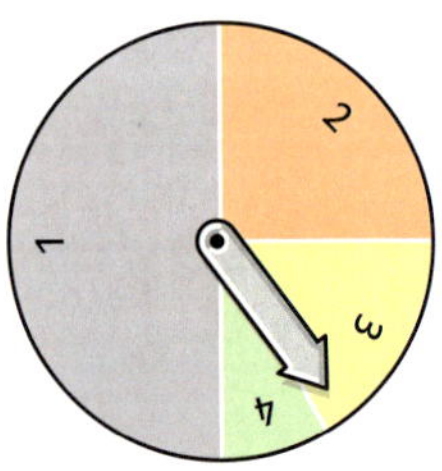

Fig. 1

__Summenregel:__ Die Wahrscheinlichkeit eines Ereignisses wird berechnet, indem die Wahrscheinlichkeiten der zugehörigen Ergebnisse addiert werden.

Das Glücksrad in Fig. 1 wird dreimal gedreht. Man gewinnt, wenn die Summe der erzielten Zahlen mindestens 11 beträgt. In Fig. 2 sind nur die Pfade gezeichnet, die zum Ereignis E: „Summe der Zahlen mindestens 11" gehören. Nach der Pfadregel und Summenregel ergibt sich

$P(E) = \frac{1}{6} \cdot \frac{1}{12} \cdot \frac{1}{12} + \frac{1}{12} \cdot \frac{1}{6} \cdot \frac{1}{12} + \frac{1}{12} \cdot \frac{1}{12} \cdot \frac{1}{6}$
$+ \frac{1}{12} \cdot \frac{1}{12} \cdot \frac{1}{12} = \frac{7}{1728} \approx 0{,}4\,\%$.

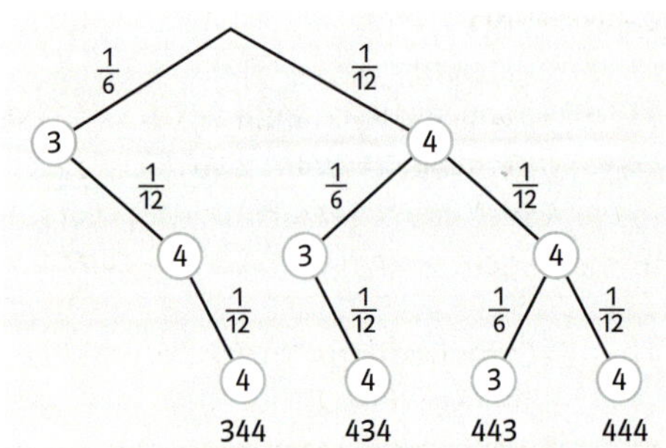

Fig. 2

Mehrstufige Zufallsexperimente lassen sich mithilfe von Baumdiagrammen veranschaulichen. Die Wahrscheinlichkeit eines Ereignisses erhält man, indem man die Wahrscheinlichkeiten der zugehörigen Ergebnisse addiert **(Summenregel)**. Die Wahrscheinlichkeit eines Ergebnisses erhält man durch Anwenden der **Pfadregel**.

Beachte:
Ein Ergebnis eines Zufallsexperiments erhält man ausschließlich entlang eines Pfades.

Beispiel 1
Aus einem Körbchen mit vier Orangen, drei Äpfeln und zwei Birnen bekommt man zufällig zwei Früchte (Fig. 1). Berechne die Wahrscheinlichkeit folgender Ereignisse.
E: Man bekommt zwei Birnen.
F: Man bekommt eine Birne und einen Apfel.
Lösung:
Die Wahrscheinlichkeiten lassen sich am Baumdiagramm ablesen:
$P(E) = \frac{2}{9} \cdot \frac{1}{8} = \frac{2}{72} = \frac{1}{36}$;
$P(F) = \frac{3}{9} \cdot \frac{2}{8} + \frac{2}{9} \cdot \frac{3}{8} = \frac{12}{72} = \frac{1}{6}$

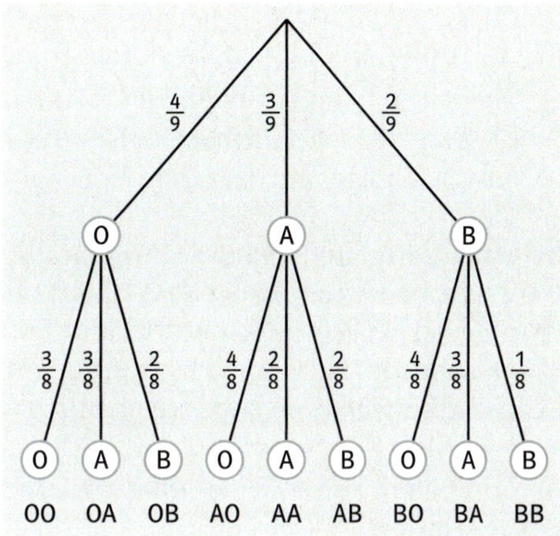

Fig. 1

Beispiel 2
Kai trifft beim Basketballfreiwurf mit 55 % Wahrscheinlichkeit. Er wirft sechs Freiwürfe.
a) Wie groß ist die Wahrscheinlichkeit, dass er nur Treffer erzielt?
b) Wie groß ist die Wahrscheinlichkeit, dass er mindestens einmal trifft?
Lösung:
Da die benötigten Pfade lang sind, deutet man sie nur an oder stellt sie sogar nur vor (Fig. 2).
a) Die Wahrscheinlichkeit, sechsmal zu treffen, beträgt
$0{,}55 \cdot 0{,}55 \cdot 0{,}55 \cdot 0{,}55 \cdot 0{,}55 \cdot 0{,}55 = 0{,}55^6 \approx 2{,}8\,\%$.
b) *„Mindestens ein Treffer" ist das Gegenereignis von „nur Fehlwürfe".*
Die gesuchte Wahrscheinlichkeit beträgt
$1 - 0{,}45^6 \approx 99{,}2\,\%$.

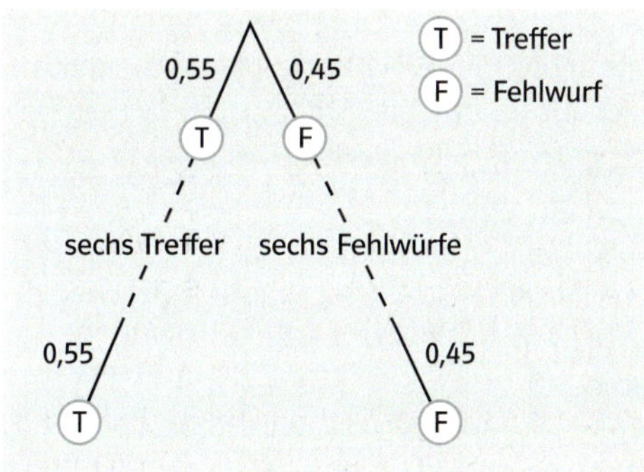

Fig. 2

Aufgaben

Fig. 3

1 Tim zieht nacheinander aus dem Behälter in Fig. 3 drei Kugeln und notiert die Buchstaben. Mit welcher Wahrscheinlichkeit zeigen die drei Kugeln seinen Namen, wenn er
a) die Kugeln nach jedem Ziehen zurücklegt,
b) die Kugeln nach jedem Ziehen nicht zurücklegt?

Fig. 4

2 Ein Oktaeder (Fig. 4) wird zweimal geworfen. Bestimme die Wahrscheinlichkeit, dass
a) zwei Sechsen fallen,
b) keine Sechs fällt,
c) beide Male eine gerade Zahl fällt,
d) mindestens eine Primzahl fällt.

3 Handelt es sich beim Zufallsexperiment um ein Ziehen mit oder ohne Zurücklegen?
a) Aus einem Kartenspiel werden 4 Karten gezogen.
b) Eine verbeulte Münze wird dreimal geworfen.
c) Zwei Würfel werden gleichzeitig geworfen.
d) Die Blutgruppe eines zufällig ausgewählten Menschen wird bestimmt.

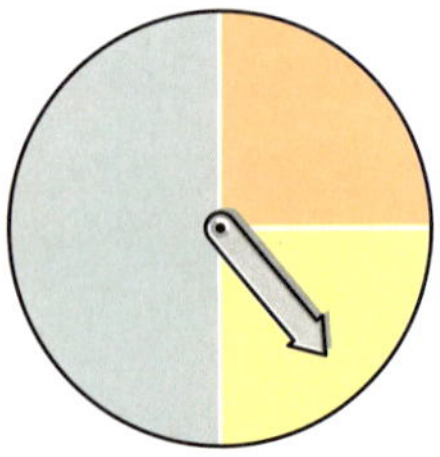

Fig. 1

4 Das Glücksrad in Fig. 1 wird zweimal gedreht.
a) Wie groß ist die Wahrscheinlichkeit dafür, dass zweimal rot angezeigt wird?
b) Mit welcher Wahrscheinlichkeit wird zweimal die gleiche Farbe angezeigt?
c) Mit welcher Wahrscheinlichkeit wird mindestens einmal gelb angezeigt?
d) Mit welcher Wahrscheinlichkeit wird beim zweiten Drehen blau angezeigt?
e) Vervollständige den Satz: Mit 75 % Wahrscheinlichkeit wird …

5 Anna trifft ihre Freundin Katrin erfahrungsgemäß bei etwa 30 % aller Besuche ihres Lieblingscafés. Wie groß ist die Wahrscheinlichkeit dafür, dass Anna Katrin bei drei Besuchen ihres Lieblingscafés
a) dreimal trifft,
b) dreimal nicht trifft,
c) einmal trifft und zweimal nicht trifft,
d) mindestens einmal trifft?

6 Aus einem Korb mit vier Pflaumen, sechs Äpfeln und zwei Birnen greift Ida zufällig Früchte heraus.
a) Ida nimmt drei Früchte. Mit welcher Wahrscheinlichkeit sind es zwei Birnen und ein Apfel?
b) Ida nimmt vier Früchte. Mit welcher Wahrscheinlichkeit sind es nur Äpfel?
c) Mit welcher Wahrscheinlichkeit erhält Ida beim Herausnehmen von drei Früchten eine Pflaume, einen Apfel und eine Birne?

7 Kommissarin Lena O. hat neun Verdächtige verhört, unter denen sich vier seit langem gesuchten Einbrecher befinden. Sie nimmt drei der Verdächtigen fest und alle entpuppen sich als Einbrecher. Mit welcher Wahrscheinlichkeit hätte die Kommissarin rein zufällig ein so gutes Ergebnis erzielt?

Bist du sicher?

dodeka: (gr.) zwölf

1 Saskia würfelt mit einem Dodekaeder.
Wie groß ist die Wahrscheinlichkeit, dass sie
a) bei drei Würfen die Wurffolge 12 – 1 – 12 wirft,
b) bei vier Würfen jedes Mal mindestens die Augenzahl 10 erzielt,
c) bei acht Würfen mindestens eine 12 erzielt,
d) bei vier Würfen genau zwei Zwölfen erzielt?

8 Von einem Medikament ist bekannt, dass es bei der Behandlung einer Krankheit mit 80 % Wahrscheinlichkeit heilend wirkt. Es werden drei Patienten damit behandelt, die an dieser Krankheit leiden.
a) Ein Arzt überlegt sich, dass das Medikament mit einer Wahrscheinlichkeit von 51,2 % alle drei Patienten heilt. Wie kommt er zu diesem Ergebnis?
b) Wie groß ist die Wahrscheinlichkeit, dass mindestens zwei Patienten geheilt werden?
c) Wie kann man die Behandlung der Patienten mit einem Urnenexperiment simulieren? Diskutiere, ob dann „mit Zurücklegen“ oder „ohne Zurücklegen“ gezogen wird.

9 Beim 15-km-Biathlon müssen die Teilnehmerinnen einen Skilanglauf absolvieren und viermal auf je fünf Scheiben schießen. Für jeden Fehlschuss wird der Laufzeit eine Minute Strafzeit hinzugerechnet. Eine Skilangläuferin trifft erfahrungsgemäß mit 90% Wahrscheinlichkeit.
a) Mit welcher Wahrscheinlichkeit hat sie höchstens einen Fehlschuss?
b) Mit welcher Wahrscheinlichkeit bekommt sie eine Minute Strafzeit?
c) Mit welcher Wahrscheinlichkeit erhält sie mindestens eine Minute Strafzeit?

10 Familie Emsig hat vier Kinder. Nach dem Mittagessen wird jedes Mal ausgelost, wer den Abwasch erledigen muss. Dazu zieht jedes Kind eine von vier verdeckten Karten, von denen drei weiß sind und eine schwarz ist. Wer schwarz zieht, ist dran.
a) Ist es günstiger als erstes, als zweites, als drittes oder als viertes Kind zu ziehen?
b) Mit welcher Wahrscheinlichkeit kommt ein Kind in einer Woche gar nicht dran?

11 Ein Computer-Zeichen wird durch einen Nachrichtenkanal als Folge von acht Nullen oder Einsen übertragen (Fig. 1). Aufgrund von Störungen wird jede Ziffer mit einer Wahrscheinlichkeit von 1,5% falsch empfangen; statt einer 0 kommt dann eine 1 an oder umgekehrt. Mit welcher Wahrscheinlichkeit wird
a) das gesamte Zeichen richtig empfangen,
b) das Zeichen falsch empfangen, d.h. mindestens eine Ziffer falsch übertragen?

Ein Computer-Zeichen:

In diesem Byte ist zum Beispiel der Buchstabe A gespeichert

Fig. 1

12 Überlege dir zu dem rot markierten Pfad in Fig. 2 eine passende Aufgabe. Tausche dann die Aufgabe mit deinem Nachbarn.
Löse die getauschte Aufgabe und überprüfe, ob die Lösung wirklich zu dem Pfad in Fig. 2 passt.

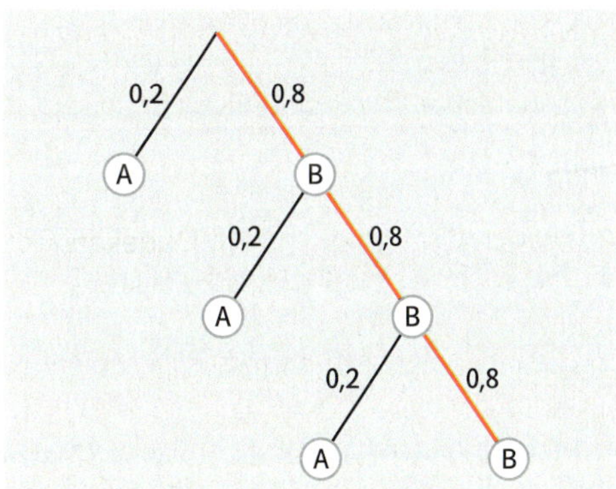

Fig. 2

13 Bei den Verkehrsbetrieben einer Großstadt ist aus einer großen Zahl von Fahrscheinkontrollen bekannt, dass etwa zwei Prozent der Benutzer ohne gültigen Fahrausweis sind („Schwarzfahrer"). Zwei Kontrolleure überprüfen einen Bus mit sieben Fahrgästen.
a) Mit welcher Wahrscheinlichkeit ist kein Schwarzfahrer dabei?
b) Formuliere ein Problem, bei dessen Lösung man die Wahrscheinlichkeit mit dem Term $1 - 0{,}98^7$ ($\approx 13{,}2\%$) berechnen kann.
c) Niko berechnet die Wahrscheinlichkeit, dass höchstens ein Schwarzfahrer dabei ist, auf folgende Weise: $0{,}98^7 + 0{,}98^6 \cdot 0{,}02 \approx 88{,}6\%$. Welchen Fehler macht Niko?

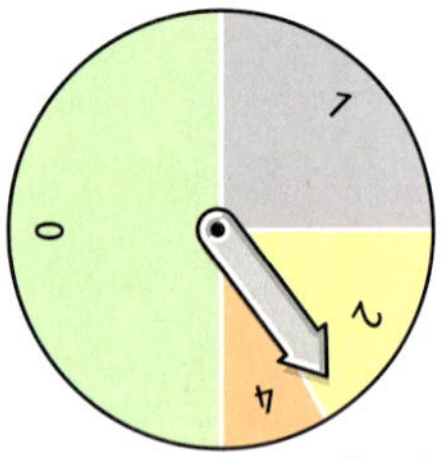

Fig. 1

14 Das Glücksrad in Fig. 1 wird viermal gedreht. Man gewinnt, wenn die Summe der erzielten Zahlen höchstens 1 beträgt.
Wie groß ist die Wahrscheinlichkeit zu gewinnen?

15 Ein Computerbauteil wird nach der Fertigung kontrolliert. Untersuchungen haben ergeben, dass trotzdem etwa 5% der schadhaften Bauteile übersehen wurden. Daher wurde der Vorschlag gemacht, ob eine doppelte oder sogar dreifache Kontrolle den Anteil der schadhaften Bauteile entscheidend senken könnte.
Beurteile, wie wirkungsvoll die vorgeschlagenen Maßnahmen wären. Schreibe dazu einen passenden Bericht an die Geschäftsleitung.

16 In einem Galton-Brett fällt eine Kugel auf drei Reihen von zugespitzten Holzklötzchen. Bei jedem Klotz fällt sie zufällig entweder links (L) oder rechts (R) weiter. Ein mögliches Ergebnis ist in Fig. 2 eingezeichnet: LRL. Die Kugel landet dann in Fach 2.
a) Schreibe alle möglichen Ergebnisse auf.
b) Mit welchen Wahrscheinlichkeiten landet die Kugel in den Fächern 1, 2, 3 oder 4?
c) Wie viele Kugeln erwartet man etwa in den Fächern, wenn man 1000 Kugeln durch das Galton-Brett laufen lässt?
d) Erweitere das Brett um eine weitere Reihe und löse die Aufgabenteile a) bis c).

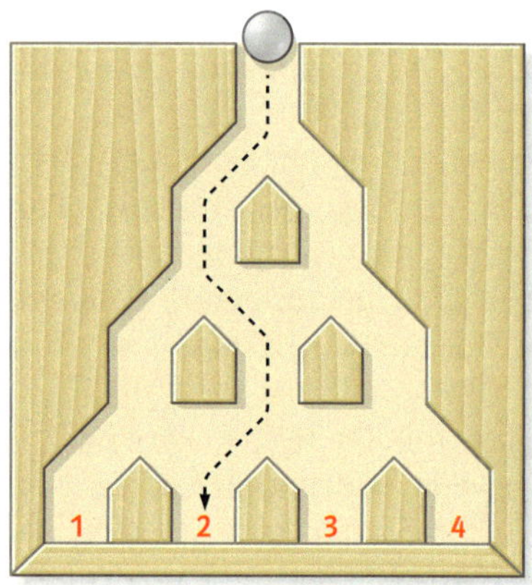

Fig. 2

17 Klinische Tests mit dem Medikament Fibrofort haben ergeben, dass in 85% aller Anwendungen die erwünschte Wirkung eintrat, aber bei 2% unerwünschte Nebenwirkungen vorkamen. Ansonsten zeigte Fibrofort gar keine Wirkung. Fünf Patienten werden mit Fibrofort behandelt.
a) Mit welcher Wahrscheinlichkeit zeigt sich bei allen fünf Patienten die erwünschte Wirkung?
b) Überlege dir mit deinem Nachbarn zusammen eine weitere ähnliche Fragestellung wie in Teil a). Erstellt eine Lösung eurer Aufgabe und gebt die Aufgabe – ohne Lösung – eurer Nachbargruppe. Anschließend vergleichen beide Gruppen ihre Lösungen.

18 In Fig. 3 siehst du einen Glücksspielautomaten mit zwei Glücksrädern und je sechs Bildern, drei Schnecken (S), zwei Pferden (P) und einem Windhund (W). Die Räder werden gleichzeitig zufällig angehalten und der Ausgang erscheint im Glücksfenster. Ein Spiel kostet 10 ct Einsatz. Die Auszahlung beträgt 1€ bei Ausgang WW, 20 ct bei Ausgang PP und 10 ct bei Ausgang SS. Du spielst dreimal. Mit welcher Wahrscheinlichkeit beträgt dein Gewinn
a) 2,70€, b) 0,70€,
c) 10 ct, d) 0€?

Fig. 3

3 Vierfeldertafel

Jana: „Ich mag nur blonde Jungen."
Nina: „Frau Angermayer sagt, dass auf unserer Schule 360 Jungen sind, von denen 60 % blond sind."
Jana: „Alle, die nicht mindestens 15 Jahre alt sind, brauchst du gar nicht mitzuzählen."
Nina: „Frau Angermayer sagt, dass auf unserer Schule ein Drittel der Jungen mindestens 15 Jahre alt sind."
Jana: „Und wie viele davon sind blond?"
Nina: „Keine Ahnung. Ich weiß nur, dass von denen, die noch nicht 15 sind, 100 nicht blond sind."

Neben Baumdiagrammen gibt es weitere Darstellungen, mit denen sich Wahrscheinlichkeiten von Ereignissen berechnen lassen.

Um die Tagesproduktion von 800 Stück eines Bauteils für einen Computer zu erhalten, musste die Firma MP1 wegen auftretender Engpässe 45 % der Bauteile von einer anderen Firma hinzukaufen. Aus Zeitmangel konnten nur 80 % der Bauteile geprüft werden. Von den geprüften Bauteilen waren nur 40 % zugekauft.
Mathis kauft in einem Elektronikmarkt ein Bauteil. Mit welcher Wahrscheinlichkeit ist es eines der geprüften aus der eigenen Produktion von MP1?

Bezeichnet man mit E das Ereignis „Das Bauteil ist geprüft" und mit G das Ereignis „Das Bauteil ist aus der eigenen Produktion von MP1", so ist die Wahrscheinlichkeit für das UND-Ereignis $E \cap G$ gesucht (Fig. 1). Die Bauteilzahlen lassen sich übersichtlich in einer Tabelle darstellen (Fig. 2). Dazu ermittelt man zunächst aus den Angaben im Text die rot geschriebenen Werte und kann daraus die anderen berechnen. Das Feld mit den Anzahlen zu dem Ereignis $E \cap G$ ist dunkelblau. Es gibt also 384 von MP1 produzierte, geprüfte Bauteile, die gesuchte Wahrscheinlichkeit beträgt $\frac{384}{800} = 48\,\%$.
Die vier blau unterlegten Felder enthalten die Anzahlen der Elemente der vier Schnittmengen, die sich aus den beiden Ereignissen E bzw. G und ihren Gegenereignissen bilden lassen. Daher nennt man eine solche Tabelle auch **Vierfeldertafel**.

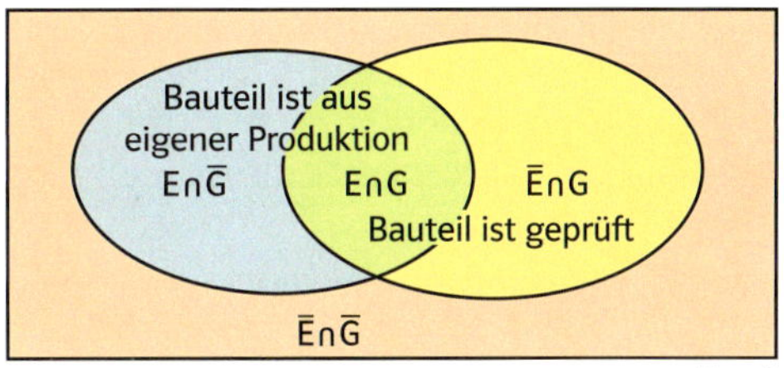

Fig. 1

Merkmal	eigene Produktion E	zugekauft $\overline{E}$	gesamt
Bauteil geprüft G	384	256	640
Bauteil nicht geprüft $\overline{G}$	56	104	160
gesamt	440	360	800

Fig. 2

zugekauft:
45 % von 800, also 360

geprüft:
80 % von 800, also 640

zugekauft und geprüft:
40 % von 640, also 256

eigenproduziert und geprüft
$E \cap G$: 384

fremdproduziert und geprüft
$\overline{E} \cap G$: 256

eigenproduziert und ungeprüft
$E \cap \overline{G}$: 56

fremdproduziert und ungeprüft
$\overline{E} \cap \overline{G}$: 104

Beispiel Medizinischer Test
In der Bundesrepublik Deutschland sind etwa 0,5 % der Bevölkerung an Tuberkulose (Tbc) erkrankt. Man weiß aufgrund langjähriger Erfahrungen, dass ein spezieller Tbc-Röntgentest 90 % der Kranken und 99 % der Gesunden richtig diagnostiziert. Herr Lampe hat am Röntgentest teilgenommen. Das Untersuchungsergebnis weist ihn als Tbc-krank aus (Testergebnis positiv). Mit welcher Wahrscheinlichkeit ist er wirklich an Tbc erkrankt?

Wenn nur Anteile oder Wahrscheinlichkeiten gegeben sind, kann man eine passende Gesamtanzahl zugrunde legen.

Lösung:
Gehe z. B. von 100 000 untersuchten Personen aus. Mit den Zahlenangaben wird dann die Tabelle erstellt. Es ergeben sich zunächst die rot geschriebenen Werte.
0,5 % von 100 000 = 500
90 % von 500 = 450
99 % von 99 500 = 98 505
Daraus werden die anderen Werte berechnet.

	an Tbc erkrankt	nicht an Tbc erkrankt	gesamt
Test positiv	**450**	995	1445
Test negativ	50	**98 505**	98 555
gesamt	**500**	99 500	**100 000**

Insgesamt sind von den 100 000 Untersuchten 1445 positiv getestet worden. Davon sind aber nur 450 wirklich krank. Also beträgt die gesuchte Wahrscheinlichkeit $\frac{450}{1445} \approx 31\%$.

Aufgaben

1 Eine Umfrage über die Beliebtheit des Faches Mathematik ergab die unvollständige Tabelle in Fig. 1. Übernimm die Tabelle in dein Heft und vervollständige sie. Wie viele Schülerinnen und Schüler sind
a) in der 9a und mögen Mathematik,
b) in der 9b oder mögen Mathematik?

	9a	9b	gesamt
mag gern Mathematik		18	36
mag nicht gern Mathematik	12		
gesamt		28	

Fig. 1

2 Eine Schülerin bzw. ein Schüler aus einer der Klassen 9a oder 9b wird zufällig herausgegriffen. E ist das Ereignis „Die Schülerin bzw. der Schüler ist aus der Klasse 9b", F ist das Ereignis „Die Schülerin bzw. der Schüler mag gerne Mathematik". Bestimme die Wahrscheinlichkeiten für das Eintreten der Ereignisse $\overline{E}$, $E \cup F$ und $E \cap F$ (Fig. 1).

3 In einem Sportverein gibt es 150 männliche und 85 weibliche aktive Mitglieder sowie 110 männliche und 130 weibliche passive Mitglieder. Eine Person wird zufällig ausgewählt.
a) Wie groß ist Wahrscheinlichkeit dafür, dass die ausgewählte Person weiblich ist?
b) Wie groß ist Wahrscheinlichkeit dafür, dass die ausgewählte Person aktives Mitglied ist?

4 Bei einem Sehtest aller achtjährigen Kinder einer Stadt wurden 4445 Jungen und 4379 Mädchen untersucht. Man fand bei den Jungen 268 und bei den Mädchen 256 Brillenträger.
a) Stelle den Sachverhalt in einer Vierfeldertafel dar.
b) Aus der Liste aller achtjährigen Kinder wird ein Kind zufällig ausgewählt.
Mit welcher Wahrscheinlichkeit ist es ein Brillenträger?
Mit welcher Wahrscheinlichkeit ist es ein Mädchen, das eine Brille trägt?

5 Bei der langjährigen Überprüfung von Fahrgästen der städtischen Verkehrsbetriebe wurde ermittelt, dass es etwa 2 % Schwarzfahrer gibt, davon sind 75 % männlich. Es sind 55 % aller Fahrgäste männlich. Ein Fahrgast wird überprüft.
a) Erstelle eine Vierfeldertafel. Lege dabei eine sinnvolle Gesamtanzahl zugrunde.
b) Mit welcher Wahrscheinlichkeit wird bei der Überprüfung eine weibliche Person mit Fahrschein angetroffen?
c) Wie wahrscheinlich ist es, bei der Überprüfung auf eine männliche oder eine Person mit Fahrschein zu treffen?

4 Abzählverfahren

Wenn man die Ziffernkombination vergisst, muss man ganz schön lange probieren.

Kombinatorische Abzählverfahren können insbesondere bei großen Anzahlen das Abzählen der „günstigen“ und der „möglichen“ Ergebnisse erleichtern.

Aus den drei Urnen in Fig. 1 soll jeweils eine Kugel gezogen werden. Dies kann als dreistufiges Zufallsexperiment aufgefasst werden. Für den Zug aus der 1. Urne gibt es 6 Möglichkeiten. Jede dieser Kugeln kann nun mit jeder der 3 Kugeln aus der 2. Urne kombiniert werden. Das sind $6 \cdot 3 = 18$ Möglichkeiten. Jede dieser Möglichkeiten kann wiederum mit jeder der 4 Kugeln aus der 3. Urne kombiniert werden. Insgesamt gibt es also $6 \cdot 3 \cdot 4 = 72$ mögliche Ergebnisse. Dies kann man verallgemeinern.

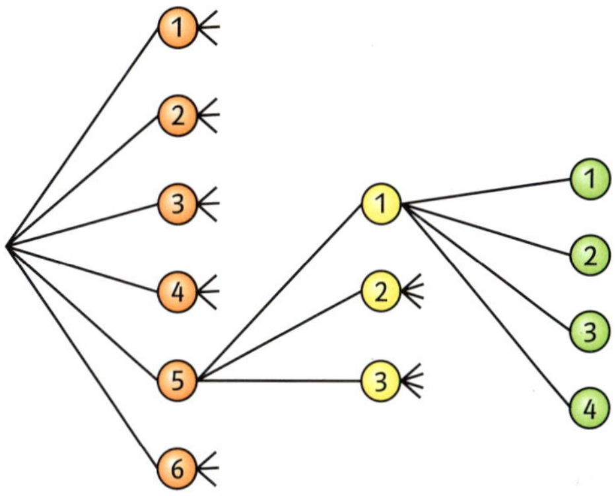

Fig. 2

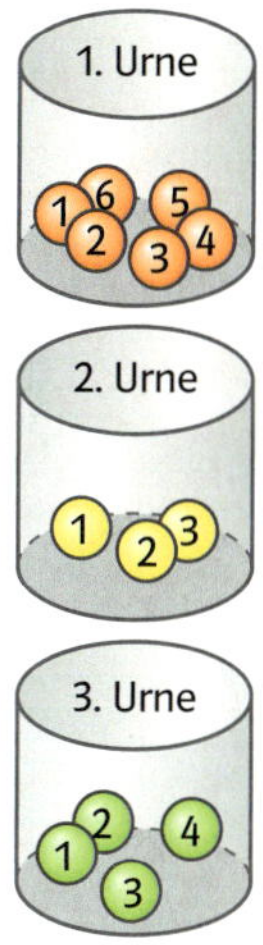

Fig. 1

Produktregel der Kombinatorik
Die Anzahl der Ergebnisse eines mehrstufigen Zufallsversuchs erhält man, indem man die Anzahlen der Möglichkeiten für jede Stufe miteinander multipliziert.

Ein Spezialfall der Produktregel ist das Ziehen aller Kugeln aus einer einzelnen Urne. Enthält diese Urne z. B. 5 unterscheidbare Kugeln (Fig. 3), so kann dies als fünfstufiges Zufallsexperiment aufgefasst werden. Im ersten Zug gibt es 5 Möglichkeiten, im zweiten Zug 4 Möglichkeiten, …, im fünften Zug nur noch eine Möglichkeit. Die Anzahl aller möglichen Ergebnisse erhält man nach der Produktregel durch Multiplikation der Möglichkeiten aller Stufen. Insgesamt gibt es also $5 \cdot 4 \cdot 3 \cdot 2 \cdot 1 = 120$ mögliche Ergebnisse. Legt man die 5 Kugeln in der Reihenfolge ihrer Ziehung nebeneinander, so entstehen 120 verschiedene Anordnungen. Dies lässt sich auf eine Urne mit n Kugeln verallgemeinern.

Fig. 3

Zieht man nacheinander alle n Kugeln aus einer Urne, so gibt es $n \cdot (n-1) \cdot \ldots \cdot 2 \cdot 1$ mögliche Ergebnisse bzw. mögliche Reihenfolgen für das Ziehen.
Man schreibt kurz $\mathbf{n \cdot (n-1) \cdot \ldots \cdot 2 \cdot 1 = n!}$ und liest **„n Fakultät“**.

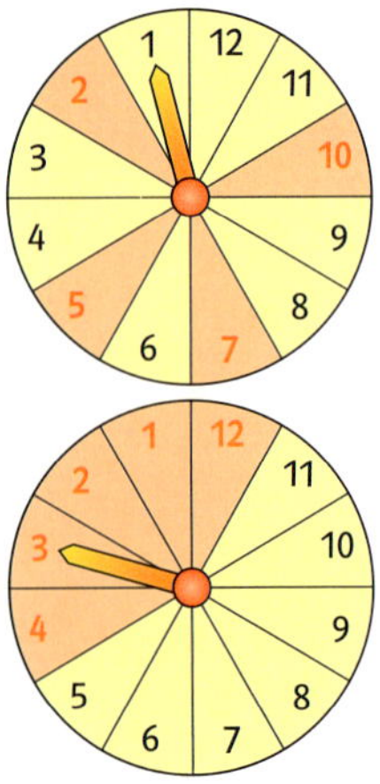

Fig. 1

Beispiel 1
Die beiden Glücksräder in Fig. 1 werden gedreht.
a) Wie viele mögliche Ergebnisse gibt es insgesamt?
b) Berechne die Wahrscheinlichkeit für das Eintreten folgender Ereignisse:
A: Beide Glücksräder zeigen eine gerade Zahl.
B: Beide Glücksräder zeigen auf eine Zahl auf einem roten Feld.
Lösung:
a) Beide Glücksräder haben 12 Felder, insgesamt gibt es also $12 \cdot 12 = 144$ Ergebnisse.
b) *Anzahl der jeweils günstigen Ergebnisse ermitteln:*
A: Es gibt jeweils 6 gerade Zahlen, also $6 \cdot 6 = 36$ „günstige" Ergebnisse.
Wahrscheinlichkeit bestimmen:
$P(A) = \frac{36}{144} = \frac{1}{4}$
B: Die roten Felder enthalten 4 bzw. 5 Zahlen, insgesamt gibt es also $4 \cdot 5 = 20$ „günstige" Ergebnisse.
Wahrscheinlichkeit bestimmen:
$P(B) = \frac{20}{144} = \frac{5}{36}$

Beispiel 2
Alexa, Björn, Corinna und Demian setzen sich zufällig auf vier nebeneinander stehende Stühle. Wie groß ist die Wahrscheinlichkeit für das Eintreten des Ereignisses, dass Björn zwischen Alexa und Corinna sitzt?
Lösung:
Man kann annehmen, dass jeder Stuhl mit der gleichen Wahrscheinlichkeit gewählt wird.
Anzahl aller möglichen Sitzordnungen bestimmen:
4 Personen wählen je eine von 4 Stühlen, es gibt also $4! = 24$ verschiedene Sitzordnungen.
„günstige" Sitzordnungen bestimmen:
Björn muss auf einem der 2 mittleren Plätzen sitzen. Für Alexa und Corinna gibt es dann jeweils 2 Möglichkeiten, neben Björn zu sitzen. Insgesamt gibt es also $2 \cdot 2 = 4$ „günstige" Sitzordnungen.
Wahrscheinlichkeit bestimmen:
P(„Björn sitzt zwischen Alexa und Corinna") $= \frac{4}{24} = \frac{1}{6}$.

Aufgaben

1 Ein Test besteht aus 6 Fragen. Zu jeder Frage sind 4 Antworten vorgegeben, von denen genau eine richtig ist.
a) Wie viele Antwortmöglichkeiten gibt es bei jeder Frage, wie viele mögliche Kombinationen von Antworten gibt es insgesamt?
b) Mit welcher Wahrscheinlichkeit rät man zufällig 6 richtige Antworten?
c) Mit welcher Wahrscheinlichkeit rät man keine richtige Antwort?

2 Aus jedem der Gläser von Fig. 2 wird eine Kugel gezogen.
a) Wie viele mögliche Ergebnisse gibt es?
b) Bestimme die Wahrscheinlichkeit dafür, dass nur Kugeln mit auf 1 endenden Zahlen (mit ungeraden Zahlen) gezogen werden.

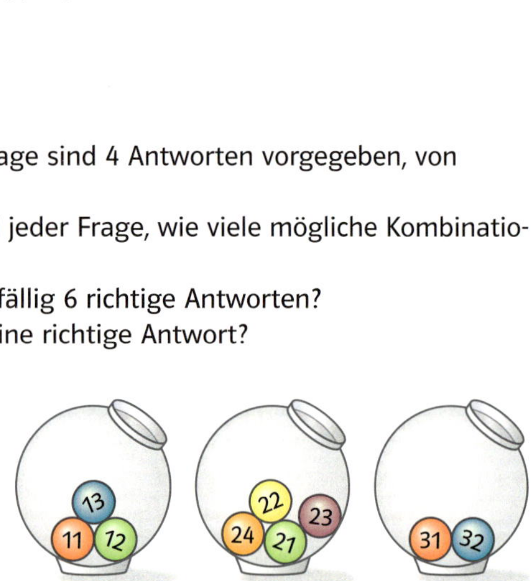

Fig. 2

3 a) Wie viele verschiedene vierstellige Zahlen lassen sich aus den Ziffern 2, 4, 6 und 8 bilden, wenn jede Ziffer in jeder Zahl genau einmal vorkommt?
b) Wie groß ist die Wahrscheinlichkeit, dass eine dieser Zahlen mit 2 beginnt?

4 Beim Fußballtoto muss man den richtigen Ausgang von 11 Fußballspielen voraussagen. Dabei bedeuten:
(1) Der Gastgeber gewinnt; (0) unentschieden; (2) der Gast gewinnt (Fig. 1).
Herr Arndt, der nichts von Fußball versteht, füllt zufällig einen Tippschein aus.
a) Wie viele Möglichkeiten gibt es, eine Tippreihe auszufüllen?
b) Mit welcher Wahrscheinlichkeit rät er zufällig alle 11 richtig (alle 11 falsch)?

Fig. 1

Bist du sicher?

1 Eine Familie hat drei Kinder.
a) Wie viele verschiedene Möglichkeiten gibt es für die Folge von Jungen und Mädchen?
b) Nimm an, dass die Wahrscheinlichkeit für die Geburt eines Jungen bzw. eines Mädchens gleich groß ist. Mit welcher Wahrscheinlichkeit hat die Familie
(1) nur Mädchen, (2) zwei Jungen und ein Mädchen, (3) mindestens einen Jungen?

5 In einem Kasten liegen 7 Perlen von unterschiedlicher Größe. Sie werden zufällig aus dem Kasten genommen und zu einer Kette aufgezogen.
a) Wie viele Möglichkeiten gibt es, die Perlen nacheinander aus dem Kasten zu nehmen?
b) Mit welcher Wahrscheinlichkeit werden die Perlen der Größe nach, mit der größten Perle beginnend, aus dem Kasten gezogen?
c) Mit welcher Wahrscheinlichkeit zieht man zuerst die größte und dann die kleinste Perle? Beachte: Auf die Reihenfolge der übrigen Perlen kommt es dabei nicht an.

6 Fünf Geschwister (3 Mädchen, 2 Jungen) stellen sich für ein Familienfoto zufällig in einer Reihe auf. Wie groß ist die Wahrscheinlichkeit, dass
a) Jungen und Mädchen abwechselnd stehen,
b) die Reihe mit einem Jungen beginnt und auch endet?

7 Nico soll 3 Briefe in adressierte Umschläge stecken. Da er vergessen hat, welcher Brief in welchen Umschlag gehört, verteilt er die Briefe zufällig auf die Umschläge. Wie groß ist die Wahrscheinlichkeit, dass er keinen Brief (alle Briefe; nur zwei Briefe; genau einen Brief) falsch eingetütet hat?

Kannst du das noch?

8 Prüfe nach, ob der Punkt P auf dem Graphen der Funktion f liegt.
a) $f(x) = x^2 + 3$; $P(-2|7)$ b) $f(x) = x^2 - 2x + 1$; $P(1|-1)$

9 Zeichne die Parabeln.
a) $y = -x^2$ b) $y = x^2 - 4$ c) $y = 3x^2$ d) $y = -3x^2 + 2$

10 Die Parabeln in Aufgabe 9 erhält man durch Streckung und Verschiebung der Normalparabel. Gib die Abbildungen jeweils an.

5 Ziehen mit und ohne Beachtung der Reihenfolge

Manchmal kommt es auf die Reihenfolge an.

Zieht man 3 Kugeln aus einer Urne mit 5 Kugeln wie in Fig. 1 nacheinander, also ohne Zurücklegen, so hat man nach der Produktregel $5 \cdot 4 \cdot 3 = 60$ Möglichkeiten.

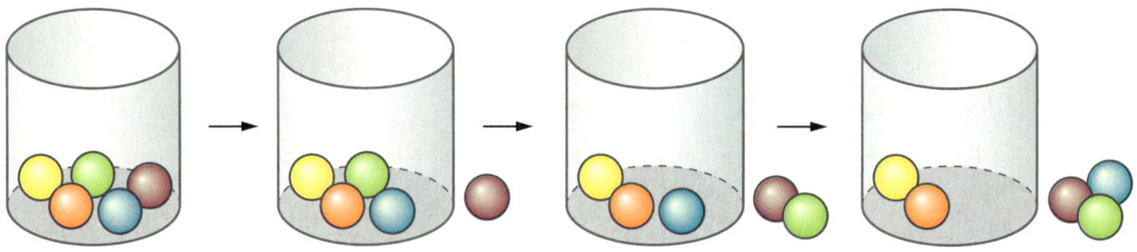

Fig. 1

Diese Überlegung lässt sich auch auf eine beliebige Anzahl von Kugeln übertragen.
Zieht man k Kugeln aus insgesamt n Kugeln ohne Zurücklegen, so gibt es

$$\underbrace{n \cdot (n-1) \cdot (n-2) \cdot \ldots \cdot (n-(k-1))}_{\text{k Faktoren}} = \underbrace{n \cdot (n-1) \cdot (n-2) \cdot \ldots \cdot (n-k+1)}_{\text{k Faktoren}} \text{ Möglichkeiten.}$$

Zieht man die 3 Kugeln aus einer Urne mit 5 Kugeln wie in Fig. 2 gleichzeitig, so kann man über die Reihenfolge, in der die Kugeln gezogen worden sind, nichts aussagen. Unter den 60 möglichen Ergebnissen, die man erhält, wenn man nacheinander zieht, kann man nun diejenigen mit der gleichen Farbkombination nicht unterscheiden. Für die drei gezogenen Farben gibt es jeweils $3 \cdot 2 \cdot 1 = 3! = 6$ mögliche Reihenfolgen.
Insgesamt gibt es also nur noch $\frac{5 \cdot 4 \cdot 3}{3!} = \frac{60}{6} = 10$ unterscheidbare Möglichkeiten.

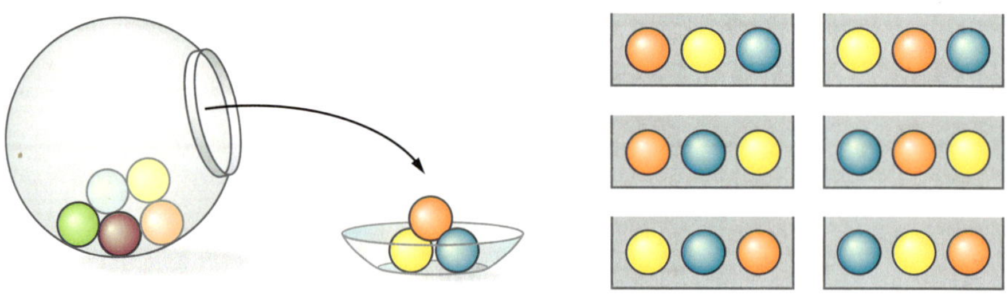

Fig. 2

Diese Überlegung lässt sich auch auf eine beliebige Anzahl von Kugeln übertragen.
Zieht man k Kugeln aus insgesamt n Kugeln gleichzeitig, so gibt es

$$\frac{n \cdot (n-1) \cdot (n-2) \cdot \ldots \cdot (n-(k-1))}{1 \cdot 2 \cdot 3 \cdot \ldots \cdot k} = \frac{n \cdot (n-1) \cdot (n-2) \cdot \ldots \cdot (n-k+1)}{k!} \text{ Möglichkeiten.}$$

$\binom{n}{k}$ *heißt auch* ***Binomialkoeffizient***.

Man schreibt kurz $\frac{n \cdot (n-1) \cdot (n-2) \cdot \ldots \cdot (n-k+1)}{k!} = \binom{n}{k}$ (lies: „n über k“ oder „k aus n“).

Zieht man **nacheinander** k Kugeln aus insgesamt n Kugeln **ohne Zurücklegen**, so gibt es $n \cdot (n-1) \cdot (n-2) \cdot \ldots \cdot (n-k+1)$ verschiedene Möglichkeiten.

Zieht man **gleichzeitig** k Kugeln aus insgesamt n Kugeln, so gibt es $\frac{n \cdot (n-1) \cdot (n-2) \cdot \ldots \cdot (n-k+1)}{k!} = \binom{n}{k}$ verschiedene Möglichkeiten.

Beispiel 1

In einer Urne sind 26 Kugeln mit den 26 Buchstaben des Alphabets beschriftet. Man zieht nacheinander 4 Kugeln.

a) Wie groß ist die Wahrscheinlichkeit, dass man auf diese Weise die Buchstaben des Wortes „IGEL" in genau dieser Reihenfolge zieht?

b) Wie groß ist die Wahrscheinlichkeit, dass man aus den gezogenen Kugeln das Wort „IGEL" bilden kann, wenn man die Kugeln nach dem Ziehen umsortieren darf?

Lösung:

a) Von 26 Kugeln werden 4 ausgewählt, also gibt es $26 \cdot 25 \cdot 24 \cdot 23 = 358\,800$ mögliche Ergebnisse. Die Wahrscheinlichkeit für das günstige Ergebnis „IGEL", für das es nur eine Möglichkeit gibt, beträgt daher $\frac{1}{358\,800}$.

b) Da die Reihenfolge, in der die Buchstaben gezogen werden, keine Rolle spielt, kann man das Ziehen als gleichzeitig betrachten. Es gibt also $\binom{26}{4} = \frac{26 \cdot 25 \cdot 24 \cdot 23}{4!} = 14\,950$ mögliche Ergebnisse. Die Wahrscheinlichkeit, aus den gezogenen Buchstaben das Wort IGEL bilden zu können, beträgt somit $\frac{1}{14\,950}$.

Beispiel 2

Wie groß ist die Wahrscheinlichkeit, im Lotto „6 aus 49"

a) A: 6 Richtige zu tippen,

b) B: 4 Richtige zu tippen?

Lösung:

Bei Lottoziehungen kommt es nicht auf die Reihenfolge an, in der die Kugeln gezogen oder auf dem Tippzettel angekreuzt werden.

Beim Ziehen von 6 Kugeln aus 49 Kugeln gibt es $\binom{49}{6} = 13\,983\,816$ mögliche Ergebnisse.

a) Es gibt nur ein günstiges Ergebnis. Die Wahrscheinlichkeit für 6 Richtige beträgt demnach $P(A) = \frac{1}{13\,983\,816} \approx 0{,}000\,000\,071$.

b) Für 4 Richtige muss man aus den 6 gezogenen Zahlen 4 und aus den restlichen 43 nicht gezogenen Zahlen 2 getippt haben (Fig. 1). Für „4 aus 6 Richtigen" und „2 aus 43 Falschen" gibt es nach der Produktregel $\binom{6}{4} \cdot \binom{43}{2}$ Möglichkeiten.

Die Wahrscheinlichkeit ist also $P(B) = \frac{\binom{6}{4} \cdot \binom{43}{2}}{\binom{49}{6}} = \frac{15 \cdot 903}{13\,983\,816} \approx 0{,}000\,97$.

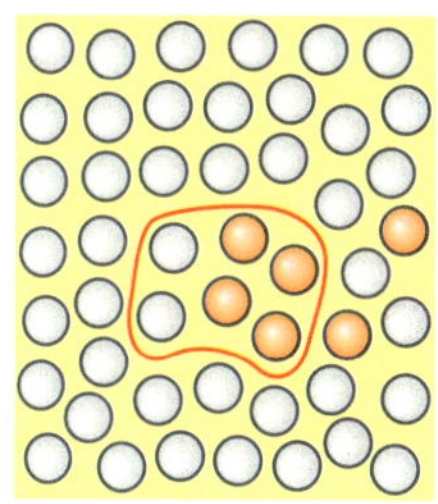

Fig. 1

Aufgaben

1 Eine kleine Schafherde besteht aus 10 Schafen, sieben weißen Schafen und drei schwarzen.

Der Tierarzt wählt zufällig drei Schafe aus, um sie zu untersuchen. Berechne die Wahrscheinlichkeit, dass der Tierarzt

a) zwei schwarze und ein weißes,

b) ein schwarzes und zwei weiße,

c) kein schwarzes Schaf auswählt.

2 Berechne.

a) $\binom{7}{2}$, $\binom{9}{5}$, $\binom{11}{4}$, $\binom{9}{7}$ b) $\binom{12}{10}$, $\binom{17}{3}$, $\binom{17}{14}$, $\binom{20}{5}$ c) $\binom{20}{15}$, $\binom{100}{97}$, $\binom{500}{498}$, $\binom{1000}{1000}$

3 a) Wie viele verschiedene dreistellige Zahlen lassen sich aus den Ziffern 1, 2, 3, 4, 5 und 6 bilden, wenn jede Ziffer höchstens einmal vorkommen darf?
b) Wie groß ist die Wahrscheinlichkeit, dass eine dieser Zahlen mit 6 anfängt?

4 Beim Spiel 77 werden nacheinander aus sieben Trommeln mit jeweils zehn Kugeln, nummeriert von 0 bis 9, je eine Kugel gezogen. Die Reihenfolge der so gezogenen Ziffern bestimmt die Gewinnzahl. Wie groß ist beim Spiel 77 die Wahrscheinlichkeit für eine Gewinnzahl aus lauter verschiedenen Ziffern?

5 Ein Töpfer hat vier Vasen geformt. Für die Glasur stehen ihm fünf verschiedene Farben zur Verfügung, die er zufällig auswählt.
a) Wie groß ist die Wahrscheinlichkeit, dass die vier Vasen verschiedene Farbe erhalten?
b) Wie groß ist die Wahrscheinlichkeit, dass der Töpfer die blaue Glasur nicht benutzt hat?

6 Wie viele Möglichkeiten gibt es,
a) aus 10 Personen einen Ausschuss von 4 Personen zu bilden,
b) aus 120 Mitgliedern der „blauen Funken" den Elferrat zu bilden,
c) aus einer Klasse mit 15 Jungen und 10 Mädchen eine Gruppe von 2 Jungen und 2 Mädchen auszuwählen?

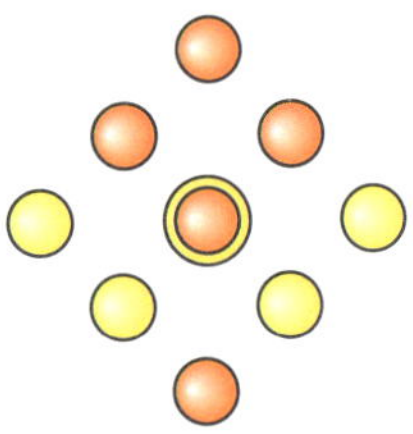
Fig. 1

7 Beim Kegeln werden 9 Kegel aufgestellt (Fig. 1).
a) Wie viele verschiedene „Wurfbilder" gibt es, wenn jeweils 5 Kegel fallen?
b) Wie viele verschiedene Wurfbilder gibt es insgesamt? Es können dabei 1, 2, 3, ..., 9 Kegel fallen.

8 In einem Zeltlager mit 20 Teilnehmerinnen soll eine Dreiergruppe zum Einkaufen geschickt werden. Dazu werden drei Mädchen ausgelost. Wie groß ist die Wahrscheinlichkeit,
a) dass gerade Angelika, Nicole und Silvia ausgelost werden,
b) dass keines dieser drei Mädchen ausgelost wird?

9 Marco darf 5 seiner 12 Freunde (5 Mädchen und 7 Jungen) zu einer Zirkusvorstellung einladen. Um keinen zu benachteiligen, trifft er seine Wahl per Losentscheid. Mit welcher Wahrscheinlichkeit wählt er
a) nur Mädchen, b) nur Jungen,
c) 3 Jungen und 2 Mädchen, d) seine Freunde Claudio und Sebastiano?

10 6 Personen wollen sich im Kino auf 8 freie Plätze setzen.
a) Wie viele Sitzordnungen sind möglich?
b) Wie groß ist die Wahrscheinlichkeit, dass die zwei freien Plätze nebeneinander sind, wenn alle Plätze mit gleicher Wahrscheinlichkeit ausgewählt werden?

Fig. 2

11 Karstens jüngere Schwester Heike möchte auf die Schutzumschläge von vier ihrer Schulbücher jeweils eines der sechs Tierbilder von Fig. 2 kleben.
a) Wie viele mögliche Auswahlen gibt es?
b) Heike wählt die Bilder zufällig aus. Wie groß ist die Wahrscheinlichkeit, dass das Bild mit dem Pinguin unter den ausgewählten Bildern ist?

Bist du sicher?

1 Sarah legt 10 verschiedene CDs in zufälliger Reihenfolge in ihren CD-Wechsler. Wie groß ist die Wahrscheinlichkeit dafür, dass sie zufällig zuerst die Techno-CD, dann die Pop-CD und als drittes die Schlager-CD aufgelegt hat?

2 Beim Skatspiel werden 32 Karten verteilt. 30 Karten erhalten die Spieler, 2 Karten kommen in den so genannten Skat. Wie groß ist die Wahrscheinlichkeit, dass der Skat
a) aus dem Pik- und dem Kreuz-Buben, b) aus zwei Buben besteht?

12 Bei einer Tombola werden 100 Lose verkauft. 40 Lose sind Trostpreise, 10 sind Hauptgewinne, und der Rest sind Nieten. Rebecca kauft 3 Lose. Mit welcher Wahrscheinlichkeit hat Rebecca unter ihren Losen
a) drei Hauptgewinne, b) genau einen Hauptgewinn,
c) zwei Nieten, d) genau eine Niete,
e) nur Nieten oder nur Trostpreise, f) mindestens einen Hauptgewinn,
g) genau eine Niete, einen Hauptgewinn und einen Trostpreis?

13 Glühlampen der Firma „GULI – Gutes Licht" werden in Kartons zu 50 Glühlampen verkauft. Bei einer Qualitätskontrolle werden einem Karton 4 Glühlampen zufällig mit einem Griff entnommen. Wie groß ist die Wahrscheinlichkeit, dass alle entnommenen Glühlampen in Ordnung sind, wenn im Karton insgesamt
a) 4 Glühbirnen, b) 10 Glühbirnen, c) eine Glühbirne defekt sind?

14 Wie groß ist beim Zahlenlotto „6 aus 49" die Wahrscheinlichkeit für
a) 3 Richtige, b) genau 1 Richtige,
c) mindestens 3 Richtige, d) keine Richtige,
e) 5 Richtige mit Zusatzzahl, f) 5 Richtige ohne Zusatzzahl?

15 Um den Jackpot zu knacken, muss man nicht nur „6 Richtige" tippen, sondern auch noch die auf dem Lottoschein stehende „Superzahl", d.h. eine gezogene Zahl zwischen 0 und 9 richtig haben. Wie groß ist die Wahrscheinlichkeit, den Jackpot zu knacken?

16 Beim Schweizer Zahlenlotto sind sechs Zahlen aus 42 zu tippen.
Mit welcher Wahrscheinlichkeit gewinnt man
a) in der Gewinnklasse I (6 Richtige),
b) in der Gewinnklasse II (5 Richtige mit Zusatzzahl),
c) in der Gewinnklasse III (5 Richtige ohne Zusatzzahl),
d) in der Gewinnklasse IV (4 Richtige)?

17 Beim ersten Zahlenlotto, dem Lotto di Genua, wurden „5 aus 90" ohne Zurücklegen gezogen. Man konnte gewinnen bei: 1 Zahl richtig, dem sogenannten „Einfachen Auszug"; bei zwei Richtigen „Ambe"; 3 Richtigen „Terne"; 4 Richtigen „Quaterne" und 5 Richtigen „Quinterne". Berechne die Wahrscheinlichkeiten für diese Gewinne beim Lotto di Genua.

Christopher Columbus (1451–1506)

18 a) Begründe, dass Binomialkoeffizienten stets ganzzahlig sind.
b) Zeige: $n \cdot (n-1) \cdot (n-2) \cdot \ldots \cdot (n-k+1) \cdot (n-k)! = n!$
c) Erkläre die Umformungen:

$$\binom{n}{k} = \frac{n \cdot (n-1) \cdot (n-2) \cdot \ldots \cdot (n-k+1)}{k!} = \frac{n \cdot (n-1) \cdot (n-2) \cdot \ldots \cdot (n-k+1) \cdot (n-k)!}{k! \cdot (n-k)!} = \frac{n!}{k! \cdot (n-k)!}.$$

Aus der Statistik eines Basketballclubs: Sarah trifft bei 60 % ihrer Freiwürfe und Mario bei 80 % seiner Freiwürfe. Mario und Sarah erhalten je drei Freiwürfe und landen jeweils zwei Treffer.
Niko: „Von Mario habe ich das erwartet, aber Sarahs Ergebnis wundert mich!"

Jakob Bernoulli der Ältere, 1654–1705, Schweizer Mathematiker. Er gilt als Begründer der Wahrscheinlichkeitstheorie.

Ein Zufallsexperiment, bei dem man sich nur dafür interessiert, ob ein bestimmtes Ereignis eintritt oder nicht eintritt, nennt man **Bernoulli-Experiment**. Tritt dieses Ereignis ein, so spricht man von **Erfolg**; tritt das Gegenereignis ein, so spricht man von **Misserfolg**. Die zugehörigen Wahrscheinlichkeiten heißen **Erfolgswahrscheinlichkeit** p und **Misserfolgswahrscheinlichkeit** $q = 1 - p$.
Wenn man ein Bernoulli-Experiment mehrmals wiederholt, ohne dass sich dabei die Erfolgswahrscheinlichkeit von Stufe zu Stufe ändert, spricht man von einer **Bernoulli-Kette**. Die Wahrscheinlichkeit, bei einer Bernoulli-Kette der Länge n genau k mal Erfolg zu haben, bezeichnet man mit $B_{n;\,p}(k)$.

Bei einem Multiple-Choice-Test gibt es drei Fragen mit jeweils vier vorgegebenen Antworten, von denen nur eine richtig ist. Kreuzt ein Kandidat die Antworten rein zufällig an, so ist jedes Ankreuzen ein Bernoulli-Versuch und die Durchführung des Tests eine Bernoulli-Kette der Länge 3. Die Wahrscheinlichkeit, dass der Kandidat eine Antwort richtig ankreuzt, ist $p = \frac{1}{4}$. Die Wahrscheinlichkeit, dass er eine falsche Antwort ankreuzt, ist $1 - p = \frac{3}{4}$. Am Baumdiagramm erkennt man: Das Ereignis „zwei richtige Antworten" besteht aus den Ergebnissen „f r r", „r r f" und „r f r". Alle drei Ergebnisse haben die gleiche Wahrscheinlichkeit $\left(\frac{1}{4}\right)^2 \cdot \left(\frac{3}{4}\right)^{3-2}$. Der Kandidat kreuzt also mit der Wahrscheinlichkeit $B_{3;\,\frac{1}{4}}(2) = 3 \cdot \left(\frac{1}{4}\right)^2 \cdot \frac{3}{4}$ rein zufällig zwei richtige Antworten an.

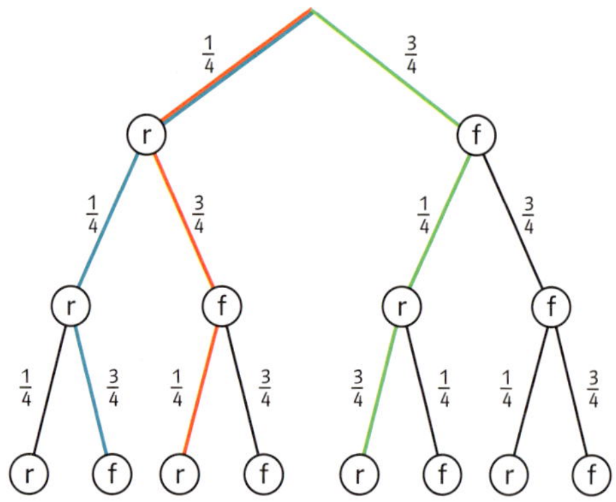

Diese Überlegungen lassen sich verallgemeinern. Ein Zufallsversuch mit gleichbleibender Erfolgswahrscheinlichkeit p wird n-mal durchgeführt. Die Wahrscheinlichkeit dafür, dass k Erfolge in einer ganz bestimmten Reihenfolge auftreten, beträgt $p^k \cdot (1 - p)^{n-k}$. Jeder Pfad, der diese Wahrscheinlichkeit veranschaulicht, enthält nämlich k Erfolge und $n - k$ Misserfolge. Die Pfade unterscheiden sich nur dadurch, dass die k Erfolge in jeweils anderen Stufen der Bernoulli-Kette auftreten.
Insgesamt sind $\binom{n}{k}$ Pfade mit genau k Erfolgen möglich. Dies kann man so erklären: Aus n Stufen werden k Stufen ausgewählt, an denen Erfolg eintritt. Da es auf die Reihenfolge, in der die Stufen ausgewählt werden, nicht ankommt, gibt es hierfür wie beim gleichzeitigen Ziehen von k Kugeln aus n Kugeln insgesamt $\binom{n}{k}$ Möglichkeiten. Damit ergibt sich $B_{n;\,p}(k) = \binom{n}{k} \cdot p^k \cdot (1 - p)^{n-k}$.

Formel von Bernoulli
Ein Zufallsexperiment, bei dem man sich nur dafür interessiert, ob ein bestimmtes Ereignis eintritt (Erfolg) oder nicht eintritt (Misserfolg), bezeichnet man als **Bernoulli-Experiment**. Die Wahrscheinlichkeit für das Eintreten des Ereignisses nennt man Erfolgswahrscheinlichkeit p.
Wird ein Bernoulli-Experiment n-mal durchgeführt, so ist die Wahrscheinlichkeit für genau k Erfolge $\mathbf{B_{n;\,p}(k) = \binom{n}{k} \cdot p^k \cdot (1-p)^{n-k}}$.

Beispiel
Ein Würfel wird fünfmal geworfen. Berechne die folgenden Wahrscheinlichkeiten.
A: Es fällt dreimal die 6.
B: Es fällt mindestens dreimal die 6.
C: Es fällt höchstens zweimal die 6.
Lösung:
Es handelt sich um eine Bernoulli-Kette der Länge 5. Die Erfolgswahrscheinlichkeit beträgt $p = \left(\frac{1}{6}\right)$, *die Misserfolgswahrscheinlichkeit* $1 - p = \left(\frac{5}{6}\right)$.
$P(A) = \binom{5}{3} \cdot \left(\frac{1}{6}\right)^3 \cdot \left(\frac{5}{6}\right)^2 \approx 0{,}0322.$
$P(B) = \binom{5}{3} \cdot \left(\frac{1}{6}\right)^3 \cdot \left(\frac{5}{6}\right)^2 + \binom{5}{4} \cdot \left(\frac{1}{6}\right)^4 \cdot \left(\frac{5}{6}\right) + \binom{5}{5} \cdot \left(\frac{1}{6}\right)^5 \approx 0{,}0355.$
C ist das Gegenereignis von B, also gilt: $P(C) = 1 - P(B) \approx 0{,}9645$.

Aufgaben

1 Überlege mit einem Partner: Welche Ereignisse kann man bei dem beschriebenen Zufallsversuch festlegen, damit er ein Bernoulli-Versuch ist? Welches Ereignis bezeichnet ihr als Treffer? Wie groß ist die Trefferwahrscheinlichkeit?
a) Werfen einer Münze,
b) Werfen eines Würfels,
c) Überprüfen einer Maschine,
d) Überprüfen der Wirkung einer Arznei.

2 Zeichne den vollständigen Baum bei einer Bernoulli-Kette mit der Länge $n = 4$. Bestimme daran die Binomialkoeffizienten $\binom{4}{r}$ für $r = 0;\ 1;\ 2;\ 3$ und 4.

3 Eine Münze wird sechsmal geworfen. Mit welcher Wahrscheinlichkeit fallen
a) genau drei Wappen,
b) mindestens drei Wappen,
c) höchstens drei Wappen?

4 Untersuche, ob der Zufallsversuch eine Bernoulli-Kette ist. Gib an, was Treffer, Trefferwahrscheinlichkeit p und Länge n der Kette sind.
a) Eine Münze wird fünfmal geworfen und es wird notiert, wie oft Wappen unten liegt.
b) Ein Würfel wird sechsmal geworfen und es wird notiert, wie oft eine Sechs fällt.
c) Lotto 6 aus 49: Ein Spieler kreuzt 6 von 49 Zahlen auf einem Tippzettel an. Danach werden aus einer Urne von 49 nummerierten Kugeln 6 gezogen. Der Spieler notiert, wie viele Kugeln mit seinem Tipp übereinstimmen.
d) Bei einer Umfrage werden 1000 Personen zufällig aus dem Telefonbuch ausgewählt und gefragt, ob sie ein Handy besitzen.
e) Bei einer Umfrage am Luise-Meitner-Gymnasium werden 850 Schülerinnen und Schüler gefragt, wie viele Stunden sie täglich am Computer sitzen.

5 Bei einem Test gibt es acht Fragen mit jeweils drei Antworten, von denen nur eine richtig ist. Eine Versuchsperson kreuzt bei jeder Frage rein zufällig eine Antwort an. Mit welcher Wahrscheinlichkeit hat sie
a) genau vier richtige Antworten,
b) mindestens vier richtige Antworten,
c) höchstens drei richtige Antworten,
d) mehr als vier richtige Antworten?

6 Beim maschinellen Abfüllen von Halbliter-Flaschen wird der „Sollwert" $500\,cm^3$ in der Regel nicht genau eingehalten. Der Hersteller garantiert aber, dass 98 % der Flaschen mindestens $495\,cm^3$ enthalten. Von den abgefüllten Flaschen wird eine Stichprobe von 20 Flaschen entnommen. Wie groß ist die Wahrscheinlichkeit, dass
a) genau zwei Flaschen weniger als $495\,cm^3$ enthalten,
b) höchstens zwei Flaschen weniger als $495\,cm^3$ enthalten,
c) mindestens zwei Flaschen weniger als $495\,cm^3$ enthalten?

Bist du sicher?

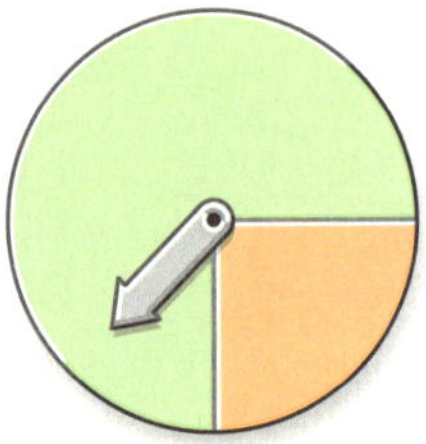
Fig. 1

1 Das Glücksrad wird sechsmal gedreht. Wie groß ist die Wahrscheinlichkeit, dass
a) genau zweimal grün erscheint,
b) genau zweimal rot erscheint,
c) höchstens zweimal grün erscheint,
d) mindestens zweimal rot erscheint?

2 Lea und Richard haben lange Elfmeterschießen geübt. Ihre Trefferquoten betragen 80 % und 75 %. Worauf würdest du wetten?
a) Lea trifft bei zehn Versuchen mindestens achtmal.
b) Richard trifft bei sieben Versuchen genau fünfmal oder genau sechsmal.

7 Ein Blumenhändler gibt für seine Blumenzwiebeln 90 % Keimgarantie. Jemand kauft davon ein Dutzend. Setze voraus, dass die Angabe des Blumenhändlers stimmt. Wie groß ist die Wahrscheinlichkeit, dass
a) alle Blumenzwiebeln keimen,
b) genau zehn Blumenzwiebeln keimen,
c) mindestens zehn Blumenzwiebeln keimen,
d) höchstens neun Blumenzwiebeln keimen,
e) die Zahl der keimenden Blumenzwiebeln im Bereich von sieben bis elf liegt?

8 Die Ausschusswahrscheinlichkeit bei Schrauben, die man bei einem Baumarkt kauft, beträgt 3 %. Was ist am wahrscheinlichsten?
A: Es sind keine unbrauchbaren Schrauben in einer Dutzendpackung.
B: Es ist mindestens eine unbrauchbare Schraube in einer Zwanzigerpackung.
C: Es ist mehr als eine unbrauchbare Schraube in einer Fünfzigerpackung.

9 Berechne die Wahrscheinlichkeiten, mit denen eine Kugel in den Fächern 1 bis 5 des Galton-Bretts landet, wenn die Kugel
a) an jedem Klötzchen mit gleicher Wahrscheinlichkeit nach links oder rechts fällt;
b) an jedem Klötzchen mit der Wahrscheinlichkeit 0,4 nach rechts und mit der Wahrscheinlichkeit 0,6 nach links fällt.
c) Ist es möglich, dass eine Kugel mit der Wahrscheinlichkeit 0 in Fach 1 fällt?

Fig. 2

Wiederholen – Vertiefen – Vernetzen

1 Ein Autohändler möchte sein Pkw-Modell Anturo in 5 verschiedenen Motorversionen, 4 verschiedenen Lackierungen und 4 verschiedenen Innenausstattungen anbieten. Wie viele Autos müsste der Autohändler auf Lager haben, um jeden Wunsch seiner Kunden sofort erfüllen zu können?

2 Fünf Personen wollen durch eine Drehtür gehen. Wie viele Möglichkeiten gibt es für sie, nacheinander durch die Tür zu gehen?

Fig. 1

3 In einer Schublade liegen vier schwarze, sechs rote und zwei weiße Socken durcheinander. Leon greift, ohne hinzusehen, hinein und zieht zwei Socken heraus. Wie groß ist die Wahrscheinlichkeit, dass beide die gleiche Farbe haben?

4 Erfindet zu dem Baumdiagramm aus Fig. 2 eine Aufgabe aus dem Alltag. Schreibt die Lösung auf und stellt die Aufgabe dann der Nachbargruppe. Vergleicht anschließend eure Lösungen.

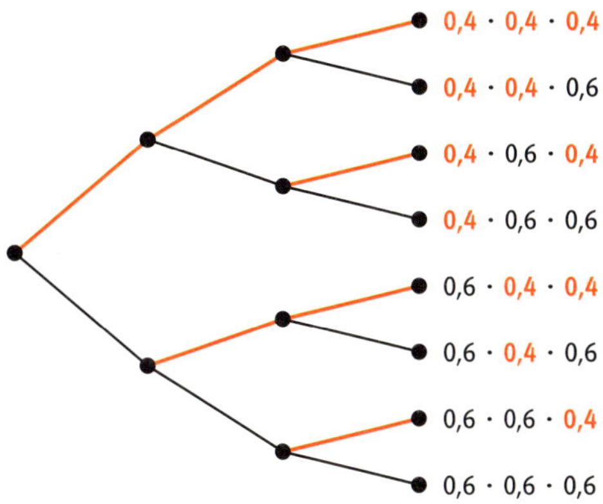

Fig. 2

5 Sind die Aussagen wahr oder falsch?

a) $(n + 1) \cdot n! = (n + 1)!$

b) $n! + (n + 1) = (n + 1)!$

c) $(n + 1)! - n! = n \cdot n!$

d) $n!$ ist durch jede Primzahl $p < n$ teilbar.

e) $\frac{(n+1)!}{(n-1)!}$ ist durch 2 teilbar.

6 In Österreich werden im Zahlenlotto 6 von 45 Zahlen gezogen.
Wie groß ist die Wahrscheinlichkeit für

a) 6 Richtige, b) 4 Richtige, c) 5 Richtige mit Zusatzzahl?

7 **Faires Spiel?** Bei einem Computerspiel wird bei Drücken der Taste F zufällig eines der zwei Ergebnisse „Flip“ oder „Flop“ ausgegeben. Bei einem Spiel gewinnt man, wenn bei zweimaligem Drücken der Taste F mindestens einmal „Flip“ erscheint (Fig. 3).

a) „Flip“ wird immer mit 40 % Wahrscheinlichkeit ausgegeben. Mit welcher Wahrscheinlichkeit gewinnt man?

b) „Flip“ wird nur beim ersten Drücken mit 40 % Wahrscheinlichkeit ausgegeben. Bei dem Spiel soll die Gewinnwahrscheinlichkeit 60 % betragen. Mit welcher Wahrscheinlichkeit muss dann „Flip“ beim zweiten Drücken erscheinen?

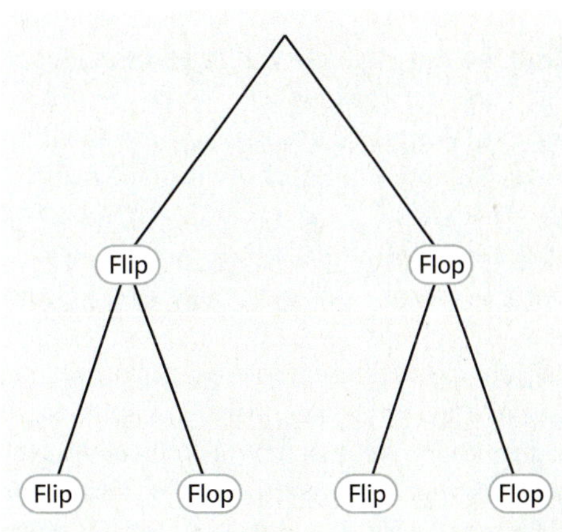

Fig. 3

8 Bei dem Würfelspiel „Chicago“ werden drei Würfel geworfen. Jede „1“ zählt 100 Punkte, jede „6“ zählt 60 Punkte und alle anderen wie angezeigt. Bestimme die Wahrscheinlichkeit für die Situation:

a) Ein Wurf ergibt 300 Punkte.
b) Ein Wurf ergibt mindestens 210 Punkte.
c) Ein Wurf ergibt 163 Punkte.
d) Ein Wurf ergibt weniger als 6 Punkte.

9 Die 36 Ergebnisse für das Werfen mit zwei Würfeln kann man mithilfe eines Koordinatensystems wie in Fig. 1 darstellen. Die roten Punkte sollen markieren, wann man bei einem Spiel gewinnt. Bei dem Spiel zu Fig. 1 gewinnt man bei einem Pasch (gleiche Augenzahlen).

a) Mit welcher Wahrscheinlichkeit gewinnt man bei Fig. 1 (Fig. 2)?

b) Man gewinnt, wenn beide Würfel gerade Augenzahlen zeigen. Stelle die Ergebnisse dazu ebenso dar und bestimme die Gewinnwahrscheinlichkeit.

c) Bearbeite Teil b) für die Gewinnregel „der erste Würfel zeigt eine größere Augenzahl als der zweite“.

d) Bearbeite Teil b) für die Gewinnregel „die Augensumme der Würfel beträgt 9“.

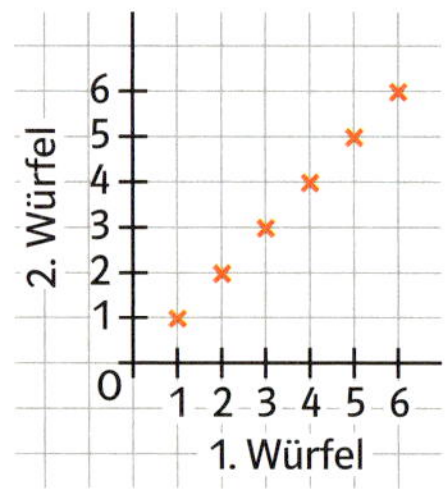

Fig. 1

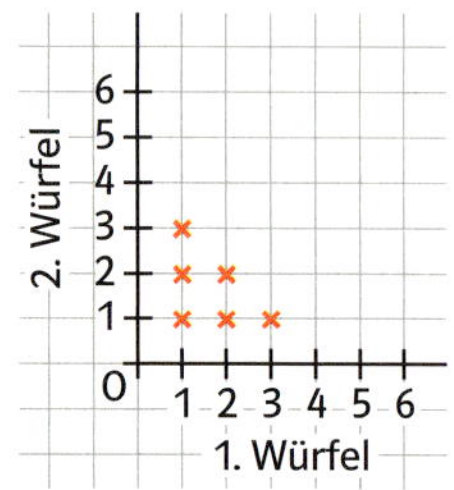

Fig. 2

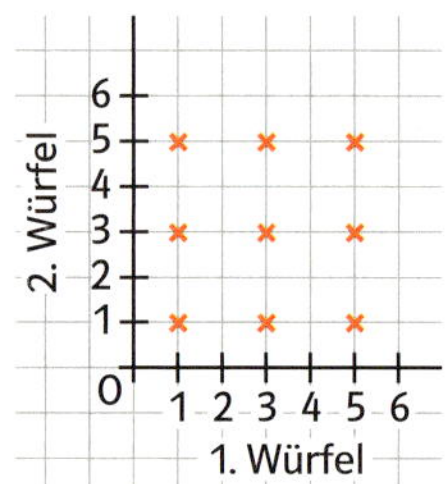

Fig. 3

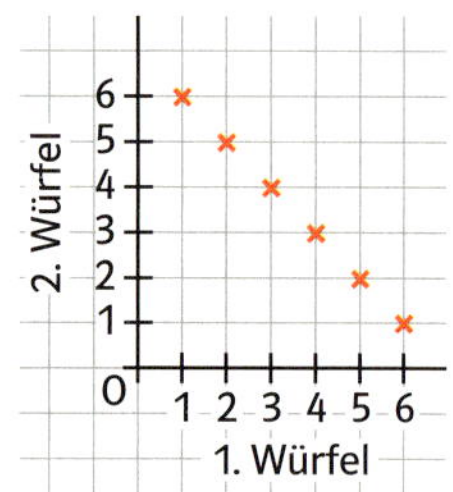

Fig. 4

10 Beschreibe wie in Aufgabe 9 eine Gewinnregel, die zu den roten Punkten

a) in Fig. 3,
b) in Fig. 4 gehört.

Gib die Gewinnwahrscheinlichkeit an.

11 Überlegt euch eine Gewinnregel für das Würfeln mit zwei Würfeln. Zeichnet dann ein ähnliches Diagramm wie in Aufgabe 9. Überlegt euch die zugehörige Wahrscheinlichkeit. Lasst dann die anderen Gruppen die Gewinnregel und die Gewinnwahrscheinlichkeit zu eurem Diagramm finden.

Galileo Galilei (1564–1642)

12 Eine Aufgabe, die zuerst von Galilei gelöst wurde:
Der Fürst der Toskana war ein begeisterter Würfelspieler. Ihm fiel auf, dass beim Würfeln mit drei Würfeln die Augensumme 10 wahrscheinlicher ist als die Augensumme 9, obwohl beide Summen auf sechs Arten auftreten können:

$10 = 1 + 3 + 6 = 1 + 4 + 5 = 2 + 2 + 6 = 2 + 4 + 4 = 2 + 3 + 5 = 3 + 3 + 4;$

$9 = 1 + 2 + 6 = 1 + 3 + 5 = 1 + 4 + 4 = 2 + 2 + 5 = 2 + 3 + 4 = 3 + 3 + 3.$

Der Fürst fragte Galilei um Rat. Was könnte Galilei ihm gesagt haben?

13 Der Chevalier de Méré, ein Philosoph und Literat am Hofe von Ludwig XIV., wandte sich im Jahre 1654 mit folgendem Problem an den Mathematiker Blaise Pascal. „Was ist wahrscheinlicher – bei einem Wurf mit vier Würfeln mindestens eine Sechs oder bei 24 Würfen mit zwei Würfeln mindestens einen Sechserpasch zu werfen? Ich habe beobachtet, dass der erste Fall etwas häufiger auftritt, kann es mir aber nicht erklären. Kann das denn richtig sein?“ Schreibe einen mathematischen Aufsatz zum Thema: „Pascal antwortet de Méré“.

14 **Das Geburtstagsproblem**

a) Wie groß ist die Wahrscheinlichkeit, dass fünf Personen an verschiedenen Tagen in einem Jahr Geburtstag feiern? Drei Schüler haben je einen Lösungsvorschlag:

Inka geht so vor: „Bei zwei Personen muss eine an einem anderen Tag Geburtstag haben als die andere, die Wahrscheinlichkeit dafür beträgt $\frac{364}{365}$. Bei drei Personen muss die dritte an einem anderen Tag Geburtstag haben als die ersten beiden, die Wahrscheinlichkeit dafür beträgt $\frac{364}{365} \cdot \frac{363}{365}$. Wenn ich das so fortführe, ergibt sich für die gesuchte Wahrscheinlichkeit $\frac{364}{365} \cdot \frac{363}{365} \cdot \frac{362}{365} \cdot \frac{361}{365} \approx 97{,}3\,\%$."

Maria meint: „Jeder muss an einem anderen Tag Geburtstag haben, also bleiben 360 Tage in einem Jahr mit 365 Tagen übrig. Daher ist die gesuchte Wahrscheinlichkeit $\frac{360}{365} \approx 98{,}6\,\%$."

Ruben überlegt: „Die Wahrscheinlichkeit dafür, dass man an einem bestimmten Tag Geburtstag hat, beträgt $\frac{1}{365}$. Daher ist die Wahrscheinlichkeit, dass einer nicht am Tag des anderen Geburtstag hat, $\frac{364}{365}$. Also ist die gesuchte Wahrscheinlichkeit $\left(\frac{364}{365}\right)^5 \approx 98{,}6\,\%$."

Wer hat Recht? Entscheide dich zunächst für einen Weg. Überlege dir dazu, wieso die anderen beiden falsch sind. Diskutiere dann mit deinem Nachbarn; einigt euch auf eine Lösung. Begründet eure Antwort.
Setzt euch nun mit einer anderen Zweiergruppe zusammen und einigt euch wieder auf eine Lösung. Wählt einen Sprecher, der eure Meinung präsentiert.

b) Mit welcher Wahrscheinlichkeit haben 10 Personen an verschiedenen Tagen Geburtstag?

c) Würdest du darauf wetten, dass in einer Klasse mit 30 Schülern mindestens zwei am selben Tag im Jahr Geburtstag feiern? Begründe.

15 **Zuverlässigkeit**

Bei technischen Anlagen kommt es auf das fehlerfreie Funktionieren mehrerer Bauteile an. Zum Beispiel arbeiten bei Rohrleitungen zwei Pumpen P_1 und P_2 unabhängig voneinander. Eine Pumpenkette mit zwei Pumpen P_1 und P_2 funktioniert nur, wenn beide Pumpen arbeiten. Eine Parallelpumpe funktioniert, wenn mindestens eine Pumpe arbeitet.

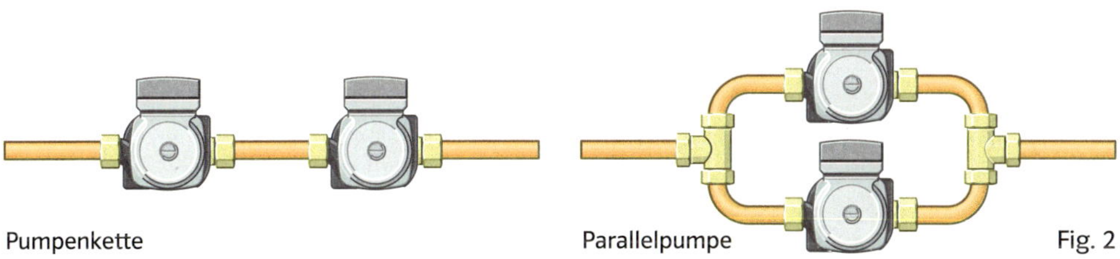

Pumpenkette Parallelpumpe Fig. 2

a) Die zwei Pumpen P_1 und P_2 funktionieren mit den Wahrscheinlichkeiten x bzw. y. Begründe, dass dann die Parallelpumpe mit der Wahrscheinlichkeit $x + y - x \cdot y$ funktioniert.

b) Mit welcher Wahrscheinlichkeit funktioniert die Pumpenkette?

c) Bei einem Parallelsystem funktioniert eine der beiden Pumpen mit 95 % Wahrscheinlichkeit. Mit welcher Wahrscheinlichkeit muss die zweite Pumpe funktionieren, damit das Parallelsystem mit 99 % Wahrscheinlichkeit funktioniert?

Wechseln oder nicht?

Immer wieder gibt es Fragestellungen, die von Menschen kontrovers diskutiert werden. Oft liegt dies daran, dass es keine eindeutige Antwort gibt. Erstaunlicherweise gibt es auch in der Mathematik solche Fragestellungen. Erstaunlich deshalb, weil man eigentlich annehmen könnte, dass die Mathematik immer klare und eindeutige Antworten liefert. Mit dem Ziegenproblem wird nun eine interessante Fragestellung aufgezeigt, bei der viele Menschen durch das Vertrauen auf ihre Intuition zu einer falschen Antwort gelangen.

Fig. 1

Am Ende einer Quizsendung darf der Kandidat eine von drei Türen wählen.
Hinter einer der Türen verbirgt sich der Hauptgewinn: ein Auto. Hinter den beiden anderen Türen befindet sich je eine Ziege. Nachdem der Kandidat eine Tür ausgewählt hat, öffnet der Quizmaster eine der beiden anderen Türen. Eine Ziege meckert ihn an.
Der Quizmaster bietet dem Kandidaten die Möglichkeit, seine ursprüngliche Wahl zu ändern und die andere noch geschlossene Tür zu nehmen. Was soll der Kandidat tun: Wechseln, die Erstwahl beibehalten, oder ist es sowieso egal?

Die Frage, ob der Kandidat die Tür wechseln sollte, wurde in den Sitzungssälen des CIA und den Baracken der Golfkriegspiloten diskutiert.
Sie wurde von Mathematikern am Massachusetts Institute of Technology und von Programmierern am Los Alamos National Laboratory in New Mexico untersucht und in über tausend Schulklassen des Landes analysiert.

Aus der New York Times vom 21.7.1991

Das Ziegenproblem

1 Gib dem Kandidat der Spielshow einen Rat für seine Entscheidung. Beantworte dabei zunächst die folgenden Fragen.
a) Mit welcher Wahrscheinlichkeit befindet sich das Auto hinter Tür 1?
b) Mit welcher Wahrscheinlichkeit wählen die Kandidaten sofort die richtige Tür?
c) Der Quizmaster öffnet eine der nicht gewählten Türen, hinter der sicher eine Ziege steht. Mit welcher Wahrscheinlichkeit steht hinter der anderen Tür das Auto?
d) Was ergibt sich aus den Antworten zu b) und c)?

Das Ziegenproblem sorgte vor allem für großes Aufsehen, weil sich die Frau mit dem angeblich höchsten Intelligenzquotienten in den USA, Marilyn vos Savant, dazu äußerte. Sie gab in ihrer Kolumne „Frag Marilyn" in der amerikanischen Illustrierten Parade den Rat „Wechseln". Dies rief einen Sturm der Entrüstung quer durch die USA hervor. Es gab nicht viele Leute, die ihr zustimmten, wohl aber genug, die sich über ihre Behauptung entsetzten. Darunter waren viele Universitätsprofessoren.

Homepage von Marilyn vos Savant:

http://www.marilynvossavant.com/

host = Quizmaster
contestant = Kandidat
to switch = wechseln
initially = anfangs
behavior = Verhalten

2 Der abgedruckte Brief enthält eine Kritik an Marilyns Beweisführung, wie sie im Wesentlichen in Aufgabe 1 wiedergegeben ist. Was würdest du anstelle von Marilyn auf diesen Brief antworten?

> Sorry, Marilyn,
> there's nothing wrong with your math. But if I were the game show host, and you were the contestant, I'd offer you the option to switch only if you initially chose the correct door. In this case, the first door has a 100% chance of winning, the second door has a 0% chance, and switching would be a sure loser.
> Unless you understand the motives and behavior of the game show host, all the mathematics in the world won't help you answer this question.

3 Es gibt einige Varianten zum Ziegenproblem, die in der Diskussion auftauchten.
a) Angenommen, Anna und Boris sind Kandidaten. Anna wählt Tür 1, Boris wählt Tür 2. Nun öffnet der Quizmaster Tür 3. Sollen jetzt Anna und Boris ihre Türen tauschen, um ihre Chancen zu erhöhen? Überlege, wieso hier die Argumentation aus Aufgabe 1 nicht anwendbar ist.
b) Statt zwei Ziegen und einem Auto sind nun zwei Autos und eine Ziege hinter den Türen versteckt. Die Kandidatin wählt Tür 1. Nun sagt der Quizmaster: „Soll ich Ihnen mal zeigen, hinter welcher Tür ein Auto steht?" Dann macht er eine Tür auf, und ein Auto ist zu sehen. „Soll ich nun wechseln oder nicht?", überlegt die Kandidatin. Überlege dir mit deinem Nachbarn, welchen Tipp man der Kandidatin geben sollte.

Fig. 1

4 Statt drei Türen mit zwei Ziegen und einem Auto stehen in einer Variante des Ziegenproblems 100 Türen zur Auswahl. Hinter 99 Türen steht jeweils eine Ziege, hinter einer Tür ein Auto. Nachdem sich der Kandidat für eine Tür entschieden hat, öffnet der Quizmaster 98 der verbleibenden 99 Türen, hinter denen jeweils eine Ziege steht. Er bietet dem Kandidaten an zu wechseln. Soll er das tun? Begründe.

Rückblick

Ereignis und Gegenereignis
Einzelne Ergebnisse eines Zufallsexperimentes kann man zu einem Ereignis E zusammenfassen. Zum Gegenereignis $\bar{E}$ gehören alle Ergebnisse, die nicht zum Ereignis E gehören.

Laplace-Experiment
Ein Zufallsexperiment, bei dem man annehmen kann, dass alle Ergebnisse gleich wahrscheinlich sind, heißt Laplace-Experiment. Bei einem Laplace-Experiment erhält man die Wahrscheinlichkeit P(E) für das Eintreten des Ereignisses E, indem man die Anzahl der zu E gehörenden Ergebnisse (die „günstigen" Ergebnisse) durch die Gesamtzahl aller möglichen Ergebnisse dividiert:

$P(E) = \frac{\text{Anzahl der günstigen Ergebnisse}}{\text{Anzahl aller Ergebnisse}}$.

Das Glücksrad hat 12 Felder, also 12 mögliche Ergebnisse.
Zum Ereignis „weiß" gehören 4 Felder, also 4 „günstige" Ergebnisse.
P(„weiß") = $\frac{4}{12} = \frac{1}{3}$

Mehrstufige Zufallsexperimente
Mehrstufige Zufallsexperimente lassen sich mithilfe von Baumdiagrammen veranschaulichen. Die Wahrscheinlichkeit eines Ereignisses erhält man, indem man die Wahrscheinlichkeiten der zugehörigen Ergebnisse addiert (Summenregel). Die Wahrscheinlichkeit eines Ergebnisses erhält man durch Anwenden der Pfadregel.

Das Glücksrad wird zweimal gedreht.
P(„mindestens einmal weiß")
= 1 − P(„zweimal weiß")
$= 1 - \left(\frac{8}{12}\right)^2$
$= 1 - \frac{9}{16} = \frac{7}{16}$

Produktregel der Kombinatorik
Die Anzahl der Ergebnisse eines mehrstufigen Zufallsversuchs erhält man, indem man die Anzahlen der Möglichkeiten für jede Stufe miteinander multipliziert.
Zieht man nacheinander alle n Kugeln aus einer Urne, so gibt es $n \cdot (n-1) \cdot \ldots \cdot 2 \cdot 1 = n!$ (n-Fakultät) mögliche Ergebnisse bzw. mögliche Reihenfolgen für das Ziehen.

Aus 5 Suppen, 3 Hauptgerichten und 4 Nachspeisen kann man insgesamt $5 \cdot 3 \cdot 4 = 60$ dreigängige Menüs zusammenstellen.

Drei Filme kann man in $3! = 6$ unterschiedlichen Reihenfolgen anschauen.

Ziehen ohne Zurücklegen
Zieht man nacheinander k Kugeln aus insgesamt n Kugeln ohne Zurücklegen, so gibt es $n \cdot (n-1) \cdot (n-2) \cdot \ldots \cdot (n-k+1)$ verschiedene Möglichkeiten, wenn man die Reihenfolge der Ziehungen beachtet.
Zieht man gleichzeitig k Kugeln aus insgesamt n Kugeln, so gibt es $\frac{n \cdot (n-1) \cdot (n-2) \cdot \ldots \cdot (n-k+1)}{k!} = \binom{n}{k}$ verschiedene Möglichkeiten.
Über die Reihenfolge, in der die Kugeln gezogen wurden, kann keine Aussage gemacht werden.

Werden aus einer Urne mit 10 Kugeln 4 Kugeln ohne Zurücklegen gezogen, so gibt es dafür $10 \cdot 9 \cdot 8 \cdot 7 = 5040$ Möglichkeiten.

Werden aus einer Urne mit 10 Kugeln 4 Kugeln mit einem Griff gezogen, so gibt es gleichzeitig $\binom{10}{4} = \frac{10 \cdot 9 \cdot 8 \cdot 7}{1 \cdot 2 \cdot 3 \cdot 4} = 210$ Möglichkeiten.

Formel von Bernoulli
Ein Zufallsexperiment, bei dem man sich nur dafür interessiert, ob ein bestimmtes Ereignis eintritt (Erfolg) oder nicht eintritt (Misserfolg), bezeichnet man als Bernoulli-Experiment. Die Wahrscheinlichkeit für das Eintreten des Ereignisses nennt man Erfolgswahrscheinlichkeit p.
Wird ein Bernoulli-Experiment n-mal durchgeführt, so ist die Wahrscheinlichkeit für genau k Erfolge $B_{n;\,p}(k) = \binom{n}{k} \cdot p^k \cdot (1-p)^{n-k}$.

Katja trifft beim Basketball den Korb mit einer Wahrscheinlichkeit von 0,7. Die Wahrscheinlichkeit von genau 3 Treffern bei 5 Würfen beträgt
P(3 Treffer) = $\binom{5}{3} \cdot 0{,}7^3 \cdot 0{,}3^2 \approx 0{,}309$

Training

Runde 1

1 In einem leeren Zugabteil mit 6 Plätzen nehmen 4 Personen Platz.
a) Auf wie viele Arten ist das möglich?
b) Wie viele Möglichkeiten gibt es, wenn auf einer Seite des Abteils drei Personen sitzen sollen und die vierte Person auf der anderen Seite?

2 Aus einem Korb mit fünf roten, vier gelben und drei grünen Äpfeln wählst du zufällig vier Früchte aus. Mit welcher Wahrscheinlichkeit bekommst du
a) nur rote Äpfel,
b) mindestens einen grünen Apfel?

3 Bei einem Test sind bei zehn Fragen jeweils fünf mögliche Antworten angegeben, von denen eine anzukreuzen ist. Es ist aber jeweils nur eine Antwort richtig. Ein Kandidat hat vor Aufregung alles vergessen und setzt rein zufällig seine Kreuzchen.
a) Mit welcher Wahrscheinlichkeit setzt er bei der fünften Frage das Kreuz richtig?
b) Wie groß ist die Wahrscheinlichkeit, dass er bei mindestens einer Frage das Kreuz richtig setzt?

4 Eine Lostrommel enthält anfangs sechs nummerierte Kugeln mit den Ziffern 1 bis 6. Es werden wie beim Lotto vier Kugeln gezogen und ihre Ziffern notiert. Danach werden die Kugeln zurückgelegt. Anschließend werden nochmals vier Kugeln gezogen. Mit welcher Wahrscheinlichkeit zieht man nochmal die Kugeln mit den gleichen Ziffern wie bei der ersten Ziehung?

Runde 2

1 Aus einer Urne (Fig. 1) werden nacheinander 3 Kugeln gezogen und der Reihe nach auf den Tisch gelegt.
a) Wie viele verschiedene „Wörter" können dabei entstehen?
b) Wie groß ist die Wahrscheinlichkeit für das Wort OMA?

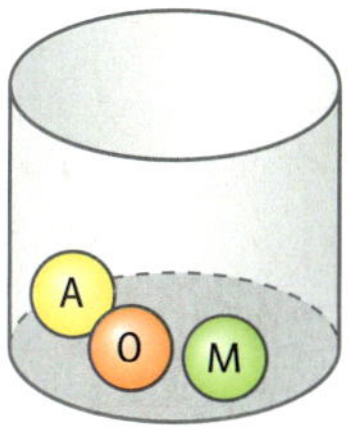

Fig. 1

2 Beim Torwandschießen trifft Lukas erfahrungsgemäß mit 20 % Wahrscheinlichkeit. Er hat sechs Versuche. Mit welcher Wahrscheinlichkeit trifft er
a) mindestens einmal,
b) höchstens einmal?

3 Das Glücksrad in Fig. 2 wird viermal gedreht. Man gewinnt, wenn die Summe der erzielten Zahlen höchstens 1 beträgt.
Wie groß ist die Wahrscheinlichkeit zu gewinnen?

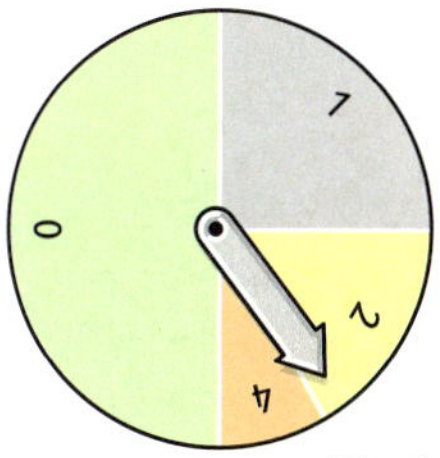

Fig. 2

4 Unter 10 Gästen einer Party werden 10 Preise verlost. Dabei zieht jeder Gast genau ein Los. Wie groß ist die Wahrscheinlichkeit, dass Anke den 1. Preis, Britta den 2. Preis und Costa den 3. Preis gewinnen?

5 Nach einer Statistik der Deutschen Bahn verkehren etwa 95 Prozent der Fernzüge pünktlich.
Frau Klar fährt in einem Jahr fünfmal mit einem Fernzug. Wie groß ist demnach etwa die Wahrscheinlichkeit, dass höchstens vier der Züge pünktlich sind?

Lösungen auf den Seiten 242 – 243.

Das kannst du schon

- Umfang und Flächeninhalt bei Rechteck, Dreieck, Parallelogramm und Kreis berechnen
- Rauminhalt eines Quaders berechnen
- Prisma, Pyramide, Zylinder, Kegel und Kugel erkennen, ihre Eigenschaften benennen

Zahl

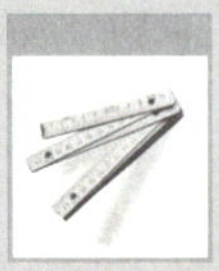

Messen

Raum und Form

Funktionaler Zusammenhang

Daten und Zufall

Schöne Formen

Wo Licht ist, ist auch Schatten.

Johann Wolfgang von Goethe (1749 – 1832)

Das kannst du bald

- Körper zeichnerisch darstellen
- Volumen und Oberflächeninhalt von Körpern wie Pyramide, Kegel und Kugel berechnen

1 Projektionen

Alles eine Frage der Perspektive.

Dreidimensionale Körper lassen sich auf verschiedene Arten zeichnerisch darstellen. Je nach Verwendungszweck zeichnet man Schrägbilder oder spezielle Ansichten des Körpers.

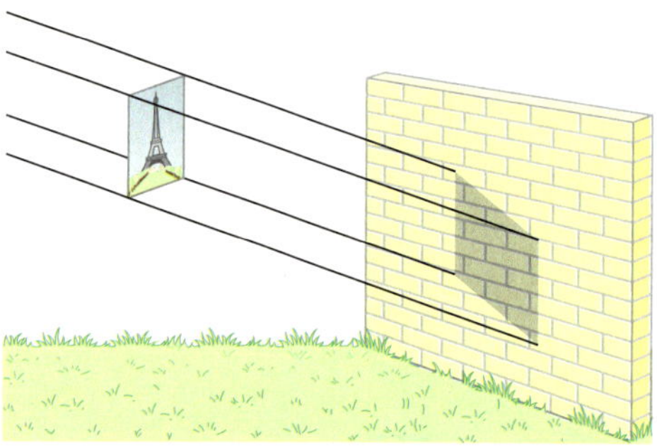

Fig. 1

Hält man beispielsweise eine Postkarte so vor eine Wand, dass die Sonne einen Schatten wirft, so entsteht auf der Wand ein Schattenbild (Fig. 1). Die Form des Schattenbildes ändert sich je nach Lage der Postkarte. Dabei verlaufen alle Lichtstrahlen, die an der Postkarte vorbei auf der Wand auftreffen, parallel. Ähnliches passiert, wenn man einen Körper vor die Lichtquelle hält.

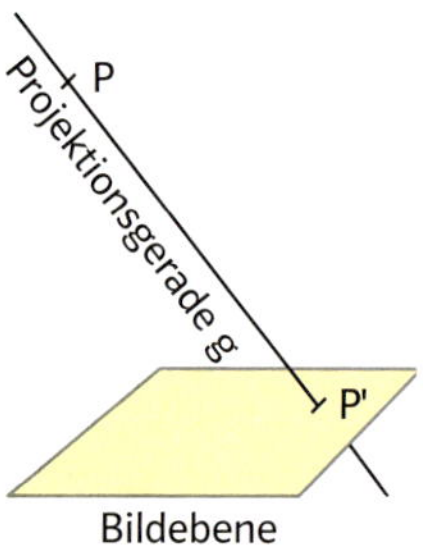

Fig. 2

Unter einer **Projektion** versteht man eine Abbildung des Raumes auf eine Ebene (die sogenannte Bildebene) mithilfe von Geraden. Diese Geraden nennt man **Projektionsgeraden**.

Betrachtet man zu einem Punkt P des Raumes die durch P verlaufende Projektionsgerade g, so wird allen Punkten auf der Geraden g der Schnittpunkt P′ von g mit der Bildebene zugeordnet (Fig. 2). Sind die Projektionsgeraden zueinander parallel, so spricht man von einer **Parallelprojektion** (Fig. 3); gehen sie durch einen festen Punkt Z des Raumes, so spricht man von einer **Zentralprojektion** (Fig. 4).

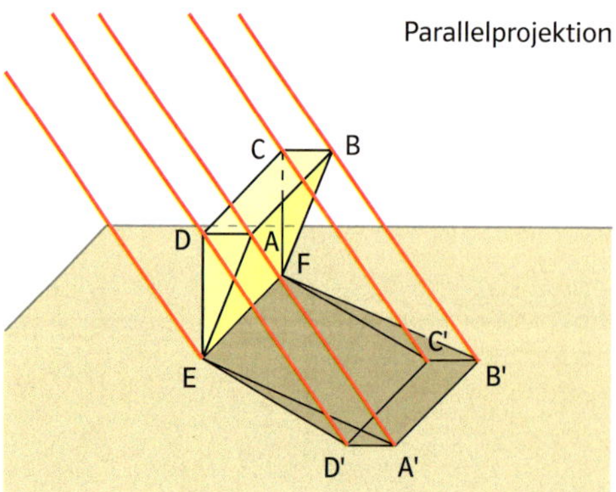

Fig. 3

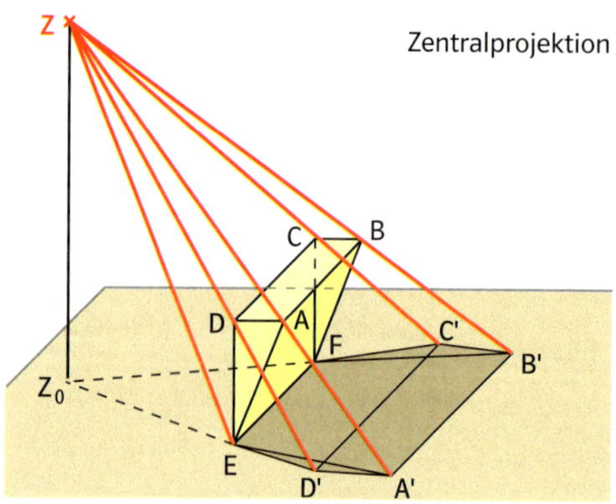

Fig. 4

Fig. 1 veranschaulicht die Eigenschaften der Parallelprojektion.

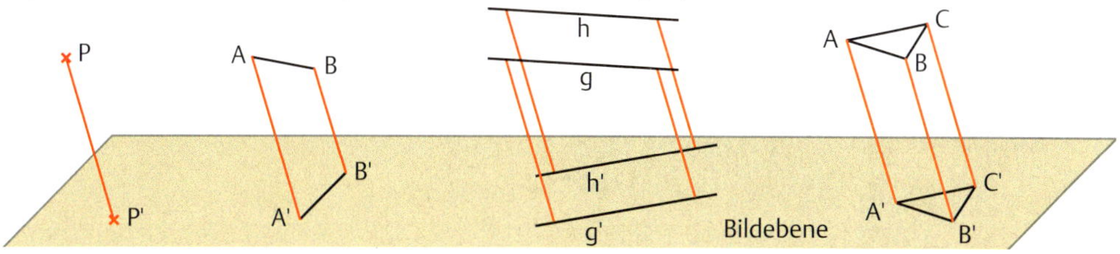

Fig. 1

Bei einer **Parallelprojektion** werden
(1) Geraden auf Geraden, Strecken auf Strecken,
(2) zueinander parallele Geraden auf zueinander parallele Geraden und
(3) zu einer Bildebene parallele Figuren auf dazu kongruente Figuren abgebildet.

Die Eigenschaften (1) und (2) gelten nur für Geraden und Strecken, die nicht parallel zu den Projektionsgeraden liegen.

Beispiel
Beschreibe das Bild eines Rechtecks bei einer Parallelprojektion. Denke auch an Sonderfälle.
Lösung:
Im Allgemeinen gilt: Das Bild ist ein Parallelogramm (wegen Eigenschaften (1) und (2)).
Sonderfälle: Liegt das Rechteck parallel zur Bildebene, so ist das Bild wieder ein Rechteck (wegen Eigenschaft (3)). Ist ein Seitenpaar des Rechtecks parallel zu den Projektionsgeraden, so ist das Bild eine Strecke.

Aufgaben

1 Welche der Eigenschaften der Parallelprojektion gelten auch für die Zentralprojektion?

2 Beschreibe für eine Parallelprojektion (für eine Zentralprojektion) die möglichen Bilder
a) eines Parallelogramms, b) einer Raute, c) eines Quadrats,
d) eines gleichschenkligen Trapezes, e) eines gleichseitigen Dreiecks.

Tipp:
Überprüfe deine Ergebnisse von Aufgabe 1 und Aufgabe 2 durch Ausprobieren.

3 Zeige an einem Beispiel, dass bei einer Parallelprojektion rechte Winkel im Allgemeinen keine rechten Winkel als Bilder haben.

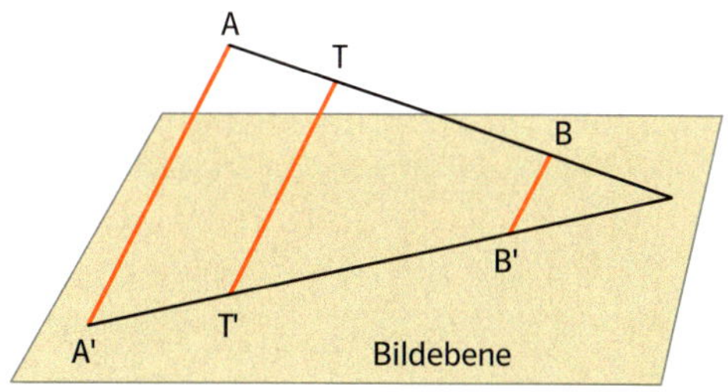

Fig. 2

4 a) Begründe mithilfe eines Strahlensatzes in Fig. 2: Das Verhältnis, in dem ein Punkt T eine Strecke $\overline{AB}$ teilt, bleibt bei einer Parallelprojektion unverändert,
d.h. $\frac{\overline{AT}}{\overline{TB}} = \frac{\overline{A'T'}}{\overline{T'B'}}$.
b) Auf was für eine Strecke wird bei einer Parallelprojektion die Seitenhalbierende (der Schwerpunkt) eines Dreiecks abgebildet?

5 Ist es möglich, dass bei einer Parallelprojektion die Länge einer Bildstrecke größer als die Originalstrecke ist? Betrachte zwei Fälle: Die Projektionsgeraden sind
a) senkrecht zur Bildebene, b) nicht senkrecht zur Bildebene.

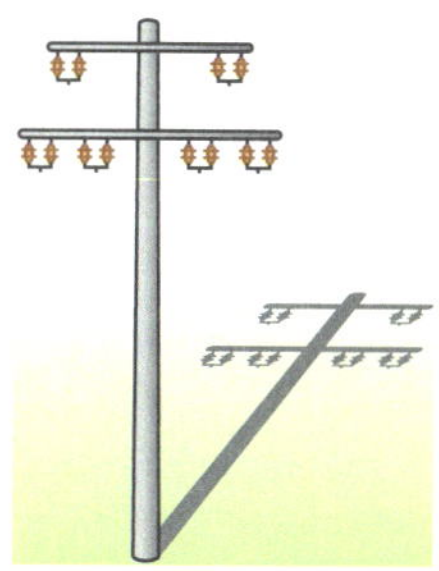

2 Mehrtafelprojektionen

Ansichtssache.

Verlaufen bei einer Parallelprojektion die Projektionsgeraden senkrecht zur Bildebene, so spricht man auch von ***senkrechter Parallelprojektion****.*

Die Schnittgeraden von Bildebenen werden als ***Rissachsen*** *bezeichnet.*

Um dreidimensionale Körper in der Ebene darzustellen und alle Informationen über diese Körper wiederzugeben, zeichnet man mehrere Ansichten, die man sich als Schattenbilder des Körpers vorstellen kann.

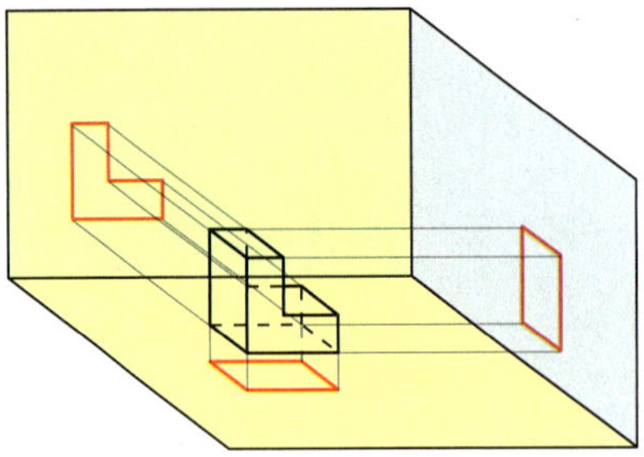

Fig. 1

Um diese Ansichten zu erhalten, führt man drei Parallelprojektionen auf drei zueinander senkrecht stehende Bildebenen aus (Fig. 1), deren Projektionsgeraden senkrecht zu den jeweiligen Bildebenen verlaufen.

Grundriss

Fig. 2

Aufriss

Fig. 3

Seitenriss

Fig. 4

Treffen die parallelen Projektionsgeraden senkrecht von oben auf den Körper, entsteht in der gelben Ebene die Draufsicht des Körpers. Diese bezeichnet man als **Grundriss** (Fig. 2). Lässt man die Projektionsgeraden von vorne senkrecht auf die hintere (grüne) Bildebene auftreffen, so entsteht die Vorderansicht des Körpers. Diese bildet den **Aufriss** (Fig. 3). In der dritten (blauen) Bildebene entsteht beim Auftreffen der senkrechten Projektionsgeraden die Seitenansicht, der **Seitenriss** (Fig. 4).

Bei einer **Mehrtafelprojektion** wird der darzustellende Körper senkrecht auf drei Ebenen abgebildet, die senkrecht aufeinander stehen. Dabei entstehen der **Grundriss** (von oben), der **Aufriss** (von vorn) und der **Seitenriss** (von der Seite).

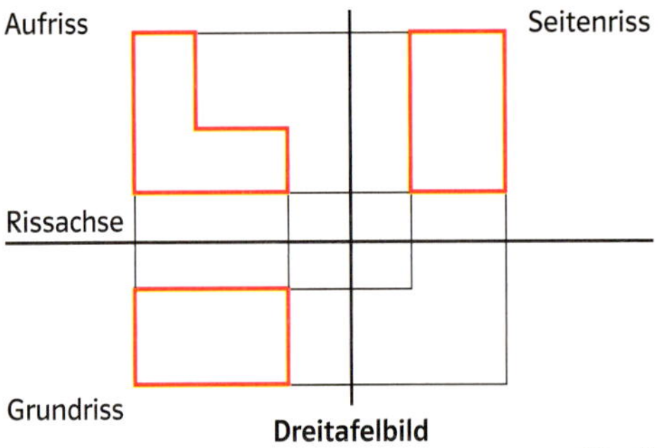

Fig. 5

Um nicht in mehreren Zeichenebenen zu arbeiten, werden zwei der drei Bildebenen umgeklappt (Fig. 5). Durch Herunterklappen der Grundrissebene kommt der Grundriss senkrecht unter dem Aufriss zu liegen. Klappt man die Seitenrissebene nach rechts um, liegen der Seitenriss und der Aufriss auf gleicher Höhe. Jene Bildpunkte, die zum gleichen Eckpunkt des Körpers gehören, werden durch **Ordnungslinien** verbunden.

Tipp:
Stell dir vor, du hättest ein Modell mit „Klappebenen".

Beispiel 1
Zeichne Grundriss und Aufriss des Körpers in Fig. 1.

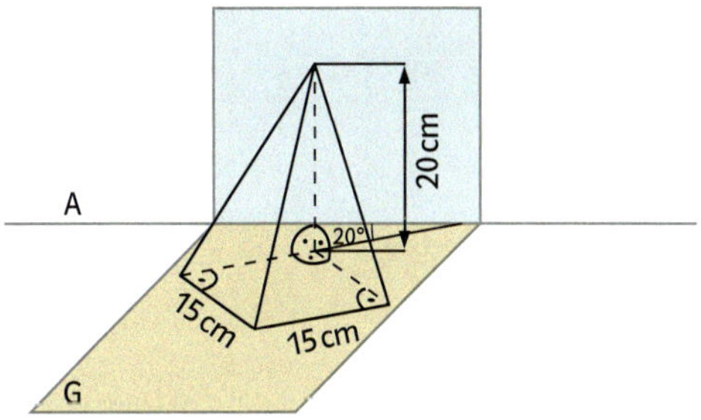

Fig. 1

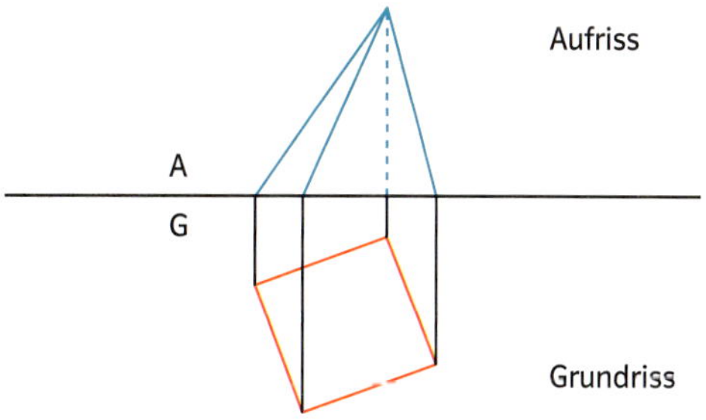

Fig. 2

Lösung (vgl. Fig. 2):
1. Zeichne die Rissachse und dann den Grundriss in wahrer Größe. Beachte seine Lage zur Rissachse.
2. Zeichne durch die Bilder der Eckpunkte die Ordnungslinien senkrecht zur Rissachse.
3. Bestimme auf den Ordnungslinien die Bildpunkte der Ecken. Ergänze zum Aufriss.

Nicht sichtbare Linien zeichnet man gestrichelt.

Beispiel 2
Fig. 3 zeigt Grund- und Aufriss einer „Kirche". Konstruiere den Seitenriss.

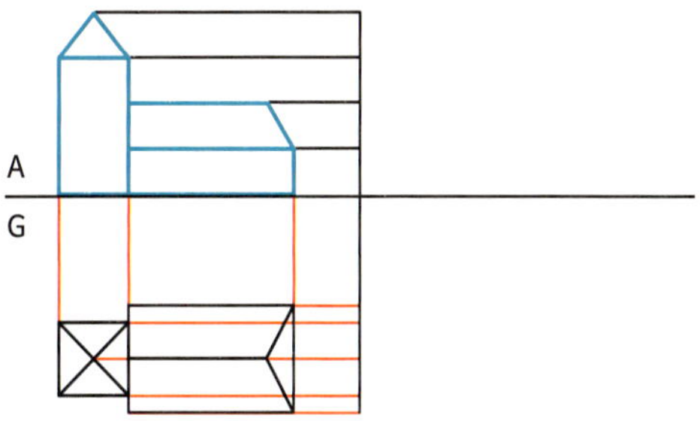

Fig. 3

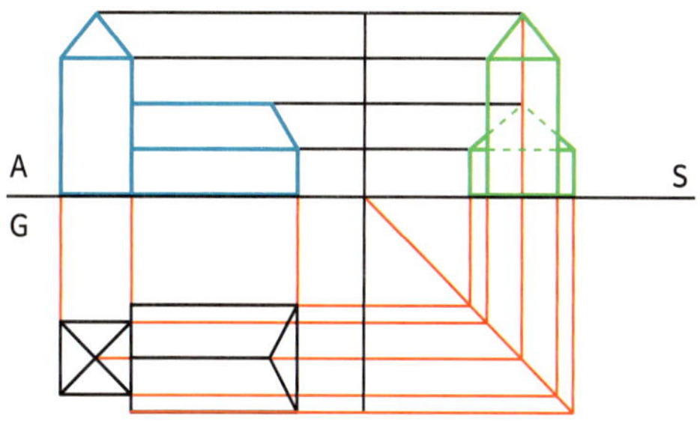

Fig. 4

Lösung (vgl. Fig. 4):
1. Verlängere die Rissachse. Zeichne die zum Seitenriss führenden Ordnungslinien.
2. Markiere die Schnittpunkte zusammengehörender Ordnungslinien. Verbinde zum Seitenriss.

Aufgaben

1 Zeichne Grund- und Aufriss der Körper in Fig. 5 (Maße in mm).

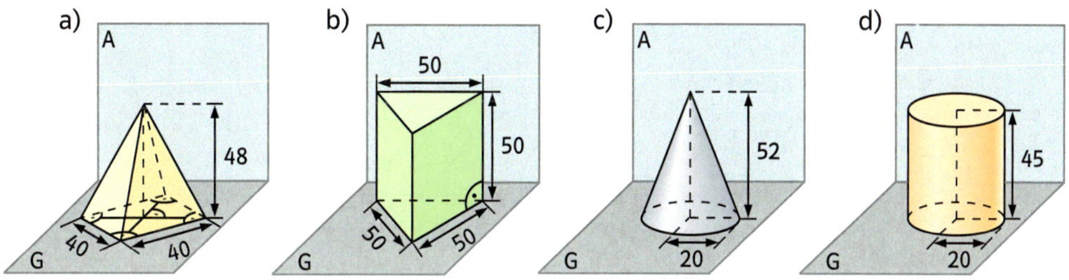

Fig. 5

2 Zeichne Grund- und Aufriss der Körper.

a) b) c) d)

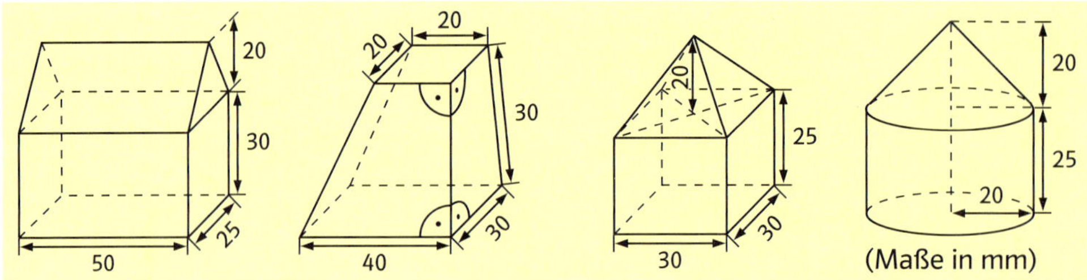

Fig. 1

3 a) Zeichne Grund- und Aufriss einer Pyramide mit einer Höhe von 3,5 cm und einer quadratischen Grundfläche mit der Seitenlänge 2,2 cm.
b) Von der Pyramide soll in einer Höhe von 2,5 cm durch einen Schnitt parallel zur Grundfläche die „Spitze" abgetrennt werden. Trage den Schnitt in den Aufriss ein. Konstruiere daraus den Grundriss der Schnittfläche.

4 a) Zeichne Grund- und Aufriss einer Halbkugel mit dem Radius 2,5 cm.
b) Die Halbkugel wird parallel zur Grundrissebene von Ebenen in Abständen von 0,5 cm geschnitten. Trage die Schnittlinien in Grund- und Aufriss ein.

5 Zeichne Grund- und Aufriss einer Pyramide mit einer Höhe von 5 cm und einem regelmäßigen Sechseck mit einer Seitenlänge von 2,5 cm als Grundfläche. Lege dazu zwei Seiten des Sechsecks parallel (senkrecht) zur Rissachse.

6 Zeichne Grundriss, Aufriss und Seitenriss der Werkstücke. (Maße in mm)

a) b) c)

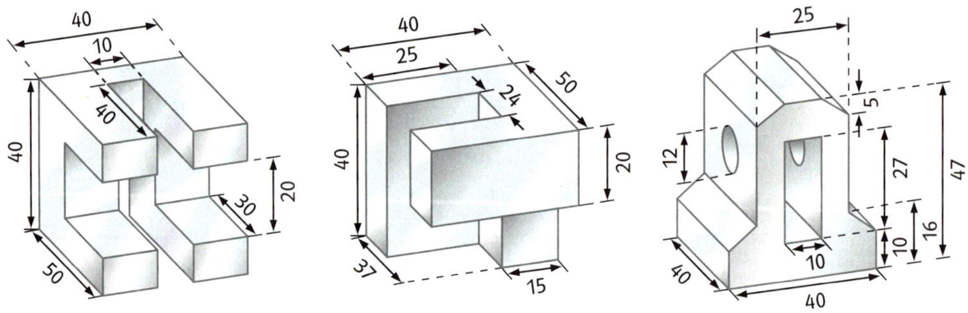

Fig. 2

7 Versuche, dir die „Werkstücke" vorzustellen. Übertrage die Zeichnungen in dein Heft. Ergänze den fehlenden Riss.

a) b) c)

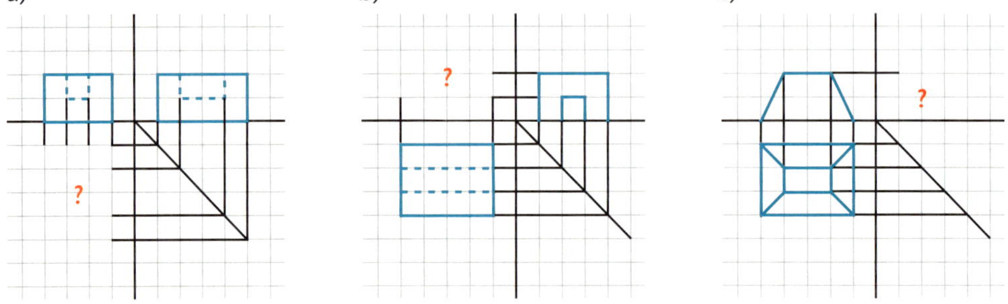

Fig. 3

3 Schrägbilder

„Das ist ja schräg!"

Stellt man einen dreidimensionalen Körper mithilfe der Mehrtafelprojektion in der Ebene dar, kann man den einzelnen entstehenden Ansichten wichtige Maße des Körpers in wahrer Größe entnehmen. Eine bessere räumliche Vorstellung vom abgebildeten Gegenstand erhält man, wenn man anstelle der senkrechten Parallelprojektion eine **schräge Parallelprojektion** durchführt. Dabei entsteht in der Aufrissebene ein **Schrägbild** des Körpers.

Bei der schrägen Parallelprojektion werden
1. Strecken parallel zur Bildebene auf Strecken gleicher Länge und gleicher Richtung und
2. Strecken senkrecht zur Bildebene mit dem gleichen **Verzerrungswinkel α** gegen die Waagerechte geneigt und mit **Verzerrungsfaktor k** verkürzt bzw. verlängert.

Bilder eines Würfels mit unterschiedlichen Verzerrungswinkeln und -faktoren:

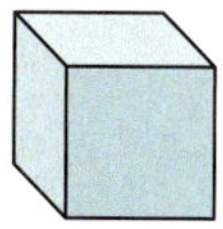

$\alpha = 135°$; $k = \frac{1}{2}$

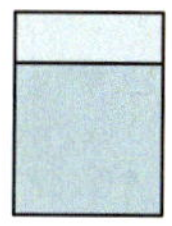

$\alpha = 90°$; $k = \frac{1}{3}$

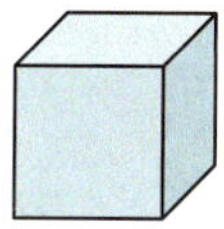

$\alpha = 45°$; $k = \frac{1}{2}$

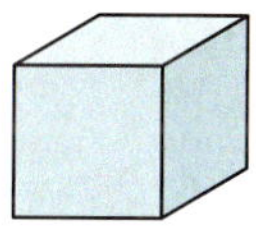

$\alpha = 30°$; $k = \frac{2}{3}$

Konstruktionsvorschrift für das Schrägbild:
1. Zeichne eine Fläche parallel zur Bildebene (z. B. die Vorderfläche des Körpers) in wahrer Länge und Richtung.
2. Zeichne die senkrecht zur Bildebene verlaufenden Strecken so zur Waagerechten geneigt, wie es der Verzerrungswinkel α angibt. Beachte bei ihrer Länge den Verzerrungsfaktor k.
3. Vervollständige das Bild.

Beispiel 1 Verzerrungswinkel und -faktoren
Ein Würfel hat die Kantenlänge $a = 2\,cm$. Zeichne ein Schrägbild mit
a) $\alpha = 30°$ und $k = \frac{1}{2}$ b) $\alpha = 45°$ und $k = \frac{1}{4}$.
Lösung:
a) Zeichne zunächst die Vorderfläche eines Quadrats mit $a = 2\,cm$ und dann die senkrecht zur Bildebene verlaufenden Kanten des Würfels mit $\alpha = 30°$ zur Waagerechten geneigt. Verkürze die Kanten mit $k = \frac{1}{2}$ auf jeweils 1 cm. Vervollständige das Schrägbild.

b) Zeichne wie in a) mit $\alpha = 45°$ und $k = \frac{1}{4}$.

Beachte die Richtung der zur Bildebene senkrechten Strecken.

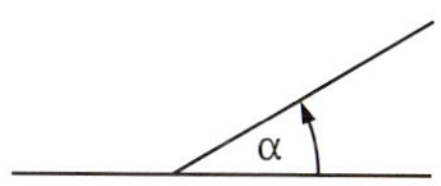

a)

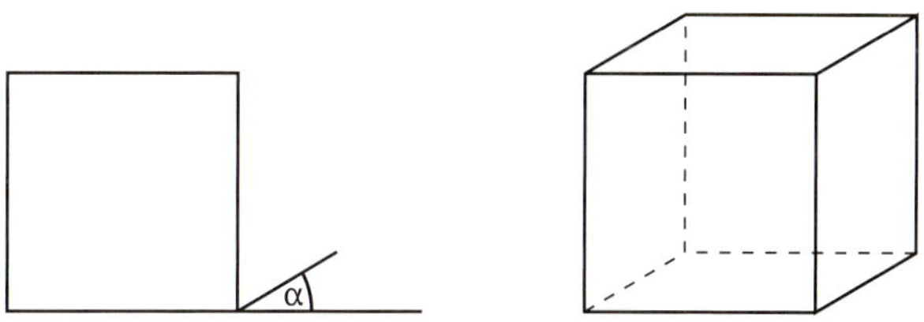

Fig. 2

b)

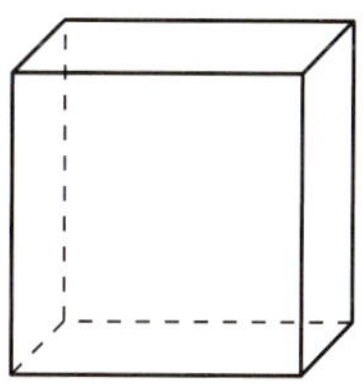

Fig. 3

Bei Bedarf kann man nicht sichtbare Kanten gestrichelt darstellen.

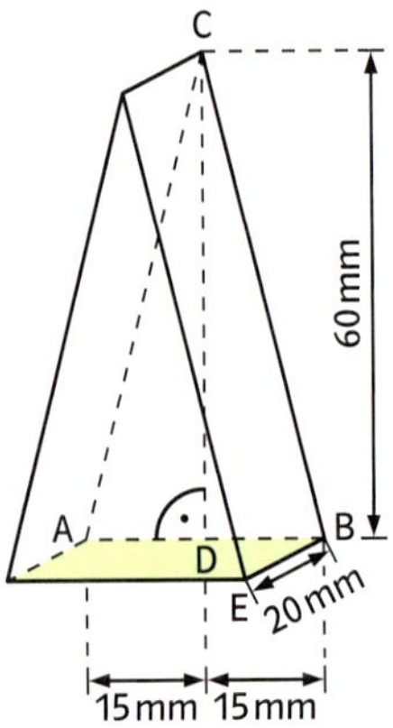

Fig. 1

Beispiel 2
Zeichne für das Prisma in Fig. 1 ein Schrägbild mit dem Verzerrungswinkel $\alpha = 45°$ und dem Verzerrungsfaktor $k = \frac{1}{2}$.
Lösung (vgl. Fig. 2):
1. Zeichne die grüne Fläche als Vorderfläche mit den angegebenen Maßen.
2. Zeichne als Nächstes die Höhe $\overline{CD}$ der Grundfläche (sie ist die einzige Strecke, die senkrecht zur Vorderfläche ist).
3. Vervollständige das Schrägbild.

Lösungen in Originalgröße

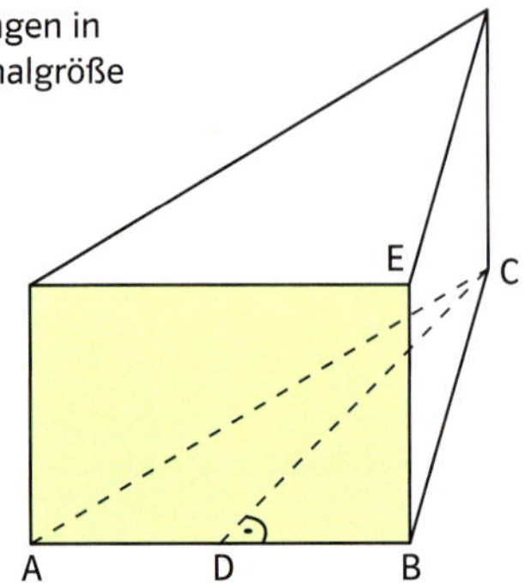

Fig. 2

Beispiel 3
Eine Pyramide mit der Höhe 3,0 cm hat ein regelmäßiges Sechseck mit einer Seitenlänge von 1,5 cm als Grundfläche.
Zeichne das Schrägbild der Pyramide mit $\alpha = 60°$ und $k = \frac{1}{2}$.
Lösung (vgl. Fig. 3 und Fig. 4):
1. Zeichne den lotrechten Schnitt durch die Pyramide in wahrer Größe.
2. Konstruiere als Hilfsfigur die Grundfläche (Fig. 4). Entnimm ihr Lage und Länge der nach hinten verlaufenden Sehnen.
3. Trage die nach hinten verlaufenden Sehnen in das Schrägbild ein. Vervollständige es (Fig. 3).

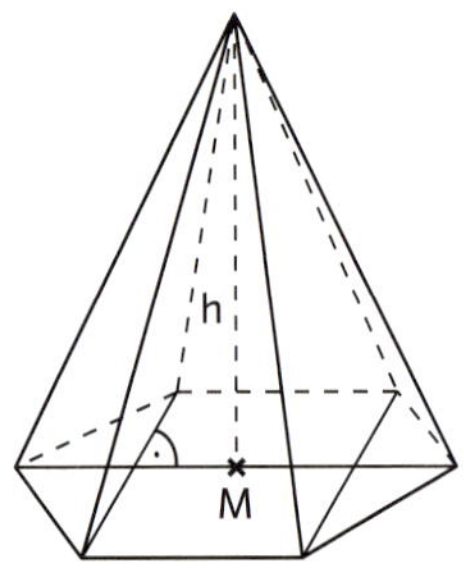

Fig. 3

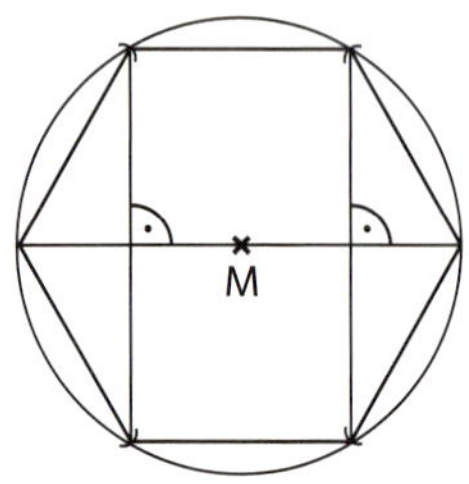

Fig. 4

Aufgaben

1 Zeichne das Schrägbild eines Würfels mit einer Kantenlänge von 4,0 cm.
a) Wähle eine Fläche des Würfels als Vorderfläche. Zeichne mit $\alpha = 60°$ und $k = \frac{1}{3}$ $\left(\text{mit } \alpha = 150° \text{ und } k = \frac{2}{3}\right)$.
b) Lege eine Diagonale der Grundfläche des Würfels parallel zur Bildebene.
Zeichne ein Schrägbild mit $\alpha = 45°$ und $k = \frac{1}{2}$.

2 Übertrage Grund- und Aufriss des Werkstücks in dein Heft. Zeichne dazu ein Schrägbild des Werkstücks mit $\alpha = 45°$ und $k = \frac{1}{2}$ $\left(\text{mit } \alpha = 60° \text{ und } k = \frac{1}{3}\right)$.

a) b) c) d)

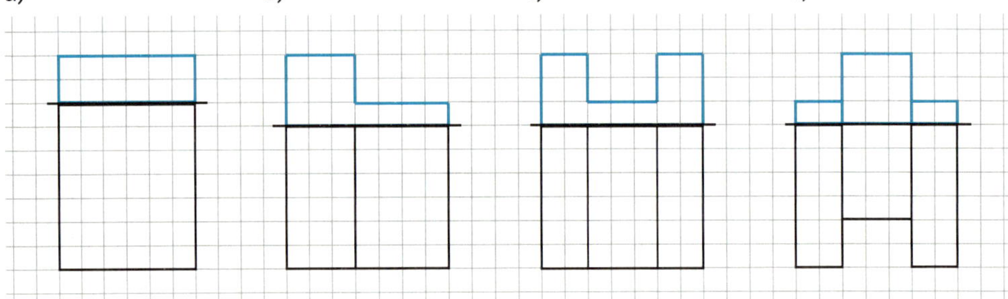
Fig. 5

3 Zeichne mit $\alpha = 30°$ und $k = \frac{2}{3}$ das Schrägbild einer Pyramide mit der Höhe $h = 6\,cm$, deren Grundfläche
a) ein Quadrat mit der Seitenlänge $a = 4{,}5\,cm$,
b) ein regelmäßiges Sechseck mit der Seitenlänge $a = 3{,}0\,cm$,
c) ein gleichseitiges Dreieck mit der Seitenlänge $a = 5{,}4\,cm$ ist.

Tipp zu Aufgabe 3: *Wähle die Bildebene parallel zu einer Symmetrieebene der Pyramide.*

4 Ordne den Schrägbildern der Körper mögliche Grund-, Auf- und Seitenrisse zu.

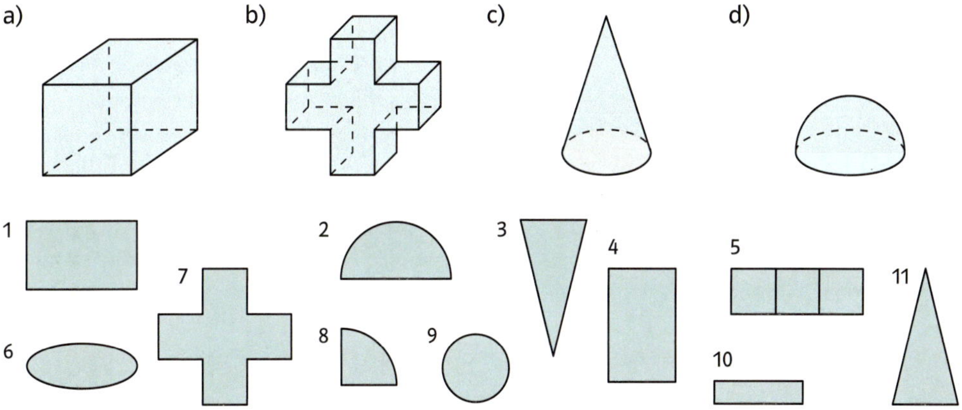

Fig. 1

Bist du sicher?

1 Zeichne mit $\alpha = 45°$ und $k = \frac{1}{2}$ das Schrägbild eines Würfels mit der Kantenlänge $a = 6\,cm$. Bestimme die Mitten der sechs Oberflächenquadrate und verbinde benachbarte Mitten. Was für einen Körper stellt das entstehende Schrägbild dar?

5 Zeichne Schrägbilder der Körper mit
a) $\alpha = 30°$; $k = \frac{2}{3}$; b) $\alpha = 60°$; $k = \frac{1}{2}$; c) $\alpha = 45°$; $k = \frac{1}{3}$.

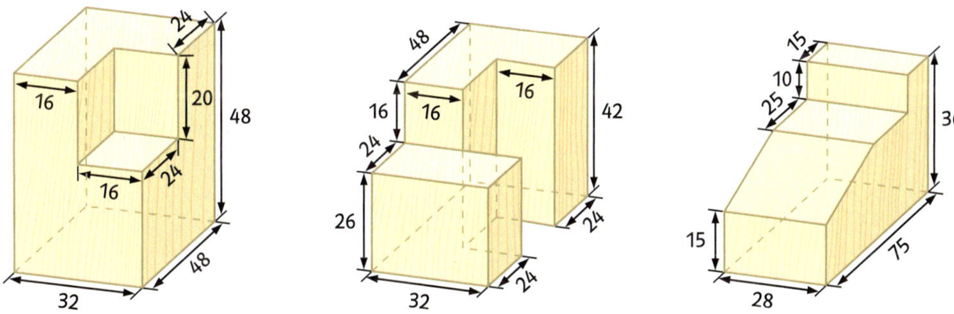

Fig. 2

6 Zeichne mit $\alpha = 30°$ und $k = \frac{1}{3}$ das Schrägbild
a) eines Zylinders (Kegels) mit dem Grundkreisradius $r = 2{,}5\,cm$ und der Höhe $h = 4{,}0\,cm$,
b) eines Zylinders mit aufgesetztem Kegel; beide haben einen Grundkreisradius von $r = 3{,}0\,cm$ und eine Höhe von $h = 3{,}5\,cm$.

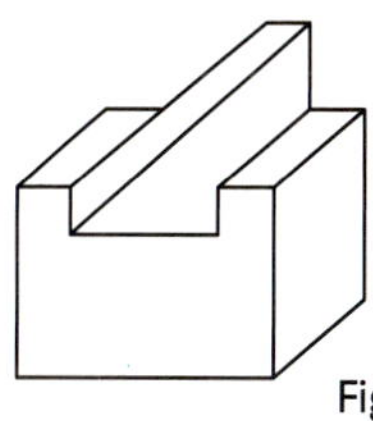
Fig. 3

7 a) Was ist in Fig. 3 (in Fig. 4) falsch gezeichnet?
b) Verdecke mit einem Blatt Papier einen Teil der Figur so, dass der Rest dann „richtig" aussieht. Es gibt dazu zwei Möglichkeiten. Vervollständige die Zeichnung richtig auf einem Blatt Papier.

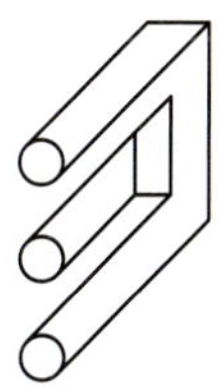
Fig. 4

4 Satz des Cavalieri

„Ich nehme die linke Vase, denn in die scheint mehr Wasser hineinzupassen.“

Kopierpapier wird häufig in Stapeln zu je 500 Blatt verkauft. Ein solcher Stapel hat die Form eines Quaders, der 29,7 cm lang, 21,0 cm breit und 5,0 cm hoch ist. Mit diesen Maßen lässt sich das Volumen V des Stapels errechnen: $V = G \cdot h = 3118{,}5\,\text{cm}^3$.

Verformt man den Papierstapel so, dass die einzelnen Blätter weiterhin parallel zueinander liegen, so bleiben die zur Grundfläche parallelen Querschnittsflächen gleich. Auch die Höhe des Stapels bleibt unverändert. Da kein Papier hinzugefügt oder weggenommen wurde, bleibt das Volumen des Stapels ebenfalls gleich.

Dieser Zusammenhang lässt sich auf beliebig geformte Körper übertragen, die die folgenden Voraussetzungen erfüllen:
1. Die Flächeninhalte der Grundflächen sind gleich groß: $G_1 = G_2$.
2. Die Körper haben die gleichen Höhen.
3. Im gleichen Abstand parallel zur Grundfläche liegende Schnittflächen haben den gleichen Flächeninhalt: $S_1 = S_2$.

Die Form der Schnittflächen S_1 und S_2 darf verschieden sein.

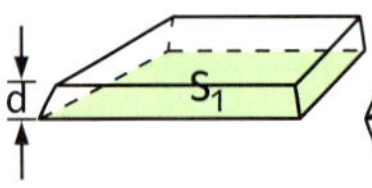

Fig. 1

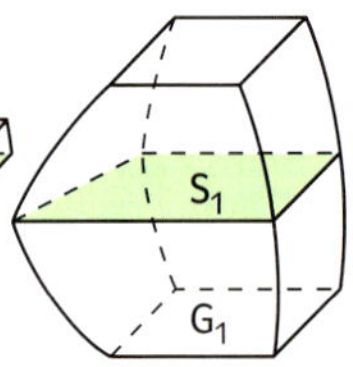

Fig. 2

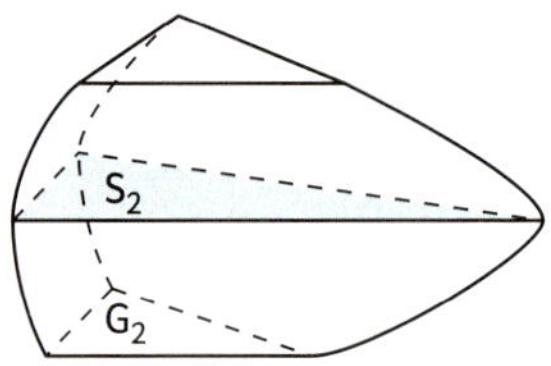

Fig. 3

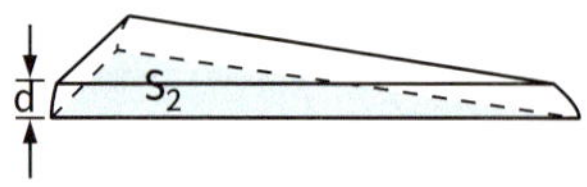

Fig. 4

Die zwei in Fig. 2 und Fig. 3 dargestellten Körper erfüllen die obigen Voraussetzungen. Aus beiden werden in gleicher Höhe parallel zur Grundfläche Scheiben der Dicke d herausgeschnitten. Je kleiner man d wählt, desto mehr nähern sich die beiden Scheiben an Körper mit paarweise gleich großen Grund- und Deckflächen an. Diese Scheiben können dann näherungsweise als Prismen betrachtet werden und haben somit annähernd das gleiche Volumen. Diese Überlegung gilt für jedes derart herausgeschnittene Scheibenpaar. Auf diese Art lassen sich beide Körper vollständig in paarweise volumengleiche Scheiben zerlegen (siehe Fig. 5). Also ist auch das Volumen beider Körper gleich groß.

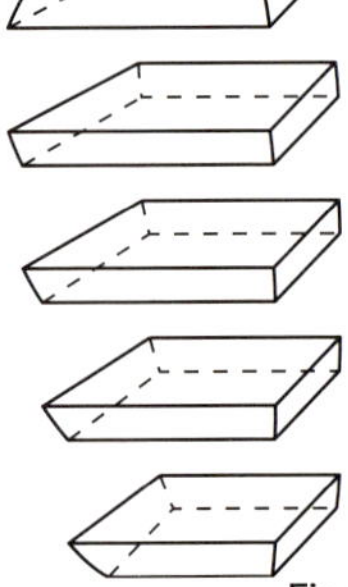

Fig. 5

Satz des Cavalieri
Zwei Körper haben das gleiche Volumen, wenn für sie gilt:
1. Die Flächeninhalte der Grundflächen sind gleich: $G_1 = G_2$;
2. sie haben die gleichen Höhen;
3. ihre Schnittflächen im gleichen Abstand parallel zur Grundfläche haben den gleichen Flächeninhalt: $S_1 = S_2$.

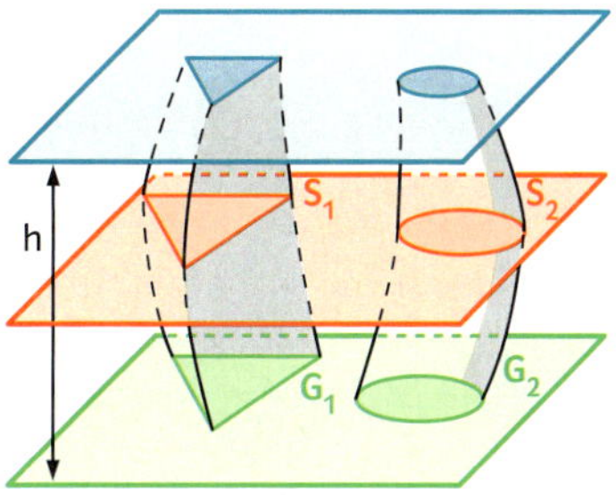

Fig. 1

Diese Erkenntnisse hat Bonaventura Cavalieri (1598 – 1647), ein italienischer Mathematiker, als Satz formuliert, der als der Satz zur Volumenberechnung von Körpern bezeichnet wird.

Beispiel
Berechne das Volumen der Körper in Fig. 2.
Lösung:
a) $G = \frac{1}{2} \cdot 6\,\text{cm} \cdot 4\,\text{cm} = 12\,\text{cm}^2$.
$V_{Prisma} = G \cdot h = 12\,\text{cm}^2 \cdot 10\,\text{cm} = 120\,\text{cm}^3$.
b) $V = r^2 \cdot \pi \cdot h = (2\,\text{cm})^2 \cdot \pi \cdot 10\,\text{cm} \approx 126\,\text{cm}^3$.

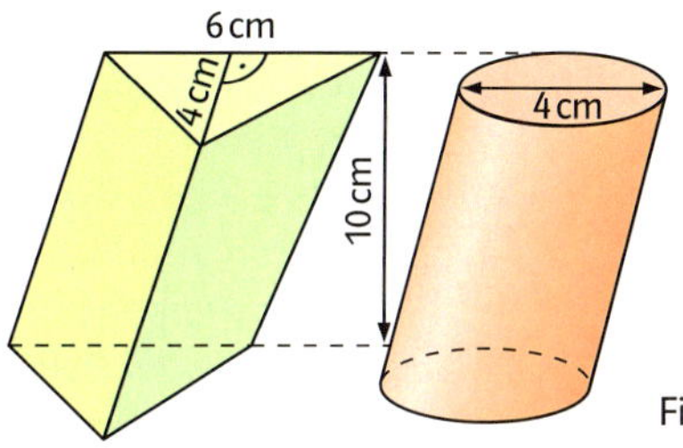

Fig. 2

Aufgaben

1 Berechne das Volumen des Körpers (Fig. 3).

2 Berechne das Volumen des schiefen Zylinders in Fig. 4.
a) $r = 15\,\text{cm}$; $h = 4{,}2\,\text{cm}$
b) $s = 10\,\text{cm}$; $r = 4{,}2\,\text{cm}$; $\alpha = 45°$
c) $s = 8\,\text{cm}$; $r = 12\,\text{cm}$; $\alpha = 60°$

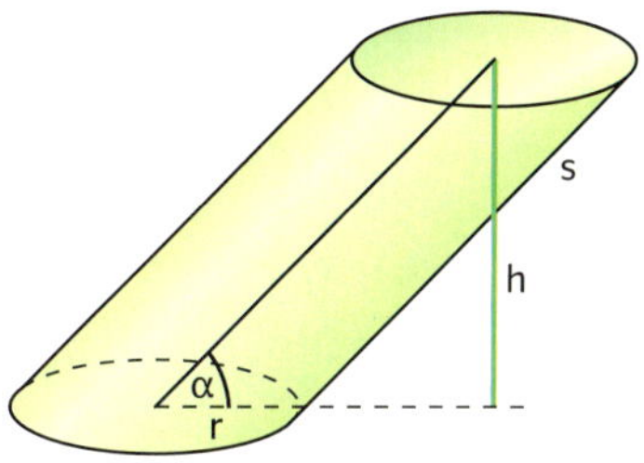

Fig. 4

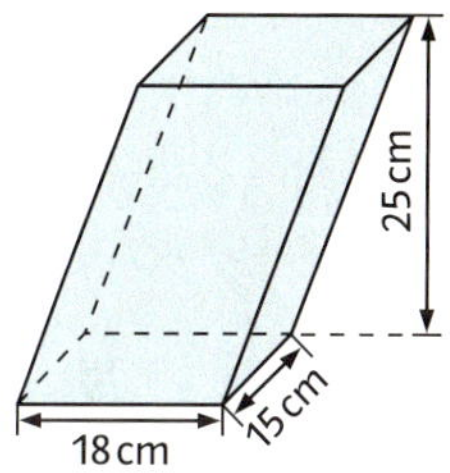

Fig. 3

3 Aus Quadern wurden verschiedene Körper herausgesägt (Fig. 5).
a) Bestimme jeweils das Volumen der einzelnen Körper.
b) Wie viel Prozent des Gesamtvolumens beträgt das Restvolumen?

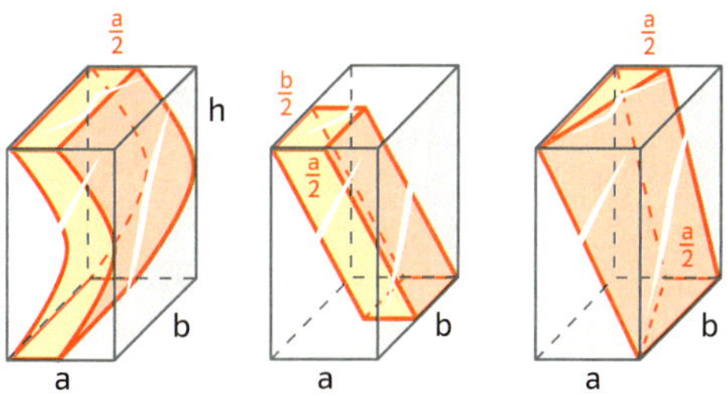

Fig. 5

Bei Fig. 5 kannst du annehmen, dass jeder Körper in jeder Höhe flächeninhaltsgleiche Querschnittsflächen hat.

4 An einem Berghang ist ein Stapel mit 1,50 m langen Holzstämmen aufgestellt (Fig. 6). Wie viel Raummeter Holz enthält der Stapel?

5 Gegeben sind ein Quader mit quadratischer Grundfläche der Kantenlänge a sowie ein schiefer Quader mit gleicher Grundfläche und gleicher Höhe. Vergleiche Volumen und Oberfläche beider Körper. Was stellst du fest? Begründe deine Antwort.

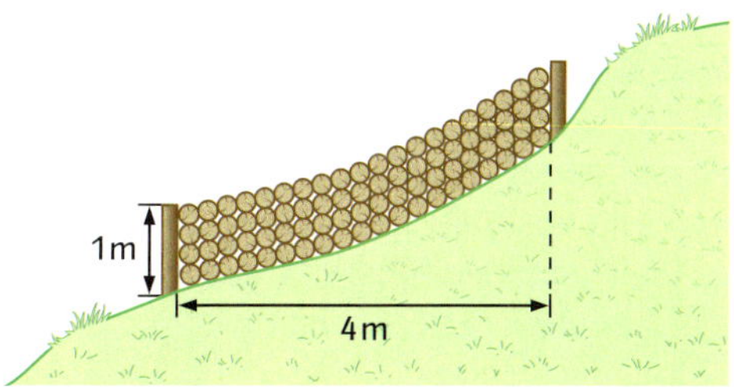

Fig. 6

Raummeter, auch Ster genannt, ist eine Bezeichnung aus der Forstwirtschaft für 1 m^3 geschichtetes Holz mit Zwischenräumen.

5 Pyramide

Frau Schmidt: „Wie viel muss ich für die Kerzen bezahlen?"
Herr Neumann antwortet: „Das hängt vom Gewicht der Kerzen ab."

Zur Erinnerung:
Eine dreiseitige Pyramide hat drei Seitenflächen und eine Grundfläche.

Um das Volumen einer Pyramide zu bestimmen, zeigt man zunächst, dass Pyramiden mit gleich großer Grundfläche und gleicher Höhe volumengleich sind.

Die drei dargestellten Pyramiden (Fig. 1) haben gleich lange Höhen h und die Grundflächen G liegen in derselben Ebene. Die drei Querschnittsflächen G′ liegen in einer weiteren, dazu parallelen Ebene E. Die zentrische Streckung mit Streckzentrum S und Streckfaktor $\frac{x}{h}$ bildet jeweils G auf G′ mit $G' = \left(\frac{x}{h}\right)^2 \cdot G$ ab. Somit sind die zu den entsprechenden Grundflächen parallelen Querschnittsflächen jeweils gleich groß.

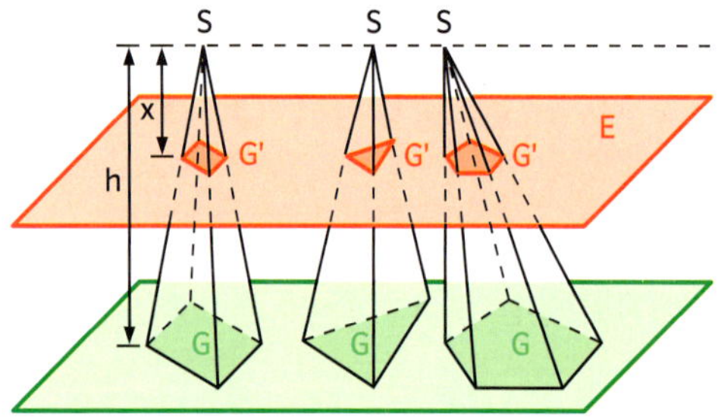

Fig. 1

Nach dem Satz des Cavalieri haben Pyramiden mit gleich langen Höhen und gleich großen Grundflächen dasselbe Volumen. Das bedeutet, dass das Volumen einer Pyramide nicht von deren Form, sondern ausschließlich von der Größe ihrer Grundfläche und von der Länge ihrer Höhe abhängt. Um eine allgemeine Formel zur Berechnung des Volumens einer beliebigen Pyramide herzuleiten, genügt es daher, diese für eine spezielle Pyramide zu entwickeln.

Im Folgenden ist eine Pyramide P_1 dargestellt, bei der eine Seitenkante senkrecht auf der Grundfläche steht (Fig. 2).

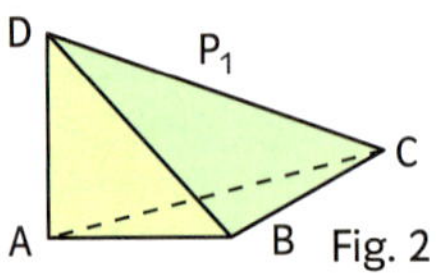

Fig. 2

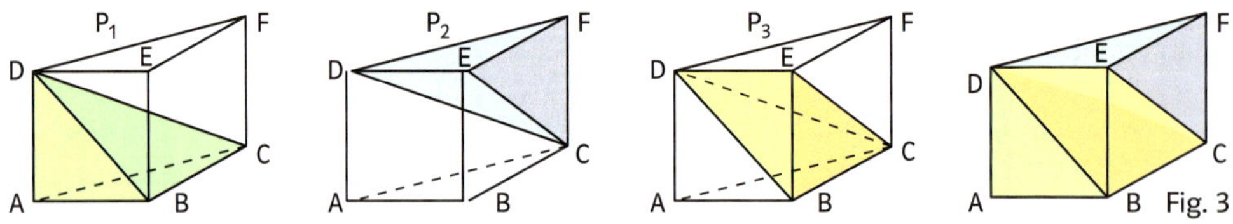

Fig. 3

Diese spezielle dreiseitige Pyramide lässt sich durch zwei weitere Pyramiden P_2 und P_3 zu einem Prisma ergänzen (Fig. 3). Die Grundfläche G und die Höhe h des Prismas stimmen mit der Grundfläche und der Höhe von P_1 überein. Für das Volumen des Prismas gilt: $V = G \cdot h$. Eine genauere Betrachtung der drei Pyramiden zeigt:

1. Die Pyramide P_1 hat die Höhe AD, die Pyramide P_2 hat die Höhe CF. Somit sind P_1 und P_2 gleich hoch. Ihre Grundflächen ABC und DEF entsprechen der Grundfläche des Prismas und sind ebenfalls gleich groß. Somit sind P_1 und P_2 volumengleich.
2. Die Pyramiden P_2 und P_3 haben beide die Höhe DE. Ihre Grundflächen sind die flächengleichen Dreiecke EBC und ECF. P_2 und P_3 sind daher ebenfalls volumengleich.

Aus 1. und 2. folgt:
Alle drei Pyramiden haben das gleiche Volumen. $V_{Pyramide} = \frac{1}{3} \cdot V_{Prisma} = \frac{1}{3} \cdot G \cdot h$.

Für das Volumen V einer Pyramide mit Grundfläche G und Höhe h gilt $\mathbf{V = \frac{1}{3} \cdot G \cdot h}$.

Beispiel 1 Volumen einer rechteckigen Pyramide
Berechne das Volumen einer Pyramide, deren Grundfläche ein Rechteck mit den Seitenlängen $a = 3{,}4\,\text{cm}$ und $b = 5{,}2\,\text{cm}$ ist. Die Pyramide hat die Höhe $h = 9\,\text{cm}$.
Lösung:
$V = \frac{1}{3} \cdot G \cdot h = \frac{1}{3} \cdot 3{,}4\,\text{cm} \cdot 5{,}2\,\text{cm} \cdot 9\,\text{cm} = 53{,}04\,\text{cm}^3$.

Beispiel 2 Oberflächeninhalt einer quadratischen Pyramide
Eine quadratische Pyramide hat die Grundkante $a = 4{,}0\,\text{cm}$ und die Höhe $h = 3{,}0\,\text{cm}$. Berechne ihren Oberflächeninhalt.
Lösung:
Zur Berechnung der Flächeninhalte der Seitendreiecke muss zuerst deren Höhe h′ nach dem Satz des Pythagoras bestimmt werden.
$h'^2 = h^2 + \left(\frac{a}{2}\right)^2$; $h' = \sqrt{h^2 + \left(\frac{a}{2}\right)^2}$; $h' = \sqrt{(3\,\text{cm})^2 + (2\,\text{cm})^2} = \sqrt{13}\,\text{cm}$
$O = G + 4 \cdot \frac{1}{2} \cdot a \cdot h' = G + 2ah'$; $O = 16\,\text{cm}^2 + 2 \cdot 4\,\text{cm} \cdot \sqrt{13}\,\text{cm} = 8 \cdot (2 + \sqrt{13})\,\text{cm}^2 \approx 44{,}8\,\text{cm}^2$

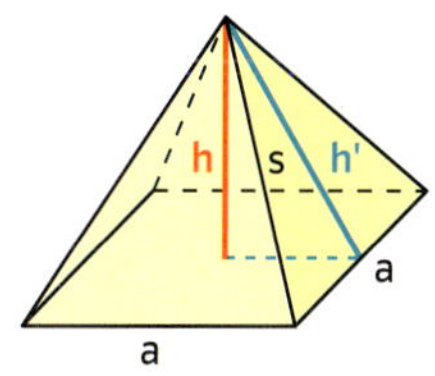

Fig. 1

Aufgaben

1 Berechne das Volumen einer Pyramide mit der Grundfläche G und der Höhe h.
a) $G = 400\,\text{cm}^2$ und $h = 85\,\text{cm}$ b) $G = 1{,}2\,\text{m}^2$ und $h = 2{,}5\,\text{m}$

2 Eine quadratische Pyramide hat die Grundkante a, die Höhe h und die Höhe h′ der Seitenflächen. Berechne den Rauminhalt der Pyramide, den Flächeninhalt einer Seitenfläche und den Oberflächeninhalt der Pyramide (Fig. 1).
a) $h = 7\,\text{cm}$; $h' = 7{,}4\,\text{cm}$ b) $a = 43{,}2\,\text{cm}$; $h = 63\,\text{cm}$ c) $a = 5{,}52\,\text{m}$; $h = 8\,\text{m}$
d) $a = 126\,\text{cm}$; $h' = 87\,\text{cm}$ e) $a = 8{,}5\,\text{m}$; $h = 7{,}7\,\text{m}$ f) $h' = 6{,}5\,\text{m}$; $h = 5{,}6\,\text{m}$

3 a) Zeichne ein Netz einer quadratischen Pyramide mit der Grundkante $a = 3\,\text{cm}$ und der Seitenkante $s = 3{,}9\,\text{cm}$ (mit $a = 8\,\text{cm}$ und $s = 8{,}5\,\text{cm}$).
b) Berechne die Höhe h′ einer Seitenfläche, die Mantelfläche M, den Oberflächeninhalt O.
c) Berechne die Pyramidenhöhe h und das Volumen V der Pyramide.

4 Bestimme das Volumen V und den Oberflächeninhalt O einer Pyramide mit rechteckiger Grundfläche mit den Grundkanten $a = 8\,\text{cm}$; $b = 15\,\text{cm}$ und der Höhe $h = 10\,\text{cm}$.

Bist du sicher?

1 Berechne den Rauminhalt und den Oberflächeninhalt der beiden Körper.
a)
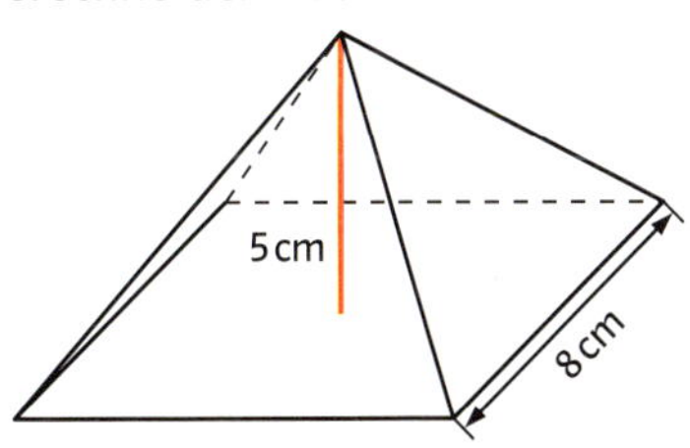

b)
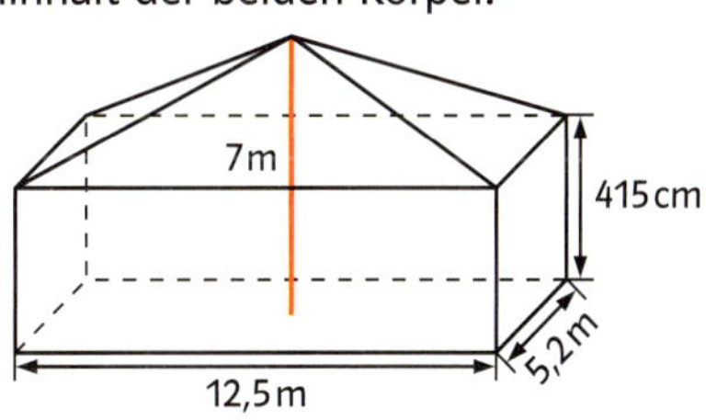

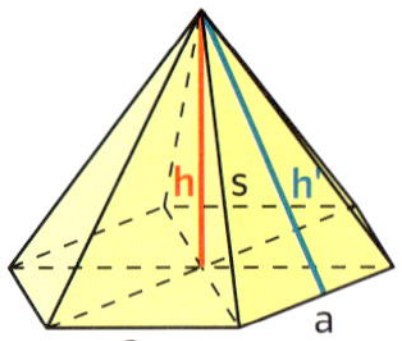

Fig. 1

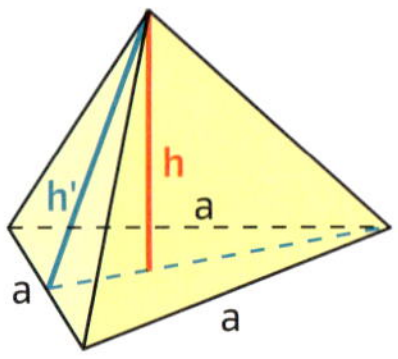

Fig. 2

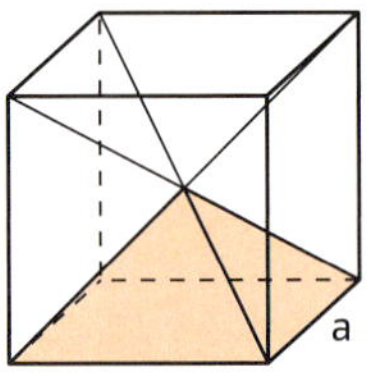

Fig. 3

Christo und Jeanne-Claude verpackten im Juni 1995 den Reichstag in Berlin.

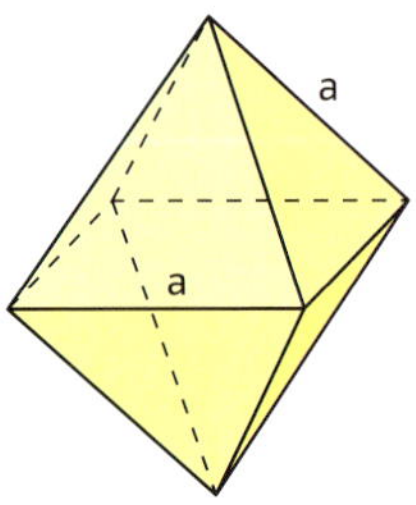

Fig. 4

Das Volumen eines Gebäudeteils nennt man umbauten Raum.

5 Berechne das Volumen V und den Oberflächeninhalt O einer regelmäßigen sechsseitigen Pyramide mit der Grundkante a, der Höhe h und der Seitenkante s (Fig. 1).

a) $a = 3\,m$; $h = 4\,m$ b) $a = 6{,}25\,m$; $s = 16{,}25\,m$
c) $s = 8{,}5\,m$; $h = 7{,}5\,m$ d) $a = 12\,cm$; $s = 37\,cm$

6 Berechne das Volumen V und den Oberflächeninhalt O einer regelmäßigen dreiseitigen Pyramide mit der Grundkante a, der Höhe h, der Seitenkante s und der Höhe h' der Seitenfläche (Fig. 2). Benutze den Satz des Pythagoras so, dass der Fußpunkt der Pyramidenhöhe die Höhen der Grundfläche im Verhältnis 2 : 1 teilt.

a) $a = 15\,cm$; $h = 25\,cm$ b) $a = 17{,}6\,cm$; $s = 18{,}7\,cm$
c) $a = 7{,}5\,cm$; $s = 9{,}75\,cm$ d) $a = 20\,cm$; $h' = 25\,cm$

7 Im Kantenmodell eines Würfels sind die vier Raumdiagonalen eingezeichnet.
a) Begründe, dass diese sechs entstehenden Pyramiden (Fig. 3) identisch sind.
b) Leite mithilfe des Würfels eine Formel zur Berechnung des Volumens einer Pyramide her.

8 Die Cheopspyramide (erbaut um 2600 v. Chr.), ist eine Pyramide mit quadratischer Grundfläche. Ihre Grundkanten waren 233 m lang, ihre Seitenkanten 221 m.
a) Wie hoch war die Pyramide ursprünglich?
b) Das verwendete Gestein wiegt 2,75 t pro m^3. Wie viele Tonnen Gestein wurden benötigt, wenn man von den Gängen und Kammern im Innern der Pyramide absieht?
c) Heute hat die Cheopspyramide aufgrund der Verwitterung nur noch eine Grundkantenlänge von 227 m und eine Höhe von 137 m. Wie viel Prozent des ursprünglichen Volumens sind inzwischen verwittert?
d) Angenommen, Christo und Jeanne-Claude möchten die Cheopspyramide verhüllen. Wie viele Quadratmeter Gewebe benötigen sie dazu mindestens?

9 Eine regelmäßige vierseitige (dreiseitige) Pyramide hat die Grundkante a. Das Volumen der Pyramide soll verdoppelt (halbiert, gedrittelt, ver-n-facht) werden. Wie muss man
a) die Höhe h, b) die Grundkante a ändern?

10 Eine Pyramide hat als Grundfläche ein regelmäßiges Sechseck, ihre Höhe h ist doppelt so groß (n-mal so groß) wie die Grundkante a.
Drücke das Volumen V und den Oberflächeninhalt O in Abhängigkeit von a aus.

11 Stelle eine Formel für das Volumen V und den Oberflächeninhalt O eines Oktaeders mit der Kantenlänge a (Fig. 4) auf.

12 Fig. 5 und Fig. 6 zeigen Dächer von Gebäuden. Berechne den umbauten Dachraum.
a) b)

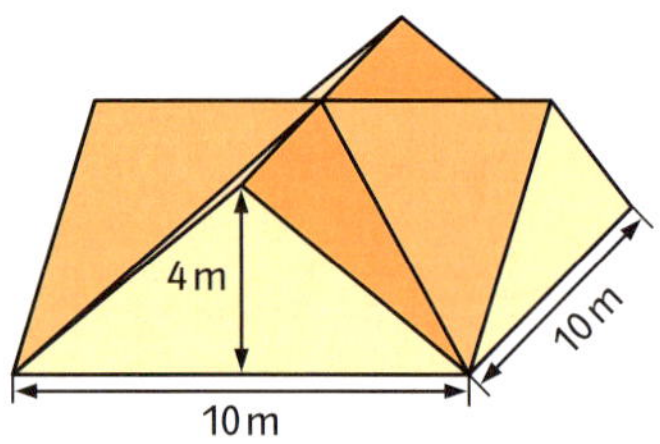

Fig. 5

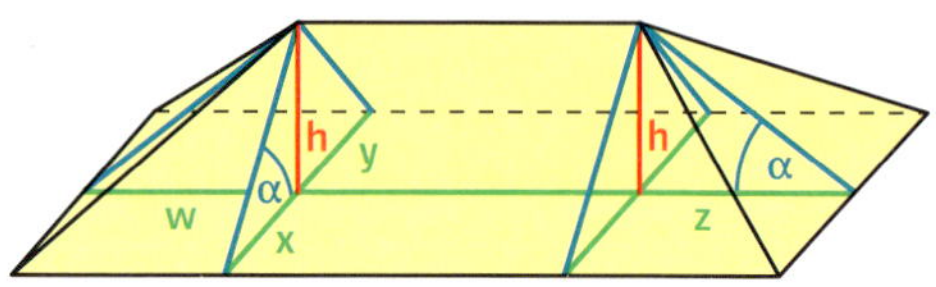

Fig. 6

13 Begründe mithilfe des Satzes des Cavalieri: Zu einer Pyramide mit beliebiger Grundfläche lässt sich eine dreiseitige Pyramide mit gleichem Volumen und gleicher Höhe finden.

6 Kegel

Christian: „Möchtest du noch etwas Orangensaft?"
Sandra: „Gerne, danke. Aber nur halb voll bitte!"

Die **Oberfläche O** eines Kegels besteht aus der **Grundfläche G** und der **Mantelfläche M**. Die Grundfläche ist ein Kreis.
Der Abstand der Spitze des Kegels von der Ebene, in der seine Grundfläche liegt, heißt **Höhe h** des Kegels. Die Strecke **s** heißt **Mantellinie**.

*Verläuft die Höhe h wie in Fig. 1 durch den Mittelpunkt des Grundkreises, so nennt man den Kegel einen **geraden Kegel**. Wenn nichts anderes erwähnt wird, werden im Weiteren stets gerade Kegel betrachtet.*

Nach dem Satz des Cavalieri haben Pyramiden mit gleicher Höhe h und gleich großen Grundflächen G das gleiche Volumen. Dies gilt unabhängig von der Form der Grundfläche für alle spitzen Körper, also auch für solche mit einem Kreis als Grundfläche.
Daher gilt für das Volumen eines Kegels

$$V = \frac{1}{3} \cdot G \cdot h = \frac{1}{3} \cdot r^2 \cdot \pi \cdot h.$$

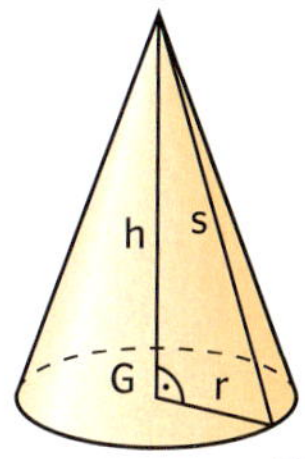

Fig. 1

Beim Beweis dieses Satzes wurde nur benutzt, dass bei einer zentrischen Streckung mit einem Streckfaktor k die Grundfläche G mit dem Faktor k^2 multipliziert wird, d.h.:
$G' = k^2 \cdot G$.

Das Netz des Kegelmantels ist ein Kreisausschnitt. Sein Radius ist die Länge s der Mantellinien, sein Bogen ist gleich dem Umfang des Grundkreises:

$$b = 2r \cdot \pi.$$

Für den Flächeninhalt dieses Kreisausschnittes gilt daher:

$$A = \frac{1}{2} \cdot b \cdot s = r \cdot \pi \cdot s.$$

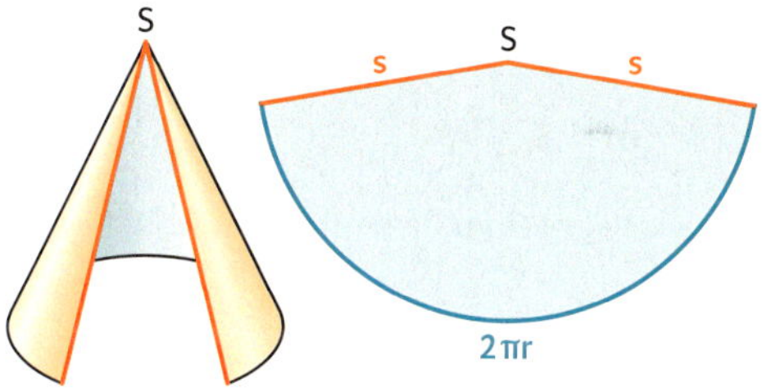

Fig. 2

Für einen **Kegel** mit dem Grundkreisradius r, der Grundfläche G, der Mantellinie s und der Höhe h gilt:

Volumen V	$V = \frac{1}{3} \cdot G \cdot h = \frac{1}{3} \cdot r^2 \cdot \pi \cdot h$
Flächeninhalt der Mantelfläche M	$M = r \cdot s \cdot \pi$
Oberflächeninhalt O	$O = G + M = r^2 \cdot \pi + r \cdot s \cdot \pi$

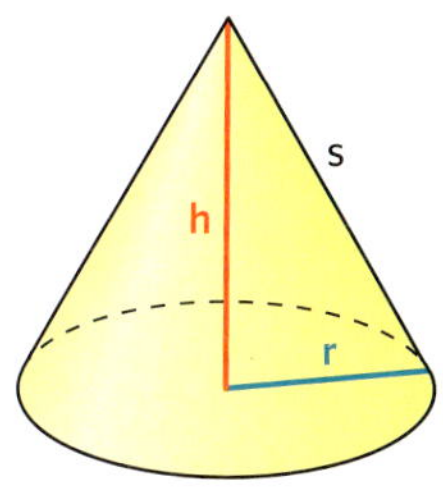

Fig. 3

Beispiel
Berechne das Volumen und den Oberflächeninhalt eines Kegels mit dem Radius $r = 6\,cm$ und der Höhe $h = 7\,cm$.
Lösung:
$V = \frac{1}{3} \cdot r^2 \cdot \pi \cdot h = \frac{1}{3} \cdot (6\,cm)^2 \cdot \pi \cdot 7\,cm \approx 264\,cm^3$
$s^2 = r^2 + h^2;\ s = \sqrt{r^2 + h^2} = \sqrt{(6\,cm)^2 + (7\,cm)^2} = \sqrt{85}\,cm \approx 9{,}2\,cm$ Satz des Pythagoras
$O = r^2 \cdot \pi + r \cdot s \cdot \pi = (6\,cm)^2 \cdot \pi + (6\,cm) \cdot \sqrt{85}\,cm \cdot \pi \approx 287\,cm^2$

Aufgaben

1 Ordne die folgenden Körper in aufsteigender Reihenfolge nach ihrem Rauminhalt.

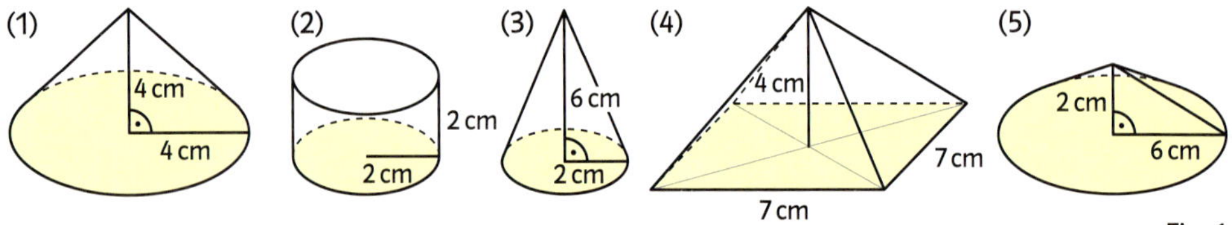

Fig. 1

2 Berechne für einen Kegel mit Radius r und Höhe h das Volumen V, den Inhalt des Mantels M und den Oberflächeninhalt O.

a) $r = 1{,}6\,m$; $h = 45\,cm$
b) $r = 3\,cm$; $h = 6\,cm$
c) $r = 9\,cm$; $h = 4\,cm$
d) $r = 12\,cm$; $h = 14\,cm$
e) $r = 16\,cm$; $h = 10{,}5\,cm$
f) $r = 8\,mm$; $h = 7{,}5\,cm$

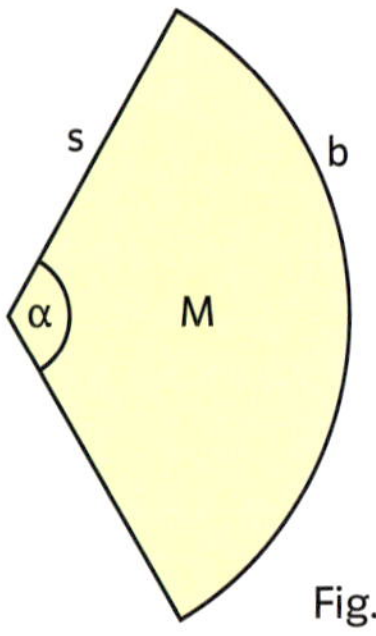

Fig. 2

3 Bei einem Kegel mit Radius r, Höhe h, Mantellinie s, Volumen V, Mantelfläche M und Oberflächeninhalt O sind zwei der sechs Größen gegeben.
Berechne die fehlenden vier Größen.

a) $s = 41\,cm$; $h = 40\,cm$
b) $r = 26\,cm$; $s = 38{,}8\,cm$
c) $r = 8\,cm$; $V = 192\pi\,cm^3$
d) $h = 12\,cm$; $s = 13\,cm$
e) $s = 7{,}5\,cm$; $M = 117{,}8\,cm^2$
f) $s = 6{,}4\,cm$; $M = 36\pi\,cm^2$
g) $h = 20\,cm$; $V = 2{,}5\,l$
h) $M = 128\,cm^2$; $O = 223\,cm^2$

4 Ein Kreisausschnitt mit dem Mittelpunktswinkel 90° (120°, 180°, 270°) und dem Radius 8 cm wird zu einem Kegel zusammengebogen (Fig. 2).

a) Berechne seine Mantelfläche M.
b) Berechne sein Volumen V.

Bist du sicher?

1 Berechne den Rauminhalt und den Oberflächeninhalt der beiden Körper.

a)

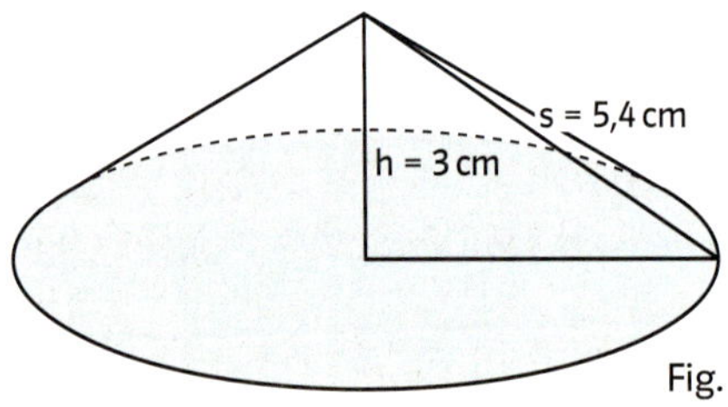

Fig. 3

b)

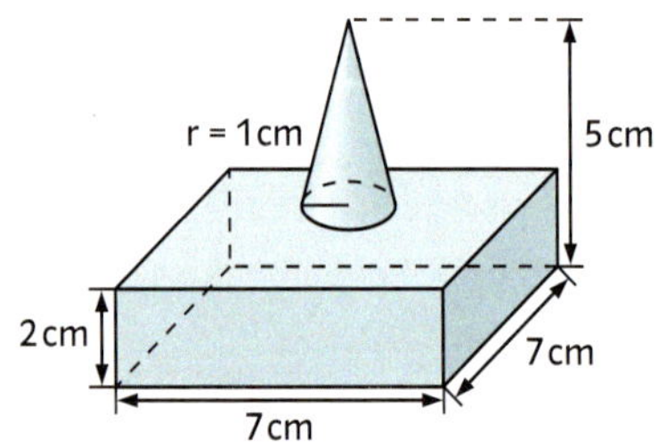

Fig. 4

5 a) Zeichne einen Kreisausschnitt mit dem Mittelpunktswinkel 120° und dem Radius 6 cm. Schneide ihn aus und forme daraus einen Kegelmantel. Berechne die Mantelfläche, den Radius, die Höhe und den Rauminhalt des Kegels.
b) Untersuche, wie sich diese Größen verändern, wenn man den Radius des Kreisausschnitts verdoppelt.
c) Untersuche, wie sich diese Größen verändern, wenn man den Mittelpunktswinkel halbiert.
d) Untersuche, wie sich diese Größen verändern, wenn man den Radius des Kreisausschnitts verdoppelt und den Mittelpunktswinkel halbiert.

6 Ein Turmdach hat die Form eines Kegels mit dem Grundkreisdurchmesser $d = 4{,}8\,m$ und der Höhe $h = 6\,m$.
a) Berechne den umbauten Raum.
b) Wie teuer ist die Belegung mit Dachplatten, wenn für $1\,m^2$ Dachbelegung 285 € berechnet werden?

Auch das Lübecker Holstentor hat Turmdächer in Form von Kegeln.

7 Berechne Rauminhalt und Oberfläche der folgenden Blumenbehälter (d = 20 cm).

a) b) c)

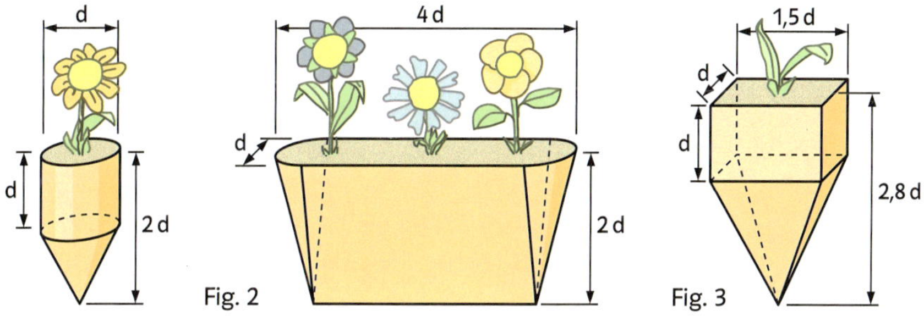

Fig. 1 Fig. 2 Fig. 3

8 Ein kelchförmiges Glas hat die Gestalt eines Kegels mit dem Durchmesser 6,6 cm und der Höhe 9,7 cm (Fig. 4). Dorothee hat es randvoll mit Tomatensaft gefüllt und trinkt jetzt vom Saft. Das Glas kann dabei auf verschiedene Weisen noch „halb voll" sein. Untersucht dazu in Gruppen folgende Fragen:
a) Wie viel Prozent des Rauminhalts des Glases sind noch gefüllt, wenn das Glas noch bis zur halben Höhe mit Saft gefüllt ist?
b) Wie hoch steht der Saft im Glas, wenn der halbe Rauminhalt des Glases gefüllt ist?
c) Wie hoch steht der Saft im Glas, wenn der Durchmesser des Flüssigkeitsspiegels auf die Hälfte abgenommen hat?
d) Wie viel Prozent des Rauminhalts des Glases sind noch gefüllt, wenn der Flächeninhalt des Flüssigkeitsspiegels auf die Hälfte abgenommen hat?
e) Wie hoch steht der Saft, wenn die halbe Mantelfläche von Flüssigkeit bedeckt ist?

Fig. 4

9 Die Höhe des Vesuvs ist 1280 m. Der Kraterdurchmesser beträgt 600 m. Unten hat der Berg einen Umfang von ca. 13 km.
a) Wie viel Kubikmeter Erde enthält der Vesuv insgesamt, wenn der spitz nach unten zulaufende Krater 200 m tief ist?
b) Wie viel Prozent des „vollständigen" Kegels sind noch vorhanden?

10 Dreht man ein rechtwinkliges gleichschenkliges Dreieck mit der Kathetenlänge a und der Hypotenusenlänge c entweder um eine Kathete oder um die Hypotenuse, so entsteht jeweils ein Kegel. Berechne die Volumen der beiden entstehenden Körper. Vergleiche dein Ergebnis mit dem deines Nachbarn.

11 Gegeben sind ein gerader und ein schiefer Kegel. Beide haben den Grundkreisradius $r = 5\,cm$ und die Höhe $h = 4\,cm$.
Vergleiche Volumen und Oberflächeninhalt beider Kegel. Erläutere die Ergebnisse deinem Nachbarn.

7 Kugel

Deutschland nimmt eine Fläche von etwa 360 000 km² ein. Der Umfang der Erde beträgt circa 40 000 km. Wie häufig passt die Fläche Deutschlands wohl in die Erdoberfläche?

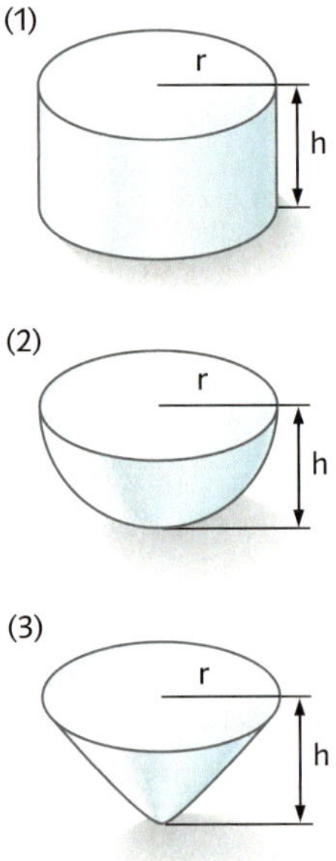

Fig. 1

In Fig. 1 sind ein Zylinder, eine Halbkugel und ein Kegel dargestellt, die jeweils die Höhe h und den Radius r haben; für sie gilt $r = h$.
Vergleicht man das Volumen dieser drei Körper, so erkennt man

$$V_{Zylinder} > V_{Halbkugel} > V_{Kegel}$$
$$r^2 \cdot \pi \cdot r > V_{Halbkugel} > \frac{1}{3} \cdot r^2 \cdot \pi \cdot r \qquad (r = h)$$
$$\pi \cdot r^3 > V_{Halbkugel} > \frac{1}{3} \cdot \pi \cdot r^3$$

Bildet man den Mittelwert beider Grenzen, so erhält man den Näherungswert
$V_{Halbkugel} \approx 2 \cdot V_{Kegel} \approx \frac{2}{3} \cdot \pi \cdot r^3$.
$\frac{2}{3} \cdot \pi \cdot r^3$ ist zugleich das Volumen des Restkörpers, der durch das Herausbohren eines Kegels aus einem Zylinder mit gleicher Höhe und Grundfläche entsteht (Fig. 3).
Dies legt nahe, die Halbkugel und den Restkörper genauer miteinander zuvergleichen:

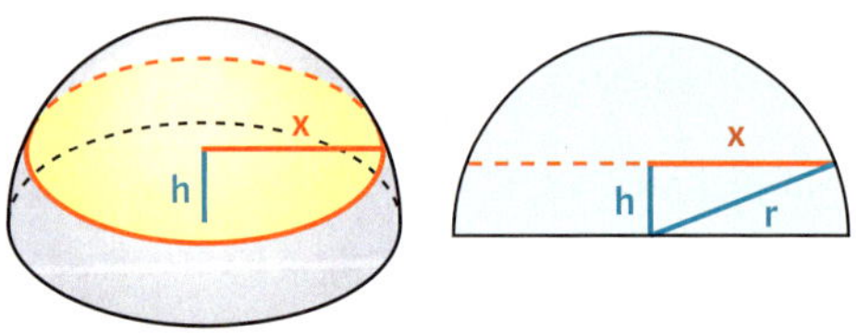

Fig. 2

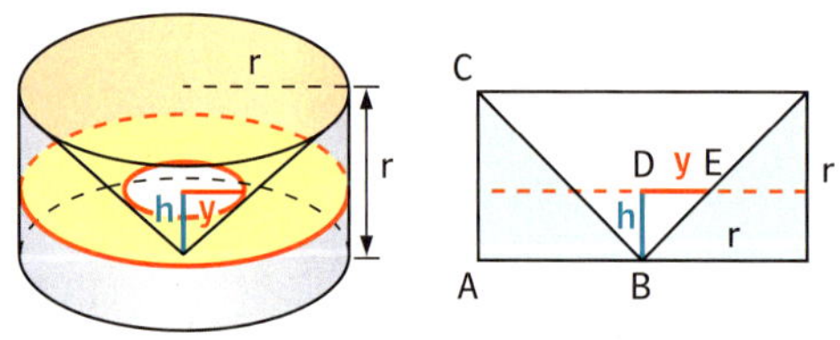

Fig. 3

Halbkugel	Restkörper

1. Legt man durch beide Körper in der Höhe h eine Ebene parallel zur Grundfläche, so entstehen Schnittflächen. Für die jeweilige Schnittfläche A_H bzw. A_R ergibt sich:

$A_H = x^2 \cdot \pi$	$A_R = (r^2 - y^2) \cdot \pi$
2. Mit dem Satz des Pythagoras gilt: $r^2 = h^2 + x^2$; $r^2 - h^2 = x^2$.	Da das Dreieck ABC und damit das Dreieck DEB gleichschenklig ist, gilt: $h = y$.
3. Einsetzen ergibt: $A_H = (r^2 - h^2) \cdot \pi$	$A_R = (r^2 - h^2) \cdot \pi$

4. Da $A_H = A_R$ ist, haben die Halbkugel und der Restkörper für jede Schnitthöhe eine inhaltsgleiche Querschnittsfläche. Da die Halbkugel und der Restkörper auch gleich hoch sind, gilt mit dem Satz des Cavalieri, dass sie auch volumengleich sind.

Also gilt: $V_H = V_R = V_{Zylinder} - V_{Kegel} = r^2 \cdot r \cdot \pi - \frac{1}{3} \cdot r^2 \cdot \pi \cdot r = \frac{2}{3} \cdot r^3 \cdot \pi$.
Damit gilt für das Volumen der Kugel: $V = \frac{4}{3} \cdot \pi \cdot r^3$.

Um eine Formel für den Oberflächeninhalt einer Kugel zu finden, kann man sich die Kugel in sehr viele kleine Körper zerlegt denken. Alle diese Körper haben näherungsweise die Form von Pyramiden, deren Spitzen sich im Kugelmittelpunkt befinden. Mit zunehmender Anzahl der spitzen Körper lässt sich die Wölbung ihrer Grundflächen vernachlässigen, da die Grundflächen immer kleiner werden. Somit kann man die Volumenformel für Pyramiden mit ebener Grundfläche anwenden.

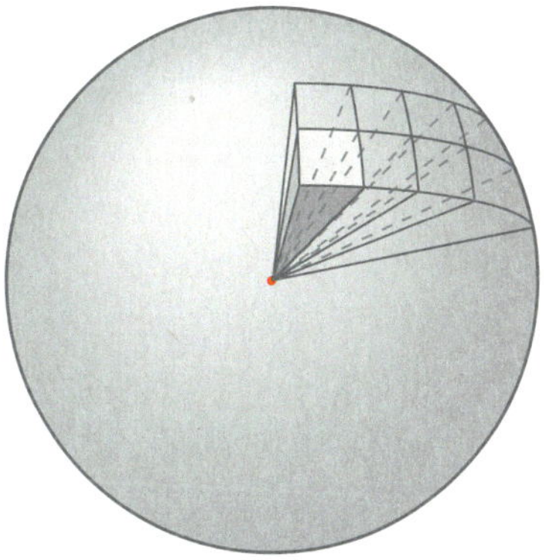

1. Volumenformel einer kleinen Pyramide P_i: $V_{P_i} = \frac{1}{3} G_i \cdot r$
2. Also gilt für das Volumen der Kugel: $V_K = \frac{1}{3}(G_1 + G_2 + G_2 + \ldots + G_n) \cdot r$
3. Die Summe aller Grundflächeninhalte G_i bildet den Oberflächeninhalt O: $O = G_1 + G_2 + G_3 + \ldots + G_n$
4. Einsetzen: $V_K = \frac{1}{3} \cdot O \cdot r$; umgeformt: $O = 3 \cdot \frac{V_K}{r}$
5. Einsetzen der Volumenformel für die Kugel und Kürzen ergeben: $O = 4r^2 \cdot \pi$

Für das Volumen V und für den Oberflächeninhalt O einer Kugel mit Radius r gilt:

$$\mathbf{V = \frac{4}{3} \cdot \pi \cdot r^3; \quad O = 4 \cdot \pi \cdot r^2}$$

Beispiel

Berechne für eine Kugel mit $r = 7{,}5\,cm$
a) das Volumen und
b) den Oberflächeninhalt.

Lösung:
a) $V = \frac{4}{3} \cdot \pi \cdot r^3 = \frac{4}{3} \cdot \pi \cdot (7{,}5\,cm)^3 \approx 1767\,cm^3$.
b) $O = 4 \cdot \pi \cdot r^2 = 4 \cdot \pi \cdot (7{,}5\,cm)^2 \approx 707\,cm^2$.

Aufgaben

1 Bei einer Kugel ist eine der Größen r, V und O gegeben. Berechne die beiden übrigen.
a) $r = 7{,}5\,cm$ b) $O = 2826\,cm^2$ c) $r = 1{,}12\,m$ d) $V = 113\,m^3$
e) $r = 12{,}5\,cm$ f) $O = 2\,m^2$ g) $V = 27\,m^3$ h) $V = 2\,l$

2 Ein kugelförmiger Gaskessel mit dem Außendurchmesser $d = 36\,m$ erhält einen neuen Anstrich. Wie viele Quadratmeter sind zu streichen?

3 Bestimme den Durchmesser und den Oberflächeninhalt eines kugelförmigen Freiluftballons, der ein Volumen von $1500\,cm^3$ hat.

Bist du sicher?

1 Bei einer Kugel ist von den drei Größen r, V und O eine gegeben. Berechne die übrigen.
a) $r = 8{,}5\,dm$ b) $O = 2826\,dm^2$ c) $V = 226\,cm^3$ d) $V = 1\,l$

4 Berechne das Volumen der dargestellten Körper.

a) b) c) d) e)

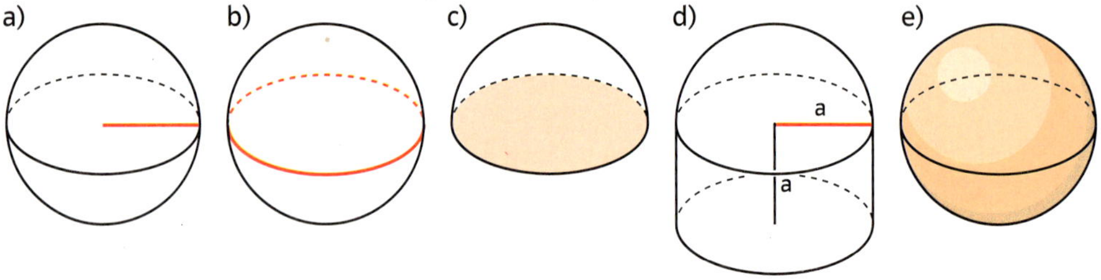

Radius 6,5 cm | Umfang 12,3 m | Kreisfläche 270 cm^2 | Radius 7,2 cm | Oberfläche 500 cm^2

Fig. 1

5 Bestimme Volumen V und Oberflächeninhalt O der Körper in Fig. 2.

a) b) c) d)

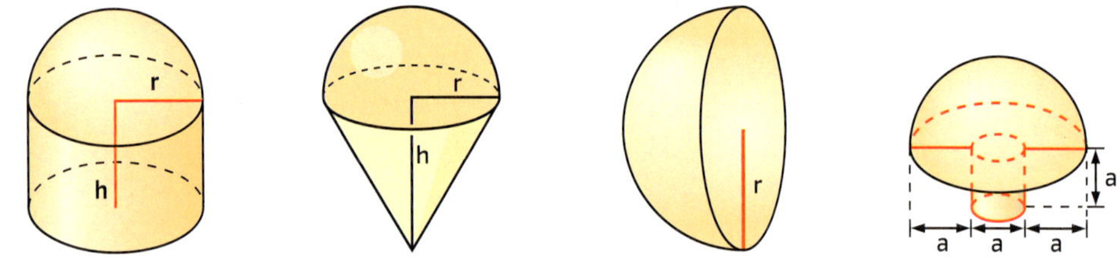

Fig. 2

6 Ein kugelförmiger Luftballon wird zu einem Luftballon mit
a) doppeltem Umfang, b) doppelter Oberfläche, c) doppeltem Rauminhalt
aufgeblasen. Wie ändert sich dabei jeweils der Radius des Ballons?

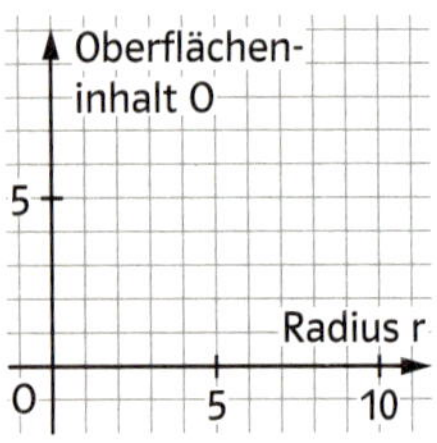

7 Auf einen Zylinder der Höhe 12 cm wird eine Halbkugel mit gleichem Radius gesetzt. Zeichne den Graphen für den Oberflächeninhalt des entstandenen Körpers in Abhängigkeit vom Radius des Zylinders in ein Koordinatensystem.

8 Wie viel Kilogramm wiegt eine Kugel mit dem Durchmesser $d = 10\,cm$
a) aus Granit, wenn 1 cm^3 Granit 2,9 g wiegt,
b) aus Gold, wenn 1 cm^3 Gold 19,3 g wiegt,
c) aus Holz, wenn 1 cm^3 Holz 0,5 g wiegt,
d) aus Styropor, wenn 1 cm^3 Styropor 0,040 g wiegt?

9 Welchen Durchmesser hat
a) eine Sandsteinkugel von 10 kg, wenn 1 cm^3 Sandstein 2,6 g wiegt;
b) eine Bleikugel von 10 g, wenn 1 cm^3 Blei 11,3 g wiegt?

10 1000 gleich große Bleikugeln mit dem Durchmesser d werden zu einer einzigen Kugel zusammengeschmolzen.
a) Welchen Durchmesser hat diese neue Kugel?
b) Vergleiche ihre Oberfläche mit der Gesamtoberfläche der 1000 kleinen Kugeln.

11 Der Äquatorumfang der Erde beträgt 40 000 km. Berechne
a) den Erdradius, b) die Größe der Erdoberfläche, c) das Volumen der Erde.

12 Ein Wasserhahn tropft. Die nahezu kugelförmigen Tropfen haben einen Durchmesser von 5 mm. Alle 2 Sekunden fällt ein Wassertropfen. Wie viel Liter Wasser gehen dadurch im Laufe einer Woche verloren?

13 Eine Kugel, ein Zylinder und ein Kegel haben denselben Radius r. Bestimme die Höhe des Zylinders und des Kegels so, dass alle drei Körper
a) das gleiche Volumen, b) den gleichen Oberflächeninhalt haben.

14 Ein Öltropfen hat einen Durchmesser von 0,5 cm. Er verteilt sich als kreisförmiger Ölfleck von 1 m Durchmesser auf einer Wasseroberfläche. Berechne die Dicke des Ölflecks.

15 Tauche einen Strohhalm in Seifenlauge und bestimme die Länge des Pfropfens, der sich in dem Strohhalm bildet (Fig. 1). Blase aus dem Pfropfen eine Seifenblase und bestimme näherungsweise die Dicke der Seifenblasenhaut.

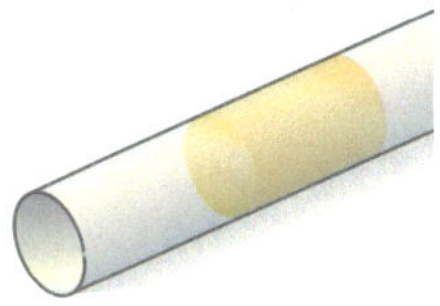
Fig. 1

16 Fig. 2 zeigt den Querschnitt einer Hohlkugel.
a) Zeige: Für eine Hohlkugel gilt die Volumenformel $V = \frac{4}{3} \cdot (r_a^3 - r_i^3) \cdot \pi$.
b) Drücke das Volumen V_H einer Hohlkugel durch den Außenradius r_a und die Dicke d der Hohlkugel aus. Vereinfache die Formel so weit wie möglich.
c) Ist der Wert von d sehr viel kleiner als der von r_a, so gilt näherungsweise $V \approx O \cdot d = 4\,r_a^2\pi \cdot d$. Begründe diese Näherung.
d) Vergleiche für $r_a = 10\,\text{cm}$, $d = 0{,}5\,\text{cm}$ den Näherungswert mit dem genauen Volumen.

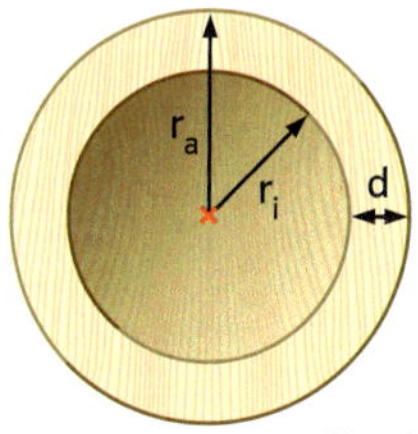

Fig. 2

17 Ein Turniergolfball besteht aus drei Schichten (Fig. 3), dem Kern, der Ummantelung und der Schale. Ein Ball hat 42,8 mm Durchmesser und ein Gewicht von 46,23 g. Die Ummantelung hat eine Schichtdicke von 3,0 mm, der Kern hat einen Durchmesser von 34,8 mm, die Schale hat eine Dicke von 1,0 mm.
a) Bestimme den prozentualen Anteil des Volumens der Schale, der Ummantelung und des Kerns am Gesamtvolumen des Balles.
b) Die Schale ist aus Lithium und hat eine Dichte von $0{,}534\,\text{g/cm}^3$. Die Ummantelung ist aus Graphit und hat eine Dichte von $2{,}39\,\text{g/cm}^3$. Welche Dichte hat das Material des Kerns?

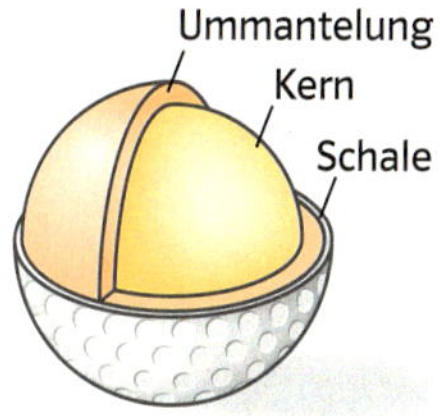

Fig. 3

18 a) Wie viel Prozent des zur Verfügung stehenden Raumes bleibt leer, wenn man eine Kugel in einen möglichst kleinen zylinderförmigen Körper verpackt (Fig. 4)?
b) Vergleiche die Kugeloberfläche mit dem Mantelinhalt des verwendeten Zylinders.

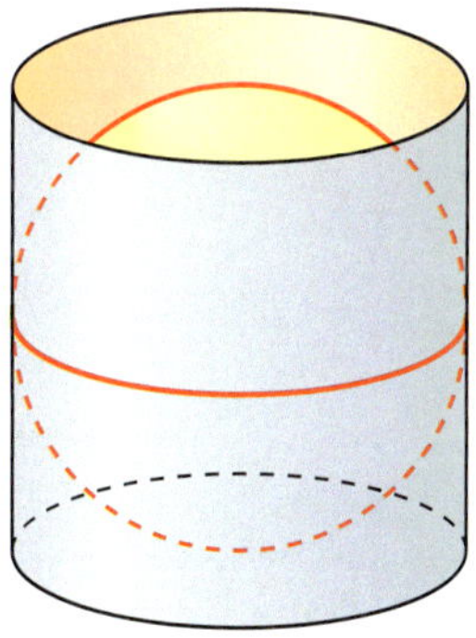
Fig. 4

19 Einem Würfel ist eine Kugel einbeschrieben (Fig. 5). Dieser Kugel ist wieder ein Würfel einbeschrieben, dessen Ecken auf der Kugeloberfläche liegen. In diesem Würfel befindet sich eine weitere Kugel.
a) Bestimme die Radien der Kugeln und die Kantenlänge des kleinen Würfels, wenn der große Würfel die Kantenlänge a hat.
b) Bestimme die Volumen und die Oberflächeninhalte der Würfel und Kugeln und vergleiche sie jeweils miteinander.
c) Stelle eine Vermutung über das Volumen eines weiteren Würfels in der kleinsten Kugel und einer weiteren Kugel anhand deiner Ergebnisse aus b) auf.

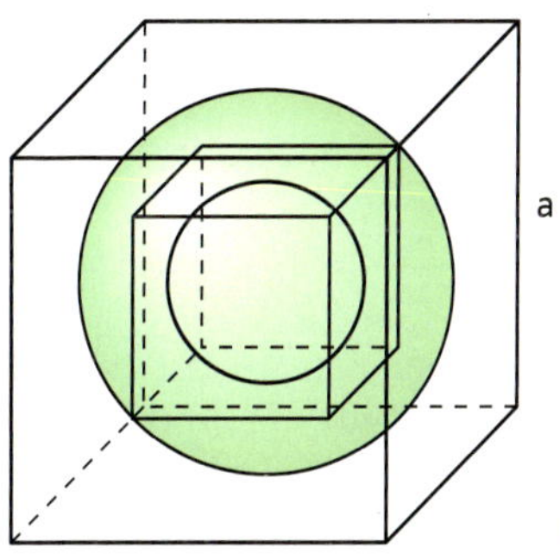

Fig. 5

8 Näherungsverfahren von Archimedes zur Bestimmung von π

Pi = 3,1415926535 8979323846 2643383279 5028841971 6939937510
5820974944 5923078164 0628620899 8628034825 3421170679
8214808651 3282306647 0938446095 5058223172 5359408128
4811174502 8410270193 8521105559 6446229489 5493038196
4428810975 6659334461 2847564823 3786783165 2712019091
4564856692 3460348610 4543266482 1339360726 0249141273
7245870066 0631558817 4881520920 9628292540 9171536436
7892590360 0113305305 4882046652 1384146951 9415116094
3305727036 5759591953 0921861173 8193261179 3105118548
0744623799 6274956735 1885752724 8912279381 8301194912
...

„Und wie wurde das berechnet?"

Hinweis:
Es wird durchgehend auf die Angabe der Längeneinheit verzichtet. Man kann sich stets zum Beispiel cm oder dm vorstellen.

Um eine Näherung für π zu bestimmen, wird bei der von Archimedes entwickelten Methode ein Einheitskreis betrachtet, also ein Kreis mit $r = 1$, der durch eine Folge einbeschriebener oder umbeschriebener regelmäßiger n-Ecke angenähert wird (Fig. 1). Archimedes begann mit einem 6-Eck. Aus diesem 6-Eck wird dann ein 12-Eck, ein 24-Eck, ein 48-Eck usw. konstruiert. Ist u_n der Umfang eines einbeschriebenen, U_n der Umfang des umbeschriebenen n-Ecks und $U_E = 2\pi$ der Umfang des Einheitskreises, so gilt $u_n < U_E < U_n$. Mit größer werdender Eckenanzahl erhält man aus den Umfängen dieser n-Ecke immer bessere Näherungen für U_E und damit wegen $\pi = \frac{1}{2} \cdot U_E$ auch für π.

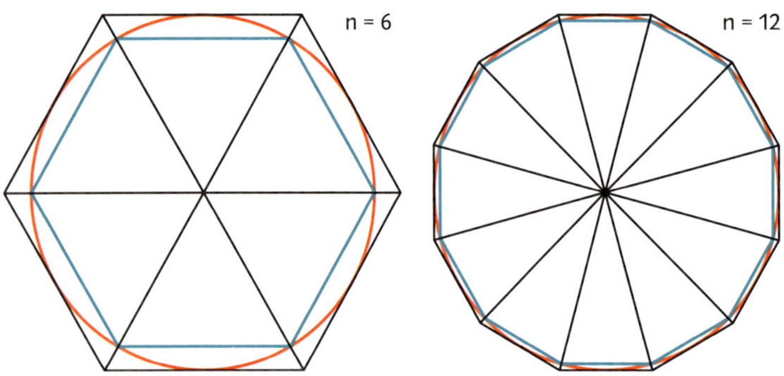

Fig. 1

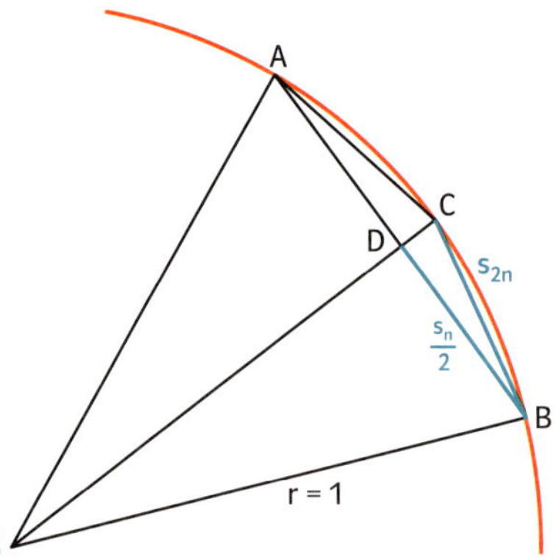

Fig. 2

Zur Begründung der einzelnen Schritte siehe Aufgabe 1.

1. Ist $\overline{AB} = s_n$ die Seitenlänge des regelmäßigen einbeschriebenen n-Ecks, so kann man nach Fig. 2 die Seitenlänge s_{2n} des 2n-Ecks bestimmen.

Es gelten (1) ${s_{2n}}^2 = \overline{CD}^2 + \left(\frac{s_n}{2}\right)^2$ und (2) $(1 - \overline{CD})^2 + \left(\frac{s_n}{2}\right)^2 = 1.$

Aus (2) folgt (3) $\overline{CD} = 1 - \sqrt{1 - \left(\frac{s_n}{2}\right)^2}.$

Einsetzen in (1) und Vereinfachen ergibt (4) ${s_{2n}}^2 = 2 - \sqrt{4 - {s_n}^2}$ oder

$$s_{2n} = \sqrt{2 - \sqrt{4 - {s_n}^2}}.$$

Da das regelmäßige 6-Eck die Seitenlänge $s_6 = 1$ hat, kann man hiermit nacheinander $s_{12}, s_{24}, \ldots$, daraus die Umfänge der 12-, 24-, ... Ecke und damit immer bessere Näherungen für U_E bestimmen (2. und 3. Spalte der Tabelle auf der folgenden Seite).
Hierzu eignet sich ein Tabellenkalkulationsprogramm.

2. Ist $\overline{SD}$ die Seitenlänge eines umbeschriebenen n-Ecks, so ergibt sich nach Fig. 1 mit dem 2. Strahlensatz $\frac{S_n}{s_n} = \frac{1}{\overline{MD}}$.
Aus $\overline{MD} = 1 - \overline{CD}$ und Gleichung (3) folgen
$\overline{MD} = 1 - \left(1 - \sqrt{1 - \left(\frac{s_n}{2}\right)^2}\right) = \sqrt{1 - \frac{s_n^2}{4}}$
und damit $S_n = \frac{s_n}{\sqrt{1 - \frac{s_n^2}{4}}}$.
Die Seitenlänge S_n eines umbeschriebenen n-Ecks kann also aus der Seitenlänge s_n eines einbeschriebenen n-Ecks berechnet werden. Es ergeben sich für S_n und U_n die Werte in der Tabelle (4. und 5. Spalte).

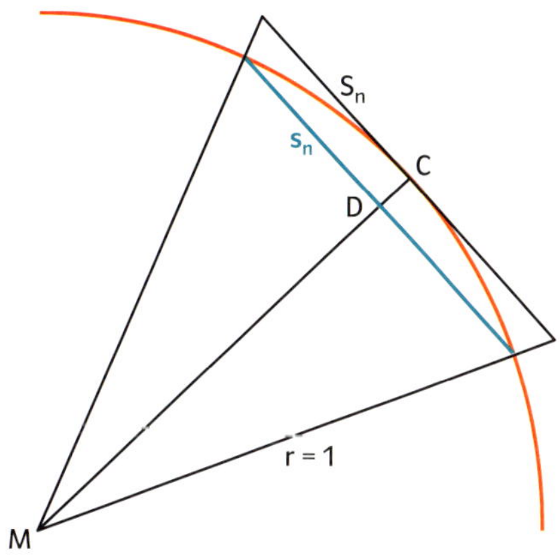

	A	B	C	D	E
1	n	s_n	u_n = n*s_n	S_n	U_n = n*S_n
2	6	1,0000000000	6,0000000000	1,1547005384	6,9282032303
3	12	0,5176380902	6,2116570825	0,5358983849	6,4307806183
4	24	0,2610523844	6,2652572266	0,2633049952	6,3193198842
5	48	0,1308062585	6,2787004061	0,1310869256	6,2921724303
6	96	0,0654381656	6,2820639018	0,0654732208	6,2854291993
7	192	0,0327234633	6,2829049446	0,0327278443	6,2837461000
8			...		
9	3072	0,0020453074	6,2831842121	0,0020453084	6,2831874976

Für u_n, U_E und U_n gilt: Mit wachsendem n wird $U_n - u_n$ beliebig klein; u_n und U_n bilden eine Intervallschachtelung für U_E bzw. π. Die bis zum 3072-Eck durchgeführte Rechnung ergibt $3{,}1415916203 < \pi < 3{,}1415932636$ oder $\pi \approx 3{,}14159$.

Aufgaben

1 a) Begründe an geeigneten Dreiecken die Gleichungen (1) und (2) von Seite 166.
b) Rechne nach, dass sich aus (2) die Gleichung (3) ergibt.
c) Setze (3) in (1) ein und zeige, dass sich (4) ergibt.

2 a) Die Werte in der obigen Tabelle können mit einem Tabellenkalkulationsprogramm berechnet werden. Gib dazu geeignete Formeln an.
b) Rechne die Werte für $n = 6, \ldots, 192$ nach und bestimme die fehlenden Werte für $n = 384$ und $n = 768$.
c) Ab welchem n-Eck erhält man π auf zwei (vier; acht) Stellen genau?

3 Bei der näherungsweisen Berechnung von U_E kann auch mit einem 4-Eck begonnen werden. Zeige, dass $S_4 = \sqrt{2}$ ist, und berechne mit den Formeln für s_n und S_n die Werte für $u_4, \ldots, u_{256}$ und $U_4, \ldots, U_{256}$. Auf wie viele Nachkommastellen ist die Näherung für π genau, die sich aus dieser Rechnung ergibt?

4 Gib bei den Näherungswerten für π den Fehler auf fünf Dezimalen und in Prozent an.
a) 3 bei den Babyloniern
b) $\left(\frac{16}{9}\right)^2$ bei den Ägyptern
c) $3 + \frac{1}{7}$ und $3 + \frac{10}{71}$ bei Archimedes
d) $3 + \frac{17}{120}$ bei Ptolemäus
e) $\sqrt{10}$ bei dem Inder Brahmagupta
f) $1{,}8 + \sqrt{1{,}8}$ bei Vieta

Tipp:
Siehe hierzu Seite 92 und Seite 93.

1 a) Berechne den Rauminhalt der Körper von Fig. 1 und Fig. 2 für $a = 1\,m$.
b) Stelle einen Term für den Rauminhalt der Körper in Abhängigkeit von a auf. Erläutere den Term.
c) Bestimme jeweils den Wert von a, für den der Rauminhalt $8\,m^3$ beträgt.
d) Berechne den Oberflächeninhalt der Körper für $a = 1\,m$.

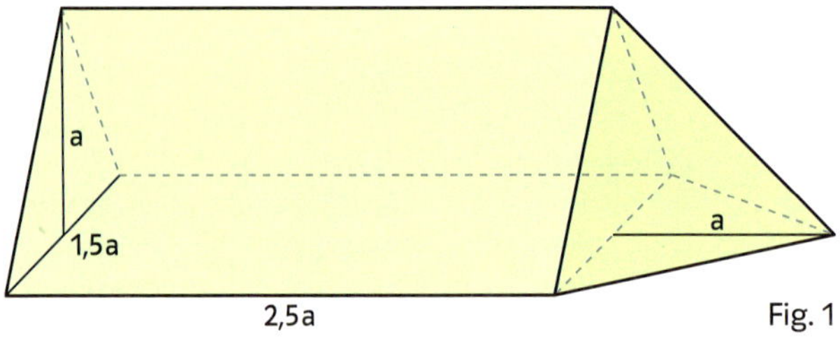

Fig. 1

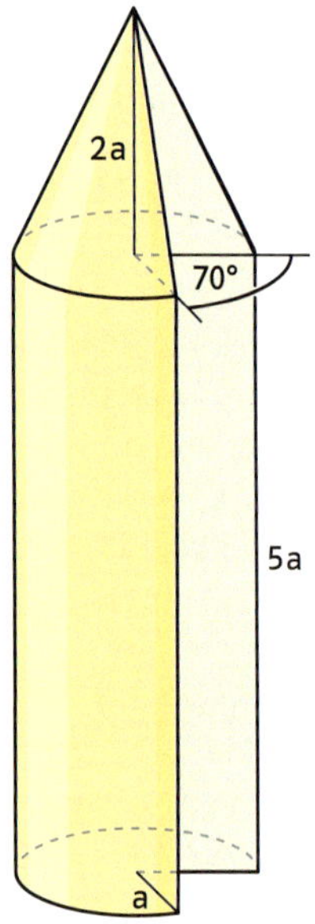

Fig. 2

Archimedes von Syrakus (287 v. Chr. – 212 n. Chr.)

2 Ein Kegel mit Radius und Höhe r wird einer Halbkugel und diese wiederum einem Zylinder einbeschrieben (Fig. 3).
a) Archimedes von Syrakus entdeckte, dass die Rauminhalte von Zylinder, Halbkugel und Kegel im Verhältnis 3 : 2 : 1 stehen. Begründe diese Behauptung.
b) Wie verhalten sich die Oberflächen der drei Körper zueinander?
c) Wie verhalten sich die Rauminhalte der drei Körper in Fig. 4 zueinander?

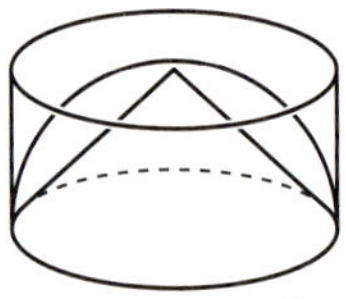

Fig. 3

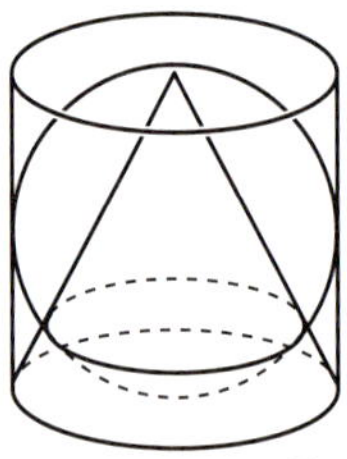

Fig. 4

Hinweis:
Nutze bei der Winkelberechnung die Symmetrie aus.

3 Ein moderner 40 m hoher Kirchturm hat den in Fig. 5 gezeichneten Grundriss.
a) Welches Volumen hat er?
b) Wie groß ist die Mantelfläche?
c) $1\,m^2$ Dachziegel kosten 375 €. Es ist mit 20 % Verschnitt zu rechnen. Wie viel kostet es, das Dach zu decken?

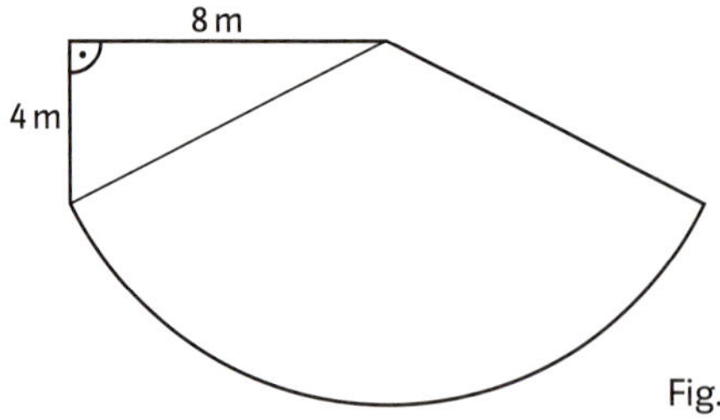

Fig. 5

4 Berechne das Volumen V und den Oberflächeninhalt O einer regelmäßigen sechsseitigen Pyramide (Fig. 6) mit der Grundkante a, der Höhe h und der Seitenkante s.
a) $s = 5\,cm$; $a = 4\,cm$
b) $a = 33\,cm$; $h = 56\,cm$
c) $h = 20\,m$; $s = 25\,m$

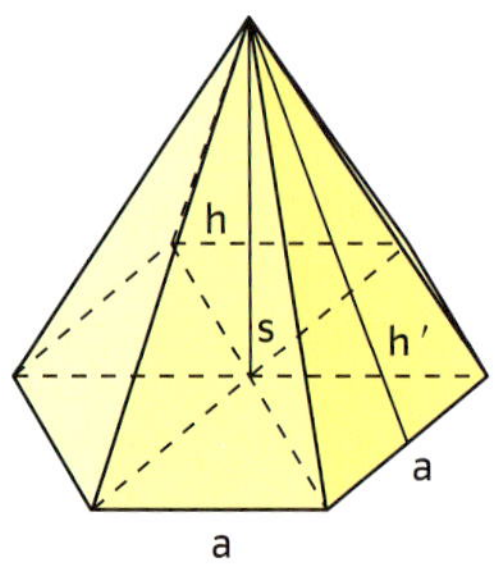

Fig. 6

5 Bei einem Würfel werden wie in Fig. 1 die Ecken abgeschliffen.
a) Zeichne das Schrägbild eines Würfels mit der Kantenlänge 6 cm mit $\alpha = 45°$ und $k = \frac{1}{2}$. Ergänze die Hilfslinien wie in Fig. 1 und zeichne dann das Schrägbild des Restkörpers.
b) Beschreibe die Form und Größe der Flächen des Körpers und gib deren jeweilige Anzahl an. Wie viele Ecken hat der Körper?

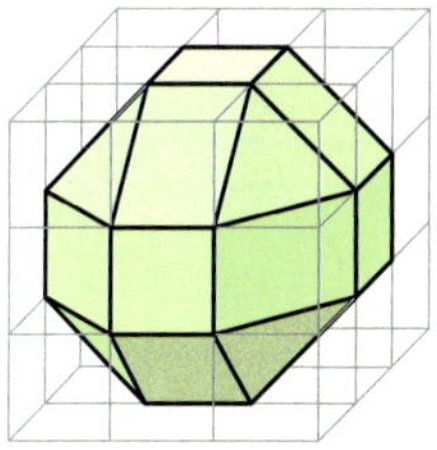
Fig. 1

6 a) Eine quadratische Pyramide (Fig. 2) soll durch einen Schnitt parallel zur Grundfläche in eine kleine Pyramide und einen Pyramidenstumpf zerlegt werden. Bestimme die Höhe h_1 des Pyramidenstumpfes so, dass die beiden entsprechenden Teilkörper das gleiche Volumen haben.
b) Ein Kegel (Fig. 3) soll ebenfalls durch einen Schnitt parallel zur Grundfläche in zwei Teilkörper gleichen Volumens zerlegt werden. Welche Höhe h_1 hat der Kegelstumpf?

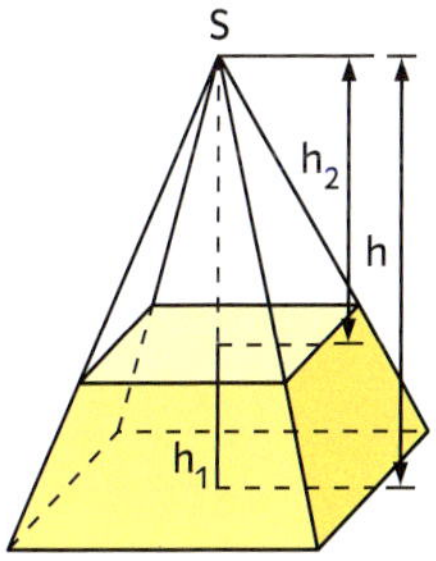

Fig. 2

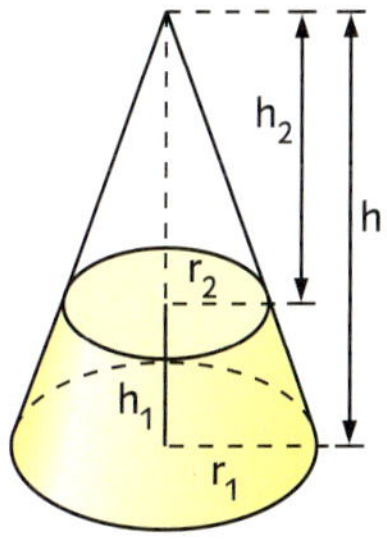

Fig. 3

7 Berechne Volumen und Oberflächeninhalt der Kegel- bzw. Pyramidenstümpfe in Fig. 4.

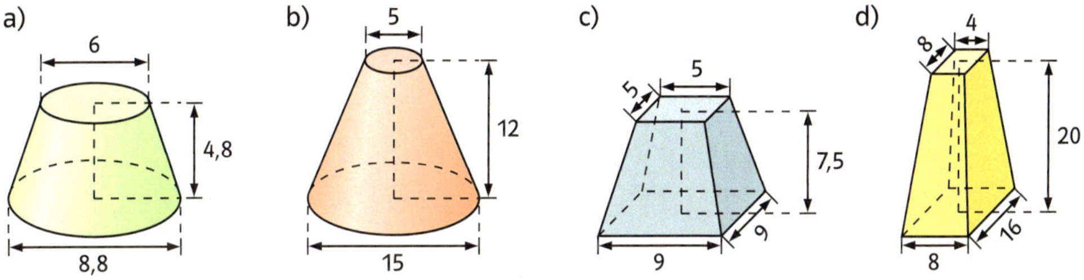

Fig. 4

8 Berechne den Inhalt der Mantel- und Oberfläche eines Kegelstumpfes mit $r_1 = 5\,cm$; $r_2 = 2\,cm$; $h = 4\,cm$. Bestimme zunächst die Länge der Mantellinie s.

9 Können die folgenden Figuren (Fig. 5) „Schatten" des Kantenmodells eines Würfels (Fig. 6) bei einer Parallelprojektion sein? Wenn ja, wie liegen dann Würfel, Bildebene und Projektionsgeraden zueinander? Wenn nein, begründe deine Antwort.

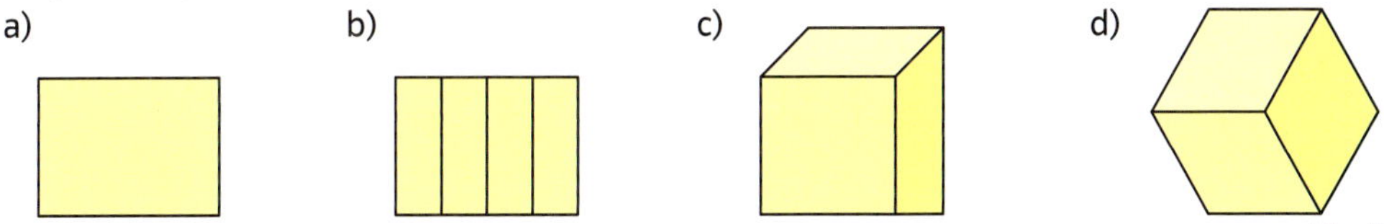

Fig. 5

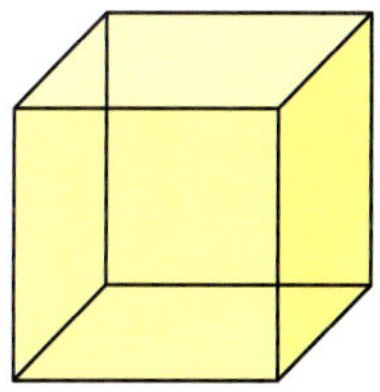
Fig. 6

10 Beschreibe die mögliche Form eines Körpers mit dem gegebenen Grund- und Aufriss.

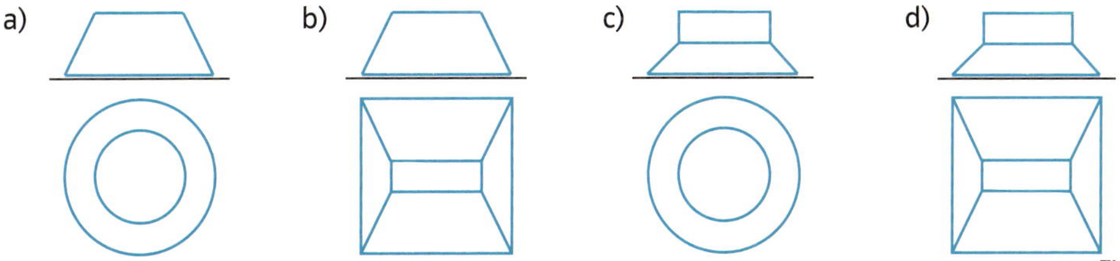

Fig. 7

11 In einen Kegelstumpf wird wie in Fig. 1 zu sehen ein kegelförmiger „Krater" hineingebohrt.
a) Drücke das Volumen V und den Oberflächeninhalt O des Restkörpers in Abhängigkeit von h, r_1 und r_2 aus.
b) Berechne dann V und O für $r_1 = 8\,cm$, $r_2 = 5\,cm$ und $h = 6\,cm$.
c) Welche Formel erhält man für das Volumen V des Restkörpers, wenn $r_1 = \frac{1}{3}r_2 = h$ ist?

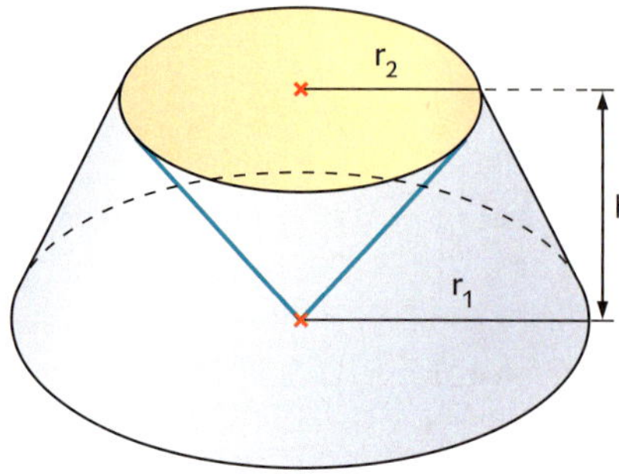

Fig. 1

12 Bei einer Kugel ist von den drei Größen r, V und O eine gegeben. Berechne die beiden fehlenden.
a) $r = 5{,}15\,m$ b) $O = 14\,cm^2$ c) $V = 343\,m^3$ d) $O = 4{,}2\,m^2$ e) $V = 15{,}625\,l$

13 Berechne das Volumen V der in Fig. 2 abgebildeten einbeschriebenen Körper und das des Restkörpers.

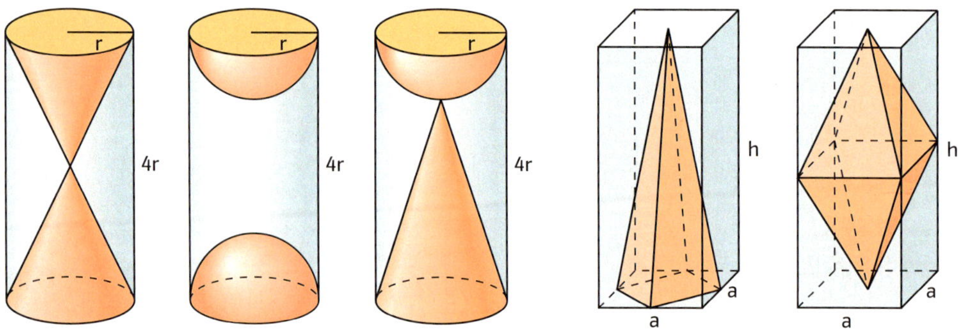

Fig. 2

14 Ein Körper mit der Höhe $h = 12\,cm$ hat das Volumen $V = 300\,cm^3$. Berechne die übrigen Maße, wenn der Körper
a) ein gerades Prisma mit einem gleichseitigen Dreieck als Grundfläche ist,
b) eine quadratische Pyramide ist,
c) ein Zylinder ist,
d) ein Kegel ist.

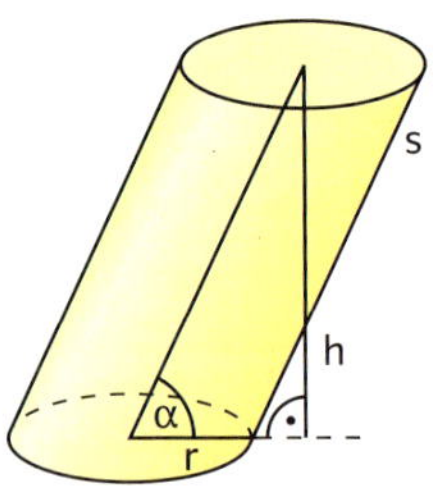

Fig. 3

15 Berechne das Volumen eines schiefen Zylinders (Fig. 3) mit
a) $r = 20\,cm$; $h = 11\,cm$, b) $r = 18\,cm$; $s = 1{,}20\,m$ und $\alpha = 45°$.

16 Ein Würfel und eine Kugel haben jeweils das Volumen von $V = 1\,m^3$. Vergleiche ihre Oberflächeninhalte.

17 Eine Kugel, ein Zylinder und ein Kegel haben denselben Radius. Bestimme die Höhe des Zylinders und des Kegels so, dass alle drei Körper
a) das gleiche Volumen,
b) den gleichen Oberflächeninhalt
haben.

18 Wenn ein Körper im Wasser schwimmt, so ist seine Masse gleich der Masse des von ihm verdrängten Wassers. Dies nennt man das archimedische Prinzip.
a) Schwimmt eine Hohlkugel aus Eisen mit dem äußeren Durchmesser $d = 10\,\text{cm}$ und der Wandstärke 4 mm in Wasser, wenn für die Dichte von Eisen $\varrho = 7{,}9\,\text{g}/\text{cm}^3$ gilt.
b) Eine eiserne Hohlkugel mit dem äußeren Durchmesser $d = 12\,\text{cm}$ sinkt bis zur Hälfte in Wasser ein. Wie dick ist ihre Wand?

Kegelrobben (Halichoerus grypus) haben nicht nur eine kegelförmige Schnauze, auch ihre Backenzähne haben eine kegelförmige Spitze.

19 a) Einem Zylinder mit dem Radius r und der Höhe h wurde eine quadratische Pyramide wie in Fig. 1 einbeschrieben. Bestimme das Volumen der quadratischen Pyramide.
b) Bestimme auch das Volumen der einbeschriebenen rechteckigen Pyramide in Fig. 2. Vergleiche mit dem Volumen der Pyramide aus a).

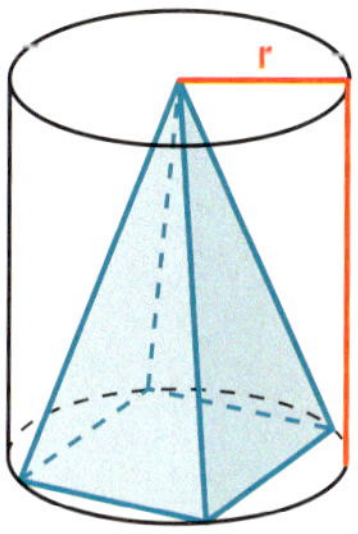

Fig. 1

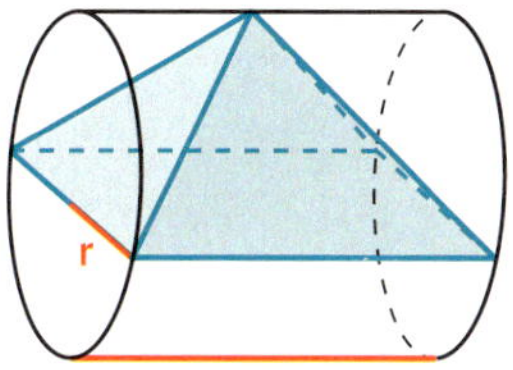

Fig. 2

20 Im Hof des Pascal-Gymnasiums steht ein Denkmal für Blaise Pascal (Fig. 3). Es besteht aus Granit und hat eine Gesamthöhe von 2,50 m. Die Grundfläche ist ein gleichseitiges Dreieck mit einer Seitenlänge von 30 cm. Die Pyramide ist 43 cm hoch. Ein Kubikdezimeter Granit wiegt 3,5 kg. Wie schwer ist das Denkmal?

Fig. 3

21 Zwei Pyramiden mit gleicher Grundfläche werden zu einer Doppelpyramide (Fig. 4) zusammengesetzt. Gib eine Formel für ihr Volumen an. Zeige damit, dass das Volumen der Doppelpyramide nur von der Grundfläche G und der Gesamthöhe $h = h_1 + h_2$ abhängt.

22 a) Gib eine Formel für Volumen und Oberflächeninhalt des Körpers in Fig. 5 an.
b) Bestimme den Wert für a, für den sich $V = 62{,}5\,\pi\,\text{cm}^3$ ergibt.

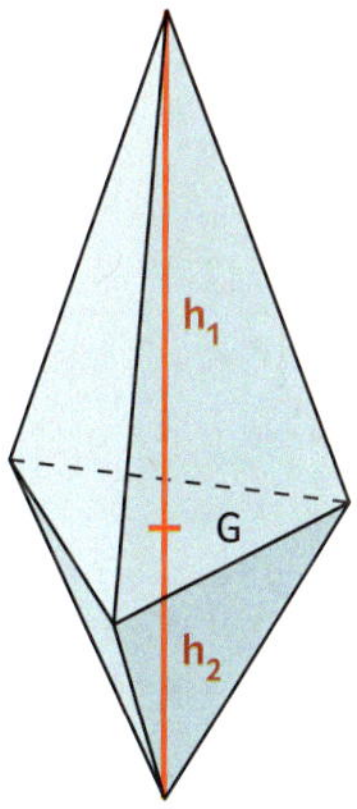

Fig. 4

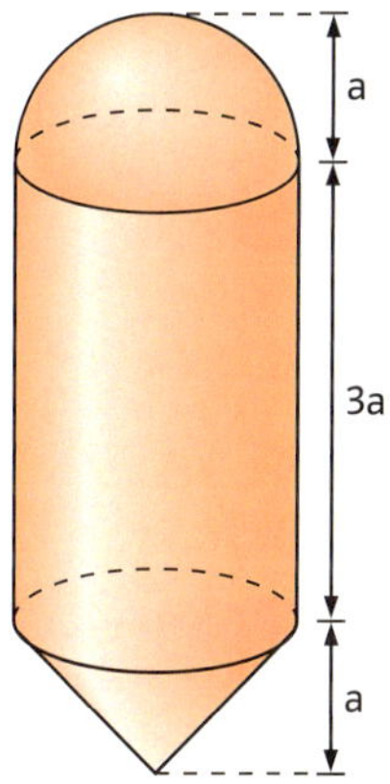

Fig. 5

23 Die Flächen in Fig. 6 rotieren um die Achse a. Beschreibe die Drehkörper. Stelle jeweils eine Formel für das Volumen und für den Oberflächeninhalt auf.

24 Ein Würfel der Kantenlänge a ist mit n^3 Kugeln vom Durchmesser $\frac{a}{n}$ gefüllt.
a) Vergleiche Volumen und Oberflächeninhalt aller Kugeln mit dem des Würfels.
b) Wie hängt das Volumen des Restkörpers – also von der „Luft" – von n ab?

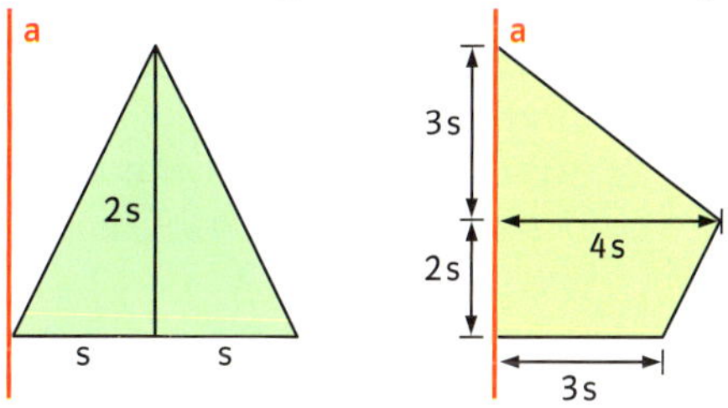

Fig. 6

25 Zwei Leitungsrohre mit einem Außendurchmesser von 4 cm werden wie in Fig. 7 verschweißt. Berechne das Gesamtvolumen des Körpers und den Inhalt der Außenfläche.

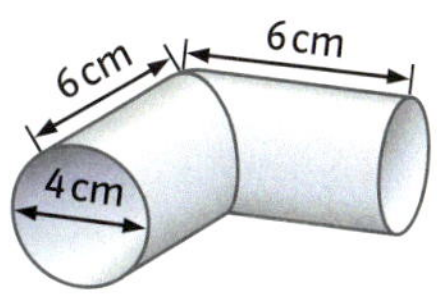

Fig. 7

Perspektive in der Kunst

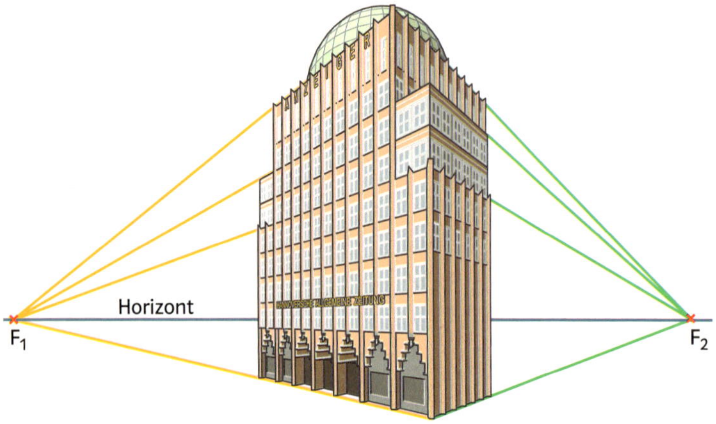

Fig. 1

Ein Schrägbild entsteht durch eine schräge Parallelprojektion. Die Zentralprojektion ergibt ein **perspektivisches Bild**, ein Bild, das bei geeigneter Lage von Bildebene und Zentrum einem Foto entspricht.
An Fig. 1 wird deutlich, dass sich waagerechte Geraden des Raumes, die zueinander parallel sind, z. B. parallele Kanten der Hochhäuser, jeweils in einem **Fluchtpunkt** treffen. Die Punkte F_1 und F_2 sind zwei solche Fluchtpunkte.
Alle Fluchtpunkte liegen auf dem **Horizont**.

Ein einfaches perspektivisches Bild eines Quaders erhält man, wenn eine Fläche des Quaders parallel zur Bildebene liegt. Fig. 2 veranschaulicht für diesen Fall den Zusammenhang mit der Zentralprojektion. F ist dabei der Fluchtpunkt der Bilder der Kanten des Quaders, die senkrecht zur Bildebene sind.

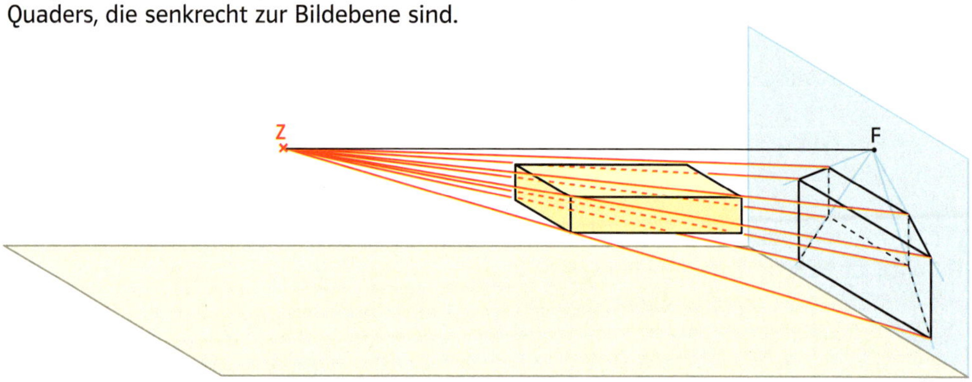

Fig. 2

Schon lange vor Erfindung der Fotografie haben Maler versucht, perspektivische Bilder zu schaffen. Vor allem in der Renaissance (etwa 1350 bis etwa 1550) bemühte man sich um besonders wirklichkeitstreue Bilder. Albrecht Dürer (1471–1528) stellt in seinem Holzschnitt „Der Zeichner der Laute“ (Fig. 3) dar, wie man sich dabei beholfen hat. Dürer gilt heute nicht nur als herausragender Maler, sondern war auch ein bedeutender Mathematiker seiner Zeit. Er brachte sich sein mathematisches Wissen im Selbststudium bei. Dabei studierte er unter anderem die Elemente des Euklid. Insbesondere in der darstellenden Geometrie ist Dürer bis an die Grenzen der damals bekannten Mathematik vorgestoßen. Sein Schaffen als Mathematiker ist stets im Zusammenhang zwischen Kunst und Mathematik zu sehen.

Fig. 3

Die Renaissance (französisch für Wiedergeburt) ist geprägt durch eine starke Orientierung am klassischen Altertum, was zu einer hohen Blüte der Künste führte. Ausgangspunkt war Italien, wo die mittelalterliche kirchliche Ordnung von einer von Adel und Bürgertum getragenen weltlichen Ordnung abgelöst wurde.

Perspektive in der Kunst

In der Renaissance wurden häufig Themen aus der Antike dargestellt. Als ein besonders typisches Bild gilt Raffaels „Die Schule von Athen" (1509–1511) in Fig. 1. Der Fluchtpunkt, auf den alle nach hinten verlaufenden Geraden zustreben, liegt genau in der Bildmitte und betont damit zugleich die dort dargestellten Platon und Aristoteles. Im Vordergrund links sitzt schreibend Pythagoras.

Fig. 1

Fig. 2

Aber nicht allen alten Meistern gelang es, die Perspektive einwandfrei darzustellen. So sind bei der Darstellung eines Festmahls auf einem Truhenbild aus dem frühen 15. Jahrhundert die Personen an der hinteren Tafel viel zu groß geraten (Fig. 2). Die Kanten der Tische verlaufen zu einem anderen Fluchtpunkt als die Kanten des Raumes und der Fenster rechts. Die Fensterbänke links zeigen wieder woanders hin.

Fig. 3

Gelegentlich wird versucht, durch beabsichtigte Fehler in der Perspektive besondere Effekte zu erzielen. Bereits 1754 hat William Hogart eine Zeichnung mit dem Titel „Falsche Perspektive" geschaffen (Fig. 4). Ein weiteres eindrucksvolles Beispiel ist die „Begegnung auf einer Treppe" von Clusellas (Fig. 3).
Der niederländische Grafiker M.C. Escher (1898–1972) ist unter anderem durch seine „unmöglichen Figuren" berühmt geworden. Grundidee des „Wasserfalls" von 1961 (Fig. 5) ist das sogenannte Penrose-Dreieck (Fig. 6).

Fig. 4

Fig. 5

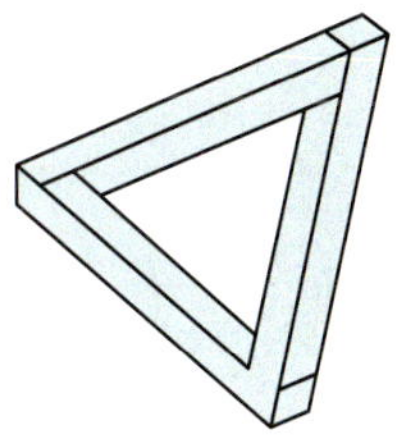

Fig. 6

Geschichte der Zahl π

Am 14. März ist in jedem Jahr der π-Tag nach der amerikanischen Datumschreibweise 3.14.

Der Rekord im π-Vorlesen liegt bei 108 000 Nachkommastellen in 30 Stunden. Über 360 freiwillige Leser lasen im Juni 2005 jeweils 300 Stellen.

Eine historische Quelle zur Geschichte der Kreiszahl π ist auch die Bibel. Im Alten Testament werden im Bericht über Salomons Tempelbau (um 950 v. Chr.) verschiedene Tempelgeräte beschrieben, darunter auch ein riesiges Gefäß, das für Waschungen der Priester gedacht war.

In der Einheitsübersetzung von 1978 heißt es (1. Könige 7, 23):

> *Dann machte er das „Meer". Es wurde aus Bronze gegossen und maß zehn Ellen von einem Rand zum anderen; es war völlig rund und fünf Ellen hoch. Eine Schnur von dreißig Ellen konnte es rings umspannen.*

Mit „völlig rund" ist wohl kreisförmig gemeint, also ist nach der Bibel $\pi = \frac{U}{d} = \frac{30}{10} = 3$.
Die Näherung $\pi \approx 3$ entspricht dem altbabylonischen Wert für π. Es gibt aber ältere und wesentlich bessere Näherungen.

Die Ägypter kannten schon etwa 2000 Jahre vor Christus eine sehr genaue Berechnung des Flächeninhalts des Kreises. Im Papyrus Rhind (um 1700 v. Chr.) findet man eine Darstellung dazu.
Um den Kreis wurde ein Quadrat gezeichnet, dessen Seitenlänge gleich dem Kreisdurchmesser d ist. Dann zerlegte man das Quadrat in neun gleich große Teilquadrate. Als Näherung für den Flächeninhalt des Kreises wurde der Flächeninhalt des Achtecks in Fig. 1 genommen, also sieben der neun Teilquadrate des Durchmesser-Quadrats.
Das ergibt $A \approx \frac{7}{9}d^2$.

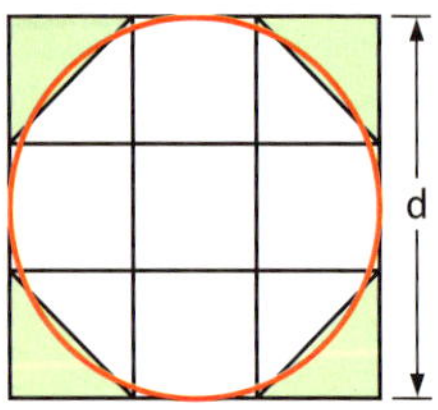

Fig. 1

Da man aber den Flächeninhalt als Quadrat einer Länge haben wollte (was der Quadratur entspricht), wurde weitergerechnet $A \approx \frac{7}{9}d^2 = \frac{63}{81}d^2 \approx \frac{64}{81}d^2 = \left(\frac{8}{9}\right)d^2$.
Setzt man nun $d = 2r$, so ergibt sich $A \approx \left(\frac{8}{9} \cdot 2r\right)^2 = \left(\frac{16}{9}\right)^2 r^2$.

Mit $\pi \approx \frac{16^2}{9^2} = \frac{256}{81} = 3{,}160\,49\ldots \approx 3{,}16$ wurde vor 4000 Jahren eine gute Näherung für π gefunden, die sich um weniger als 1% vom richtigen Wert unterscheidet.

Im Laufe der Zeit wurden immer bessere Näherungen für π bestimmt. Der heute übliche Wert stammt von Archimedes (287 v. Chr. – 212 v. Chr.). Er hat den Umfang des Kreises durch Annäherung durch ein 96-Eck bestimmt und dabei $3 + \frac{10}{71} < \pi < \frac{22}{7}$ gefunden, wobei für die Praxis $\pi \approx \frac{22}{7}$ benutzt wurde, was heute in dezimaler Schreibweise $\pi \approx \frac{22}{7} \approx 3{,}14$ entspricht. Das Näherungsverfahren des Archimedes ist auf Seite 166 beschrieben.

Aus der Schachtelung des Archimedes bestimmte Ptolemäus (ca. 100 n. Chr. – ca. 160 n. Chr.) durch „angenäherte Mittelbildung" $\pi \approx 3 + \frac{17}{120}$. Er rechnete dabei wie in der babylonischen Mathematik mit 60er-Brüchen:
$\frac{22}{7} \approx 3 + \frac{8}{60} + \frac{27}{3600}$; $3 + \frac{10}{71} = 3 + \frac{8}{60} + \frac{34}{3600}$, woraus er dann als Mittelwert $3 + \frac{8}{60} + \frac{30}{3600} = 3 + \frac{17}{120}$ bildete.

Geschichte der Zahl π

In der chinesischen Mathematik wurde anfangs mit $\pi = 3$ gerechnet. Liu Hui (um 250 n. Chr.) bestimmte mithilfe eines 192-Ecks eine Schachtelung für π, später berechnete er an einem 3072-Eck $\pi \approx \frac{3927}{1250} = 3{,}1416$.
Im 5. Jahrhundert n. Chr. findet sich bei Tsu Chung-Chih $\pi \approx \frac{355}{113}$. Dies ist, wie man mithilfe von Kettenbrüchen zeigen kann, die bestmögliche Näherung für π durch einen gewöhnlichen Bruch, dessen Nenner kleiner als 1000 ist. Eine Vorstellung über die Genauigkeit dieser Näherung erhält man, wenn man sie als Dezimalbruch schreibt. Es ergibt sich
$\pi \approx \frac{355}{113} = 3{,}14159292\ldots$
Dieser Wert ist auf sechs Dezimalen genau.

*Es ist unbekannt, ob π eine **normale Zahl** ist, das heißt, ob sie jede mögliche Ziffernfolge als Teilblock enthält.*

Ludolph van Ceulen (1540 – 1610) berechnete schließlich nach der Idee von Archimedes am 2^{62}-Eck (2^{62} ist im Zehnersystem geschrieben eine Zahl mit 19 Ziffern!) die Zahl π auf 35 Dezimalen genau. Er war auf diese Leistung so stolz, dass er in seinem Testament festlegte, dass diese Zahl auf seinem Grabstein eingemeißelt werden soll. Bis zum Ende des 19. Jahrhunderts nannte man ihm zu Ehren π die Ludolph'sche Zahl.

Neben Näherungswerten in Form von Brüchen, also rationalen Zahlen, hat man auch versucht, Näherungen durch Quadratwurzeln anzugeben. Bei Brahmagupta (598 bis etwa 665 n. Chr.), einem indischen Mathematiker, findet man mit $\pi \approx \sqrt{10}$ einen relativ ungenauen Wert. Dagegen ist die von dem französischen Juristen und Mathematiker François Viète (1540 – 1603), auch Vieta genannt, gefundene Näherung $\pi \approx 1{,}8 + \sqrt{1{,}8}$ auf drei Dezimalen genau. Hierher gehört auch die von Kochanski 1685 angegebene Näherung (vgl. Aufgabe 23 auf Seite 124) $\pi \approx \sqrt{\frac{40}{3} - 2\sqrt{3}}$.

Wissenschaftler senden mit Radioteleskopen die Kreiszahl π ins Weltall. Sie meinen, dass andere Zivilisationen diese Zahl kennen müssen.

Wesentliche Fortschritte zur Bestimmung von π brachten neue Ideen zu Näherungsverfahren wie etwa das von Nikolaus von Kues (1401 – 1464). Auf der anderen Seite versuchte man, π durch unendliche Produkte oder Summen zu beschreiben. Die bekannteste Darstellung stammt von Gottfried Leibniz (1646 – 1716):

$$\frac{\pi}{4} = 1 - \frac{1}{3} + \frac{1}{5} - \frac{1}{7} + \frac{1}{9} - \frac{1}{11} \pm \ldots$$

Für eine praktische Berechnung der Zahl π ist diese Darstellung aber ungeeignet. Um π auf nur zwei Dezimalen genau zu erhalten, muss man etwa 300 Summanden addieren. Besser geeignet ist

$$\pi = 2\sqrt{3}\left(1 - \frac{1}{3 \cdot 3} + \frac{1}{3^2 \cdot 5} - \frac{1}{3^3 \cdot 7} + \frac{1}{3^4 \cdot 9} + \ldots\right),$$

womit der englische Astronom Abraham Sharp (1651 – 1742) die Zahl π auf 72 Dezimalen genau berechnete. Heute hat man π mithilfe von Computern auf über 1,241 Billionen Dezimalen (Stand: Ende 2006) genau berechnet.

Ein praktischer Nutzen von π mit vielen Dezimalen liegt in der Möglichkeit, die Computer-Hardware und -Software zu testen, da kleine Rechenfehler zu vielen falschen Stellen von π führen würden.

Quadratur des Kreises
Mit den „Möndchen des Hippokrates" war die **Quadratur** von nur mit Kreislinien begrenzten Flächen gelungen, das heißt, die Konstruktion eines flächengleichen Quadrats nur mit Zirkel und Lineal, also ohne Abmessen, war möglich. Das gab schon vor über 2000 Jahren die Hoffnung, dass auch die **Quadratur des Kreises** gelingt, also die Konstruktion eines Quadrats mit dem Flächeninhalt des Einheitskreises ($r = 1$) nur „mit Zirkel und Lineal". Aber erst 1882 konnte Ferdinand von Lindemann (1852 – 1939) beweisen, dass die „Quadratur des Kreises" unmöglich ist, weil π zu besonderen irrationalen Zahlen gehört, die man als transzendente Zahlen bezeichnet.

Rückblick

Projektion
Bei einer Projektion wird jedem Punkt P des Raumes ein Schnittpunkt P′ der durch P gehenden Projektionsgeraden mit der Bildebene zugeordnet.

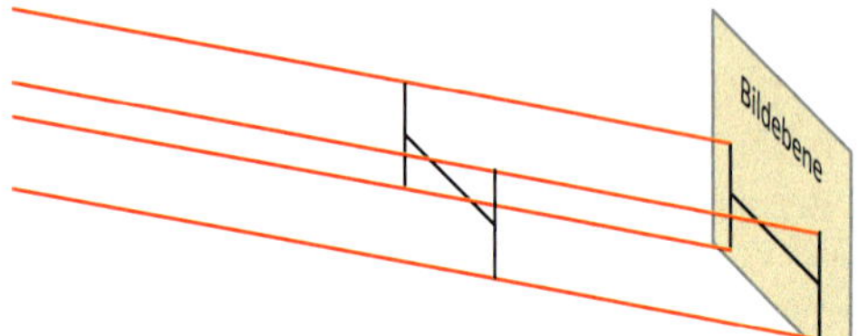

Parallelprojektion

Parallelprojektion und ihre Eigenschaften
Die Projektionsgeraden sind zueinander parallel.
Geraden (Strecken) werden auf Geraden (Strecken) abgebildet.
Zueinander parallele Geraden werden auf zueinander parallele Geraden abgebildet und zur Bildebene parallele Figuren werden auf kongruente Figuren abgebildet.

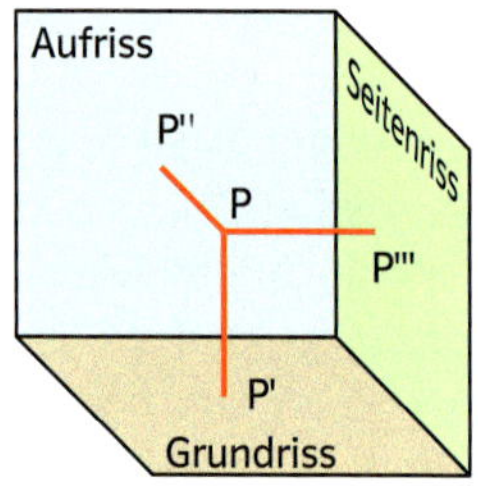

Sind bei einer Parallelprojektion die Projektionsgeraden senkrecht zur Bildebene, so spricht man von **senkrechter Parallelprojektion**.
Das Projektionsbild bei waagerechter Bildebene heißt Grundriss.
Im Grundriss erscheinen alle horizontalen Strecken in wahrer Länge.

Konstruktionsvorschrift für das Schrägbild
(1) Zeichne eine Fläche parallel zur Bildebene (z. B. die Vorderfläche des Körpers) in wahrer Länge und Richtung.
(2) Zeichne die senkrecht zur Bildebene verlaufenden Strecken um den **Verzerrungswinkel** α gegen die Waagerechte geneigt. Verkürze bzw. verlängere ihre Länge mit dem **Verzerrungsfaktor k**.
(3) Vervollständige das Bild.
Nicht sichtbare Kanten eines Körpers werden gestrichelt gezeichnet.

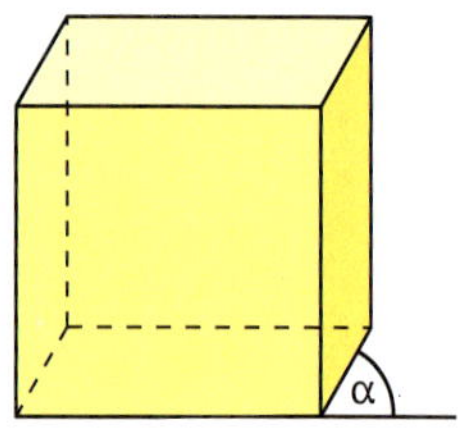

Schrägbild eines Würfels mit $\alpha = 60°$ und $k = \frac{1}{3}$

Pyramide
$V = \frac{1}{3} G \cdot h$
Die Oberfläche besteht aus Dreiecken und der Grundfläche.

Grundfläche: Quadrat mit Seitenlänge $a = 5\,cm$
Höhe: $h = 15\,cm$
$V = \frac{1}{3} G \cdot h = 125\,cm^3$

Kegel
$V = \frac{1}{3} G \cdot h = \frac{1}{3} \cdot \pi \cdot r^2 \cdot h$
Der Kegelmantel ist ein Kreisausschnitt mit Radius $s = \sqrt{h^2 + r^2}$.
Dieser Kreisausschnitt hat die Bogenlänge $2\pi r$.
Flächeninhalt der Mantelfläche: $M = r \cdot s \cdot \pi$
Oberflächeninhalt: $O = G + M = \pi r^2 + r \cdot s \cdot \pi$

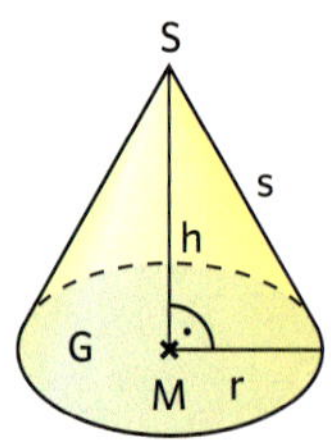

$r = 4{,}5\,cm$,
$h = 8{,}2\,cm$
$V = \frac{1}{3} \pi r^2 \cdot h$
$\approx 174\,cm^3$
$M = \pi s^2 \cdot \frac{r}{s}$
$\approx 132\,cm^2$

Kugel
Für eine Kugel mit Radius r gilt:

Volumen V	$V = \frac{4}{3} \cdot \pi \cdot r^3$
Oberflächeninhalt O	$O = 4 \cdot \pi \cdot r^2$

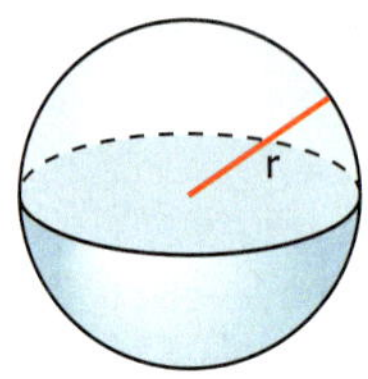

Training

Runde 1

1 Fig. 1 zeigt den Grundriss und den Aufriss eines Hauses.
a) Übertrage Fig. 1 in dein Heft und ergänze einen passenden Seitenriss.
b) Zeichne ein passendes Schrägbild des Hauses mit $\alpha = 45°$ und $k = \frac{1}{2}$ $\left(\text{mit } \alpha = 30° \text{ und } k = \frac{2}{3}\right)$.

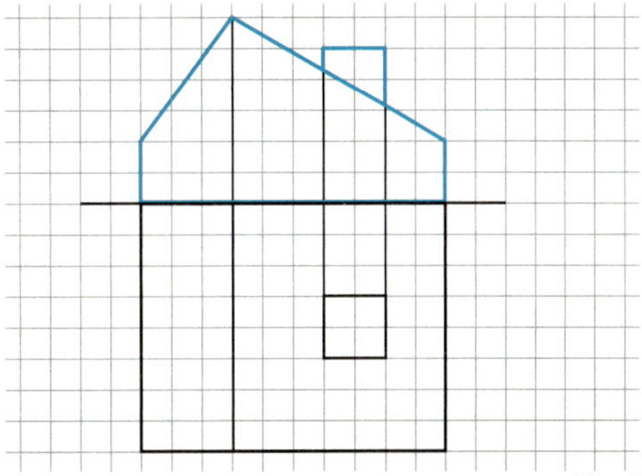

Fig. 1

2 Fig. 2 zeigt den Aufriss und Seitenriss eines einfachen Werkstücks.
Zeichne Fig. 2 vergrößert in dein Heft.
Ergänze einen passenden Grundriss.

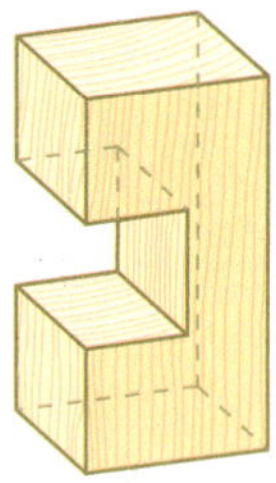

Fig. 3

3 Zeichne zu Fig. 3 zwei Schrägbilder aus verschiedenen Richtungen.
Wähle für das Werkstück passende Maße sowie $\alpha = 45°$ und $k = \frac{1}{2}$.

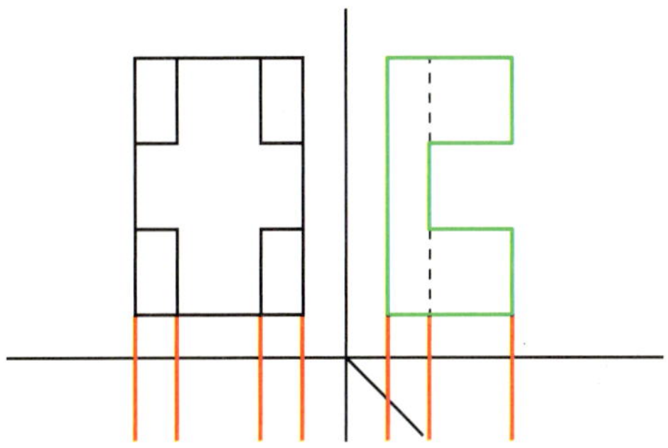

Fig. 2

4 Zeichne mit $\alpha = 60°$ und $k = \frac{1}{3}$ das Schrägbild einer Pyramide mit quadratischer Grundfläche. Wähle als Seitenlänge der Grundfläche $a = 5{,}0\,\text{cm}$ und als Höhe der Pyramide $h = 3{,}5\,\text{cm}$.

Runde 2

1 Berechne das Volumen V und den Oberflächeninhalt O einer quadratischen Pyramide mit der Grundkante a, der Höhe h und der Seitenkante s.
a) $h = 10\,\text{cm}$; $a = 3{,}5\,\text{cm}$ b) $s = 116{,}4\,\text{cm}$; $h = 86{,}4\,\text{cm}$

2 Berechne für einen Kegel mit Radius r, Höhe h und der Mantellinie s das Volumen V, den Inhalt des Mantels M und den Oberflächeninhalt O.
a) $r = 9\,\text{cm}$; $s = 40\,\text{cm}$
b) $h = 33\,\text{cm}$; $s = 65\,\text{cm}$
c) $r = 13{,}75\,\text{m}$; $s = 18{,}25\,\text{m}$

3 Bei einer Kugel ist r, V oder O gegeben. Berechne die beiden fehlenden.
a) $r = 4{,}23\,\text{m}$ b) $V = 26\,244\,\pi\,\text{l}$.

4 Berechne das Volumen der Werkstücke in Fig. 4. Die Maße sind in mm gegeben.

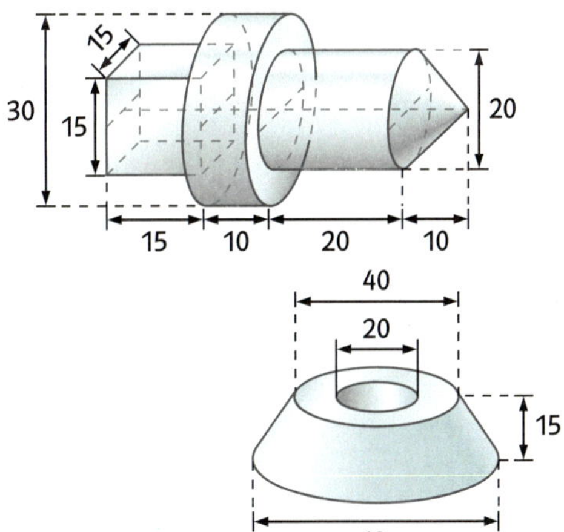

Fig. 4

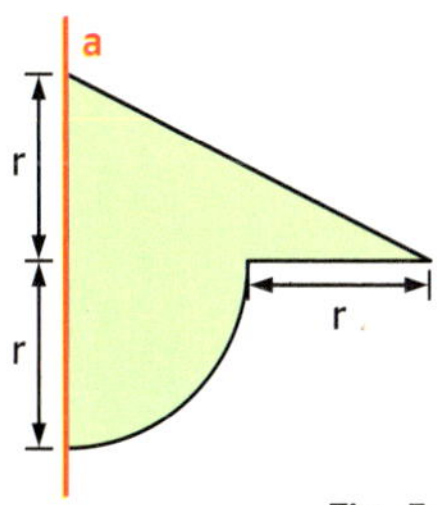

Fig. 5

5 a) Die Fläche in Fig. 5 rotiert um die Achse a. Beschreibe den Drehkörper.
b) Stelle eine Formel für das Volumen V und den Oberflächeninhalt O des Drehkörpers auf.
c) Bestimme r so, dass $V = 85{,}75\,\pi\,\text{l}$.

Lösungen auf den Seiten 243 – 244.

Das kannst du schon

- Seitenverhältnisse im rechtwinkligen Dreieck berechnen
- Sinus, Kosinus und Tangens bestimmen
- Beziehungen zwischen Sinus, Kosinus und Tangens nutzen

Um den 21. Juni herum bleibt im hohen Norden die Sonne 24 Stunden lang am Himmel.
Das Bild zeigt eine Serie von Fotos, aufgenommen an der Nordspitze Norwegens, dem Nordkap.

Zahl

Messen

Raum und Form

Funktionaler Zusammenhang

Daten und Zufall

Immer das Gleiche

Ein Mops lief in die Küche
und stahl dem Koch ein Ei.
Da nahm der Koch den Löffel
und schlug den Mops zu Brei.
Drauf kamen viele Möpse
und gruben ihm ein Grab
und setzten drauf den Grabstein,
auf dem geschrieben stand:
Ein Mops lief in die Küche...
(Verfasser unbekannt)

Das kannst du bald

- Periodische Vorgänge erkennen
- Sinus- und Kosinusfunktion anwenden
- Sinussatz und Kosinussatz für Dreiecksberechnungen anwenden

1 Periodische Vorgänge

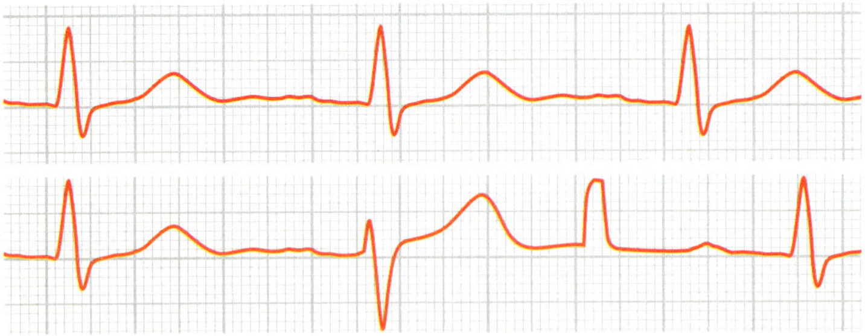

Mithilfe eines Elektrokardiogramms (EKG) kann man die Bewegungen des Herzens sichtbar machen.
Katharina: „Der Zweite ist aber ganz schön aufgeregt!"
Ken: „Ich glaube, der ist richtig krank!"

In Natur und Technik gibt es Vorgänge, die sich zeitlich wiederholen.
Fig. 1 zeigt den Graphen der Funktion f: *Zeit* → *Wasserstand* für ein Überlaufgefäß, in das kontinuierlich ein dünner Wasserstrahl läuft. Die Funktion f beschreibt einen Vorgang, der sich alle 4 min wiederholt. Dies erkennt man am Graphen daran, dass dieser durch eine Verschiebung um 4 Einheiten parallel zur Zeitachse auf sich abgebildet wird.
Es gilt: Für jeden Zeitpunkt t muss der Wasserstand f(t) mit dem Wasserstand nach 4 min übereinstimmen.
Es muss also für jeden Wert von t gelten:
$f(t + 4) = f(t)$.
Solche Funktionen nennt man periodisch.

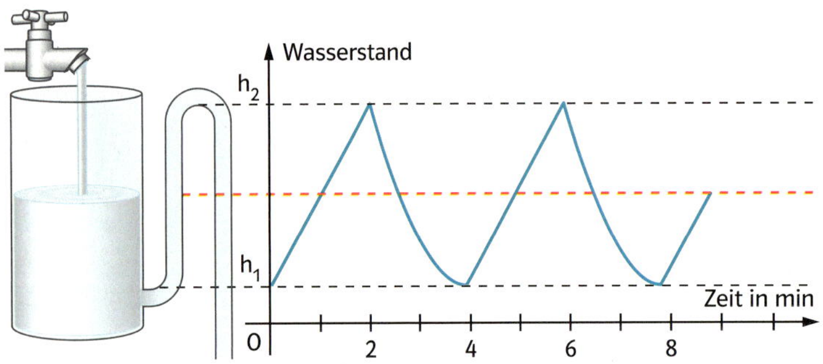

Fig. 1

Eine Funktion f heißt **periodisch**, wenn es mindestens eine Zahl p gibt, sodass für alle reellen Zahlen x gilt: $f(x + p) = f(x)$.
Die kleinste positive Zahl p mit dieser Eigenschaft nennt man die **Periodenlänge** von f.

Eine Funktion f ist genau dann periodisch, wenn sich ihr Graph durch Verschiebung parallel zur x-Achse auf sich selbst abbilden lässt. Die kürzeste Pfeillänge dieser Verschiebungen ist die Periodenlänge.

Beispiel
Fig. 2 zeigt den Graphen einer Funktion. Untersuche, ob sich der Graph durch Verschiebung parallel zur x-Achse auf sich selbst abbilden lässt und bestimme gegebenenfalls die Periodenlänge.

Lösung:
Der Graph wird auf sich selbst abgebildet, wenn man ihn um 3,5 Einheiten parallel zur x-Achse verschiebt.
Die Periodenlänge beträgt 3,5.

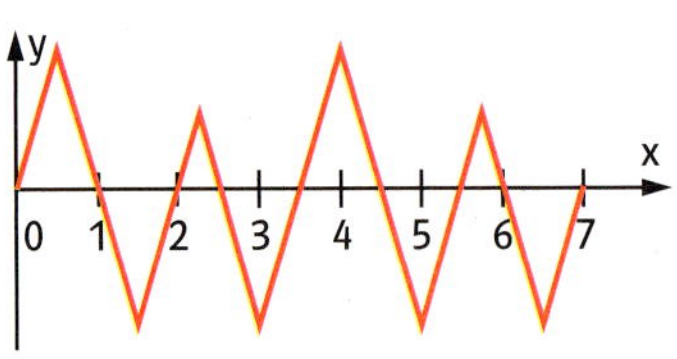

Fig. 2

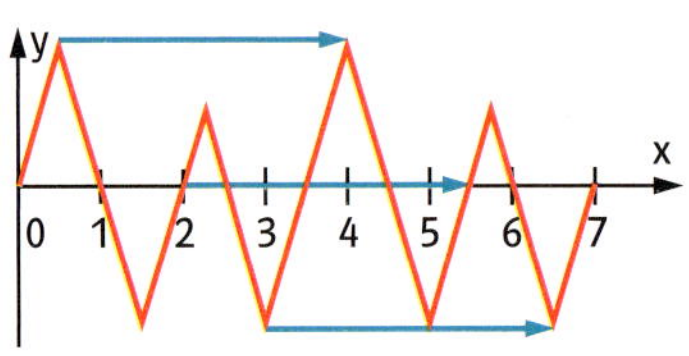

Fig. 3

Aufgaben

1 Welche Funktionen sind periodisch? Begründe deine Entscheidung und gib gegebenenfalls die Periodenlänge an.
a) *Zeit → Ballhöhe beim Springen eines Balles*
b) *Zeit → Abstand der Erde von der Sonne*
c) *Zeit → Wasserstand an der Küste*

2 Ein Punkt P bewegt sich mit gleich bleibender Geschwindigkeit um das Quadrat in Fig. 1 herum. Fig. 2 zeigt den Graphen der Funktion
f: *Zeit → Abstand des Punktes von der Geraden g.*
a) Erläutere den Verlauf des Graphen in Fig. 2.
b) Gib einige Verschiebungen an, die den Graphen auf sich abbilden.
c) Wie ändert sich der Graph, wenn sich der Punkt mit dreifacher Geschwindigkeit um das Quadrat herumbewegt?

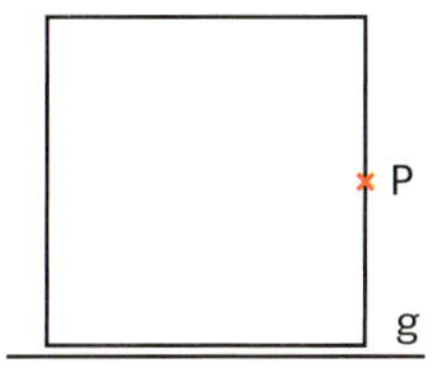

Fig. 1

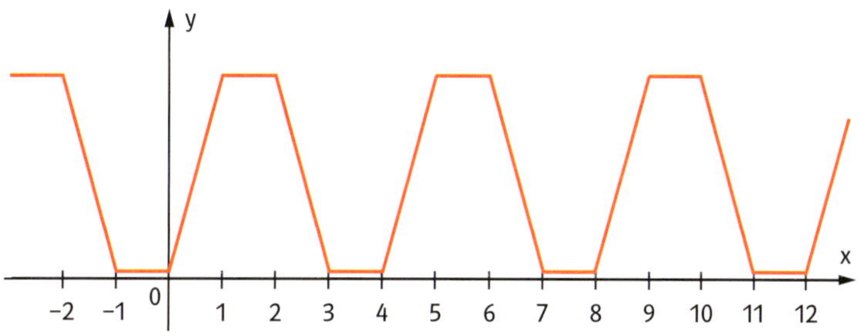

Fig. 2

3 a) Ersetze das Quadrat in Aufgabe 2 durch ein gleichseitiges Dreieck und zeichne den Graphen der Funktion f: *Zeit → Abstand des Punktes P von der Gerade g.*
b) Welche Periodenlänge hat die Funktion?
c) Zeichne und erläutere den Verlauf des Graphen, wenn sich der Punkt mit gleich bleibender Geschwindigkeit auf einem Rechteck bewegt, dessen Seiten im Verhältnis 2:1 stehen.

4 a) Unter welcher Bedingung ist die Funktion *Zeit → Höhe des Ventils über der Straße* bei einem fahrenden Fahrrad periodisch?
b) Skizziere den Graphen einer möglichen Funktion und gib ihre Periodenlänge an.

5 In Fig. 3 ist das Bild einer „Sägezahnspannung" auf dem Schirm eines Oszillographen dargestellt. Dieser Spannungsverlauf ist periodisch. Bestimme die Periodenlänge, wenn der Abstand der Gitterlinien in der waagerechten Richtung $\frac{1}{100}$ s entspricht.

6 Skizziere die Graphen zweier periodischer Funktionen. Tausche deine Skizzen mit deinem Nachbarn. Prüfe, ob dein Nachbar wirklich Graphen von periodischen Funktionen gezeichnet hat. Bestimme ggf. die Periodenlänge.

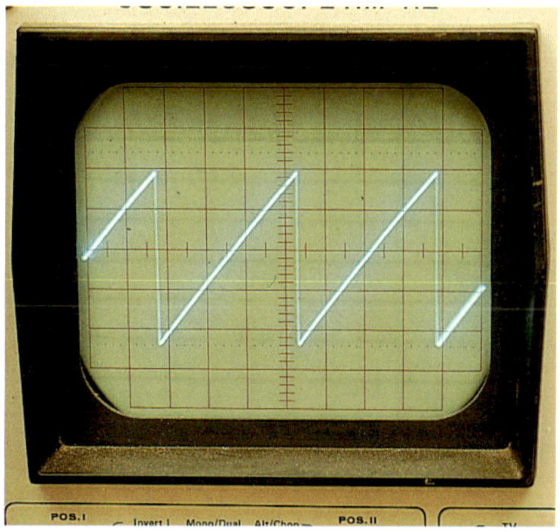

Fig. 3

2 Sinusfunktion und Kosinusfunktion

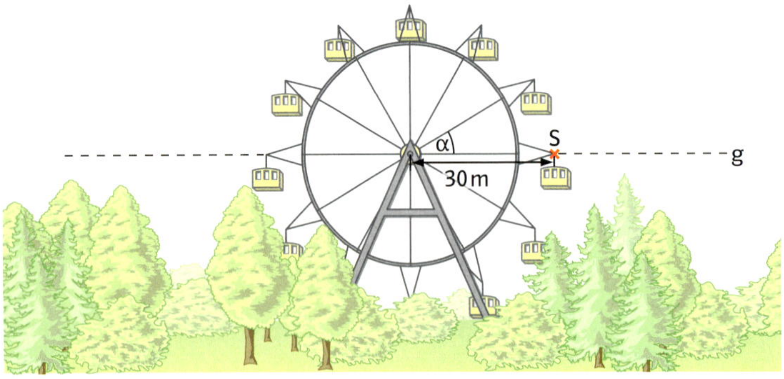

Der Aufhängepunkt einer Gondel befindet sich beim Start genau in Höhe der Geraden g. Wenn man weiß, um wie viel Grad sich das Riesenrad gedreht hat, kann man die Höhe der Gondel berechnen.
Reschad: „Klar, aber dann muss man auch wissen, in welcher Richtung es sich dreht."
Viktor: „Und wie soll das gehen, wenn es sich um mehr als 90° dreht?"

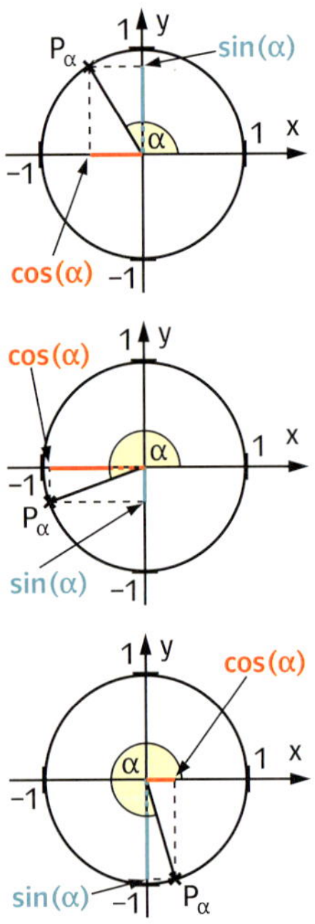

Fig. 2

Im rechtwinkligen Dreieck sind Sinus und Kosinus eines Winkels als Verhältnis der entsprechenden Kathete zur Hypotenuse definiert. Auf diese Art kann man nur Winkeln α mit $0° \leqq \alpha \leqq 90°$ einen Sinus- und einen Kosinuswert zuordnen.
Mithilfe des Einheitskreises gelingt es auch, Winkeln α mit $\alpha > 90°$ einen Sinus- und einen Kosinuswert zuzuordnen. Zu diesem Zweck zeichnet man einen Einheitskreis so in ein Koordinatensystem, dass sein Mittelpunkt im Ursprung liegt. Die Verbindungsstrecke $\overline{OP_\alpha}$ bildet mit der positiven x-Achse einen Winkel α (Fig. 1).
Für den Punkt P_α gilt im ersten Quadranten $P_\alpha(\cos(\alpha) \mid \sin(\alpha))$.

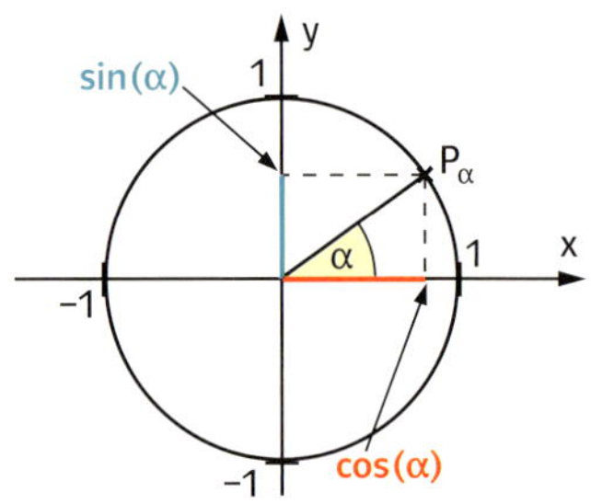

Fig. 1

Dreht man die Strecke $\overline{OP_\alpha}$ gegen den Uhrzeigersinn um den Ursprung, so vergrößert sich α und wird schließlich größer als 90°. Man bezeichnet die Koordinaten des Punktes P_α auch in diesem Fall mit $\cos(\alpha)$ und $\sin(\alpha)$. Auf diese Weise wird es möglich, auch Winkeln α mit $90° < \alpha < 360°$ einen Sinus- und einen Kosinuswert zuzuordnen (Fig. 2).

Man erkennt: Sowohl die x-Koordinate als auch die y-Koordinate von P_α werden nicht größer als 1, aber auch nicht kleiner als −1. Es gilt: $-1 \leqq \sin(\alpha) \leqq 1$ und $-1 \leqq \cos(\alpha) \leqq 1$.
Am Einheitskreis lässt sich außerdem ablesen: $\sin(360°) = \sin(0°)$ und $\cos(360°) = \cos(0°)$.

Bei Drehungen der Strecke $\overline{OP_\alpha}$ können auch Winkel über 360° oder negative Winkel auftreten. Wie man die Definition von Sinus und Kosinus auch auf solche Winkel überträgt, zeigen Fig. 3 und Fig. 4.

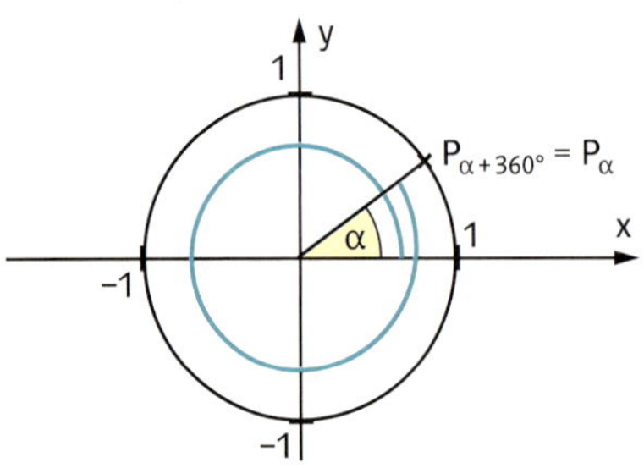

Fig. 3

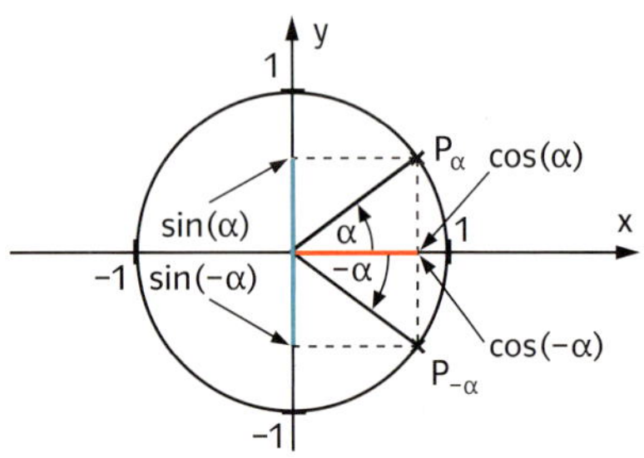

Fig. 4

Mithilfe des Punktes P_α am Einheitskreis kann man jedem Winkel α einen Sinus- und einen Kosinuswert zuordnen. So entstehen die Funktionen $\alpha \to \sin(\alpha)$ und $\alpha \to \cos(\alpha)$. Sie heißen **Sinusfunktion** und **Kosinusfunktion**.
Die Sinusfunktion und die Kosinusfunktion sind periodisch mit der Periodenlänge 360°.
Für alle Winkel α gilt also: $\mathbf{\sin(\alpha + k \cdot 360°) = \sin(\alpha)}$ und $\mathbf{\cos(\alpha + k \cdot 360°) = \cos(\alpha)}$.
Dabei ist k eine beliebige ganze Zahl.

Die **Sinusfunktion** $\alpha \to \sin(\alpha)$ und die **Kosinusfunktion** $\alpha \to \cos(\alpha)$ sind periodisch.
Die Periodenlänge beträgt 360°.
Es gibt zu jedem Winkel α einen Sinus- und einen Kosinuswert.
Für die Funktionswerte gilt: $-1 \leqq \sin(\alpha) \leqq 1$ und $-1 \leqq \cos(\alpha) \leqq 1$.

Um die Graphen von $\alpha \to \sin(\alpha)$ und $\alpha \to \cos(\alpha)$ zu zeichnen, genügt die Kenntnis der Funktionswerte für Winkel α mit $0 \leqq \alpha \leqq 90°$, denn die Graphen der Sinus- und Kosinusfunktion für $-450° \leqq \alpha \leqq 900°$ sehen in einem geeigneten Koordinatensystem so aus (vgl. Aufgabe 1):

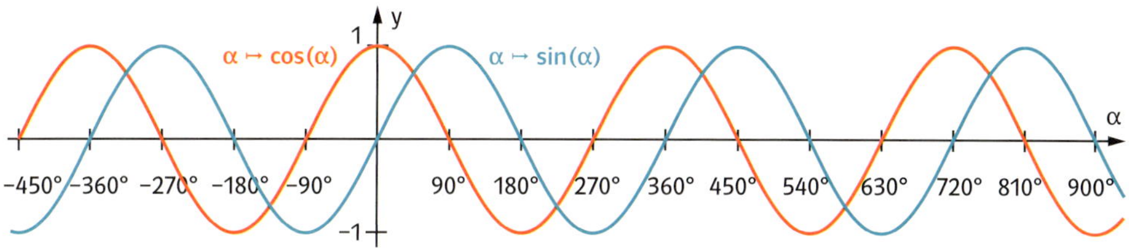

Fig. 1

Eigenschaften der Sinusfunktion und der Kosinusfunktion
1. Beide Graphen haben dieselbe Form. Verschiebt man den Graphen der Sinusfunktion um 90° nach links oder den der Kosinusfunktion um 90° nach rechts, so sind beide Graphen deckungsgleich. Das bedeutet: $\mathbf{\cos(\alpha) = \sin(\alpha + 90°)}$ und $\mathbf{\sin(\alpha) = \cos(\alpha - 90°)}$.
2. Der Graph der Sinusfunktion ist punktsymmetrisch zum Nullpunkt, der Graph der Kosinusfunktion ist achsensymmetrisch zur y-Achse. Das bedeutet:
$\mathbf{\sin(-\alpha) = -\sin(\alpha)}$ und $\mathbf{\cos(-\alpha) = \cos(\alpha)}$.
3. Es gilt: $\mathbf{\sin(180° - \alpha) = \sin(\alpha)}$ und $\mathbf{\cos(180° - \alpha) = -\cos(\alpha)}$ (Fig. 2).
4. Außerdem ist $\mathbf{\cos(360° - \alpha) = \cos(\alpha)}$ und $\mathbf{\sin(360° - \alpha) = -\sin(\alpha)}$ (Fig. 3).
5. Zu jedem Winkel α kann man ein rechtwinkliges Dreieck mit der Hypotenuse $\overline{OP_\alpha}$ zeichnen, dessen Katheten parallel zu den Koordinatenachsen sind. Figur 4 zeigt ein solches Dreieck für einen Winkel α mit $180° < \alpha < 270°$.
Das Anwenden des Satzes von Pythagoras ergibt: Die Gleichung $\sin^2(\alpha) + \cos^2(\alpha) = 1$ gilt für alle Winkel α.

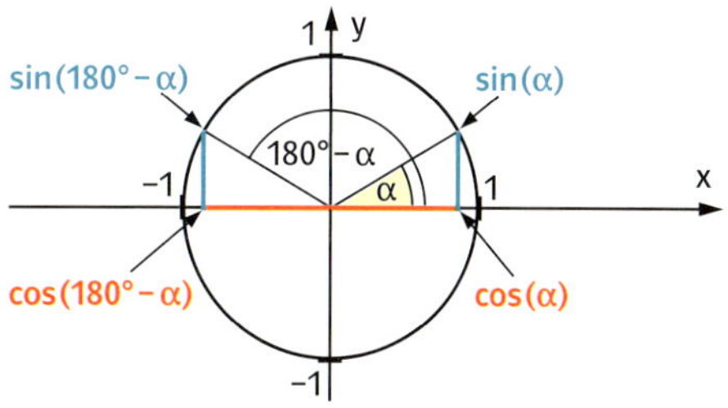

Fig. 2

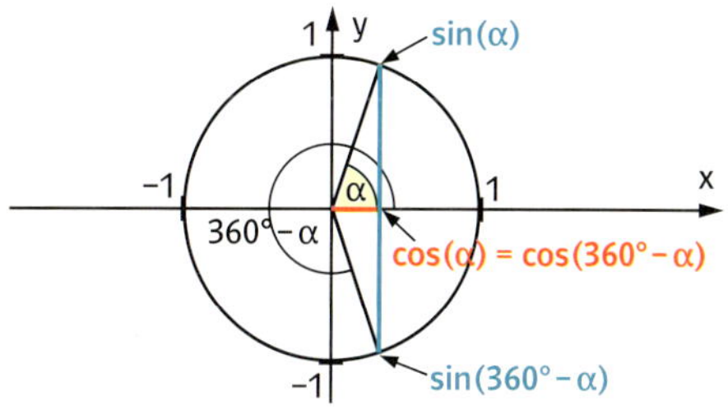

Fig. 3

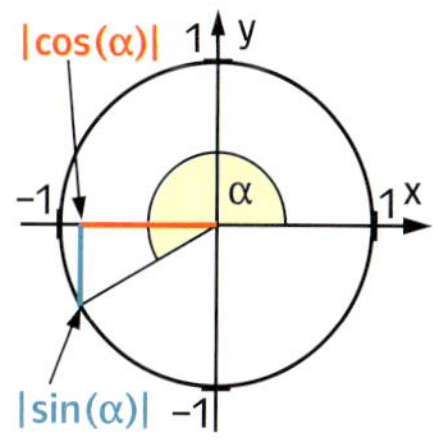

Fig. 4

Sinus- und Kosinuswerte können mithilfe des Taschenrechners bestimmt werden. Die so erhaltenen Näherungen sind genauer als diejenigen, die man am Einheitskreis oder am Funktionsgraphen ablesen kann.
Am Einheitskreis oder am Graphen kann man für jeden Sinus- oder Kosinuswert einen zugehörigen Winkel ablesen. Weitere passende Winkel findet man, wenn man die auf Seite 183 beschriebenen Eigenschaften der Funktionen benutzt.
Der Taschenrechner berechnet zu jedem Sinuswert den Winkel, der zwischen $-90°$ und $+90°$ liegt. Beim Kosinus berechnet er immer den Winkel zwischen $0°$ und $180°$.

Beispiel
Zeichne einen Einheitskreis und lies die folgenden Werte ab:
a) $\sin(35°)$ b) $\cos(35°)$ c) $\sin(-135°)$ d) $\cos(135°)$
Bestimme mithilfe des Taschenrechners alle Winkel α mit $0° < \alpha < 360°$, für die gilt:
e) $\sin(\alpha) = 0{,}624$ f) $\cos(\alpha) = -0{,}234$ g) $\sin(\alpha) = -0{,}734$
Lösung:
Siehe Fig. 1. Abgelesene Werte sind:
a) $\sin(35°) \approx 0{,}6$; b) $\cos(35°) \approx 0{,}8$;
c) $\sin(-135°) \approx -0{,}7$; d) $\cos(135°) \approx -0{,}7$
e) Der Taschenrechner liefert $\alpha_1 \approx 38{,}6°$
Der zweite Winkel ist $\alpha_2 = 180° - \alpha_1 \approx 141{,}6°$.
f) Der Taschenrechner liefert $\alpha_1 \approx 103{,}5°$
Der zweite Winkel ist $\alpha_2 = 360° - \alpha_1 \approx 256{,}5°$.
g) Der Taschenrechner liefert $\alpha_0 \approx -47{,}2°$.
Die beiden gesuchten Winkel sind
$\alpha_1 = 180° - \alpha_0 \approx 227{,}2°$ und
$\alpha_2 = \alpha_0 + 360° \approx 312{,}8°$.

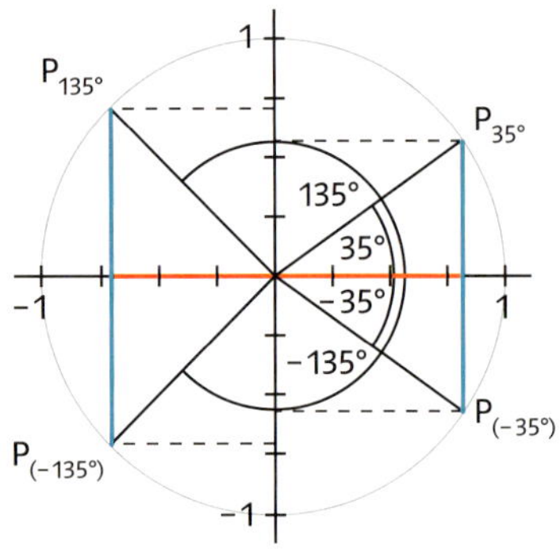

Fig. 1

Aufgaben

1 a) Fig. 2 zeigt, wie man Punkte des Graphen der Sinusfunktion zeichnerisch ermitteln kann. Zeichne so den Graphen der Sinusfunktion für $0° \leqq \alpha \leqq 90°$.
b) Zeichne anschließend den Graphen der Sinusfunktion für $-360° \leqq \alpha \leqq 720°$. Benutze dazu die in a) konstruierten Punkte.
c) Zeichne den Graphen der Kosinusfunktion für $-360° \leqq \alpha \leqq 720°$.

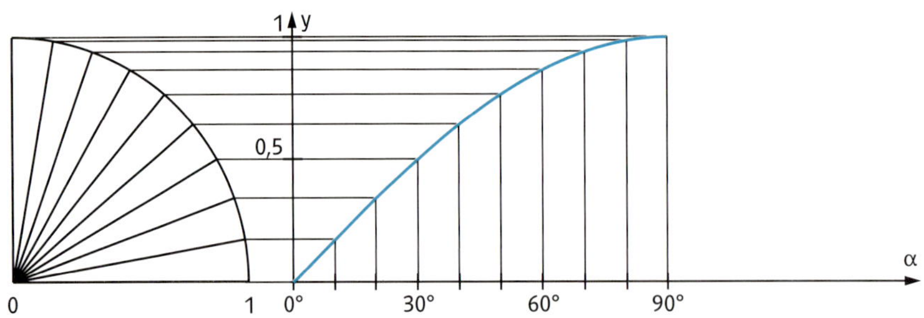

Fig. 2

2 Zeichne einem Einheitskreis (Einheit 10 cm) und bestimme zeichnerisch Näherungswerte für $\sin(\alpha)$ und $\cos(\alpha)$.
a) $\alpha = 15°$ b) $\alpha = 25°$ c) $\alpha = 105°$ d) $\alpha = 155°$ e) $\alpha = 205°$ f) $\alpha = 325°$
g) $\alpha = -35°$ h) $\alpha = 425°$ i) $\alpha = -135°$ j) $\alpha = 745°$ k) $\alpha = -380°$ l) $\alpha = -710°$

3 Bestimme Näherungswerte mit den Ergebnissen aus Aufgabe 2.
a) $\sin(375°)$ b) $\cos(840°)$ c) $\sin(745°)$ d) $\cos(-305°)$

4 Zeichne einen Einheitskreis (Einheit 10 cm) und bestimme zeichnerisch alle Winkel α zwischen 0° und 360°, für die gilt:
a) $\sin(\alpha) = 0{,}1$ b) $\cos(\alpha) = 0{,}2$ c) $\cos(\alpha) = -0{,}3$ d) $\sin(\alpha) = -0{,}7$
e) $\sin(\alpha) = -0{,}1$ f) $\cos(\alpha) = -0{,}4$ g) $\sin(\alpha) = 0{,}8$ h) $\sin(\alpha) = -1$

5 Die Tabelle in Fig. 1 zeigt einige Sinus- und Kosinuswerte, die bisher berechnet wurden. Bestimme mit deren Hilfe ohne Taschenrechner die folgenden Sinuswerte und Kosinuswerte.
a) $\sin(120°)$ b) $\cos(150°)$ c) $\sin(210°)$ d) $\cos(225°)$
e) $\sin(330°)$ f) $\sin(315°)$ g) $\sin(405°)$ h) $\cos(780°)$

$\sin(0°)$	$\frac{1}{2}\sqrt{0}$	$\cos(90°)$
$\sin(30°)$	$\frac{1}{2}\sqrt{1}$	$\cos(60°)$
$\sin(45°)$	$\frac{1}{2}\sqrt{2}$	$\cos(45°)$
$\sin(60°)$	$\frac{1}{2}\sqrt{3}$	$\cos(30°)$
$\sin(90°)$	$\frac{1}{2}\sqrt{4}$	$\cos(0°)$

Fig. 1

6 Bestimme mithilfe des Taschenrechners auf eine Nachkommastelle gerundete Näherungswerte für alle Winkel α zwischen 0° und 360° mit:
a) $\sin(\alpha) = 0{,}7$ b) $\cos(\alpha) = 0{,}7$ c) $\sin(\alpha) = -0{,}64$ d) $\cos(\alpha) = -0{,}2$
e) $\sin(\alpha) = -0{,}958$ f) $\cos(\alpha) = -0{,}958$ g) $\sin(\alpha) = 0{,}23$ h) $\cos(\alpha) = 0{,}638$

7 Bestimme alle Winkel α zwischen −360° und 360°.
a) $\sin(\alpha) = -0{,}8794$ b) $\cos(\alpha) = 0{,}4352$ c) $\sin(\alpha) = 0{,}6321$
d) $\cos(\alpha) = -0{,}1278$ e) $\sin(\alpha) = 0{,}8665$ f) $\sin(\alpha) = -0{,}6000$
g) $\sin(\alpha) = 0{,}235$ h) $\cos(\alpha) = -0{,}186$ i) $\cos(\alpha) = 0{,}186$

8 Bestimme ohne Taschenrechner alle Winkel α zwischen 0° und 360°, für die gilt:
a) $\sin(\alpha) = \sin(10°)$ b) $\cos(\alpha) = \cos(20°)$ c) $\cos(\alpha) = \cos(150°)$
d) $\cos(\alpha) = \cos(240°)$ e) $\sin(\alpha) = \sin(95°)$ f) $\sin(\alpha) = \sin(201°)$

9 Für welche Winkel α ist
a) $\sin(\alpha)$ positiv und $\cos(\alpha)$ negativ, b) $\sin(\alpha)$ negativ und $\cos(\alpha)$ positiv,
c) $\sin(\alpha) < 0{,}5$ und $\cos(\alpha)$ negativ, d) $\cos(\alpha) > 0{,}5$ und $\sin(\alpha)$ positiv?

10 Für welche Winkel gilt: a) $\sin(\alpha) = \cos(\alpha)$, b) $\sin(\alpha) = -\cos(\alpha)$?

11 Patrick hat einen Taschenrechner, der die Funktionswerte für die Sinus- und die Kosinusfunktion nicht berechnen kann. Erkläre jeweils, wie er mit seinem Taschenrechner Näherungswerte für die fehlenden Funktionswerte bestimmen kann, und berechne diese.

α	17°	25°	140°	240°	320°	415°	550°	−40°	−455°
sin(α)	0,29			−0,87	−0,64	0,82		−0,64	
cos(α)		0,91	−0,77				−0,98		−0,09

12 Begründe. Es gibt keinen Winkel α, für den gilt:
a) $\sin(\alpha) + \cos(\alpha) = 2$ b) $\sin(\alpha) \cdot \cos(\alpha) = 1$

13 Beweise. Für alle Winkel α gilt:
a) $(\sin(\alpha) + \cos(\alpha))^2 = 1 + 2\sin(\alpha)\cos(\alpha)$ b) $\sin^4(\alpha) - \cos^4(\alpha) = \sin^2(\alpha) - \cos^2(\alpha)$

14 Beweise unter Benutzung von Formeln. Für alle Winkel α gilt:
a) $\cos(45° + \alpha) = \sin(45° - \alpha)$ b) $\sin(45° + \alpha) = \cos(45° - \alpha)$

3 Sinussatz

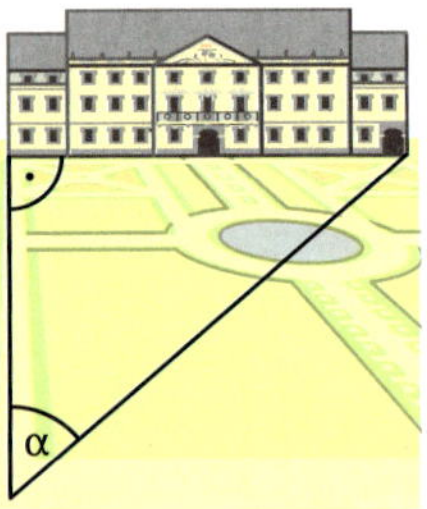

Heike: $\alpha = 50°$

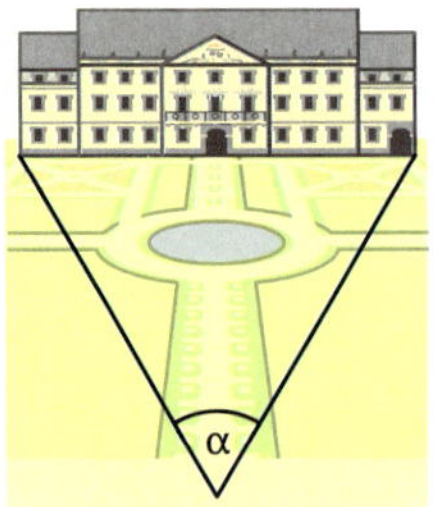

Paola: $\alpha = 62°$

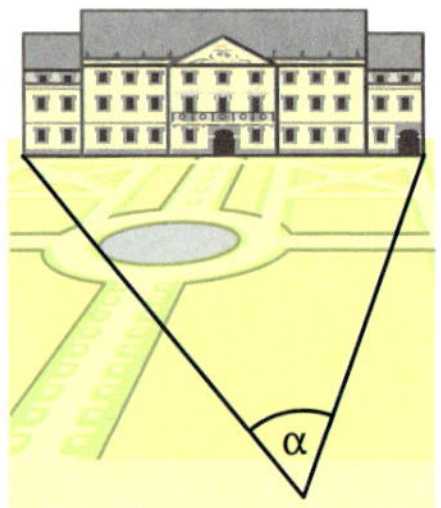

Irina: $\alpha = 60°$

Heike, Paola und Irina haben erfahren, dass das Schloss 146 m breit ist. Sie überlegen, ob sie aus dem Sehwinkel α den Abstand des Weges zum Schloss berechnen können.
Heike und Paola wählen günstige Stellen. Irina meint: „Es muss doch von jeder Stelle aus gehen!"

Mithilfe des Sinus lassen sich fehlende Größen eines Dreiecks ABC auch dann berechnen, wenn das Dreieck nicht rechtwinklig ist. Dazu benutzt man die Höhen des Dreiecks.

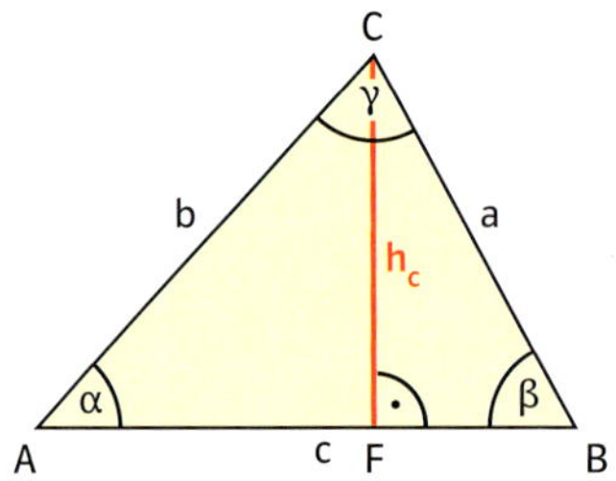

Fig. 1

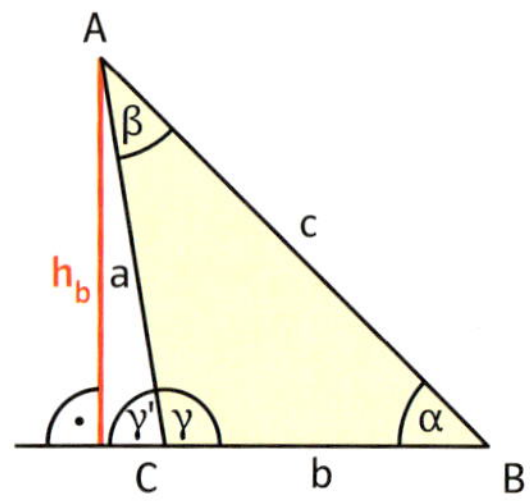

Fig. 2

Das spitzwinklige Dreieck (Fig. 1) wird durch die Höhen in zwei rechtwinklige Dreiecke zerlegt.

Aus $\sin(\alpha) = \frac{h_c}{b} = \frac{h_b}{c}$,

$\sin(\beta) = \frac{h_a}{c} = \frac{h_c}{a}$

und $\sin(\gamma) = \frac{h_b}{a} = \frac{h_a}{b}$

folgt $h_a = b \cdot \sin(\gamma) = c \cdot \sin(\beta)$,

$h_b = a \cdot \sin(\gamma) = c \cdot \sin(\alpha)$

und $h_c = b \cdot \sin(\alpha) = a \cdot \sin(\beta)$.

Ist zum Beispiel γ wie in Fig. 2 der stumpfe Winkel eines Dreiecks, so erhält man

$h_b = a \cdot \sin(\gamma') = c \cdot \sin(\alpha)$.

für die anderen Höhen ergibt sich

$h_a = b \cdot \sin(\gamma') = c \cdot \sin(\beta)$

und $h_c = b \cdot \sin(\alpha) = a \cdot \sin(\beta)$.

Wegen $\gamma' = 180° - \gamma$ ist $\sin(\gamma') = \sin(\gamma)$.

Also gilt auch im stumpfwinkligen Dreieck

$h_a = b \cdot \sin(\gamma) = c \cdot \sin(\beta)$,

$h_b = a \cdot \sin(\gamma) = c \cdot \sin(\alpha)$

und $h_c = b \cdot \sin(\alpha) = a \cdot \sin(\beta)$.

Zur Erinnerung:

$\sin(180° - \gamma) = \sin(\gamma)$

In einem beliebigen Dreieck ABC kann man jede Höhe auf zwei Arten berechnen. Damit wird es möglich, Berechnungen an Dreiecken auch dann durchzuführen, wenn diese nicht rechtwinklig sind.

Aus $b \cdot \sin(\gamma) = c \cdot \sin(\beta)$ folgt $\frac{b}{c} = \frac{\sin(\beta)}{\sin(\gamma)}$, aus $b \cdot \sin(\alpha) = a \cdot \sin(\beta)$ folgt $\frac{a}{b} = \frac{\sin(\alpha)}{\sin(\beta)}$

und aus $a \cdot \sin(\gamma) = c \cdot \sin(\alpha)$ ergibt sich $\frac{a}{c} = \frac{\sin(\alpha)}{\sin(\gamma)}$.

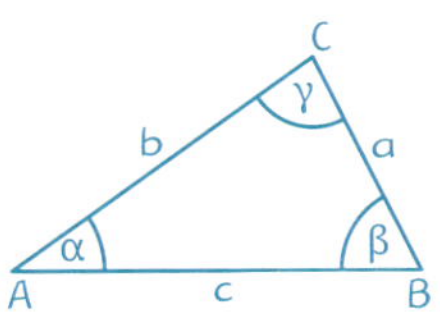

Sinussatz

In jedem Dreieck ABC verhalten sich die Längen zweier Seiten zueinander wie die Sinuswerte der jeweils gegenüberliegenden Winkel.

$$\frac{a}{b} = \frac{\sin(\alpha)}{\sin(\beta)}, \quad \frac{b}{c} = \frac{\sin(\beta)}{\sin(\gamma)}, \quad \frac{a}{c} = \frac{\sin(\alpha)}{\sin(\gamma)}$$

Mithilfe des Sinussatzes kann man in beliebigen Dreiecken die Längen der fehlenden Seiten und fehlende Winkelgrößen immer dann berechnen, wenn entweder zwei Winkelgrößen und die Länge einer Seite oder zwei Seitenlängen und eine Winkelgröße gegeben sind. Dabei darf der Winkel, dessen Größe man kennt, nicht von den beiden gegebenen Seiten eingeschlossen werden.

Beispiel 1

Im Dreieck ABC sind $a = 3{,}6\,cm$, $b = 4{,}0\,cm$ und $\beta = 49°$ gegeben.
Berechne die fehlenden Winkelgrößen und die Länge der Seite c.
Lösung:
Es sind eine Seite und der ihr gegenüberliegende Winkel gegeben. Man wendet den Sinussatz an, um α zu berechnen.

$\frac{\sin(\alpha)}{\sin(\beta)} = \frac{a}{b}$, also $\sin(\alpha) = \frac{a \cdot \sin(\beta)}{b} = \frac{3{,}6\,cm \cdot \sin(49°)}{4{,}0\,cm} \approx 0{,}6792.$

Der Taschenrechner liefert $\alpha \approx 42{,}8°$.
Wegen $\sin(\alpha) = \sin(180° - \alpha)$ gilt auch $\sin(\alpha') = \sin(180° - 42{,}8°) = \sin(137{,}2°) \approx 0{,}6792$.
Der Winkel α′ ist aber kein Winkel im Dreieck ABC, denn $\alpha' + ß = 186{,}2° > 180°$.
Die Größe des Winkels γ wird mit dem Winkelsummensatz berechnet.

$\gamma = 180° - (\alpha + \beta) \approx 180° - (42{,}8° + 49°) \approx 88{,}2°$

Zu Berechnung der Länge der Seite c kann wieder der Sinussatz benutzt werden.

$\frac{c}{b} = \frac{\sin(\gamma)}{\sin(\beta)}$, also $c = \frac{b \cdot \sin(\gamma)}{\sin(\beta)} \approx \frac{4{,}0\,cm \cdot \sin(88{,}2°)}{\sin(49°)} \approx 5{,}3\,cm$

Es gibt also genau ein Dreieck ABC mit den gegebenen Größen.

Planfigur

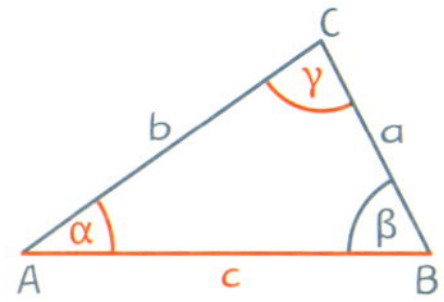

Zwischen 0° und 180° gibt es immer zwei Winkel, die denselben Sinuswert haben. Trotzdem gibt es hier nur ein Dreieck mit den gegebenen Größen.

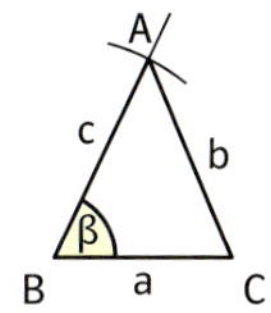

Beispiel 2

Im Dreieck ABC sind $a = 3{,}6\,cm$ und $\beta = 49°$ gegeben. Es ist
a) $b = 2{,}9\,cm$ b) $b = 2{,}1\,cm$
Berechne die fehlenden Seitenlängen und Winkelgrößen.
Lösung:
a) Wie im Beispiel 1 ergibt sich nach dem Sinussatz

$\sin(\alpha) = \frac{a \cdot \sin(\beta)}{b} = \frac{3{,}6\,cm \cdot \sin(49°)}{2{,}9\,cm} \approx 0{,}9369.$

Der Taschenrechner liefert $\alpha \approx 69{,}5°$. Auch hier gibt es einen zweiten Winkel α′, der denselben Sinuswert hat: $\alpha' = 180° - \alpha = 110{,}5°$. Dieser Winkel ist auch ein möglicher Winkel in einem Dreieck ABC, denn es ist $\alpha' + \beta < 180°$. Offensichtlich gibt es zwei Dreiecke mit den geforderten Eigenschaften.
Die weiteren Berechnung werden für α und α′ getrennt durchgeführt.

Berechnung für α:

$\gamma = 180° - (\alpha + \beta)$
$\approx 180° - (69{,}5° + 49°) = 61{,}5°$

$c = \frac{\beta \cdot \sin(\gamma)}{\sin(\beta)} \approx \frac{4{,}0\ cm \cdot \sin(61{,}5°)}{\sin(49°)} \approx 4{,}7\,cm$

Berechnung für α′:

$\gamma' = 180° - (\alpha' + \beta)$
$\approx 180° - (110{,}5° + 49°) = 20{,}5°$

$c' = \frac{b \cdot \sin(\gamma')}{\sin(\beta)} \approx \frac{4{,}0\,cm \cdot \sin(20{,}5°)}{\sin(49°)} \approx 1{,}9\,cm$

Das Dreieck mit den Seiten a, b, c und den Winkeln α, β, γ und das Dreieck mit den Seiten a, b′, c′ und den Winkeln α, β′, γ′ sind Lösungen. Die beiden Dreiecke sind nicht kongruent (siehe auch Fig. 1).
b) Einsetzen von $b = 2{,}1\,cm$ in die entsprechende Gleichung des Sinussatzes ergibt

$\sin(\alpha) = \frac{a \cdot \sin(\beta)}{b} = \frac{3{,}6\,cm \cdot \sin(49°)}{2{,}1\,cm} = 1{,}2938 > 1$

Da Sinuswerte niemals größer als 1 sind, kann α nicht berechnet werden. Es gibt also kein Dreieck mit $a = 3{,}6\,cm$, $b = 2{,}1\,cm$ und $\beta = 49°$ (siehe auch Fig. 2).

Planfigur

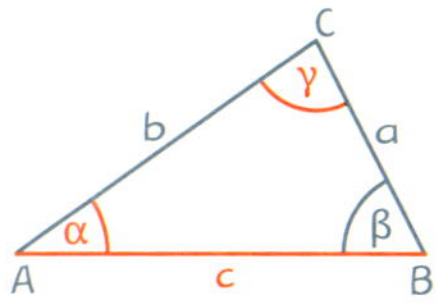

Manchmal gibt es zwei nicht kongruente Dreiecke mit den geforderten Größen.

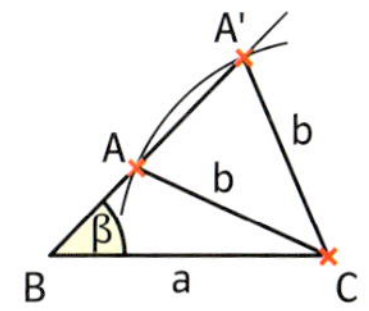

Fig. 1

Nicht immer gibt es ein Dreieck mit den geforderten Größen.

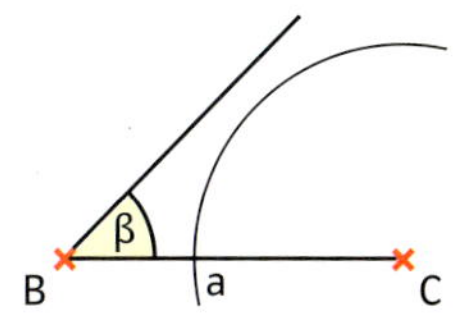

Fig. 2

Die Berechnung der Seitenlängen mithilfe des Sinussatzes ist immer eindeutig, da zu jedem Winkel genau ein Sinuswert gehört.

Beispiel 3

Im Dreieck ABC sind $b = 3{,}8\,\text{cm}$, $\alpha = 42°$ und $\gamma = 73°$ gegeben.
Berechne die fehlenden Seitenlängen und Winkelgrößen.

Lösung:

Um den Sinussatz anwenden zu können, benötigt man die Größe des Winkels, der der Seite b gegenüber liegt. Zur Berechnung dieses Winkels benutzt man den Winkelsummensatz.

$\beta = 180° - (\alpha + \gamma) = 180° - (42° + 73°) = 65°$

Die fehlenden Seitenlängen erhält man, indem man die passende Gleichung des Sinussatzes nach der unbekannten Größe auflöst und die gegebenen Werte einsetzt.

$\frac{a}{b} = \frac{\sin(\alpha)}{\sin(\beta)}$, also $a = \frac{b \cdot \sin(\alpha)}{\sin(\beta)} = \frac{3{,}8\,\text{cm} \cdot \sin(42°)}{\sin(65°)} \approx 2{,}8\,\text{cm}$

$\frac{c}{b} = \frac{\sin(\gamma)}{\sin(\beta)}$, also $c = \frac{b \cdot \sin(\gamma)}{\sin(\beta)} = \frac{3{,}8\,\text{cm} \cdot \sin(73°)}{\sin(65°)} \approx 4{,}0\,\text{cm}$

Aufgaben

1 Berechne die fehlenden Seitenlängen und Winkelgrößen im Dreieck ABC.

a) $a = 4{,}5\,\text{cm}$, $\alpha = 40{,}3°$, $\beta = 65{,}7°$
b) $b = 9{,}7\,\text{cm}$, $\alpha = 25{,}5°$, $\beta = 74{,}1°$
c) $c = 4{,}5\,\text{cm}$, $\alpha = 44°$, $\beta = 57°$
d) $b = 2{,}0\,\text{km}$, $\alpha = 144{,}5°$, $\gamma = 32{,}4°$

2 Berechne die fehlenden Seitenlängen und Winkelgrößen im Dreieck ABC.

a) $a = 3{,}5\,\text{cm}$, $b = 5{,}8\,\text{cm}$, $\beta = 77°$
b) $a = 4{,}6\,\text{cm}$, $c = 2{,}4\,\text{cm}$, $\alpha = 124°$
c) $b = 23{,}1\,\text{cm}$, $c = 15{,}4\,\text{cm}$, $\beta = 35°$
d) $a = 2{,}4\,\text{cm}$, $b = 6{,}7\,\text{cm}$, $\beta = 95°$

3 Berechne die fehlenden Seitenlängen und Winkelgrößen im Dreieck ABC. Vergleiche mit einer geeigneten Zeichnung.

a) $a = 3{,}7\,\text{cm}$, $c = 6{,}2\,\text{cm}$, $\alpha = 26°$
b) $a = 8{,}2\,\text{cm}$, $b = 4{,}5\,\text{cm}$, $\beta = 18°$
c) $b = 6{,}2\,\text{cm}$, $c = 3{,}9\,\text{cm}$, $\gamma = 30°$
d) $a = 4{,}4\,\text{cm}$, $c = 8{,}7\,\text{cm}$, $\alpha = 15°$

4 Untersuche rechnerisch, ob es zwei Dreiecke, ein Dreieck oder kein Dreieck mit den gegebenen Seitenlängen und Winkelgrößen gibt. Berechne gegebenenfalls die fehlenden Werte.

a) $a = 3\,\text{cm}$, $b = 5\,\text{cm}$, $\alpha = 45°$
b) $a = 4{,}5\,\text{cm}$, $c = 5{,}5\,\text{cm}$, $\alpha = 40°$
c) $b = 3\,\text{cm}$, $c = 6\,\text{cm}$, $\beta = 30°$
d) $b = 2{,}5\,\text{cm}$, $c = 6\,\text{cm}$, $\beta = 30°$

5 Welche Formeln ergeben sich aus dem Sinussatz, wenn das Dreieck rechtwinklig ist? Unterscheide die Fälle $\alpha = 90°$, $\beta = 90°$ und $\gamma = 90°$.

Bist du sicher?

1 In der Tabelle sind a, b und c die Seitenlängen, α, β und γ die Winkelgrößen eines Dreiecks ABC. Berechne die fehlenden Seitenlängen und Winkelgrößen.

	a	b	c	α	β	γ
a)	2,7 cm			120°	46°	
b)		7,9 cm	3,1 cm		101°	
c)	7,2 cm		3,6 cm			30°

6 In Fig. 1 ist w_α die Winkelhalbierende von α und s_c die Seitenhalbierende von c. Notiere mithilfe der bezeichneten Strecken und Winkel den Sinussatz für das Dreieck
a) ADC, b) DBC,
c) ABE, d) AEC.

7 Berechne die fehlenden Größen in Fig. 1 für ein Dreieck ABC mit
a) $w_\alpha = 5{,}5\,\text{cm}$, $\alpha = 52°$, $\beta = 64°$,
b) $b = 4{,}8\,\text{cm}$, $s_c = 6{,}5\,\text{cm}$, $\alpha = 105°$.

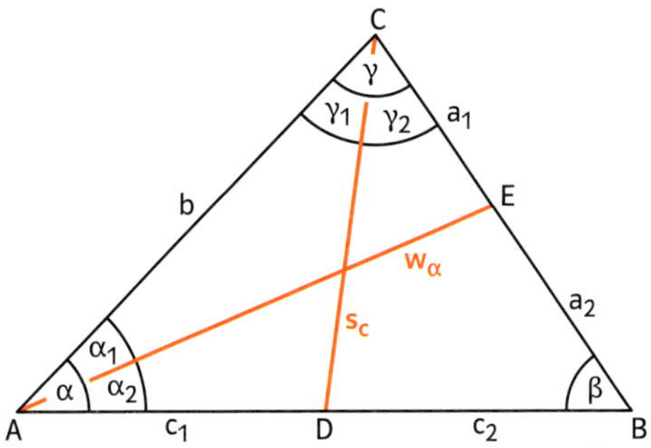

Fig. 1

8 Beweise mithilfe des Sinussatzes: In jedem gleichschenkligen Dreieck (Fig. 2) mit den Schenkeln a, der Basis c und dem Basiswinkel α gilt $\frac{a}{c} = \frac{\sin(\alpha)}{\sin(2\alpha)}$.

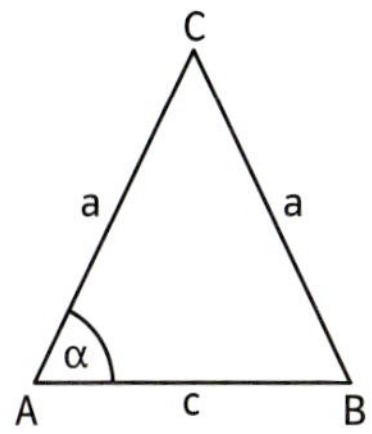

Fig. 2

9 Beweise: Für den Flächeninhalt A bei einem
a) Dreieck ABC gilt $A = \frac{1}{2}ab \cdot \sin(\gamma) = \frac{1}{2}ac \cdot \sin(\beta) = \frac{1}{2}bc \cdot \sin(\alpha)$,
b) gleichschenkligen Dreieck (Fig. 2) mit den Schenkeln a und dem Basiswinkel α gilt $A = \frac{1}{2}a^2 \cdot \sin(2\alpha)$.

10 Berechne die Seitenlängen und die Winkelgrößen des Dreiecks ABC.
a) $a = 8\,\text{cm}$, $\gamma = 60°$, $b : c = 2 : 3$ b) $c = 5\,\text{cm}$, $\beta = 30°$, $a : b = 1 : 2$

11 Im Dreieck ABC sind die Größen a, b und α gegeben, wobei $a < b$ gilt. Begründe, dass man in diesem Fall wie in der Tabelle prüfen kann, ob es zwei Lösungen, eine oder keine Lösung der Berechnungsaufgabe gibt:

$\sin(\alpha) < \frac{a}{b}$	$\sin(\alpha) = \frac{a}{b}$	$\sin(\alpha) > \frac{a}{b}$
zwei Lösungen	eine Lösung	keine Lösung

12 In Fig. 3 ist w_α die Winkelhalbierende von α. Zeige $\frac{b}{c} = \frac{e}{f}$.

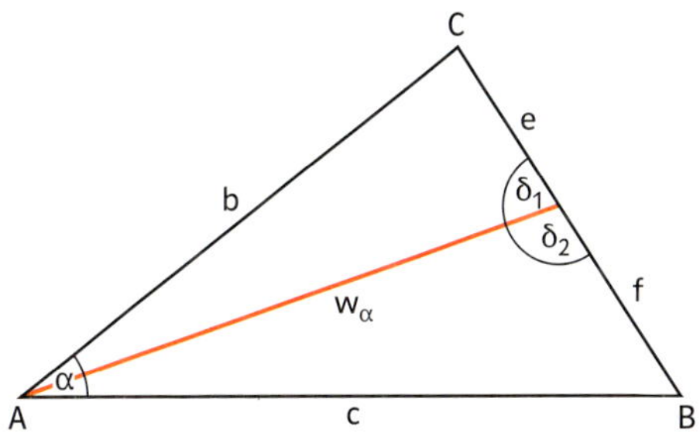

Fig. 3

13 a) Zeige, dass man den Sinussatz für ein Dreieck ABC auch in der Form $\frac{a}{\sin(\alpha)} = \frac{b}{\sin(\beta)} = \frac{c}{\sin(\gamma)}$ schreiben kann.
b) Schreibe diese Form des Sinussatzes in Worten.
c) Zeige mithilfe von Fig. 4 $\frac{c}{\sin(\gamma)} = 2r$.
d) Zeige, dass die Hypotenuse eines rechtwinkligen Dreiecks der Durchmesser seines Umkreises ist.
e) Berechne die Länge des Umkreisdurchmessers eines Dreiecks ABC mit $c = 6\,\text{cm}$, $\alpha = 56°$ und $\beta = 34°$.

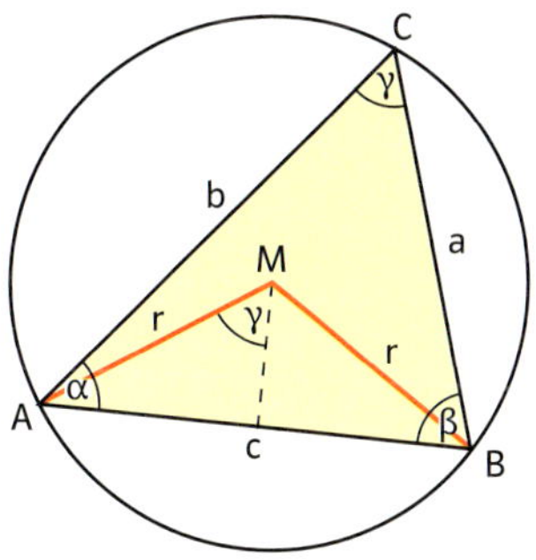

Fig. 4

14 Berechne die fehlenden Seitenlängen und Winkelgrößen des Dreiecks ABC (Fig. 4) mit
a) $\alpha = 56°$, $\beta = 41°$, $r = 3{,}2\,\text{cm}$; b) $a = 6{,}2\,\text{cm}$, $\beta = 45°$, $r = 4{,}0\,\text{cm}$.

4 Kosinussatz

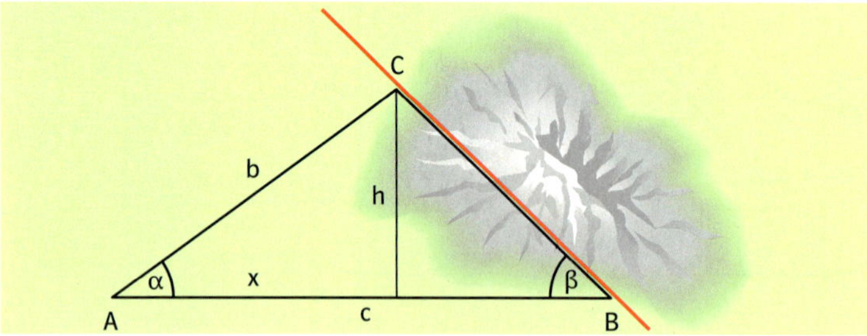

Marcel meint: „Wenn wir die Strecken $\overline{AB}$ und $\overline{AC}$ und den Winkel α messen, können wir die Länge des Tunnels berechnen."
David: „Klar, wir kennen dann zwei Seiten und einen Winkel des Dreiecks."
Selina: „Das klappt so nie im Leben."
Marcel: „Wetten, dass ich es trotzdem rauskriege?"

Sind in einem Dreieck die Längen zweier Seiten und die Größe des von ihnen eingeschlossenen Winkels gegeben, so kann man die fehlenden Stücke nicht mithilfe des Sinussatzes berechnen. Wie man trotzdem bei gegebenen Seiten a und b und bekanntem Winkel γ die Länge der Seite c berechnen kann, zeigen die folgenden Überlegungen.
Zeichnet man wie in Fig. 1 und Fig. 2 die Höhe h_a ein, so entstehen rechtwinklige Dreiecke.

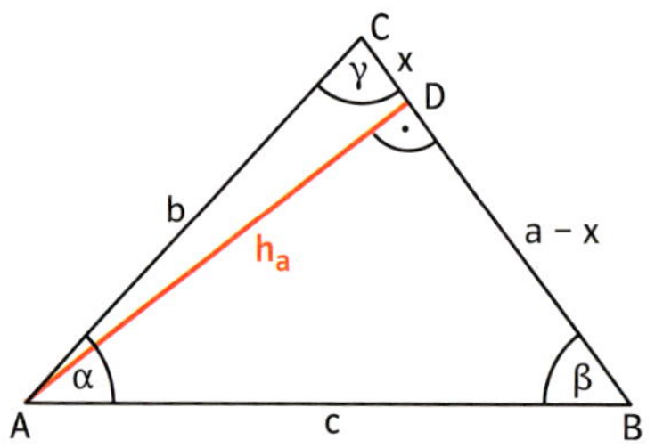

Fig. 1

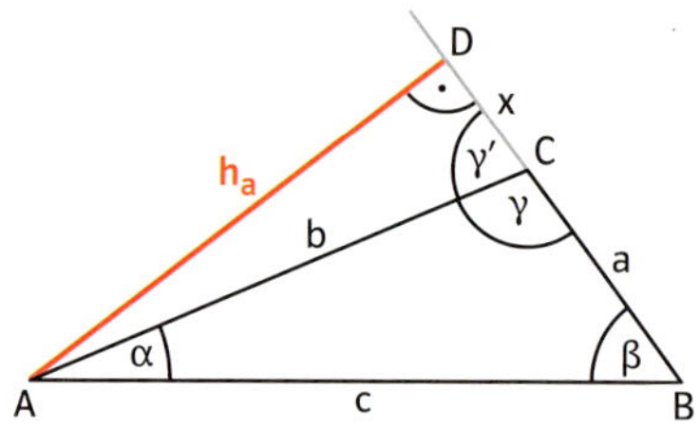

Fig. 2

In Fig. 1 ist γ ein spitzer Winkel. Die Höhe h_a liegt also im Dreieck.
Im rechtwinkligen Dreieck ABD (Fig. 1) gilt nach dem Satz des Pythagoras

$$c^2 = h_a^2 + (a - x)^2 \quad (1)$$

Im Teildreieck ADC gilt

$$\sin(\gamma) = \frac{h_a}{b}, \text{ also } h_a = b \cdot \sin(\gamma),$$

und $\cos(\gamma) = \frac{x}{b}$, also $x = b \cdot \cos(\gamma)$

Einsetzen in (1) ergibt

$c^2 = b^2 \cdot \sin^2(\gamma) + a^2 - 2ab \cdot \cos(\gamma) + b^2 \cdot \cos^2(\gamma)$
$= a^2 + b^2 \cdot (\sin^2(\gamma) + \cos^2(\gamma)) - 2ab \cdot \cos(\gamma)$
$= a^2 + b^2 - 2ab \cdot \cos(\gamma)$.

Da γ in Fig. 2 ein stumpfer Winkel ist, liegt die Höhe h_a außerhalb des Dreiecks.
Im rechtwinkligen Dreieck ABD (Fig. 2) gilt nach dem Satz des Pythagoras

$$c^2 = h_a^2 + (a + x)^2 \quad (2)$$

Im Teildreieck ACD gilt

$$h_a = b \cdot \sin(\gamma') \text{ und } x = b \cdot \cos(\gamma')$$

Einsetzen in (2) ergibt

$c^2 = a^2 + b^2 \cdot (\sin^2(\gamma') + \cos^2(\gamma')) + 2ab \cdot \cos(\gamma')$
$= b^2 \cdot \sin^2(\gamma') + a^2 + 2ab \cdot \cos(\gamma') + b^2 \cdot \cos^2(\gamma')$
$= a^2 + b^2 + 2ab \cdot \cos(\gamma')$
$= a^2 + b^2 + 2ab \cdot \cos(180° - \gamma)$
$= a^2 + b^2 - 2ab \cdot \cos(\gamma)$

Zur Erinnerung:
$\sin^2(\alpha) + \cos^2(\alpha) = 1$
und
$\cos(180° - \alpha)$
$= -\cos(\alpha)$

Wenn α oder β der eingeschlossene Winkel ist, erhält man entsprechende Gleichungen.

Kosinussatz
In jedem Dreieck ABC ist das Quadrat einer Seitenlänge genauso groß wie die Summe der Quadrate der anderen Seitenlängen vermindert um das doppelte Produkt aus diesen beiden Seitenlängen und dem Kosinus des eingeschlossenen Winkels.
$a^2 = b^2 + c^2 - 2bc \cdot \cos(\alpha)$, $b^2 = a^2 + c^2 - 2ac \cdot \cos(\beta)$, $c^2 = a^2 + b^2 - 2ab \cdot \cos(\gamma)$

Für ein rechtwinkliges Dreieck ABC mit $\alpha = 90°$ wird wegen $\cos(90°) = 0$ die erste Gleichung zu $a^2 = b^2 + c^2$. Ist β der rechte Winkel, so ergibt sich $b^2 = a^2 + c^2$. Für $\gamma = 90°$ erhält man schließlich $c^2 = a^2 + b^2$. Es ist also stets das Quadrat der Seitenlänge, die dem rechten Winkel gegenüber liegt, gleich der Summe der Quadrate der anderen beiden Seitenlängen. Das bedeutet: Der Satz des Pythagoras ist ein Spezialfall des Kosinussatzes.

Man nennt den Kosinussatz auch den „verallgemeinerten Satz des Pythagoras".

Mithilfe des Kosinussatzes kann man in einem beliebigen Dreieck die Längen fehlender Seiten und fehlender Winkelgrößen immer dann berechnen, wenn zwei Seitenlängen und die Größe des von ihnen eingeschlossenen Winkels gegeben sind. Kennt man alle drei Seitenlängen, so kann man die Winkelgrößen ebenfalls mit dem Kosinussatz berechnen.

Beispiel 1
Im Dreieck ABC sind $b = 4\,\text{cm}$, $c = 7\,\text{cm}$ und $\alpha = 64°$. Berechne die fehlende Seitenlänge und die fehlenden Winkelgrößen.
Lösung:
Berechnung der Länge von a mit dem Kosinussatz:

$$a = \sqrt{b^2 + c^2 - 2bc \cdot \cos(\alpha)} = \sqrt{(4\,\text{cm})^2 + (7\,\text{cm})^2 - 2 \cdot 4\,\text{cm} \cdot 7\,\text{cm} \cdot \cos(64°)} \approx 6{,}4\,\text{cm}.$$

Berechnung der Größe von β mit dem Kosinussatz:
Aus $b^2 = a^2 + c^2 - 2ac \cdot \cos(\beta)$ ergibt sich $\cos(\beta) = \frac{b^2 - a^2 - c^2}{-2ac} \approx 0{,}8249$
und damit $\beta \approx 34{,}4°$.
Berechnung der Größe von γ mit dem Winkelsummensatz:

$$\gamma = 180° - (\alpha + \beta) \approx 180° - (64° + 34{,}4°) = 81{,}6°.$$

Zu jedem Kosinuswert gibt es genau einen Winkel zwischen 0° und 180°, Winkelberechnungen mithilfe des Kosinussatzes sind also immer eindeutig.

Beispiel 2
Berechne im Dreieck ABC mit $a = 5\,\text{cm}$, $b = 6\,\text{cm}$ und $c = 8\,\text{cm}$ die Winkelgrößen.
Lösung:
Zwei Winkelgrößen berechnet man mit dem Kosinussatz, die dritte mit dem Winkelsummensatz.

$$\cos(\alpha) = \frac{a^2 - (b^2 + c^2)}{-2bc} = \frac{(5\,\text{cm})^2 - ((6\,\text{cm})^2 + (8\,\text{cm})^2)}{-2 \cdot 6\,\text{cm} \cdot 8\,\text{cm}} = \frac{25}{32}, \text{ also } \alpha \approx 38{,}6°.$$

$$\cos(\beta) = \frac{b^2 - (a^2 + c^2)}{-2ac} = \frac{(6\,\text{cm})^2 - ((5\,\text{cm})^2 + (8\,\text{cm})^2)}{-2 \cdot 5\,\text{cm} \cdot 8\,\text{cm}} = \frac{53}{80}, \text{ also } \beta \approx 48{,}5°.$$

$$\gamma = 180° - (\alpha + \beta) \approx 180° - (38{,}6° + 48{,}5°) = 92{,}9°.$$

Die Berechnung des zweiten Winkels ist grundsätzlich auch mithilfe des Sinussatzes möglich. Da dann aber immer zwei Winkelgrößen infrage kommen, ist dieser Weg nicht zu empfehlen.

Aufgaben

1 Berechne die Winkelgrößen im Dreieck ABC.
a) $a = 4\,\text{cm}$, $b = 6\,\text{cm}$, $c = 8\,\text{cm}$
b) $a = 12\,\text{m}$, $b = 5\,\text{m}$, $c = 13\,\text{m}$
c) $a = 3{,}2\,\text{m}$, $b = 9{,}1\,\text{m}$, $c = 5{,}4\,\text{cm}$
d) $a = 38{,}5\,\text{km}$, $b = 16\,500\,\text{m}$, $c = 43{,}7\,\text{km}$

2 Berechne die dritte Seitenlänge und die fehlenden Winkelgrößen im Dreieck ABC.
a) $b = 6{,}9\,\text{cm}$, $c = 7{,}5\,\text{cm}$, $\alpha = 72°$
b) $a = 3{,}2\,\text{cm}$, $b = 9{,}3\,\text{cm}$, $\gamma = 117°$
c) $a = 39\,\text{m}$, $c = 84\,\text{m}$, $\beta = 57°$
d) $a = 11{,}4\,\text{km}$, $b = 27{,}6\,\text{km}$, $\gamma = 56°$

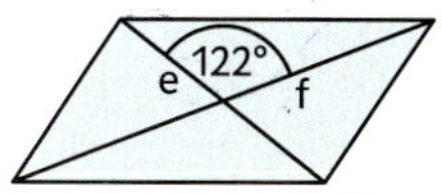

Fig. 1

3 In einem Parallelogramm mit den Diagonalen $e = 8\,\text{cm}$ und $f = 14\,\text{cm}$ ist $\delta = 122°$ (Fig. 1). Wie lang sind die Seiten des Parallelogramms?

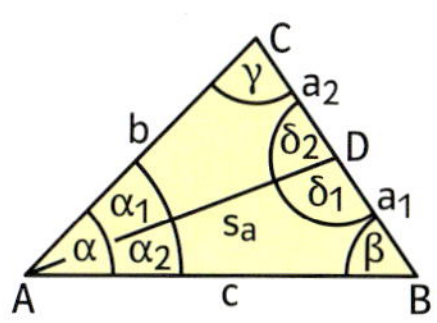

Fig. 2

4 Schreibe den Kosinussatz für die Dreiecke ABD und ADC in Fig. 2 auf.

Bist du sicher?

1 In der Tabelle sind a, b und c die Seiten, α, β und γ die Winkel des Dreiecks ABC. Prüfe, ob es zwei nicht kongruente Dreiecke mit den gegebenen Größen gibt. Berechne fehlende Seitenlängen und Winkelgrößen.

	a	b	c	α	β	γ
a)	5,9 cm	6,3 cm	10,4 cm			
b)	3,2 cm		7,5 cm			37°
c)			6,6 cm	29°	99°	
d)	6,3 cm		4,0 cm		65°	

2 In einem symmetrischen Trapez sind die Diagonalen 8 cm lang. Sie teilen sich im Verhältnis 1:2 und schneiden sich unter einem Winkel von 75° (Fig. 1). Wie lang sind die Seiten des Trapezes?

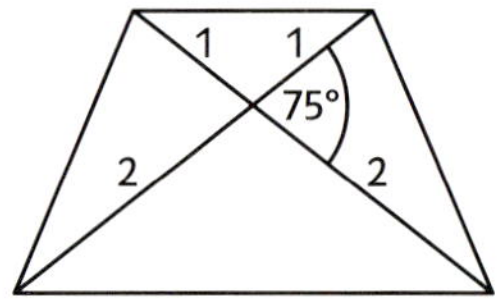

Fig. 1

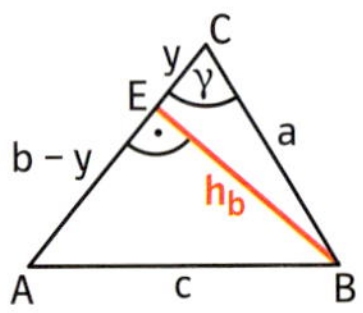

Fig. 2

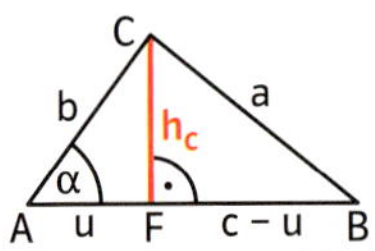

Fig. 3

5 Im Dreieck ABC ist die Höhe h_b eingezeichnet (Fig. 2).
a) Begründe: $h_b = a \cdot \sin(\gamma)$, $y = a \cdot \cos(\gamma)$.
b) Wende im Dreieck ABE den Satz des Pythagoras an. Was ergibt sich mithilfe von a)?

6 Im Dreieck ABC ist die Höhe h_c eingezeichnet (Fig. 3).
a) Begründe: $h_c = b \cdot \sin(\alpha)$, $u = b \cdot \cos(\alpha)$.
b) Wende im Dreieck FBC den Satz des Pythagoras an. Was ergibt sich mithilfe von a)?
c) Gehe im Dreieck AFC wie bei b) vor. Was stellst Du fest?

7 Die zweite Gleichung des Kosinussatzes in der Form $b^2 = a^2 + c^2 - 2ac \cdot \cos(\beta)$ soll hergeleitet werden. Verwendet dabei Fig. 4. Einer von euch arbeitet mit der Zerlegung des Dreiecks durch die Höhe h_a, der andere mit der Zerlegung, die sich durch die Höhe h_c ergibt. Entwickelt schrittweise eine Gleichung für b^2. Vergleicht eure Rechenwege und die Ergebnisse.

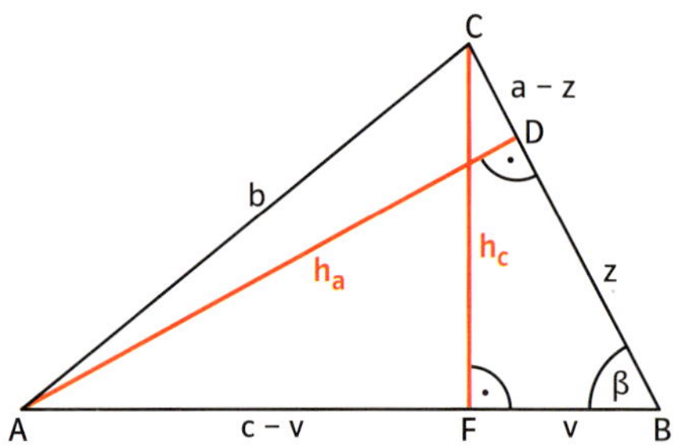

Fig. 4

8 Im Dreieck ABC ist s_a die Seitenhalbierende der Seite a. Berechne die fehlenden der in Fig. 5 bezeichneten Größen für ein Dreieck ABC mit
a) $a = 6{,}4\,cm$, $s_a = 4{,}1\,cm$, $\delta_1 = 76°$,
b) $c = 5{,}7\,cm$, $s_a = 7{,}5\,cm$, $\alpha_1 = 33°$,
c) $a = 8{,}2\,cm$, $b = 3{,}5\,cm$, $\gamma = 98°$,
d) $b = 4{,}5\,cm$, $s_a = 4{,}1\,cm$, $\gamma = 64°$.

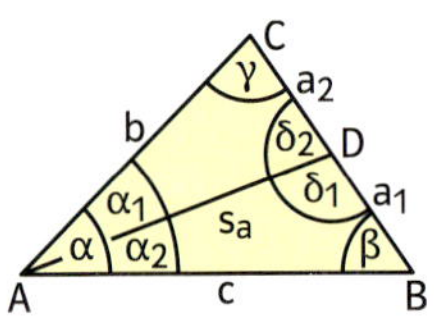

Fig. 5

9 Von einer Wegkreuzung aus, an der sich zwei geradlinige Wege unter einem Winkel von 70° schneiden, sind es bis zum Aussichtsturm noch 1,4 km, bis zum Badesee noch 2,1 km und bis zum Gasthaus 2,8 km (Fig. 6). Wie weit ist der Aussichtsturm von der Badestelle und wie weit ist er vom Gasthaus entfernt?

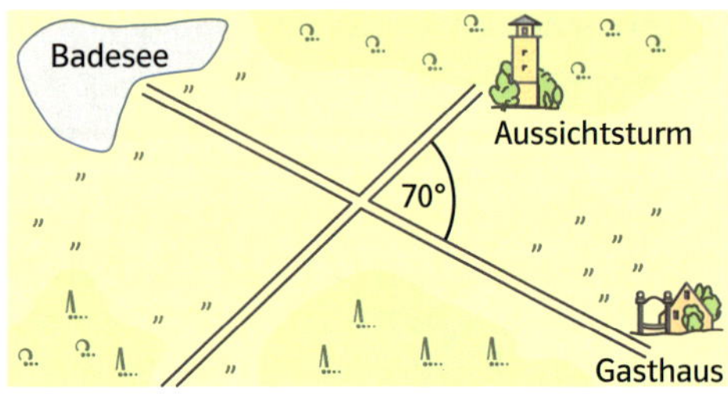

Fig. 6

5 Dreiecksberechnungen

Anja und Karina nehmen am Projekt „Landvermessung“ teil. Die Entfernung von A nach B kann wegen eines Sumpfgebietes nicht gemessen werden. Sie messen die Strecken $\overline{AC}$ und $\overline{BC}$ sowie den Winkel α.
Anja: „Wir erstellen eine Zeichnung und lesen die Steckenlänge ab.“
Karina: „Das klappt nur, wenn wir auch den Winkel an der Ecke C messen.“

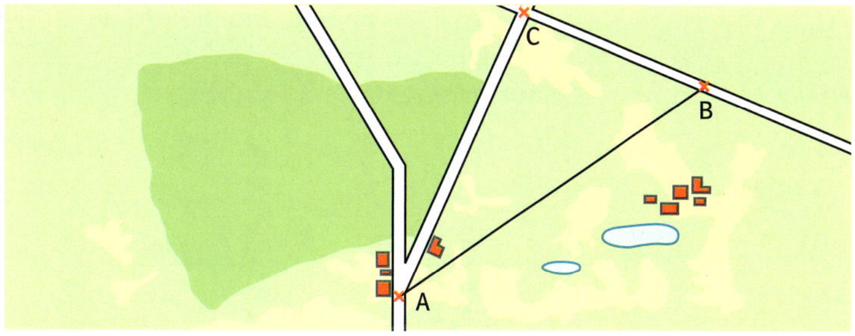

Dreiecke sind eindeutig konstruierbar,
wenn die Länge einer Seite sowie die Größe zweier Winkel **(wsw)**,
wenn die Längen zweier Seiten und die Größe des von ihnen eingeschlossenen Winkels **(sws)**,
wenn die Dreiecksungleichung erfüllt ist und die Längen der drei Seiten **(sss)**, oder
wenn die Länge zweier Seiten und die Größe des der längeren Seite gegenüberliegenden Winkels **(Ssw)** gegeben sind.
In diesen Fällen sind die übrigen Seitenlängen und Winkelgrößen mithilfe des Sinussatzes und des Kosinussatzes eindeutig berechenbar.
Kennt man die Längen zweier Seiten und die Größe des Winkels, der der kürzeren Seite gegenüber liegt, so gibt es entweder zwei nicht kongruente Dreiecke oder genau ein Dreieck oder gar kein Dreieck, das die geforderten Maße besitzt. Auch hier lassen sich mithilfe von Sinussatz und Kosinussatz die fehlenden Größen berechnen. Falls es kein Dreieck gibt, entsteht beim Rechnen ein Widerspruch (siehe Seite 187, Beispiel 2b).
Dreiecke mit drei vorgegebenen Winkeln sind nicht eindeutig konstruierbar. Diese Dreiecke sind zwar ähnlich, aber nicht kongruent.

*Die so konstruierten Dreiecke sind jeweils **kongruent**.*

Die fehlenden Seitenlängen oder Winkelgrößen von Dreiecken lassen sich mithilfe von Sinussatz und Kosinussatz eindeutig berechnen, wenn die Dreiecke eindeutig konstruierbar sind, d.h. wenn wsw; sws; sss oder Ssw gilt.
Sind zwei Seitenlängen und die Größe des Winkels gegeben, der der kleineren Seite gegenüber liegt, so sind die fehlenden Größen ebenfalls berechenbar. Die Lösung ist nicht immer möglich und oft nicht eindeutig.

Kurzform der vier Kongruenzsätze: wsw; sws; sss und Ssw.

Beispiel 1 (sws)
Gegeben: $a = 4{,}2\,\text{cm}$; $b = 3{,}5\,\text{cm}$; $\gamma = 78°$ Gesucht: c, α, β
Lösung:

Berechnung der 3. Seite mit dem Kosinussatz:
$c^2 = a^2 + b^2 - 2ab \cdot \cos(\gamma)$
$c^2 = 4{,}2^2 + 3{,}5^2 - 2 \cdot 4{,}2 \cdot 3{,}5 \cdot \cos(78°)$
$c^2 \approx 23{,}78\,\text{cm}^2$
$c \approx 4{,}88\,\text{cm} \approx 4{,}9\,\text{cm}$

Berechnung des 2. Winkels mit dem Kosinussatz:
$a^2 = b^2 + c^2 - 2bc \cdot \cos(\alpha)$
$\cos(\alpha) = \frac{b^2 + c^2 - a^2}{2bc}$
$\cos(\alpha) \approx \frac{3{,}5^2 + 23{,}78 - 4{,}2^2}{2 \cdot 3{,}5 \cdot 4{,}88}$
$a \approx 57{,}4°$

Berechnung des 3. Winkels mit dem Winkelsummensatz:
$\alpha + \beta + \gamma = 180°$
$\beta = 180° - (\alpha + \gamma)$
$\beta \approx 180° - (57{,}4° + 78°)$
$\beta \approx 44{,}6°$

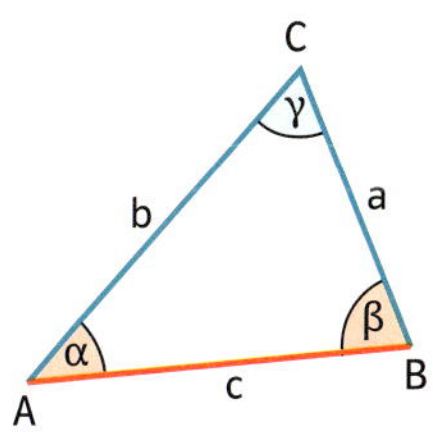

Fig. 1

Planfigur

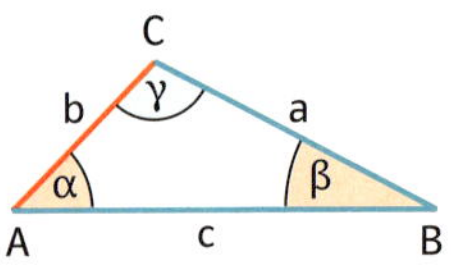

Fig. 1

Beispiel 2 (Ssw)
Konstruiere ein Dreieck ABC mit $a = 3{,}7\,\text{cm}$, $c = 6{,}2\,\text{cm}$ und $\gamma = 107°$ und berechne die Länge der Seite b und die Größen der Winkel α und β.
Lösung:
Konstruktion:

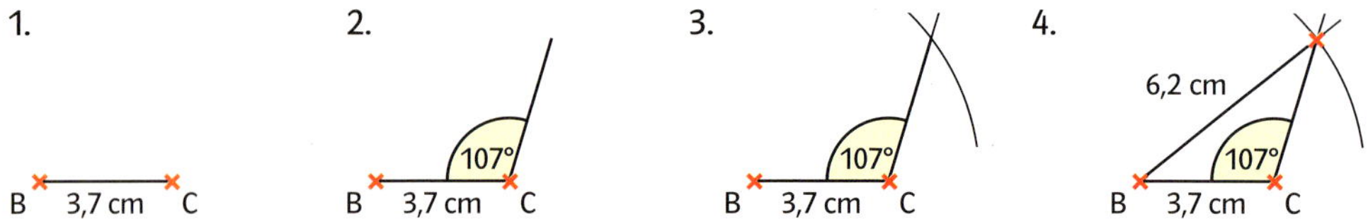

Berechnungen:
α mit dem Sinussatz: $\sin(\alpha) = \frac{a \cdot \sin(\gamma)}{c} = \frac{3{,}7\,\text{cm} \cdot \sin(107°)}{6{,}2\,\text{cm}}$
Es gibt zwei mögliche Winkel $\alpha_1 \approx 34{,}8°$ oder $\alpha_2 \approx 180° - 34{,}8° = 145{,}2°$
α_2 ist nicht brauchbar, da es außer γ keinen weiteren stumpfen Winkel geben kann.
β mit dem Winkelsummensatz: $\beta \approx 180° - (34{,}8° + 107°) = 38{,}2°$
b mit dem Sinussatz: $b = \frac{c \cdot \sin(\beta)}{\sin(\gamma)} \approx \frac{6{,}2\,\text{cm} \cdot \sin(38{,}2°)}{\sin(107°)} \approx 4{,}0\,\text{cm}$

Aufgaben

1 Berechne die Größe der Winkel des Dreiecks ABC.
a) $a = 2{,}8\,\text{cm}$, $b = 3{,}4\,\text{cm}$, $c = 4{,}7\,\text{cm}$
b) $a = 13{,}5\,\text{cm}$, $b = 2{,}0\,\text{cm}$, $c = 12{,}4\,\text{cm}$
c) $a = 7{,}1\,\text{cm}$, $b = 13{,}9\,\text{cm}$, $c = 8{,}6\,\text{cm}$
d) $a = 4{,}7\,\text{cm}$, $b = 4{,}7\,\text{cm}$, $c = 2{,}5\,\text{cm}$

2 Berechne fehlende Seitenlängen und Winkelgrößen des Dreiecks ABC.
a) $a = 4{,}1\,\text{cm}$, $b = 5{,}9\,\text{cm}$, $\gamma = 18°$
b) $b = 5{,}3\,\text{cm}$, $c = 2{,}8\,\text{cm}$, $\alpha = 116°$
c) $a = 14{,}2\,\text{cm}$, $c = 8{,}5\,\text{cm}$, $\beta = 95{,}5°$
d) $b = 1{,}41\,\text{km}$, $c = 3{,}55\,\text{km}$, $\alpha = 172{,}1°$

3 Berechne fehlende Seitenlängen und Winkelgrößen des Dreiecks ABC.
a) $a = 8{,}2\,\text{cm}$, $\beta = 33°$, $\gamma = 51°$
b) $b = 5{,}3\,\text{cm}$, $\alpha = 57°$, $\beta = 62°$
c) $c = 4{,}1\,\text{cm}$, $\beta = 18°$, $\gamma = 45°$
d) $a = 14{,}0\,\text{m}$, $\alpha = 54{,}7°$, $\beta = 72{,}5°$

4 Berechne fehlende Seitenlängen und Winkelgrößen des Dreiecks ABC.
a) $a = 24{,}1\,\text{cm}$, $b = 15{,}9\,\text{cm}$, $\alpha = 73°$
b) $b = 8{,}3\,\text{cm}$, $c = 10{,}8\,\text{cm}$, $\gamma = 108°$
c) $a = 4{,}9\,\text{cm}$, $c = 9{,}8\,\text{cm}$, $\gamma = 62{,}5°$
d) $b = 2{,}45\,\text{cm}$, $c = 1{,}04\,\text{m}$, $\beta = 92{,}3°$

5 Prüfe, ob es ein Dreieck ABC mit den gegebenen Größen gibt. Berechne gegebenenfalls die fehlenden Größen.
a) $a = 7{,}2\,\text{cm}$, $c = 4{,}7\,\text{cm}$, $\gamma = 35°$
b) $a = 6{,}4\,\text{cm}$, $b = 3{,}2\,\text{cm}$, $\beta = 42°$
c) $b = 3{,}5\,\text{cm}$, $c = 7{,}0\,\text{cm}$, $\beta = 30°$
d) $b = 7{,}0\,\text{cm}$, $c = 6{,}2\,\text{cm}$, $\gamma = 12{,}5°$

6 Konstruiere, falls möglich, ein Dreieck ABC und kontrolliere deine Skizze durch Rechnung.
a) $a = 2{,}78\,\text{m}$, $b = 3{,}77\,\text{m}$, $\gamma = 52{,}9°$
b) $b = 1{,}26\,\text{km}$, $\alpha = 121{,}3°$, $\gamma = 31{,}3°$
c) $a = 31{,}5\,\text{m}$, $b = 50{,}2\,\text{m}$, $c = 71{,}2\,\text{m}$
d) $b = 17{,}0\,\text{cm}$, $c = 23{,}1\,\text{cm}$, $\beta = 34{,}5°$

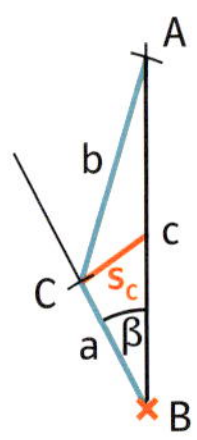

Fig. 2

7 Berechne die Länge der Seitenhalbierenden s_c, den Umfang und den Flächeninhalt eines Dreiecks ABC mit $a = 5\,\text{cm}$; $b = 8\,\text{cm}$ und $\beta = 28°$ (siehe Fig. 2).

6 Anwendungen

Jonas möchte wissen, wie viel Quadratmeter Dachziegel für das neue Haus benötigt werden. Der Architekt hat zwar den Neigungswinkel α angegeben, aber nicht die Gesamthöhe des Daches.
Julius: „Wenn du nicht weißt, wie hoch das Dach werden soll, kannst du die Dachfläche nicht berechnen."
Jonas: „Doch, das muss auch so funktionieren."

Mithilfe des Sinussatzes und des Kosinussatzes kann man in vielen Figuren fehlende Streckenlängen, Winkelgrößen oder Flächeninhalte berechnen. Dazu muss man in den Figuren oftmals Teildreiecke finden, in denen die gesuchte Strecke oder der unbekannte Winkel vorkommt.
Die Querschnittsfläche eines Dammes hat die Form eines Trapezes (Fig. 1). Die Breite des Dammfußes a und die Größe der beiden Neigungswinkel der Böschungen (α und β) sind bekannt. Wie breit ist die Dammkrone c für $a = 6{,}10\,\text{m}$, $b = 4{,}00\,\text{m}$, $\alpha = 65°$ und $\beta = 57°$?

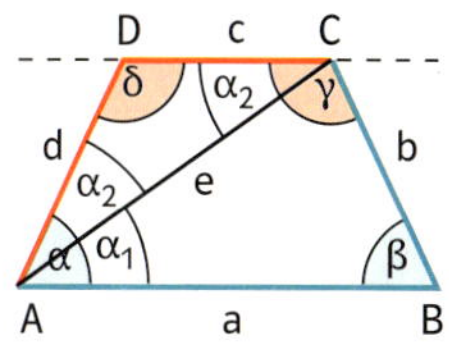

Fig. 1

1 Verstehen der Aufgabe

Was ist gegeben?
$\alpha = 65°$ und $\beta = 57°$ sind die Basiswinkel,
$a = 6{,}1\,\text{m}$ ist die Länge der zugehörigen Parallele eines Trapezes.

Was ist gesucht?
Gesucht ist die Länge der anderen Parallele.

2 Zerlegen in Teilprobleme

Rechenplan erstellen
1. Zerlege das Trapez mithilfe der Diagonale e in zwei Dreiecke. Es entstehen die Teilwinkel α_1 und α_2.
2. Berechne die Länge von e mit dem Kosinussatz.
3. Berechne α_1 mit dem Sinussatz.
4. Es gilt $\alpha_2 = \alpha - \alpha_1$ und $\delta = 180° - \alpha$.
5. Berechne c mit dem Sinussatz.

3 Rechenplan durchführen

Teilaufgaben ausrechnen
1. *Zerlegen in Teildreiecke:* Siehe Fig. 1.
2. *Länge von e berechnen:*
   $e^2 = a^2 + b^2 - 2ab \cdot \cos(\beta)$
   $e = \sqrt{6{,}1^2\,\text{m}^2 + 4{,}0^2\,\text{m}^2 - 2 \cdot 6{,}1\,\text{m} \cdot 4{,}0\,\text{m} \cdot \cos(57°)}$
   $e \approx 5{,}160\,582\,8\,\text{m} \approx 5{,}2\,\text{m}$
3. *Größe von α_1 berechnen:*
   $\sin(\alpha_1) \approx \frac{4{,}0\,\text{m} \cdot \sin(57°)}{5{,}160\,582\,8\,\text{m}}$, also $\alpha_1 \approx 40{,}5°$
4. *Größe der Winkel α_2 und δ berechnen:*
   $\alpha_2 = \alpha - \alpha_1 \approx 23{,}453\,965° \approx 23{,}5°$
   $\delta = 180° - \alpha = 115°$
5. *Berechnen der Länge von c:*
   $c = \frac{e \cdot \sin(\alpha_2)}{\sin(\delta)} \approx \frac{5{,}160\,582\,8\,\text{m} \cdot \sin(23{,}453\,965°)}{\sin(115°)} \approx 2{,}3\,\text{m}$

4 Rückschau und Antwort

Kann das Ergebnis richtig sein?
Die Breite der Dammkrone ist kleiner als die des Dammfußes.
Bei der Berechnung des Winkels α_1 mit dem Sinussatz wäre noch eine zweite Lösung möglich: $\alpha_1 = 180° - 40{,}5° \approx 139{,}5°$.
Dieser Winkel kommt aber nicht infrage, denn er ist größer als α. Mit den gegebenen Größen ist die Lösung eindeutig.

Antwortsatz:
Die Dammkrone ist etwa 2,30 m breit.

Berechnungen an Figuren in vier Schritten
1. Verstehen der Aufgabe: Was ist gegeben? Was ist gesucht?
2. Zerlegen in Teilprobleme: Skizze erstellen und ergänzen; Hilfslinien einzeichnen; Größen benennen und Teildreiecke suchen.
3. Durchführen des Plans: Berechnen der gesuchten Größen mit Sinussatz, Kosinussatz und Winkelsummensatz.
4. Rückschau und Antwort: Ergebnis überprüfen und Antwort formulieren

Aufgaben

1 Berechne die fehlenden Seitenlängen und Winkelgrößen des Vierecks ABCD (Fig. 1). Suche geeignete Teildreiecke, in denen man den Sinussatz oder den Kosinussatz anwenden kann.
a) $a = 10\,cm$; $b = 8\,cm$; $c = 7\,cm$; $d = 7\,cm$; $\beta = 75°$
b) $a = 9{,}5\,cm$; $b = 7{,}6\,cm$; $c = 8{,}5\,cm$; $d = 3{,}7\,cm$; $e = 6{,}5\,cm$

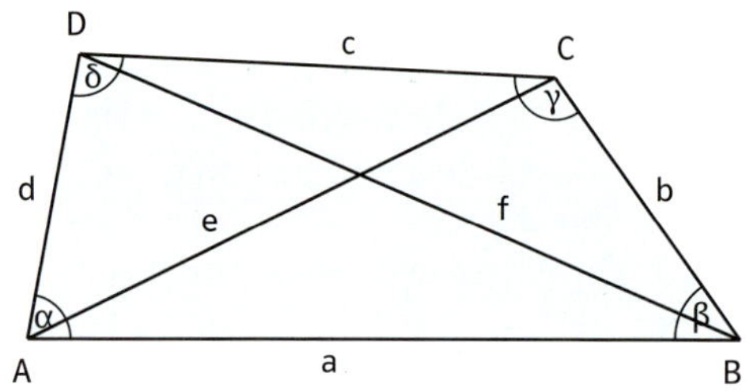

Fig. 1

Beachte: Bei rechtwinkligen Dreiecken muss man nicht mit dem Sinussatz bzw. Kosinussatz arbeiten!

2 Um die Höhe eines Baumes zu messen, muss man nicht auf den Baum klettern. Auch die Höhe von Gebäuden und Bergen kann man folgendermaßen bestimmen. Von einem Hochsitz aus wird der Fußpunkt F eines Baumes unter dem Tiefenwinkel $\delta = 15°$ gesehen, der höchste Punkt H unter dem Erhebungswinkel $\varepsilon = 48°$ (Fig. 2).
a) Wie hoch ist der Baum, wenn der Beobachtungspunkt B in der Höhe $h = 6{,}5\,m$ liegt?
b) Wie weit ist der Beobachtungspunkt B von den Punkten F und H entfernt (Luftlinie)?

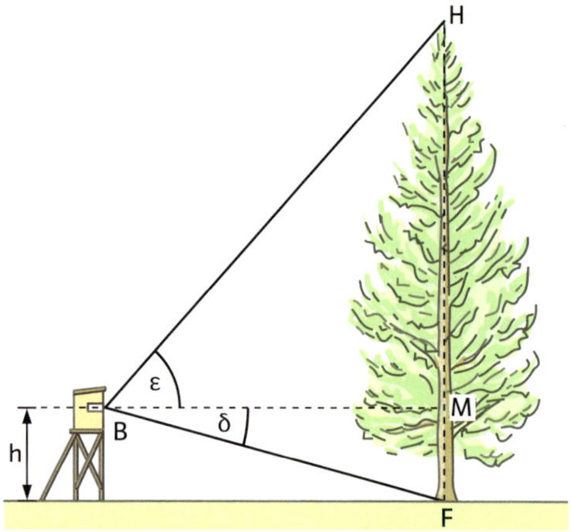

Fig. 2

3 Eine Seilbahn führt von einer Talstation T über eine Zwischenstation Z zu einer Bergstation B (Fig. 3). Die durchschnittlichen Neigungswinkel des Seiles sind $\alpha = 26°$ und $\beta = 37°$, die Bergstation wird von der Talstation aus unter dem Erhebungswinkel $\gamma = 33°$ gesehen.
Wie hoch liegt die Bergstation oberhalb der Talstation, wenn die Zwischenstation 450 m höher liegt als die Talstation?

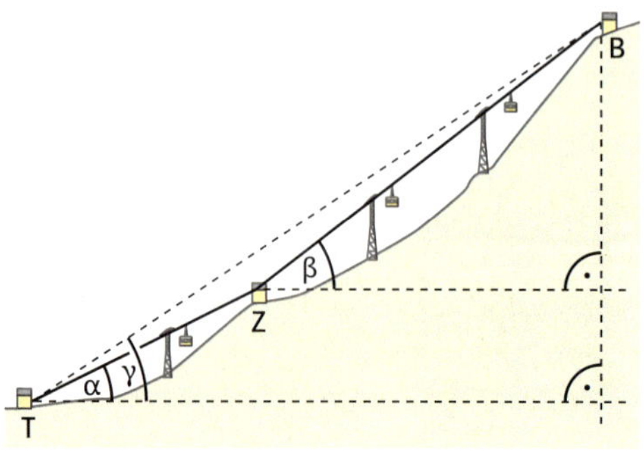

Fig. 3

4 Von einem Viereck ABCD wie in Fig. 1 sind bekannt: $d = 3{,}8\,m$, $f = 6{,}4\,m$, $\alpha = 84{,}3°$, $\beta = 136{,}5°$, $\delta = 110{,}9°$.
a) Berechne die Länge der Seite a.
b) Berechne b, c und e.

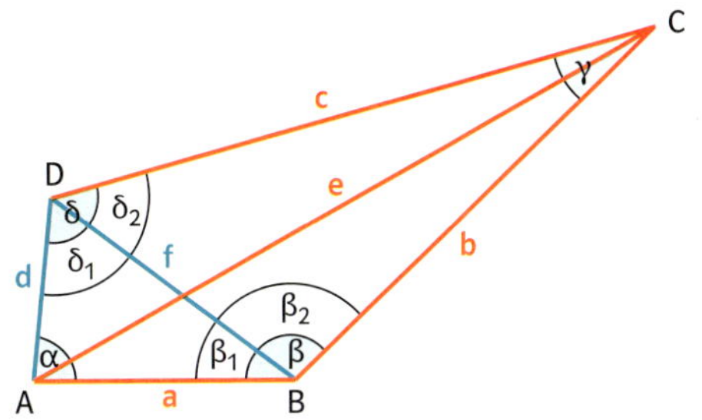

Fig. 1

5 Berechne die beiden Längen der Diagonalen in einem Parallelogramm ABCD (Fig. 2) mit $a = 10{,}2\,cm$, $b = 7{,}7\,cm$ und $\alpha = 36{,}3°$.

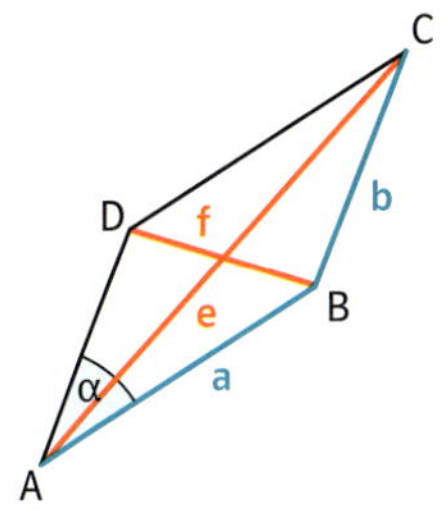

Fig. 2

6 Berechne den Umfang und den Flächeninhalt eines Dreiecks ABC mit
a) $c = 7{,}5\,cm$, $\alpha = 60{,}5°$, $\beta = 34{,}1°$,
c) $b = 5{,}8\,cm$, $c = 3{,}7\,cm$, $\beta = 107{,}8°$.

7 Gegeben ist ein symmetrisches Trapez wie in Fig. 3 mit der Grundseite $a = 5\,cm$, dem Schenkel $b = 3\,cm$ und dem Basiswinkel $\alpha = 65°$. Die Geraden AD und BC schneiden sich in E. Berechne die Höhe h des Dreiecks DCE.

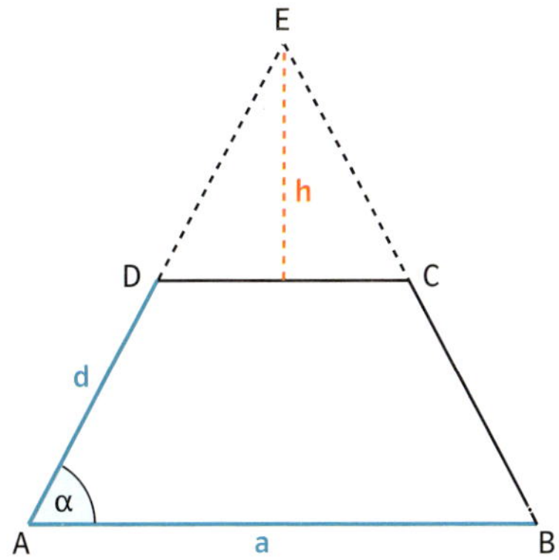

Fig. 3

8 Um die Höhe eines Berges zu bestimmen, wird der Gipfel von den Endpunkten einer 200 Meter langen, direkt auf den Berg zulaufenden Standlinie aus angepeilt (Fig. 4). Berechne die Höhe des Berges, wenn für die beiden Erhebungswinkel $\alpha = 30{,}11°$ und $\beta = 35{,}25°$ gemessen wurden.

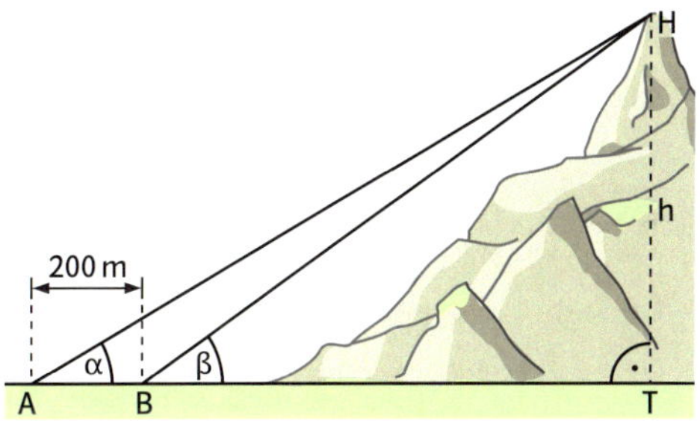

Fig. 4

9 Nach der Seekarte liegen die Leuchtfeuer L_1 und L_2 voneinander 12,6 sm entfernt. Die Verbindungsstrecke $\overline{L_1L_2}$ bildet mit der Nordrichtung den Winkel $\delta = 114°$ (Fig. 5). Ein Schiff S peilt die Leuchtfeuer unter den Winkeln $\alpha = 249°$ und $\beta = 154°$ gegenüber der Nordrichtung an. Wie weit ist das Schiff jeweils von den Leuchtfeuern entfernt?

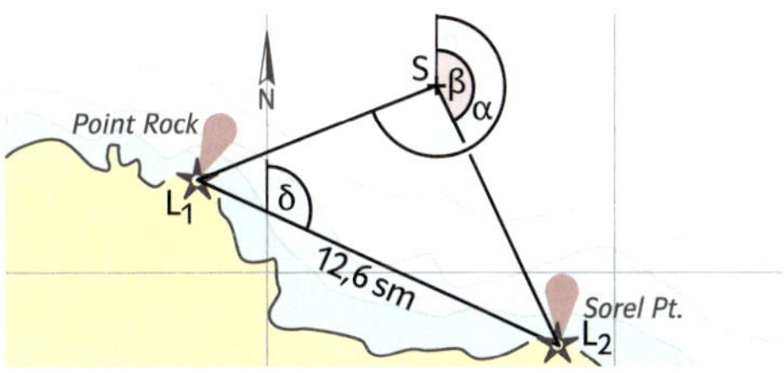

Fig. 5

10 Ein Bierfass wird eine Rampe hinaufgerollt, die den Neigungswinkel $\alpha = 21{,}8°$ hat. Die Gewichtskraft $G \approx 750$ Newton (N) lässt sich dabei wie in Fig. 6 in eine Hangabtriebskraft H parallel zur Rampe und eine Druckkraft D senkrecht dazu zerlegen. Berechne beide Kräfte. Überlege dazu, wie groß der Winkel β ist.

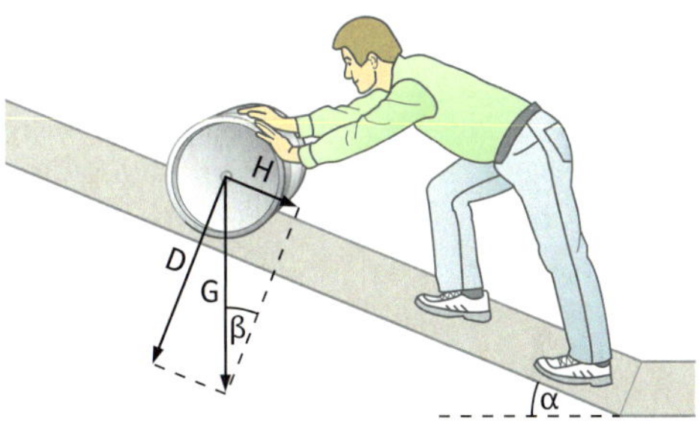

Fig. 6

7 Trigonometrische Funktionen - Bogenmaß

An der Nordspitze Norwegens geht die Sonne am 21. Juni nicht unter.

Zur Erinnerung:
Kreisumfang
$U = 2\pi r$
Kreisbogenlänge
$b = \frac{\alpha}{360°} \cdot U$

Bemerkung:
Am Einheitskreis kann man das Bogenmaß von α direkt ablesen.

Durch den Punkt P_α in Fig. 1 wird zusammen mit der positiven x-Achse ein Kreisbogen b festgelegt. Für seine Länge gilt $b = \frac{\alpha}{360°} 2\pi r$. Das Verhältnis $x = \frac{b}{r}$ hängt also nicht von Radius des Kreises, sondern nur von α ab und heißt **Bogenmaß** von α.
Daraus folgt $x = \frac{\alpha}{360°} \cdot 2\pi$.
Bogenmaße sind meist irrationale Zahlen und werden oft als Vielfache oder Teile von π angeben (Fig. 2).

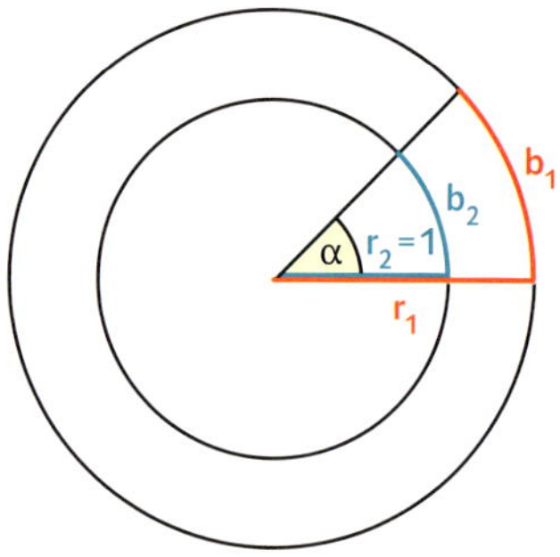

Fig. 1

Kennt man einen Winkel im Bogenmaß, so kann man mithilfe der Gleichung $\alpha = \frac{x}{2\pi} \cdot 360°$ sein Gradmaß berechnen.

α	x
0°	0
30°	$\frac{\pi}{6}$
45°	$\frac{\pi}{4}$
60°	$\frac{\pi}{3}$
90°	$\frac{\pi}{2}$
120°	$\frac{2\pi}{3}$
135°	$\frac{3\pi}{4}$
180°	π
270°	$\frac{3\pi}{2}$
360°	2π

Fig. 2

Jeden Winkel kann man entweder im **Gradmaß** α oder im **Bogenmaß** x angeben.
Dabei gilt $x = \frac{\alpha}{360°} \cdot 2\pi$ und $\alpha = \frac{x}{2\pi} \cdot 360°$.

Das Bogenmaß kann man zur Definition der Sinus- und der Kosinusfunktion verwenden. Die Funktion $x \to \sin(x)$ ordnet jedem Bogen x einen Sinuswert zu. Ebenso wird durch $x \to \cos(x)$ jedem Bogen x ein Kosinuswert zugeordnet. Wie beim Gradmaß sind das die Koordinaten des Punktes P_x (Fig. 3). Es gilt $P_x(\cos(x) \mid \sin(x))$.
Die so definierten Funktionen sin und cos heißen **trigonometrische Funktionen**.

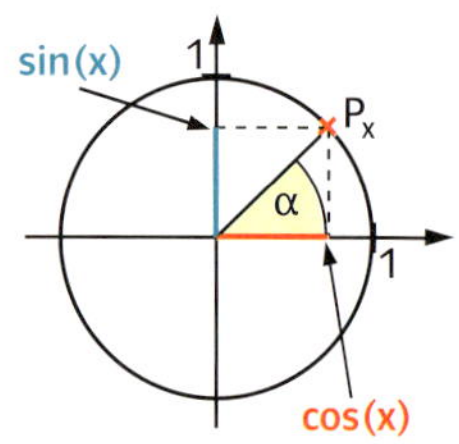

Fig. 3

Fasst man eine reelle Zahl als Bogenmaß eines Winkels auf, so werden dadurch die trigonometrischen Funktionen mit den Gleichungen $f(x) = \sin(x)$ und $g(x) = \cos(x)$ für alle reellen Zahlen definiert.
Für ihre Funktionswerte gilt $-1 \leq f(x) \leq 1$ und $-1 \leq g(x) \leq 1$.
Beide Funktionen sind periodisch mit der Periodenlänge 2π.

In einem Koordinatensystem mit gleicher Einteilung der beiden Achsen sehen die Graphen der Funktionen $f: x \to \sin(x)$ und $g: x \to \cos(x)$ so aus (vgl. Aufgaben 4 und 5):

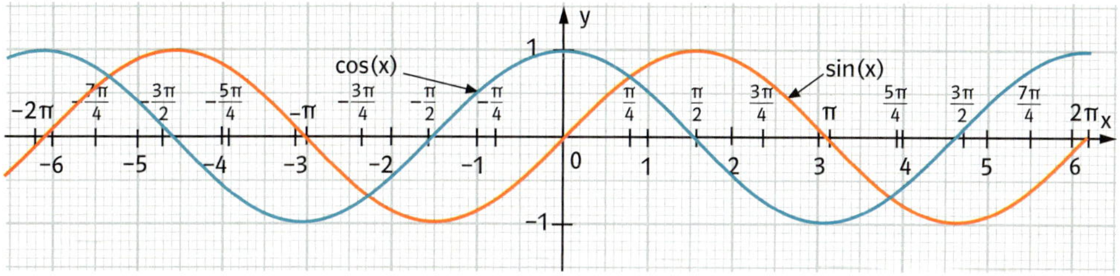

Fig. 1

Eigenschaften der trigonometrischen Funktionen

Alle Eigenschaften der Sinusfunktion und der Kosinusfunktion lassen sich leicht auf die trigonometrischen Funktionen übertragen.

Eigenschaft	Für alle reellen Zahlen x gilt
sin und cos sind periodisch mit der Periodenlänge 2π.	$\sin(x + k \cdot 2\pi) = \sin(x)$ mit $k \in \mathbb{Z}$ $\cos(x + k \cdot 2\pi) = \cos(x)$ mit $k \in \mathbb{Z}$
Verschiebt man den Graphen der einen Funktion parallel zur x-Achse, so erhält man den Graphen der anderen Funktion.	$\cos(x) = \sin\left(x + \frac{\pi}{2}\right)$ $\sin(x) = \cos\left(x - \frac{\pi}{2}\right)$
Nullstellen	$\sin(x) = 0$, wenn $x = k\pi$ mit $k \in \mathbb{Z}$ $\cos(x) = 0$, wenn $x = \frac{\pi}{2} + k\pi$ mit $k \in \mathbb{Z}$
größte Funktionswerte	$\sin(x) = 1$, wenn $x = \frac{\pi}{2} + k \cdot 2\pi$ mit $k \in \mathbb{Z}$ $\cos(x) = 1$, wenn $x = k \cdot 2\pi$ mit $k \in \mathbb{Z}$
kleinste Funktionswerte	$\sin(x) = -1$, wenn $x = \frac{3}{2}\pi + k \cdot 2\pi$ mit $k \in \mathbb{Z}$ $\cos(x) = -1$, wenn $x = \pi + k \cdot 2\pi$ mit $k \in \mathbb{Z}$
gleiche Funktionswerte	$\sin(x) = \sin(\pi - x)$ $\cos(x) = \cos(2\pi - x)$
betragsgleiche Funktionswerte, aber nicht gleiche Funktionswerte	$\sin(2\pi - x) = -\sin(x)$ $\cos(\pi - x) = -\cos(x)$
Summe der Quadrate (Satz des Pythagoras)	$\sin^2(x) + \cos^2(x) = 1$

Beispiel 1

Bestimme mithilfe des Taschenrechners auf drei Nachkommastellen gerundete Werte für alle reellen Zahlen x zwischen 0 und 2π, für die gilt

a) $\sin(x) = 0{,}7$ b) $\cos(x) = -0{,}3$ c) $\sin(x) = -0{,}4$

Lösung:

a) Der Taschenrechner liefert $x_1 \approx 0{,}775$. Zweite Lösung: $x_2 = \pi - x_1 \approx 2{,}366$.

b) Der Taschenrechner liefert $x_1 \approx 1{,}875$. Zweite Lösung: $x_2 = 2\pi - x_1 \approx 4{,}408$.

c) Der Taschenrechner liefert $x_0 \approx -0{,}412$. Die beiden gesuchten Wert sind $x_1 = \pi - x_0 \approx 3{,}554$ und $x_2 = x_0 + 2\pi \approx 5{,}871$.

Tipp:
Der Taschenrechner muss auf RAD umgestellt werden, wenn mit dem Bogenmaß gerechnet werden soll.

Beispiel 2

Bestimme auf drei Nachkommastellen gerundete Werte für alle reellen Zahlen, für die gilt $\cos(x) = 0{,}8$.

Lösung:

$x_k \approx 0{,}644 + k \cdot 2\pi$ oder $x_m \approx (2\pi - 0{,}644) + m \cdot 2\pi = 5{,}640 + m \cdot 2\pi$ mit $k, m \in \mathbb{Z}$.

Beispiel 3

Bestimme ohne Taschenrechner alle reellen Zahlen x, für die gilt:

a) $\cos(x) = \frac{1}{2}\sqrt{3}$ b) $\cos(x) = 0{,}5$ c) $\sin(x) = \frac{1}{2}\sqrt{3}$ d) $\sin(x) = -0{,}5$

Lösung:

Bestimme jeweils zuerst die beiden Werte zwischen 0 und 2π.

a) $x_1 = \frac{\pi}{6}$; $x_2 = 2\pi - \frac{\pi}{6} = \frac{11\pi}{6}$. Also gilt $x_k = \frac{\pi}{6} + k \cdot 2\pi$ oder $x_m = \frac{11\pi}{6} + m \cdot 2\pi$ mit $k, m \in \mathbb{Z}$.

b) $x_1 = \frac{\pi}{3}$; $x_2 = 2\pi - \frac{\pi}{3} = \frac{5\pi}{3}$. Also gilt $x_k = \frac{\pi}{3} + k \cdot 2\pi$ oder $x_m = \frac{5\pi}{3} + m \cdot 2\pi$ mit $k, m \in \mathbb{Z}$.

c) $x_1 = \frac{\pi}{3}$; $x_2 = \pi - \frac{\pi}{3} = \frac{2}{3}\pi$. Also gilt $x_k = \frac{\pi}{3} + k \cdot 2\pi$ oder $x_m = \frac{2}{3}\pi + m \cdot 2\pi$ mit $k, m \in \mathbb{Z}$.

d) $x_0 = -\frac{\pi}{6}$; also $x_1 = 2\pi + x_0 = \frac{11}{6}\pi$; $x_2 = \pi - \left(-\frac{\pi}{6}\right) = \frac{7}{6}\pi$.

Also gilt $x_k = \frac{7}{6}\pi + k \cdot 2\pi$ oder $x_m = \frac{11}{6}\pi + m \cdot 2\pi$ $(k, m \in \mathbb{Z})$.

Aufgaben

1 Gib die Winkel im Bogenmaß als Vielfache von π und als Dezimalzahl an. Runde die Dezimalzahl auf Tausendstel.

a) 180°; 90°; 270°; 45°; 135°; 225°; 315° b) 1°; 7°; 23°; 68°; 112°; 137°; 318°

2 Gib die Winkel im Gradmaß an.

a) π; $\frac{\pi}{2}$; $\frac{\pi}{4}$; $\frac{3\pi}{4}$; $\frac{5\pi}{4}$; $\frac{\pi}{3}$; $\frac{2\pi}{3}$; $\frac{\pi}{6}$; $\frac{5\pi}{6}$; $\frac{11\pi}{6}$ b) $\frac{\pi}{10}$; $\frac{3\pi}{10}$; $\frac{7\pi}{10}$; $\frac{\pi}{18}$; $\frac{5\pi}{18}$; $\frac{\pi}{180}$; $\frac{7\pi}{180}$; $\frac{7\pi}{18}$

3 Bestimme das Gradmaß zum Bogenmaß.

a) 2,3; 4,7; −2,1; −3,6; 5,8; −5,4 b) 6,8; 13,4; 34,8; −102,9; 435,8; 1024

4 Fig. 1 verdeutlicht, wie man Funktionswerte der Sinusfunktion grafisch ermitteln und damit direkt Punkte des Graphen konstruieren kann. Zeichne auf diese Art den Graphen der Sinusfunktion in einem Koordinatensystem mit gleicher Einteilung auf beiden Achsen. Wähle als Einheit 2 cm.

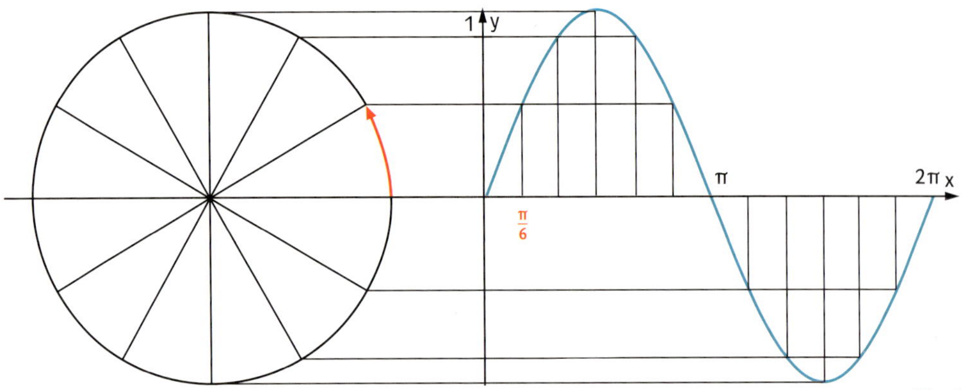

Fig. 1

5 Zeichne den Graphen der Kosinusfunktion wie in Aufgabe 4.

6 Bestimme mit dem Taschenrechner. Runde auf Tausendstel.

a) cos(5,86) b) sin(−2,55) c) cos(−8,21)

7 Bestimme die Funktionswerte ohne Taschenrechner.

a) $\sin\left(\frac{\pi}{4}\right)$ b) $\cos\left(\frac{\pi}{4}\right)$ c) $\sin\left(\frac{\pi}{3}\right)$

d) $\cos\left(-\frac{\pi}{3}\right)$ e) $\sin\left(\frac{\pi}{6}\right)$ f) $\cos\left(\frac{\pi}{6}\right)$

8 Bestimme ohne Taschenrechner alle reellen Zahlen x, für die gilt:

a) $\sin(x) = 0{,}5$; b) $\cos(x) = \frac{1}{2}\sqrt{2}$; c) $\cos(x) = -\frac{1}{2}\sqrt{3}$;

d) $\cos(x) = 0{,}5$; e) $\cos(x) = -\frac{1}{2}$; f) $\sin(x) = -\frac{1}{2}\sqrt{3}$.

9 Bestimme mithilfe des Taschenrechners auf drei Nachkommastellen gerundete Werte für alle reellen Zahlen x mit $0 \leqq x \leqq 2\pi$, für die gilt:

a) $\sin(x) = 0{,}9396$ b) $\sin(x) = 0{,}8192$ c) $\cos(x) = 0{,}6294$

d) $\cos(x) = -0{,}8870$ e) $\sin(x) = -0{,}5519$ f) $\sin(x) = -0{,}6947$

10 Bestimme alle reellen Zahlen x. Runde auf drei Nachkommastellen.

a) $\sin(x) = 0{,}63$ b) $\cos(x) = -0{,}55$ c) $\sin(x) = -0{,}6283$

11 a) Übertrage die Tabelle in dein Heft und fülle sie mithilfe des Taschenrechners aus. Was fällt dir auf?

b) Begründe am Einheitskreis, dass für kleine Werte von x gilt: $\sin(x) \approx x$.

x	0,1	0,01	0,001	0,0001
sin(x)				
x − sin(x)				

12 Ein Kreis mit dem Radius 1 rollt auf einer zur x-Achse parallelen Geraden g. Beim Start befindet sich der Mittelpunkt des Kreises am Punkt (0 | 0) und der Punkt P am Punkt (0 | −1). Während des Rollens bewegt sich der Punkt P auf einer Kurve.

a) Begründe: Wenn der Kreis die Strecke s zurückgelegt hat, d.h. wenn sich der Mittelpunkt auf dem Punkt (s | 0) befindet, hat sich der Punkt P auf den Punkt $P_s(x(s) \mid y(s))$ mit $x(s) = s - \sin(s)$ und $y(s) = -\cos(s)$ bewegt.

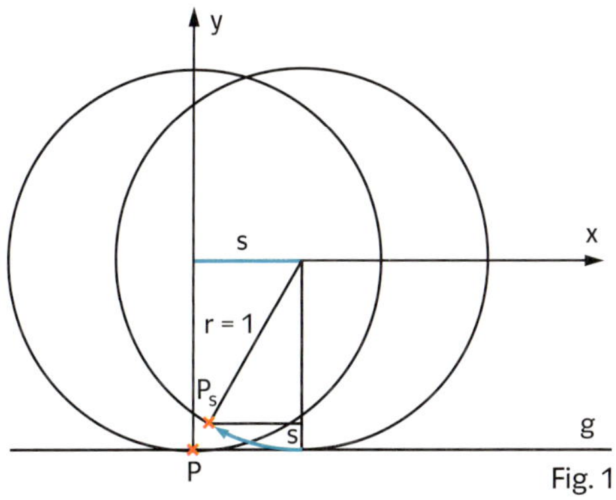

Fig. 1

b) Lege eine Wertetabelle für die Funktionen $s \to x(s)$ und $s \to y(s)$ für Werte von 0 bis $\frac{\pi}{2}$ mit der Schrittweite $\frac{\pi}{20}$ an. Trage die so berechneten Punkte P_s in ein Koordinatensystem ein und zeichne die Bahn des Punktes P für zwei volle Umdrehungen des Kreises.

Kannst du das noch?

13 Konstruiere, falls möglich, ein Dreieck ABC mit den gegebenen Größen.

a) $b = 3{,}7\,cm$; $c = 5{,}5\,cm$; $\gamma = 100°$ b) $a = 14{,}5\,cm$; $b = 6{,}5\,cm$; $c = 7{,}5\,cm$

c) $a = 6{,}5\,cm$; $h_c = 3\,cm$; $\alpha = 35°$ d) $a = 4{,}0\,cm$; $h_c = 3\,cm$,; $\alpha = 35°$

e) $a = 2{,}5\,cm$; $h_c = 3\,cm$; $\alpha = 35°$ f) $b = 5\,cm$; $a = 4{,}4\,cm$; $s_a = 6\,cm$

14 Berechne die Länge der Seite c im Dreieck ABC so, dass ein rechtwinkliges Dreieck entsteht. Für die Seiten a und b gilt: $a = 4\,cm$ und $b = 5\,cm$. Finde mindestens zwei verschiedene Lösungen. Berechne den Flächeninhalt der gefundenen Dreiecke.

8 Funktionen der Form $x \rightarrow a \cdot \sin(b \cdot x - d)$

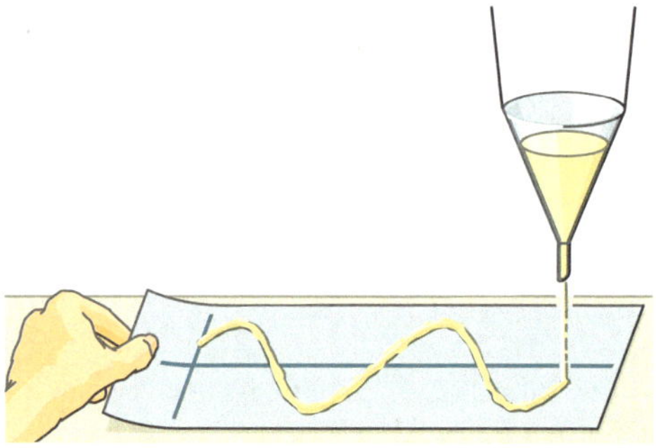

„Das sieht aus wie eine Sinuskurve."
„Aber ich dachte, dass Sinuskurven immer durch den Ursprung gehen."
„Naja, vielleicht ist es eine Kosinuskurve."
„Blödsinn, die fangen doch bei eins an."

Der Graph der Funktion $x \rightarrow a \cdot \sin(bx - d)$ lässt sich durch Verschieben und Strecken aus dem Graphen von $x \rightarrow \sin(x)$ erzeugen.

Positive Werte von d verschieben den Graphen nach rechts, negative Werte von d verschieben ihn nach links.

Verschieben um d parallel zur x-Achse:
$g(x) = f(x - d)$

1. Verschieben des Graphen parallel zur x-Achse: $x \rightarrow \sin(x - d)$

Durch Verschieben des Graphen der Sinusfunktion um $\frac{\pi}{2}$ parallel zur x-Achse nach links entsteht der Graph der Kosinusfunktion. Das bedeutet, dass $f(x) = \sin\left(x + \frac{\pi}{2}\right)$ und $g(x) = \cos(x)$ Gleichungen derselben Funktion sind.
Allgemein: Verschiebt man den Graphen von $f: x \rightarrow \sin(x)$ um eine beliebige reelle Zahl d parallel zur x-Achse, so erhält man den Graphen der Funktion $g: x \rightarrow \sin(x - d)$. Für $d = -\frac{\pi}{2}$ handelt es sich um eine Verschiebung um $\frac{\pi}{2}$ nach links. Für $d = \pi$ ergibt sich eine Verschiebung um π nach rechts (Fig. 1).

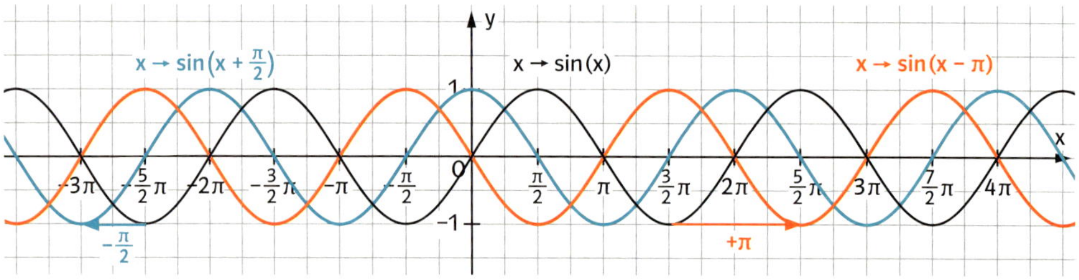

Fig. 1

Verschieben parallel zur x-Achse ändert die Periodenlänge $p = 2\pi$ nicht. Die Hälfte der Differenz zwischen dem größten und dem kleinsten Funktionswert einer Sinusfunktion heißt **Amplitude A**. Verschieben parallel zur x-Achse ändert die Amplitude $A = 1$ nicht.

2. Strecken des Graphen in x-Richtung: $x \rightarrow \sin(b \cdot x)$

Vergleicht man die Funktionswerte der Funktionen $f: x \rightarrow \sin(x)$ und $g: x \rightarrow \sin(2x)$, so stellt man fest: Die Funktion g hat an der Stelle x denselben Funktionswert wie die Funktion f an der Stelle 2x. Es gilt $g(x) = f(2x)$.
Die folgende Wertetabelle verdeutlicht diesen Zusammenhang.

Strecken in x-Richtung mit dem Faktor $\frac{1}{|b|}$:
$g(x) = f(b \cdot x)$

x	$-\pi$	$-\frac{3}{4}\pi$	$-\frac{1}{2}\pi$	$-\frac{1}{4}\pi$	0	$\frac{1}{4}\pi$	$\frac{1}{2}\pi$	$\frac{3}{4}\pi$	π
sin(x)	0	$-\frac{1}{2}\sqrt{2}$	−1	$-\frac{1}{2}\sqrt{2}$	0	$\frac{1}{2}\sqrt{2}$	1	$\frac{1}{2}\sqrt{2}$	0
sin(2x)	0	−1	0	−1	0	1	0	1	0

Strecken mit dem Faktor $\frac{1}{2}$ bewirkt eine Halbierung der Periodenlänge $p = \frac{1}{2} \cdot 2\pi = \pi$.

Der Graph der Funktion g entsteht durch Strecken mit dem Faktor $\frac{1}{2}$ (Fig. 1).

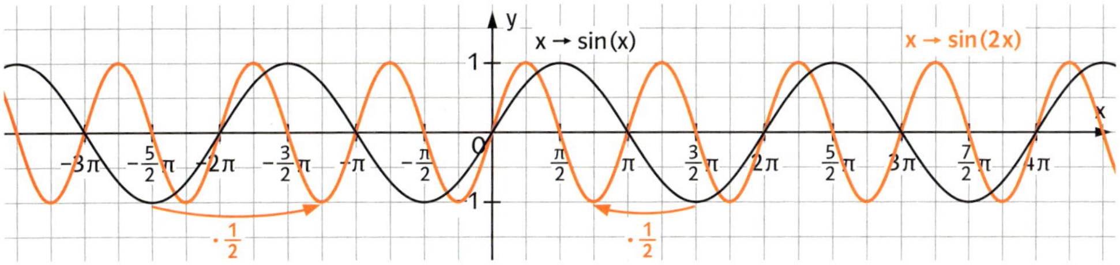

Fig. 1

Allgemein: Streckt man den Graphen von $f: x \to \sin(x)$ mit einem positiven Faktor $\frac{1}{b}$ in x-Richtung, so erhält man den Graphen der Funktion $g: x \to \sin(b \cdot x)$. Negative Streckfaktoren bewirken zusätzlich noch eine Spiegelung des Graphen an der y-Achse.
Die Periodenlänge der Funktion g ist $p = \frac{2\pi}{|b|}$. Die Amplitude $A = 1$ bleibt beim Strecken in x-Richtung unverändert.

3. Strecken des Graphen in y-Richtung: $x \to a \cdot \sin(x)$

Für die Funktionen $f: x \to \sin(x)$ und $g: x \to a \cdot \sin(x)$ gilt $g(x) = a \cdot f(x)$.
Alle Funktionswerte werden mit a multipliziert. Dadurch wird der Graph von f mit dem Faktor $|a|$ gestreckt. Ist $a < 0$, so wird zusätzlich noch an der x-Achse gespiegelt.
Durch diese Streckung ändert sich die Periodenlänge $p = 2\pi$ nicht.
Die Amplitude dagegen verändert sich. Es gilt $A = |a|$.

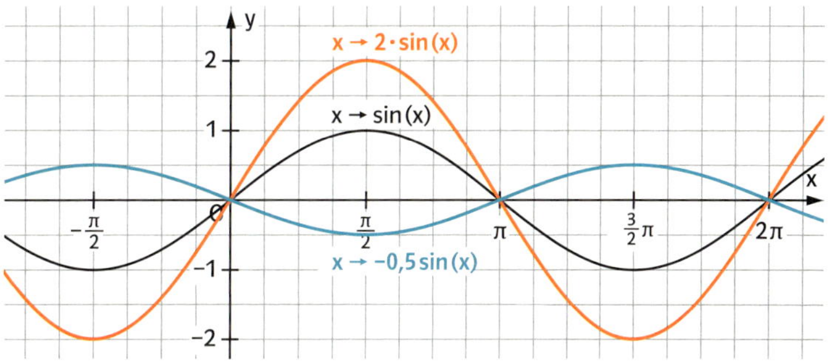

Fig. 2

4. Hintereinanderausführung von Streckungen und Verschiebung

Fig. 3 zeigt, wie man sich den Graphen der Funktion $x \to 3 \cdot \sin\left(2x - \frac{\pi}{2}\right)$ aus dem Graphen von $x \to \sin(x)$ durch Hintereinanderausführung von Verschiebung und Streckungen entstanden denken kann.

1. Schritt: Verschieben in x-Richtung mit $d = \frac{\pi}{2}$: $x \to \sin\left(x - \frac{\pi}{2}\right)$
2. Schritt: Strecken in x-Richtung mit $\frac{1}{b} = \frac{1}{2}$: $x \to \sin\left(2x - \frac{\pi}{2}\right)$
3. Schritt: Stecken in y-Richtung mit $a = 3$: $x \to 3 \cdot \sin\left(2x - \frac{\pi}{2}\right)$

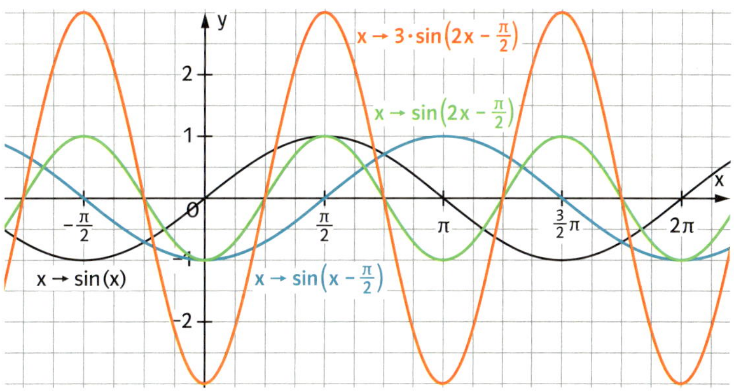

Fig. 3

Zeitlich periodische Vorgänge, wie zum Beispiel Schwingungen, lassen sich mithilfe von Funktionen der Form $x \to \sin(bx - d)$ beschreiben. Zur Beschreibung benutzt man hier die Dauer einer ganzen Schwingung, die **Schwingungsdauer T**. Den Streckfaktor schreibt man in der Form $\frac{1}{b} = \frac{T}{2\pi}$. Bezeichnet man die Zeit mit t, so erhält die Funktion die Form $t \to \sin\left(\frac{2\pi}{T}t - d\right)$. Die **Phasenverschiebung** d gibt an, um welchen Teil einer vollen Schwingung der Graph parallel zur t-Achse verschoben ist.

Die Phasenverschiebung $d = \frac{\pi}{2}$ bedeutet beispielsweise, dass der Graph um eine Viertelschwingung gegenüber dem Graphen von $t \to \sin\left(\frac{2\pi}{T}t\right)$ verschoben ist.

– Verschieben um d parallel zur x-Achse
– Strecken mit $\frac{1}{|b|}$ in x-Richtung
– Strecken mit a in y-Richtung ergibt $g(x) = a \cdot f(bx - d)$.

Den Graphen von $x \to a \cdot \sin(bx - d)$ kann man sich aus dem Graphen von $x \to \sin(x)$ wie folgt entstanden denken:

1. Verschieben in x-Richtung mit d: $x \to \sin(x - d)$
   Positive Werte von d verschieben den Graphen nach rechts, negative nach links.
2. Strecken in x-Richtung mit dem Faktor $\frac{1}{|b|}$: $x \to \sin(bx - d)$
   Negative Werte von b spiegeln zusätzlich an der y-Achse. Periodenlänge: $p = \frac{2\pi}{|b|}$.
3. Strecken in y-Richtung mit dem Faktor $|a|$: $x \to a \cdot \sin(bx - d)$
   Negative Werte von a spiegeln zusätzlich an der x-Achse. Amplitude: $A = |a|$.

Beispiel 1

„Entstehungsgeschichte":
Verschieben mit $d = -\pi$
Strecken mit $b = 2$
Strecken mit $a = \frac{3}{2}$

a) Bestimme Amplitude und Periodenlänge der Funktion $f: x \to \frac{3}{2}\sin(2x + \pi)$.
b) Wie kann man sich den Graphen von f aus dem Graphen der Sinusfunktion entstanden denken?
c) Skizziere den Graphen von f schrittweise.

Lösung:
a) $A = |a| = \frac{3}{2}$; $p = \frac{2\pi}{b} = \frac{2\pi}{2} = \pi$
b) Der Graph der Sinusfunktion wurde um π Einheiten nach links verschoben. Die Periodenlänge und damit auch die x-Werte aller Punkte wurden mit $\frac{1}{b} = \frac{1}{2}$ multipliziert. Schließlich wurden alle y-Werte mit $\frac{3}{2}$ multipliziert.
c) vgl. Fig. 1

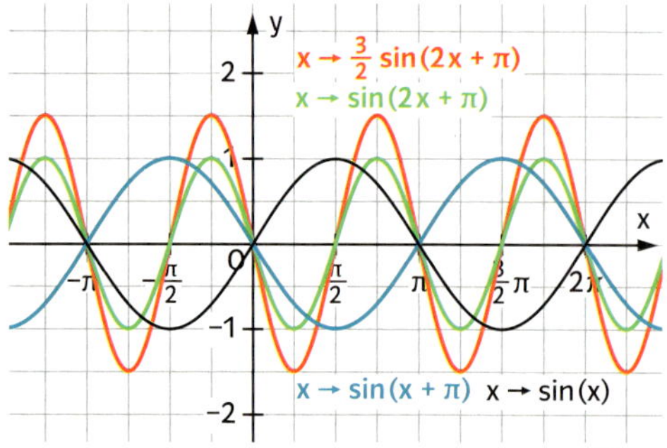

Fig. 1

Beispiel 2

„Entstehungsgeschichte":
Verschieben mit $d = \frac{\pi}{3}$
Strecken mit $b = \frac{2}{3}$
Strecken mit $a = \frac{3}{2}$

Fig. 2 zeigt den Graphen einer Sinusfunktion der Form $x \to a\sin(bx - d)$. Bestimme die Werte von a, b und d.

Lösung:
Die Amplitude ist $\frac{3}{2}$. Das bedeutet $a = \frac{3}{2}$.
Die Periodenlänge beträgt $p = 3\pi$.
Aus $p = \frac{2\pi}{b} = 3\pi$ erhält man $b = \frac{2}{3}$. Der Graph schneidet die x-Achse mit Vorzeichenwechsel von „−" nach „+" bei $+\frac{\pi}{2}$. Dort ist $bx - d = 0$. Einsetzen von $b = \frac{2}{3}$ und $x = \frac{\pi}{2}$ ergibt $d = \frac{\pi}{3}$. Damit erhält man:
$x \to \frac{3}{2}\sin\left(\frac{2}{3}x - \frac{\pi}{3}\right)$.

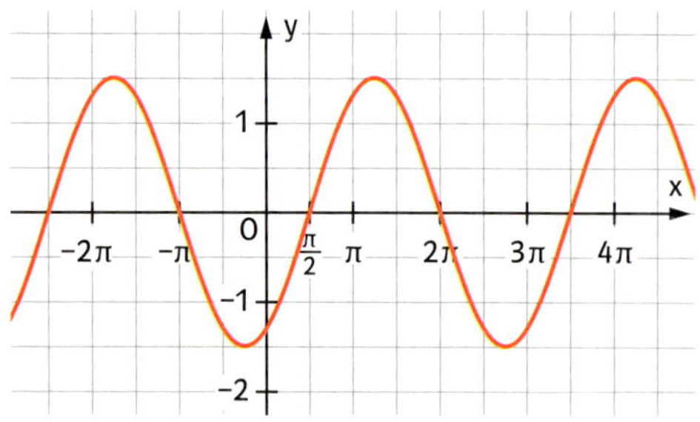

Fig. 2

Aufgaben

1 Bestimme Amplitude und Periodenlänge der Funktion. Skizziere den Graphen im Intervall $[-\pi; 2\pi]$. Wähle eine passende Achseneinteilung.

a) $x \to 3\sin(x)$ b) $x \to \frac{1}{2}\sin(x)$ c) $x \to \sin(-x)$ d) $x \to -\frac{5}{2}\sin(-x)$
e) $x \to 2\sin(\pi x)$ f) $x \to 1{,}5\sin(3\pi x)$ g) $x \to -2\sin(1{,}5\pi x)$ h) $x \to -2\sin\left(\frac{5}{2\pi}x\right)$

2 Skizziere den Graphen der Funktion im Intervall $[-\pi; 2\pi]$.

a) $x \to 2\sin(x - \pi)$ b) $x \to -\frac{1}{2}\sin\left(x - \frac{\pi}{2}\right)$ c) $x \to \frac{3}{4}\sin\left(\frac{1}{2}x + \frac{3}{4}\pi\right)$

3 Schreibe den Funktionsterm in der Form $a\sin\left(\frac{2\pi}{T}t - d\right)$ und bestimme Schwingungsdauer, Amplitude und Phasenverschiebung. Skizziere den Graphen im Intervall $[-\pi; 2\pi]$.
a) $t \to \cos(t)$ b) $t \to 2\sin\left(\frac{\pi}{5}t + \frac{2}{5}\right)$ c) $t \to -\frac{1}{2}\cos\left(4t + \frac{\pi}{2}\right)$

4 Der blaue Graph in Fig. 1 beschreibt den zeitlichen Verlauf der Spannung des technischen Wechselstroms in einer Oberlandleitung, der rote den der Spannung, mit der die Deutsche Bahn ihre E-Loks betreibt. Die Amplitude beim technischen Wechselstrom ist $20\,000\sqrt{2}$ Volt, beim Bundesbahnstrom $15\,000\sqrt{2}$ Volt. Gib für beide Spannungsverläufe einen Funktionsterm der Form $t \to a \cdot \sin\left(\frac{2\pi}{T}t\right)$ an.

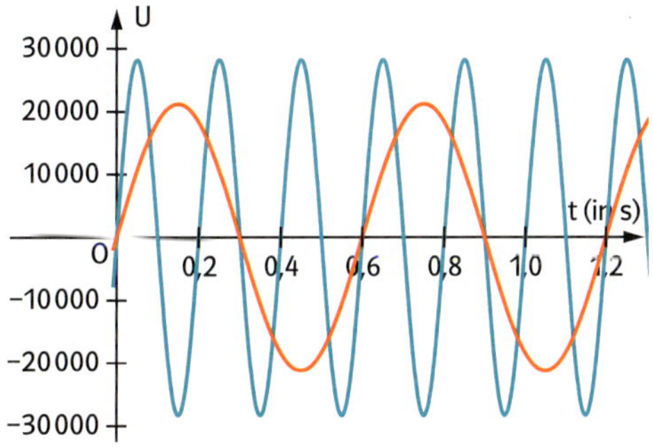

Fig. 1

5 Das Pendel einer Pendeluhr benötigt für eine volle Schwingung genau zwei Sekunden. Die maximale Entfernung s_{max} des unteren Endes des Pendels von der Mitte beträgt 5 cm. Die zeitliche Abhängigkeit der Entfernung s von der Mitte lässt sich mithilfe der Funktion $s: t \to a\sin(bt)$ beschreiben.
a) Bestimme a und b und skizziere den Graphen von s.
b) Nach welcher Zeit befindet sich das untere Ende des Pendels in der halben maximalen Entfernung von der Mitte?
c) Wie weit ist das untere Ende des Pendels nach 1 s (3 s, 1,5 s, 2,5 s) von der Mitte entfernt?
d) Skizziere die Funktion s im Intervall $[0\,s; 5\,s]$.

Bist du sicher?

1 Für eine Schwingung gilt $T = 0{,}5\,s$, $d = \frac{\pi}{4}$ und $s_{max} = 1{,}5\,cm$. Schreibe die zugehörige Schwingungsgleichung in der Form $s(t) = a\sin(bt - d)$.

2 a) Wie kann man sich den Graphen der Funktion $f: x \to \sin(x + \pi)$ aus dem Graphen von $g: x \to \sin(x)$ entstanden denken? Skizziere beide Graphen.
b) Skizziere die Graphen von $h: x \to \sin(-x)$ und $k: x \to \sin(x - \pi)$ und vergleiche.
c) Nenne vier Möglichkeiten, wie man sich den Graphen von $h: x \to \sin(-x)$ aus dem Graphen von $g: x \to \sin(x)$ entstanden denken kann.

6 Gib zu den Graphen einen Funktionsterm der Form $a\sin(bx - d)$ an.

a)

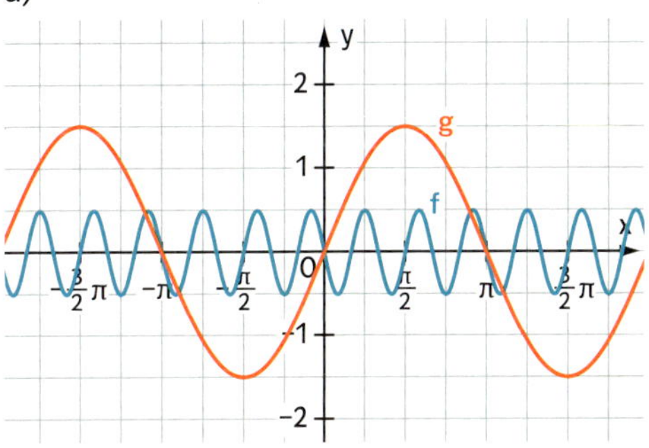

b)

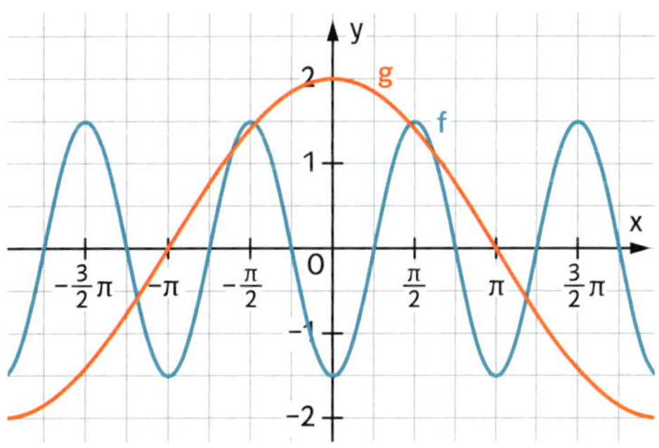

Wiederholen – Vertiefen – Vernetzen

1 Bestimme einen Winkel α zwischen 0° und 90°, für den gilt:

a) $\sin(\alpha) = \sin(140°)$
b) $\cos(\alpha) = |\cos(140°)|$
c) $\sin(\alpha) = |\sin(290°)|$
d) $\cos(\alpha) = |\cos(236°)|$
e) $\cos(\alpha) = \cos(301°)$
f) $\sin(\alpha) = |\sin(220°)|$

2 Begründe, dass die Aussagen wahr sind.

a) $\sin(145°) = \cos(55°)$
b) $\sin(35°) = -\cos(125°)$
c) $\cos(230°) = \cos(130°)$
d) $\sin(230°) = \cos(140°)$

3 Erkläre mit Fig. 1, dass es genau zwei Winkel α mit $0° \leqq \alpha \leqq 360°$ gibt, für die gilt: $\cos(\alpha) = \cos(\alpha + 40°)$. Bestimme diese Winkel.

4 Benutze ähnliche Figuren wie Fig. 1, um alle Winkel α mit $0° \leqq \alpha \leqq 360°$ zu bestimmen, für die gilt:

a) $\cos(\alpha) = \cos(\alpha - 80°)$
b) $\sin(\alpha) = \sin(\alpha + 35°)$
c) $\sin(\alpha) = \sin(\alpha - 40°)$

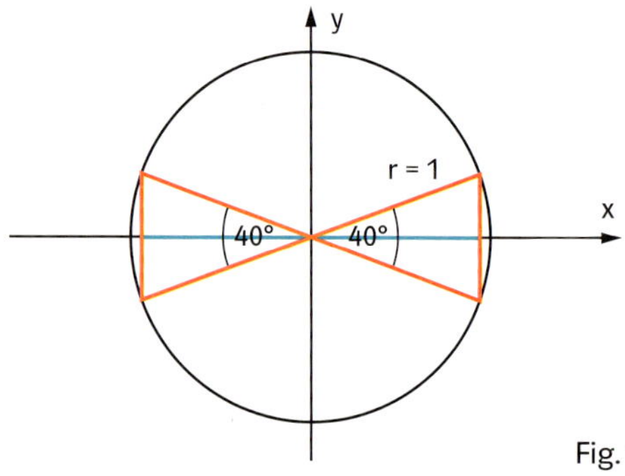

Fig. 1

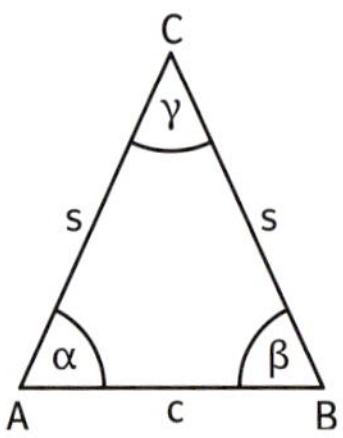

Fig. 2

5 a) Welche Beziehung ergibt sich bei einem gleichschenkligen Dreieck zwischen der Schenkellänge s, der Basis g und dem Winkel γ, der der Basis gegenüber liegt (Fig. 2), wenn man den Kosinussatz anwendet?
b) Wie lang ist die Basis eines gleichschenkligen Dreiecks mit der Schenkellänge s = 4,8 cm und dem Winkel γ = 132°?

Hinweis:
Mit h werden Höhen, mit w Winkelhalbierende und mit s Seitenhalbierende bezeichnet.

6 Berechne die fehlenden Seitenlängen und Winkelgrößen im Dreieck ABC.

a) $b = 4{,}5\,cm$, $c = 5\,cm$, $h_c = 3\,cm$
b) $a = 55{,}6\,m$, $c = 66\,m$, $s_c = 32{,}7\,m$
c) $b = 6{,}25\,km$, $h_b = 5{,}12\,km$, $s_b = 5{,}57\,m$
d) $c = 160\,m$, $h_a = 91\,m$, $w_\beta = 97\,m$

7 Berechne Umfang und Flächeninhalt eines Dreiecks ABC mit

a) $c = 6{,}5\,cm$, $\alpha = 60{,}5°$, $\beta = 43{,}1°$;
b) $b = 5{,}8\,cm$, $c = 3{,}7\,cm$, $\beta = 107{,}8°$.

8 Eine schiefe Säule hat eine quadratische Grundfläche und rechteckige Seitenflächen BCGF und ADHE (Fig. 3). Berechne das Volumen V und den Oberflächeninhalt O der Säule.

a) a = 5 cm; b = 10 cm; α = 70°
b) a = 3 cm; b = 8 cm; |AF| = 7 cm

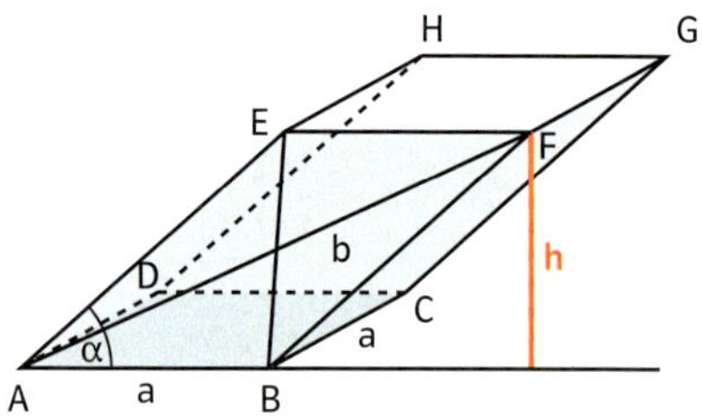

Fig. 3

9 Berechne die fehlenden Seitenlängen und Winkelgrößen in Viereck ABCD (Fig 4).

a) a = 10 cm, b = 8 cm, c = 7 cm, d = 7 cm, β = 75°
b) a = 9,5 cm, b = 7,6 cm, c = 8,5 cm, d = 3,7 cm, e = 6,5 cm

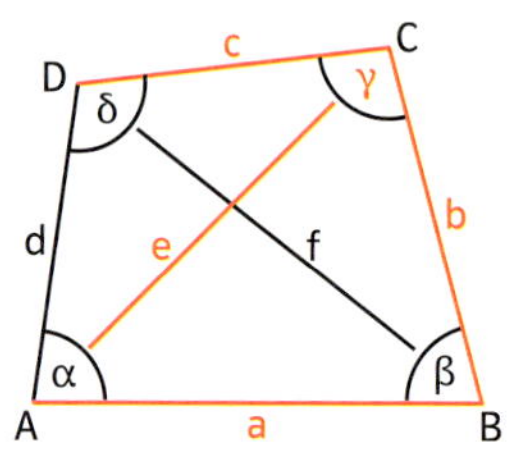

Fig. 4

10 a) Zeichne die Graphen der Funktionen $f: x \to \sin\left(x - \frac{5}{4}\pi\right)$ und $g: x \to \sin\left(x + \frac{3}{4}\pi\right)$ in dasselbe Koordinatensystem und vergleiche. Begründe das Ergebnis.
b) Zeichne die Graphen der Funktionen $f: x \to \sin\left(x - \frac{\pi}{3}\right)$ und $g: x \to \sin\left(x + \frac{2}{3}\pi\right)$ in dasselbe Koordinatensystem und vergleiche. Begründe das Ergebnis.
c) Zeige: $x \to -2\sin\left(x + \frac{\pi}{6}\right)$ und $x \to 2\sin\left(x - \frac{5}{6}\pi\right)$ beschreiben dieselbe Funktion.

Beweise führen

11 Bestätige die Richtigkeit der angegebenen Termvereinfachungen für alle Winkel α.
a) $\sin^2(\alpha) \cdot \cos(\alpha) + \cos^3(\alpha) = \cos(\alpha)$
b) $\sin(\alpha) - \sin(\alpha) \cdot \cos^2(\alpha) = \sin^3(\alpha)$
c) $(\sin(\alpha) + \cos(\alpha))^2 + (\sin(\alpha) - \cos(\alpha))^2 = 2$
d) $\frac{\sin^2(\alpha) - \sin^4(\alpha)}{\cos^2(\alpha) - \cos^4(\alpha)} = 1$
e) $\frac{\sin^4(\alpha) - \cos^4(\alpha)}{\sin^2(\alpha) - \cos^2(\alpha)} = 1$
f) $\frac{1}{1 + \sin(\alpha)} + \frac{1}{1 - \sin(\alpha)} = \frac{2}{\cos^2(\alpha)}$

12 Bestimme die fehlenden Seiten und Winkel eines Sehnenvierecks ABCD (Fig. 1).
a) $a = 6\,cm$; $b = 4\,cm$; $r = 5\,cm$; $\alpha = 95°$
b) $a = 5\,cm$; $b = 4\,cm$; $f = 5\,cm$; $\gamma = 120°$
c) $a = 64\,cm$; $r = 45\,cm$; $\beta = 74°$; $\gamma = 102°$

13 Berechne den Flächeninhalt eines regelmäßigen Fünfecks
a) mit der Seitenlänge $a = 10\,cm$,
b) mit dem Umkreisradius $r = 8\,cm$.

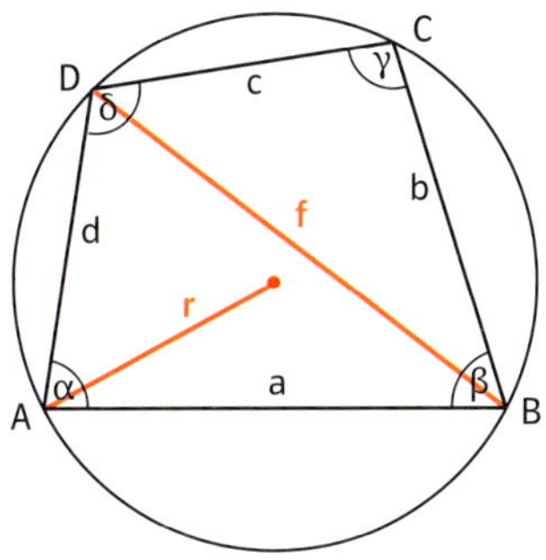

Fig. 1

14 Beweise: Ein gleichseitiges Dreieck mit der Seitenlänge s hat den Inkreisradius $r = \frac{s}{6}\sqrt{3}$.

15 Beweise: In jedem Dreieck teilt die Winkelhalbierende eines Winkels die gegenüberliegende Seite im Verhältnis der anliegenden Seiten, also zum Beispiel $\frac{a_1}{a_2} = \frac{b}{c}$ (Fig. 2).

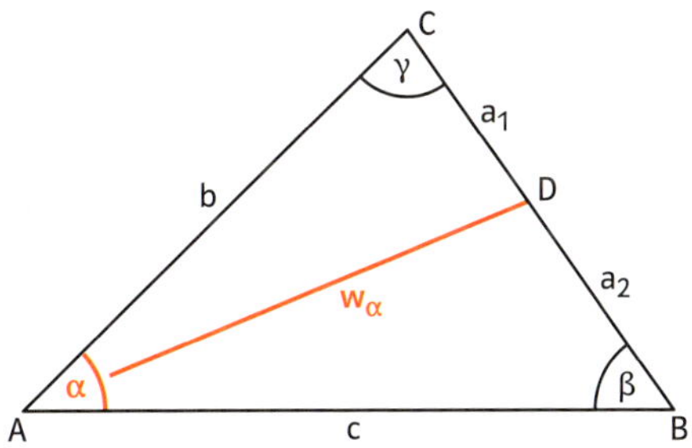

Fig.2

16 Beweise: Für den Flächeninhalt A eines Dreiecks mit den Seiten a, b und c und dem Inkreisradius r gilt $A = \frac{r}{2}(a + b + c)$.

17 Fig. 3 zeigt ein stumpfwinkliges Dreieck ($\gamma > 90°$) mit seinem Umkreis. Beweise $\frac{c}{\sin(\gamma)} = 2R$.

18 a) Begründe anhand einer geeigneten Zeichnung, dass die Aussage $\frac{a}{\sin(\alpha)} = 2R$ auch bei stumpfem Winkel α gültig ist.
b) Begründe für den Fall, dass $\beta > 90°$ ist, entsprechend $\frac{b}{\sin(\beta)} = 2R$.

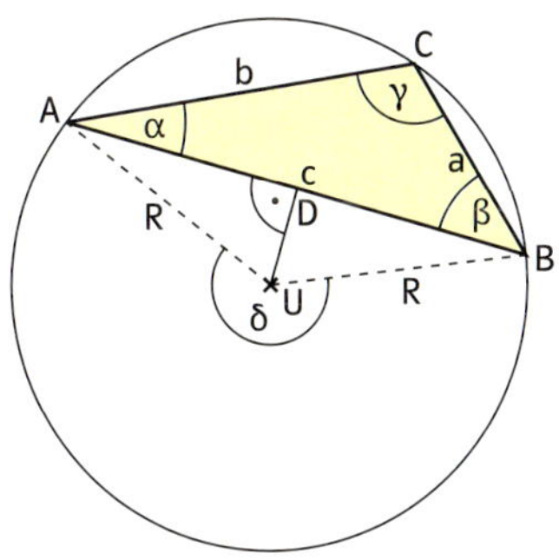

Fig. 3

Aus der Vermessung

*Das in Aufgabe 19 beschriebene Verfahren nennt man **Vorwärtseinschneiden** nach einem Punkt.*

Mit einem Theodoliten lassen sich Winkel auf Hundertstel Grad genau messen.

19 Um von A aus die Entfernung des gegenüberliegenden Uferpunktes P zu bestimmen, wird ein zugänglicher Hilfspunkt B gewählt (Fig. 1). Außer der Strecke $\overline{AB}$ (Standlinie) können auch die Winkel $\sphericalangle BAP$ und $\sphericalangle PBA$ gemessen werden. Berechne $\overline{AP}$ unter Verwendung der Messwerte
a) $\sphericalangle BAP = 80{,}5°$, $\sphericalangle PBA = 67{,}7°$, $\overline{AB} = 50\,m$,
b) $\sphericalangle BAP = 124{,}3°$, $\sphericalangle PBA = 52{,}6°$, $\overline{AB} = 20\,m$.

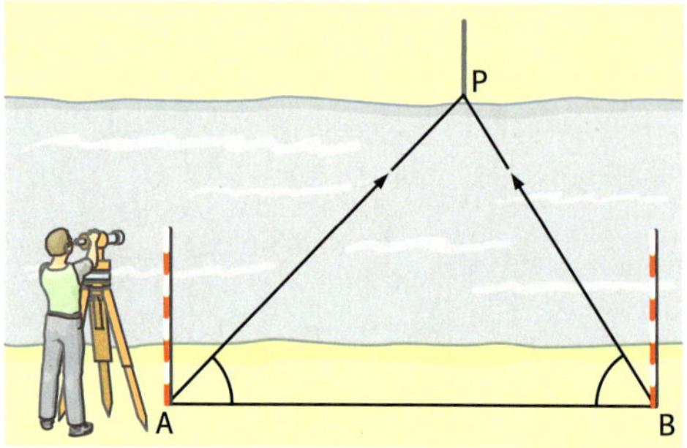

Fig. 1

20 Überlegt, welche Messgeräte zum Vorwärtseinschneiden (vgl. Aufgabe 20) nach einem Punkt erforderlich sind und welche Messfehler auftreten können.
Untersucht durch geeignete Vergleichsrechnungen, wie sich Messfehler auf das Rechenergebnis auswirken. Dabei könnt ihr die Zahlenwerte aus Aufgabe 20 verwenden. Du nimmst für eine der Messgrößen eine Abweichung nach oben an (zum Beispiel 5 cm oder 0,1°), dein Tischnachbar bei derselben Messgröße die gleiche Abweichung nach unten.

21 Ein Aussichtsturm T erscheint von einem in der Ebene liegenden Punkt P aus unter dem Erhebungswinkel $\delta = 27{,}5°$. Der Punkt Q liegt 450 m von P entfernt in derselben Horizontalebene. R ist der Fußpunkt des von T aus auf die Horizontalebene gefällten Lotes (Fig. 2). In der Horizontalebene misst man $\alpha = 77°$ und $\beta = 64°$.
a) Wie hoch liegt der Punkt T oberhalb der Horizontalebene? Unter welchem Erhebungswinkel erscheint der Turm von Q aus?
b) Wie weit ist der Beobachter in P, wie weit in Q von T entfernt (Luftlinie)?

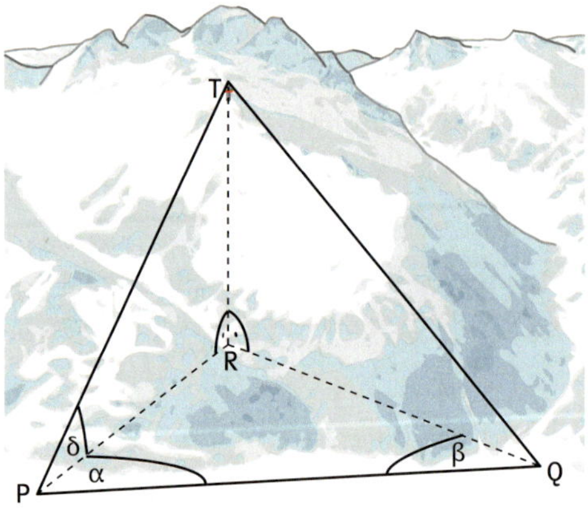

Fig. 2

Man misst mehr Winkel als nötig, um Messfehler abschätzen zu können.

22 In nicht ebenem Gelände muss man neben den Winkeln in horizontaler Richtung auch Winkel in vertikaler Richtung messen. In Fig. 3 wird die Höhe h eines Berggipfels P über der Ebene bestimmt. Die waagerechte Standlinie $\overline{AB}$ ist 300,2 m lang und für die horizontalen Winkel wird $\alpha = 71{,}3°$ und $\beta = 59{,}1°$ gemessen. Die Höhenwinkel betragen $\gamma = 31{,}8°$ und $\delta = 29{,}3°$.
a) Berechne h. Welche Messung wird nicht gebraucht?
b) Berechne noch einmal h. Verwende dabei den in a) nicht benutzten Winkel und vergleiche beide Ergebnisse.

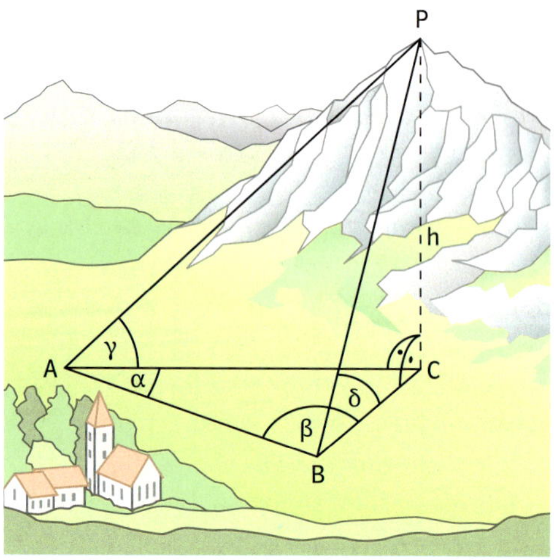

Fig. 3

23 Von einer Aussichtsplattform aus, die auf einem Berggipfel liegt, erscheinen die Ufer eines darunter liegenden Bergsees unter den Tiefenwinkeln $\alpha = 65{,}2°$ und $\beta = 47{,}9°$ (Fig. 1). Die Plattform ist 1800 m vom näher liegenden Seeufer entfernt. Wie breit ist der See entlang der Sichtlinie?

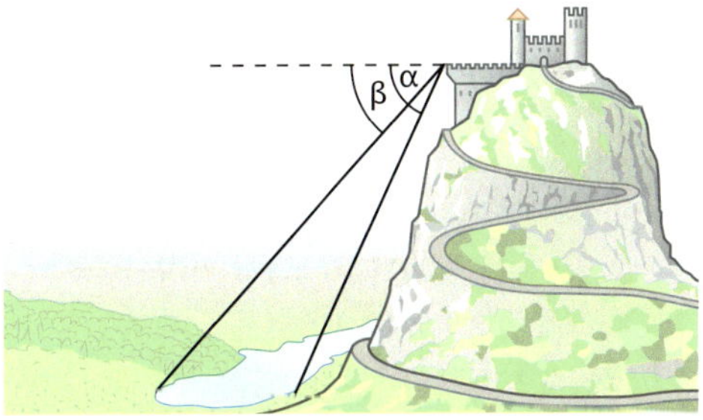

Fig. 1

24 Zwei gerade Waldwege gehen von einem Aussichtspunkt A aus und schließen einen Winkel von 118° ein (Fig. 2). Nach 2,45 km gelangt man von A aus auf dem einen Weg zu einem Brunnen B, auf dem anderen Weg sind es von A aus 3,31 km bis zu einer Hütte C. Von B nach C soll ein gerader Forstweg angelegt werden. Wie lang wird dieser Weg? Welchen Winkel bildet er mit dem Weg von A nach B?

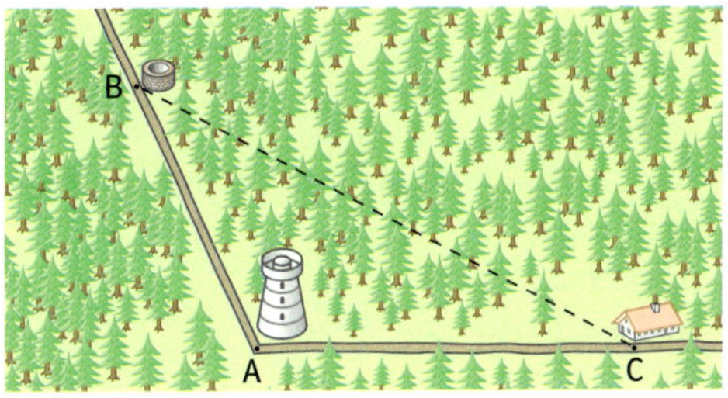

Fig. 2

Berechnungen an Figuren

25 Welchen Winkel ε bilden die beiden Diagonalen e und f eines Parallelogramms ABCD (Fig. 3) miteinander, wenn die Seite a dreimal so lang ist wie die Seite b und die Diagonale e zweieinhalbmal so lang wie b ist?

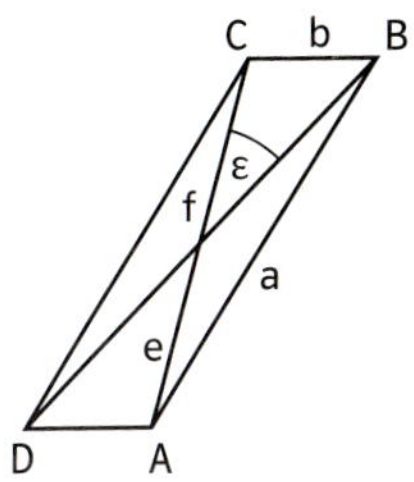

Fig. 3

26 Blickt man von einem 120 m über dem Riffelsee (bei Zermatt/Schweiz) gelegenen Punkt A bei Windstille in den See, so sieht man das Spiegelbild des Matterhorns unter dem Tiefenwinkel $\alpha = 11{,}80°$. Die Spitze des Matterhorns erblickt man direkt unter dem Höhenwinkel $\beta = 10{,}25°$ (Fig. 4). Wie viel Meter liegt der Gipfel des Matterhorns über dem Riffelsee?

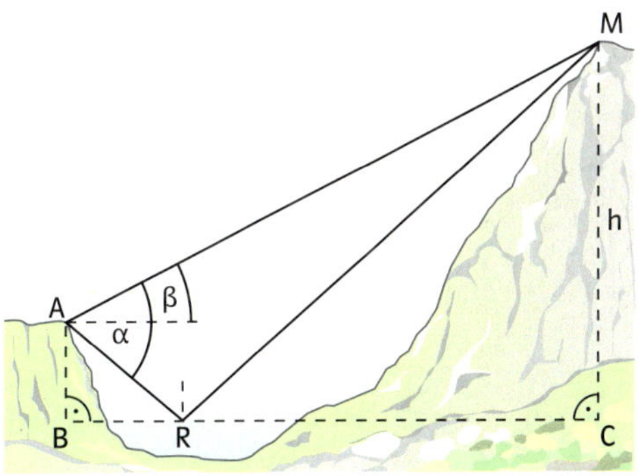

Fig. 4

27 Zwei Kreise haben die Radien $r_1 = 5\,\text{cm}$ und $r_2 = 10\,\text{cm}$. Der Abstand ihrer Mittelpunkte beträgt $d = 8\,\text{cm}$. Wie groß ist die gemeinsame Fläche beider Kreise? Zeichne erst und rechne dann.

28 Zwei Tangenten eines Kreises schneiden sich unter dem Winkel $\alpha = 75°$ in einem Punkt S (Fig. 5). Ihre Berührpunkte A und B haben den Abstand $s = 7\,\text{cm}$.
a) Berechne den Kreisradius r.
b) Berechne den Abstand des Punktes S vom Kreismittelpunkt M.

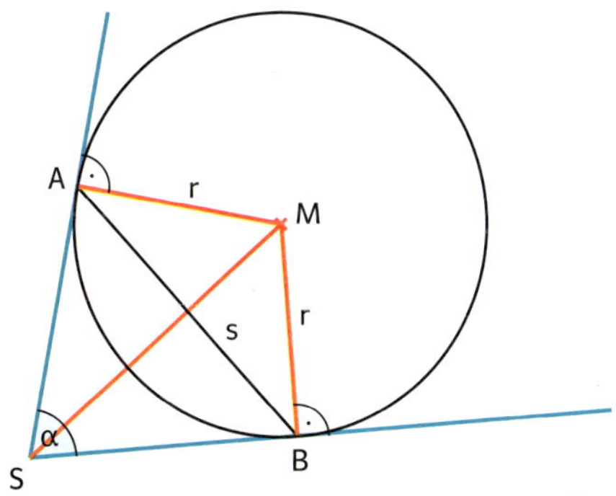

Fig. 5

Additionssätze

Kennt man den Sinuswert und den Kosinuswert zweier Winkel α und β, so kann man damit die Sinuswerte und die Kosinuswerte von $\alpha + \beta$ und $\alpha - \beta$ berechnen.
Dazu benutzt man die so genannten

Additionssätze:

(I) $\sin(\alpha + \beta) = \sin(\alpha)\cos(\beta) + \cos(\alpha)\sin(\beta)$;

(II) $\sin(\alpha - \beta) = \sin(\alpha)\cos(\beta) - \cos(\alpha)\sin(\beta)$;

(III) $\cos(\alpha + \beta) = \cos(\alpha)\cos(\beta) - \sin(\alpha)\sin(\beta)$;

(IV) $\cos(\alpha - \beta) = \cos(\alpha)\cos(\beta) + \sin(\alpha)\sin(\beta)$.

Diese vier Gleichungen gelten für beliebige Winkel α und β.

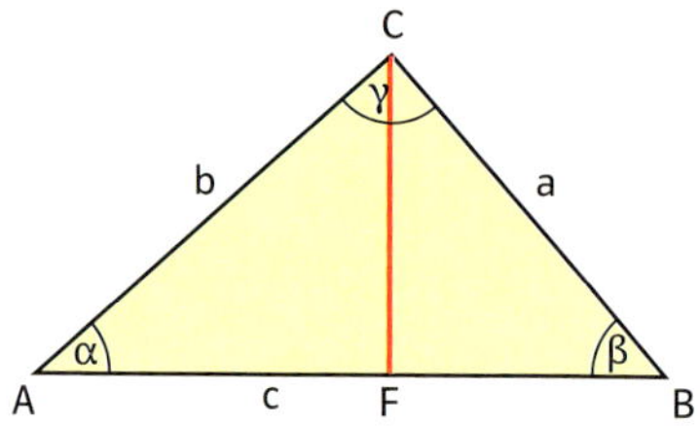

Fig. 1

Mithilfe des Sinussatzes kann man die erste Gleichung im Fall $0° < \alpha + \beta < 180°$ leicht herleiten.
Im Dreieck ABC (Fig. 1) gilt $\frac{a}{c} = \frac{\sin(\alpha)}{\sin(\gamma)}$.

Daraus folgt $\sin(\gamma) = \frac{\sin(\alpha) \cdot c}{a}$. (1)

Wegen $\gamma = 180° - (\alpha + \beta)$ erhält man $\sin(\gamma) = \sin(180° - (\alpha + \beta)) = \sin(\alpha + \beta)$. (2)

Außerdem gilt $\cos(\alpha) = \frac{\overline{AF}}{b}$ und $\cos(\beta) = \frac{\overline{FB}}{a}$. (3)

Setzt man (2) in (1) ein, so erhält man

$\sin(\alpha + \beta) = \frac{\sin(\alpha) \cdot c}{a} = \frac{\sin(\alpha) \cdot (\overline{AF} + \overline{FB})}{a} = \frac{\sin(\alpha) \cdot \overline{AF}}{a} + \frac{\sin(\alpha) \cdot \overline{FB}}{a}$.

Benutzt man den Sinussatz noch einmal, so erhält man mithilfe von $\frac{\sin(\alpha)}{a} = \frac{\sin(\beta)}{b}$ nun

$\sin(\alpha + \beta) = \frac{\sin(\alpha) \cdot \overline{AF}}{a} + \frac{\sin(\beta) \cdot \overline{FB}}{b} = \sin(\alpha) \cdot \frac{\overline{AF}}{a} + \sin(\beta) \cdot \frac{\overline{FB}}{b}$.

Setzt man jetzt (3) ein, so ergibt sich: $\sin(\alpha + \beta) = \sin(\alpha)\cos(\beta) + \cos(\alpha)\sin(\beta)$.

1 Ersetze in der gerade bewiesenen Formel (I) β durch $-\beta$ und zeige damit die Gültigkeit der Formel $\sin(\alpha - \beta) = \sin(\alpha)\cos(\beta) - \cos(\alpha)\sin(\beta)$.

Mithilfe des Kosinussatzes gelingt die Herleitung des dritten Additionssatzes für $0° < \alpha + \beta < 180°$. Der Kosinussatz für c^2 lautet $c^2 = a^2 + b^2 - 2ab\cos(\gamma)$.
Wegen $\gamma = 180° - (\alpha + \beta)$ erhält man

$c^2 = a^2 + b^2 - 2ab\cos(180° - (\alpha + \beta)) = a^2 + b^2 + 2ab\cos(\alpha + \beta)$. (4)

Für die Teilstücke $\overline{AF}$ und $\overline{FB}$ gilt nach dem Satz des Pythagoras
$\overline{AF}^2 = b^2 - \overline{FC}^2$ und $\overline{FB}^2 = a^2 - \overline{FC}^2$.
Mit $\overline{AF} = b \cdot \cos(\alpha)$ und $\overline{FB} = a \cdot \cos(\beta)$ erhält man

$c^2 = (\overline{AF} + \overline{FB})^2 = \overline{AF}^2 + 2\,\overline{AF} \cdot \overline{FB} + \overline{FB}^2$
$\quad = b^2 - \overline{FC}^2 + 2b\cos(\alpha)a\cos(\beta) + a^2 - \overline{FC}^2$.

Einsetzen in (4) ergibt $b^2 + 2b\cos(\alpha)a\cos(\beta) + a^2 - 2\overline{FC} \cdot \overline{FC} = a^2 + b^2 + 2ab\cos(\alpha + \beta)$.
Setzt man nun noch $\overline{FC} = b\sin(\alpha) = a\sin(\beta)$ ein (Fig. 1),
so erhält man $b^2 + 2ab\cos(\alpha)\cos(\beta) + a^2 - 2b\sin(\alpha)a\sin(\beta) = a^2 + b^2 + 2ab\cos(\alpha + \beta)$
oder $2ab\cos(\alpha)\cos(\beta) - 2ab\sin(\alpha)\sin(\beta) = 2ab\cos(\alpha + \beta)$
und damit $\cos(\alpha)\cos(\beta) - \sin(\alpha)\sin(\beta) = \cos(\alpha + \beta)$.

2 Ersetze in der gerade bewiesenen Formel β durch $-\beta$ und zeige damit die Gültigkeit der Formel $\cos(\alpha - \beta) = \cos(\alpha)\cos(\beta) + \sin(\alpha)\sin(\beta)$.

3 Beweise mit dem Additionssatz $\cos(\alpha - \beta) = \cos(\alpha)\cos(\beta) + \sin(\alpha)\sin(\beta)$, dass für alle Winkel α gilt

a) $\cos(\alpha) = \cos(-\alpha)$;
b) $\cos(\alpha + 90°) = -\sin(\alpha)$;
c) $\sin(90° - \alpha)\cos(\alpha)$;
d) $\sin(-\alpha) = -\sin(\alpha)$.

Tipp zu Aufgabe 3a):
$\cos(-\alpha) = \cos(0° - \alpha)$

Tipp zu Aufgabe 3b):
$\cos(\alpha + 90°)$
$= \cos(\alpha - (-90°))$

4 Zeige, dass für alle Winkel $\alpha + \beta$ gilt

a) $\sin(\alpha) + \sin(\beta) = 2\sin\left(\frac{\alpha + \beta}{2}\right)\cos\left(\frac{\alpha - \beta}{2}\right)$;
b) $\cos(\alpha) + \cos(\beta) = 2\cos\left(\frac{\alpha + \beta}{2}\right)\cos\left(\frac{\alpha - \beta}{2}\right)$.

5 Beweise.

a) $\sin(2\alpha) = 2\sin(\alpha)\cos(\alpha)$
b) $\sin(3\alpha) = 2\sin(\alpha) - 4\sin^3(\alpha)$

6 Es ist $\alpha = 2\frac{\alpha}{2}$. Beweise damit und unter Verwendung der Formeln $\cos(2\alpha) = 1 - 2\sin^2(\alpha)$ und Aufgabe 5a): $\left|\sin\left(\frac{\alpha}{2}\right)\right| = \sqrt{\frac{1 - \cos(\alpha)}{2}}$ und $\left|\cos\left(\frac{\alpha}{2}\right)\right| = \sqrt{\frac{1 + \cos(\alpha)}{2}}$.

7 Leite mithilfe der Additionssätze ähnlich wie in Aufgabe 5 einen Term zur Berechnung von $\cos(3\alpha)$ her.

Drehungen

8 In Fig. 1 ist Q′ der Bildpunkt von Q und P′ der Bildpunkt von P bei einer Drehung um den Winkel φ mit Drehzentrum O(0 | 0).

a) Zeige: Wenn x_Q und y_Q die Koordinaten von Q sind, dann gilt für die Koordinaten $x_{Q'}$ und $y_{Q'}$ von Q′
$x_{Q'} = \cos(\varphi)x_Q - \sin(\varphi)y_Q$ und
$y_{Q'} = \sin(\varphi)x_Q + \cos(\varphi)y_Q$.

b) Begründe: Für die Koordinaten x_P und y_P von P gilt
$x_P = r \cdot x_Q$ und $y_P = r \cdot y_Q$.

c) Zeige: Für die Koordinaten $x_{P'}$ und $y_{P'}$ von P′ gilt
$x_{P'} = \cos(\varphi)x_P - \sin(\varphi)y_P$ und
$y_{P'} = \sin(\varphi)x_P + \cos(\varphi)y_P$.

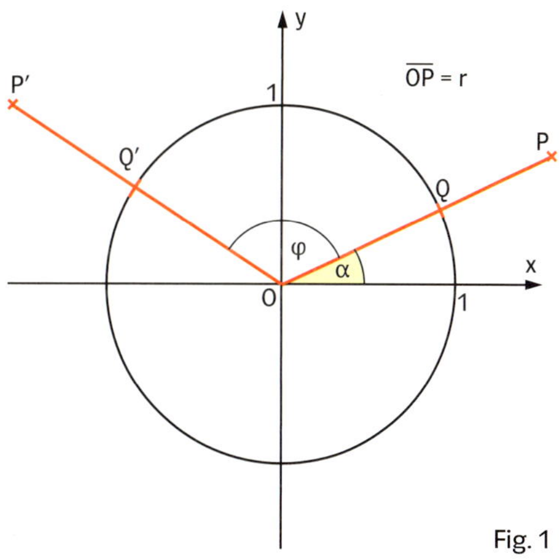

Fig. 1

9 Das Dreieck mit den Eckpunkten A(2 | 1), B(7 | 3) und C(5 | 6) wird um 40° um den Ursprung gedreht.

a) Zeichne das Bilddreieck und lies die Koordinaten der Bildpunkte ab.
b) Berechne die Bildpunkte mit den Formeln aus Aufgabe 8.

10 Der Punkt P(x | y) wird um 90° um den Ursprung gedreht. Gib die Koordinaten des Bildpunktes P′ an.

Rückblick

Sinusfunktion und Kosinusfunktion
Die Funktionen Sinus und Kosinus werden so für alle Winkel α definiert: Jeder Winkel α mit der positiven x-Achse als erstem Schenkel bestimmt mit seinem zweiten Schenkel einen Punkt P_α auf dem Einheitskreis.
Die x-Koordinate des Punktes P_α ist $\cos(\alpha)$.
Die y-Koordinate des Punktes P_α ist $\sin(\alpha)$.
Die Funktionen Sinus und Kosinus sind periodisch mit der Periodenlänge 360°.

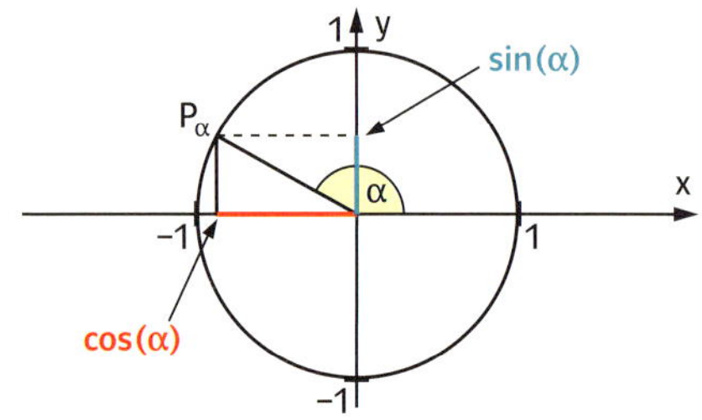

Sinussatz
In einem Dreieck ABC verhalten sich die Längen der Seiten zueinander wie die Sinuswerte ihrer Gegenwinkel.

$$\frac{a}{b} = \frac{\sin(\beta)}{\sin(\beta)}, \qquad \frac{b}{c} = \frac{\sin(\beta)}{\sin(\gamma)}, \qquad \frac{a}{c} = \frac{\sin(\alpha)}{\sin(\gamma)}.$$

Seitenberechnung mit dem Sinussatz:
Gegeben: $c = 8\,cm;\ \alpha = 42°;\ \gamma = 50°$
Gesucht: *die Seite a*
Rechnung: $a = \frac{c \cdot \sin(\alpha)}{\sin(\gamma)}$
$a = \frac{8\,cm \cdot \sin(42°)}{\sin(50°)}$
Ergebnis: $a \approx 7{,}0\,cm$

Kosinussatz
In jedem Dreieck ABC ist das Quadrat einer Seitenlänge genauso groß wie die Summe der Quadrate der beiden anderen Seitenlängen vermindert um das doppelte Produkt dieser beiden Seitenlängen mit dem Kosinus des eingeschlossenen Winkels.

$$a^2 = b^2 + c^2 - 2bc \cdot \cos(\alpha),$$
$$b^2 = a^2 + c^2 - 2ac \cdot \cos(\beta),$$
$$c^2 = a^2 + b^2 - 2ab \cdot \cos(\gamma).$$

Winkelberechnung mit dem Sinussatz:
Gegeben: $b = 8\,cm;\ c = 5\,cm;\ \gamma = 35.$
Gesucht: *der Winkel .*
Rechnung: $\sin(\beta) = \frac{b \cdot \sin(\gamma)}{c}$
$\sin(\beta) = \frac{8\,cm \cdot \sin(35°)}{5\,cm}$
Ergebnis: $\beta_1 \approx 66{,}6°;\ \beta_2 \approx 113{,}4°$

Trigonometrische Funktionen
Fasst man eine reelle Zahl als Bogenmaß eines Winkels auf, so werden dadurch die trigonometrischen Funktionen $f: x \mapsto \sin(x)$ und $g: x \mapsto \cos(x)$ für alle reellen Zahlen definiert.
Für ihre Funktionswerte gilt $-1 \leqq f(x) \leqq 1$ und $-1 \leqq g(x) \leqq 1$.
Beide Funktionen sind periodisch mit der Periodenlänge 2π.

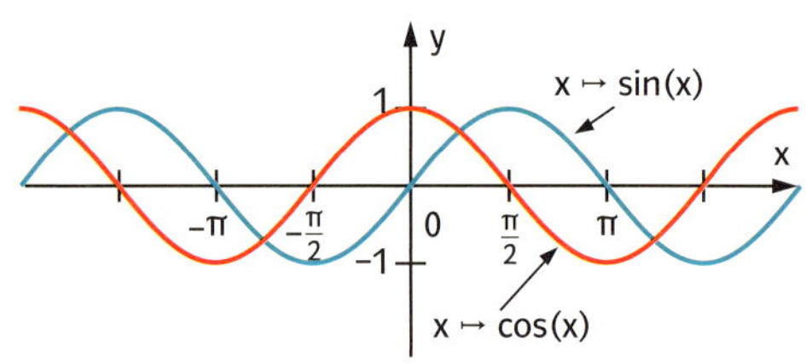

Funktionen der Form $x \to a\sin(bx - d)$
Den Graphen der Funktion $x \to a\sin(bx - d)$ kann man sich aus dem Graphen der Funktion $x \to \sin(x)$ wie folgt entstanden denken:
1. Verschieben in x-Richtung um d: $x \to \sin(x - d)$
   Positive Werte von d verschieben den Graphen nach rechts, negative nach links.
2. Strecken in x-Richtung mit dem Faktor $\frac{1}{|b|}$: $x \to \sin(bx - d)$
   Negative Werte von b spiegeln zusätzlich an der y-Achse.
   Periodenlänge: $p = \frac{2\pi}{|b|}$.
3. Strecken in y-Richtung mit dem Faktor $|a|$: $x \to a\sin(bx - d)$
   Negative Werte von a spiegeln zusätzlich an der x-Achse.
   Amplitude: $A = |a|$.

Verschieben um π nach rechts
Strecken mit $b = 2$ und $a = 1{,}5$

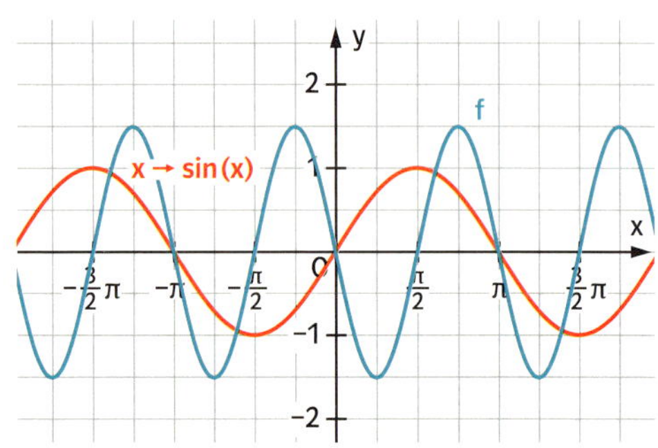

$f(x) = 1{,}5 \cdot \sin(2x - \pi)$

Training

Runde 1

1 Berechne die fehlenden Seitenlängen und Winkelgrößen eines Dreiecks ABC.
a) $a = 1{,}5\,m$; $c = 2{,}3\,m$; $\beta = 40°$
b) $a = 2{,}7\,cm$; $b = 4{,}2\,cm$; $c = 3{,}9\,cm$
c) $b = 2{,}05\,m$; $\beta = 30{,}3°$; $\gamma = 105{,}4°$
d) $b = 7{,}8\,km$; $c = 3{,}5\,km$; $\gamma = 15{,}5°$

2 In einem Dreieck ABC wie in Fig. 1 ist $a = 3{,}8\,cm$; $c = 4{,}5\,cm$; $s_c = 4{,}5\,cm$.
a) Berechne die Winkel und die Seite b.
b) Berechne die Höhe h_c.

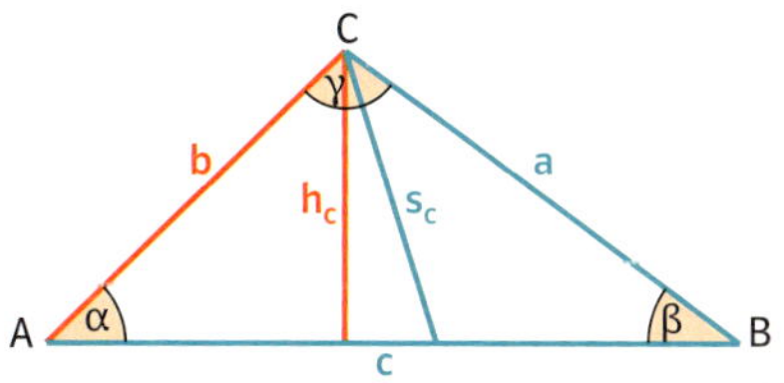

Fig. 1

3 Für ein Dreieck ABC gilt $a = 8{,}1\,cm$, $c = 5{,}2\,cm$ und $\alpha = 24{,}9°$.
a) Berechne den Umfang U und den Flächeninhalt A des Dreiecks.
b) Berechne die Seitenhalbierende s_b.

4 Zwei waagerechte Stollen eines Bergwerks gehen von einem Punkt A eines Schachtes aus und schließen den Winkel $\alpha = 73°$ ein (Fig. 2). Der erste Stollen hat die Länge $\overline{AB} = 480\,m$, der zweite Stollen hat die Länge $\overline{AC} = 350\,m$.
a) Wie lang wird ein Verbindungsstollen von B nach C?
b) Unter welchen Winkeln gegen $\overline{AB}$ und $\overline{AC}$ muss der Verbindungsstollen von B bzw. C aus vorangetrieben werden?

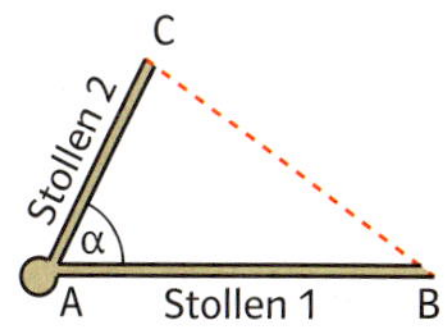

Fig. 2

5 Skizziere den Graphen im Intervall $[-2\pi;\ 2\pi]$.
a) $f: x \to 0{,}5\sin(x)$
b) $f: x \to 2\sin(2x - \pi)$
c) $f: x \to \sin(0{,}5x + 1)$
d) $f: x \to \cos(x - \pi)$

Runde 2

1 Berechne die fehlenden Seitenlängen und Winkelgrößen eines Dreiecks ABC.
a) $b = 2{,}05\,m$; $\beta = 30{,}3°$; $\gamma = 105{,}4°$
b) $b = 7{,}8\,km$; $c = 3{,}5\,km$; $\gamma = 15{,}5°$
c) $a = 2{,}26\,m$; $b = 1{,}13\,m$; $\alpha = 47{,}3°$
d) $a = 3{,}04\,cm$; $\beta = 22{,}6°$; $\gamma = 97{,}2°$

2 Bestimme mithilfe des Taschenrechners auf eine Nachkommastelle gerundete Näherungswerte für alle Winkel α zwischen 0° und 360° mit
a) $\cos(\alpha) = 0{,}7531$;
b) $\sin(\alpha) = 0{,}5493$;
c) $\cos(\alpha) = -0{,}2873$.

3 Bestimme mit dem Taschenrechner auf drei Nachkommastellen gerundete Näherungswerte für alle Zahlen x mit $0 \leqq x \leqq 2\pi$, für die gilt
a) $\sin(x) = 0{,}5287$;
b) $\sin(x) = -0{,}6134$;
c) $\cos(x) = -0{,}9132$.

4 Welchen Winkel ε bilden die beiden Diagonalen e und f eines symmetrischen Trapezes ABCD miteinander, wenn
a) die Seiten a und b gleich lang sind und die Seite a dreimal so lang wie c ist,
b) die Seite a doppelt so lang wie b ist und die Seite c halb so lang wie b ist?

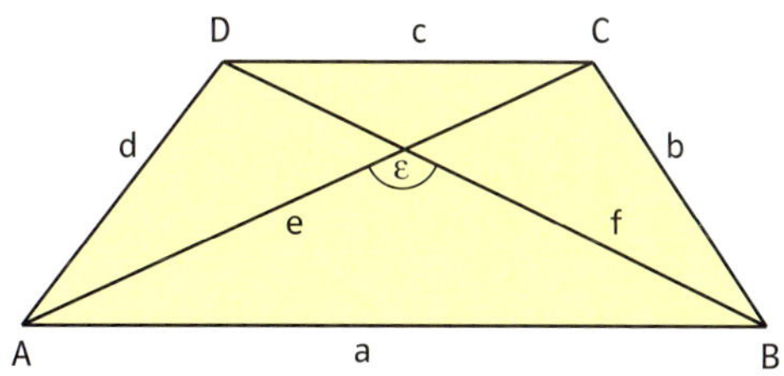

5 Berechne alle Nullstellen und skizziere den Graphen.
a) $f(x) = 2\sin(x)$
b) $g(x) = 0{,}5\sin(2x + \pi)$
c) $h(x) = 2\sin(x) - 1$
d) $k(x) = \cos(2x - \pi$

Lösungen auf der Seite 246.

Das kannst du schon

- Mit Potenzen rechnen
- Graphen und Terme interpretieren
- Funktionen und Terme mittels Tabelle, Graph oder mit Worten beschreiben

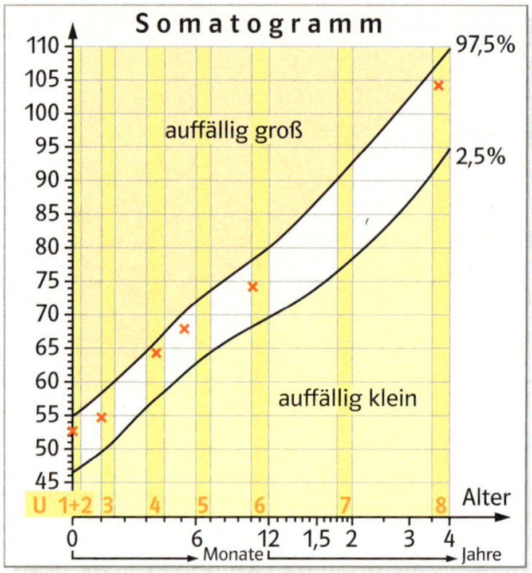

Somatogramm

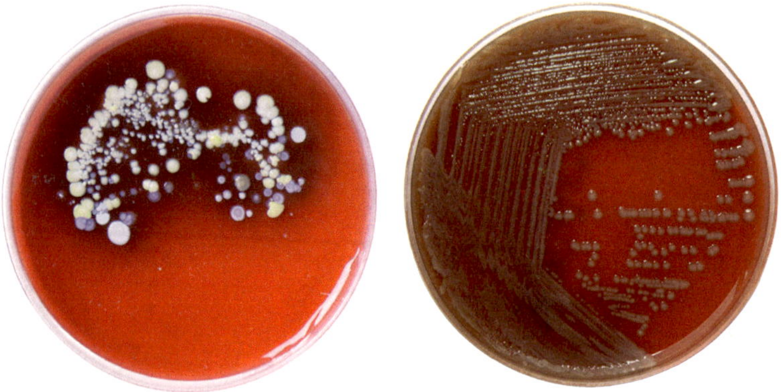

Bakterienwachstum in einer Petrischale

Wie viel mehr, wie viel weniger?

Das einzig Bleibende im Leben ist die Veränderung.

Laotse

Das kannst du bald

- Änderungen unterscheiden
- Exponentielles Wachstum verstehen
- Exponentialfunktionen bestimmen
- Wachstum rekursiv oder explizit beschreiben
- Mit Logarithmen rechnen

1 Wachstumsvorgänge

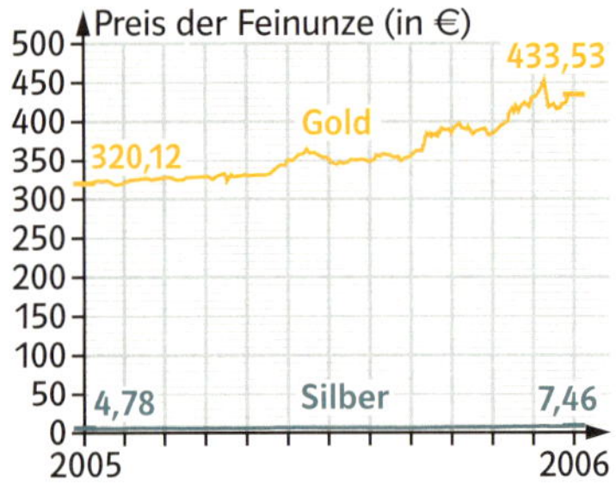

Frankfurt. Das Jahr 2005 war ein gutes Börsenjahr: Fast alle Aktienwerte sind deutlich gestiegen, ebenso die Preise für Edelmetalle. Wer am Jahresanfang Silber oder Gold besaß, durfte sich am Jahresende über einen beachtlichen Wertzuwachs freuen, wobei die Besitzer von Silber im Vergleich zu den Goldbesitzern noch größere Gewinne gemacht haben.

Bei vielen Größen verändert sich der **Bestand B** mit der Zeit, zum Beispiel die Einwohnerzahl einer Stadt oder das Körpergewicht eines Menschen.

Nach dem Konsum von Alkohol kann man diesen im Blut nachweisen. In einem Experiment wird nach dem Konsum die im Blut befindliche Alkoholmenge in jeweils gleichen Zeitabständen gemessen. Fig. 1 und Fig. 2 zeigen Messwerte für einen Erwachsenen nach dem Konsum von 50 g Alkohol (zum Beispiel etwa 1 Liter Bier).

Ein erwachsener Mensch hat etwa 5 Liter Blut. Der Alkoholgehalt in seinem Blut drei Stunden nach dem Verzehr eines Liters Bier beträgt also noch 0,9 g pro Liter Blut. Das sind etwa 0,9 Promille.

Zeit t nach Einnahme (in h)	Alkoholmenge B(t) (in g)
0	0
1	3,5
2	5,0
3	4,5
4	3,75
5	3,0
6	2,25

Fig. 1

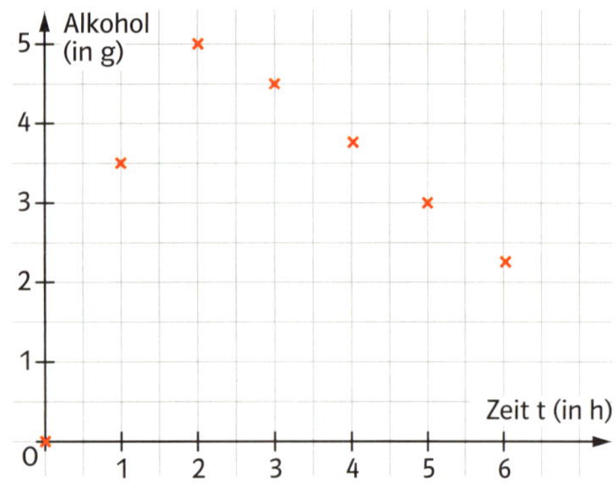

Fig. 2

Um zu beschreiben, wie schnell sich der Blutalkohol im Lauf der Zeit ändert, betrachtet man die Änderungen innerhalb von Zeitschritten. Dabei kann man unterschiedlich vorgehen.

1. Man betrachtet die **(absolute) Änderung** für einen Zeitschritt. Dazu berechnet man die Differenz der Werte.
Änderung von der 1. zur 2. Stunde:
$B(2) - B(1) = 5{,}0 - 3{,}5 = 1{,}5$
Die Alkoholmenge im Blut nimmt von der 1. zur 2. Stunde um 1,5 g zu.
Änderung von der 2. zur 3. Stunde:
$B(3) - B(2) = 4{,}5 - 5{,}0 = -0{,}5$
Die Alkoholmenge im Blut nimmt von der 2. zur 3. Stunde um 0,5 g ab.

2. Man betrachtet die **relative** oder **prozentuale Änderung** für einen Zeitschritt.
Relative Änderung von der 1. zur 2. Stunde:
$\frac{B(2) - B(1)}{B(1)} = \frac{1{,}5}{3{,}5} \approx 0{,}43 = 43\,\%$
Die Alkoholmenge im Blut nimmt von der 1. zur 2. Stunde um 43 % zu.
Relative Änderung von der 2. zur 3. Stunde:
$\frac{B(3) - B(2)}{B(2)} = \frac{-0{,}5}{5} = -0{,}1 = -10\,\%$
Die Alkoholmenge im Blut nimmt von der 2. zur 3. Stunde um 10 % ab.

Wie im Beispiel kann der Bestand zu- oder abnehmen. Solche Veränderungen fasst man unter dem Begriff **Wachstum** zusammen.

Für jeden Zeitschritt zwischen zwei Zeitpunkten n und n + 1 kann man das **Wachstum** eines Bestandes B auf verschiedene Weisen beschreiben.

1. Man gibt die **absolute Änderung** als Differenz $d = B(n+1) - B(n)$ von aufeinanderfolgenden Werten an.
2. Man gibt die **relative** oder **prozentuale Änderung** als Quotient $p = \frac{B(n+1) - B(n)}{B(n)}$ an.

Beispiel

Die öffentlichen Ausgaben in Deutschland für die Jahre 2002, 2003 und 2004 betrugen 993 Milliarden €, 1001 Milliarden € und 990 Milliarden €.

a) Gib jeweils die jährliche Änderung und die jährliche prozentuale Änderung an.

b) Die Ausgaben für 2005 änderten sich gegenüber 2004 um 0,6 %. Bestimme die Höhe der Ausgaben für 2005.

Lösung:

a)

	2003 gegenüber 2002	2004 gegenüber 2003
Änderung	8 Milliarden €	−11 Milliarden €
relative Änderung	$\frac{8}{993} \approx 0{,}0081$ Zunahme etwa 0,81 %	$\frac{-11}{1001} \approx -0{,}011$ Abnahme etwa 1,1 %

b) *Die Zunahme von 0,6 % entspricht einer Multiplikation mit dem Faktor 1,006.*

$990 \cdot 1{,}006 \approx 996$ Die Ausgaben im Jahr 2005 betrugen etwa 996 Milliarden €.

Aufgaben

1 Berechne den Bestand nach zwei Zeitschritten.

a) Janika bekommt monatlich 20 € Taschengeld. Jedes Jahr soll es um 5 € erhöht werden.

b) Max verdient 10 € in der Stunde. Jedes Jahr soll der Stundenlohn um 5 % steigen.

c) Eine Kerze wird angezündet. Jede Minute brennt sie um 2 mm herunter.

d) Ein Computer kostet 1000 €. Jedes Jahr verliert er die Hälfte seines Wertes.

e) Eine Hefekultur mit 5 g Hefe verdreifacht stündlich ihre Masse.

2 Aus dem Wirtschaftsteil einer Zeitung:

A Der Umsatz des Unternehmens hat sich im letzten Jahr von 3,2 Millionen € auf 3,45 Millionen € erhöht.

B Der Gewinn der Firma betrug im letzten Jahr 560 000 € und hat sich in diesem Jahr um 7,8 % verringert.

C Im abgelaufenen Jahr wurden 45 600 Geräte verkauft. Das war gegenüber dem vorausgegangenen Jahr eine Steigerung von 6500. Auch im kommenden Jahr sollen wieder 6500 Geräte mehr verkauft werden.

D In diesem Jahr konnte die Verschuldung um 8 % auf 62 000 € gedrückt werden. Auch im kommenden Jahr ist eine Verringerung der Schulden um 8 % geplant.

a) Bestimme für A die absolute Änderung und die relative Änderung.

b) Wie groß ist bei B der Gewinn in diesem Jahr?

c) Bestimme für C die prozentualen Änderungen im abgelaufenen bzw. kommenden Jahr.

d) Bestimme für D die Änderungen im abgelaufenen bzw. kommenden Jahr.

3 In Fig. 1 ist ein Wachstumsvorgang in Zeitschritten von einer Stunde grafisch dargestellt.
a) Bestimme die absolute und die prozentuale Änderung für jeden Zeitschritt.
b) Ist der Zeitschritt mit der größten absoluten Zunahme auch derjenige mit der größten prozentualen Zunahme? Begründe.
c) Die prozentuale Änderung von der 5. zur 6. Stunde beträgt −20%. Wie groß ist B(6)?

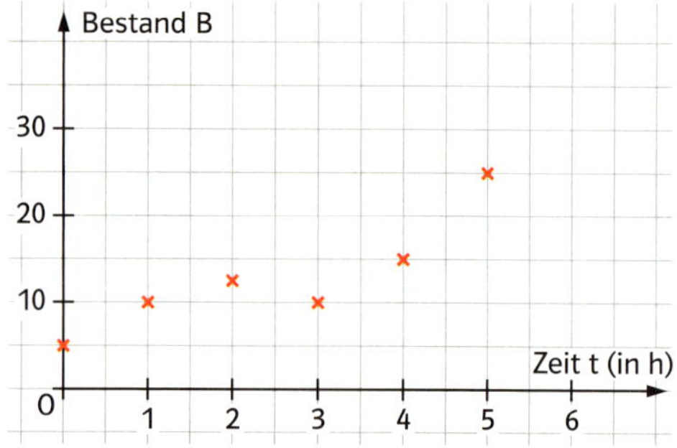

Fig. 1

4 a) Für einen Bestand gilt $B(1) = 1{,}6$. Er nimmt von $n = 1$ zu $n = 2$ um 12% zu. Berechne B(2).
b) Für einen Bestand gilt $B(8) = 34$. Er nimmt von $n = 8$ zu $n = 9$ um 4,3% ab. Berechne B(9).
c) Ein Bestand nimmt von $n = 4$ zu $n = 5$ um 7,5% auf $B(5) = 12{,}8$ zu. Berechne B(4).

Bist du sicher?

1 Die Tabelle zeigt die Entwicklung eines Bestandes. Bestimme für jeden Zeitschritt die Änderung und die prozentuale Änderung.

n	0	1	2	3	4
B(n)	80	76	80	100	80

2 Für einen Wachstumsvorgang gilt $B(8) = 2500$. Bestimme B(9), wenn für den Zeitschritt von $n = 8$ zu $n = 9$ gilt:
a) Die relative Änderung ist −25%.
b) Die relative Zunahme ist 0,3%.
c) Die Änderung ist 8.
d) Die relative Änderung ist 100%.

5 Die Grafik in Fig. 2 zeigt die Entwicklung der Anzahl von DSL-Anschlüssen in Deutschland.
a) In welchem Zeitschritt ist die absolute Änderung am größten, in welchem die relative Änderung?
b) Wie kann es vorkommen, dass der Zeitschritt mit der größten absoluten Änderung nicht mit dem Zeitschritt mit der größten relativen Änderung übereinstimmt?

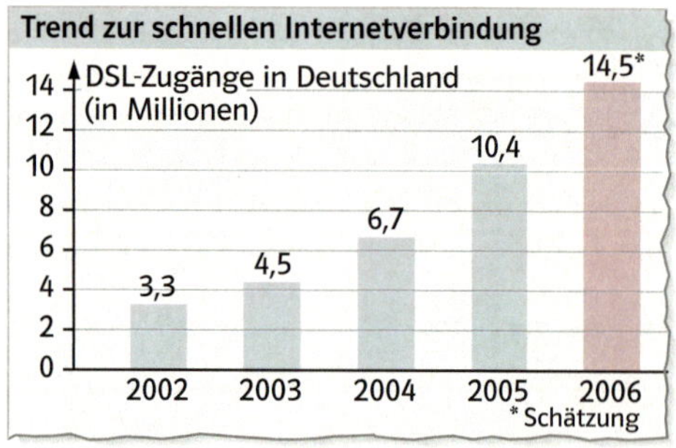

Fig. 2

6 Auf dem Meer verursachen die Gezeiten einen Wechsel von Niedrigwasser zu Hochwasser in etwa 6 Stunden. Die Tabelle zeigt den Pegelstand h (in m) für Helgoland für die Zeit t (in h) nach Niedrigwasser.

t	0	1	2	3	4	5	6
h(t)	0,4	0,5	0,85	1,45	1,9	2,2	2,4

Zwischen $t = 6$ und $t = 12$ sinkt die Wasserhöhe entsprechend wieder auf $h = 0{,}4$.
a) Stelle die Entwicklung der Wasserhöhe von $t = 0$ bis $t = 12$ grafisch dar.
b) Bestimme die Wasserhöhe für $t = 22$ und die absolute Änderung von $t = 22$ zu $t = 23$.
c) Die Differenz der Pegelstände von Niedrigwasser und Hochwasser bezeichnet man als Tidenhub. Berechne für $t = 0$ bis $t = 6$ die relative Änderung des Wasserstands in Bezug auf den Tidenhub.

2 Lineares und exponentielles Wachstum

Herr Mayer sieht jeden Morgen nach den Goldfischen in seinem Teich. An einem Samstag stellt er fest, dass $1\,m^2$ des $64\,m^2$ großen Teichs mit Algen bedeckt ist. Schon einen Tag darauf sind es $2\,m^2$. Da für die Fische eine algenfreie Oberfläche überlebenswichtig ist, nimmt er sich für den nächsten Samstag eine Reinigung vor.

In einem Wildtierpark hat man in drei aufeinanderfolgenden Jahren den Bestand an Gnus gezählt. Anfangsbestand: 30 000; nach einem Jahr: 33 000; nach zwei Jahren: 36 100. Die Verwaltung des Tierparks versucht, die weitere Entwicklung der Gnuanzahl vorherzusagen, also eine Prognose zu erstellen. Dabei kann man verschiedene Ergebnisse erhalten.

Prognose 1:
Man vermutet als Ursache des Anstiegs eine gleichbleibende Zuwanderung aus umliegenden Gebieten.
Die Prognose lautet:
Die Anzahl der Gnus wird jährlich um ca. 3000 zunehmen.

Prognose 2:
Man vermutet als Ursache die Abnahme der Anzahl von Raubtieren, sodass immer mehr Gnus Junge aufziehen können.
Die Prognose lautet:
Die Anzahl der Gnus wird jährlich um ca. 10 % des aktuellen Bestandes zunehmen.

***prognosis** (griech.): Vorhersage, Voraussage*

Kennt man den Bestand B(n) nach n Jahren, so lässt sich hieraus bei beiden Prognosen der Bestand B(n + 1) nach n + 1 Jahren berechnen.

$B(n+1) = B(n) + 3000$

$B(n+1) = B(n) + B(n) \cdot 0{,}1$
$= B(n) \cdot (1 + 0{,}1) = B(n) \cdot 1{,}1$

Schrittweise **(rekursiv)** ergibt sich also für den Bestand B(n):

***recurrere** (lat.): zurückgehen*

n (in Jahren)	0	1	2	3	...	10
B(n) (in Tsd.)	30	33	36	39	...	60

+3000 +3000 +3000 +3000

n (in Jahren)	0	1	2	3	...	10
B(n) (in Tsd.)	30	33	36,3	39,9	...	77,8

·1,1 ·1,1 ·1,1 ·1,1

Bei Prognose 1 wird davon ausgegangen, dass die Anzahl jährlich hinzukommender Gnus konstant ist. Einen solchen Vorgang bezeichnet man als **lineares Wachstum**.
Prognose 2 bedeutet, dass die Anzahl der Gnus jährlich um den gleichen Faktor wächst. Einen solchen Vorgang bezeichnet man als **exponentielles Wachstum**.
Beide Entwicklungen lassen sich auch grafisch darstellen:

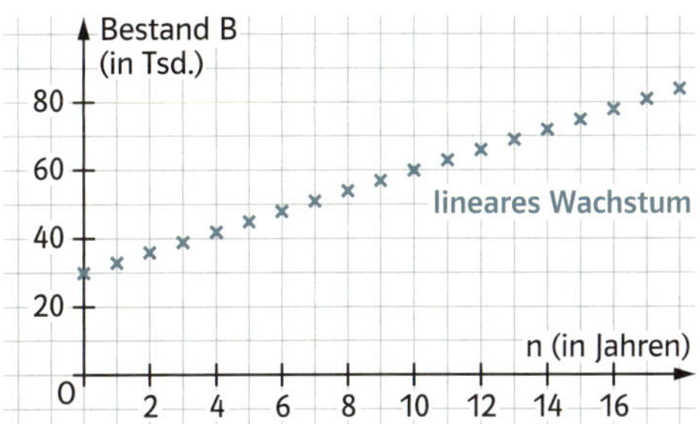

Fig. 1

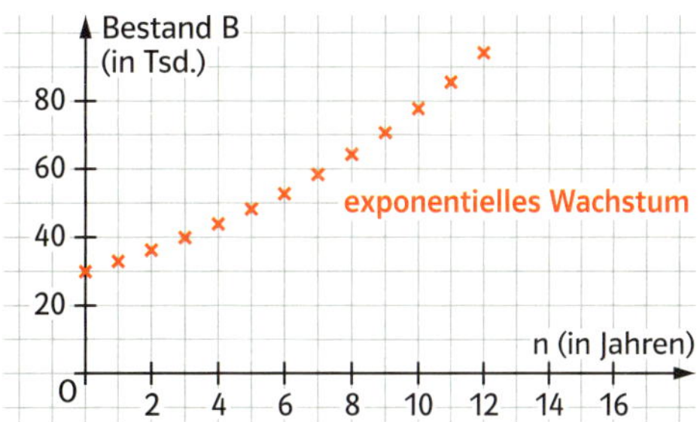

Fig. 2

Bei der grafischen Darstellung von linearem Wachstum liegen die Punkte auf einer Geraden. Deshalb heißt es „lineares" Wachstum.

explicare (lat.): entwickeln

Der Bestand B(n) lässt sich auch direkt **(explizit)** aus dem Anfangsbestand B(0) berechnen.

$B(0) = 30\,000$	$B(0) = 30\,000$
$B(1) = B(0) + 3000 = 33\,000$	$B(1) = B(0) \cdot 1{,}1 = 33\,000$
$B(2) = B(1) + 3000$	$B(2) = B(1) \cdot 1{,}1$
$= B(0) + 2 \cdot 3000 = 36\,000$	$= B(0) \cdot 1{,}1^2 = 36\,300$
$B(3) = B(2) + 3000$	$B(3) = B(2) \cdot 1{,}1$
$= B(0) + 3 \cdot 3000 = 39\,000$	$= B(0) \cdot 1{,}1^3 = 39\,930$
Der Bestand nach n Jahren beträgt $B(n) = B(0) + n \cdot 3000$.	Der Bestand nach n Jahren beträgt $B(n) = B(0) \cdot 1{,}1^n$.

Bei linearem Wachstum ist die Differenz der Bestände zweier aufeinanderfolgender Jahre $d = B(n+1) - B(n) = B(n) - B(n-1)$ konstant; diese nennt man **Wachstumsrate**.
Bei exponentiellem Wachstum ist die relative Änderung $p = \frac{B(n) - B(n-1)}{B(n-1)}$ konstant. Der Bestand $B(n-1)$ ändert sich dabei um $p \cdot B(n-1)$. Es gilt: $B(n) = B(n-1) + p \cdot B(n-1) = B(n-1) \cdot (1+p)$. Da sich p nicht ändert, ist auch das Verhältnis der Bestände zweier aufeinanderfolgender Jahre $q = (1+p) = \frac{B(n)}{B(n-1)}$ konstant. Dieses Verhältnis nennt man **Wachstumsfaktor**.

Der Wachstumsfaktor q ist stets positiv.
$0 < q < 1$: Abnahme
$q > 1$: Zunahme

Eine negative Wachstumsrate d bedeutet Abnahme.

Lineares Wachstum
Die Differenz $d = B(n) - B(n-1)$ ist konstant und heißt Wachstumsrate.
rekursive Berechnung:
$B(n) = B(n-1) + d$
explizite Berechnung:
$B(n) = B(0) + n \cdot d$

Exponentielles Wachstum
Der Quotient $q = \frac{B(n)}{B(n-1)}$ ist konstant und heißt Wachstumsfaktor.
rekursive Berechnung:
$B(n) = q \cdot B(n-1)$
explizite Berechnung:
$B(n) = B(0) \cdot q^n$

Beispiel 1 Unterscheiden von linearem und exponentiellem Wachstum
Untersuche für beide Tabellen, ob lineares oder exponentielles Wachstum vorliegt und begründe deine Entscheidung. Berechne jeweils B(14).

n	0	1	2	3	4	5
B(n)	9,4	8,2	7,0	5,8	4,6	3,4

n	0	1	2	3	4
B(n)	1,6	2,0	2,5	3,125	3,906

Lösung:
Die Differenz d aufeinanderfolgender Bestände ist immer $d = -1{,}2$. Es handelt sich um lineares Wachstum (lineare Abnahme).
Es gilt $B(14) = 9{,}4 + 14 \cdot (-1{,}2) = -7{,}4$.

Der Quotient q aufeinanderfolgender Bestände ist immer $q = 1{,}25$. Es handelt sich um exponentielles Wachstum (exponentielle Zunahme).
Es gilt $B(14) = 1{,}6 \cdot 1{,}25^{14} \approx 36{,}38$.

Beispiel 2 Beschreiben von exponentieller Abnahme
In einem Testbericht steht: „Das Auto kostet neu 24 800 €. Es ist mit einer Wertminderung von jährlich 18 % des jeweiligen Restwerts zu rechnen."
a) Stelle die Entwicklung des Fahrzeugwertes für die ersten fünf Jahre in einer Tabelle zusammen.
b) Berechne den Restwert des Fahrzeugs nach zehn Jahren.

Lösung:
a) In jedem Jahr ist die prozentuale Änderung $p = -0{,}18$ gleich. Es handelt sich um exponentielles Wachstum. Der Wachstumsfaktor ist $q = -0{,}18 + 1 = 0{,}82$.
Es gilt: $B(1) = 0{,}82 \cdot 24\,800 = 20\,336$; $B(2) = 0{,}82 \cdot 20\,336 \approx 16\,676$ usw.

n (in Jahren)	0	1	2	3	4	5
Wert (in €)	24 800	20 336	16 676	13 674	11 213	9194

b) Für den Fahrzeugwert nach zehn Jahren gilt: $B(10) = 24\,800 \cdot 0{,}82^{10} \approx 3409$.
Nach zehn Jahren ist das Auto noch etwa 3400 € wert.

Aufgaben

1 Handelt es sich um lineares oder um exponentielles Wachstum? Berechne B(20).

a)

n	0	1	2	3	4	5
B(n)	1	3	5	7	9	11

b)

n	0	1	2	3	4	5
B(n)	1	2	4	8	16	32

c)

n	0	1	2	3	4	5
B(n)	2	3,6	6,48	11,66	21,00	37,79

d)

n	0	1	2	3	4	5
B(n)	10	8	6,4	5,12	4,10	3,28

2 Untersuche, ob es sich bei den Wachstumsprozessen um lineares oder um exponentielles Wachstum oder um keines von beiden handelt.
Bestimme B(5).

Auch Sachverhalte, bei denen keine Zeitschritte auftreten, lassen sich als Wachstumsvorgänge auffassen.

	n = 0	n = 1	n = 2	n = 3
a) B(n) ist die Anzahl der Streichhölzer.			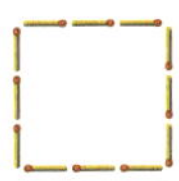	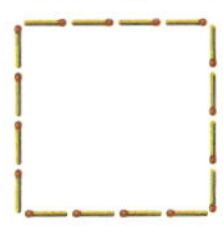
b) B(n) ist die Anzahl der Würfelchen.			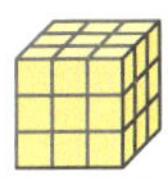	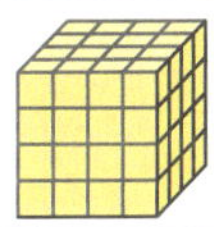

3 Ein Bestand mit dem Anfangswert $B(0) = 5000$ nimmt monatlich um 4 % ab.
a) Stelle die Entwicklung des Bestandes in den ersten 12 Monaten in einer Tabelle dar.
b) Wie groß ist jeweils die Änderung, wie groß die prozentuale Änderung des Bestandes von $n = 0$ zu $n = 1$ bzw. von $n = 20$ zu $n = 21$?

4 Handelt es sich um lineares oder um exponentielles Wachstum? Berechne B(1) bis B(6) und B(12). Erläutere, was B(12) im gegebenen Zusammenhang bedeutet.
a) Der Umsatz im Januar beträgt $B(1) = 100\,000$ €. Er erhöht sich monatlich um 3000 €.
b) Babys wiegen bei der Geburt durchschnittlich 3200 g. Sie nehmen wöchentlich um 4 % zu.
c) Die Schulden einer Firma betragen zurzeit 1 Million Euro. Es ist beabsichtigt, die Schulden von Jahr zu Jahr zu halbieren.

5 Bei einem exponentiellen Wachstumsvorgang ist der Anfangsbestand $B(0) = 200$.
Bestimme B(6) bei
a) einem Wachstumsfaktor von 1,2,
b) einer prozentualen Zunahme von 25 %,
c) einer prozentualen Abnahme von 15 %,
d) einem Wachstumsfaktor von 0,92.

Bist du sicher?

1 Untersuche, ob lineares oder exponentielles Wachstum vorliegt. Berechne B (9).

a)

n	0	1	2	3	4
B(n)	33,00	29,70	26,73	24,06	21,65

b)

n	0	1	2	3	4
B(n)	5,03	4,88	4,73	4,58	4,43

2 Martinas Uhr geht gegenüber einer Funkuhr in einer Woche um 5 s vor. Im Moment geht sie bereits 15 s vor. Nach wie vielen Wochen beträgt die Abweichung 1 min?

3 Eine Wohnung kostet 120 000 €. Stelle die Wertentwicklung für die nächsten sechs Jahre zusammen und berechne den Wert in 20 Jahren unter der Annahme, dass der Wert
a) jährlich um 2400 € sinkt,
b) jährlich um 1,5 % steigt.

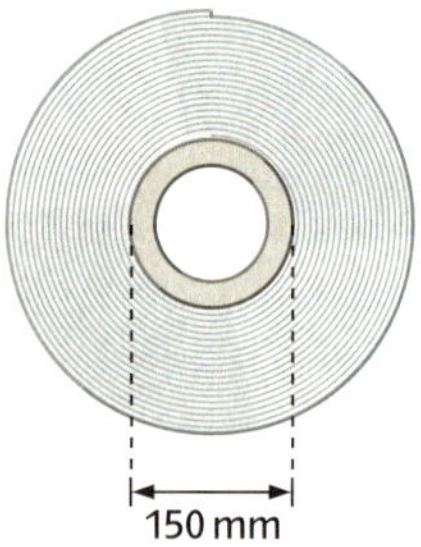

Fig. 1

6 Papier mit einer Stärke von 0,2 mm wird auf eine Rolle gewickelt (Fig. 1).
a) Auf welchen Durchmesser wächst die Rolle mit x Lagen an?
b) Wie viele Lagen sind auf der Rolle, wenn der Durchmesser 1,80 m beträgt?

7 Nach dem Besuch eines Weinfestes hat Herr Rompel um Mitternacht einen Blutalkoholspiegel von 1,5 ‰. Jede Stunde wird der Alkoholgehalt im Blut um 0,15 ‰ abgebaut. Morgens um 7 Uhr will er mit dem Auto zur Arbeit fahren. Droht ihm bei einem Unfall Führerscheinentzug, weil mehr als 0,3 ‰ Alkohol im Blut nachgewiesen werden können?

8 Bei einer Kiefer bilden sich in der Regel jährlich an jedem Zweigende fünf neue Triebe. Ein junger Kiefernast hat drei Zweigenden. Mit wie vielen Enden kann man nach einem Jahr rechnen, mit wie vielen nach zwei, drei bzw. vier Jahren?

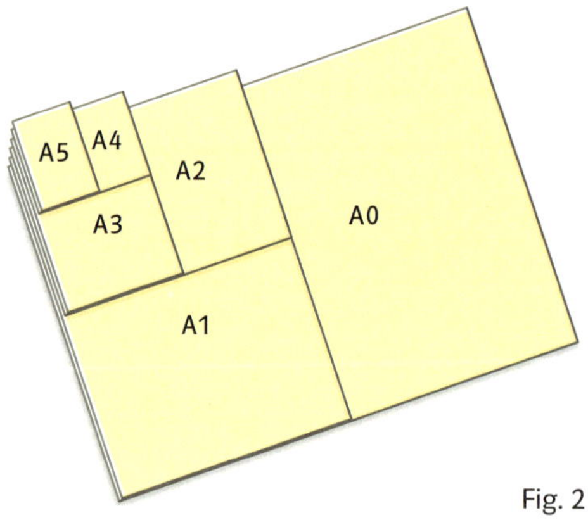

Fig. 2

9 Die Papierformate nach DIN entstehen durch fortlaufendes Halbieren. So ergibt etwa ein DIN-A4-Blatt beim Halbieren zwei DIN-A5-Blätter. Ein DIN-A0-Blatt hat einen Flächeninhalt von $1\,m^2$. Berechne den Flächeninhalt eines DIN-A3- (A4-, A5-) Blattes.

Höhe über NN (in km)	Luftdruck (in hPa)
0	1013
1	899
2	795
3	701
4	616
5	540
6	472
7	411
8	356

Tab. 1

10 Ein hängender Tropfstein in einer Höhle wächst jährlich um durchschnittlich 3 mm.
a) Der Tropfstein ist 1,062 m lang. Wie alt ist er vermutlich?
b) In wie vielen Jahren wird der Stein voraussichtlich 1,5 m lang sein?

11 a) Der Luftdruck nimmt exponentiell mit der Höhe über dem Meeresspiegel ab. Überprüfe dies an Tab. 1 (NN: Normal-Null, also Meereshöhe; hPa: Hektopascal).
b) Um etwa wie viel Prozent nimmt der Luftdruck pro Kilometer Höhe ab?

12 Eine Seerosenart verdoppelt täglich die von ihr bedeckte Teichfläche. Am Anfang wird eine Seerose in einen Teich gepflanzt. Nach 30 Tagen ist der ganze Teich bedeckt.
a) Nach wie vielen Tagen ist der Teich zur Hälfte bedeckt?
b) Nach wie vielen Tagen ist der Teich vollständig bedeckt, wenn man am Anfang zwei Seerosen statt einer Seerose pflanzt?

3 Exponentialfunktionen

Christina: „Und wie viele Menschen lebten 1950?“
Stefanie: „Nimm doch einen Zwischenwert.“
Christina: „Aber kurz vorher war doch der Zweite Weltkrieg!“

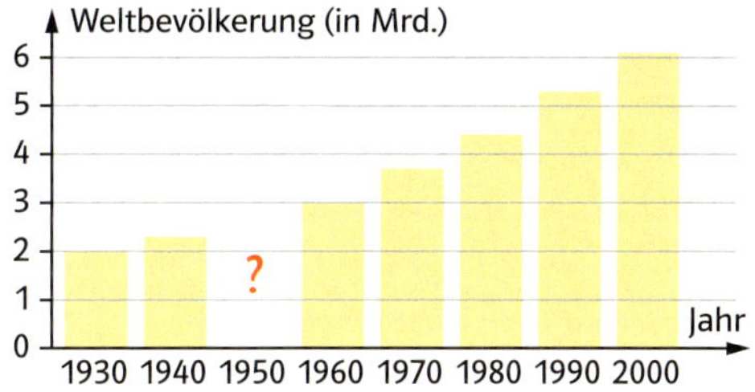

Bei einer Bakterienkultur wächst die Anzahl der Bakterien stündlich um 80 %. Zu Beginn der Beobachtung wurden 50 Millionen Bakterien gezählt. Die Anzahl der Bakterien (in Millionen) nach n Stunden lässt sich also mit $B(n) = 50 \cdot 1{,}8^n$ berechnen.

+1 +1 +1 +1

Zeit (in Stunden)	0	1	2	3	4
Bestand (in Mio.)	50	90	162	291,6	524,88

$\cdot 1{,}8$ $\cdot 1{,}8$ $\cdot 1{,}8$ $\cdot 1{,}8$

Bestand (in Mio.) nach 1 h: $B(1) = 90$
Bestand (in Mio.) nach 2 h: $B(2) = 162$

Bei exponentiellem Wachstum gibt der Wachstumsfaktor a an, mit welcher Zahl man den jeweiligen Bestand multiplizieren muss, wenn die Zeit um eine Einheit wächst. Für exponentielles Wachstum gilt allgemein: Wächst die erste Größe (Zeit) um immer einen festen Betrag, so wächst die zweite Größe (Bestand) stets um den gleichen Faktor.
Damit kann man nun auch berechnen, wie viele Bakterien z. B. nach einer halben Stunde vorhanden sind. Der Bestand wächst stündlich um den Faktor 1,8. Innerhalb einer halben Stunde wächst er dann um den Faktor $1{,}8^{\frac{1}{2}}$, denn $1{,}8^{\frac{1}{2}} \cdot 1{,}8^{\frac{1}{2}} = 1{,}8^1$.
Der Bestand nach einer halben Stunde kann also durch $B\left(\frac{1}{2}\right) = 50 \cdot 1{,}8^{\frac{1}{2}}$ berechnet werden. Nach einer weiteren halben Stunde beträgt der Bestand
$B\left(\frac{1}{2}\right) \cdot 1{,}8^{\frac{1}{2}} = 50 \cdot 1{,}8^{\frac{1}{2}} \cdot 1{,}8^{\frac{1}{2}} = 50 \cdot 1{,}8^1 = B(1)$.

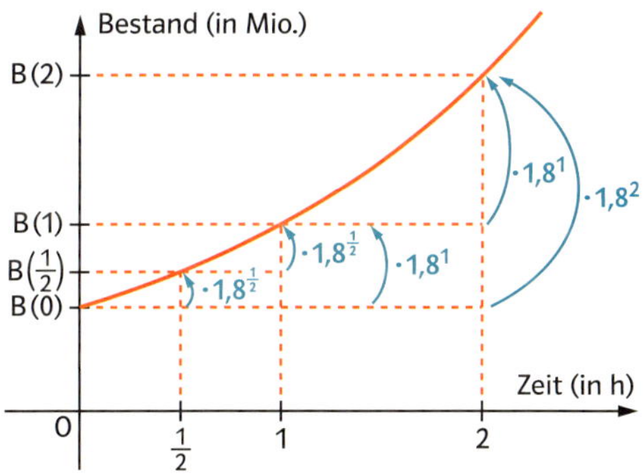

$+\frac{1}{2}$ $+\frac{1}{2}$ $+\frac{1}{2}$ $+\frac{1}{2}$

Zeit (in Stunden)	0	0,5	1	1,5	2
Bestand (in Mio.)	50	≈ 67,1	90	≈ 120,7	162

$\cdot 1{,}8^{\frac{1}{2}}$ $\cdot 1{,}8^{\frac{1}{2}}$ $\cdot 1{,}8^{\frac{1}{2}}$ $\cdot 1{,}8^{\frac{1}{2}}$

Bestand (in Mio.) nach $\frac{1}{2}$ h: $B\left(\frac{1}{2}\right) \approx 67{,}1$
Bestand (in Mio.) nach 1,5 h: $B(1{,}5) \approx 120{,}7$

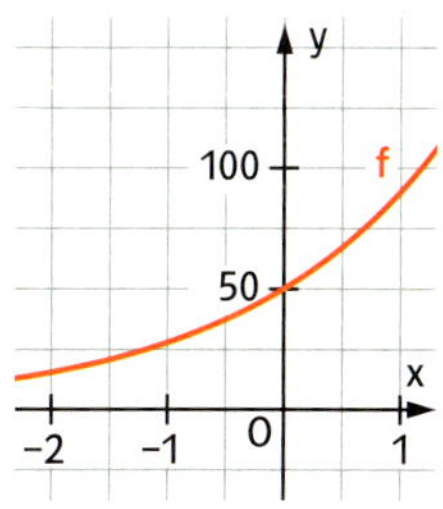

Das Wachstum kann also durch die Funktion f mit der Gleichung $f(x) = 50 \cdot 1{,}8^x$ beschrieben werden. Mithilfe der Funktionsgleichung lassen sich auch Bestände berechnen, die vor dem Beobachtungsbeginn vorhanden waren. Der Bestand eine Stunde vor Beobachtungsbeginn ist nämlich gleich $f(0) : 1{,}8 = f(0) \cdot 1{,}8^{-1} = f(-1)$. Analog ergibt sich für den Bestand 45 Minuten vor dem Beobachtungsbeginn: $f(0) : 1{,}8^{\frac{1}{4}} : 1{,}8^{\frac{1}{4}} : 1{,}8^{\frac{1}{4}} = f(0) \cdot 1{,}8^{-\frac{3}{4}}$ $= 50 \cdot 1{,}8^{-\frac{3}{4}} = f\left(-\frac{3}{4}\right)$.

Eine Funktion f mit der Gleichung $\mathbf{f(x) = b \cdot a^x}$ $(a > 0,\ a \neq 1)$ heißt **Exponentialfunktion**. Hierbei ist a der **Wachstumsfaktor** und b der Funktionswert an der Stelle $x = 0$. Er wird auch **Anfangswert** genannt.

Eigenschaften der Funktion f mit $f(x) = a^x$

1. Ist $a > 1$, so nehmen die Funktionswerte zu, wenn x größer wird; die Funktion ist **zunehmend**.
   Ist $0 < a < 1$, so nehmen die Funktionswerte ab, wenn x größer wird; die Funktion ist **abnehmend**.
2. Alle Graphen von f mit $f(x) = a^x$ verlaufen durch den Punkt $P(0\,|\,1)$.
3. Spiegelt man den Graphen von f mit $f(x) = a^x$ an der y-Achse, so erhält man den Graphen von g mit $g(x) = a^{-x} = \left(\frac{1}{a}\right)^x$.

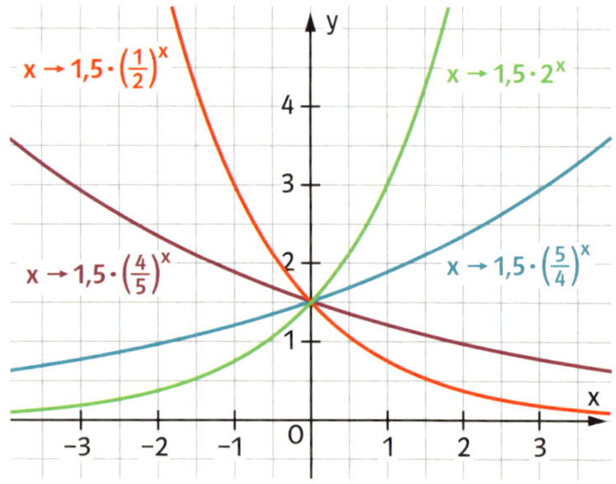

Streckung des Graphen

Den Übergang von der Funktion f mit $f(x) = a^x$ zur Funktion g mit $g(x) = b \cdot a^x$ kann man als Streckung des Graphen von f in Richtung der y-Achse mit dem Streckfaktor b auffassen, da alle Funktionswerte von f mit dem Faktor b multipliziert werden. Der Graph von g verläuft durch den Punkt $P(0\,|\,b)$.

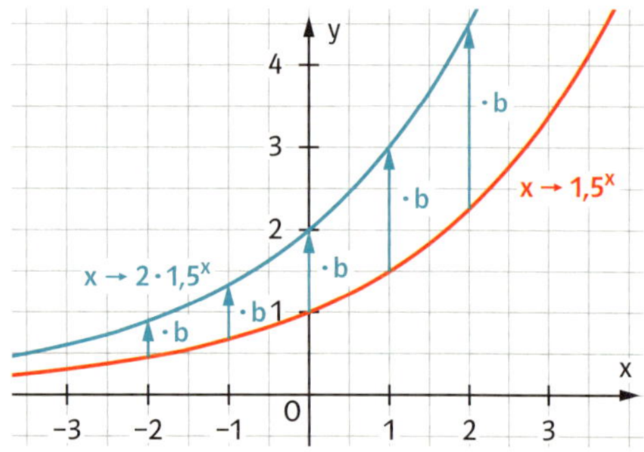

Beispiel

Bestimme die Gleichung einer Exponentialfunktion f mit $f(x) = a^x$, deren Graph durch
a) $P(3\,|\,5)$,
b) $Q(-2\,|\,9)$
verläuft.

Lösung:

a) Aus $a^3 = 5$ folgt $a = \sqrt[3]{5}$, also $f(x) = \left(\sqrt[3]{5}\right)^x$. b) Aus $a^{-2} = 9$ folgt $a = \frac{1}{3}$, also $f(x) = \left(\frac{1}{3}\right)^x$.

Aufgaben

1 Der Graph einer Exponentialfunktion f mit $f(x) = a^x$ verläuft durch den Punkt P. Bestimme a und gib an, ob die Funktion zu- oder abnimmt.
a) $P(1\,|\,3)$ b) $P(1\,|\,0{,}25)$ c) $P(2\,|\,6)$ d) $P(-1\,|\,3)$

2 Zeichne den Graphen der Funktion f mithilfe einer Wertetabelle. Zeichne dann den Graphen von g durch Multiplikation der Funktionswerte von f mit dem Streckfaktor.
a) $f(x) = 1{,}2^x$; $g(x) = 3 \cdot 1{,}2^x$ b) $f(x) = 0{,}4^x$; $g(x) = 5 \cdot 0{,}4^x$ c) $f(x) = 2^x$; $g(x) = 0{,}3 \cdot 2^x$

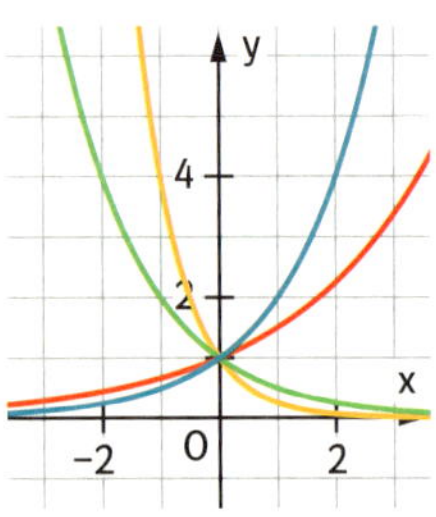

Fig. 1

3 Die Graphen in Fig. 1 gehören zu Exponentialfunktionen f mit $f(x) = a^x$. Bestimme jeweils den Wert von a.

Bist du sicher?

1 Zeichne die Graphen der Funktionen f, g, h und i und vergleiche sie miteinander.

a) $f(x) = 2^x$ b) $g(x) = 3 \cdot \left(\frac{1}{2}\right)^x$ c) $h(x) = -3 \cdot \left(\frac{1}{2}\right)^x$ d) $i(x) = \frac{1}{2} \cdot 2^x$

2 Hannah legt 1000 € auf einem Sparbuch zu einem Zinssatz von 2,5 % an.

a) Gib eine Funktion K an, mit der man das Kapital K(t) nach t Jahren berechnen kann.

b) Bestimme das Kapital nach einem, zwei bzw. dreieinhalb Jahren.

4 Zeichne für $x \geqq 0$ die Graphen von f und g mit $f(x) = 2^x$ und $g(x) = x^2$ in dasselbe Koordinatensystem. Untersuche, welche der beiden Funktionen „stärker zunimmt".

5 Ein Bestand kann näherungsweise durch die Funktion f mit $f(t) = 20 \cdot 0{,}95^t$ (t in Tagen) beschrieben werden.

a) Wie groß ist der Bestand nach 3; 4; 8; 16 bzw. 24 Stunden?

b) Wie groß war der Bestand vor einem, zwei bzw. drei Tagen?

c) Gib die tägliche und die wöchentliche Abnahme in Prozent an.

Info

Verschieben des Graphen in y-Richtung

Der Graph der Funktion h mit $h(x) = b \cdot a^x + e$ ist gegenüber dem Graphen der Funktion g mit $g(x) = b \cdot a^x$ um e Einheiten in Richtung der y-Achse verschoben, da zu jedem Funktionswert von g der Summand e addiert wird (Fig. 1).

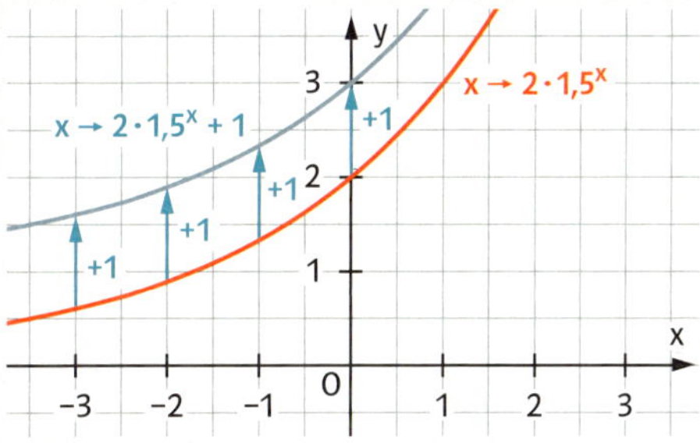

Fig. 1

Verschieben des Graphen in x-Richtung

Den Graphen der Funktion k mit $k(x) = b \cdot a^{x-d}$ erhält man, indem man den Graphen der Funktion g mit $g(x) = b \cdot a^x$ um d Einheiten in Richtung der x-Achse verschiebt (Fig. 2). Wegen $a^{x-d} = a^{-d} \cdot a^x = \frac{1}{a^d} \cdot a^x$ kann man diese Verschiebung auch als Streckung des Graphen von g in Richtung der y-Achse mit dem Faktor $\frac{1}{a^d}$ auffassen.

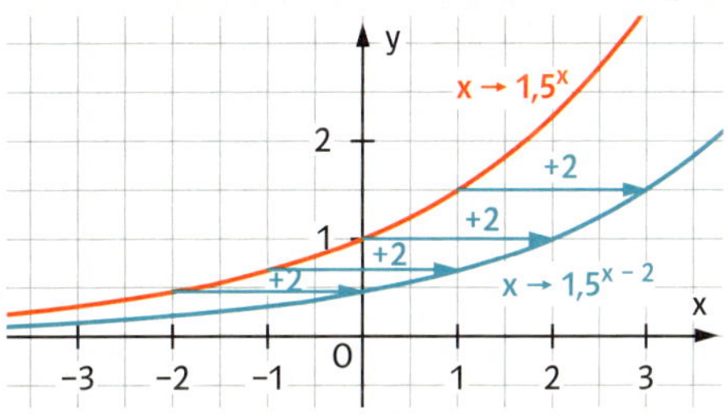

Fig. 2

Verschieben um 1 nach oben bedeutet e = 1.

Verschieben um 2 nach rechts bedeutet d = 2.

6 Ordne die Funktionen mit den angegebenen Gleichungen den Graphen am Rand zu.

a) $f(x) = 0{,}5^x$ b) $f(x) = 0{,}5^x + 2$ c) $f(x) = 0{,}5^{x-1}$ d) $f(x) = 0{,}5^{x-1} + 1$

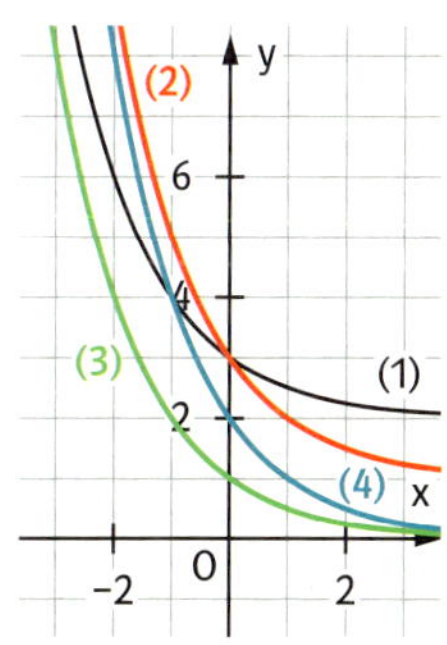

7 Wie ändert sich bei einer Funktion f mit $f(x) = a^x$ der Funktionswert f(x), wenn man

a) x um 1 vergrößert, b) x um 2 verkleinert, c) x verdoppelt,

d) x halbiert, e) x mit 3 multipliziert, f) x durch 3 dividiert?

8 Für welche Werte von a ist die Exponentialfunktion zunehmend, für welche Werte von a ist sie abnehmend?

a) $f(x) = (a + 1)^x$ b) $f(x) = (1 - a)^x$ c) $f(x) = \left(\frac{a}{2}\right)^x$ d) $f(x) = (3a)^x$

4 Bestimmung von Exponentialfunktionen

nach 1 Tag

nach 2 Tagen

nach 3 Tagen

Sina: „Ich habe ja ganz vergessen, die Linsen zu Beginn zu zählen!"

Exponentielles Wachstum lässt sich durch eine Exponentialfunktion f mit $f(x) = b \cdot a^x$ beschreiben. Kennt man den Bestand zu zwei Zeitpunkten, so lassen sich der Anfangswert b und der Wachstumsfaktor a bestimmen. Damit wird es möglich, den Bestand zu jedem beliebigen Zeitpunkt zu berechnen.

Salmonellen sind nur mithilfe des Mikroskops sichtbare Bakterien, die sich unter günstigen Bedingungen sehr schnell vermehren. Das Wachstum der Population verläuft exponentiell, lässt sich also durch eine Exponentialfunktion beschreiben. Morgens um 9 Uhr beträgt die Konzentration in einer frisch zubereiteten Speise 70 Salmonellen pro Gramm. Am frühen Nachmittag um 15 Uhr beträgt sie bereits etwa 18,35 Millionen Salmonellen pro Gramm.

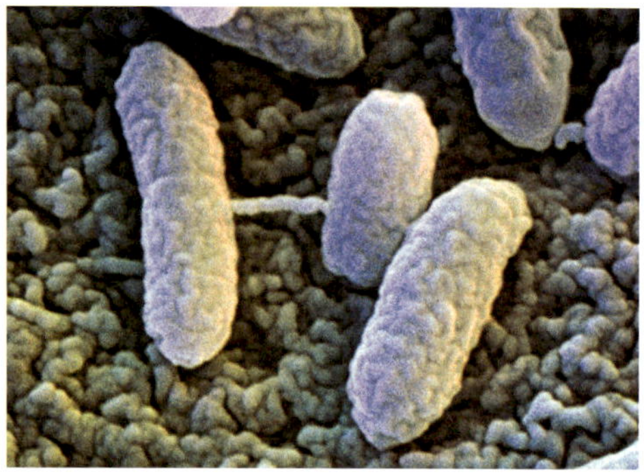

Grundsätzlich kann man den Beginn der Messung frei wählen.

Bezeichnet man mit x die Anzahl der Stunden seit Zubereitung der Speise und mit f(x) die Anzahl der Bakterien in der Speise, so gilt: $f(0) = 70$ und $f(6) = 18\,350\,000$. Setzt man diese Werte in die Funktionsgleichung ein, so erhält man die Gleichungen $70 = b \cdot a^0$ und $18\,350\,000 = b \cdot a^6$. Aus der ersten Gleichung ergibt sich direkt $b = 70$. Setzt man diesen Wert für b in die zweite Gleichung ein, so erhält man $18\,350\,000 = 70 \cdot a^6$. Damit erhält man $a^6 \approx 262\,143$ bzw. $a \approx \sqrt[6]{262\,143} \approx 8{,}0$.
Das Wachstum wird also näherungsweise durch $f(x) = 70 \cdot 8^x$ beschrieben.
Der Wachstumsfaktor beträgt $a \approx 8$. Das bedeutet, dass die Anzahl der Bakterien innerhalb einer Stunde auf das Achtfache wächst.

Zur Bestimmung des Anfangswertes b und des Wachstumsfaktors a der zum exponentiellen Wachstum gehörenden Funktion f mit der Gleichung $f(x) = b \cdot a^x$ genügt es, zwei beliebige Wertepaare zu kennen.

Besonders einfach ist die Bestimmung des Anfangswertes und des Wachstumsfaktors, wenn man neben dem Funktionswert von $x = 0$ auch den von $x = 1$ kennt. Unabhängig vom Wert von a und b gilt nämlich stets $f(0) = b \cdot a^0 = b$ und $f(1) = b \cdot a^1 = ab$, also $a = \frac{f(1)}{f(0)}$. Demzufolge verläuft der Graph der Funktion in jedem Fall durch die Punkte $P(0|b)$ und $Q(1|ab)$.

Beispiel 1

Bestimme a und b so, dass der Graph der Funktion f mit $f(x) = b \cdot a^x$ durch P und Q verläuft.

a) $P(0|1{,}5)$; $Q(1|1{,}8)$ b) $P(0|3)$; $Q(2|12)$ c) $P(-1|24)$; $Q(1{,}5|0{,}75)$

Lösung:

a) Da $P(0|1{,}5)$ auf dem Graphen liegt, ist $b = f(0) = 1{,}5$. Da auch der Funktionswert an der Stelle $x = 1$ bekannt ist, erhält man $a = \frac{f(1)}{f(0)} = \frac{1{,}8}{1{,}5} = \frac{6}{5} = 1{,}2$.

b) Da $P(0|3)$ auf dem Graphen liegt, ist $b = f(0) = 3$.

Setzt man die Koordinaten von Q in die Funktionsgleichung ein, so erhält man:

$12 = 3 \cdot a^2 \quad |:3$

$4 = a^2$

Also ist $a = 2$, da $a > 0$ sein muss.

c) *Einsetzen in die Funktionsgleichung:* $b \cdot a^{-1} = 24$ und $b \cdot a^{1{,}5} = 0{,}75 = \frac{3}{4}$

Auflösen der 1. Gleichung nach b: $b = 24a$

Einsetzen in die 2. Gleichung: $24a \cdot a^{1{,}5} = \frac{3}{4}$

$a^{2{,}5} = \frac{1}{32}$ bzw. $a^{\frac{5}{2}} = \frac{1}{32}$

Potenzieren mit $\frac{2}{5}$, um a^1 zu erhalten: $a = \left(\frac{1}{32}\right)^{\frac{2}{5}} = \frac{1}{4}$

Berechnen von b durch Einsetzen in die 1. Gleichung: $b \cdot \left(\frac{1}{4}\right)^{-1} = 24$; $4b = 24$, also $b = 6$

Beispiel 2

Gegeben ist die Funktion f mit $f(x) = 2^{3x+5}$. Schreibe die Funktionsgleichung in der Form $f(x) = b \cdot a^x$.

Lösung:

Forme den Funktionsterm um; wende dazu die Potenzgesetze an:

$2^{3x+5} = 2^{3x} \cdot 2^5 = 2^5 \cdot (2^3)^x = 32 \cdot 8^x$, also $f(x) = 32 \cdot 8^x$.

Beispiel 3

a) Cäsium 137 hat eine Halbwertszeit von 33 Jahren. Gib den Wachstumsfaktor für ein Jahr an. Wie viel Prozent beträgt die jährliche Abnahme?

b) Zu Beginn einer Beobachtung sind 250 mg Cäsium 137 vorhanden. Bestimme die Exponentialfunktion, die den Zerfall von Cäsium 137 mit diesem Anfangswert beschreibt.

Bei der Reaktorkatastrophe von Tschernobyl im Jahr 1986 wurde neben Jod 131 vor allem Cäsium 137 freigesetzt.

Lösung:

a) *Der Zerfall des Cäsiums wird durch eine Funktion f mit $f(x) = b \cdot a^x$ beschrieben.*

Nach der Halbwertszeit T_H gilt: $b \cdot a^{T_H} = \frac{1}{2}b$

Einsetzen der gegebenen Halbwertszeit: $b \cdot a^{33} = \frac{1}{2}b$

Daraus folgt (da $b \neq 0$): $a^{33} = \frac{1}{2}$; $a = \left(\frac{1}{2}\right)^{\frac{1}{33}} \approx 0{,}979$

Aus $a \approx 0{,}979$ (= 97,9 %) ergibt sich eine jährliche Abnahme von etwa 2,1 %.

b) Anfangswert: $b = 250$ (mg); $f(x) = 250 \cdot 0{,}979^x$

Aufgaben

1 Bestimme a und b so, dass der Graph der Funktion f mit $f(x) = b \cdot a^x$ durch die Punkte P und Q verläuft.

a) $P(0|5)$, $Q(1|1)$ b) $P\left(0|\frac{1}{2}\right)$, $Q(1|1)$ c) $P(0|\sqrt{2})$, $Q(1|2)$

d) $P(2|1)$, $Q(3|5)$ e) $P(1|5)$, $Q(4|40)$ f) $P(5|24)$, $Q(8|3)$

g) $P(3|15)$, $Q(5|3)$ h) $P(0|b)$, $Q(1|d)$ i) $P(0|b)$, $Q(c|1)$

2 Zeichne in dasselbe Koordinatensystem die Graphen der Exponentialfunktionen
$f(x) = \left(\frac{3}{2}\right)^x$, $f(x) = \frac{1}{2} \cdot \left(\frac{3}{2}\right)^x$, $f(x) = \frac{3}{2} \cdot \left(\frac{3}{2}\right)^x$, $f(x) = \frac{1}{2} \cdot \left(\frac{2}{3}\right)^x$, $f(x) = \left(\frac{2}{3}\right)^{x+1}$ und $f(x) = \frac{1}{2} \cdot \left(\frac{2}{3}\right)^{x+1}$.
Vergleiche die Graphen. Wie gehen sie auseinander hervor?

3 Fig. 1 bis Fig. 4 zeigen die Graphen von Exponentialfunktionen. Bestimme die zugehörigen Funktionsgleichungen.

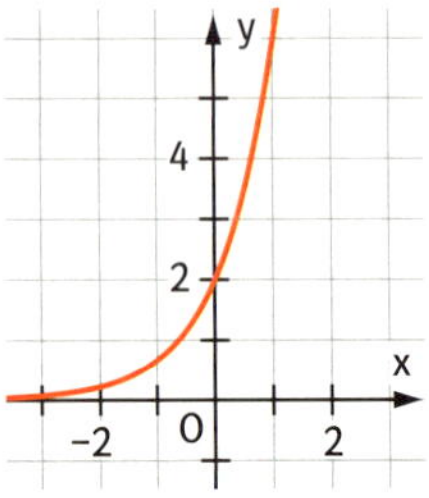

Fig. 1

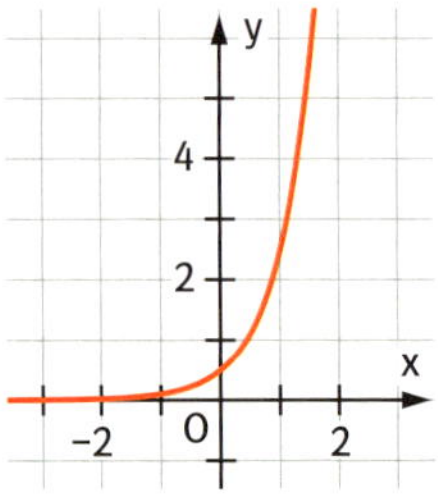

Fig. 2

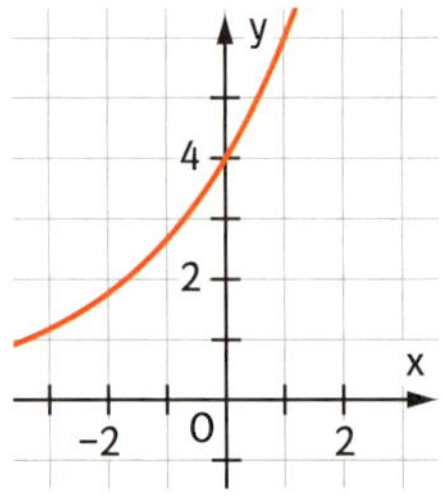

Fig. 3

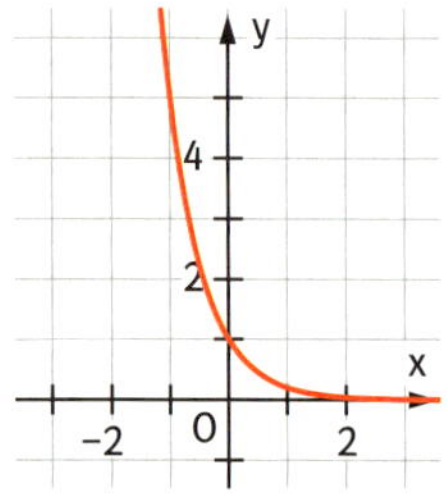

Fig. 4

4 Schreibe die Funktion in der Form $f(x) = b \cdot a^x$. Zeichne ihren Graphen.
a) $f(x) = 2^{x-1}$ b) $f(x) = 2^{2x}$ c) $f(x) = 2^{2x+4}$ d) $f(x) = \left(\frac{1}{2}\right)^{x-1}$
e) $f(x) = (\sqrt{2})^{2x+4}$ f) $f(x) = (\sqrt{3})^{4x-2}$ g) $f(x) = (\sqrt{2})^{3x+5}$ h) $f(x) = (\sqrt[3]{5})^{6x-3}$

5 In einem See verringert sich je 1 m Wassertiefe die Helligkeit (Beleuchtungsstärke) um 40 %. In 1 m Wassertiefe zeigt der Belichtungsmesser 3000 Lux.
a) Die Funktion *Tiefe → Beleuchtungsstärke* hat die Gleichung $f(x) = b \cdot a^x$. Bestimme a und b. Zeichne den Graphen.
b) Bestimme am Graphen, nach wie viel m jeweils die Beleuchtungsstärke halbiert wird.

Bist du sicher?

1 Der Graph der Exponentialfunktion f mit $f(x) = b \cdot a^x$ verläuft durch die Punkte P und Q. Bestimme die Koeffizienten a und b und prüfe, ob R auf dem Graphen liegt.
a) $P\left(0 \mid \frac{1}{2}\right)$, $Q(1 \mid 5)$, $R(2 \mid 10)$ b) $P(0 \mid 3)$, $Q(3 \mid 24)$, $R(2 \mid 12)$ c) $P(0 \mid 9)$, $Q\left(5 \mid \frac{1}{9}\right)$, $R(-2 \mid 27)$

2 Eine Wassermelone wiegt 0,3 kg. Sie verdoppelt unter idealen Bedingungen alle sechs Tage ihr Gewicht. Die Funktion *Zahl der Tage → Gewicht (in kg)* hat die Gleichung $f(x) = b \cdot a^x$. Bestimme a und b.

6 Strontium 90 hat eine Halbwertszeit von 28 Jahren. Zu Beginn der Beobachtung sind 100 mg vorhanden.
a) Gib den Wachstumsfaktor für ein Jahr an. Wie lautet die zugehörige Funktionsgleichung?
b) Wie viel mg Strontium 90 sind nach 50 Jahren noch vorhanden?

7 In einem zylindrischen Gefäß wird der Zerfall von Bierschaum untersucht. Die Höhe der Schaumsäule verringert sich alle 15 Sekunden um 9 %.
a) Um wie viel Prozent verringert sich die Höhe der Schaumsäule in einer Minute?
b) Zu Beginn der Beobachtung beträgt die Schaumhöhe 10 cm. Bestimme die Exponentialfunktion *Zeit (in min) → Schaumhöhe (in cm)*. Zeichne den Graphen.
c) Man spricht von „sehr guter Bierschaumhaltbarkeit", wenn die Halbwertszeit des Schaumzerfalls größer als 110 Sekunden ist. Überprüfe am Graphen, ob sehr gute Bierschaumhaltbarkeit vorliegt.

8 Milchsäurebakterien (streptococcus lactis) verdoppeln ihre Anzahl bei 37 °C etwa jede halbe Stunde. Bestimme die Funktion *Zeit (in h) → Anzahl der Bakterien* für eine Bakterienkultur mit anfangs 100 Bakterien.

Lässt man frische Milch einige Tage offen stehen, so wird sie dickflüssig und schmeckt sauer; es ist Sauermilch entstanden. Dies ist auf eine Massenvermehrung von Milchsäurebakterien zurückzuführen. Auch zur Herstellung von Sauerkraut und Joghurt werden Milchsäurebakterien verwendet.

9 An einem Sommertag wird Apfelsaft aus dem Kühlschrank in ein Glas gegossen. Die Temperatur des Saftes ist 14° niedriger als die Raumtemperatur. Diese Temperaturdifferenz halbiert sich bei gleichbleibender Raumtemperatur alle 40 Minuten. Bestimme die Exponentialfunktion *Zeit (in h) → Temperaturdifferenz (in Grad)* und zeichne ihren Graphen.

10 Die gedämpfte Schwingung eines Federpendels wurde aufgezeichnet. Die Entfernung des Umkehrpunktes zur Ruhelage heißt Amplitude. Die Amplitude nimmt mit der Zeit exponentiell ab.
a) Bestimme aus Fig. 1 die Amplitude nach jeweils 10 Sekunden. Um welchen Faktor ändert sich die Amplitude alle 10 Sekunden?
b) Die Exponentialfunktion *Zeit (in s) → Amplitude (in cm)* kann durch $f(x) = b \cdot a^{\frac{x}{10}}$ beschrieben werden. Bestimme a und b.

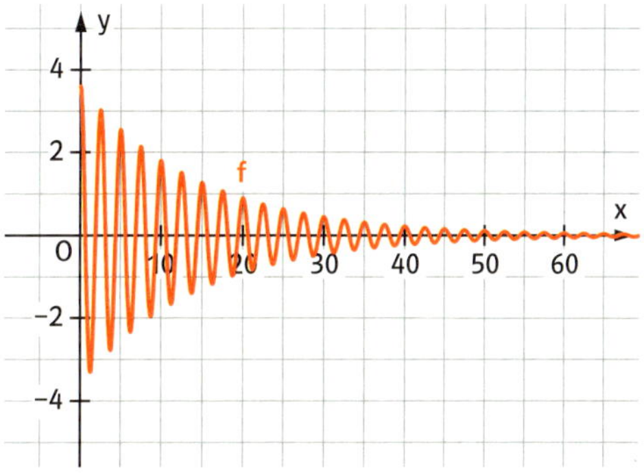

Fig. 1

11 Beim Tauchen wird im Körper mehr Stickstoff gelöst als an der Erdoberfläche. Die Menge hängt von der Tauchtiefe und -dauer ab. Beim Auftauchen wird der über den normalen Wert im Körper gelöste Stickstoff wieder abgebaut. Im Allgemeinen ist jedoch die Auftauchzeit zu kurz, um allen überflüssigen Stickstoff abzubauen. Taucht man zu schnell auf, kann es zur Dekompressionskrankheit kommen: Der Stickstoff perlt in Bläschen aus. Diese können dann die Blutbahn verstopfen oder Gelenke blockieren. Der Körper verträgt nur eine gewisse Übersättigung.
Bei einer wissenschaftlichen Untersuchung wurde die Veränderung des Stickstoffgehaltes in einem Gewebe nach dem Auftauchen in Abständen von 10 Minuten gemessen.

Zeit (in min)	0	10	20	30	40	50	60
p (in %)	100	52,3	24,1	14	5,9	3,0	1,8

a) Zeichne die Werte in ein Koordinatensystem.
b) Untersuche, ob exponentielles Wachstum vorliegt.
c) Ermittle eine Funktionsgleichung, die den Verlauf der Werte näherungsweise beschreibt.

Kannst du das noch?

12 Für die Seiten des Dreiecks ABC gilt $a = 6\,\text{cm}$, $b = 8\,\text{cm}$ und $c = 12\,\text{cm}$.
a) Zeige durch Rechnung, dass das Dreieck nicht rechtwinklig ist.
b) Wie groß ist der Winkel am Eckpunkt C?
c) Berechne die Größe des Winkels am Eckpunkt B mithilfe des Sinussatzes.
d) Bestimme den Abstand des Eckpunktes C von der Seite c rechnerisch.
e) Überprüfe deine Ergebnisse, indem du das Dreieck ABC zeichnest.
f) Berechne den Flächeninhalt des Dreiecks.
g) Wie lang muss die Seite a sein, damit das Dreieck ABC rechtwinklig wird?

5 Logarithmen

Ein Blatt Papier ist etwa 0,1 mm dick. Faltet man das Blatt einmal, wird der Stapel doppelt so dick. Wenn man es oft genug faltet, entspricht die Dicke der Entfernung bis zum Mond (≈ 384 000 km).

$a^u = b$

$a = b^{\frac{1}{u}}$ $\quad u = \log_a(b)$

Ist in einer Gleichung der Form $a^u = b$ die Basis a gesucht, so muss eine Potenzgleichung gelöst werden. Die Lösung der Gleichung $x^3 = 125$ findet man durch Potenzieren mit dem Kehrwert des Exponenten: $x = 125^{\frac{1}{3}} = \sqrt[3]{125} = 5$. Es treten jedoch auch Gleichungen mit Potenzen auf, in denen der Exponent gesucht wird, z. B. $2^x = 16$.

Die Gleichung $2^x = 16$ lässt sich leicht lösen, da 16 eine Potenz von 2 ist: $16 = 2^4$, also $x = 4$. Die Gleichung $2^x = 5$ ist auf diese Weise nicht lösbar, weil sich 5 nicht als Zweierpotenz mit rationalem Exponenten schreiben lässt. Da 2^x jeden beliebigen positiven Wert annehmen kann, sind alle Gleichungen der Form $2^x = c$ mit $c > 0$ lösbar. Die Lösungen lassen sich näherungsweise am Graphen der Funktion f mit $f(x) = 2^x$ ablesen. Für $2^x = 5$ ergibt sich $x \approx 2{,}3$. Man bezeichnet x als den **Logarithmus** von 5 zur Basis 2 und schreibt kurz $x = \log_2(5)$.

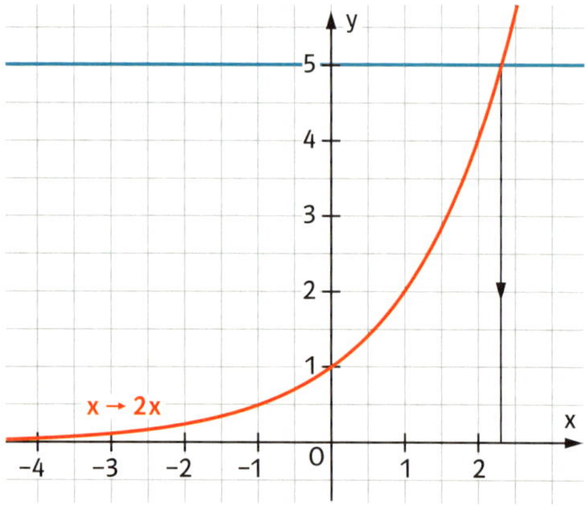

logos arithmos (griech.): Verhältniszahl

Die Bezeichnung Logarithmus wurde von dem schottischen Mathematiker John Napier (1550 bis 1617) eingeführt.

Dies lässt sich auf jede positive Basis a mit $a \neq 1$ übertragen. Zu jeder positiven Zahl b gibt es genau eine Zahl x, sodass $b = a^x$ gilt. Diese Zahl x heißt $\mathbf{\log_a(b)}$.

Der **Logarithmus von b zur Basis a** ($a > 0$, $b > 0$, $a \neq 1$) ist diejenige Zahl, mit der man a potenzieren muss, um b zu erhalten. Man schreibt kurz $\mathbf{\log_a(b)}$.
Die Gleichung $a^x = b$ ist gleichwertig mit der Gleichung $x = \log_a(b)$.

Nach der Definition des Logarithmus gilt $\log_a(a^q) = q$ und $a^{\log_a(b)} = b$. Die Operationen Potenzieren von a und Logarithmieren zur Basis a heben sich also gegenseitig auf und sind damit Umkehroperationen zueinander wie zum Beispiel Addieren und Subtrahieren.

Potenzgesetze:
$a^x \cdot a^y = a^{x+y}$
$a^x : a^y = a^{x-y}$
$a^x \cdot b^x = (a\,b)^x$
$(a^x)^y = a^{xy}$

Beim Rechnen mit Logarithmen gelten bestimmte Gesetze. Beispielsweise gilt:
$\log_a(u \cdot v) = \log_a(u) + \log_a(v)$ für $u > 0$, $v > 0$, $a > 0$, $a \neq 1$. Dies kann man so begründen:
Man setzt $x = \log_a(u)$ und $y = \log_a(v)$. Dann ist nach Definition $a^x = u$ und $a^y = v$.

Damit gilt: $\log_a(u \cdot v) = \log_a(a^x \cdot a^y)$
Anwenden der Potenzgesetze ergibt: $= \log_a(a^{x+y})$
Mit der Definition des Logarithmus gilt: $= x + y = \log_a(u) + \log_a(v)$

Darüber hinaus gilt für jede reelle Zahl r: $\log_a(u^r) = r \cdot \log_a(u)$.
Man setzt $x = \log_a(u)$. Dann ist nach Definition $a^x = u$.

Damit gilt: $\log_a(u^r) = \log_a((a^x)^r)$

Anwenden der Potenzgesetze ergibt: $= \log_a(a^{x \cdot r})$

Mit der Definition des Logarithmus gilt: $= x \cdot r = r \cdot \log_a(u)$

Logarithmengesetze

Für $u > 0$, $v > 0$, $a > 0$, $a \neq 1$ gilt:

1. $\log_a(u \cdot v) = \log_a(u) + \log_a(v)$,
2. $\log_a(u : v) = \log_a(u) - \log_a(v)$,
3. $\log_a(u^r) = r \cdot \log_a(u)$.

Die Begründung des 2. Logarithmengesetzes erfolgt in Aufgabe 15.

Jede positive Zahl hat unendlich viele Logarithmen. Es genügt, den Logarithmus zu einer bestimmten Basis zu kennen. Damit kann man alle anderen Logarithmen berechnen.
Logarithmen zur Basis 10 nennt man **Zehnerlogarithmen**. Man bezeichnet sie kurz mit lg: $\mathbf{\log_{10}(b) = lg(b)}$.

Manche Taschenrechner können nur Zehnerlogarithmen berechnen.

Man kann Logarithmen zu jeder Basis mithilfe von Zehnerlogarithmen berechnen.

Begründung: Man setzt $x = \log_a(u)$. Dann ist nach Defintion: $a^x = u$.

Anwenden des Zehnerlogarithmus ergibt: $\lg(a^x) = \lg(u)$.

Anwenden des 3. Logarithmengesetzes ergibt: $x \cdot \lg(a) = \lg(u)$.

Auflösen der Gleichung nach x ergibt: $x = \frac{\lg(u)}{\lg(a)}$.

Also gilt: $\log_a(u) = \frac{\lg(u)}{\lg(a)}$.

Beispiel 1 Logarithmen bestimmen

Bestimme den Logarithmus. Begründe dein Ergebnis.

a) $\log_2(8)$ b) $\lg(100\,000)$ c) $\log_9\left(\frac{1}{81}\right)$ d) $\log_3(\sqrt{27})$

Lösung:

a) $\log_2(8) = 3$, denn $2^3 = 8$ oder $\log_2(8) = \log_2(2^3) = 3$

b) $\lg(100\,000) = 5$, denn $10^5 = 100\,000$ oder $\lg(100\,000) = \lg(10^5) = 5$

c) $\log_9\left(\frac{1}{81}\right) = -2$, denn $9^{-2} = \frac{1}{9^2} = \frac{1}{81}$ oder $\log_9\left(\frac{1}{81}\right) = \log_9(9^{-2}) = -2$

d) $\log_3(\sqrt{27}) = \frac{3}{2}$, denn $3^{\frac{3}{2}} = (3^3)^{\frac{1}{2}} = \sqrt{27}$ oder $\log_3(\sqrt{27}) = \log_3\left(3^{\frac{3}{2}}\right) = \frac{3}{2}$

Die erste Begründung benutzt die Logarithmusdefinition, die zweite die Tatsache, dass sich Potenzieren und Logarithmieren gegenseitig aufheben.

Beispiel 2 Beliebige Logarithmen mithilfe von Zehnerlogarithmen berechnen

Berechne den Logarithmus. Runde, falls erforderlich, auf zwei Dezimalen.

a) $\log_5(10)$ b) $\log_2(200)$ c) $\log_3(5^4)$ d) $\log_{\sqrt{10}}(0{,}01)$

Lösung:

a) $\log_5(10) = \frac{\lg(10)}{\lg(5)} \approx 1{,}43$

b) $\log_2(200) = \frac{\lg(200)}{\lg(2)} \approx 7{,}64$

c) $\log_3(5^4) = 4 \cdot \log_3(5) = \frac{4 \cdot \lg(5)}{\lg(3)} \approx 5{,}86$

d) $\log_{\sqrt{10}}(0{,}01) = \frac{\lg(0{,}01)}{\lg(\sqrt{10})} = \frac{-2}{0{,}5} = -4$

Beispiel 3

Löse die Gleichung $\lg(x) = 2 \cdot \lg(5) + \lg(3)$.

Lösung:

$\lg(x) = 2 \cdot \lg(5) + \lg(3) = \lg(5^2 \cdot 3) = \lg(75)$, also $x = 75$; $L = \{75\}$

Beispiel 4

a) Schreibe $\lg\left(\sqrt{x^3}\right)$ als Vielfaches von $\lg(x)$.

b) Schreibe $\lg(u) - 3 \cdot \lg(v)$ als einen einzigen Logarithmus.

Lösung:

a) *Wende das 3. Logarithmengesetz an:* $\lg\left(\sqrt{x^3}\right) = \lg\left(x^{\frac{3}{2}}\right) = \frac{3}{2} \cdot \lg(x)$

b) *Wende das 3. und 2. Logarithmengesetz an:* $\lg(u) - 3 \cdot \lg(v) = \lg(u) - \lg(v^3) = \lg\left(\frac{u}{v^3}\right)$

Aufgaben

Beispiel zu Aufgabe 1:
$2^5 = 32$; $5 = \log_2(32)$

1 Schreibe als Logarithmus wie im Beispiel auf dem Rand.

a) $4^3 = 64$ b) $7^2 = 49$ c) $3^{-2} = \frac{1}{9}$ d) $\left(\frac{1}{3}\right)^{-3} = 27$
e) $36^{0,5} = 6$ f) $8^0 = 1$ g) $\left(\sqrt{10}\right)^{-6} = \frac{1}{1000}$ h) $x^y = z$

Beispiel zu Aufgabe 2:
$\log_4(16) = 2$; $4^2 = 16$

2 Schreibe als Potenzgleichung wie im Beispiel auf dem Rand

a) $\log_5(125) = 3$ b) $\log_5(0{,}2) = -1$ c) $\log_5(5) = 1$ d) $\log_5(1) = 0$
e) $\log_{0,5}(8) = -3$ f) $\log_{0,2}(0{,}04) = 2$ g) $\log_{\sqrt{2}}(0{,}25) = -4$ h) $\log_b(a) = c$

3 Bestimme den Logarithmus. Begründe dein Ergebnis.

a) $\log_2(64)$ b) $\lg(1)$ c) $\log_3\left(\sqrt{3}\right)$ d) $\log_7(7)$
e) $\log_2\left(\frac{1}{16}\right)$ f) $\log_5\left(\frac{1}{\sqrt{5}}\right)$ g) $\log_6\left(\frac{1}{\sqrt[3]{6}}\right)$ h) $\log_{\sqrt[3]{6}}\left(\frac{1}{6}\right)$

4 Berechne ohne Verwendung eines Taschenrechners.

a) $\log_3(9^4)$ b) $\lg(10^{1,5})$ c) $\log_5(125^{-1})$ d) $\log_a(a^3)$
e) $\log_4(2^{200})$ f) $\lg(10^{-120})$ g) $\log_{0,5}(2^5)$ h) $\log_3\left(\sqrt{27}^{\,-1}\right)$

5 Berechne näherungsweise mit dem Taschenrechner. Runde auf zwei Dezimalen.

a) $\lg(6)$ b) $\lg(60)$ c) $\lg(600)$ d) $\log_2(5^4)$
e) $\log_5(4^2)$ f) $\log_{0,5}(0{,}1)$ g) $\log_{0,5}(10)$ h) $\log_2(10)$

6 Bestimme.

a) $\log_a(a)$ b) $\log_a(1)$ c) $\log_a\left(\frac{1}{a}\right)$ d) $\log_a(a^n)$ e) $\log_a\left(\frac{1}{a^n}\right)$

7 Vergleiche.

a) $\log_2(8)$ und $\log_8(2)$ b) $\log_a(b)$ und $\log_b(a)$

Bist du sicher?

1 Bestimme den Logarithmus ohne Verwendung eines Taschenrechners.

a) $\log_3(81)$ b) $\log_7\left(\sqrt{7}\right)$ c) $\log_2(0{,}25)$ d) $\lg(1)$

2 Berechne näherungsweise mit dem Taschenrechner. Runde auf zwei Dezimalen.

a) $\lg(4)$ b) $\lg(0{,}25)$ c) $\log_4(30)$ d) $\log_{0,25}(30)$
e) $\log_4\left(\frac{1}{30}\right)$ f) $\log_3(2)$ g) $\log_3(6)$ h) $\log_3(18)$

8 Berechne a bzw. b.

a) $\log_b(25) = 2$ b) $\log_b\left(\frac{1}{49}\right) = -2$ c) $\log_b(16) = -4$ d) $\log_b\left(\sqrt{125}\right) = \frac{3}{2}$
e) $\log_3(a) = 4$ f) $\log_4(a) = 3$ g) $\log_9(a) = 1{,}5$ h) $\lg(a) = -4$

9 Schreibe als Summe oder Produkt „einfacher“ Logarithmen.

a) $\lg(3x)$ b) $\log_a(abc)$ c) $\lg(u^2)$ d) $\log_a(2ab^2)$
e) $\log_a\left(\frac{5e}{f}\right)$ f) $\log_a\left(\frac{uv}{w}\right)$ g) $\log(\sqrt{x})$ h) $\log_a(\sqrt[4]{b})$
i) $\log_a\left(\frac{x^2y^3}{u^2v^3}\right)$ j) $\log_a\left(\frac{1}{a^2b^4c^7}\right)$ k) $\log_2\left(\frac{r^2st^4}{u^3v}\right)$ l) $\log_a\left(\sqrt{a^{11}b^3c^5}\right)$

10 Schreibe als einen einzigen Logarithmus.

a) $\lg(x) + \lg(2y)$ b) $\log_a(u^2) - \log_a(u)$ c) $\log_a(ab) - \log_a(a^2b)$
d) $\log_a\left(\frac{1}{x}\right) - \log_a\left(\frac{2}{x}\right)$ e) $2\lg\left(\frac{1}{a}\right) + \lg(a^2)$ f) $\log_a(x) - \log_a(\sqrt{x})$
g) $\log_a(2u) - 2\log_a(u) + \log_a(u^2) + \log_a\left(\frac{1}{u}\right)$ h) $\lg(\sqrt{x}) - \lg(\sqrt{4x}) + \lg\left(\frac{1}{2}x^2\right) + \lg(4)$

11 Löse näherungsweise mit dem Taschenrechner. Kontrolliere mit der „Potenztaste“.

a) $10^x = 6$ b) $10^x = 11$ c) $10^x = 0{,}5$ d) $10^x = 1{,}7$ e) $10^x = 17$

12 Ist die Gleichung lösbar? Begründe deine Antwort.

a) $2^x = 3$ b) $2^x = \frac{1}{3}$ c) $2^x = -3$ d) $2^x = -\frac{1}{3}$ e) $2^x = 0$

13 Löse die Gleichung wie im Beispiel 4, also ohne Taschenrechner.

a) $\log_a(x) = 2\log_a(3)$ b) $\lg(x) = \lg(6) - \lg(3)$ c) $\lg(x) = 2\lg(5) + 3\lg(2)$
d) $3\log_a(x) = 27$ e) $2\lg(x) = \lg(16) + \lg(9)$ f) $\log_a(bx) = 1 + \log_a(5)$

14 Löse nach x auf. Es stehen u und v für reelle Zahlen mit $u > v > 0$.

a) $\log_a(x) = 2\log_a(u) + \frac{1}{2}\log_a(v)$ b) $\log_a(x) = \log_a(u+v) - \log_a(u-v)$
c) $3\log_a(x) = 4\log_a(u) - 2\log_a(v)$ d) $2\log_a(x) + 3\log_a(u^2+v^2) = 0$

15 Beweise das 2. Logarithmengesetz. Gehe wie beim Beweis des 1. Gesetzes vor.

16 a) Beweise $\log_a\left(\frac{1}{u}\right) = -\log_a(u)$. Benutze dazu das 2. (das 3.) Logarithmengesetz.
b) Wende auf $u : v = u \cdot \frac{1}{v}$ das 1. Logarithmengesetz und dann die Regel aus Teilaufgabe a) an. Welche Regel hast du so bewiesen?
c) Beweise $\log_a(\sqrt[n]{u}) = \frac{1}{n}\log_a(u)$.

17 lg(3) ist eine irrationale Zahl. Fig. 1 zeigt die Beweisschritte dazu.
a) Begründe jeden einzelnen Schritt. Wieso ergibt sich aus (3) ein Widerspruch?
b) Zeige entsprechend, dass auch $\log_2(3)$ eine irrationale Zahl ist.
c) Versuche, den Beweis auch für $\log_4(8)$ durchzuführen.

Angenommen,
lg(3) ist ein Bruch $\frac{p}{q}$,
dann gilt:
(1) $10^{\frac{p}{q}} = 3$
(2) $\left(10^{\frac{p}{q}}\right)^q = 3^q$
(3) $10^p = 3^q$

Fig. 1

Kannst du das noch?

18 a) Zeichne das Dreieck ABC mit den Eckpunkten A(1|1), B(4|0) und C(5|3) und spiegele es an der ersten Winkelhalbierenden. Gib die Koordinaten der Bildpunkte A′, B′ und C′ an.
b) Spiegele das Bilddreieck A′B′C′ an der zweiten Winkelhalbierenden.
c) Spiegele das Dreieck ABC am Koordinatenursprung und vergleiche das Bilddreieck mit dem Bilddreieck aus Teilaufgabe b).

19 Zeichne die Gerade mit der Gleichung $y = 2x - 2$ und spiegele sie an der ersten Winkelhalbierenden. Wie lautet die Gleichung der Bildgeraden?

6 Logarithmusfunktion

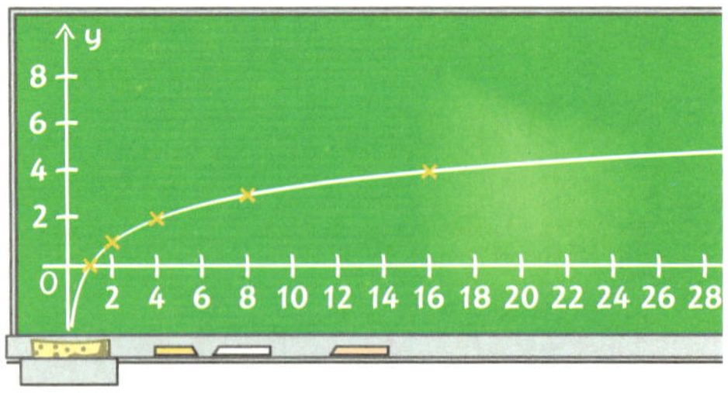

„Der Graph wird den oberen Rand der Tafel nie erreichen."
„Logisch! Die ist ja auch viel zu schmal. Ich denke, dass man auch dann nicht oben ankommt, wenn sie so breit wäre wie eine Kinoleinwand."
„Und wenn sie zehn Kilometer breit wäre?"

Die Exponentialfunktion $f\colon x \to a^x$ ist für $a \neq 1$ entweder überall zunehmend oder überall abnehmend. Sie ist also umkehrbar. Für die Umkehrfunktion $\bar{f}$ gilt dann $\bar{f}\colon a^x \to x$.
Mit $y = a^x$ erhält man $x = \log_a(y)$,
also $\bar{f}\colon y \to \log_a(y)$.
Bezeichnet man wie üblich die unabhängige Größe mit x, so ergibt sich $\bar{f}\colon x \to \log_a(x)$.
$\bar{f}$ heißt **Logarithmusfunktion**. Die zugehörige Funktionsgleichung lautet
$\bar{f}(x) = \log_a(x)$. Spiegelt man den Graphen der Exponentialfunktion an der ersten Winkelhalbierenden, so erhält man den Graphen der zugehörigen Logarithmusfunktion (Fig. 1).

Zur Erinnerung:
$a^{\log_a(x)} = x$
$\log_a(a^x) = x$

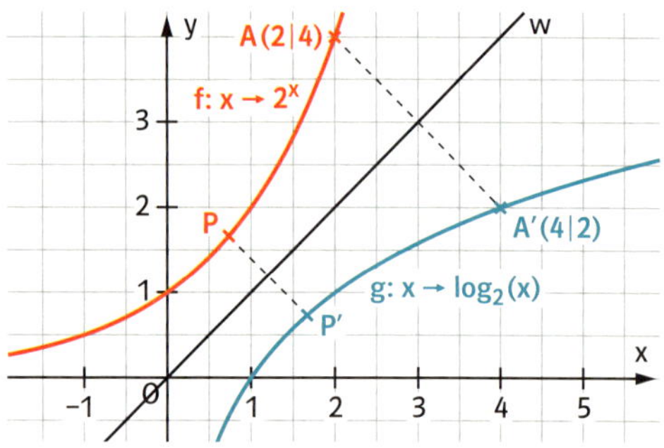

Fig. 1

Die **Logarithmusfunktion** $x \to \log_a(x)$ $(a > 0,\ a \neq 1)$ ist die Umkehrfunktion der Exponentialfunktion $x \to a^x$. Sie ist nur für positive x-Werte definiert.

Eigenschaften der Logarithmusfunktion:
Für $a > 1$ gilt:
- Die Funktionswerte nehmen zu, wenn x größer wird. Die Funktion ist **zunehmend**.
- Der Graph verläuft für $x > 1$ über der x-Achse, für $0 < x < 1$ unter der x-Achse.
- Für $x \to \infty$ gilt $\log_a(x) \to \infty$, für $x \to 0$ gilt $\log_a(x) \to -\infty$.

Für $0 < a < 1$ gilt:
- Die Funktionswerte nehmen ab, wenn x größer wird. Die Funktion ist **abnehmend**.
- Für $x > 1$ sind die Funktionswerte negativ, für $0 < x < 1$ sind sie positiv.
- Für $x \to \infty$ gilt $\log_a(x) \to -\infty$, für $x \to 0$ gilt $\log_a(x) \to \infty$.

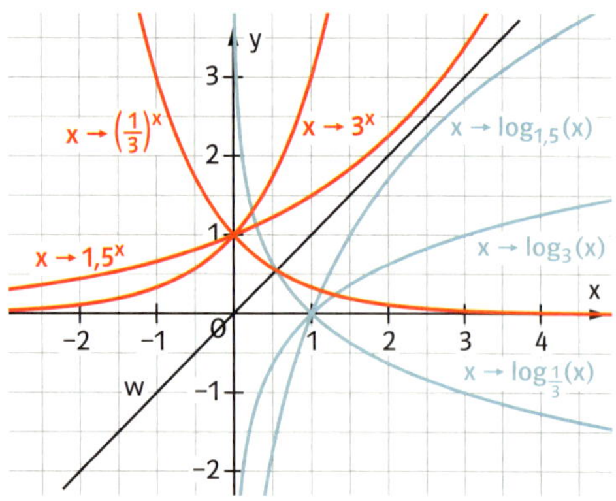

Fig. 2

$$\log_{\frac{1}{a}}(x) = \frac{\log_a(x)}{\log_a\left(\frac{1}{a}\right)} = \frac{\log_a(x)}{-\log_a(a)} = \frac{\log_a(x)}{-1} = -\log_a(x)$$

Für beliebige Werte von a $(a \neq 0,\ a \neq 1)$ gilt:
- Alle Graphen von f mit $f(x) = \log_a(x)$ verlaufen durch den Punkt $P(1|0)$.
- Spiegelt man den Graphen von f mit $f(x) = \log_a(x)$ an der x-Achse, so erhält man den Graphen von g mit $g(x) = -\log_a(x) = \log_{\frac{1}{a}}(x)$ (Fig. 2).

Beispiel

Fig. 1 zeigt die Graphen zweier Logarithmusfunktionen $x \to \log_a(x)$. Bestimme a.

Lösung:

Man liest die Koordinaten eines Punktes des Graphen ab und wählt, wenn möglich, einen „Gitterpunkt", jedoch nicht (1|0). Dann setzt man die Koordinaten in $\log_a(x) = y$ ein.

(1) $P(2{,}5|1)$ liegt auf dem Graphen. Aus $\log_a(2{,}5) = 1$ folgt $a^1 = 2{,}5$, also $a = 2{,}5$.

(2) $Q(3|0{,}5)$ liegt auf dem Graphen. Aus $\log_a(3) = \frac{1}{2}$ folgt $a^{\frac{1}{2}} = 3$, also $a = 9$.

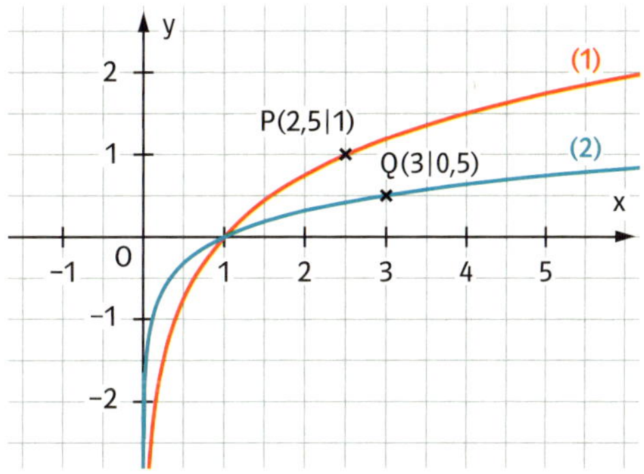

Fig. 1

Aufgaben

1 a) Zeichne den Graphen der Funktion mit der Gleichung $f(x) = 1{,}2^x$ und spiegele ihn an der ersten Winkelhalbierenden. Wie lautet die Gleichung der Umkehrfunktion?
b) Zeichne die Umkehrfunktion von $g: x \to 0{,}8^x$ und lies daran eine Näherungslösung für die Gleichung $0{,}8^x = 2$ ab.

2 a) Konstruiere den Graphen von $x \to \log_3(x)$ aus dem Graphen der Umkehrfunktion.
b) Für welche x-Werte sind die Funktionswerte größer als 4, für welche kleiner als $\frac{1}{4}$?

3 a) Strecke den Graphen der Funktion $f: x \to \log_2(x)$ mit dem Streckfaktor 2.
b) Begründe: Die Graphen von $h: x \to \log_2(x^2)$ und $k: x \to 2 \cdot \frac{\lg(x)}{\lg(2)}$ stimmen mit dem gestreckten Graphen aus Teilaufgabe a) überein.

4 Gib die Gleichung der Umkehrfunktion an.

a) $f(x) = 5^x$ b) $f(x) = \left(\frac{1}{3}\right)^x$ c) $f(x) = \left(\frac{2}{5}\right)^x$ d) $f(x) = \left(\sqrt{3}\right)^x$ e) $f(x) = 100^x$
f) $f(x) = \log_4(x)$ g) $f(x) = \log_{2,5}(x)$ h) $f(x) = \log_{0,6}(x)$ i) $f(x) = \lg(x)$ j) $f(x) = \log_{\sqrt{5}}(x)$

Die Logarithmusfunktion $x \to \log_a(x)$ ist die Umkehrfunktion der Exponentialfunktion $x \to a^x$.
Damit ist auch die Exponentialfunktion $x \to a^x$ Umkehrfunktion der Logarithmusfunktion $x \to \log_a(x)$.

5 Fig. 1 zeigt die Graphen verschiedener Logarithmusfunktionen $x \to \log_a(x)$. Bestimme a mithilfe geeigneter Punkte.

6 a) Begründe: Der Graph der Logarithmusfunktion $x \to \log_a(x)$ verläuft stets durch den Punkt $P(a|1)$.
b) Überprüfe mit der Eigenschaft aus Teilaufgabe a), soweit möglich, deine Lösungen von Aufgabe 5.

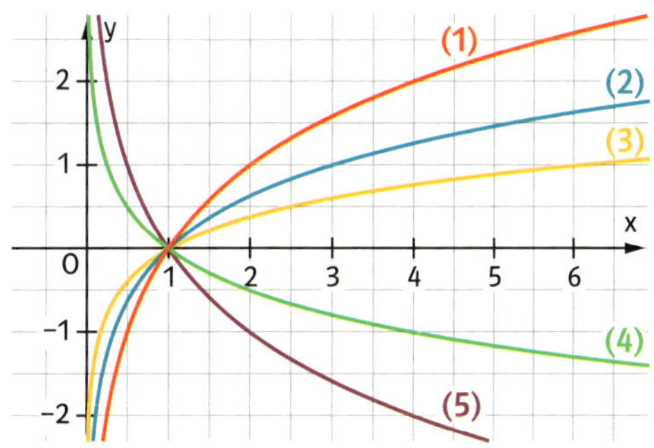

Fig. 1

7 Bestimme diejenige Logarithmusfunktion $x \to \log_a(x)$, deren Graph durch den Punkt P geht.

a) $P(9|3)$ b) $P(100|2)$ c) $P(3|9)$
d) $P(0{,}5|-1)$ e) $P\left(\sqrt{5}\,\middle|\,\frac{1}{2}\right)$ f) $P\left(\sqrt[3]{4}\,\middle|\,\frac{2}{3}\right)$

7 Exponentialgleichungen

Alles eine Frage der Zeit …

Gleichungen, bei denen die Variable im Exponenten steht, wie z. B. $3^x = 5$, heißen **Exponentialgleichungen**. Solche Gleichungen lassen sich häufig durch Logarithmieren lösen.

Frau Ott möchte 5000 € zu einem Zinssatz von 4,8 % anlegen und so lange warten, bis das Guthaben mindestens 10 000 € beträgt. Bezeichnet man die Anzahl der Jahre mit n, so gilt:

$u = v$
$\Longleftrightarrow \log_a(u) = \log_a(v)$

$$\begin{aligned} 10\,000 &= 5000 \cdot 1{,}048^n && \mid :5000 \\ 2 &= 1{,}048^n && \mid \text{Zehnerlogarithmus anwenden} \\ \lg(2) &= \lg(1{,}048^n) && \mid \text{3. Logarithmengesetz anwenden} \\ \lg(2) &= n \cdot \lg(1{,}048) && \mid :\lg(1{,}048) \\ n &= \frac{\lg(2)}{\lg(1{,}048)} \approx 14{,}78 \end{aligned}$$

Frau Ott muss also etwa 15 Jahre warten.

Eine Exponentialgleichung vom Typ $\mathbf{c = a^x}$ hat die Lösung $\mathbf{x = \frac{\lg(c)}{\lg(a)}}$.

Beispiel 1
Löse die Exponentialgleichung $1{,}2^{4x-7} = 9$.
Lösung:

Wende auf die gegebene Gleichung den Zehnerlogarithmus an: $1{,}2^{4x-7} = 9$; $\lg(1{,}2^{4x-7}) = \lg(9)$

Benutze das 3. Logarithmengesetz: $(4x-7) \cdot \lg(1{,}2) = \lg(9)$

Vereinfache und löse:

$$4x - 7 = \frac{\lg(9)}{\lg(1{,}2)}$$

$$x = \left(\frac{\lg(9)}{\lg(1{,}2)} + 7\right) : 4$$

$$x \approx 4{,}763$$

Beispiel 2
Löse $2^{3x-1} = 32$.
Lösung:
Da sich $32 = 2^5$ als Potenz von 2 schreiben lässt, kann man die Gleichung durch Vergleich der Exponenten lösen.

$2^{3x-1} = 32$

Schreibe 32 als Zweierpotenz: $2^{3x-1} = 2^5$

Vergleiche die Exponenten: $3x - 1 = 5;\ 3x = 6;\ x = 2$

Beispiel 3

Wassermelonen wachsen sehr schnell. Unter idealen Bedingungen nimmt ihr Gewicht täglich um 12% zu. In wie vielen Tagen hat eine Wassermelone ihr Gewicht verdoppelt?

Lösung:

Ein tägliches Wachstum von 12% entspricht dem Wachstumsfaktor 1,12. Das Wachstum wird daher durch $f(x) = b \cdot 1{,}12^x$ beschrieben. Verdoppelung bedeutet: f(x) nimmt in der Zeit x gegenüber $f(0) = b$ um den Faktor 2 zu.

$$\begin{aligned} f(x) &= 2 \cdot f(0) \\ b \cdot 1{,}12^x &= 2 \cdot b \\ 1{,}12^x &= 2 \\ x \cdot \lg(1{,}12) &= \lg(2) \\ x &= \frac{\lg(2)}{\lg(1{,}12)} \approx 6{,}12 \end{aligned}$$

Die Verdoppelungszeit hängt nicht vom Anfangsgewicht b ab.

Die Melone benötigt etwa 6 Tage, um ihr Gewicht zu verdoppeln.

Beispiel 4

Löse die Exponentialgleichung $7^{x-1} = 3 \cdot 5^x$.

Lösung:

Wende auf die Gleichung den Zehnerlogarithmus an:

$$7^{x-1} = 3 \cdot 5^x$$
$$\lg(7^{x-1}) = \lg(3 \cdot 5^x)$$

Wende die Logarithmengesetze an:

$$(x-1) \cdot \lg(7) = \lg(3) + \lg(5^x)$$

Multipliziere aus:

$$x \cdot \lg(7) - \lg(7) = \lg(3) + x \cdot \lg(5)$$
$$x \cdot \lg(7) - x \cdot \lg(5) = \lg(3) + \lg(7)$$

Klammere x aus:

$$x \cdot [\lg(7) - \lg(5)] = \lg(3) + \lg(7)$$

Löse nach x auf:

$$x = \frac{\lg(3) + \lg(7)}{\lg(7) - \lg(5)} \approx 9{,}05$$

Aufgaben

1 Löse wie in Beispiel 1. Gib die Lösungen auf drei Nachkommastellen genau an.

a) $4^x = 12$ b) $2{,}4^x = 3{,}9$ c) $1{,}14^y = 0{,}7$ d) $0{,}45^z = 1{,}9$
e) $3{,}7^{2x} = 5$ f) $1{,}46^{3x} = 0{,}8$ g) $8{,}2^{-x} = 4{,}9$ h) $5{,}6^{-2x} = 1{,}4$
i) $2 \cdot 3^x = 1{,}4$ j) $6 \cdot 1{,}5^y = 2{,}3$ k) $1{,}3 \cdot 5^{-x} = 2{,}8$ l) $0{,}9 \cdot 1{,}4^t = 3{,}2$

2 a) $10^{x-1} = 6$ b) $6^{x+1} = 108$ c) $5^{1-2x} = 17$ d) $10^{5x+1} = 2$
e) $3 \cdot 8^{-x-2} = 25$ f) $(7^{2x-1})^2 = 36$ g) $5 \cdot 2^{-3x+4} = 1$ h) $3 \cdot 4^{5-x} = 1$

3 Löse durch Vergleich der Exponenten wie in Beispiel 2.

a) $5^{2x-3} = 5$ b) $6^{4x-5} = 216$ c) $4^{2x-1} = 64$ d) $3^{2x+1} = 3^{x+2}$
e) $3^x = \frac{1}{81}$ f) $25^{x+1} = \frac{1}{5}$ g) $7^{x-2} = \sqrt{7}$ h) $3^{5x} = \sqrt[3]{3^2}$

4 Eine Braunalge verdoppelt jede Woche ihre Höhe. Zu Beginn der Beobachtung ist sie 1,20 m hoch. Das Wasser ist an dieser Stelle 30 m tief. Wie viele Wochen dauert es, bis die Braunalge an die Wasseroberfläche gelangt?

Bist du sicher?

1 Bestimme die Lösung der Exponentialgleichung.

a) $3^x = \frac{1}{81}$ b) $10^{1-x} = 2{,}5$ c) $5^x + 3 = 8 - 3 \cdot 5^x$ d) $6^{-x} = -36$

2 Um Röntgenstrahlen abzuschirmen, verwendet man Bleiplatten. Bei einer Plattendicke von 1 mm wird die vorhandene Strahlung um 5% vermindert. Welche Dicke müsste eine Bleiplatte haben, damit die Strahlung um die Hälfte abnimmt?

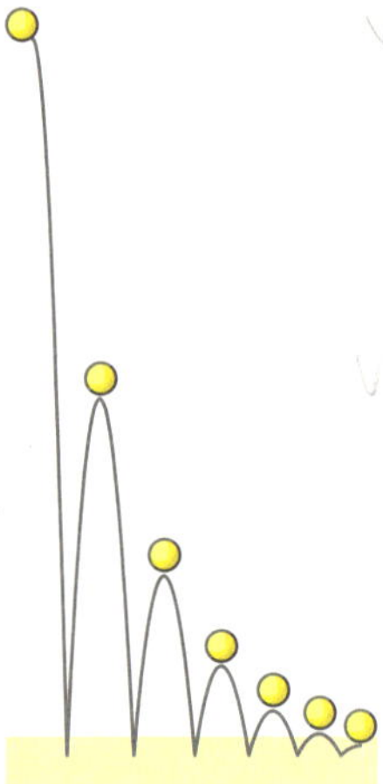

5 Bei der Geburt von Lea hat ihre Oma auf einem Sparbuch 100 € zu 2,8 % angelegt.
a) Wie viel Geld ist an Leas 18. Geburtstag auf dem Sparbuch vorhanden?
b) An ihrem 18. Geburtstag beschließt Lea, das Guthaben so lange auf dem Sparbuch zu lassen, bis sich der ursprüngliche Betrag verdoppelt hat. Wie lange muss sie noch warten?

6 In Glücktal geht man davon aus, dass der Wert einer Wohnung jährlich um 1,5 % zunimmt.
a) Nach wie vielen Jahren ist eine für 80 000 € gekaufte Wohnung 90 000 € wert?
b) Wie viel muss eine Wohnung kosten, damit ihr Wert in 15 Jahren 120 000 € beträgt?
c) Wie groß müsste die jährliche Wertsteigerung sein, damit der Wert einer Wohnung in 16 Jahren von 60 000 € auf 80 000 € steigt?

7 Bei Versuchen mit einem Gummiball wird festgestellt, dass nach jeweils sechsmaligem Aufspringen die Höhe nur noch 10 % der Anfangshöhe beträgt. Es wird angenommen, dass sich die Höhe bei jedem Aufspringen um den gleichen Prozentsatz vermindert. Bestimme den Prozentsatz.

8 Die Bevölkerung eines Staates A beträgt 60 Millionen Einwohner und wächst jährlich um 3 %, die eines Staates B beträgt 110 Millionen Einwohner und wächst jährlich um 1 %. Nach wie vielen Jahren haben beide Staaten etwa die gleiche Einwohnerzahl?

9 Zwei verschieden große Bakterienkulturen wachsen beide täglich um 8 %. Begründe, dass es in beiden Fällen gleich lang dauert, bis sich der Bestand jeweils verdoppelt hat.

10 Berechne die Halbwertszeit.
a) Phosphor 32: Jeden Tag zerfallen 4,7 % der vorhandenen Atome.
b) Cobalt 58: Jeden Tag zerfällt 1 % der vorhandenen Atome.
c) Polonium 218: Jede Minute zerfallen 20 % der vorhandenen Atome.

11 Die Temperatur eines Glases Tee beträgt 90 °C. Der Tee kühlt ab; die Temperaturdifferenz zur Raumtemperatur von 20 °C nimmt jede Minute um 10 % ab. Nach wie vielen Minuten beträgt die Temperatur des Tees nur noch 50 °C?

12 Bestimme die Lösungsmenge.
a) $4^x = 2$ b) $4^x = -2$ c) $4^{x^2} = 2$ d) $2^{x^2} = 4$

13 Löse durch Logarithmieren.
a) $2^x = 3^{x-1}$ b) $7^{x+1} = 2^{7x}$ c) $5^{2y} = 4^{1-y}$ d) $4^{2z+1} = 10^{3z}$
e) $3 \cdot 1{,}4^{3t} = 2^{t-1}$ f) $4 \cdot 5^{x-1} = 10^{x+1}$ g) $7 \cdot 6^{2x} = 11^{x+3}$ h) $\left(\frac{3}{4}\right)^{3x-2} = \left(\frac{2}{5}\right)^{2x-3}$

14 Schreibe als Exponentialgleichung und löse dann.
a) $\sqrt[3]{5^{7-x}} = 5^{x-2}$ b) $\sqrt[5]{2^x} = \sqrt[3]{\left(\frac{1}{2}\right)^7}$ c) $\sqrt[4]{3^{2x+5}} = \sqrt{27^x}$ d) $\sqrt{2^{3x}} \cdot \sqrt[3]{5^{2x}} = 1$

15 Forme mithilfe der Potenzgesetze in eine Gleichung der Form $b^x = a$ um. Löse die erhaltene Gleichung.
a) $2^x + 3 = 2^{x+1}$ b) $7 \cdot 2^x = 13 \cdot 3^x$ c) $3^{2x} \cdot 9^{-x} = 5$ d) $2^{x+1} + 2^{x+2} = 48$

16 Löse die Gleichung, falls sie eine Lösung hat. Begründe sonst, wenn sie nicht lösbar ist.
a) $1^x = 3$ b) $1^x = 1$ c) $1^x = -1$ d) $1^x = 1^{2x+1}$

Wiederholen – Vertiefen – Vernetzen

1 Passen die verschiedenen Aussagen über die Wasserhyazinthe zusammen?

„Dieser Fluss ist fast vollständig mit Wasserhyazinthen zugewachsen. Etwa alle 15 bis 20 Tage verdoppelt das driftende Pflanzengeflecht seine Ausmaße."

(Projektwerkstatt The waterhyacinth chair 2000)

„… Große Schädlinge in fremden Biotopen seien der Nilbarsch und im afrikanischen Viktoria-See die Wasserhyazinthe. Sie wächst so schnell, dass sich die von ihr bedeckte Fläche in 12 Tagen verdoppelt …"

(Frankfurter Rundschau, 12. 5. 01)

… Die Wasserhyazinthe breitet sich mit einem Tempo aus, „bei dem einem schwindlig werden könnte: In vier Monaten werden aus einer Pflanze 600!"

(Katalog Tee-Kampagne 2000)

2 In der Amtssprache der Vereinten Nationen (UN) heißen die Entwicklungsländer „Less Developed Countries" (LDC), die anderen Länder „More Developed Countries" (MDC). Das Unterscheidungskriterium ist das Pro-Kopf-Einkommen. In Fig. 1, 2 und 3 sind einige Informationen über LDC und MDC zusammengestellt.

Weltbevölkerung

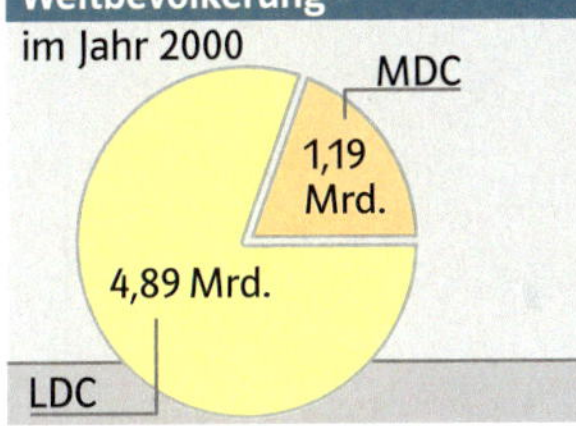

Fig. 1

Vermutete Wachstumsraten der Bevölkerung

	LDC	MDC
2000 – 2010	1,34 %	0,25 %
2010 – 2020	1,14 %	0,16 %

Fig. 2

Energiebedarf pro Person und Stunde

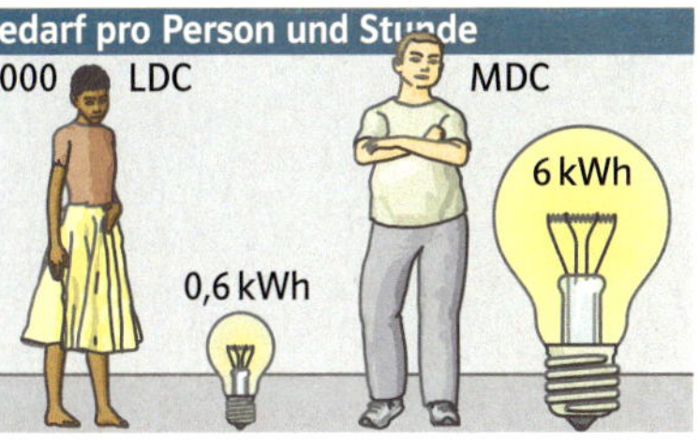

Fig. 3

a) Wie viel Prozent der Weltbevölkerung lebten im Jahr 2000 in den LDC, wie viel Prozent in den MDC? Wie wird diese Verteilung vermutlich im Jahr 2020 aussehen?
b) Bestimme den gesamten Energiebedarf pro Stunde in den LDC bzw. den MDC im Jahr 2020, wenn man jeweils eines der folgenden Modelle voraussetzt.
I. Der Energiebedarf pro Person bleibt auf dem Stand des Jahres 2000.
II. Der Energiebedarf nimmt in den LDC pro Jahr um 4 %, in den MDC um 1 % zu.
III. Der Energiebedarf nimmt in den LDC pro Jahr um 2 % zu, in den MDC um 0,2 % ab.

3 Ein Somatogramm hilft dem Kinderarzt zu erkennen, ob ein Kleinkind auffällig groß oder klein ist. Die beiden Linien sind so gezogen, dass zwischen ihnen die Körpergrößen von 95 % aller Kinder in dem entsprechenden Alter liegen.
In der Zeile „U" sind die Zeitpunkte der acht Vorsorgeuntersuchungen ablesbar.
a) Wie groß sind Kinder im Mittel bei der Geburt, nach 6 Monaten, nach 1 Jahr, nach 1,5 Jahren und nach 2 Jahren? Lies dazu aus dem Somatogramm jeweils die beiden Werte auf den durchgezogenen Linien ab.
b) Berechne mit den Mittelwerten aus a) die halbjährliche Änderung und die prozentuale Änderung.

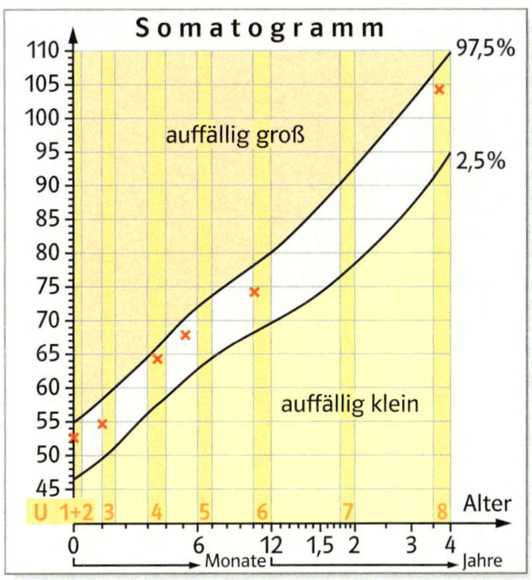

Fig. 4

Somatisch ist ein medizinischer Ausdruck für „auf den Körper bezogen".

4 Ein Quadrat Q_0 hat die Seitenlänge $a_0 = 2\,\text{cm}$ und die Eckpunkte A_0, B_0, C_0 und D_0 (Fig. 1). Diesem Quadrat wird ein neues Quadrat Q_1 mit den Eckpunkten A_1, B_1, C_1, D_1 so umbeschrieben, dass die Eckpunkte von Q_0 die Seitenmitten von Q_1 sind. Entsprechend erhält man aus Q_1 das Quadrat Q_2 und so weiter.
a) Bestimme die Seitenlängen a_1 und a_2. Gib allgemein eine Formel für a_n an.
b) Für welche Werte von n ist der Flächeninhalt des Quadrats Q_n größer als $1\,\text{m}^2$?

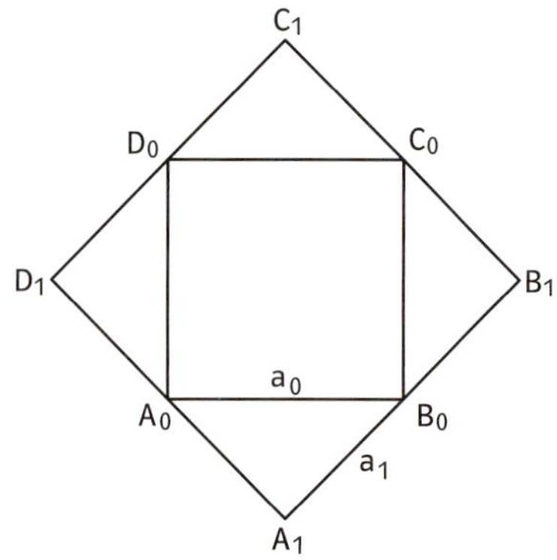

Fig. 1

5 Ein Quadrat Q_0 hat die Seitenlänge $a_0 = 10\,\text{cm}$ und die Eckpunkte A_0, B_0, C_0 und D_0 (Fig. 2). Diesem Quadrat wird ein neues Quadrat Q_1 mit den Eckpunkten A_1, B_1, C_1, D_1 so einbeschrieben, dass die Eckpunkte von Q_1 auf den Diagonalen von Q_0 liegen und die Länge der Diagonalen von Q_1 nur noch 0,9-mal so lang sind wie die Diagonalen von Q_0. Entsprechend erhält man aus Q_1 das Quadrat Q_2 und so weiter.
a) Bestimme die Seitenlängen a_1 und a_2. Gib allgemein eine Formel für a_n an.
b) Für welche Werte von n ist der Flächeninhalt des Quadrats Q_n kleiner als $1\,\text{mm}^2$?

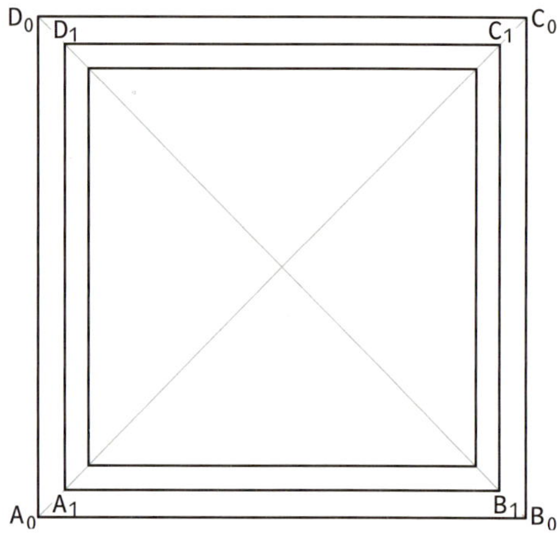

Fig. 2

6 Ägypten hatte im Jahr 2000 eine Einwohnerzahl von 71,1 Millionen. Für die nächsten Jahre erwartet man ebenso wie seit 1990 ein Bevölkerungswachstum von jährlich 1,75 %.
a) Bestimme die zugehörige Wachstumsfunktion und damit die erwarteten Einwohnerzahlen für die Jahre 2020 bzw. 2030.
b) Berechne die Einwohnerzahl aus den Jahren 1995 und 1990.
c) Wann wird Ägypten mehr als 90 Millionen Einwohner haben?

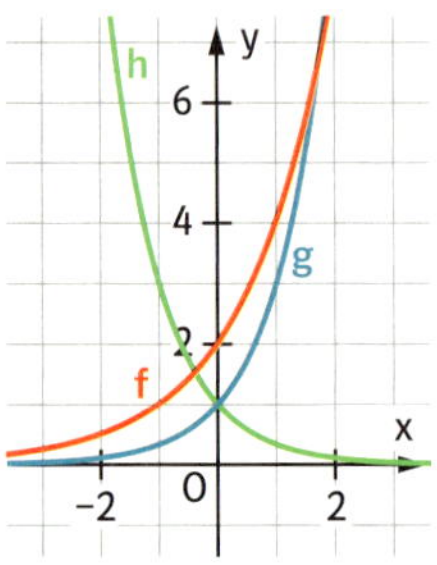

Fig. 3

7 Der Graph der Exponentialfunktion f mit $f(x) = c \cdot a^x$ verläuft durch die Punkte P und Q. Bestimme den zugehörigen Funktionsterm und prüfe, ob R auf dem Graphen liegt.
a) $P(0|2)$, $Q(1|6)$, $R\left(-2\left|\frac{2}{9}\right.\right)$ b) $P(0|3)$, $Q\left(2\left|\frac{3}{4}\right.\right)$, $R(1|1)$ c) $P(1|4)$, $Q\left(-1\left|\frac{1}{4}\right.\right)$, $R(3|64)$

8 In Fig. 3 sind die Graphen von drei Exponentialfunktionen abgebildet. Bei welcher Funktion ist der Wachstumsfaktor a am größten, bei welcher am kleinsten?

9 Zeige: Jede Streckung des Graphen einer Exponentialfunktion f mit der Gleichung $f(x) = a^x$ kann man auch als Verschiebung des Graphen in x-Richtung ansehen.

10 Bestimme y, a bzw. x.
a) $y = \log_7(49)$ b) $y = \log_5(0{,}008)$ c) $y = \log_{0,5}(8)$ d) $y = \log_{27}\left(\frac{1}{3}\right)$
e) $\log_a\left(\frac{1}{27}\right) = -3$ f) $\log_a\left(\frac{1}{9}\right) = -4$ g) $\log_{27}(x) = \frac{4}{3}$ h) $\log_{16}(x) = -\frac{5}{4}$

11 Gib die Lösungen der Exponentialgleichung auf zwei Nachkommastellen genau an.

a) $2 \cdot 3^x = 0{,}8$ b) $5 \cdot \left(\frac{2}{3}\right)^x = \frac{2}{5}$ c) $\frac{2}{3} \cdot \left(\frac{7}{5}\right)^x = \sqrt{2}$ d) $4 + 3 \cdot 2^x = 6{,}9$
e) $3 \cdot 2^{x-4} = 7$ f) $2{,}8 \cdot 1{,}6^{1-x} = 3{,}2$ g) $4 \cdot 1{,}5^{2x-1} = 6{,}5$ h) $5 \cdot 2^{3x+2} = 11$
i) $5^{x+1} = 8^{2x}$ j) $2{,}8^{3x} \cdot 1{,}5^x = 10$ k) $0{,}4 \cdot 3{,}2^x = 2^{3x-1}$ l) $3^{4x} \cdot 4^x = 5^{x+2}$

12 Durch welche Abbildungen kann man sich den Graphen der Funktion aus dem Graphen von $x \to 2^x$ entstanden denken?

a) $x \to 2^{x+2}$ b) $x \to 2^{x+1}$ c) $x \to 2^x + 1$ d) $x \to 2^{2x}$

13 Bestimme die Lösungen.

a) $\lg(1 - 3x) = 0{,}8$ b) $\lg(x^2 - 24) = 3$ c) $\log_2(x - 1) = 2{,}5$ d) $\log_3(1 - x) = -0{,}3$

14 Der pH-Wert ist ein Maß für die Stärke der sauren oder basischen Wirkung einer wässrigen Lösung. Der pH-Wert ist der mit -1 multiplizierte dekadische Logarithmus der Wasserstoffionenkonzentration (H^+), genauer der Oxoniumionenkonzentration (H_3O^+) in $\frac{\text{mol}}{\text{l}}$. Neutrale Lösungen haben einen pH-Wert von 7. Unterhalb von 7 spricht man von saurer Wirkung (Säure), oberhalb von 7 von basischer Wirkung (Lauge). So hat eine Seifenlauge mit dem pH-Wert 8,5 eine H^+-Konzentration von $10^{-8{,}5}\,\frac{\text{mol}}{\text{l}}$.

a) Welchen pH-Wert hat eine Seifenlauge mit doppelt so großer H^+-Konzentration?
b) Saurer Regen mit dem bislang höchsten Säuregehalt hatte einen pH-Wert von 2,4. Um das Wievielfache war die H^+-Konzentration gegenüber neutralem Wasser erhöht?

pondus Hydrogenii *(lat.): Gewicht des Wasserstoffs*

15 Die Exponentialgleichung $2^{2x} - 6 \cdot 2^x + 8 = 0$ lässt sich zu einer quadratischen Gleichung umformen, wenn man 2^x durch eine neue Variable, zum Beispiel u, ersetzt. Wegen $2^{2x} = (2^x)^2$ ergibt sich $u^2 - 6u + 8 = 0$ mit den Lösungen $u_1 = 2$ und $u_2 = 4$. Nun sind noch die Exponentialgleichungen $2^x = 2$ und $2^x = 4$ zu lösen. Man erhält die Lösungen 1 und 2 für x. Löse entsprechend, indem du zunächst durch eine geeignete Substitution in eine quadratische Gleichung umformst.

a) $10^{2x} - 5 \cdot 10^x + 4 = 0$ b) $3^{2x+1} + 2 \cdot 3^{x+2} - 648 = 0$ c) $5^{x-1} = 10{,}2 \cdot (\sqrt{5})^{x-2} - 0{,}4$

Das Ersetzen eines Terms durch eine neue Variable heißt ***Substitution.***
substituere *(lat.): ersetzen*

16 Fig. 1 zeigt eine Folge geometrischer Figuren. Das Konstruktionsprinzip ist bei jedem Schritt dasselbe:
Jede vorhandene Strecke wird gedrittelt. Oberhalb der mittleren Teilstrecke wird ein gleichseitiges Dreieck „aufgesetzt".

a) Gib für die Länge der Streckenzüge nach dem ersten und nach dem zweiten Schritt jeweils einen Term an.
b) Mit welchem Term lässt sich die Länge des Streckenzuges nach n Schritten berechnen? Wie lang ist der Streckenzug nach 20 Schritten, wenn man mit einer 6,25 cm langen Strecke a beginnt?
c) Nach wie vielen Schritten ist der Streckenzug 100-mal (10^6-mal, 10^{50}-mal) so lang wie die Anfangsstrecke a?

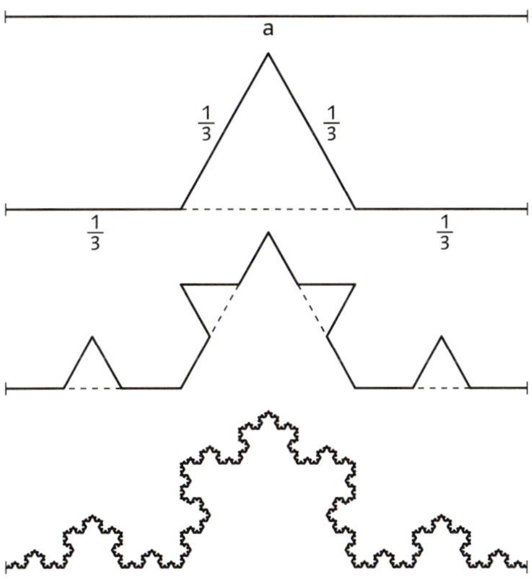

Fig. 1

Anwendungen des Logarithmus

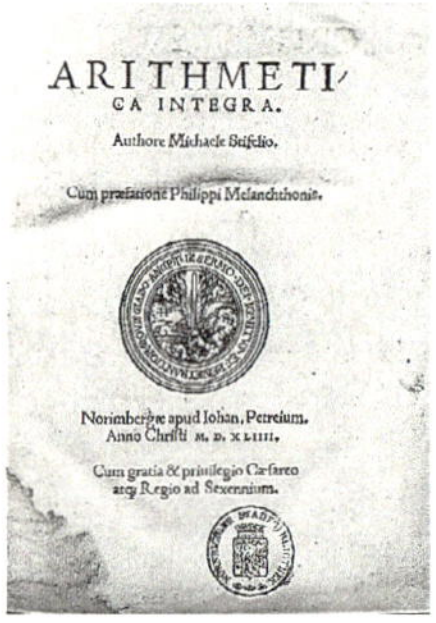

Von Michael Stifel (1487 – 1567) gingen wichtige Impulse zur Weiterentwicklung der Mathematik aus. So führte er die negativen Zahlen in der heutigen Form ein. Dabei untersuchte er in seiner „Arithmetica integra“ auch die beiden Zahlenfolgen:

−3	−2	−1	0	1	2	3	4	5	6
$\frac{1}{8}$	$\frac{1}{4}$	$\frac{1}{2}$	1	2	4	8	18	32	64

Er schrieb dazu:
„$\frac{1}{8}$ multipliziert mit 64 ergibt 8. So auch −3 addiert zu 6 ergibt 3: Es ist aber −3 der Exponent von $\frac{1}{8}$, so auch 6 der Exponent der Zahl 64.“ Mit „Exponent“ meinte Stifel den Zweier-Logarithmus, also kurz $\log_2\left(\frac{1}{8} \cdot 64\right) = \log_2(8) = 3 = (-3) + 6 = \log_2\left(\frac{1}{8}\right) + \log_2(64)$.

Justus Bürgi (1552 – 1632)

Die praktische Bedeutung dieser Entdeckung erkannte zuerst (vermutlich 1588) der Schweizer Uhrmacher und Erbauer astronomischer Instrumente Justus Bürgi (1552 – 1632). Er war Freund und Mitarbeiter des schwäbischen Astronomen und Mathematikers Johannes Kepler (1571 – 1630). Bürgi baute für Kepler nicht nur Instrumente, sondern half ihm auch bei seinen umfangreichen Berechnungen, die schließlich zur Entdeckung der drei nach Kepler benannten Gesetze über die Planetenbewegungen führten (vgl. Band 9, Seite 140 f.).

John Napier (1550 – 1617)

Bei diesen Berechnungen mussten häufig 8-stellige Zahlen multipliziert werden. Die Multiplikation zweier 8-stelliger Zahlen bedeutet aber 64-mal das kleine Einmaleins anwenden, Überträge beachten und schließlich acht Teilprodukte addieren. Die Logarithmen ermöglichen nun, die Multiplikation durch eine Addition zu ersetzen. Fig. 1 macht die Idee deutlich.

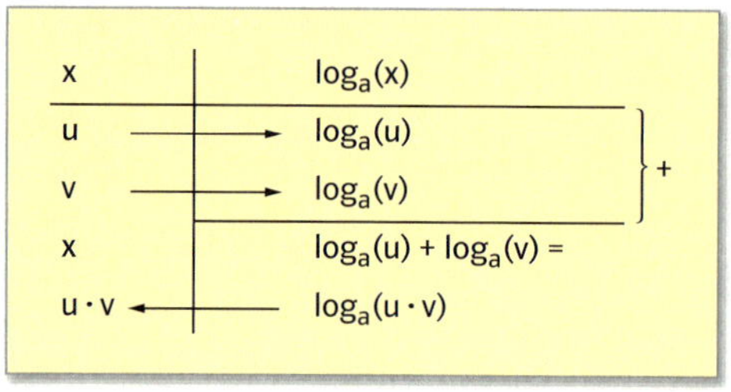

Fig. 1

Ausschnitt aus einer Logarithmentafel, wie sie in der Schule benutzt wurde.
(Es werden nur Nachkommastellen angegeben, hier von lg(2,000) bis lg(2,129)).

N	0	1	2	3	4	5	6	7	8	9
200	3010	3012	3015	3017	3019	3021	3023	3025	3028	3030
201	3032	3034	3036	3038	3041	3043	3045	3047	3049	3051
202	3054	3056	3058	3060	3062	3064	3066	3069	3071	3073
203	3075	3077	3079	3081	3084	3086	3088	3090	3092	3094
204	3096	3098	3101	3103	3105	3107	3109	3111	3113	3115
205	3118	3120	3122	3124	3126	3128	3130	3132	3134	3137
206	3139	3141	3143	3145	3147	3149	3151	3153	3156	3158
207	3160	3162	3164	3166	3168	3170	3172	3174	3176	3179
208	3181	3183	3185	3187	3189	3191	3193	3195	3197	3199
209	3201	3204	3206	3208	3210	3212	3214	3216	3218	3220
210	3222	3224	3226	3228	3230	3233	3235	3237	3239	3241

Fig. 2

Für den praktischen Umgang benötigt man eine Tafel, die zu x den Wert von $\log_a(x)$ angibt. Eine solche **Logarithmentafel** (vgl. Fig. 2) wurde 1603 – 1611 von Bürgi berechnet. (Unabhängig von Bürgi brachte auch der schottische Lord John Napier eine Logarithmentafel heraus.) Benutzt man nach einer Idee von Henry Briggs (1574 – 1660) Zehnerlogarithmen, so benötigt man nur Tafeln für Zahlen zwischen 1 und 10, denn es gilt zum Beispiel

$$\lg(207{,}8) = \lg(100 \cdot 2{,}078) = 2 + \lg(2{,}078).$$

x	lg(x)	
	0,3233	lg(2,105) ablesen
207,8	+ 2,3176	lg(207,8) ablesen
437,4	2,6409	addieren und x zu
		lg(x) = 2,6409 bestimmen

Fig. 3

Fig. 3 zeigt, wie man $2{,}105 \cdot 207{,}8$ mithilfe der Logarithmentafel berechnen kann.
Es ist also $2{,}105 \cdot 207{,}8 = 437{,}4$.
Bis zur Verbreitung des Taschenrechners, also bis etwa 1980, wurden im Mathematikunterricht noch Logarithmentafeln für Berechnungen benutzt.

Anwendungen des Logarithmus

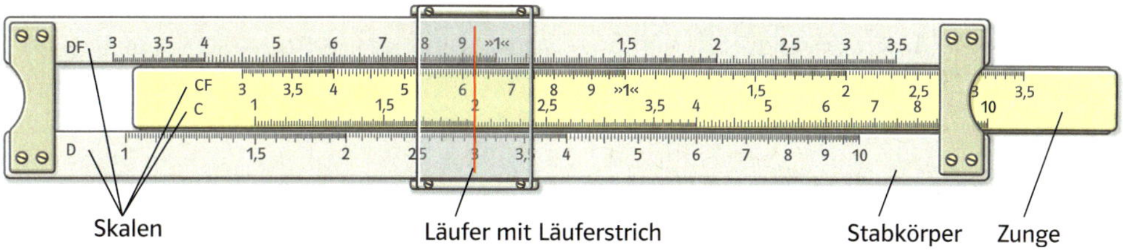

Fig. 1

Eine weitere geschichtlich wichtige Anwendung der Logarithmen stellt der **Rechenstab** (manchmal auch Rechenschieber genannt) dar. Fig. 1 zeigt eine einfache Ausführung. Bis vor etwa 30 Jahren gehörte ein Rechenstab in der Brusttasche zum „Outfit" eines jeden Technikers.

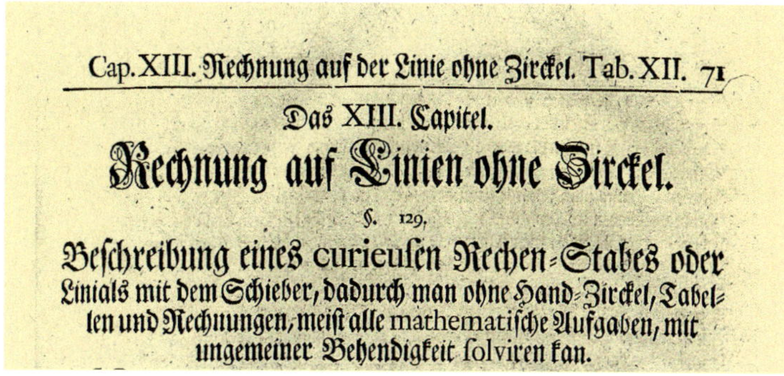

Cap. XIII. Rechnung auf der Linie ohne Zirckel. Tab. XII. 71

Das XIII. Capitel.

Rechnung auf Linien ohne Zirckel.

§. 129.

Beſchreibung eines curieuſen Rechen-Stabes oder Linials mit dem Schieber, dadurch man ohne Hand-Zirckel, Tabellen und Rechnungen, meiſt alle mathematiſche Aufgaben, mit ungemeiner Behendigkeit ſolviren kan.

1727 veröffentlichts Jacob Leupold sein Buch „Theatrum Arithmetico-Geometricum" mit dem deutschen Untertitel „Schauplatz der Rechen- und Messkunst". Das XIII. Kapitel handelt vom Rechenstab.

Beim Rechnen mit Logarithmen werden diese addiert, beim Rechenstab werden Strecken auf einer logarithmischen Skala aneinandergefügt. Die Idee zu dieser Skala hatte der englische Theologe und Astronom Edmund Gunter (1581–1626). Auf einem 24 Zoll langen Brett hatte er eine logarithmische Skala aufgetragen. Mithilfe eines Zirkels konnte man damit multiplizieren.
Beispiel: $3{,}7 \cdot 2{,}4$ soll bestimmt werden. In den Zirkel wird der Abstand von 1 bis 2,4 genommen und nach 3,7 angetragen. So erhält man das Produkt $3{,}7 \cdot 2{,}4 = 8{,}9$ (Fig. 2).

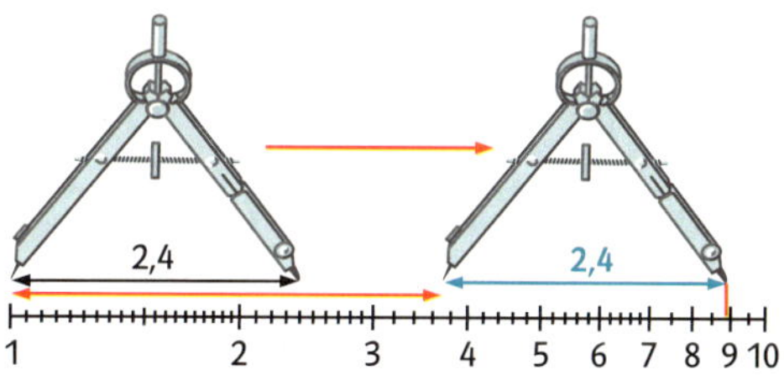

Fig. 2

Mathematisch gesehen wurden Strecken der Länge $\log_a(3{,}7)$ und $\log_a(2{,}4)$ aneinandergefügt. Die Summe ergibt $\log_a(3{,}7) + \log_a(2{,}4) = \log_a(3{,}7 \cdot 2{,}4)$, sodass man das Produkt an der Skala ablesen kann.
Nur drei Jahre später hatte Edmund Wingate (1593–1656) die Idee, statt eines Zirkels eine zweite Skala zu nehmen.
Stellt man (wie in Fig. 1) jetzt z. B. die 1 der Skala C über die 1,4 der Skala D und den Läuferstrich über 1,8 auf der Skala C, so kann man auf der Skala D das Produkt 2,52 ablesen. Man hat nämlich mittels der logarithmischen Skalen $\log_a(1{,}8)$ und $\log_a(1{,}4)$ addiert.
Entsprechend kann man auch dividieren. Man stellt die zu dividierenden Zahlen (z. B. 2,52 und 1,8) auf den Skalen D und C übereinander. Unter der 1 der Skala C kann man dann den Quotienten ablesen.

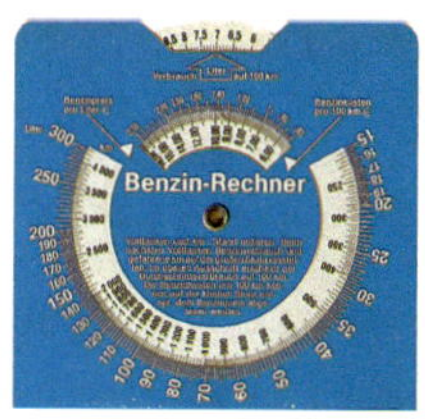

Eine Sonderform des Rechenstabes gibt es noch heute als „Benzin-Rechner" zur Bestimmung des durchschnittlichen Benzinverbrauchs. Bei ihm ist die logarithmische Skala zu einem Kreis zusammengebogen. Der Zunge des Rechenstabes entspricht eine zweite, innere Scheibe.

Halbwertszeiten

Halbwertszeit
Nach dieser Zeit ist jeweils die Hälfte der Atomkerne eines radioaktiven Isotops zerfallen.

Die Zahl hinter den Elementnamen gibt an, wie viele Protonen und Neutronen das Atom enthält. Man nennt sie Nukleonenzahl.

Isotop	Halbwertszeit	Zerfallsart
C 14	5730 a	β^-
Sr 90	28,79 a	β^-
Tc 99	6 h / 211 100 a	γ / β^-
I 131	8,02 d	β^-
Cs 137	30,17 a	β^-
Pu 239	24 110 a	α

Am 26. April 1986 ereignete sich im Atomkraftwerk Tschernobyl bei Kiew ein schwerer Reaktorunfall. Bei dem GAU (Größter Anzunehmender Unfall) wurden große Mengen der radioaktiven Stoffe I 131 und Cs 137 und in geringem Umfang auch Sr 90 freigesetzt. Diese Stoffe wurden durch den Wind über große Teile Europas verbreitet. Durch Ablagerungen auf Böden und Pflanzen gelangten diese Stoffe auch in die Nahrungskette.
Radioaktive Stoffe wandeln sich unter Abgabe von Strahlung in andere Stoffe um (sie „zerfallen"). Die Menge des radioaktiven Ausgangsstoffes nimmt dabei exponentiell ab. Die Geschwindigkeit der Abnahme („Zerfallsgeschwindigkeit") kann mithilfe der **Halbwertszeit** beschrieben werden. Eine Halbwertszeit von z. B. 8 Tagen bedeutet, dass nach jedem Zeitschritt von 8 Tagen nur noch jeweils die halbe Menge des radioaktiven Stoffes vorliegt.

1 a) Wie lange dauert es jeweils, bis bei den radioaktiven Stoffen I 131 bzw. Cs 137 nur noch ein Achtel einer bestimmten Ausgangsmenge vorliegt?
b) Wie viel Prozent einer bestimmten Ausgangsmenge liegt von den radioaktiven Stoffen I 131 bzw. Cs 137 nach zehn Halbwertszeiten noch vor?

2 Der radioaktive Zerfall eines Stoffes verläuft exponentiell. Die nach der Zeit t vorhandene Menge B(n) eines Stoffes lässt sich also durch $B(n) = B(0) \cdot q^n$ berechnen.
a) Bestimme den Wachstumsfaktor q für den Zerfall von Cs 137, wenn n die Zeitschritte in Jahren sind.
b) Vervollständige in deinem Heft die grafische Darstellung in Fig. 1 in Zeitschritten von zehn Jahren.
c) Wann werden nur noch 5 % des in Tschernobyl freigesetzten Cäsiums in der Umwelt vorhanden sein?

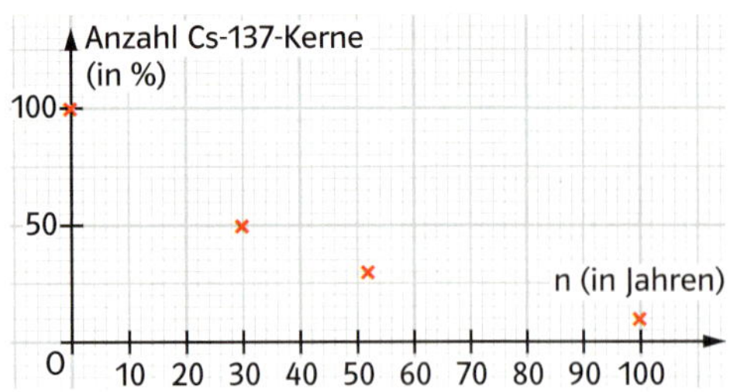

Fig. 1

Übrigens ...
Plutonium schädigt sowohl durch Strahlung als auch durch chemische Giftwirkung. Auch das Zerfallsprodukt ist giftig – also keinesfalls eine „harmlose Materie".

3 In einem Leitartikel der Badischen Zeitung über Strombedarf ging es auch um Risiken von Atomkraftwerken.
a) Wie viel Prozent einer Ausgangsmenge Plutonium ist nach 24 000 Jahren bzw. nach 48 000 Jahren noch vorhanden?
b) Nimm zum Artikel Stellung.

„Die wichtigste Zahl dabei ist die Halbwertszeit von Plutonium, des giftigsten Stoffes überhaupt: 24 000 Jahre. Doppelt so lange also dauert es, bis Plutonium sich in eine nicht mehr strahlende, harmlose Materie verwandelt hat." (29.7.1998)

Halbwertszeiten

Die C-14-Methode (Radiokarbonmethode) zur Altersbestimmung
Überall auf der Erde findet man das Element Kohlenstoff (chemisches Zeichen C). Pflanzen nehmen beim Atmen CO_2 auf und damit auch Kohlenstoff. Durch die Nahrungskette gelangt Kohlenstoff in Tiere und Menschen.
Ein Teil des auf der Erde vorkommenden Kohlenstoffs ist das radioaktive Kohlenstoffisotop C14. Obwohl es mit einer Halbwertszeit von 5730 Jahren zerfällt, ist sein Anteil immer gleich, weil es durch kosmische Strahlung ständig neu gebildet wird.
Stirbt ein Organismus, so wird kein Kohlenstoff mehr aufgenommen. Das radioaktive C14 zerfällt, der nichtradioaktive Kohlenstoff bleibt nahezu erhalten. Damit verändert sich das Verhältnis von radioaktivem und nichtradioaktivem Kohlenstoff im Laufe der Zeit.

4 Wie viel des ursprünglichen Gehalts an Kohlenstoff C14 wird noch gemessen, wenn der Organismus 5730 Jahre bzw. 11500 Jahre tot ist?

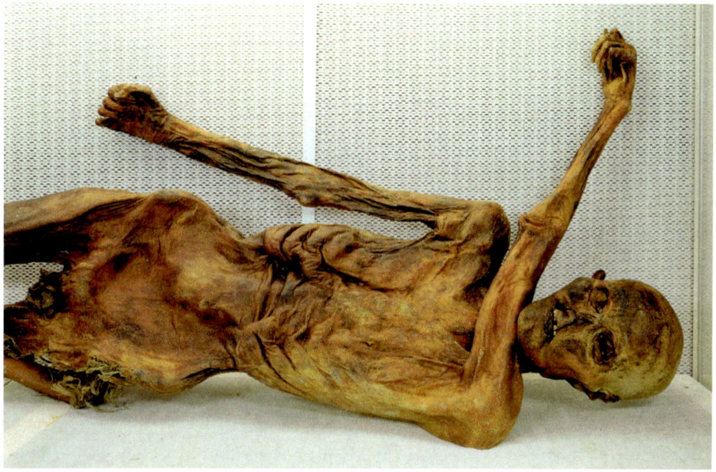

5 Wie lange ist ein Organismus tot, wenn der ursprüngliche Anteil von C14 auf 12,5% gesunken ist?

6 Im Jahr 1991 wurde in den Ötztaler Alpen die Gletschermumie „Ötzi" gefunden. Die Mumie enthielt nur noch ca. 53% des Kohlenstoffs C14, der in lebendem Gewebe enthalten ist. Vor wie vielen Jahren hat „Ötzi" etwa gelebt?

7 Zeichne einen Graphen, der dem Alter einer Probe den noch vorhandenen C-14-Gehalt nach einer Halbwertszeit, nach zwei Halbwertszeiten, nach drei Halbwertszeiten usw. zuordnet. Ergänze diesen Graphen mit Werten in Schritten von 1000 Jahren.

8 Die Lasceaux-Höhle in Frankreich ist berühmt für ihre Höhlenmalereien. Holzkohle aus einer Fundstelle in der Höhle hatte im Jahr 1950 einen C-14-Gehalt von ca. 6,3% verglichen mit dem C-14-Gehalt in lebendem Holz.
Wann entstanden diese Höhlenmalereien vermutlich?

Mit dem Graphen aus Aufgabe 7 kann man die Ergebnisse der Aufgaben 8 und 9 überprüfen.

9 Das Alter der kleinen Frauenfiguren wurde mit der C-14-Methode bestimmt. Die Elfenbein-Figur von Gönnersdorf (links) enthielt ca. 15,5%, die Figur von Lespugue aus Mammutelfenbein ca. 5,5% des ursprünglichen C-14-Gehalts.
Wie alt sind die beiden Figuren etwa?

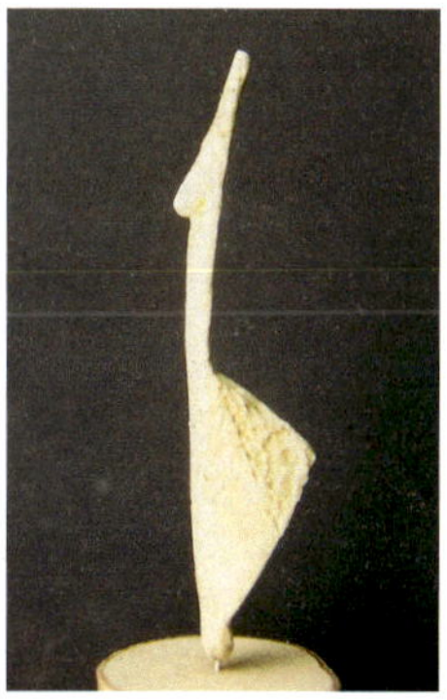

Absolute Änderung und prozentuale Änderung
Die Änderung eines Bestandes in einem Zeitschritt kann man wie folgt angeben.
absolute Änderung: $d = B(n+1) - B(n)$
prozentuale Änderung: $p = \frac{B(n+1) - B(n)}{B(n)}$

n (in Jahren)	0	1	2	3
Bestand B(n)	23	24	30	28

Im Zeitschritt von $n = 1$ zu $n = 2$ gilt:
absolute Änderung: $d = 30 - 24 = 6$,
prozentuale Änderung: $p = \frac{30 - 24}{24} = 25\,\%$

Lineares Wachstum
Wenn bei einem Wachstum die absolute Änderung d bei jedem Schritt gleich ist, liegt ein lineares Wachstum vor.
rekursive Berechnung: $B(n) = B(n-1) + d$; $B(0)$ ist bekannt
explizite Berechnung: $B(n) = B(0) + n \cdot d$

n (in Jahren)	0	1	2	3
Bestand B(n)	80	77	74	71

$B(0) = 80$ und $B(n) = B(n-1) + (-3)$
$B(n) = 80 + n \cdot (-3)$

Exponentielles Wachstum
Wenn bei einem Wachstum die relative Änderung p bei jedem Zeitschritt gleich ist, liegt ein exponentielles Wachstum vor.
rekursive Berechnung: $B(n) = B(n-1) \cdot (1 + p)$; $B(0)$ ist bekannt
explizite Berechnung: $B(n) = B(0) \cdot (1 + p)^n$.

n (in Jahren)	0	1	2	3
Bestand B(n)	32	40	50	62,5

$B(0) = 32$ und $B(n) = 1{,}25 \cdot B(n-1)$
$B(n) = 32 \cdot 1{,}25^n$

Exponentialfunktion
Eine Funktion f mit der Gleichung $f(x) = b \cdot a^x$ $(a > 0,\ a \neq 0)$ heißt Exponentialfunktion. Hierbei ist a der Wachstumsfaktor und b der Funktionswert an der Stelle $x = 0$ (Anfangswert).
Ist $a > 1$, so nehmen die Funktionswerte für größer werdende Werte von x zu; die Funktion ist zunehmend.
Ist $0 < a < 1$, so nehmen die Funktionswerte für größer werdende Werte von x ab; die Funktion ist abnehmend.
Der Graph der Funktion verläuft durch $P(0|b)$ und $Q(1|ab)$.

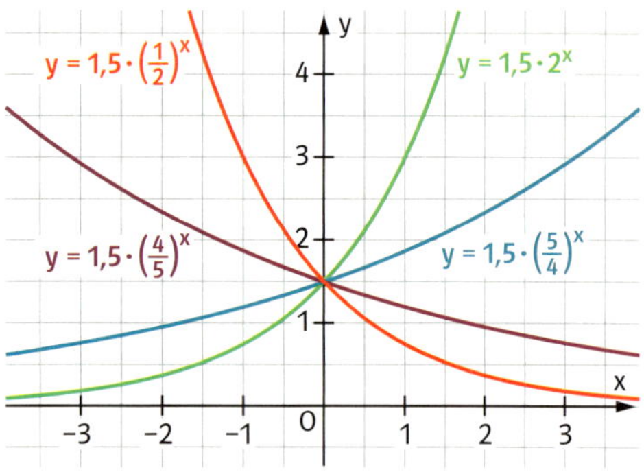

Logarithmusfunktion
Die Logarithmusfunktion $f(x) = \log_a(x)$ $(a > 0,\ a \neq 1)$ ist die Umkehrfunktion der Exponentialfunktion $x \to ax$. Sie ist nur für positive x-Werte definiert. Es gilt $\log_a(b) = x \Longleftrightarrow a^x = b$.

Aus $2^x = 32$ folgt $x = \log_2(32) = 5$.
$\lg(1000) = 3$, denn $10^3 = 1000$

Logarithmen
Der Logarithmus von b zur Basis a $(a > 0,\ b > 0,\ a \neq 1)$ ist diejenige Zahl, mit der man a potenzieren muss, um b zu erhalten, kurz $\log_a(b)$. Es ist $a^x = b$ ist gleichwertig mit $x = \log_a(b)$. Potenzieren von a und Logarithmieren zur Basis a heben sich gegenseitig auf und sind Umkehroperationen zueinander: $\log_a(a^q) = q$ und $a^{\log_a(b)} = b$.

$\log_3(3^4) = 4$
$5^{\log_5(6)} = 6$

Logarithmengesetze
(für $u > 0,\ v > 0,\ a > 0,\ a \neq 1$)
1. $\log_a(u \cdot v) = \log_a(u) + \log_a(v)$ 2. $\log_a(u : v) = \log_a(u) - \log_a(v)$
3. $\log_a(u^r) = r \cdot \log_a(u)$ Darüber hinaus gilt: $\log_a(u) = \frac{\lg(u)}{\lg(a)}$.

$\lg(5x) = \lg(5) + \lg(x)$
$\lg(5 : x) = \lg(5) - \lg(x)$
$\lg(2^{1000}) = 1000\,\lg(2)$

Exponentialgleichungen
Eine Exponentialgleichung vom Typ $c = a^x$ hat die Lösung $x = \frac{\lg(c)}{\lg(a)}$.

$2^x = 3 \Longleftrightarrow x = \frac{\lg(3)}{\lg(2)} \approx 1{,}585$

Training

Runde 1

Beispiel zu Aufgabe 1:
$5^2 = 25$; $2 = \log_5(25)$

1 Schreibe als Logarithmus wie im Beispiel auf dem Rand.
a) $5^3 = 125$ b) $2^{-3} = \frac{1}{8}$ c) $10^{\frac{2}{3}} = \sqrt[3]{100}$ d) $3^{-\frac{1}{2}} = \frac{1}{\sqrt{3}}$

2 Löse die Exponentialgleichung.
a) $10^x = 0{,}01$ b) $3^{2x} - 15 = 12$ c) $4^{x+1} = 0{,}5$ d) $2^{2-x} - 2^{-x} = 24$

3 Bestimme die Exponentialfunktion, deren Graph durch die Punkte P und Q verläuft.
a) $P(0|6)$, $Q(1|2)$ b) $P(2|1)$, $Q(5|27)$ c) $P(0|4)$, $Q(2|1)$ d) $P(-2|5)$, $Q(2|20)$

4 In einem Land nimmt die Bevölkerungszahl jährlich um 2,7% zu. Im Jahr 2008 lebten dort 14 Millionen Menschen.
a) Welche Bevölkerungszahl ist für 2018 zu erwarten?
b) Wie lange würde es dauern, bis die Zahl auf das Eineinhalbfache gestiegen ist?
c) Beantworte die Fragen aus a) und b), wenn von einer jährlich gleichen absoluten Zunahme von 2,7% der Zahl des Jahres 2008 ausgegangen wird.

5 Innerhalb von fünf Tagen wandelt sich die Hälfte von anfänglich 100 mg des radioaktiven Stoffes Radium E in Radium F um (Halbwertszeit 5 Tage). Die Masse von Radium E nimmt exponentiell nach der Formel $B(n) = B(0) \cdot k^n$ (n in Tagen) ab.
a) Bestimme B(0) und k. Wie viel Radium E ist nach 30 Tagen noch vorhanden?
b) Wann sind 99,9% der ursprünglichen Menge Radium E zerfallen?

Runde 2

1 Bestimme ohne Taschenrechner.
a) $\log_6(216)$ b) $\log_2(0{,}125)$ c) $\log_{0,5}(8)$ d) $\lg(0{,}000\,001)$

2 Löse die Exponentialgleichung durch Logarithmieren.
a) $5^{1-2x} = 17$ b) $(7^{2x-1})^2 = 36$ c) $10^x - 25 = 975$ d) $4^{2x+1} = 64$

3 Ein Erstklässler benötigt für seine Hausaufgaben täglich etwa 20 Minuten. Er nimmt sich vor, ganz fleißig zu sein und will im 2. Schuljahr die eineinhalbfache Zeit für Hausaufgaben aufwenden, im 3. Schuljahr wieder eineinhalbmal so viel wie im 2. Schuljahr usw.
a) Schreibe einen Term auf, mit dem man den täglichen Zeitbedarf für die Hausaufgaben im n-ten Schuljahr berechnen kann, wenn der Vorsatz des Kindes aufrecht erhalten wird.
b) In welchem Schuljahr wird der Zeitbedarf erstmals mehr als vier Stunden täglich betragen, wenn der Vorsatz umgesetzt wird? Beurteile das Vorhaben des Kindes.

4 In einem Experiment wurde gemessen, wie die Menge des radioaktiven Elementes I 131 (Jod 131) durch radioaktiven Zerfall abnimmt (Fig. 1).
a) Bestimme mit Daten aus dem Graphen das Zerfallsgesetz für I 131 in der Form $B(n) = B(0) \cdot k^n$ (n in Tagen).
b) Wie viel Prozent einer vorhandenen Stoffmenge zerfällt innerhalb eines Tages?

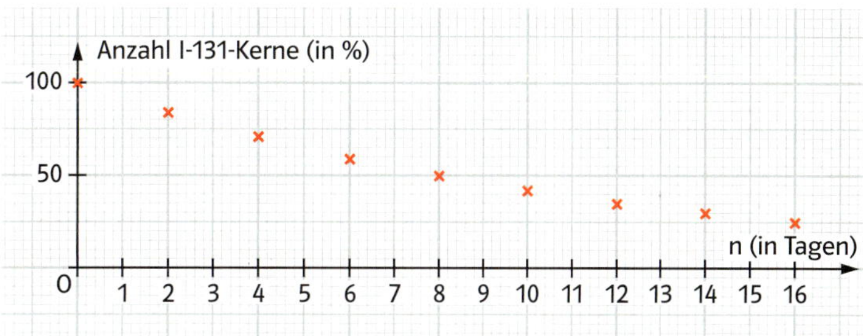

Fig. 1

Das kannst du schon

- Textaufgaben bearbeiten
- Funktionen verschiedener Funktionsklassen analysieren
- Einfache Sachzusammenhänge mathematisch beschreiben

Flugsimulator

Researcher with model whale flipper. In wind tunnel tests, the modified whale flipper showed 8 percent better lift properties than a normal airplane wing.

Zahl

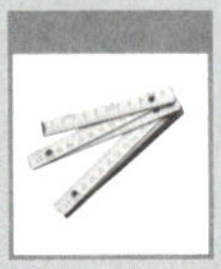

Messen

Raum und Form

Funktionaler Zusammenhang

Daten und Zufall

Realität modellieren – Modelle realisieren

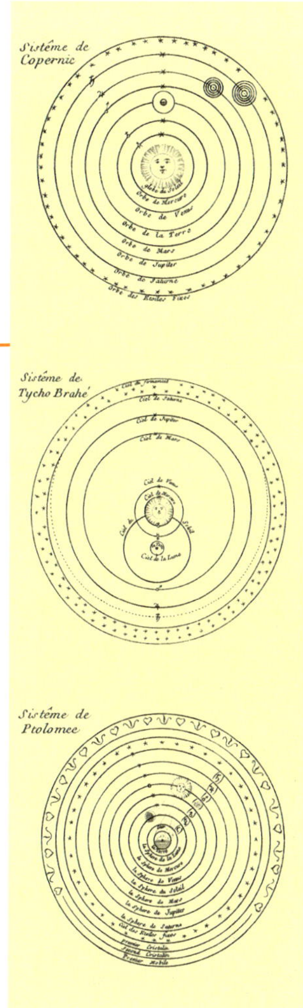

Soll ein komplexer, noch wenig durchschauter Originalbereich O besser verstanden oder beherrschbar werden, so versucht man, O durch einen Modellbereich M zu imitieren, simulieren, rekonstruieren, der in gewissen Zügen (Strukturelementen) dem Originalbereich gleicht oder ähnelt, aber einfacher oder bekannter ist, mit dem Ziel, Folgerungen in M auf O zurückzuspiegeln und so also O besser in den Griff zu bekommen.

H. Freudenthal

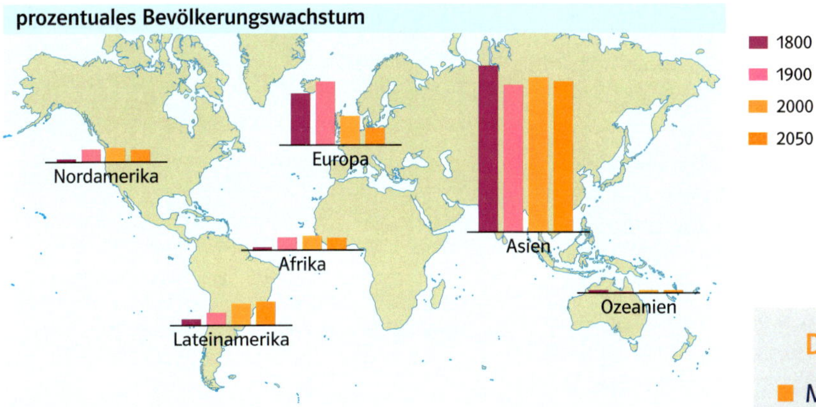

Das kannst du bald

- Mathematische Modelle für Wachstumsprozesse, periodische Vorgänge und andere Anwendungen entwickeln
- Durch Modellieren gewonnene Lösungen kritisch bewerten
- Den Modellierungskreislauf anwenden

1 Modellieren von Wachstumsvorgängen

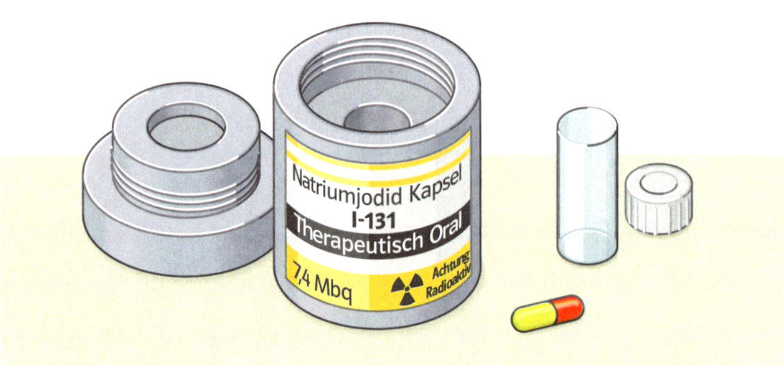

Radioaktives Jod 131 wird in der Medizin vor allem bei der Diagnose und Behandlung von Schilddrüsenerkrankungen benutzt. Im Laufe der Zeit wandeln sich die Jodatome in gasförmige Xenonatome um und senden dabei eine radioaktive Strahlung aus. Ein Wissenschaftler untersucht diesen radioaktiven Zerfall und misst die Jodmasse in Abhängigkeit von der Zeit. Die Messung ist aber immer noch nicht abgeschlossen …

Wachstumsprozesse, die durch Potenzfunktionen beschrieben werden können, werden auch als potenzielles Wachstum bezeichnet.

Wachstumsvorgänge können je nach Art des Wachstums mit verschiedenen **mathematischen Modellen** beschrieben werden. Daraus ergibt sich die Möglichkeit, zumindest näherungsweise Aussagen über die Wirklichkeit zu gewinnen. Für lineares Wachstum verwendet man lineare Funktionen, für exponentielles Wachstum Exponentialfunktionen. In manchen Fällen geht aus den Voraussetzungen direkt hervor, welche Art von Wachstum vorliegt. In vielen Situationen ist dies jedoch nicht sofort erkennbar.

In einem langfristig angelegten Schulprojekt wurden Stabheuschrecken gezüchtet und gezählt.

Anzahl der Tage	0	90	100	105	130
Anzahl der Tiere	7	30	33	35	50

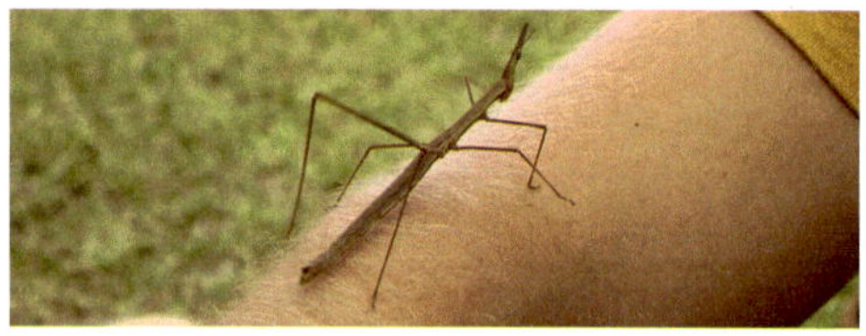

Die Schüler möchten vorhersagen, wie viele Stabheuschrecken nach 200 Tagen ungefähr leben werden. Die grafische Darstellung der Daten (Fig. 1) lässt exponentielles Wachstum vermuten. Da lineares Wachstum jedoch auch nicht ausgeschlossen erscheint, ist es sinnvoll, sowohl ein exponentielles als auch ein lineares Wachstumsgesetz zu bestimmen.

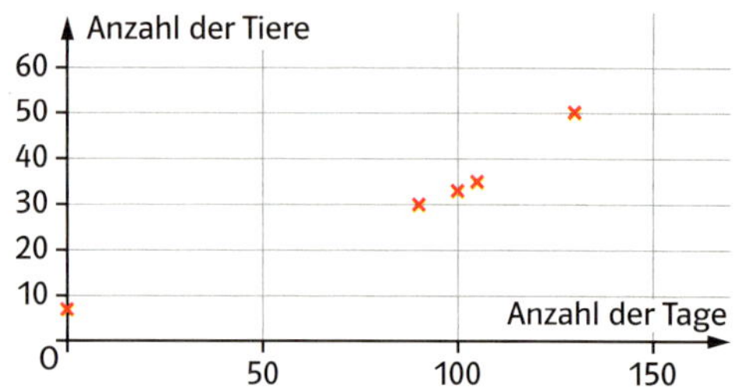

Fig. 1

Mithilfe ausgewählter Datenpaare werden Funktionsgleichungen ermittelt. Verwendet man zum Beispiel die Daten der ersten und der vierten Zählung, also die Datenpaare $(0|7)$ und $(105|35)$, so erhält man Gleichungen von Funktionen g und f, die jeder Zeit x in Tagen die Anzahl an Stabheuschrecken zuordnen:

Zur Erinnerung:
$a^{105} = 5 \quad |\,(\,)^{\frac{1}{105}}$
$a^{\frac{105}{105}} = a^1 = 5^{\frac{1}{105}} \approx 1{,}015$
Potenzgleichungen mit geraden Exponenten haben zwei betragsgleiche Lösungen, von denen die negative im Zusammenhang mit Wachstum nicht sinnvoll ist.

lineare Funktion g, also $g(x) = mx + b$
- Aus $(0|7)$ erhält man die Gleichung $7 = m \cdot 0 + b$, also $b = 7$.
- Aus $(105|35)$ erhält man $35 = m \cdot 105 + 7$, also $m = 0{,}2\overline{6} \approx 0{,}27$.

Funktionsgleichung: $g(x) = 0{,}27x + 7$

Exponentialunktion f, also $f(x) = c \cdot a^x$
- Aus $(0|7)$ erhält man die Gleichung $7 = c \cdot a^0 = c \cdot 1$, also $c = 7$.
- Aus $(105|35)$ erhält man $35 = 7 \cdot a^{105}$, also $5 = a^{105}$ und damit $a \approx 1{,}015$.

Funktionsgleichung: $f(x) = 7 \cdot 1{,}015^x$

Um zu beurteilen, welche der beiden Funktionen die Situation besser beschreibt, vergleicht man die Originaldaten mit den berechneten Funktionswerten. Diese werden auf ganze Zahlen gerundet, weil es sich um Anzahlen von Individuen handelt.

Anzahl der Tage	0	90	100	105	130
Anzahl der Tiere (Originaldaten)	7	30	33	35	50
berechnete Werte mit $g(x) = 0{,}27x + 7$	7	31	34	35	42
berechnete Werte mit $f(x) = 7 \cdot 1{,}015^x$	7	27	31	33	48

Man erkennt, dass die Abweichungen der Originaldaten von den berechneten Werten bei der linearen Funktion insgesamt größer sind als bei der Exponentialfunktion. Die Situation lässt sich also durch ein exponentielles Wachstumsgesetz besser beschreiben als durch ein lineares Wachstumsgesetz.
Damit kann man vorhersagen, dass nach 200 Tagen etwa 138 Stabheuschrecken leben werden, denn $f(200) = 7 \cdot 1{,}015^{200} \approx 137{,}5 \approx 138$.

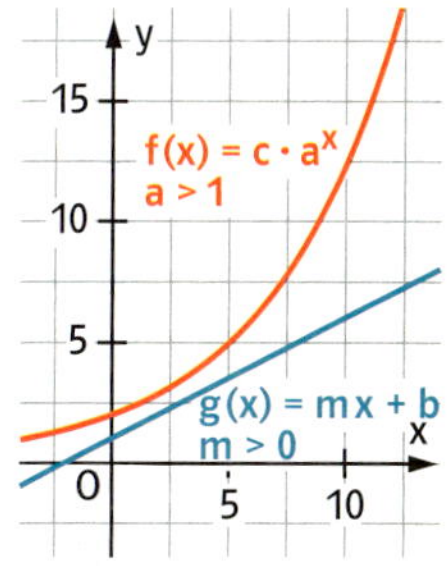

Zunahme

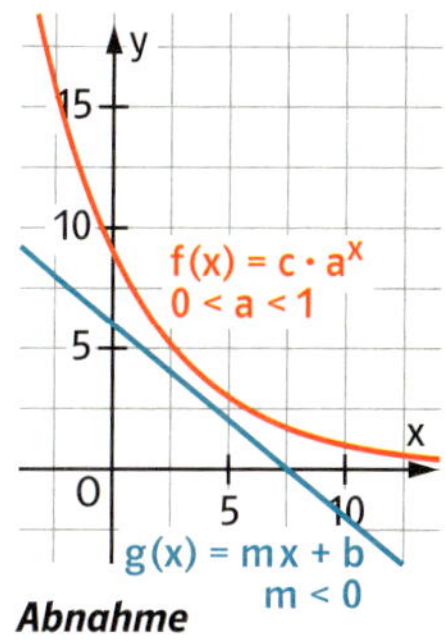

Abnahme

Viele **Wachstumsvorgänge** können beschrieben werden als

lineares Wachstum mit dem Wachstumsgesetz $g(x) = mx + b$, wobei m die **Wachstumsrate** angibt und b der **Anfangswert** für $x = 0$ ist.
Man spricht auch von linearem Wachstum, wenn $m < 0$ ist. In diesem Fall nimmt der Bestand linear ab.

exponentielles Wachstum mit dem Wachstumsgesetz $f(x) = c \cdot a^x$, wobei a den **Wachstumsfaktor** angibt und c der **Anfangswert** für $x = 0$ ist.
Man spricht auch von exponentiellem Wachstum, wenn $0 < a < 1$ ist. In diesem Fall nimmt der Bestand exponentiell ab.

Beispiel 1 Vorgegebenes Wachstumsmodell anwenden
Ein Kapital von 15 000 € wird bei einer Bank mit einem festen Zinssatz von jährlich 3,3 % angelegt. Dabei werden die Zinsen jeweils am Jahresende dem Kapital gutgeschrieben.
a) Auf wie viel Euro ist das Kapital nach Ablauf von vier Jahren angewachsen?
b) Nach wie vielen Jahren ist das Kapital auf 18 000 € angewachsen?
Lösung:
a) Da das Kapital jährlich um 3,3 % anwächst, liegt exponentielles Wachstum vor.
Ansatz: $f(x) = c \cdot a^x$
Wachstumsfaktor: $a = 1 + 0{,}033 = 1{,}033$
Anfangswert: $c = 15\,000$
Funktionsgleichung: $f(x) = 15\,000 \cdot 1{,}033^x$
Kapital nach vier Jahren: $f(4) = 15\,000 \cdot 1{,}033^4 \approx 17\,080{,}184$
Nach vier Jahren beträgt das Kapital 17 080,18 €.

$p = 3{,}3\,\% = 0{,}033$
$a = 1 + p$

b) *Um zu bestimmen, wann das Kapital auf 18 000 € gewachsen ist, muss man die Gleichung $15\,000 \cdot 1{,}033^x = 18\,000$ lösen.*
$15\,000 \cdot 1{,}033^x = 18\,000 \quad | :15\,000$
$1{,}033^x = 1{,}2 \quad |$ Logarithmieren
$x = \log_{1{,}033}(1{,}2) = \frac{\lg(1{,}2)}{\lg(1{,}033)} \approx 5{,}62$
Wenn man sich das Geld am Jahresende auszahlen lässt, muss man sechs Jahre warten, bis das Kapital auf über 18 000 € angewachsen ist.

Zur Erinnerung:
lg steht für $\log_{10}$, den dekadischen Logarithmus. Dieser lässt sich mit dem Taschenrechner direkt bestimmen.

Beispiel 2 Modell aufstellen und die Qualität des Modells überprüfen
Die Tabelle zeigt die Bevölkerungsentwicklung eines Dorfes.

Jahr	1991	1992	1993	1994	2004	2007
Bevölkerungszahl	512	501	488	479	365	345

Welche Bevölkerungszahl kann für das Jahr 2015 prognostiziert werden?
Lösung:
Da sich die ersten vier Daten jeweils auf aufeinanderfolgende Jahre beziehen, kann man aus diesen leicht die Wachstumsrate m für ein mögliches lineares Wachstum und den Wachstumsfaktor a für ein mögliches exponentielles Wachstum bestimmen.

Modellierung durch ein lineares Wachstumsgesetz: $g(x) = mx + c$

Jahr	1991	1992	1993	1994	2004	2007
Bevölkerungszahl	512	501	488	479	365	345

−11 −13 −9

Für ein lineares Wachstum erhält man durch Bilden des Mittelwertes von −11, −13 und −9 die Wachstumsrate $m = -11$.
Wachstumsgesetz: $g(x) = -11x + 512$

Modellierung durch ein exponentielles Wachstumsgesetz: $f(x) = c \cdot a^x$

Jahr	1991	1992	1993	1994	2004	2007
Bevölkerungszahl	512	501	488	479	365	345

· 0,998 · 0,974 · 0,982

Wenn keine der beiden Funktionsgleichungen die Situation zufriedenstellend beschreibt, kann man zum Aufstellen der Funktionsgleichungen auch andere Wertepaare verwenden – siehe auch Beispiel 3.

Wenn man als Startwert $x = 0$ das Jahr 1991 festlegt, dann entsprechen die Jahre 1992, 1993, 1994, 2004 und 2007 den Werten 1, 2, 3, 13 und 16 für x.
Damit erhält man den Anfangswert $c = f(0) = 512$.
Für ein exponentielles Wachstum erhält man durch Bilden des Mittelwertes von 0,998, 0,974 und 0,982 den Wachstumsfaktor $a = 0{,}985$.
Wachstumsgesetz: $f(x) = 512 \cdot 0{,}985^x$

Die Berechnung der Funktionswerte für die beiden Modelle ergibt:

Jahr	1991	1992	1993	1994	2004	2007
x	0	1	2	3	13	16
Bevölkerungszahl	**512**	**501**	**488**	**479**	**365**	**345**
lineares Modell	512	501	490	479	369	336
exponentielles Modell (ganzzahlig gerundet)	512	504	497	489	421	402

Die Abweichungen von den Originaldaten sind bei der linearen Funktion insgesamt geringer, sodass eher von linearem Wachstum ausgegangen werden kann.
Im Jahre 2015 (hier ist $x = 24$) sind ca. 250 Einwohner zu erwarten, denn $f(24) = -11 \cdot 24 + 512 = 248$.

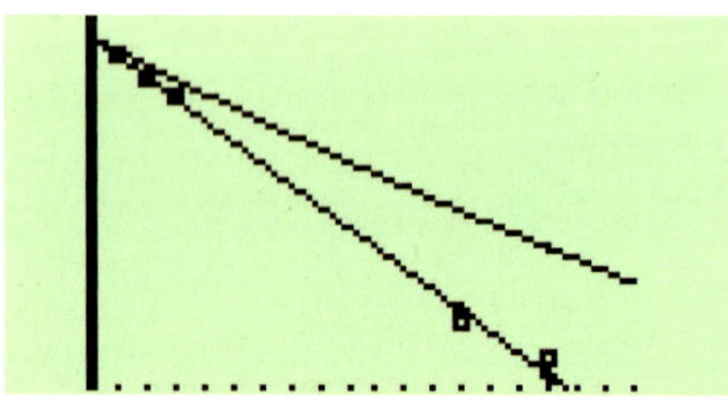
Fig. 1

Beispiel 3 Ausgleichskurven mit dem GTR bestimmen

Zeit (in Tagen)	1	5	10	20	25	40
Bestand A	1,83	1,60	0,84	0,60	0,20	0,06

Zeit (in Tagen)	1	5	10	20	25	40
Bestand B	1,5	8,6	15,9	35,0	38,2	56,0

regredi *(lat.): zurückschreiten*
Man führt die eine Größe auf die andere zurück.

a) Führe mit dem GTR für beide Messreihen eine lineare und eine exponentielle Regression durch.
b) Beurteile die Regressionen im Vergleich.
Lösung:
a) *Die Datenreihen unter STAT und EDIT in Listen eingeben: die Zeit in L1, den Bestand A in L2 und den Bestand B in L3. Unter STAT und CALC die entsprechenden Befehle aufrufen und eine Variable, unter der der Term gespeichert werden soll, auswählen, zum Beispiel Y1.*

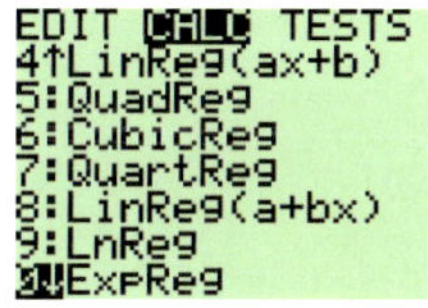

Bestand A: Bestand B:

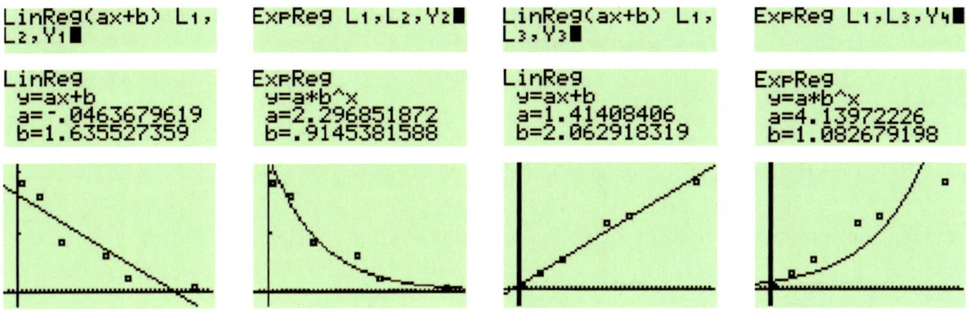

b) Die zeitliche Entwicklung des Bestandes A wird nur durch die exponentielle Regression zufriedenstellend modelliert. Eine lineare Regression kommt für diese Messreihe eher nicht in Betracht. Bei der Entwicklung des Bestandes B ist es genau umgekehrt.

Aufgaben

Bei den Aufgaben dieses Kapitels ist der GTR nahezu unverzichtbar. Auf seine Nutzung wird nicht gesondert hingewiesen.

1 Stelle zu der Messreihe eine Funktionsgleichung auf, sodass die Abweichungen von den Originaldaten möglichst gering sind. Die Variable t gibt die Zeit in Stunden und B(t) den von der Zeit abhängigen Bestand an.

a)

t (in h)	1	2	4	6	8
B(t)	5,8	9,2	12,9	23,6	30,2

b)

t (in h)	4	5	8	12	15
B(t)	13,4	18,9	50,1	199,5	546,2

2 Die Messreihe enthält Daten, die in gleichen Zeitabständen erhoben wurden. Stelle die Datenreihe grafisch dar und entscheide, welches Wachstumsmodell die Messreihe treffend beschreibt.
a) 20,4; 19,5; 18,7; 17,8; 16,9; 15,9
b) 15; 10; 7; 4,5; 2,6; 2,2; 1,2; 1; 0,8
c) 0,55; 1,00; 1,80; 3,90; 4,90; 8,95; 16,3
d) 20; 15; 11,25; 8,44; 6,33; 4,74
e) 1,3; 3,66; 6,03; 8,38; 10,75; 13,11; 15,45
f) 5,25; 5,46; 5,68; 5,91; 6,14; 6,39; 6,64

3 Ein Ferkel wiegt 10 kg. Sein Gewicht nimmt wöchentlich um rund 4 % zu.
a) Entscheide, um welche Wachstumsform es sich hierbei handelt. Stelle eine Funktionsgleichung zur Beschreibung der Situation auf und zeichne den Graphen.
b) Berechne, wie viel das Schwein nach 50 Wochen wiegt. Erläutere, unter welchen Voraussetzungen das berechnete Ergebnis realistisch ist.
c) Nach wie vielen Wochen wiegt das Schwein etwa 50 kg?

4 Das Bevölkerungswachstum in den USA von 1860 bis 1920 ist in der Tabelle dargestellt.

Jahr	1860	1870	1880	1890	1900	1910	1920
Bevölkerungszahl (in Mio.)	31,43	39,82	50,16	62,95	75,99	91,92	105,71

a) Entwickle ein lineares und ein exponentielles Modell zur Bevölkerungsentwicklung in den USA. Vergleiche die Modelle.
b) Beurteile beide Modelle unter Berücksichtigung der Tatsache, dass die USA im Jahr 1790 etwa 3,93 Millionen Einwohner hatten.

5 Bier wird auch nach der Bierschaumhaltbarkeit beurteilt. Diese wird als gut bezeichnet, wenn die Halbwertszeit des Schaumzerfalls größer als 110 Sekunden ist. Die Halbwertszeit gibt die Zeit an, in der die Hälfte des Schaums zerfallen ist, in der sich also die Höhe des Schaums auf die Hälfte reduziert. Modelliere den Schaumzerfall mithilfe einer geeigneten Regression und beurteile die Bierschaumqualität.

a)

Zeit (in s)	0	50	170	300	600
Schaumhöhe (in cm)	10,1	8,2	4,8	3,0	0,9

b)

Zeit (in s)	0	20	400	500
Schaumhöhe (in cm)	9,2	8,2	0,4	0,2

6 Die Datenreihe soll mithilfe einer Exponentialfunktion modelliert werden.

x	0	2	3	5	6	7	9	11	14	15	18	19
y	6,0	5,3	5,4	5,7	5,8	4,5	6,2	6,5	7,0	7,2	7,0	7,8

a) Stelle die Daten grafisch dar und bestimme eine geeignete Funktionsgleichung.
b) Welche Werte „passen nicht so gut“ zur Datenreihe, sind sogenannte „Ausreißer“?
c) Führe eine erneute Modellierung durch, bei der zunächst einer der „Ausreißer“ nicht berücksichtigt wird. In weiteren Modellierungen sollen dann zwei und schließlich alle „Ausreißer“ unberücksichtigt bleiben. Was stellst du dabei fest?
d) Welche Folgerungen ergeben sich hinsichtlich des Umgangs mit „Ausreißern“ innerhalb einer Datenreihe?

Bist du sicher?

1 Die Anzahl der in Deutschland registrierten Personenautos nimmt jedes Jahr zu.

Jahr	1994	1995	1996	1997	1998	1999	2000
Anzahl (in Mio.)	39,2	39,9	40,5	41	41,3	41,7	42,4

Jahr	2001	2002	2003	2004	2005	2006
Anzahl (in Mio.)	43,8	44,4	44,66	45,02	45,36	46,09

a) Stelle die Daten grafisch dar und bestimme eine geeignete Funktionsgleichung.
b) Beurteile, wie gut deine Funktionsgleichung aus Teilaufgabe a) die Daten beschreibt. Erläutere.
c) Prognostiziere, wie viele Autos im Jahr 2015 in Deutschland registriert sein werden.

7 Die Datenreihe kann mit der Gleichung $f(t) = 0{,}2 \cdot 1{,}1^t$ modelliert werden. Welche Gleichung ergibt sich, wenn die Zeit nicht in Tagen, sondern in Wochen angegeben wird?

Zeit t (in Tagen)	0	7	14	21	28	35	42	49
Bestand	0,20	0,39	0,76	1,48	2,88	5,62	10,96	21,35

8 In einem artesischen Brunnen in Dresden wurde die Wassertemperatur (in °C) in verschiedenen Tiefen (in m) gemessen. Man erhielt die folgenden Messdaten.

Tiefe (in m)	40	150	220	270
Temp. (in °C)	1,2	4,7	9,3	10,5

Welche Temperatur herrscht in einer Tiefe von 350 m? Begründe deine Aussage.

Informiere dich über artesische Brunnen im Internet.

Wachstum abschnittsweise beschreiben

9 Die Daten der Messreihe lassen ein unterschiedliches Wachstum für verschiedene Zeitabschnitte vermuten. In Fig. 1 sind die Daten aus a) dargestellt.
Gib geeignete Zeitabschnitte an und bestimme für diese jeweils eine geeignete Funktionsgleichung.

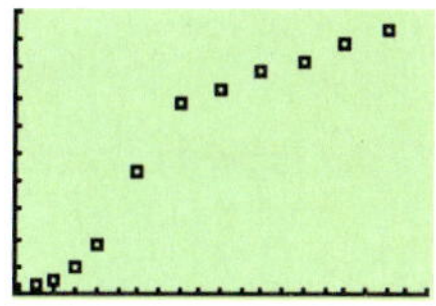

Fig. 1

a)

Zeit t (in s)	0	1	2	3	4	6	8	10	12	14	16	18
Bestand B	0,13	0,26	0,49	0,94	1,71	4,30	6,82	7,30	7,91	8,24	8,91	9,43

b)

Zeit t (in s)	0	1	3	4	6	8	9	13	15	17	18	19
Bestand B	2,9	4,1	7,6	10,0	15,2	19,3	15	10	8	7	6	6,2

10 In Fig. 2 sind die Außenhandelsdaten (Export und Import) der Bundesrepublik Deutschland zwischen 1960 und 2004 in Milliarden Euro dargestellt.
a) Beschreibe die Entwicklung der Export- und Importzahlen mithilfe von Fig. 2.
b) Lassen sich Export- und Importzahlen auf der Basis der Daten vergangener Jahrzehnte für die nächsten Jahre prognostizieren? Begründe deine Aussage(n).

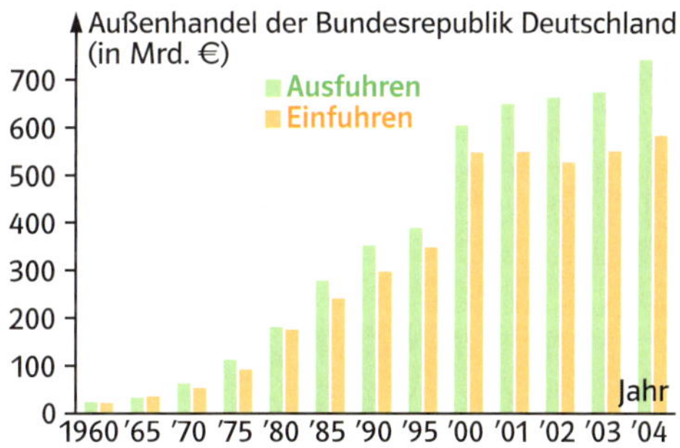

Fig. 2

11 Die Lufttemperatur nimmt mit zunehmender Höhe ab. Der genaue Zusammenhang ist orts- und zeitabhängig. Bis zu einer Höhe von 20 km kann man die Lufttemperatur nach dem Modell der ICAO-Atmosphäre berechnen. Hierbei werden folgende Vereinfachungen vorgenommen:
- Auf Meereshöhe beträgt die Temperatur 15 °C.
- Im Höhenbereich zwischen 0 m und 11 000 m nimmt die Temperatur linear ab.
- Im Höhenbereich oberhalb von 11 000 m herrscht eine Temperatur von −56,5 °C.

a) Stelle die Abhängigkeit der Lufttemperatur von der Höhe grafisch dar. Stelle für dieses Modell bereichsweise gültige Gleichungen auf.
b) Wie groß ist nach diesem Modell die Temperaturveränderung unterhalb von 11 000 m, wenn die Höhe um einen Meter zunimmt?
c) Ist es praktisch möglich, die durch das Modell prognostizierte Temperaturveränderung bei einem Höhenunterschied von 10 m zu überprüfen? Wie genau müsste man dazu die Temperatur messen können?

__ICAO__ (engl.): International Civil Aviation Organization – internationale Zivilluftfahrt-Organisation

2 Modellieren von periodischen Vorgängen

In der Bildfolge fehlen die Bilder für den Zeitraum zwischen 13 Uhr und 20 Uhr. Man könnte die Bildfolge allerdings geeignet ergänzen.

Als Tageslänge wird die Zeit zwischen Sonnenauf- und Sonnenuntergang bezeichnet. Sie hängt von der Jahreszeit und der geografischen Breite des jeweiligen Ortes ab.

Viele periodische Vorgänge können mithilfe von Sinusfunktionen modelliert werden. So ändert sich zum Beispiel die Tageslänge an einem bestimmten Ort periodisch im Jahresrhythmus. Da die verschiedenen Tageslängen im Laufe eines Jahres regelmäßig wiederkehren, kann die Tageslänge mit einer Gleichung der Form $f(x) = a \cdot \sin(bx - d) + e$ näherungsweise berechnet werden (x in Tagen, f(x) in Stunden).

In Grasehein, einem Ort in der Eifel, wurden die folgenden Tageslängen gemessen:

Datum	21.03.	21.06.	21.12.
Tag im Jahr	80	172	355
Tageslänge (in h)	12,27	16,65	7,90

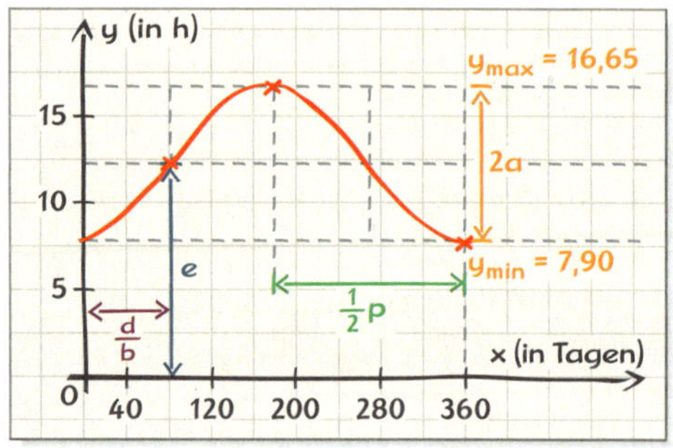

Fig. 1

Da in unseren Breiten der 21.6. der längste Tag ist, der 21.12. der kürzeste Tag und der 21.3. der Tag mit mittlerer Länge, ist das Maximum der modellierenden Sinusfunktion mit 16,65 und das Minimum mit 7,9 festgelegt. Mit diesen Angaben lässt sich eine Skizze anfertigen (Fig. 1), mit deren Hilfe die Parameter a, b, c und d in der Funktionsgleichung $f(x) = a \cdot \sin(bx - d) + e$ bestimmt werden können:

- Die mittlere Tageslänge 12,27 gibt die Verschiebung der Sinuskurve in y-Richtung an. Also ist $d = 12{,}27$.
- Die Periodendauer ist ein Jahr, also 365 Tage; damit ist $p = 365$. Für den Parameter b folgt daraus $b = \frac{2\pi}{p} = \frac{2\pi}{365} \approx 0{,}0172$.
- Der Parameter d ergibt sich aus dem Zeitpunkt, an dem erstmals im Jahr die mittlere Tageslänge angenommen wird. Dies ist am 21.03. der Fall, also am 80. Tag im Jahr. Damit ist $d = b \cdot 80 \approx 1{,}376$.
- Die Differenz $y_{max} - y_{min}$ entspricht der doppelten Amplitude. Daraus ergibt sich $a = \frac{y_{max} - y_{min}}{2} = \frac{16{,}65 - 7{,}90}{2} = 4{,}375$.

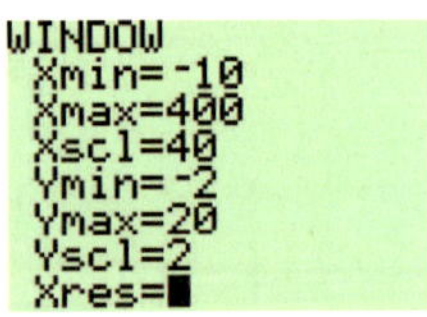

Funktionsgleichung: $f(x) = 4{,}375 \cdot \sin(0{,}0172x - 1{,}376) + 12{,}27$

Der Graph von f veranschaulicht die Veränderung der Tageslängen im Jahresverlauf (Fig. 2). Für die Tageslänge zum Beispiel am 21.04., dem 111. Tag des Jahres, erhält man den Funktionswert $f(111) = 4{,}375 \cdot \sin(0{,}0172 \cdot 111 - 1{,}376) + 12{,}27 \approx 14{,}49$.

In Grasehein hat der 21.04. somit eine Tageslänge von etwa 14,49 h.

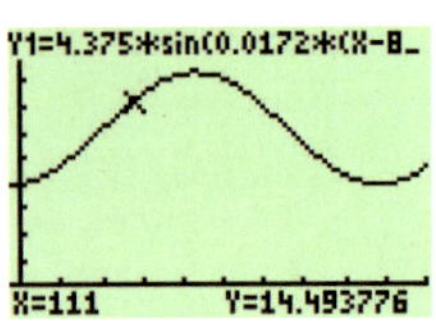

Fig. 2

Vergleicht man nun die mithilfe der modellierenden Funktion f berechneten Werte mit den über das gesamte Jahr erhobenen Messwerten, so wird deutlich, dass sich die Tageslängen insgesamt gut vorhersagen lassen (Tab. 1). Die berechneten Werte weichen maximal um 0,24 h nach oben und maximal um 0,29 h nach unten von den gemessenen Werten ab. Das entspricht Abweichungen von etwa 14,4 min bzw. 17,4 min.

Datum	21.02.	21.03.	21.04.	21.05.	21.06.	21.07.	21.08.	21.09.	21.10.	21.11.	21.12.
Tag im Jahr	52	80	111	141	172	202	233	264	294	325	355
gemessene Tageslänge (in h)	10,30	12,27	14,24	15,82	16,65	15,90	14,23	12,25	10,31	8,66	7,90
berechnete Tageslänge (in h)	10,24	12,27	14,49	16,06	16,64	16,05	14,41	12,17	10,02	8,43	7,90
Abweichung (in h)	−0,06	0	+0,25	+0,24	−0,01	+0,15	+0,18	−0,08	−0,29	−0,23	0

Das Vorzeichen bei den Abweichungen zeigt, ob der berechnete Wert nach oben oder nach unten vom Messwert abweicht.

Tab. 1

Mithilfe von Sinusfunktionen der Form $f(x) = a\sin(bx - d) + e$ lässt sich eine Vielzahl periodischer Vorgänge beschreiben. Zum Aufstellen der Funktionsgleichung ist es hilfreich, wenn das Maximum y_{max} und das Minimum y_{min} der zu beschreibenden Funktion bekannt sind. Dann lassen sich die Parameter a, b, d und e bestimmen:

- Das arithmetische Mittel der Extremwerte y_{max} und y_{min} gibt an, wie weit die Sinuskurve in y-Richtung verschoben ist. Es gilt $e = \frac{y_{max} + y_{min}}{2}$.
- Aus der Periode p des Vorgangs erhält man $b = \frac{2\pi}{p}$.
- Zur Bestimmung des Parameters d kann man die Stelle betrachten, an der das arithmetische Mittel der Extremwerte angenommen wird, bevor ein Maximum folgt, sodass $f\left(\frac{d}{b}\right) = e$ ist.
- Die Amplitude a ergibt sich, wenn man die Differenz der Extremwerte halbiert, das heißt $a = \frac{y_{max} - y_{min}}{2}$.

Ähnlich wie bei der Bestimmung von Regressionsgeraden zu linearen Zusammenhängen oder der Bestimmung von Exponentialfunktionen zu exponentiellen Wachstumsprozessen lässt sich auch bei periodischen Vorgängen mithilfe des GTR eine geeignete Sinusfunktion bestimmen, deren Funktionswerte von den gegebenen Originaldaten möglichst wenig abweichen.

lineare Regression
exponentielle Regression
Sinusregression

Man verwendet dazu den Befehl SinReg, den man unter STAT im Untermenü CALC findet (Fig. 1). Der Einsatz des Befehls SinReg erfordert außer den Werten der Datenreihe, die unter STAT im Menü EDIT als Listen eingegeben werden, die Eingabe der Periode. Die Kenntnis der Extremwerte y_{min} und y_{max} ist nicht erforderlich.

Die Periode eines periodischen Vorgangs ergibt sich häufig bereits aus dem Sachzusammenhang oder kann, zumindest näherungsweise, anhand einer grafischen Darstellung der Datenreihe erschlossen werden. Für die Veranschaulichung von Datenreihen steht zum Beispiel auch der Befehl STATPLOT des GTR zur Verfügung.

Fig. 1

Der GTR gibt den Funktionsterm der modellierenden Sinusfunktion in der Form $a\sin(bx + d) + e$ an.

Beispiel Diagrammdaten durch Sinusregression ergänzen

Bei dem Diagramm zu den mittleren Monatstemperaturen in Karlsruhe fehlt der Zeitraum von September bis Dezember (Fig. 1).

Die jeweils auf einen Monat bezogenen mittleren Temperaturen sind langjährig ermittelte Durchschnittswerte.

a) Entwickle eine Sinusfunktion s, mit deren Hilfe sich das Diagramm vervollständigen lässt. Berechne Näherungswerte für die Temperaturen im September, Oktober, November und Dezember.

b) Bestimme mit dem GTR eine Sinusfunktion f, die den in Fig. 1 dargestellten Zusammenhang möglichst gut beschreibt (Sinusregression).

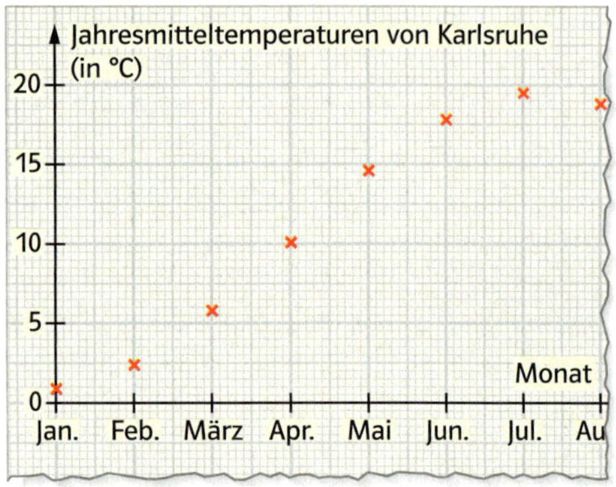

Fig. 1

Lösung:

Messwerte zum Vergleich:

September	15,2 °C
Oktober	10,1 °C
November	5,2 °C
Dezember	2,0 °C

a) *Die mittleren Monatstemperaturen treten im Laufe der Jahre regelmäßig wieder auf, sodass von einem periodischen Vorgang mit der Periode 1 Jahr ausgegangen werden kann. Die Zeit wird in Monaten gerechnet; dabei wird dem Monat Januar der x-Wert 1 zugeordnet, dem Monat Febraur der x-Wert 2 usw.*

Temperaturminimum von etwa 1 °C im Januar, also $y_{min} = s(1) = 1$

Temperaturmaximum von etwa 19 °C im Juli, also $y_{max} = s(7) = 19$

Die mittlere Temperatur von $\frac{1\,°C + 19\,°C}{2}$ wird im April erreicht. Also ist $s(4) = 10$.

Die Periode ist 12 Monate lang. Aus $p = 12$ folgt $b = \frac{2\pi}{12} = \frac{\pi}{6}$. Der Parameter d ergibt sich zu $d = b \cdot 4 = \frac{2}{3}\pi$, die Verschiebung in y-Richtungn ist $e = 10$.

Für die Amplitude ergibt sich $a = \frac{19 - 1}{2} = 9$.

Funktionsgleichung: $s(x) = 9\sin\left(\frac{\pi}{6}x - \frac{2}{3}\pi\right) + 10$

Berechnung der fehlenden Temperaturen: $s(9) \approx 14{,}5$; $s(10) \approx 10{,}0$; $s(11) \approx 5{,}5$; $s(12) \approx 2{,}2$

Die mittleren Monatstemperaturen für September bis Dezember sind etwa 14,5 °C, 10,0 °C, 5,5 °C und 2,2 °C. Die berechneten Werte weichen nur unwesentlich von den gemessenen Werten ab.

Die Werte sind nur Näherungen, weil der angenommene Sinusverlauf Abweichungen, zum Beispiel durch jährlich wiederkehrende Kalt- oder Warmfronten, nicht berücksichtigt.

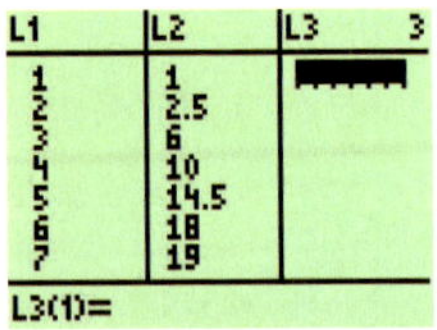

Fig. 2

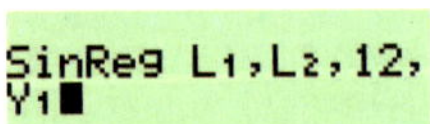

Fig. 3

b) *Die Datenreihe als Listen L1 und L2 in den GTR eingeben (Fig. 2); Sinusregression wählen und L1, L2 sowie 12 und eine Variable angeben, unter der der Funktionsterm gespeichert werden soll (Fig. 3); Sinusregression durchführen (Fig. 4) und grafisch darstellen (Fig. 5).*

Die vom GTR bestimmte Sinusfunktion f stimmt in sehr guter Näherung mit der in Teilaufgabe a) entwickelten Sinusfunktion s überein.

Fig. 4

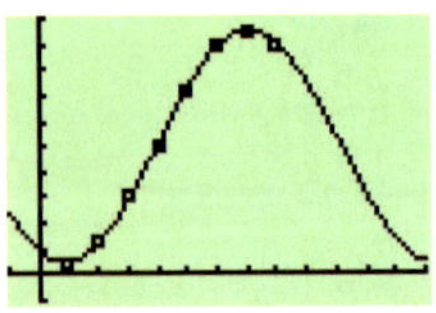
Fig. 5

Aufgaben

1 Zu einem periodischen Vorgang ist eine Datenreihe gegeben. Welche der Funktionen $f_1: x \to 15\sin(0{,}523x) + 10$, $f_2: x \to 2{,}5 \cdot \sin(1{,}2x - 2{,}4)$ und $f_3: x \to 5 \cdot \sin(0{,}523x)$ beschreibt die Datenreihe in guter Näherung? Begründe.

a)

x	1	2	3	4	8	9	10	14	15	16
f(x)	12,5	14,2	15,0	14,3	5,6	5,0	5,7	14,3	15,0	14,4

b)

x	0	1	2	3	4	5	6	7	8	9
f(x)	0	−1,2	−2,5	−0,8	2,1	2,2	−0,4	−2,6	2,0	2,2

2 Das langjährige Monatsmittel der Lufttemperatur (in °C) an einem Ort lässt sich in Abhängigkeit von der Zeit x (in Monaten) durch eine Funktion $f: x \to a\sin(bx - d) + e$ näherungsweise beschreiben. Skizziere den Sachverhalt. Bestimme den Funktionsterm von f unter der Voraussetzung, dass die Extremwerte der Temperatur im Januar und Juli liegen.
a) Stuttgart: 1 °C im Januar, 19 °C im Juli
b) Jakutsk: −43 °C im Januar, 19 °C im Juli
c) Sydney: 22 °C im Januar, 12 °C im Juli
d) Singapur: 26 °C im Januar, 27 °C im Juli

3 Tab. 1 zeigt die jeweils zur Monatsmitte gemessenen Sonnenhöchststände α in Hannover. Beschreibe die Zeitabhängigkeit der Sonnenhöchststände mithilfe einer geeigneten Funktion. Beurteile die Qualität der modellierenden Funktion.

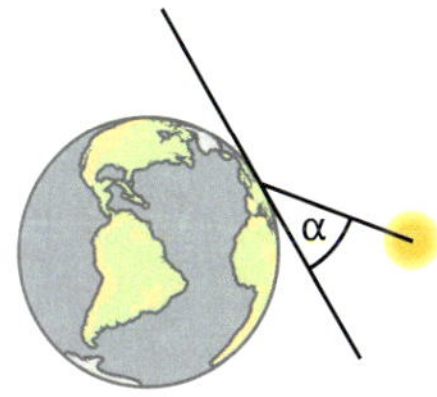

Jan.	Feb.	März	April	Mai	Juni	Juli	Aug.	Sept.	Okt.	Nov.	Dez.
17°	25°	37°	48°	59°	64°	61°	53°	40°	29°	20°	16°

Tab. 1

4 Die Wassertiefe bei der Einfahrt zu einem Hafen variiert infolge der Gezeiten. Am Tag der Beobachtung ist das Wasser bei Wasserhöchststand um 4.20 Uhr etwa 5,2 m tief. Bei Tiefststand um 10.32 Uhr liegt die Wassertiefe bei 2,0 m.
a) Bestimme eine von der Zeit abhängige Funktion, mit der sich die Veränderung der Wassertiefe näherungsweise beschreiben lässt.
b) Ein größeres Schiff benötigt mindestens 3 m Wassertiefe, um anlegen zu können. In welchem Zeitraum ist das an diesem Tag möglich? Welcher Zeitraum steht am Folgetag zur Verfügung?

Statt Wasserhöchststand und Wassertiefststand sagt man auch Hochwasser und Niedrigwasser.

5 Fig. 1 zeigt Gezeitenkurven für Hamburg und für Büsum.
a) Erläutere den Kurvenverlauf im Vergleich. Welche der Kurven lässt sich besser durch eine Sinusfunktion annähern? Begründe.
b) Lies für beide Diagramme geeignete Wertepaare ab und führe jeweils eine Sinusregression mit dem GTR durch. Beurteile die jeweilige Qualität der Modellierung.

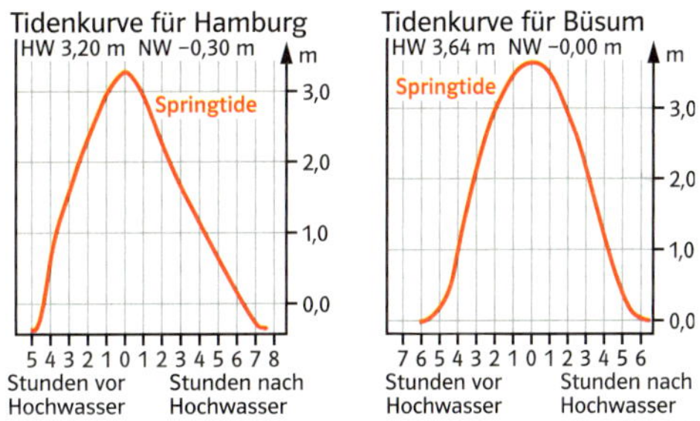

Fig. 1

Im Anschluss an Vollmond und Neumond kommt es zu einer verstärkten Gezeitenbewegung, die als Springtide bezeichnet wird.

6 Für Jäger gilt das Bundesjagdgesetz (BJagdG). Im § 19, Absatz 1, Ziffer 4 heißt es:

```
(1) Verboten ist
Schalenwild, ausgenommen Schwarzwild, sowie Federwild zur Nachtzeit zu er-
legen; als Nachtzeit gilt die Zeit von eineinhalb Stunden nach Sonnen-
untergang bis eineinhalb Stunden vor Sonnenaufgang; [...]
```

Herr Wild plant am Abend des 11. Oktobers, am nächsten Tag zur Jagd zu gehen. Zum Sonnenauf- und -untergang hat er sich in unregelmäßigen Abständen Notizen gemacht.

Datum	01.01.	15.01.	25.05.	21.06.	04.07.
Sonnenaufgang	8.30 Uhr	8.10 Uhr	5.25 Uhr	5.02 Uhr	5.08 Uhr
Sonnenuntergang	16.10 Uhr	16.44 Uhr	21.28 Uhr	21.36 Uhr	21.34 Uhr

a) In welcher Zeitspanne darf Herr Wild kein Schalenwild schießen? Begründe.
b) Erstelle eine grafische Darstellung zu den möglichen Jagdzeiten für ein ganzes Jahr im Sinne einer „Jagdvorschrift“.

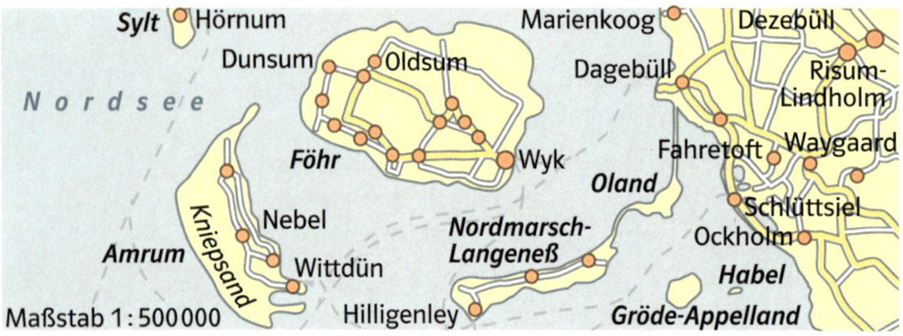

Mit der Maßstabsangabe auf Karten lassen sich nicht nur Entfernungen abschätzen, sondern mit etwas Geschick auch Flächeninhalte, zum Beispiel von Inseln, bestimmen.

In der ersten und zweiten Lerneinheit dieses Kapitels wurden verschiedene mathematischen Modelle erarbeitet und angewendet. Wenn eine reale Situation mathematisch beschrieben wird, spricht man auch von **Modellierung**.
Dabei muss vor dem Aufstellen einer geeigneten Funktionsgleichung oder eines Terms eine Reihe von Fragen geklärt werden:
Wie lässt sich der Sachverhalt so weit vereinfachen, dass überhaupt ein Modell entwickelt werden kann? Welches Modell ist geeignet? Wie überprüft man die Qualität des Modells? Wie kann man das Modell verbessern?
Die Vorgehensweise beim Modellieren wird zum Beispiel bei der Volumenberechnung eines Körpers, dessen Geometrie rechnerisch nicht unmittelbar zugänglich ist, deutlich.

Im Internet wird das Volumen des Gröninger Fasses mit 140 000 l bis 145 000 l angegeben.

Das Volumen von Riesenweinfässern wie dem Gröninger Fass (Fig. 1) kann aufgrund der Größe nur schwer direkt durch Messen bestimmt werden. Deshalb untersucht man ein kleineres Fass mit vergleichbarer Geometrie und bekanntem Volumen und entwickelt ein Modell zur Berechnung seines Volumens. Dieses Modell kann dann auf das große Fass übertragen werden.

Fig. 1

Fig. 2

Vereinfachen – Modell aufstellen
Das Fass in Fig. 2 hat ein Volumen von 600 Litern. Seine Maße (Fig. 3) sind:
- äußere Höhe: 122 cm,
- äußerer Durchmesser von Deckel und Boden: 78 cm,
- Durchmesser auf halber Höhe: 96 cm,
- Wanddicke: 3 cm,
- Versenkung oben und unten: 4 cm.

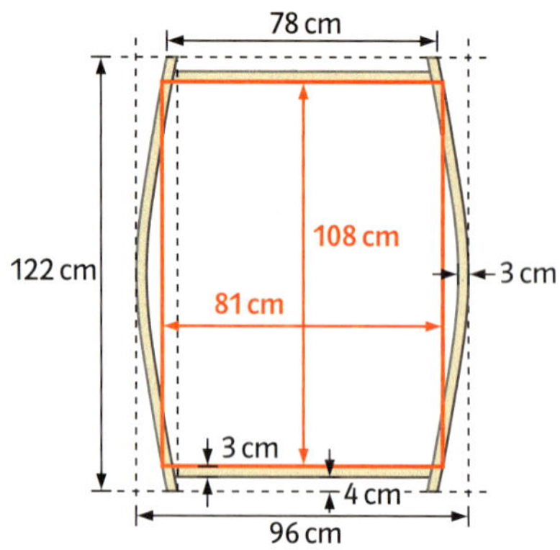

Fig. 3

$122 - 2 \cdot 3 - 2 \cdot 4 = 108$

$96 - 2 \cdot 3 = 90$
$78 - 2 \cdot 3 = 72$
$\frac{1}{2}(90 + 72) = 81$

Das Fass kann vereinfacht als Zylinder aufgefasst werden. Der Innenraum dieses Zylinders hat wegen der Wandstärke und der Versenkung von Deckel und Boden eine Höhe von 108 cm. Als Innendurchmesser wird in erster Näherung der Mittelwert aus dem maximalen inneren Fassdurchmesser und dem am Fassende gemessenen Innendurchmesser gewählt. Man erhält 81 cm.

Volumenberechnung mithilfe des mathematischen Modells
Mit der Volumenformel $V_Z = \pi r^2 \cdot h$ für Zylinder und $r = 40{,}5\,\text{cm}$, $h = 108\,\text{cm}$ errechnet man ein Volumen von etwa $556\,500\,\text{cm}^3$, also von ungefähr 556,5 Litern.

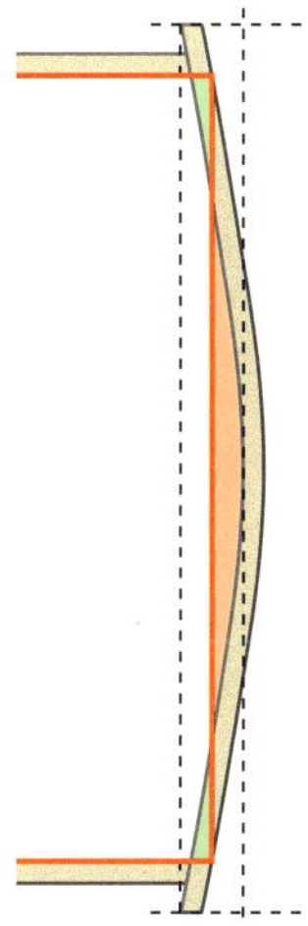
Fig. 1

Überprüfen, ob das Ergebnis realistisch ist, und das Modell gegebenenfalls verfeinern
Das Ergebnis der Modellrechnung weicht vom tatsächlichen Volumen des Fasses um etwa 43,5 Liter nach unten ab. Das entspricht einem Fehler von ca. 7%. Der aufgetretene Fehler kann nur mit der Wahl des Durchmessers zusammenhängen, der für die Volumenberechnung zugrunde gelegt wurde. Offensichtlich ist das vom Näherungszylinder „vernachlässigte" Volumen im mittleren Bereich des Fasses größer als das gegenüber den realen Verhältnissen „hinzukommende" Volumen an den Enden des Fasses (Fig. 1).
Um ein Zylindervolumen von $600\,\text{l} = 600\,000\,\text{cm}^3$ bei einer Höhe von 108 cm zu realisieren, müsste der Zylinderradius also größer gewählt werden als der Mittelwert aus minimalem Innenradius r_{min} und maximalem Innenradius r_{max}.
Aus $\pi r_1^2 \cdot 108\,\text{cm} = 600\,000\,\text{cm}^3$ erhält man $r_1 = \sqrt{\frac{600\,000}{\pi \cdot 108}}\,\text{cm} \approx 42{,}1\,\text{cm}$. Der Radius r_1 ergibt sich ebenso in guter Näherung, wenn man zu r_{min} zwei Drittel der Differenz $r_{max} - r_{min}$ addiert (Fig. 2):

$$r \approx r_{min} + \frac{2}{3}(r_{max} - r_{min}) = \frac{1}{3}r_{min} + \frac{2}{3}r_{max} = \frac{1}{3}(r_{min} + 2\,r_{max}) = 42\,\text{cm}.$$

Daraus ergibt sich ein verfeinertes Modell für die Berechnung eines Fassvolumens: Man berechnet das Volumen eines Näherungszylinders und wählt für dessen Radius $r_1 = \frac{1}{3}(r_{min} + 2\,r_{max})$.

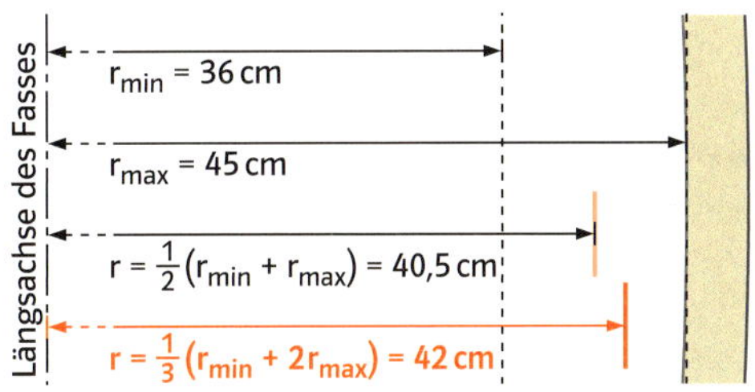

Fig. 2

Verfeinertes Modell anwenden und die Qualität des neuen Modells überprüfen
Mit $r_1 = 42\,\text{cm}$ und $h = 108\,\text{cm}$ ergibt sich ein Zylindervolumen von etwa 598,5 Litern. Die relative Abweichung vom tatsächlichen Fassvolumen ist nunmehr kleiner als 0,3%.

Verfeinertes Modell übertragen
Das Gröninger Fass hat einen maximalen Innendurchmesser von etwa 5,00 m und einen minimalen Innendurchmesser von etwa 4,40 m. Die Innenhöhe des Fasses beträgt ungefähr 7,80 m. Für den Radius r_1 des Näherungszylinders erhält man $r_1 = \frac{1}{3}(r_{min} + 2\,r_{max}) = \frac{1}{3}(2{,}20\,\text{m} + 2 \cdot 2{,}50\,\text{m}) = 2{,}40\,\text{m}$. Das Zylindervolumen ergibt sich daraus zu etwa $141{,}1\,\text{m}^3$. Es kann in guter Näherung davon ausgegangen werden, dass das Gröninger Fass ein Volumen von etwa 141 000 Litern hat.

Modellierungskreislauf

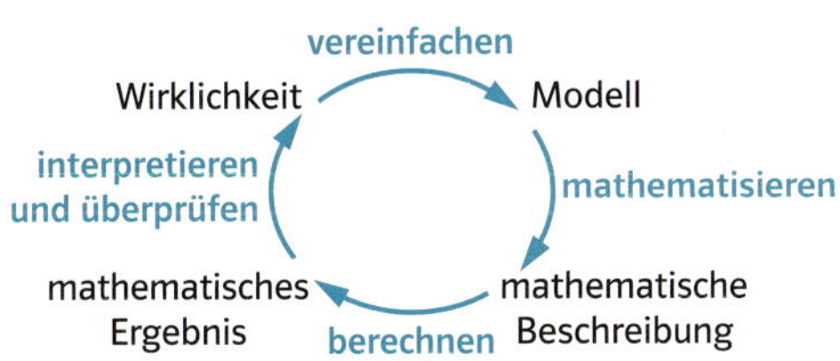

Wenn sich ein Modell bei Überpüfung als unzureichend erweist, entwickelt man ein neues, verfeinertes Modell; der Kreislauf wiederholt sich ein weiteres Mal.

Erst wenn die Qualität eines mathematischen Modells durch ein oder mehrere Beispiele gesichert ist, kann man es auf vergleichbare Probleme übertragen (Verallgemeinerung).

Beispiel Modell entwickeln
Bestimme die Länge des Feuerwehrschlauches (Fig. 2) möglichst genau. Beschreibe dein Vorgehen.
Lösung:

Fig. 1

Fig. 2

Um ein Modell zu entwickeln, rollt man beispielsweise ein 6,20 m langes Seil wie in Fig. 1 auf und versucht, die Länge des Seils zu berechnen.

Vereinfachen – Modell aufstellen
Man kann die „Schnecke" näherungsweise als Anordnung konzentrischer Kreise auffassen. Dabei unterscheiden sich die Radien benachbarter Kreise um die Dicke des Seils. Den Umfang der einzelnen Kreise berechnet man mit der Formel $U = 2\pi r$. Die Seilschnecke besteht aus „14 Kreisen". Die Summe aller Umfänge ist ein Näherungswert für die Seillänge.

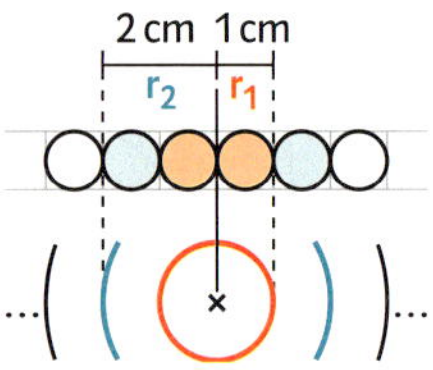

Fig. 3

Berechnen der Seillänge mithilfe des Modells
Mit dem Seildurchmesser $d \approx 1\,cm$ ergeben sich die Umfänge $U_1 = 2\pi \cdot r_1 \approx 2\pi \cdot 1\,cm$, $U_2 = 2\pi \cdot r_2 \approx 2\pi \cdot 2\,cm$, ..., $U_{14} = 2\pi \cdot r_{14} \approx 2\pi \cdot 14\,cm$ als Außenrandlinien der 14 Kreise (Fig. 3). Für die Summe gilt $U_1 + \ldots + U_{14} \approx 660\,cm$.

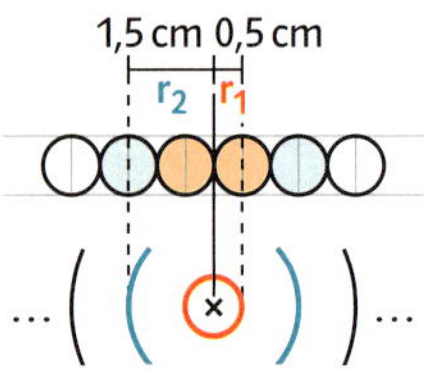

Fig. 4

Überprüfen des Ergebnisses und Verfeinern des Modells
Die Abweichung der berechneten Seillänge von der tatsächlichen beträgt etwa 6,5 %. Um das Modell zu verfeinern, könnte man statt der Außenrandlinie des Seils die Mittellinie verwenden. Es ergeben sich die Radien $r_1 \approx 0{,}5\,cm$, $r_2 \approx 1{,}5\,cm$, ..., $r_{14} \approx 13{,}5\,cm$ (Fig. 4). Nun erhält man eine Umfangssumme von etwa 616 cm, was einer Abweichung von 0,6 % entspricht.

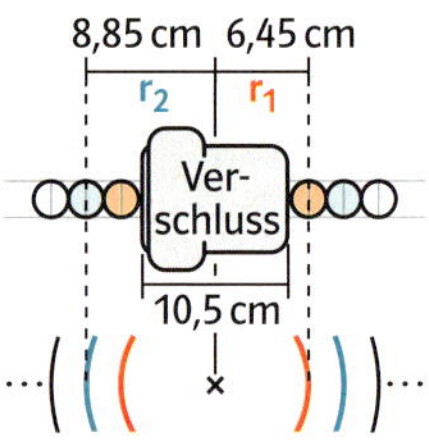

Fig. 5

Übertragen des verfeinerten Modells auf den Feuerwehrschlauch
Es liegen „11 Kreise" vor. Der erste Kreis hat bei einer durchschnittlichen Schlauchdicke von 2,4 cm den Radius $r_1 \approx \frac{1}{2} \cdot 10{,}5\,cm + 1{,}2\,cm = 6{,}45\,cm$ (Fig. 5). Die weiteren Radien sind jeweils um 2,4 cm größer. Es ergibt sich ein Gesamtumfang von etwa 1275 cm. Nach diesem Modell ist der Schlauch also ungefähr 13 m lang.

Aufgaben

1 Mit einem Experiment wird untersucht, wie die Verlängerung einer Feder von der Masse eines angehängten Gewichtes abhängt.

Masse (in g)	0	100	200	300	400
Verlängerung (in cm)	0	5	10	14,5	21

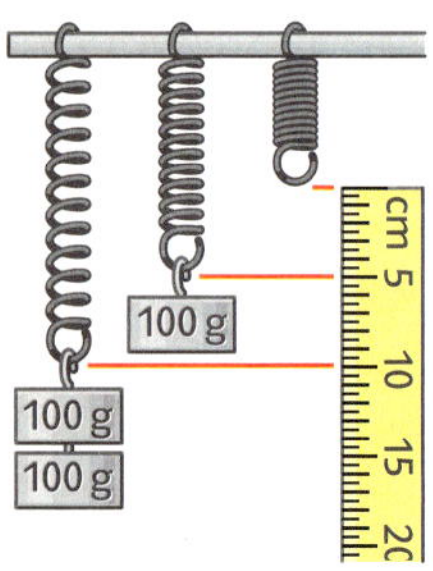

Fig. 6

a) Modelliere die Messreihe mithilfe einer geeigneten Gleichung. Kontrolliere, ob dein Modell mit allen Daten der Tabelle übereinstimmt. Erläutere.
b) Mache eine Vorhersage über die Verlängerung der Feder bei einer Masse von 40 g (480 g; 1500 g). Kann die Masse beliebig gewählt werden?
c) Eine andere Feder verlängert sich bei einer Masse von 400 g um 25 cm. Welche Verlängerung ergibt sich bei einer Masse von 950 g (30 g; 3500 g)?

2 Auf der Internetseite eines niederländischen Automobilclubs steht: „Benzin ist zurzeit in den Niederlanden sehr teuer. Ein Liter kostet 131 Cent – in Deutschland zahlt man zurzeit 120 Cent. Wenn Sie also weniger als 30 km von einer deutschen Tankstelle entfernt wohnen, lohnt es sich für Sie, in Deutschland zu tanken! Aber überprüfen Sie dies selber!“

a) Welche Vereinfachungen wurden zum Aufstellen dieser Aussage getroffen? Stellt ein Modell auf, mit dem der niederländische Automobilclub gearbeitet haben könnte.
b) Formuliert für andere Länder entsprechende Empfehlungen. Nehmt zum Beispiel an, dass ein Liter Benzin in Österreich 100 Cent, in Dänemark 119 Cent, in Frankreich 114 Cent und in Belgien 113 Cent kostet.

3 Das Luftschiff „Graf Zeppelin“ (Fig. 3) hatte bei einer Länge von 236,6 m und einem maximalen Durchmesser von 30,5 m ein Volumen von etwa 105 000 m^3.

Fig. 1

Fig. 2

Fig. 3

Fig. 4

a) Entwickle für das Luftschiff „Graf Zeppelin“ ein Modell zur Berechnung des Volumens. Beschreibe und begründe dein Vorgehen.
b) Auf welche der in Fig. 1, Fig. 2 und Fig. 4 abgebildeten Körper lässt sich das in a) entwickelte Modell übertragen? Entwickle gegebenenfalls ein besser geeignetes Modell.

Bist du sicher?

1 Beschreibe, wie sich das Volumen eines Luftballons näherungsweise berechnen lässt und welche Messungen dazu erforderlich sind.
Wie kann man das tatsächliche Volumen eines Luftballons experimentell bestimmen und so die Qualität des mathematischen Modells überprüfen?

Bei den beschriebenen Verfahren wird ähnlich wie beim Schießen ein Auge zugekniffen. Man sagt: Das Ziel wird anvisiert.

4 Förster verwenden zur Bestimmung von Baumhöhen unterschiedliche Modellrechnungen.

1. Man hält einen 50 cm langen Zollstock mit ausgestrecktem Arm senkrecht vor sich hoch und geht so weit an den Baum heran, bis sich das untere Ende des Zollstocks (0 cm) mit dem Baumstammfuß und das obere Ende (50 cm) mit der Baumspitze deckt. Dann merkt man sich die Stelle des Stammes, die man erkennt, wenn man über die 5-cm-Markierung hinweg visiert. Am Stamm misst man nun die Höhe bis zu der gemerkten Stelle und multipliziert mit 10.

2. Man geht so weit an den Baum heran, bis die Faust zusammen mit dem ausgestreckten Daumen den Baum in seiner vollen Länge abdeckt. Dann dreht man die Faust um 90° und merkt sich den Punkt im Gelände, bei dem der Daumen endet und der etwa gleich weit entfernt ist wie der Baum. Von diesem Punkt aus schreitet man die Entfernung zum Baum ab.

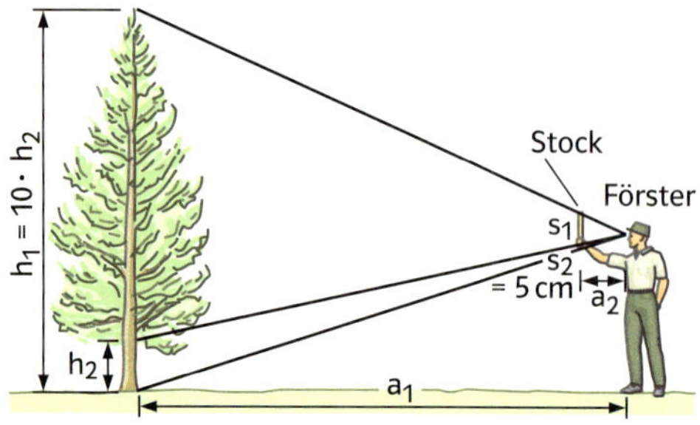

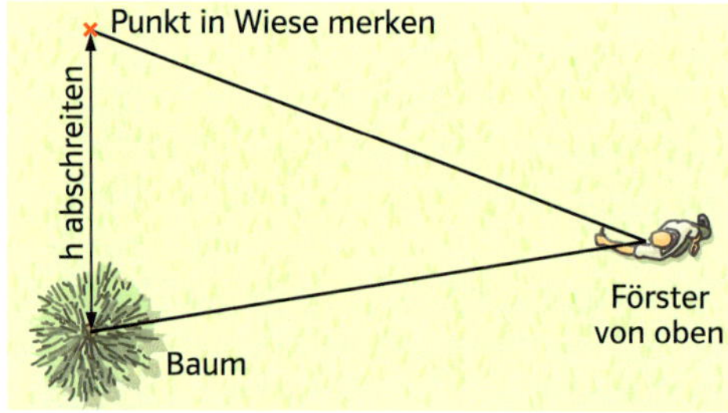

a) Erläutert euch gegenseitig die Verfahren und wendet sie bei Gegenständen an, deren Höhe ihr zur Kontrolle messen könnt.

b) Bestimmt die Höhen von Bäumen, Häusern, Türmen oder Masten, deren Höhen man nicht direkt messen kann.

In der Exkursion auf den Seiten 182 und 183 findest du weitere Projekte zum Thema Modellieren.

5 **Ein Projekt**

Im Straßenbau werden zum Transport von Datenkabeln sehr große Kabeltrommeln verwendet (Fig. 1). Es soll untersucht werden, wie viel Meter Kabel ohne Überstand auf eine Trommel passen, wenn die Trommelmaße $d_1 = 300\,\text{cm}$, $d_2 = 120\,\text{cm}$, $l = 456\,\text{cm}$ und $a = 26\,\text{cm}$ gegeben sind und das Kabel einen Durchmesser von 30 cm hat.

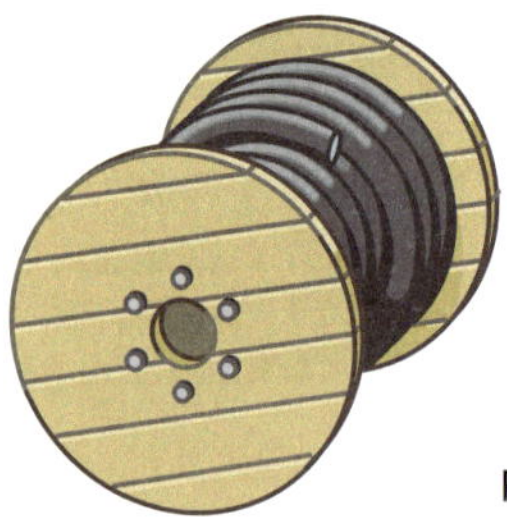

Fig. 1

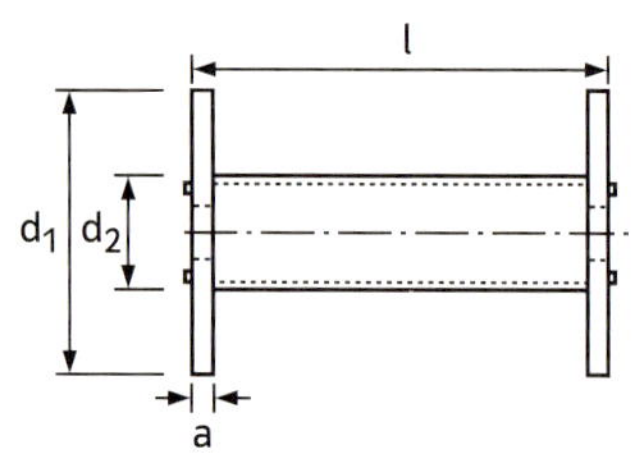

Fig. 2

a) Entwickelt, zum Beispiel mithilfe einer Kabeltrommel aus dem Haushalt, Modelle zur Berechnung der Kabellänge. Erklärt euch die verschiedenen Lösungen gegenseitig und diskutiert ihre Qualität.

b) Übertragt das in Teilaufgabe a) entwickelte Modell auf die Kabeltrommel für Datenkabel aus dem Straßenbau.

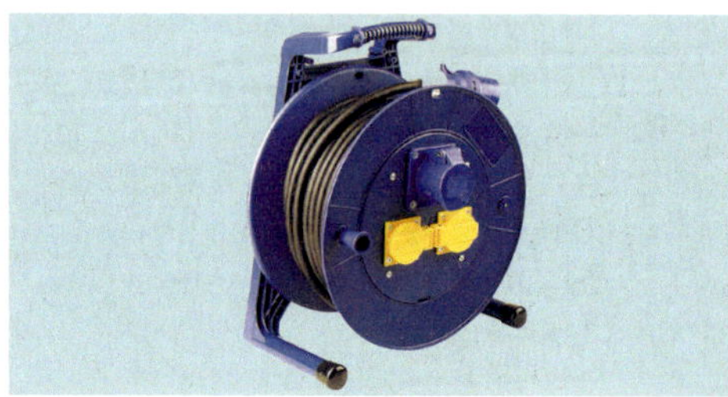

1 In einem Nachschlagewerk über Redensarten findet man nähere Erläuterungen zu dem Begriff „Elefantenrennen" (Tab. 1).
„Von ihnen geht eine erhöhte Unfallgefahr aus", kommentiert ein Polizist diese Rennen. „Deshalb sind sie auch mit einem Bußgeld von momentan 40 € und einem Punkt in Flensburg zu bestrafen."
Untersuche, wie lange Elefantenrennen dauern können. Begründe dein Vorgehen. Beschreibe, welche Annahmen und Vereinfachungen du bei deiner Modellrechnung vorgenommen hast.

Tipp:
Fertige eine Skizze der Situation an.

Redensart	Erläuterung	Ergänzungen
Elefantenrennen	kilometerlange Überholmanöver von LKWs und damit verbundene Blockierung des nachfolgenden PKW-Verkehrs auf Autobahnen	Hier wird überholt, auch wenn der Geschwindigkeitsunterschied nicht wie vorgeschrieben mindestens fünf Stundenkilometer beträgt.

Tab. 1

2 Realistisch oder unrealistisch?
Beurteile, ob die Aussagen realistisch sind. Begründe deine Antwort mithilfe einer geeigneten Modellrechnung. Beschreibe, welche Vereinfachungen du für deine Modellierung vorgenommen hast.
a) Achim und Michael treiben Sport: Achim joggt, Michael fährt als Amateur Rennrad. Michael fährt in seinem Training durchschnittlich $35\,\frac{km}{h}$. Achim sagt: „Gib mir 10 Minuten Vorsprung, dann holst du mich mit deiner Geschwindigkeit in 20 Minuten ein."
b) Anna-Maria behauptet: „Die Fließgeschwindigkeit des Rheins beträgt ca. $4\,\frac{km}{h}$."

Rheinauf			Rheinab	
An	Ab		An	Ab
	9.10	Köln	17.10	
10.15	10.20	Porz	16.25	16.35
12.05	12.10	Mondorf	15.20	15.30
12.55	13.00	Bonn City, Alter Zoll	14.50	15.00
13.05	13.10	Bonn, Bundeshaus	14.35	14.45
13.20	13.25	Bonn, Oberkassel	14.25	14.30
13.35		Bonn, Bad Godesberg		14.20

Die Virusgeschichte ist frei erfunden.

3 Beurteile, ob die „unfassbare" Prognose der Mathematiker stimmen kann.

Neuartige Krankheit breitet sich aus

Hamburg „Man darf diese Krankheit nicht unterschätzen", warnt der Mediziner Prof. Dr. Timm. Diese Einschätzung beruht auf langjährigen Untersuchungen und der Erkenntnis, dass ein Gegenmittel für dieses Virus noch nicht gefunden wurde.
1994 entdeckte man das HBZG-Virus zum ersten Mal bei einem Fisch in der Elbe bei Brunsbüttel. In der Nähe steckten sich innerhalb kürzester Zeit mehrere Dutzend anderer Fische an. Die große Ansteckungsgefahr bewegte damals die Regierung, Gelder in Millionenhöhe für die Erforschung des Virus bereitzustellen. Zwar konnte man das Krankheitsbild bei den erkrankten Tieren etwas beeinflussen, doch der „große Wurf" sei bisher nicht gelungen. „Das Einzige, was wir sicher wissen, ist Folgendes: Ein am Virus erkrankter Fisch steckt bei Nichtbehandlung pro Tag mit einer Wahrscheinlichkeit von 50 % einen anderen Fisch an." Mathematiker haben nun herausgefunden, dass bei sechs erkrankten Tieren in 30 Tagen über 1 000 000 weitere Fische erkranken. Unfassbar!

4 Friedi ist Bergsteigerin. In einem Ratgeber hat sie gelesen, dass beim Menschen Störungen der Leistungs- und der Konzentrationsfähigkeit auftreten, wenn der Partialdruck des Sauerstoffs 130 hPa unterschreitet. Um herauszufinden, ob sie ohne Probleme die Zugspitze (2962 m) ersteigen kann, sucht sie nähere Informationen im Internet. Mit einer Suchmaschine findet sie zwei Hinweise:

Suchergebnis mit den Suchbegriffen „Luftdruck" und „hPa"

Luftdruck in Abhängigkeit von der Höhe: 1013 **hPa** in 0 m Höhe; 963 **hPa** in 400 m Höhe; 952 **hPa** in 500 m Höhe; 941 **hPa** in 600 m Höhe; 898 **hPa** in 1000 m Höhe

Suchergebnis mit den Suchbegriffen „Sauerstoff" und „Partialdruck"

Die atmosphärische Luft enthält unter normalen Bedingungen 21 Volumenprozent **Sauerstoff**.
Diesem Volumendruck entspricht ein **Partialdruck** von 213 mbar …
Der **Partialdruck** berechnet sich als prozentualer Anteil des Gesamtdruckes …

Untersuche bei weiteren Sportarten, ob man Prognosen über Zeitpunkte von neuen Weltrekorden abgeben kann.

5 In der Tabelle sind die Weltrekorde im Weitsprung der Männer von 1924 bis 1991 dargestellt (Stand: 2006).
a) Stelle die Daten grafisch dar. Beschreibe, welcher Zusammenhang zwischen dem Jahr und der Weite bei den angegebenen Weltrekorden bestehen könnte. Kontrolliere, wie aussagekräftig deine Modellierung ist.
b) Kann man eine Prognose abgeben, wann der Weltrekord bei 9,50 m liegen wird? Begründe.
Kläre, welcher Definitionsbereich bei der Modellierung aus Teilaufgabe a) verwendet werden kann.

Weite	Name	Land	Jahr
7,76 m	LeGendre	USA	07.07.24
7,89 m	Hubbard	USA	13.06.25
7,90 m	Hamm	USA	07.07.28
7,93 m	Cator	Haiti	09.09.28
7,98 m	Nambu	Japan	27.10.31
8,13 m	Owens	USA	25.05.35
8,21 m	Boston	USA	12.08.60
8,24 m	Boston	USA	27.05.61
8,28 m	Boston	USA	16.07.61
8,31 m	Ter-Owanesjan	UdSSR	10.06.62
8,31 m	Boston	USA	15.08.64
8,34 m	Boston	USA	12.09.64
8,35 m	Boston	USA	29.05.65
8,35 m	Ter-Owanesjan	UdSSR	19.10.67
8,90 m	Beamon	USA	18.10.68
8,95 m	Powell	USA	30.08.91

6 Die Stoffwechselintensität P bei Tieren und Menschen ist definiert als die pro Zeiteinheit mit den Nahrungsmitteln aufgenommene Energie. Diese hängt von der Körpermasse ab. Im Jahre 1952 hat der amerikanische Biologe Kleiber diesen Zusammenhang näher analysiert. Als Grundlage dienten ihm dabei die Daten aus Tab. 1.
Stelle ein mathematisches Modell auf, das den Zusammenhang zwischen der Masse und der Stoffwechselintensität beschreibt.

Tier	Masse (in kg)	Stoffwechselintensität in $\left(\frac{J}{s}\right)$
Maus	0,021	0,17
Ratte	0,282	1,36
Meerschweinchen	0,410	1,70
Katze	3,00	7,38
Kaninchen	4,33	8,22
Hund	6,6	13,93
Schimpanse	38,0	52,82
Schaf	46,4	60,78
Mensch	70,0	80,00
Kuh	600	384,0

Tab. 1

1 Joule pro Sekunde bezeichnet man als 1 Watt: $1\,W = 1\frac{J}{s}$.

7 Die Dichte von Wasser wird oft mit $1000\frac{kg}{m^3}$ angegeben. Dies ist aber nur ein Näherungswert, weil die Dichte auch von der Temperatur abhängt (Tab. 2).

Temperatur (in °C)	0	5	10	15	20	50	98
Dichte in $\left(\frac{kg}{m^3}\right)$	999,840	999,964	999,699	999,099	998,203	988,030	959,774

Tab. 2

a) Begründe, warum diese Daten weder durch ein lineares noch durch ein exponentielles noch durch ein beschränktes Wachstumsgesetz beschrieben werden können.
Versuche, die Daten durch ein quadratisches Wachstum zu beschreiben.
b) Erläutere, was man unter der „Anomalie des Wassers" versteht. Recherchiere in entsprechender Fachliteratur oder im Internet und stelle den Zusammenhang zur gegebenen Datenreihe her.

8 Eine Firma möchte Streichholzschachteln mit ihrem Firmennamen zu Werbezwecken verschenken. In eine Schachtel sollen 50 Hölzer passen. Die Schachtel soll ansprechend auf die Kunden wirken und der Materialverbrauch dabei möglichst klein gehalten werden.
a) Untersucht, ob bei handelsüblichen Streichholzschachteln der Materialverbrauch minimal ist.
b) Entwerft eine Streichholzschachtel, die die beschriebenen Anforderungen erfüllt. Stellt der Firma euren Entwurf in einem geeigneten Schreiben vor.

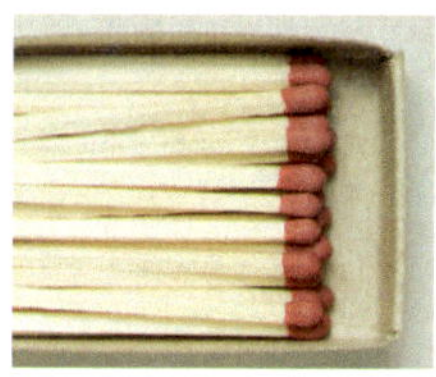

9 Johann muss bei seiner Gesellenprüfung zum Steinmetz folgende Aufgabe bearbeiten:
„Von einer rechteckigen Sandsteinplatte, die 150 cm lang, 100 cm breit und 6 cm dick ist, ist durch einen Transportunfall eine Ecke abgebrochen (Fig. 1). Die Bruchstelle wurde bereits etwas begradigt.
Fertigen Sie aus dieser Steinplatte eine rechteckige Tischplatte für einen Gartentisch an, die einen möglichst großen Flächeninhalt besitzt."

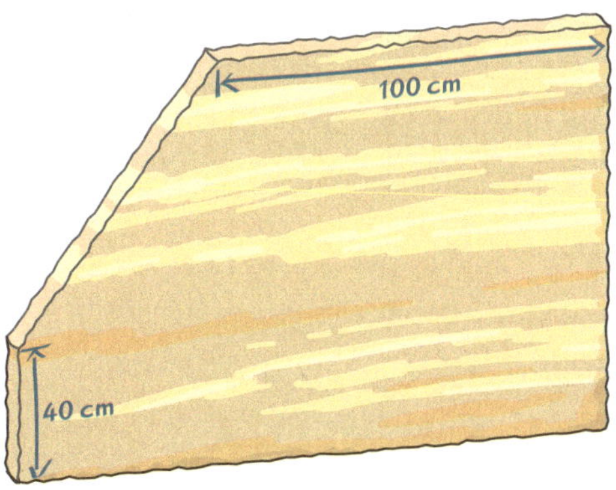

Fig. 1

Bevölkerungsentwicklungen

Am 11. Mai 2000 überschritt Indiens Einwohnerzahl offiziell die Milliardengrenze. Während Indien im Jahre 1955 noch 400 Millionen Einwohner hatte, wuchs die Einwohnerzahl innerhalb der nächsten elf Jahre um 25% an. Danach dauerte es 34 Jahre bis zu einer Verdoppelung der Einwohnerzahl. In den letzten Jahrzehnten hat sich das Wachstum der indischen Bevölkerung nur wenig abgeschwächt und lag Ende 2006 bei 1,63% pro Jahr, was einem jährlichen Bevölkerungszuwachs von etwa 18 Millionen Menschen entspricht. Damit hat Indien im Moment den größten absoluten Bevölkerungszuwachs aller Staaten der Erde. Der relative Zuwachs liegt jedoch nur wenig über dem Weltdurchschnitt.

Siehe auch www.census.gov/ipc/www/idb/

1 Untersucht, ob die Aussage eines Demographen von Ende 2006 richtig ist: „Indien ist eines der wenigen Länder, in denen die Bevölkerungszunahme linear verläuft."

2 Auf einer Internetseite des indischen Innenministeriums soll die Einwohnerzahl Indiens jede Sekunde näherungsweise aktualisiert werden. Entwickelt für den Internetanbieter eine Gleichung zur Berechnung.

3 Sammelt Daten bezüglich des Bevölkerungswachstums auch zu anderen Ländern und stellt die Entwicklungen anschaulich dar.

Gezeiten – ein natürlicher periodischer Vorgang soll ins Internet

Für Küstenbewohner und Urlauber der Nordsee sind die Gezeiten von großem Interesse. Im Internet findet man viele Seiten mit Angaben zu den Gezeiten (Gezeitenkalender).

Pegelort: **Emden, Große Seeschleuse**

Position:
53°20'13" N 7°11'11" E

Zeitangabe:
Gesetzliche Zeit
Sommerhalbjahr MESZ / Winterhalbjahr MEZ

Wasserstand bezogen auf:
Seekartennull

	Datum		Zeit	Wasserstand in m
DO	20.07.2006	NW	02:26	0.7
DO	20.07.2006	HW	08:38	3.6
DO	20.07.2006	NW	14:48	0.7
DO	20.07.2006	HW	21:10	3.8
FR	21.07.2006	NW	03:28	0.7
FR	21.07.2006	HW	09:47	3.7
FR	21.07.2006	NW	16:02	0.7
FR	21.07.2006	HW	22:25	3.8

Fig. 1

4 Beschreibt, welche Informationen man Fig. 1 entnehmen kann. Schlagt Fachbegriffe gegebenenfalls im Lexikon nach.

5 Entwickelt ein Rechenverfahren für einen Internetanbieter, mit dem man einen Gezeitenkalender für Emden wie in Fig. 1 möglichst genau entwickeln kann. Klärt dabei zusätzlich auch, in welchen Zeitabschnitten sich der Wasserstand am stärksten verändert.

Ihr könnt auch Gezeitendaten von anderen Orten analysieren.

Hast du Töne?

Der Begriff Ton aus der Akustik wird in einem Lexikon definiert:
„Einem Ton liegt eine reine Sinusschwingung zugrunde. Die Amplitude der Schwingung gibt dabei die Lautstärke, die Frequenz die Höhe des Tones an. Je höher die Frequenz einer Schwingung ist, d.h. je schneller die Schallquelle schwingt, desto höher ist der Ton."

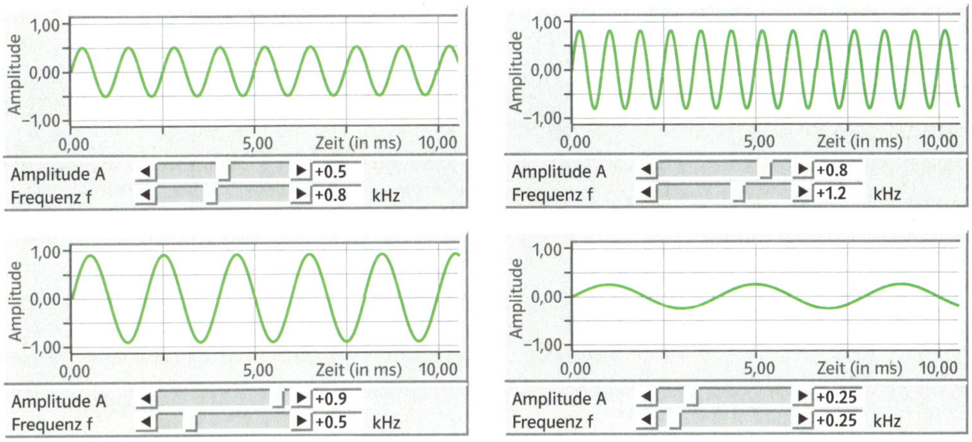

Fig. 1

Die vier Abbildungen sind Ausschnitte aus einem Java-Applet, in dem die Parameter Amplitude und Frequenz verändert werden können.

Schwingt eine Stimmgabel 440-mal pro Sekunde, so sendet sie einen Ton mit der Frequenz 440 Hz aus (Kammerton a).

6 Erläutert die Bildfolge in Fig. 1. Entwickelt geeignete Funktionsgleichungen, die die dargestellten Schwingungen beschreiben.

Mit Modellierungen eigene Meinungen bilden

In einem Artikel der Schülerzeitung des Albert-Schweitzer-Gymnasiums in Berlin wird angeregt, sich an der Diskussion zum Thema „Tempo 100 auf unseren Autobahnen" mit einer eigenen Meinung zu beteiligen.

Autobahnen: Tempo 100 – Bilden Sie sich Ihre Meinung

Berlin Aussagen wie „Tempo 100 erhöht den Verkehrsfluss" oder „bei Tempo 100 gibt es viel mehr Staus" hört man bei politischen Diskussionen immer wieder. Entscheidend ist, wie viele Autos in einer Stunde an einer bestimmten Stelle vorbeifahren oder anders ausgedrückt: wie viele Autos bei der Geschwindigkeit von x km/h auf der Länge x km fahren. Das kann jeder schnell ermitteln. Man muss nur folgende Vereinfachungen vornehmen: (1) Alle Autos fahren mit der gleichen konstanten Geschwindigkeit. (2) Alle Autos haben die gleiche Länge. (3) Alle Autos halten den gleichen Abstand zum nächsten Auto. Wie groß der gehaltene Abstand ist, kann man mit der „2-Sekunden-Abstand-Regel" oder mit der Fahrschulfaustformel" (sinnvoller Abstand = Anhalteweg = Reaktionsweg + Bremsweg = 3-mal die Geschwindigkeit durch 10 + Quadrat der Geschwindigkeit durch 100) oder mit der Regel „Halber-Tacho" festlegen.
Was meinen Sie?
Sind Sie eher für oder eher gegen ein „Tempo-100-Gesetz" für unsere Autobahnen?

7 a) Der Schülerzeitungsartikel enthält Hinweise zur Modellierung des Verkehrsflusses. Sucht diese Hinweise heraus und begründet, dass sich aus ihnen verschiedene Modellierungsmöglichkeiten ergeben.
b) Konkretisiert die zu Teilaufgabe a) erarbeiteten Modellierungsmöglichkeiten, zum Beispiel in arbeitsteiligen Gruppen.
c) Bewertet die verschiedenen Modellrechnungen zum Verkehrsfluss im Vergleich. Wie beeinflusst welche Modellrechnung eure Meinung zum „Tempo-100-Gesetz"?

Modellieren von Wachstumsvorgängen

- lineares Wachstum
  Funktionsgleichung: $g(x) = mx + b$
  m: Änderung pro Zeitschritt (Wachstumsrate)
  ($m > 0$: Zunahme, $m < 0$: Abnahme)
  b: Anfangswert für $x = 0$
- exponentielles Wachstum
  Funktionsgleichung: $f(x) = c \cdot a^x$
  a: prozentuale Änderung pro Zeitschritt (Wachstumsfaktor)
  ($a > 1$: Zunahme, $0 < a < 1$: Abnahme)
  c: Anfangswert für $x = 0$

Eine Zählung von Zaunkönigpaaren ergab:

Jahr	*1994*	*1996*	*1998*	*2002*	*2006*
Anzahl an Paaren	*20*	*28*	*39*	*77*	*149*

Man rechnet die Zeit x in Jahren und beginnt im Jahr 1994 mit $x = 0$.
Mit den Werten von 1994 und 1998 erhält man beim Ansatz von exponentiellem Wachstum $c = 20$ und $a \approx 1{,}18$, also $f(x) = 20 \cdot 1{,}18^x$.
Für die einzelnen Jahre erhält man:

Jahr	*1994*	*1996*	*1998*	*2002*	*2006*
berechnete Anzahl an Paaren	*20*	*28*	*39*	*75*	*146*
Abweichung	*0*	*0*	*0*	*−2*	*−3*

Die Abweichungen dieses Modells sind gering, allerdings mit wachsender Zeitdauer zunehmend.

Modellieren von periodischen Vorgängen

Funktionsgleichung: $f(x) = a\sin(bx - d) + e$
Maximum der zu beschreibenden Größe: y_{max}
Minimum der zu beschreibenden Größe: y_{min}
Bestimmung der Parameter a, b, d und e:

- Verschiebung in y-Richtung: $e = \frac{y_{max} + y_{min}}{2}$
- Ist p die Periode, so gilt $b = \frac{2\pi}{p}$. Die Periode lässt sich zum Beispiel aus der Lage der Maxima und Minima ablesen.
- Für d gilt $f\left(\frac{d}{b}\right) = e$, und auf die Stelle $\frac{d}{b}$ folgt ein Maximum.
- Amplitude: $a = \frac{y_{max} - y_{min}}{2}$

Bei Luftfeuchtigkeitsmessungen in Celle am 23.5.2007 wurde der höchste Wert mit 83 % um 6 Uhr und der tiefste Wert mit 43 % um 18 Uhr ermittelt.
x: Zeit in Stunden, f(x): Luftfeuchtigkeit in %. Der Uhrzeit 0 Uhr wird der x-Wert 0 zugeordnet.
Der Mittelwert $e = \frac{83 + 43}{2} = 63$ wird in der Mitte zwischen der Minimal- und Maximalstelle angenommen, also bei …, $x = 0$, $x = 12$, $x = 24$, … Da auf $x = 0$ das Maximum folgt, wird $\frac{d}{b} = 0$ gewählt, also $d = 0$.
Die Periodendauer beträgt 24 h, also ist $p = 24$. Damit folgt $b = \frac{2\pi}{24} \approx 0{,}2618$.
Amplitude: $a = \frac{83 - 43}{2} = 20$
$f(x) = 20\sin(0{,}2618x) + 63$

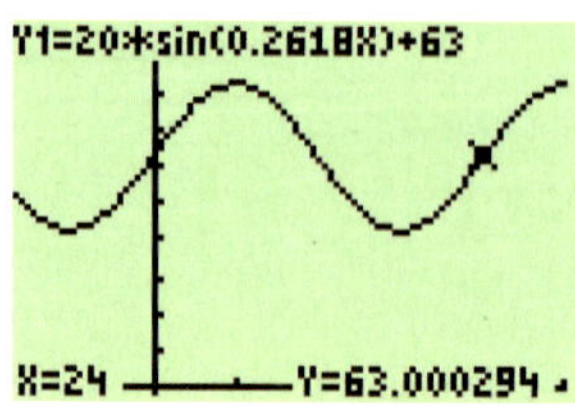

Modellierungskreislauf

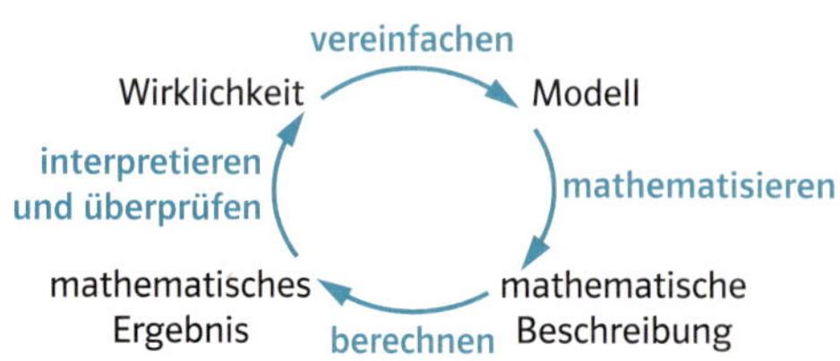

Wenn sich ein Modell bei Überprüfung als unzureichend erweist, entwickelt man ein neues, verfeinertes Modell; der Kreislauf wiederholt sich ein weiteres Mal.

Training

Runde 1

Vergleiche hierzu auch Aufgabe 4 auf Seite 104.

1 Die Tabelle zeigt die Bevölkerungsentwicklung in den USA zwischen 1790 und 1860.

Jahr	1790	1800	1810	1820	1830	1840	1850	1860
Bevölkerungszahl (in Mio.)	3,93	5,31	7,24	9,64	12,87	17,07	23,19	31,43

a) Beschreibe die Bevölkerungsentwicklung in den USA durch ein geeignetes mathematisches Modell.
b) Prognostiziere die Bevölkerungszahl der USA für das Jahr 2003. Beurteile das Ergebnis.

Im Jahr 2003 hatten die USA etwa 300 Millionen Einwohner.

2 Die Tabelle zeigt für die Mittelmeerstadt Algier die langjährigen Mittelwerte der monatlichen Niederschlagsmengen in Millimetern. Ein Millimeter entspricht dabei der Menge von einem Liter Wasser je Quadratmeter Bodenfläche.

Jan.	Feb.	März	April	Mai	Juni	Juli	Aug.	Sept.	Okt.	Nov.	Dez.
110	83	74	41	46	17	2	4	42	80	128	135

a) Wie lassen sich die jeweiligen Niederschlagsmengen näherungsweise berechnen?
b) Beurteile die Qualität deiner Modellierung und verbessere sie gegebenenfalls.

3 Wie viele Strohballen werden in Fig. 1, wie viele Kubikmeter Sand in Fig. 2 benötigt?

Fig. 1

Fig. 2

Runde 2

1 Kapitalwachstum kann mit dem Modell des Zuwachses bei einfachem Zins mit der Formel $K_n = K_0(1 + np)$ berechnet werden, wobei n die Anzahl der Zinsperioden, p den Zinssatz bezogen auf die Zinsperiode, K_0 das Startkapital und K_n das Kapital nach der n-ten Zinsperiode angibt.
a) Welche Form des Wachstums wird bei diesem Modell angenommen? Begründe.
b) Begründe oder widerlege: Wachstum nach dem Modell des einfachen Zinses beruht auf wiederholter Addition des Zinses $K_0 p$.
c) Beurteile, inwieweit diese Art des Kapitalwachstums realistisch ist.

2 Stelle zu der Messreihe eine Funktionsgleichung auf, sodass die Abweichungen möglichst gering sind. Die Variable t gibt die Anzahl der Zeitschritte und B(t) den von der Zeit abhängigen Bestand an.

a)

t	0	3	6	11	12
B(t)	12,1	26,6	58,4	216,9	281,9

b)

t	1	3	4	7	9	18
B(t)	6,8	4,5	3,5	1,9	1,1	0,2

Lösungen auf den Seiten 249 – 250.

Das kannst du schon

- Funktionen darstellen
- Eigenschaften von Funktionen aus ihren Darstellungen erkennen
- Steigungen von Geraden bestimmen
- Optimierungsaufgaben lösen

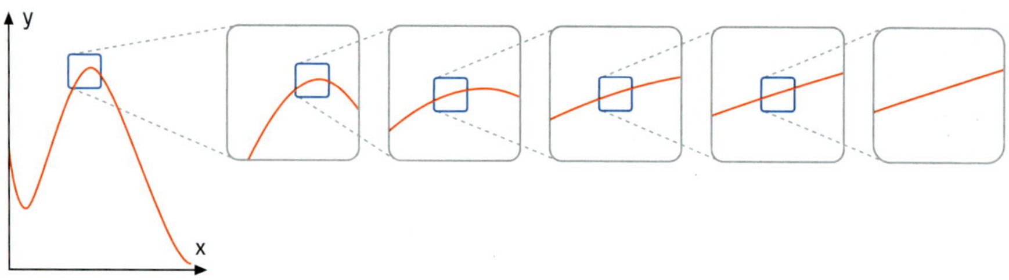

Zahl

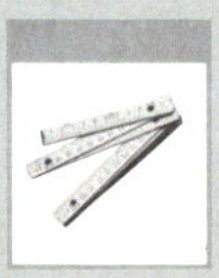

Messen

Raum und Form

Funktionaler Zusammenhang

Daten und Zufall

VII Änderungsverhalten von Funktionen

Der genaue Blick auf Veränderungen

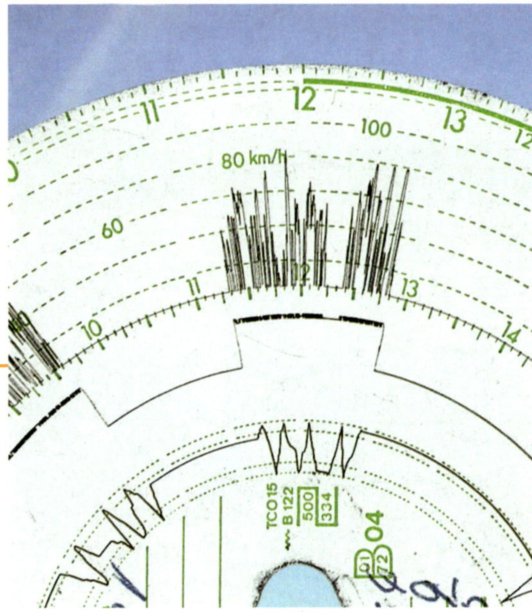

Der Graph gibt die Geschwindigkeit eines Autos während einer Fahrt an. Am Graphen lässt sich ablesen, wie sich die Geschwindigkeit des Autos ändert.

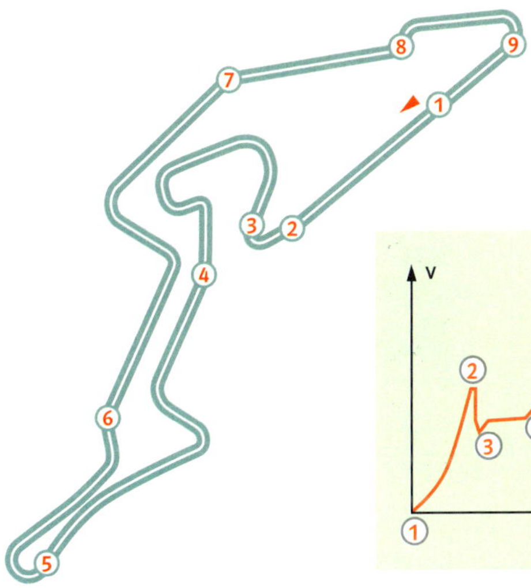

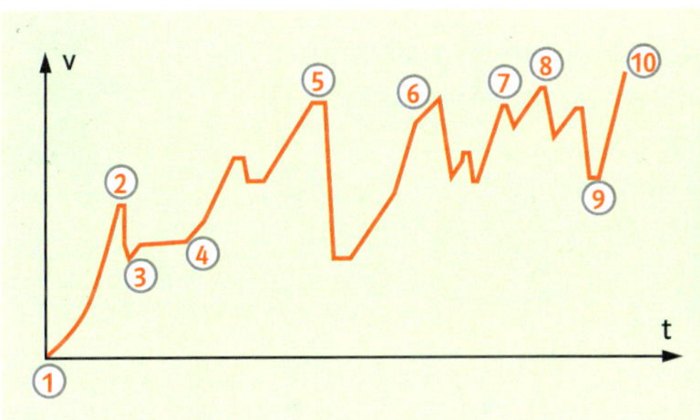

Das kannst du bald

- Die Steigung eines beliebigen Graphen in einem Punkt bestimmen
- Die mittlere und die lokale Änderungsrate einer Funktion angeben
- Die Ableitung einer Funktion bilden und geometrisch deuten

1 Differenzenquotient und Steigung

„Wenn ich zwischendurch eine Pause einlege, kann ich trotzdem schnell fahren!"

Am 25. September 1888 wurde in Wiesbaden die Nerobergbahn eröffnet. Diese Wasserballastbahn stellt die Verbindung vom Nerotal zum Wiesbadener Hausberg, dem Neroberg, her. Im Gegensatz zu anderen Bergbahnen wurde die Technik der Nerobergbahn seither unverändert beibehalten.

In der Angabe der technischen Daten heißt es: „Bei einer Gesamtlänge von 438,5 m schafft die Bahn einen Höhenunterschied von 83 m mit einer mittleren Steigung von ca. 19 %." Das bedeutet auf einer horizontalen Strecke von 100 m einen Höhenunterschied von durchschnittlich 19 m. Die gesamte Länge der Nerobergbahn entspricht also in horizontaler Richtung einer Strecke von etwa 430 m.

Stellt man die Strecke in einem Koordinatensystem dar und legt den Anfangspunkt in den Ursprung, so haben Anfang und Ende der Bahn die Koordinaten $A(0|0)$ und $E(430|83)$.

Eine Gerade durch diese beiden Punkte hat die Steigung $m = \frac{83 - 0}{430 - 0} = \frac{83}{430} \approx 0{,}19$.

Der in den technischen Daten angegebene Wert für die größte Steigung auf der Strecke beträgt allerdings 26 %. Die Strecke steigt also nicht überall gleichmäßig an, sondern verläuft an unterschiedlichen Stellen verschieden steil.

Die durchschnittliche Steigung in einem bestimmten Streckenabschnitt wird durch die Steigung der Geraden durch Anfangs- und Endpunkt dieses Abschnitts beschrieben. Diese Gerade ist in diesem Fall eine Sekante. Die Steigung m dieser Geraden berechnet sich als Quotient der Differenzen aus y- und x-Koordinaten von Anfangs- und Endpunkt: $m = \frac{y_Q - y_P}{x_Q - x_P}$ (Fig. 1).

Der Quotient wird deshalb als **Differenzenquotient** bezeichnet.

***secare** (lat.): schneiden*

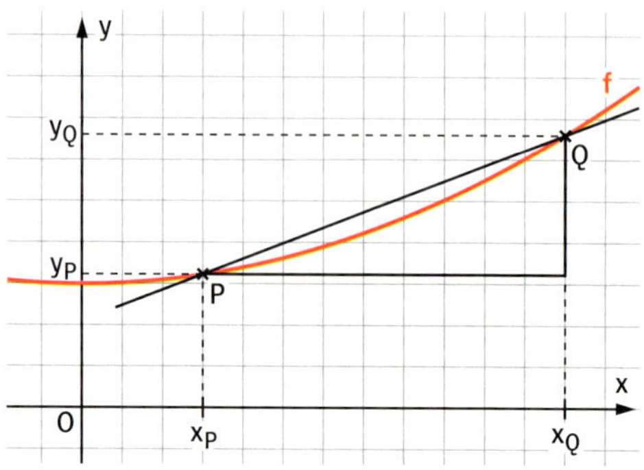

Fig. 1

Die Funktion f ist auf einem Intervall I definiert und $x_0, x_1 \in I$.
Die Steigung der Sekante durch die Punkte $A(x_0|f(x_0))$ und $B(x_1|f(x_1))$ wird **Differenzenquotient** genannt und durch $\frac{f(x_1) - f(x_0)}{x_1 - x_0}$ berechnet.

Bei Anwendungen bezeichnet man den Differenzenquotienten auch als ***mittlere Änderungsrate****.*

Bezeichnet man beim Differenzenquotienten $\frac{f(x_1) - f(x_0)}{x_1 - x_0}$ den Abstand zwischen den Stellen x_0 und x_1 mit h, so ist $x_1 = x_0 + h$.
Für den Differenzenquotient erhält man dann $\frac{f(x_0 + h) - f(x_0)}{x_0 + h - x_0} = \frac{f(x_0 + h) - f(x_0)}{h}$.

Die maximale Steigung der Bahnstrecke von 26% wird möglicherweise nur in einem sehr kleinen Bereich, vielleicht sogar nur an einer einzigen Stelle erreicht. In diesem Fall wird dort die Steigung der Bahnstrecke durch die Steigung der Tangente an den Graphen in diesem Punkt angegeben.
Um einen Näherungswert für die Steigung des Funktionsgraphen in einem Punkt $(x_0|f(x_0))$ zu bestimmen, kann man den Wert des Differenzenquotienten für immer kleinere Abstände zwischen x_0 und x_1 betrachten, also für Werte von h nahe bei 0.

Unter der **Steigung eines Funktionsgraphen in einem Punkt** $P(x_0|f(x_0))$ versteht man die Steigung der Tangente an den Graphen in diesem Punkt.

tangere *(lat.): berühren, anschmiegen*

Die Tangente an einen Kreis hat mit diesem nur einen einzigen gemeinsamen Punkt, in welchem sie sich dem Verlauf des Kreises anschmiegt (Fig. 1). Auch bei Funktionsgraphen schmiegt sich die Tangente im Berührpunkt dem Verlauf des Graphen an. Sie kann mit diesem aber außer dem Berührpunkt noch weitere gemeinsame Punkte haben (Fig. 2).

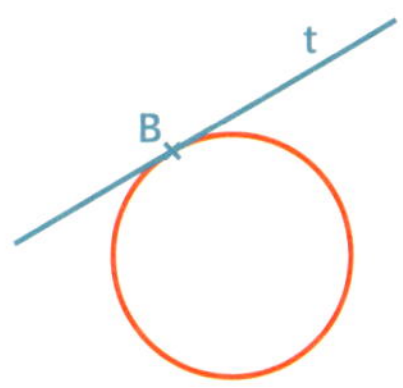

Fig. 1

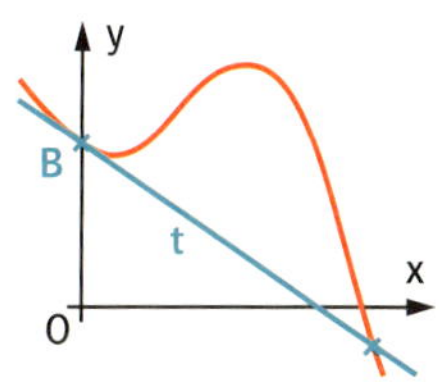

Fig. 2

Will man einen Näherungswert für die Steigung des Graphen in einem Punkt S bestimmen, so kann man die Steigung der Sekante durch S und einen zweiten, dicht bei S liegenden Punkt R berechnen (Fig. 3). Natürlich kann man zu diesem Zweck auch einen Punkt T links von S wählen.
Für eine näherungsweise geometrische Bestimmung der Steigung des Graphen im Punkt S zeichnet man nach Augenmaß eine Gerade so durch den Punkt S, dass sie sich möglichst gut an den Graphen von f anschmiegt (Fig. 4). Anschließend bestimmt man die Steigung dieser Geraden. Der so erhaltene Wert ist eine Näherung für die Steigung des Graphen im Punkt S.

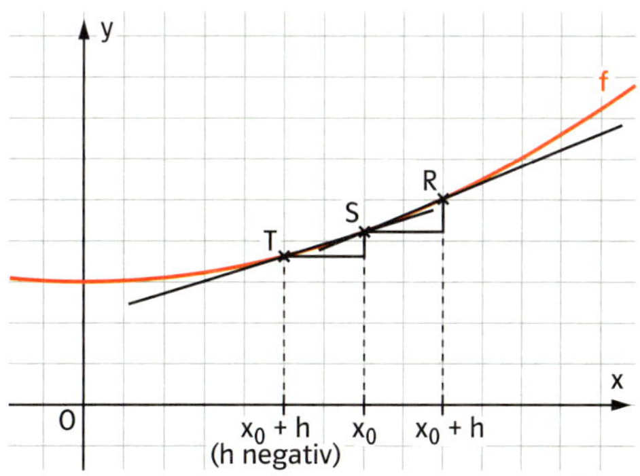

Fig. 3

Fig. 4

Beispiel 1

a) Bestimme für die Funktion h mit $h(x) = x^2$ den Wert des Differenzenquotienten im Intervall [7; 9].

b) Bestimme den Wert des Differenzenquotienten der Funktion f (Fig. 1) im Intervall [2; 7].

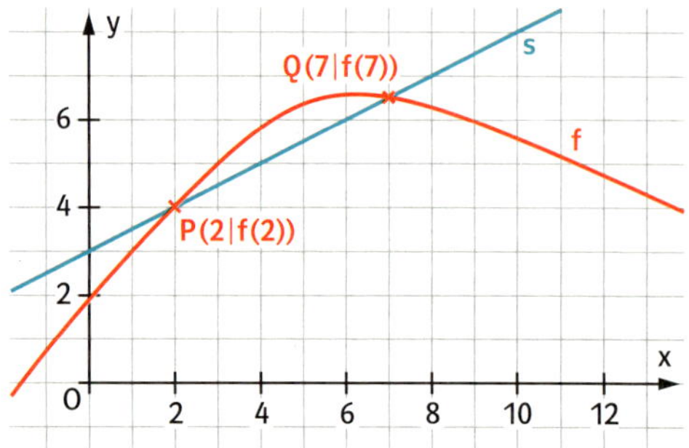

Fig. 1

Lösung:

a) Der Wert des Differenzenquotienten entspricht der Steigung m der Sekante durch die Punkte $(7|h(7))$ und $(9|h(9))$, also

$m = \frac{h(9) - h(7)}{9 - 7} = \frac{9^2 - 7^2}{9 - 7} = \frac{81 - 49}{9 - 7} = \frac{32}{2} = 16.$

b) *Man zeichnet die Sekante s durch die Punkte $P(2|f(2))$ und $Q(7|f(7))$. Die Steigung von s entspricht dem gesuchten Differenzenquotienten:*

$m = \frac{f(7) - f(2)}{7 - 2} = \frac{6{,}5 - 4}{7 - 2} = 0{,}5.$

Beispiel 2

Bestimme näherungsweise die Steigung des Graphen der Funktion f mit $f(x) = x^2$ im Punkt $P(1|f(1))$

a) geometrisch mithilfe der Steigung der Tangente im Punkt $P(1|f(1))$,

b) mithilfe des Differenzenquotienten für kleine Werte von h.

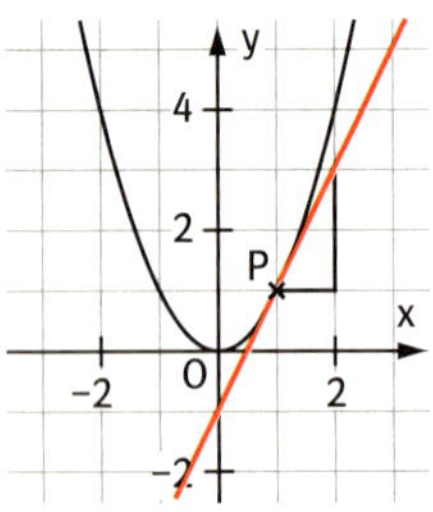

Fig. 2

Lösung:

a) Die Steigung der nach Augenmaß eingezeichneten Tangente an den Graphen von f im Punkt $P(1|1)$ ist 2 (vgl. Fig. 2).

Die Steigung des Graphen von f im Punkt P ist demnach etwa gleich 2.

b) Als Differenzenquotient erhält man für:

$h = 1: \quad \frac{f(1 + 1) - f(1)}{(1 + 1) - 1} = \frac{4 - 1}{1} = 3$

$h = 0{,}1: \quad \frac{f(1 + 0{,}1) - f(1)}{(1 + 0{,}1) - 1} = \frac{1{,}21 - 1}{0{,}1} = 2{,}1$

$h = 0{,}01: \quad \frac{f(1 + 0{,}01) - f(1)}{(1 + 0{,}01) - 1} = \frac{1{,}0201 - 1}{0{,}01} = 2{,}01$

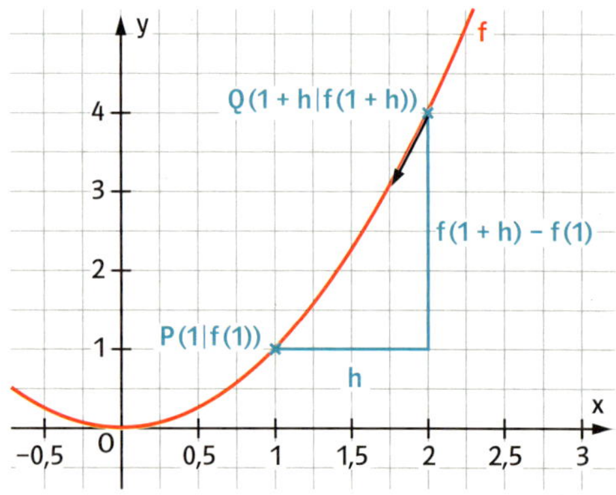

Fig. 3

Der Wert des Differenzenquotienten nähert sich immer mehr dem Wert 2 an. Die Steigung des Graphen von f im Punkt $(1|f(1))$ ist vermutlich 2.

Aufgaben

1 a) In welchen der Punkte A bis D in Fig. 4 ist die Steigung des Graphen positiv?

b) Ordne die Punkte A bis D entsprechend der zugehörigen Steigungen. Beginne mit der kleinsten Steigung.

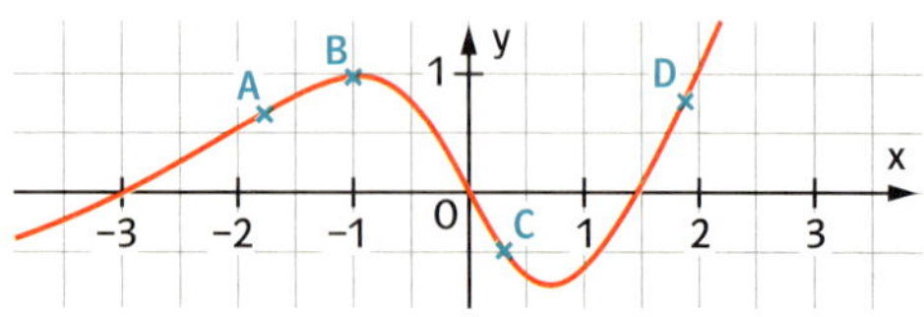

Fig. 4

2 Gegeben ist die Funktion $f: x \to \frac{1}{x} + 2$. Bestimme den Wert des Differenzenquotienten

a) im Intervall [0,1; 1],
b) im Intervall [2; 12],
c) im Intervall [0,01; 0,02],
d) im Intervall [100; 1000].

3 Die Höhe einer Kressepflanze wurde über mehrere Tage bestimmt.

Zeit t (in Tagen)	1	2	3	4	5	6	7	8	9
Höhe h (in mm)	0	0	0	0	1	2	4	6	7

Wie groß ist die mittlere Änderungsrate der Funktion $t \to h$

a) für den gesamten Messzeitraum,
b) für die ersten drei Tage,
c) für die letzten drei Tage,
d) für die mittleren drei Tage?

4 Stelle eine Vermutung über die Steigung des Graphen von f im Punkt $(2|f(2))$ auf, indem du den Wert des Differenzenquotienten für kleine Werte von h berechnest.

a) $f(x) = x^2$
b) $f(x) = \frac{2}{x}$
c) $f(x) = 2x^2 - 3$
d) $f(x) = x^4$
e) $f(x) = x^3$
f) $f(x) = 4x - x^2$
g) $f(x) = \sqrt{x}$
h) $f(x) = 5$

5 Lies anhand der Tangente t die Steigung des Graphen von f im Punkt $(x_0|f(x_0))$ ab.

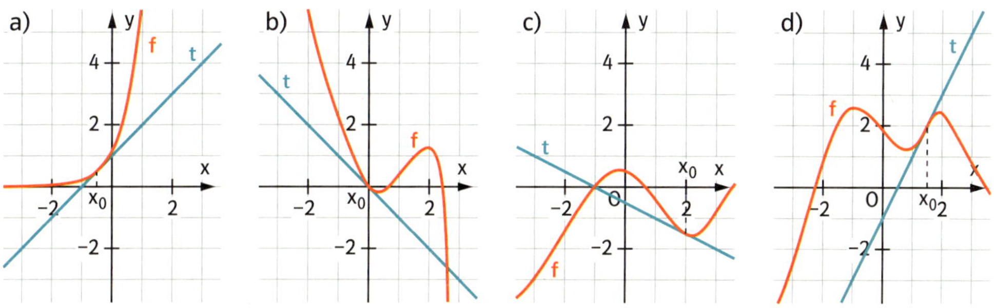

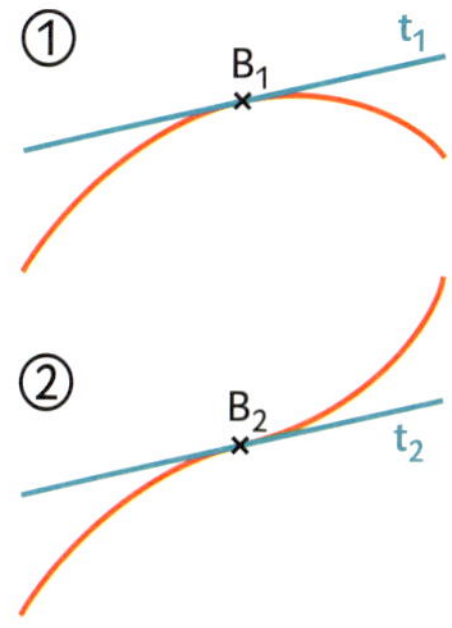

Auch t_2 ist Tangente.

Bist du sicher?

1 Zeichne den Graphen der Funktion $f: x \to x^2$ und bestimme den Differenzenquotienten geometrisch im angegebenen Intervall. Überprüfe dein Ergebnis rechnerisch.

a) $[0; 2]$
b) $[-1; 3]$
c) $[-1; 1]$
d) $[-2; -1]$

6 a) Finde mithilfe des Differenzenquotienten einen möglichst genauen Wert für die Steigung des Graphen von f im Punkt $P(-1|f(-1))$.

(I) $f(x) = x^2 + 1$
(II) $f(x) = x^3$
(III) $f(x) = 0{,}5x^2$
(IV) $f(x) = -x^3$

b) Zeichne jeweils den Graphen von f und die Gerade durch den Punkt $P(-1|f(-1))$ mit der in Teilaufgabe a) vermuteten Steigung. Überprüfe, ob die eingezeichnete Gerade die Tangente im Punkt P sein kann.

7 Zeichne den Graphen der Funktion f sowie nach Augenmaß die Tangente im Punkt P. Bestimme damit die Steigung des Graphen von f im Punkt P.

a) $f(x) = -\frac{1}{2}x^2 + 4$; $P(-2|f(-2))$
b) $f(x) = \frac{1}{x}$; $P(2|f(2))$
c) $f(x) = x^3 + 2$; $P(1|f(1))$

8 a) Zeichne einen Funktionsgraphen, der im Punkt $P(1|2)$ die Steigung -1, im Punkt $Q(3|-4)$ die Steigung 0,5 und im Punkt $R(5|0)$ die Steigung 2 hat.

b) Zeichne einen Funktionsgraphen, der im Punkt $P(-4|0)$ die Steigung 3, im Punkt $Q(0|2)$ die Steigung -2 und im Punkt $R(2|6)$ die Steigung 2 hat.

9 Begründe mithilfe des Funktionsgraphen, welches Vorzeichen die Steigung des Graphen der Funktion f mit $f(x) = -x^2 + 5$ im Punkt $P(x_0|f(x_0))$ hat.

a) $x_0 = 3$
b) $x_0 = -5$
c) $x_0 = 100$
d) $x_0 = 0$

2 Ableitung

„Für $h = 0$ erhalte ich immer $\frac{0}{0}$ …"
„Durch 0 darf man doch nicht teilen!"
„Also ich bekomme immer unterschiedliche Werte heraus."

Möchte man die Steigung eines Funktionsgraphen in einem Punkt P berechnen, so muss man die Steigung der Tangente an den Graphen der Funktion in diesem Punkt berechnen.

Dazu kann man die Steigung der Sekante durch P und Q für immer kleinere Werte von h betrachten. Je kleiner der Wert von h ist, desto mehr entspricht die Steigung der Sekante durch P und Q der Steigung der Tangente im Punkt P.
Ist aus der Sekante durch zwei „unendlich dicht" beieinanderliegende Punkte die Tangente t im Punkt P geworden, so entspricht dies dem Fall $h = 0$.

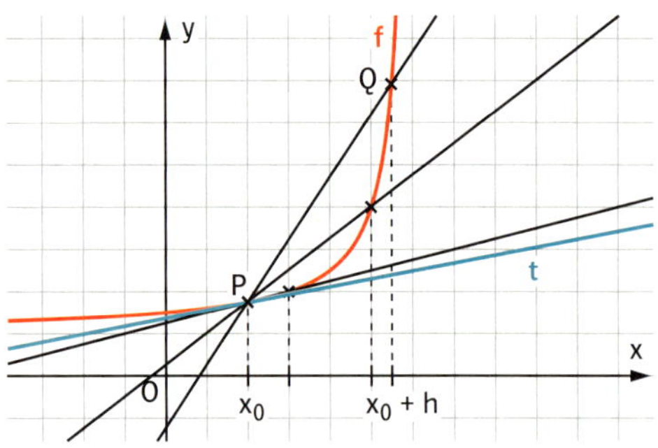

Der Differenzenquotient $\frac{f(x_0 + h) - f(x_0)}{h}$ zeigt ein bemerkenswertes Verhalten: Je näher der Punkt Q beim Punkt P liegt, desto näher liegen sowohl Zähler als auch Nenner des Differenzenquotienten beim Wert null. Der Quotient jedoch kann sich immer mehr einem festen Wert a nähern. Kommt er diesem Wert a beliebig nahe, so bezeichnet man a als **Grenzwert**. Hierfür schreibt man:

__limes__ (lat.): Grenze

$\lim\limits_{h \to 0} \frac{f(x_0 + h) - f(x_0)}{h} = a$ und liest: „Limes h gegen null von $\frac{f(x_0 + h) - f(x_0)}{h}$ ist a."
Den Grenzwert des Differenzenquotienten bezeichnet man auch als **Ableitung** von f an der Stelle x_0.

Steigung des Graphen entspricht Ableitung der Funktion

*Bei Anwendungen bezeichnet man die Ableitung auch als **lokale Änderungsrate**.*

Besitzt der Differenzenquotient $\frac{f(x_0 + h) - f(x_0)}{h}$ für $h \to 0$ einen Grenzwert, dann heißt dieser Wert die **Ableitung von f an der Stelle x_0**. Man schreibt dafür **$f'(x_0)$** und liest „f Strich von x_0".
Kurz: $f'(x_0) = \lim\limits_{h \to 0} \frac{f(x_0 + h) - f(x_0)}{h}$.
Die Ableitung der Funktion f an der Stelle x_0 entspricht der Steigung des Graphen von f im Punkt $P(x_0 | f(x_0))$.

Existiert der Grenzwert des Differenzenquotienten an einer Stelle x_0, dann besitzt die Funktion an der Stelle x_0 eine Ableitung. Die Funktion ist **differenzierbar an der Stelle x_0**. Funktionen, die an jeder Stelle ihres Definitionsbereichs differenzierbar sind, werden **differenzierbar** genannt. Beispielsweise sind alle ganzrationalen Funktionen differenzierbar.

Den Grenzwert des Differenzenqotienten kann man durch Termumformungen rechnerisch exakt bestimmen. Soll für die Funktion f mit $f(x) = x^2$ die Ableitung an der Stelle $x_0 = 3$ bestimmt werden, so kann man in mehreren Schritten vorgehen.

1. Schritt:
Man stellt den Term für den Differenzenquotienten auf.

2. Schritt:
Man formt den Differenzenquotienten so um, dass ein Term entsteht, der auch für $h = 0$ definiert ist. Dies kann man zum Beispiel durch Ausklammern und anschließendem Kürzen oder durch Erweitern erreichen.

3. Schritt:
Man untersucht den umgeformten Term für $h \to 0$.

$$\begin{aligned} f'(3) &= \lim_{h \to 0} \frac{f(3+h) - f(3)}{h} \\ &= \lim_{h \to 0} \frac{(3+h)^2 - 3^2}{h} \\ &= \lim_{h \to 0} \frac{9 + 6h + h^2 - 9}{h} \\ &= \lim_{h \to 0} \frac{6h + h^2}{h} \\ &= \lim_{h \to 0} \frac{h(6+h)}{h} \\ &= \lim_{h \to 0} (6 + h) \\ &= 6 \end{aligned}$$

Der Differenzenquotient ist für $h = 0$ nicht definiert!

Die Ableitung von f an der Stelle $x_0 = 3$ ist $f'(3) = 6$.

Beispiel Ableitung berechnen
Berechne die Ableitung der Funktion f mit $f(x) = \frac{1}{x}$ an der Stelle $x_0 = 2$ und erläutere ihre Bedeutung.
Lösung:

1. Schritt: Differenzenquotient aufstellen

$$f'(2) = \lim_{h \to 0} \frac{f(2+h) - f(2)}{h} = \lim_{h \to 0} \frac{\frac{1}{2+h} - \frac{1}{2}}{h}$$

2. Schritt: Differenzenquotient umformen

$$\begin{aligned} &= \lim_{h \to 0} \frac{\frac{2}{(2+h)\cdot 2} - \frac{2+h}{(2+h)\cdot 2}}{h} \\ &= \lim_{h \to 0} \frac{\frac{2-(2+h)}{(2+h)\cdot 2}}{h} \\ &= \lim_{h \to 0} \frac{\frac{-h}{(2+h)\cdot 2}}{h} \\ &= \lim_{h \to 0} \frac{-h}{(2+h)\cdot 2 \cdot h} \\ &= \lim_{h \to 0} \left(\frac{h}{h} \cdot \frac{-1}{(2+h)\cdot 2}\right) \end{aligned}$$

3. Schritt: Grenzwert für $h \to 0$ bestimmen

$$= \lim_{h \to 0} \left(-\frac{1}{(2+h)\cdot 2}\right) = -\frac{1}{4}$$

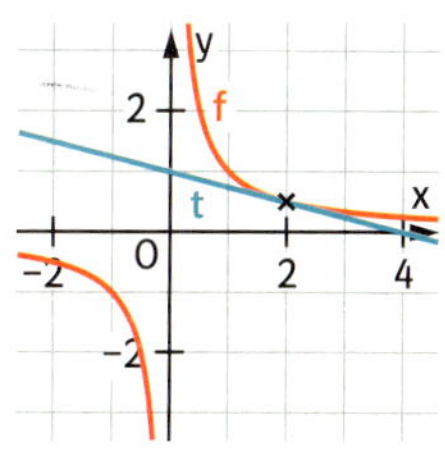

Fig. 1

Die Funktion f hat an der Stelle 2 die Ableitung $-\frac{1}{4}$. Das bedeutet: Die Steigung der blau dargestellten Tangente in Fig. 1 an den Graphen der Funktion f im Punkt $\left(2\middle|\frac{1}{2}\right)$ ist $-\frac{1}{4}$. Der Graph der Funktion hat im Punkt $\left(2\middle|\frac{1}{2}\right)$ die Steigung $-\frac{1}{4}$.

Aufgaben

1 Berechne die Ableitung der Funktion f mit der Gleichung $f(x) = -3x^2$ an der Stelle x_0.

a) $x_0 = 5$ b) $x_0 = -5$ c) $x_0 = -1{,}5$

2 Berechne $f'(x_0)$.

a) $f(x) = x^2;\ x_0 = 3$ b) $f(x) = 2x^2;\ x_0 = 1$ c) $f(x) = -x^2;\ x_0 = 2$
d) $f(x) = x^2;\ x_0 = 4$ e) $f(x) = -2x^2;\ x_0 = 3$ f) $f(x) = 2x^2;\ x_0 = 3$

3 a) $f(x) = 2x^2;\ x_0 = 3$ b) $f(x) = \frac{1}{x};\ x_0 = -1$ c) $f(x) = \frac{1}{x};\ x_0 = 4$
d) $f(x) = -\frac{3}{x};\ x_0 = 4$ e) $f(x) = -x + 2;\ x_0 = 3$ f) $f(x) = 4;\ x_0 = 7$

Bist du sicher?

1 a) Berechne $f'(-3)$ für $f(x) = 4x^2 + 2$. b) Berechne $f'(3)$ für $f(x) = \frac{1}{x}$.

2 Bestimme die Steigung der Tangente an den Graphen von f mit $f(x) = -0{,}5x^2 + 3$ im Punkt $(x_0 \mid f(x_0))$.

a) $x_0 = -2$ b) $x_0 = 0$ c) $x_0 = 5$

4 Berechne $f'(x_0)$.

a) $f(x) = x^3;\ x_0 = 2$ b) $f(x) = -x^3;\ x_0 = 1$ c) $f(x) = \frac{1}{3}x^3;\ x_0 = 1$
d) $f(x) = x^3 + 2;\ x_0 = 1$ e) $f(x) = -5x^3 + \frac{1}{2};\ x_0 = 0$ f) $f(x) = x^3 + 2x;\ x_0 = 2$

5 Berechne die Ableitung $f'(x_0)$.

a) $f(x) = \sqrt{x};\ x_0 = 10$ b) $f(x) = 2\sqrt{x};\ x_0 = 1$ c) $f(x) = -3\sqrt{x};\ x_0 = 8$
d) $f(x) = \sqrt{x} + 3;\ x_0 = 2$ e) $f(x) = -2\sqrt{x} - 3;\ x_0 = 3$ f) $f(x) = \sqrt{x} + x;\ x_0 = 1$

6 Berechne die Ableitung der Funktion f mit $f(x) = \sqrt{x}$ an der Stelle $x_0 = 1$.
Erweitere hierzu den Differenzenquotienten zunächst mit dem Term $\left(\sqrt{x_0 + h} + \sqrt{x_0}\right)$ und wende anschließend die dritte binomische Formel an.

Die Durchschnittsgeschwindigkeit des Fahrzeugs entspricht der ***mittleren Änderungsrate****, die Momentangeschwindigkeit der* ***lokalen Änderungsrate****.*

7 Bei einem Fahrzeug wird während einer Fahrt die zurückgelegte Strecke aufgezeichnet. Fig. 1 zeigt den Graphen der Funktion *Zeit t (in min) → Strecke s (in m)*. Die mittlere Änderungsrate von s in einem Zeitintervall h ist die Durchschnittsgeschwindigkeit des Fahrzeugs in diesem Intervall. Bestimme näherungsweise die Durchschnittsgeschwindigkeit für das Zeitintervall
a) von der 0. Minute bis zu 8. Minute,
b) von der 10. Minute bis zur 12. Minute.

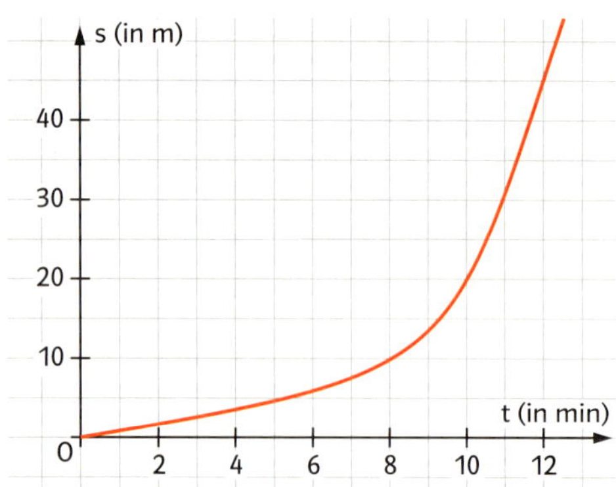

Fig. 1

8 Beschleunigt ein Auto aus dem Stand mit der Beschleunigung a, so gilt für den zurückgelegten Weg $s(t) = \frac{1}{2}at^2$. Welche Geschwindigkeit hat das Auto bei einer Beschleunigung von $a = 3\frac{m}{s^2}$ nach zwei Sekunden bzw. nach fünf Sekunden? In welcher Zeit hat das Auto bei einer Beschleunigung von $a = 3\frac{m}{s^2}$ von $0\frac{km}{h}$ auf $50\frac{km}{h}$ bzw. von $0\frac{km}{h}$ auf $100\frac{km}{h}$ beschleunigt?

3 Ableitungsfunktion

Am Graphen kann man ablesen, wann der Fahrer schnell oder langsam gefahren ist.

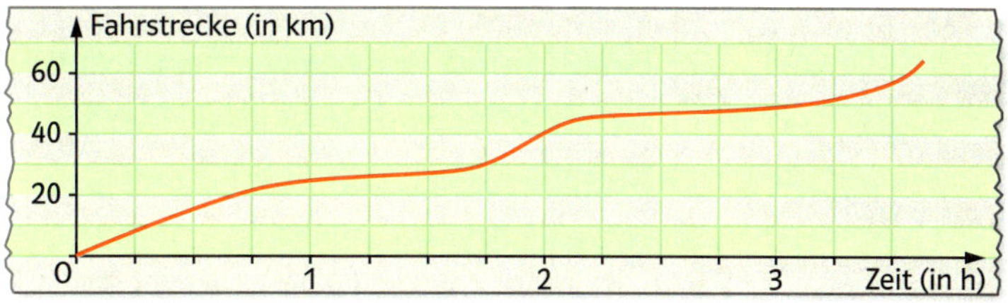

Bisher wurde die Ableitung einer Funktion f an einer bestimmten Stelle ermittelt. Es ist zweckmäßig, die Ableitung für jede beliebige Stelle x_0 in allgemeiner Form zu bestimmen. Dann lässt sich die Ableitung der Funktion f für jede beliebige Stelle berechnen, ohne dass der Grenzwert des Differenzenquotienten jedes Mal neu bestimmt werden muss. Beispielsweise erhält man die Ableitung der Funktion f mit der Gleichung $f(x) = x^2$ an einer beliebigen Stelle x_0 in gleicher Weise wie zum Beispiel die Ableitung an der Stelle 2.

Ableitung an der Stelle 2

$$f'(2) = \lim_{h \to 0} \frac{f(2+h) - f(2)}{h} = \lim_{h \to 0} \frac{(2+h)^2 - 2^2}{h}$$

$$= \lim_{h \to 0} \frac{4 + 4h + h^2 - 4}{h} = \lim_{h \to 0} \frac{4h + h^2}{h}$$

$$= \lim_{h \to 0} \frac{h(4+h)}{h} = \lim_{h \to 0} (4 + h) = 4$$

Ableitung an einer beliebigen Stelle x_0

$$f'(x_0) = \lim_{h \to 0} \frac{f(x_0+h) - f(x_0)}{h} = \lim_{h \to 0} \frac{(x_0+h)^2 - x_0^2}{h}$$

$$= \lim_{h \to 0} \frac{x_0^2 + 2x_0h + h^2 - x_0^2}{h} = \lim_{h \to 0} \frac{2x_0h + h^2}{h}$$

$$= \lim_{h \to 0} \frac{h(2x_0 + h)}{h} = \lim_{h \to 0} (2x_0 + h) = 2x_0$$

Aus $f'(x_0) = 2x_0$ erhält man zum Beispiel $f'(3) = 6$, $f'(8) = 16$ und $f'(-2) = -4$.

Die Ableitung $f'(x_0) = 2x_0$ gibt die Steigung des Graphen der Funktion $f: x \to x^2$ an jeder beliebigen Stelle x_0 an. Also wird jedem $x_0 \in D_f$ die Ableitung $f'(x_0)$ eindeutig zugeordnet. Die Funktion **f'**, die jedem x die Ableitung f'(x) zuordnet, heißt **Ableitungsfunktion** von f. Statt Ableitungsfunktion schreibt man häufig auch nur Ableitung. Das Ermitteln der Ableitungsfunktion f' nennt man Ableiten oder Differenzieren der Funktion f.

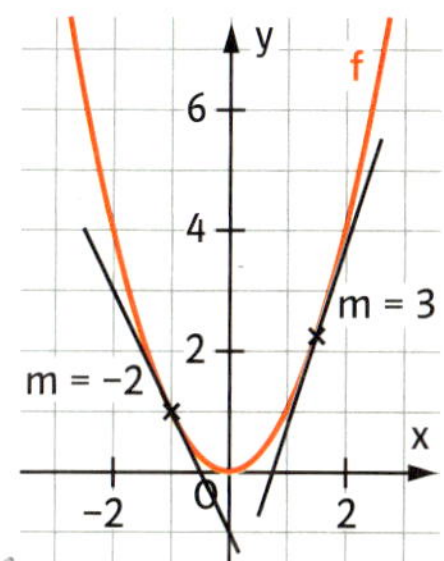

Fig. 1

Betrachtet man die Graphen von f und f' (Fig. 1 und Fig. 2), so erkennt man:
- Ist die Steigung des Graphen von f positiv, so verläuft der Graph von f' oberhalb der x-Achse.
- Ist die Steigung des Graphen von f null, so schneidet der Graph von f' die x-Achse.
- Ist die Steigung des Graphen von f negativ, so verläuft der Graph von f' unterhalb der x-Achse.

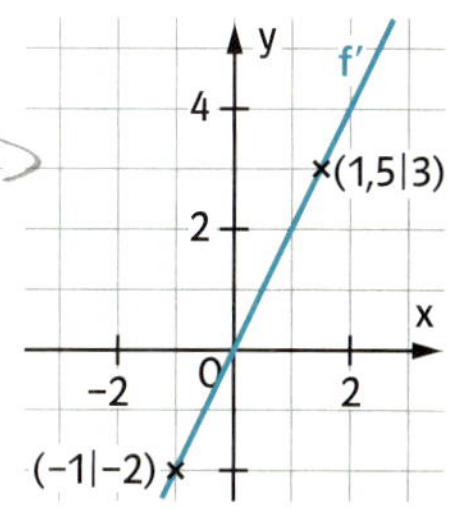

Fig. 2

Ist eine Funktion f differenzierbar, so heißt die Funktion, die jeder Stelle x der Definitionsmenge D_f die Ableitung f'(x) an dieser Stelle zuordnet, **Ableitungsfunktion** f' von f.

Ist auch die Ableitungsfunktion f' einer Funktion f differenzierbar, so erhält man aus f' durch Ableiten die Funktion f''. Aus f'' erhält man gegebenenfalls f''', dann $f^{(IV)}$, $f^{(V)}$ usw. Man spricht dann von der 1., 2., 3. usw. Ableitung und insgesamt von höheren Ableitungen.

f'' wird als „f zwei Strich" gelesen.

Beispiel 1

Gegeben ist die Funktion f mit der Gleichung $f(x) = -x^2 + 3x$.

a) Bestimme die Gleichung der Ableitungsfunktion f′.

b) Zeichne die Graphen von f und f′ in zwei untereinanderliegende Koordinatensysteme.

c) Berechne $f'(2)$ und $f'(-0{,}5)$. Erkläre die Bedeutung der berechneten Werte.

d) Für welche Werte von x gilt $f'(x) = 10$?

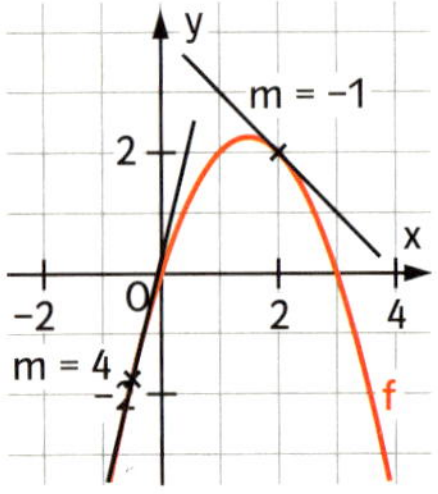

Fig. 1

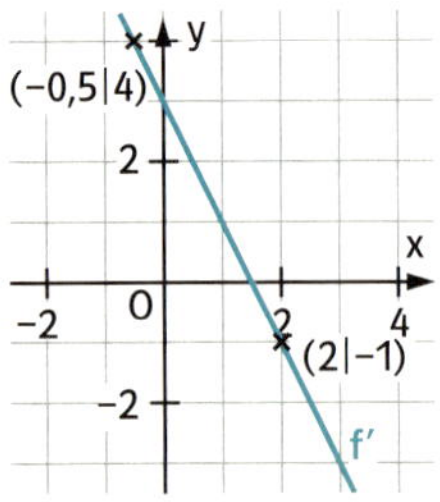

Fig. 2

Lösung:

a) $f'(x) = \lim\limits_{h \to 0} \frac{f(x+h) - f(x)}{h} = \lim\limits_{h \to 0} \frac{-(x+h)^2 + 3(x+h) - (-x^2 + 3x)}{h}$

$= \lim\limits_{h \to 0} \frac{-(x^2 + 2xh + h^2) + 3x + 3h + x^2 - 3x}{h} = \lim\limits_{h \to 0} \frac{-x^2 - 2xh - h^2 + 3x + 3h + x^2 - 3x}{h}$

$= \lim\limits_{h \to 0} \frac{-2xh - h^2 + 3h}{h} = \lim\limits_{h \to 0} \frac{h(-2x - h + 3)}{h} = \lim\limits_{h \to 0} (-2x - h + 3)$

$= -2x + 3$

Damit erhält man $f'(x) = -2x + 3$ als Funktionsgleichung der Ableitungsfunktion von f.

b) Siehe Fig. 1 und Fig. 2.

c) $f'(2) = -2 \cdot 2 + 3 = -1$.

Die Tangente an den Graphen der Funktion f im Punkt (2|2) hat die Steigung −1

$f'(-0{,}5) = -2 \cdot (-0{,}5) + 3 = 4$.

Die Tangente an den Graphen der Funktion f im Punkt (−0,5|−1,75) hat die Steigung 4.

d) Aus $f'(x) = 10$ ergibt sich $-2x + 3 = 10$, also $-2x = 7$. Man erhält $x = -3{,}5$.

Beispiel 2

Skizziere zum Graphen der Funktion f (Fig. 3) den Graphen der Ableitungsfunktion f′ und erläutere dein Vorgehen.

Lösung:

An den Stellen −1, 0 und 1 hat der Graph von f jeweils Tangenten, die parallel zur x-Achse verlaufen. Folglich hat f′ hier Nullstellen.

Die Steigung des Graphen von f ist für $x < -1$ sowie zwischen 0 und 1 negativ; der Graph von f′ muss also in diesen beiden Intervallen unterhalb der x-Achse verlaufen. Zwischen −1 und 0 sowie für $x > 1$ ist die Steigung von f positiv; der Graph von f′ muss somit in diesen beiden Intervallen oberhalb der x-Achse verlaufen.

Der Graph von f′ ist in Fig. 4 skizziert.

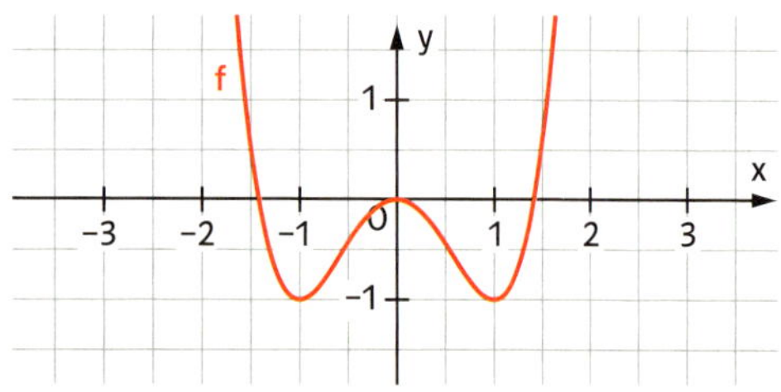

Fig. 3

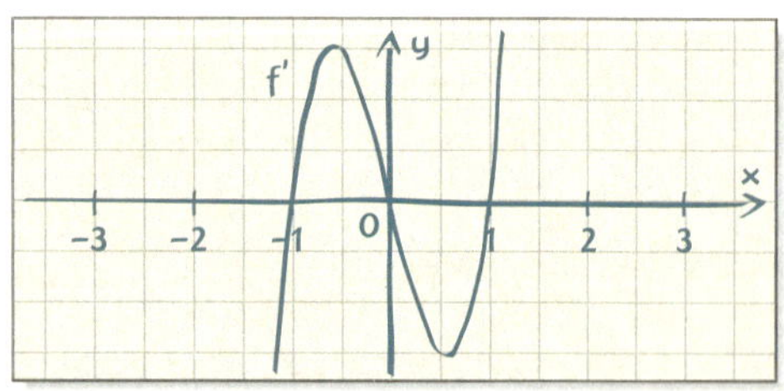

Fig. 4

Auf die Einteilung der y-Achse in Fig. 4 wird verzichtet, da bei dieser Vorgehensweise keine genauen Werte bestimmt werden.

Aufgaben

1 Gegeben ist die Funktion $f: x \to 3x^2 - 2$. Ergänze die Tabelle im Heft und skizziere anschließend den Graphen der Funktion f sowie den Graphen der Ableitungsfunktion f′.

x	−3	−2	−1	0	1	2	3
f(x)							
f′(x)							

2 Ordne den Graphen aus Fig. 1 den jeweils zugehörigen Graphen der Ableitungsfunktionen aus Fig. 2 zu. Begründe deine Entscheidung.

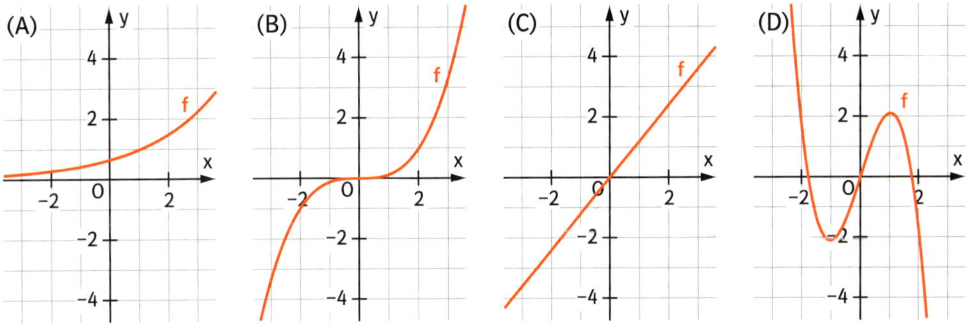

A 3
B 1
C 4
D 2

Fig. 1

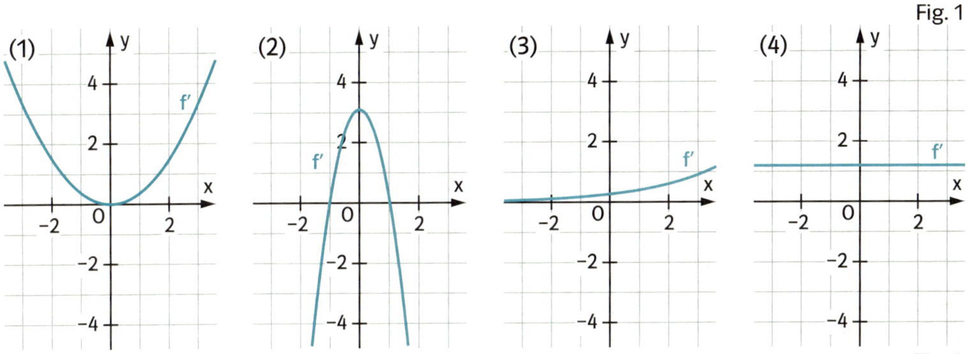

Fig. 2

3 Skizziere den Graphen von f′ in ein Koordinatensystem. Unterscheidet sich dein Ergebnis von dem deines Nachbarn? Woran könnte das liegen?

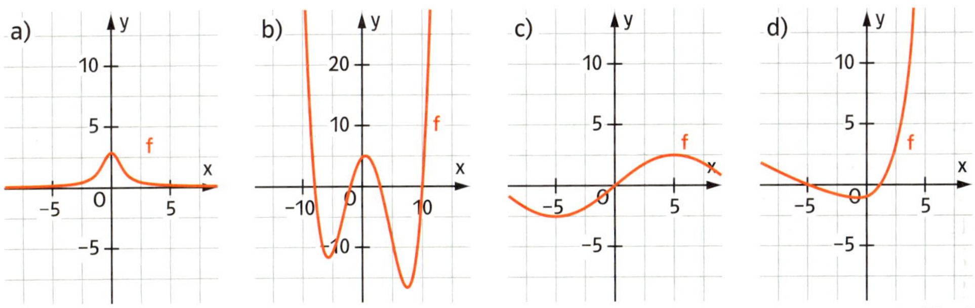

Fig. 3

4 In Fig. 4 sind die Graphen der Funktionen f und g dargestellt.
Skizziere die Graphen ihrer Ableitungsfunktionen f′ und g′. Was stellst du fest? Begründe.
Überprüfe deine Vermutung an weiteren selbst gewählten Beispielen.

5 Bestimme die Funktionsgleichung der Ableitungsfunktion.

a) $f(x) = 4x^2$ b) $f(x) = -5x^2 + 2x$

c) $f(x) = 4$ d) $f(x) = 2x - 1$

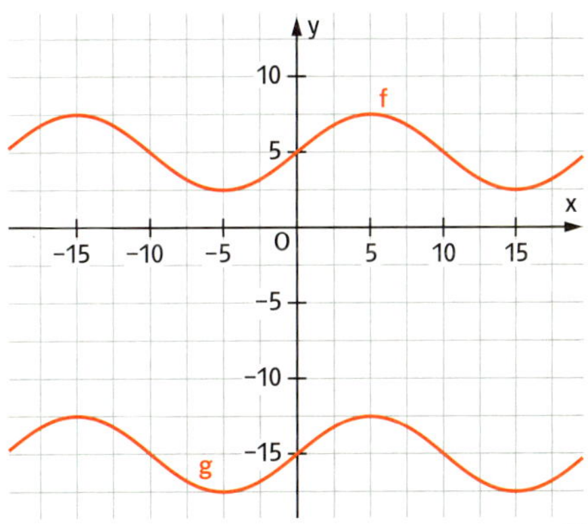

Fig. 4

6 Ermittle die Funktionsgleichung der Ableitungsfunktion von f und skizziere die Graphen von f und von f'.

a) $f(x) = 3x + 7$ b) $f(x) = x^2 - 2x$ c) $f(x) = -\frac{1}{x}$

d) $f(x) = \frac{1}{x^2}$ e) $f(x) = x^3 + 1$ f) $f(x) = \sqrt{x}$

Bist du sicher?

1 Fig. 1 zeigt den Graphen einer Funktion f. Skizziere den Graphen von f'.

2 Ermittle die Funktionsgleichung der Ableitungsfunktion von f und skizziere die Graphen von f und von f'.

a) $f(x) = x^2 + x$

b) $f(x) = x^3 - 2$

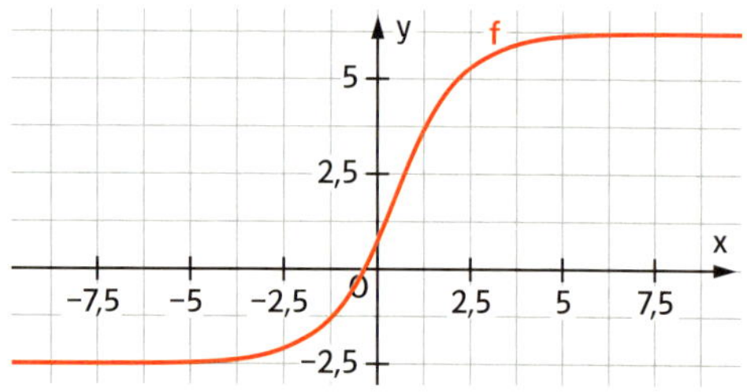

Fig. 1

7 Ergänze die folgenden Sätze sinnvoll in deinem Heft.

a) Wenn die Funktionswerte einer Funktion f für größer werdende Werte von x zunehmen, dann ist die zugehörige Ableitungsfunktion in diesem Intervall …

b) Je größer die Steigung des Graphen von f ist, desto …

c) Wenn eine Funktion f linear ist, dann ist die zugehörige Ableitungsfunktion …

d) Wenn die Funktionswerte einer Funktion f konstant sind, dann ist die zugehörige Ableitungsfunktion …

8 Wie verändert sich der Graph der Ableitungsfunktion f', wenn der Graph der Funktion f

a) nach unten verschoben wird, b) nach oben verschoben wird,

c) nach rechts verschoben wird, d) nach links verschoben wird?

9 In welchem Punkt $P(x_0 | f(x_0))$ ist die Tangente an den Graphen von f parallel zur Geraden g mit der Gleichung $g(x) = x - 2$?

a) $f(x) = 0{,}5x^2$ b) $f(x) = -x^2 - 2$ c) $f(x) = x^3$

10 Gegeben sind die Funktionen f, g und h mit $f(x) = x^2 + 3$, $g(x) = x^3$ und $h(x) = 2x + 6$.

a) Gibt es für die Funktionen f und g eine Stelle mit der gleichen Ableitung?

b) Gibt es für die Funktionen f und h eine Stelle mit der gleichen Ableitung?

11 Gegeben ist die Funktionsgleichung von f'. Ermittle die Gleichung der Ableitungsfunktion f''.

a) $f'(x) = 5x - 1$ b) $f'(x) = \frac{1}{x+3}$ c) $f'(x) = x^2 + x$

Die Ableitung s'(t) ist die Geschwindigkeit v(t) des Körpers.

12 Ein Körper fällt ohne Luftreibung so, dass er in der Zeit t den Weg $s(t) = \frac{1}{2}gt^2$ zurücklegt $\left(g \approx 10\frac{m}{s^2}\right)$. Wie groß ist die Geschwindigkeit des Körpers nach 3 s? Nach welcher Zeit hat er eine Geschwindigkeit von $10\frac{m}{s}$?

13 Die Funktion $w: t \to 10 + \frac{5}{t+1}$ gibt für ein 24-h-Zeitintervall näherungsweise an, wie viele Kubikmeter Wasser ein Auffangbecken zum Zeitpunkt t (in h) enthält. Bestimme die lokale Änderungsrate von w für $t = 1$ und $t = 8$. Interpretiere diese.

14 In Fig. 1 ist der Graph der Funktion *Uhrzeit → Flughöhe* während eines eineinhalbstündigen Fluges dargestellt.
a) Gib näherungsweise die lokale Änderungsrate der Flughöhe um 10.15 Uhr, um 10.45 Uhr und um 11.15 Uhr an.
b) Zu welchen Zeitpunkten war die lokale Änderungsrate der Flughöhe am größten? Wann war sie am kleinsten?

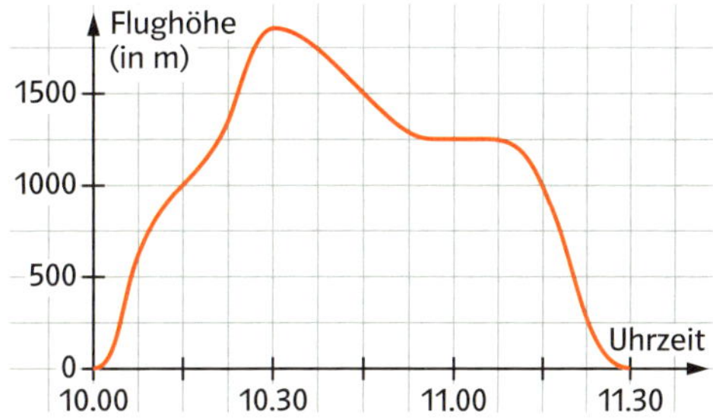

Fig. 1

15 Ein Fahrzeug wird abgebremst. Für den in der Zeit t (in s) zurückgelegten Weg s (in m) gilt $s(t) = 20t - t^2$ für $t \in [0; 10]$.
a) Berechne den zurückgelegten Weg nach fünf Sekunden bzw. nach acht Sekunden.
b) Bestimme näherungsweise die lokale Änderungsrate $s'(t)$ des Fahrzeugs nach sechs und nach zehn Sekunden.
c) Welche Bedeutung hat die lokale Änderungsrate?

16 Rollt ein Skateboardfahrer aus dem Stand einen Hang mit dem Neigungswinkel α hinunter, so lässt sich die zurückgelegte Strecke s (in m) mit der Gleichung $s(t) = 5\sin(\alpha)t^2$ berechnen, wenn man t in Sekunden einsetzt.
a) Die lokale Änderungsrate $s'(t)$ gibt an, mit welcher Momentangeschwindigkeit v $\left(\text{in } \frac{m}{s}\right)$ sich der Skateboardfahrer zum Zeitpunkt t bewegt.
Welche Geschwindigkeit hat der Fahrer für $\alpha = 20°$ und $\alpha = 40°$ nach 1,5 Sekunden?
b) Wie vereinfacht sich die Berechnung der Strecke s für $\alpha = 0°$ und für $\alpha = 90°$?
Wie lassen sich diese Sonderfälle anschaulich begründen?

17 Fig. 2 zeigt den Geschwindigkeitsverlauf bei einer Autofahrt. Die lokale Änderungsrate der Geschwindigkeit ist die Beschleunigung des Autos.
Skizziere den Graphen der Funktion *Zeit → Beschleunigung*.

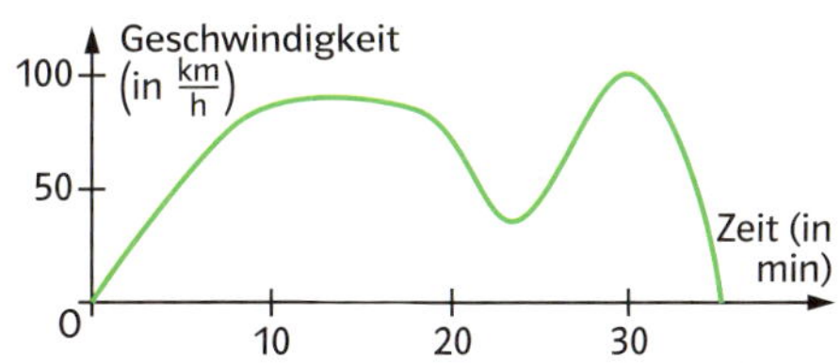

Fig. 2

Die Ableitung $v'(t)$ ist die Beschleunigung $a(t)$. Damit ist $s''(t) = v'(t) = a(t)$.

18 Fig. 3 zeigt die Bevölkerungsentwicklung in einer Region mithilfe des Graphen der Funktion *Jahr → Bevölkerungszahl*. Skizziere den Graphen der zugehörigen Ableitungsfunktion und deute diese.

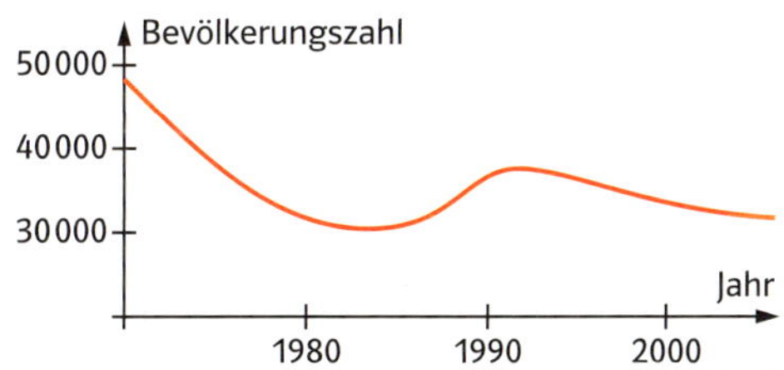

Fig. 3

4 Ableitungsregeln

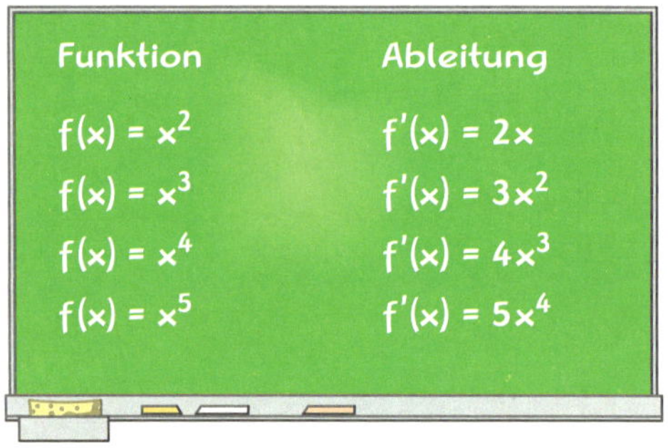

„Wie das wohl weitergeht?"
„Das ist ja klar. Aber wie fängt es an?"

Ist die Funktionsgleichung einer differenzierbaren Funktion bekannt, so lässt sich die Ableitung als Grenzwert des Differenzenquotienten bestimmen. Diese Vorgehensweise ist in der Regel sehr aufwendig.

Beim Ableiten von Potenzfunktionen zeigen sich jedoch Gesetzmäßigkeiten, die das Arbeiten vereinfachen.
In Tab. 1 sind die Funktionsterme von verschiedenen Potenzfunktionen sowie deren Ableitungsfunktionen aufgeführt. Daraus lassen sich folgende Vermutungen ableiten:

f(x)	x	x^2	x^3	x^{-1}	$\sqrt{x} = x^{\frac{1}{2}}$
f'(x)	1	$2x$	$3x^2$	$-x^{-2}$	$\frac{1}{2\sqrt{x}} = \frac{1}{2}x^{-\frac{1}{2}}$

Tab. 1

- Die Ableitung einer Potenzfunktion f ist ebenfalls eine Potenzfunktion.
- Beim Ableiten verringert sich der Exponent um 1.
- Der Exponent der Funktion wird zum Vorfaktor ihrer Ableitungsfunktion.

$(a+b)^2 = a^2 + 2ab + b^2$

$(a+b)^3 = a^3 + 3a^2b + 3ab^2 + b^3$

$(a+b)^4 = a^4 + 4a^3b + 6a^2b^2 + 4ab^3 + b^4$

…

$(a+b)^n = a^n + n \cdot a^{n-1}b + \ldots + n \cdot ab^{n-1} + b^n$

Für eine beliebige Potenzfunktion f mit $f(x) = x^n$, $n \in \mathbb{N}$, gilt $f'(x) = n \cdot x^{n-1}$, denn:

$$\begin{aligned}
f'(x) &= \lim_{h \to 0} \frac{f(x+h) - f(x)}{h} \\
&= \lim_{h \to 0} \frac{(x+h)^n - x^n}{h} \\
&= \lim_{h \to 0} \frac{x^n + n \cdot x^{n-1} \cdot h + \ldots + n \cdot x \cdot h^{n-1} + h^n - x^n}{h} \\
&= \lim_{h \to 0} \frac{n \cdot x^{n-1} \cdot h + \ldots + n \cdot x \cdot h^{n-1} + h^n}{h} \\
&= \lim_{h \to 0} \frac{h \cdot (n \cdot x^{n-1} + n \cdot x^{n-2} \cdot h + \ldots + n \cdot x \cdot h^{n-2} + h^{n-1})}{h} \\
&= \lim_{h \to 0} (n \cdot x^{n-1} + n \cdot x^{n-2} \cdot h + \ldots + n \cdot x \cdot h^{n-2} + h^{n-1}) \\
&= n \cdot x^{n-1}
\end{aligned}$$

Außer dem Summanden $n \cdot x^{n-1}$ enthalten alle weiteren Summanden mindestens einmal den Faktor h.

Potenzregel
Für eine Funktion f mit $f(x) = x^n$, $n \in \mathbb{N}$, gilt $f'(x) = n \cdot x^{n-1}$.

Diese Regel ist auch gültig, wenn n eine negative ganze Zahl ist (vgl. Aufgabe 17 auf Seite 140). Darüber hinaus kann man zeigen, dass die Regel auch für Potenzfunktionen der Form $f(x) = x^r$ mit $r \in \mathbb{R}$ gilt.

Für $f(x) = r \cdot g(x)$ gilt $f'(x) = r \cdot g'(x)$.
Streckt man beispielsweise den Graphen der Funktion g mit $g(x) = x^2$ senkrecht zur x-Achse mit dem Streckfaktor $\frac{1}{4}$, so erhält man den Graphen der Funktion f mit $f(x) = \frac{1}{4}x^2$ (Fig. 1).
Hierbei werden alle Funktionswerte von g mit $\frac{1}{4}$ multipliziert. Mit der Streckung des Graphen von g werden auch die zugehörigen Steigungsdreiecke entsprechend gestreckt. Dies hat zur Folge, dass sich auch die Steigung in jedem Punkt mit dem Faktor $\frac{1}{4}$ verändert, wie man z.B. anhand der Steigungsdreiecke an der Stelle 2 erkennt (Fig. 1).

Fig. 1

Dieser Sachverhalt lässt sich auf beliebige Stellen übertragen, sodass $f'(x) = \frac{1}{4} \cdot g'(x)$ bzw. allgemein $f'(x) = r \cdot g'(x)$ folgt.
Dies lässt sich rechnerisch zeigen:

$$f'(x) = \lim_{h \to 0} \frac{f(x+h) - f(x)}{h} = \lim_{h \to 0} \frac{r \cdot g(x+h) - r \cdot g(x)}{h} = \lim_{h \to 0} \frac{r \cdot (g(x+h) - g(x))}{h}$$

Da der Faktor r im Zähler nicht von h abhängt, ist

$$f'(x) = r \cdot \lim_{h \to 0} \frac{g(x+h) - g(x)}{h} = r \cdot g'(x).$$

Faktorregel
Für eine Funktion f mit der Gleichung $f(x) = r \cdot g(x)$, $r \in \mathbb{R}$, gilt $f'(x) = r \cdot g'(x)$.

Konstante Faktoren bleiben beim Ableiten erhalten.

Viele Funktionen sind aus einfachen Grundfunktionen zusammengesetzt. Daher lohnt sich das Aufstellen einer Ableitungsregel für Funktionen, deren Funktionsterme Summen aus einfachen Grundfunktionen sind.
Für $f(x) = g(x) + k(x)$ gilt $f'(x) = g'(x) + k'(x)$, denn:

$$\begin{aligned} f'(x) &= \lim_{h \to 0} \frac{f(x+h) - f(x)}{h} \\ &= \lim_{h \to 0} \frac{g(x+h) + k(x+h) - (g(x) + k(x))}{h} \\ &= \lim_{h \to 0} \frac{g(x+h) + k(x+h) - g(x) - k(x)}{h} \\ &= \lim_{h \to 0} \left(\frac{g(x+h) - g(x)}{h} + \frac{k(x+h) - k(x)}{h} \right) \\ &= \lim_{h \to 0} \frac{g(x+h) - g(x)}{h} + \lim_{h \to 0} \frac{k(x+h) - k(x)}{h} \\ &= g'(x) + k'(x) \end{aligned}$$

Summenregel
Für eine Funktion f mit $f(x) = g(x) + k(x)$ gilt $f'(x) = g'(x) + k'(x)$.

Summen werden summandenweise abgeleitet.

Beispiel 1 Ableitungsregeln anwenden

Bestimme die Ableitungsfunktion von f mithilfe geeigneter Ableitungsregeln.

a) $f(x) = x^5$

b) $f(x) = \frac{8}{x}$

c) $f(x) = x^{-7} + 4x^3 + 5$

d) $f(x) = a x^6 - b x^4$

Lösung:

a) $f'(x) = 5x^{5-1} = 5x^4$ — *Potenzregel mit $n = 5$*

b) $f'(x) = 8(-1 \cdot x^{-1-1}) = -8x^{-2} = -\frac{8}{x^2}$ — *Faktor- und Potenzregel $\left(\frac{8}{x} = 8x^{-1}\right)$*

c) $f'(x) = -7x^{-7-1} + 4 \cdot 3x^{3-1} + 5 \cdot 0 \cdot x^{0-1}$
$= -7x^{-8} + 12x^2$ — *Potenz-, Faktor- und Summenregel $(5 = 5 \cdot x^0)$*

d) $f'(x) = a \cdot 6x^{6-1} - b \cdot 4x^{4-1}$
$= 6ax^5 - 4bx^3$ — *Potenz-, Faktor- und Summenregel (a und b sind konstante Faktoren.)*

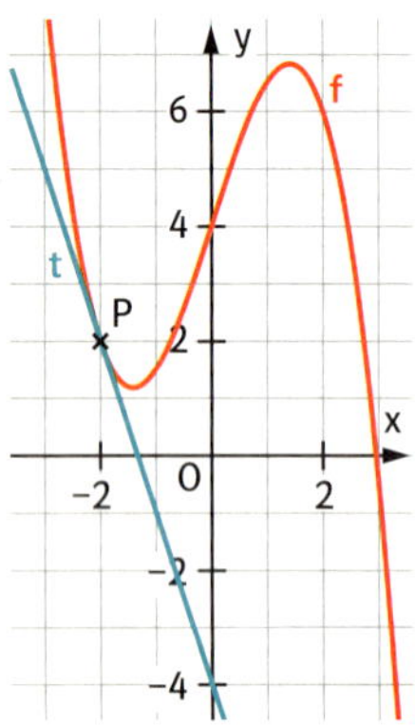

Fig. 1

Beispiel 2 Tangentengleichung bestimmen

Bestimme die Gleichung der Tangente an den Graphen der Funktion f mit $f(x) = -0{,}5x^3 + 3x + 4$ im Punkt $P(-2 | f(-2))$ (Fig. 1).

Lösung:

Die Tangente ist die Gerade mit der Steigung $m = f'(-2)$, die den Graphen von f im Punkt $P(-2 | f(-2))$ berührt.

$f(x) = -0{,}5x^3 + 3x + 4$; $f(-2) = -0{,}5 \cdot (-2)^3 + 3 \cdot (-2) + 4 = 2$, also $P(-2|2)$

$f'(x) = -1{,}5x^2 + 3$; $f'(-2) = -1{,}5 \cdot (-2)^2 + 3 = -3$, also $m = -3$

Es ist also $y = -3x + b$.

Einsetzen der Koordinaten des Berührpunktes P:

$2 = -3 \cdot (-2) + b$

$2 = 6 + b \quad | -6$

$-4 = b$

Die Gleichung der Tangente an den Graphen von f im Punkt $P(-2|2)$ lautet $y = -3x - 4$.

Aufgaben

1 Bestimme die Gleichung der Ableitungsfunktion.

a) $f(x) = x^3$ b) $f(x) = x^{10}$ c) $g(x) = x^{-4}$
d) $k(x) = 4x^7 - 5x^5$ e) $h(x) = 2x^3 + 5x^6$ f) $f(x) = -3x^{11} + 0{,}5x^{10}$
g) $h(x) = -4x^2 + 8x - 9$ h) $f(x) = 0{,}5x^6 + x^4 - x$ i) $k(x) = -8x^6 + x^3 - \pi x + 4$

2 a) $f(x) = x^{-4}$ b) $g(x) = x^{-7}$ c) $f(x) = x^{-10} + x^{-11}$
d) $h(x) = 5x^{-3} + 3x^{-5}$ e) $k(x) = -3x^{-1} - 2x$ f) $f(x) = -2x^{-4} + \frac{1}{4}x^{-8}$
g) $p(x) = 9x^3 - 5x^{-2}$ h) $f(x) = -5x^2 + x^{-2} - 2$ i) $f(x) = \frac{1}{3}x^9 + 8x^{-6}$

3 a) $f(x) = -4x^{-4} - \frac{1}{5}x^5$ b) $f(x) = \frac{1}{2}x^2 + 4x - 1$ c) $f(x) = -\frac{1}{4}x^8 - 2x^{-3} + \sqrt[5]{11}$
d) $f(x) = \frac{1}{x} - \sqrt[3]{7} \cdot x$ e) $g(x) = -\frac{1}{x^2} - \frac{3}{x^5}$ f) $f(x) = -\frac{3}{x^2} - 3x^2$
g) $h(x) = \sqrt{x}$ h) $f(x) = \sqrt[5]{x} - 2x^{-1}$ i) $f(x) = \frac{1}{\sqrt{x}}$

4 a) $f(x) = x(5 - x)$ b) $f(x) = (x + x^2)x$ c) $f(x) = x^2(x + 2) \cdot 5$
d) $f(x) = (x + 2)^2$ e) $f(x) = 2(x - 2)^2$ f) $f(x) = (x - 7)(x + 7)$
g) $f(x) = 4x(x - 2)(x + 2)$ h) $f(x) = \frac{1}{x}(x + 3)^2$ i) $f(x) = \frac{1}{x} \cdot \frac{1}{x^2}$

5 Bestimme die Gleichung der Ableitungsfunktion.

a) $f(t) = 2t^5 - t$ b) $g(a) = \sqrt{3} \cdot a^{-4} + 2a^3$ c) $f(v) = -5v^{-1} + \pi v^2$
d) $h(b) = \frac{1}{8}b^8 - 6b^2 + 3$ e) $f(y) = 7\sqrt{y}$ f) $f(q) = \frac{1}{q^2} - \frac{1}{3}q^6$
g) $q(f) = -3f^7 + \sqrt{5} \cdot f^3$ h) $b(c) = 5c^{-3} + \frac{1}{8}c^4$ i) $v(r) = \frac{4}{3}\pi r^3$

6 a) $f(x) = ax^2 + 2a$ b) $g(a) = ax^2 + \pi a$ c) $f(x) = x - t$
d) $f(t) = x - t$ e) $f(x) = t^3 + 3tx + x$ f) $v(t) = t^3 + 3tx + x$
g) $f(x) = x^3\sqrt{t}$ h) $f(t) = x^3\sqrt{t}$ i) $f(s) = x^3\sqrt{t}$

7 a) $f(a) = \frac{a}{x} + c$ b) $f(x) = \frac{a}{x} + c$ c) $f(x) = x^{c+1}$
d) $f(a) = a\sqrt{2} + 2\sqrt{a}$ e) $g(t) = -\frac{s}{t}$ f) $g(s) = -\frac{s}{t}$
g) $f(p) = \frac{7}{9}x^6 + px^4 - x$ h) $f(c) = 3(c - 5)^2$ i) $g(b) = ab^2 + a^2b - ab$

8 Gib die erste, zweite und dritte Ableitung an.

a) $f(x) = 3x^4 + 2x^3$ b) $f(x) = 5x^4 - 8x^3 + x$ c) $f(x) = -\frac{1}{15}x^5 - \frac{1}{12}x^4 + 8$
d) $f(x) = 6x^7 + 9x^3$ e) $f(x) = \frac{1}{2}x^6 - \frac{1}{3}x^3 + \frac{1}{4}x^2$ f) $f(x) = 5x - 3$

9 Bilde so oft die Ableitung der Funktion f, bis für die n-te Ableitung $f^{(n)}(x) = 0$ gilt.

a) $f(x) = 3x^5 - 2x^3 + 6x$ b) $f(x) = -\frac{3}{8}x^4 - \frac{1}{12}x^3 + \frac{1}{14}x$ c) $f(x) = \sqrt{5} \cdot x^6 - \pi x^4 - 3$

10 Wie könnte der Graph einer Funktion aussehen, für die gilt:
Die (n + 1)-te Ableitung ist gleich der n-ten Ableitung?

11 Der Punkt P ist ein Punkt des Graphen von f. Bestimme die Gleichung der Tangente t im Punkt P. An welcher Stelle schneidet die Tangente die x-Achse?

a) $f: x \to -x^2$; $P(2|f(2))$ b) $f: x \to 2x^2 - x$; $P(-3|f(-3))$ c) $f: x \to -x^2 + 3$; $P(4|f(4))$

12 Bestimme die Gleichung der Tangente an den Graphen von f im Punkt $P_0(x_0|f(x_0))$.

a) $f(x) = x^4$ und $x_0 = 0{,}5$ b) $f(x) = 2x^{-2}$ und $x_0 = 3$ c) $f(x) = 2x^3 - 3x^{-2}$ und $x_0 = 2$

Bist du sicher?

1 Bestimme die Gleichung der Ableitungsfunktion der Funktion f.

a) $f(x) = \frac{3}{x} + 3x$ b) $f(x) = x^5 - \frac{12}{x^4}$ c) $f(x) = ax^3 + cx + d$

2 Bestimme die Gleichung der Tangente an den Graphen von $f: x \to 2x^3 - x^{-3}$ im Punkt $P(1|f(1))$.

13 a) Bestimme die Ableitung der Funktion $f: x \to 3x + 2$ an den Stellen 4 und 9.
b) Bestimme die Ableitung einer linearen Funktion g mit der Gleichung $g(x) = mx + b$ an einer beliebigen Stelle x_0.
c) Welche Aussage lässt sich allgemein über die Ableitungsfunktion einer linearen Funktion machen?

14 An welchen Stellen verläuft die Tangente an den Graphen der Funktion f parallel zur x-Achse?

a) $f(x) = 2x^3 + 5$ b) $f(x) = -3x^2 + 4x$ c) $f(x) = x^3 + 4{,}5x^2 - 4x + 1$

5 Ableitung der Sinus- und Kosinusfunktion

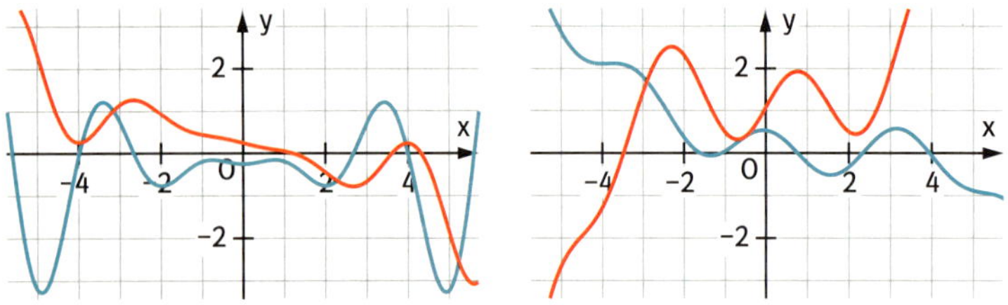

Funktion und Ableitung?

Um das Änderungsverhalten der Sinus- und Kosinusfunktion genauer untersuchen zu können, werden ihre Ableitungen benötigt.
Einen Überblick über den Verlauf der Graphen dieser Ableitungen erhält man durch **grafisches Differenzieren**. Dazu sind in Fig. 1 in verschiedenen Punkten die Tangenten an den Graphen der Sinusfunktion $f: x \to \sin(x)$ näherungsweise eingezeichnet. Ordnet man nun die abgelesenen Tangentensteigungen den jeweiligen Stellen zu, so erhält man den ungefähren Verlauf des Graphen der Ableitungsfunktion von f (Fig. 2). Dieser lässt vermuten, dass die Kosinusfunktion $g: x \to \cos(x)$ die Ableitung der Sinusfunktion f ist.

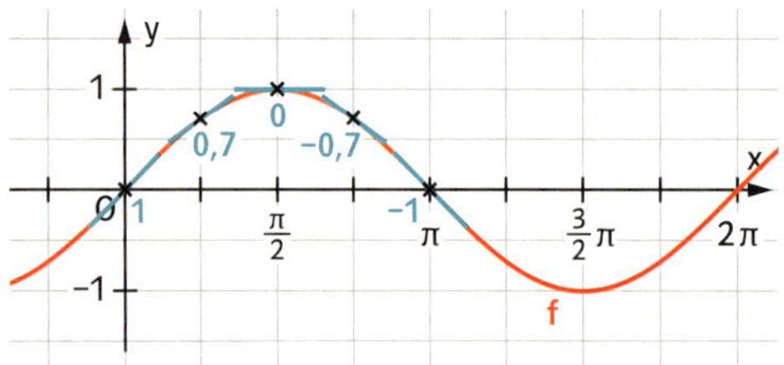

Fig. 1

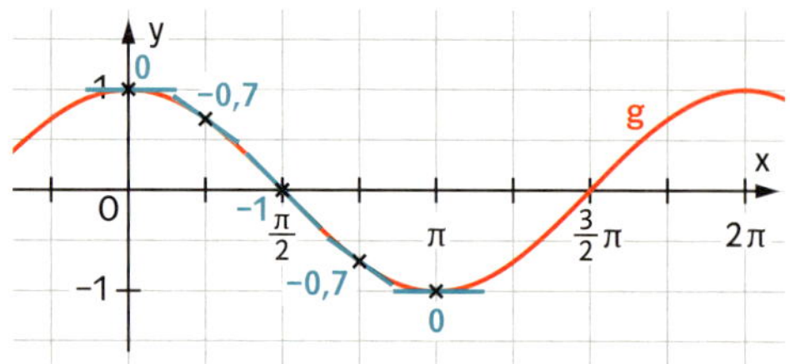

Fig. 3

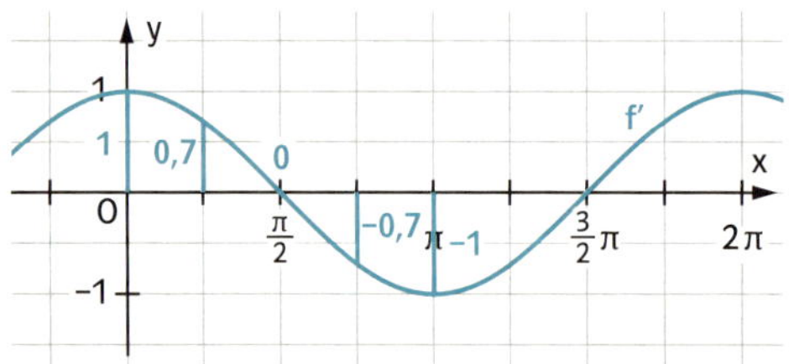

Fig. 2

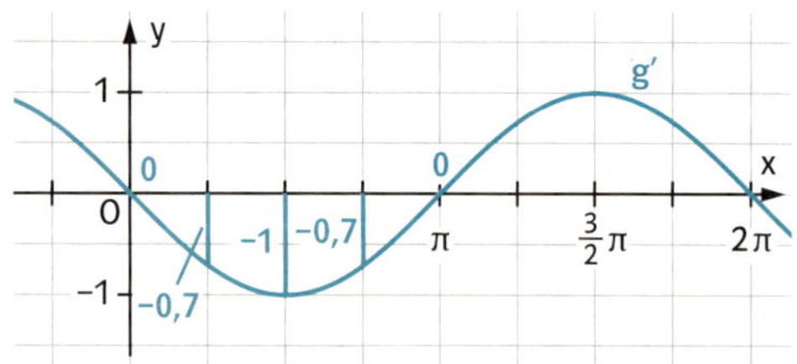

Fig. 4

In Fig. 3 ist das Verfahren entsprechend für die Kosinusfunktion $g: x \to \cos(x)$ dargestellt. Der Kurvenverlauf in Fig. 4 lässt vermuten, dass $g'(x) = -\sin(x)$ ist.

Um die Ableitung von f mit $f(x) = \sin(x)$ rechnerisch zu bestimmen, stellt man zunächst den Differenzenquotienten von f an einer Stelle x_0 auf:

$$f'(x_0) = \lim_{h \to 0} \frac{f(x_0 + h) - f(x_0)}{h} = \lim_{h \to 0} \frac{\sin(x_0 + h) - \sin(x_0)}{h}.$$

Durch Anwenden des Additionstheorems $\sin(\alpha + \beta) = \sin(\alpha)\cos(\beta) + \cos(\alpha)\sin(\beta)$ erhält man

$$\begin{aligned} f'(x_0) &= \lim_{h \to 0} \frac{\sin(x_0)\cos(h) + \cos(x_0)\sin(h) - \sin(x_0)}{h} \\ &= \lim_{h \to 0} \left(\frac{\sin(x_0)\cos(h) - \sin(x_0)}{h} + \frac{\cos(x_0)\sin(h)}{h} \right) \\ &= \lim_{h \to 0} \left(\sin(x_0)\frac{\cos(h) - 1}{h} + \cos(x_0)\frac{\sin(h)}{h} \right). \end{aligned}$$

Man kann zeigen (vgl. Aufgabe 8 auf Seite 147), dass $\frac{\cos(h) - 1}{h}$ für $h \to 0$ gegen 0 strebt. Weiterhin erkennt man am Graphen der Funktion $\frac{\sin(h)}{h}$ (Fig. 1), dass für $h \to 0$ gilt: $\frac{\sin(h)}{h} \to 1$. Damit ist
$f'(x_0) = \sin(x_0) \cdot 0 + \cos(x_0) \cdot 1 = \cos(x_0)$.

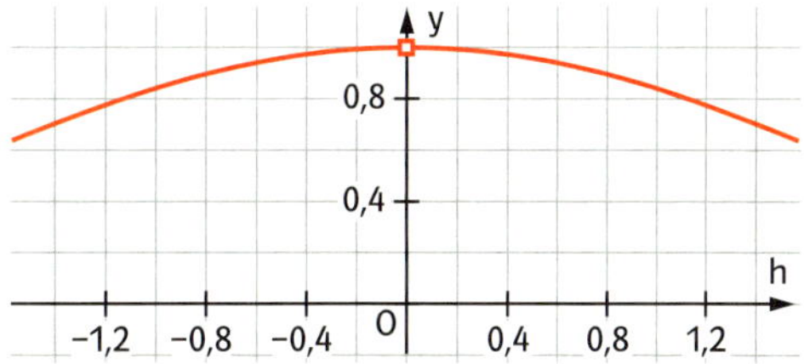

Fig. 1

h	$\frac{\sin(h)}{h}$
1	0,8415
0,5	0,9589
0,25	0,9896
0,125	0,9974
0,0625	0,9993
0,03125	0,9998

Tab. 1

Die Ableitung der Kosinusfunktion lässt sich ermitteln, wenn man ausnutzt, dass sich der Graph der Kosinusfunktion durch Verschieben des Graphen der Sinusfunktion ergibt. Verschiebt man den Graphen von f um $-\frac{\pi}{2}$ parallel zur x-Achse, so erhält man den Graphen von g (Fig. 2). Also erhält man den Graphen von g', indem man den Graphen von f' entsprechend verschiebt (Fig. 3). Spiegelt man den Graphen von g' an der x-Achse, so entsteht der Graph von f. Damit ist $g'(x) = \cos\left(x + \frac{\pi}{2}\right) = -\sin(x)$.

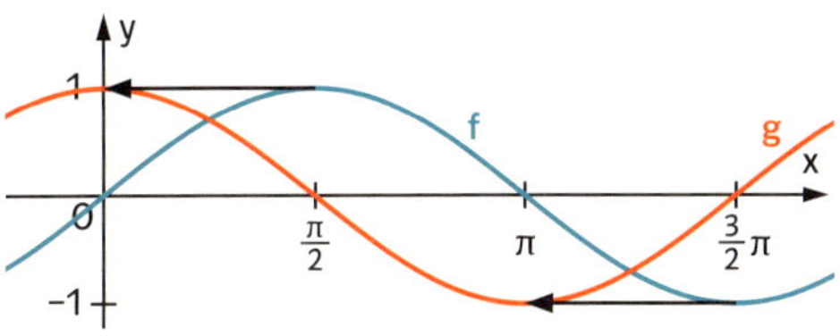

Fig. 2

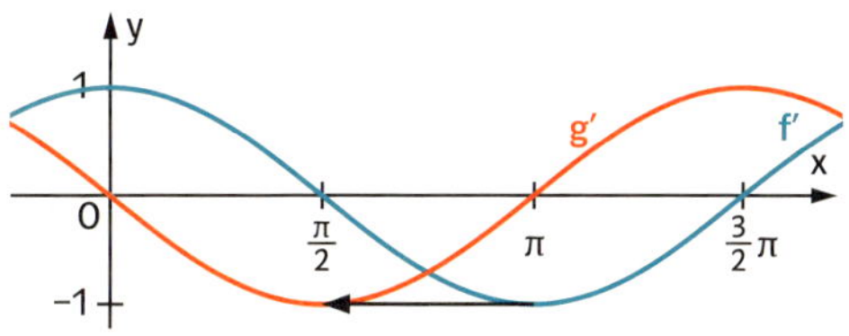

Fig. 3

Für die Sinusfunktion f mit $f(x) = \sin(x)$ gilt: $f'(x) = \cos(x)$.
Für die Kosinusfunktion g mit $g(x) = \cos(x)$ gilt: $g'(x) = -\sin(x)$.

$f(x) = \sin(x)$
$f'(x) = \cos(x)$
$g(x) = \cos(x)$
$g'(x) = -\sin(x)$

Beispiel 1 Ableitungen bilden
Bestimme zur Sinusfunktion $f: x \to \sin(x)$ die Ableitungen f', f'', f''' ... Was stellst du fest?
Lösung:
$f'(x) = \cos(x)$, $f''(x) = -\sin(x)$, $f'''(x) = -\cos(x)$,
$f^{(IV)}(x) = -(-\sin(x)) = \sin(x) = f(x)$, $f^{(V)}(x) = f'(x) = \cos(x)$ ...
Die vierte Ableitung $f^{(IV)}$ stimmt mit der Funktion f überein, die fünfte Ableitung $f^{(V)}$ mit f' usw.; es ergibt sich $f^{(n+4)}(x) = f^{(n)}(x)$, $n \in \mathbb{N}$.

Die Funktion f selbst kann als 0. Ableitung $f^{(0)}$ aufgefasst werden.

Beispiel Tangentengleichung
Gegeben ist die Funktion f mit $f(x) = \sin(x)$.
a) Ermittle die Gleichung der Tangente in $P\left(\frac{\pi}{4} \middle| \frac{\sqrt{2}}{2}\right)$ an den Graphen von f.
b) Bestimme alle Stellen, an denen der Graph von f eine waagerechte Tangente hat.
Lösung:
a) Ansatz für die Tangentengleichung: $y = m \cdot x + c$.
Ableitung: $f'(x) = \cos(x)$. Steigung der Tangente: $f'\left(\frac{\pi}{4}\right) = \frac{\sqrt{2}}{2}$.
$P\left(\frac{\pi}{4} \middle| \frac{\sqrt{2}}{2}\right)$ und $m = f'\left(\frac{\pi}{4}\right) = \frac{\sqrt{2}}{2}$ in den Ansatz einsetzen: $\frac{\sqrt{2}}{2} = \frac{\sqrt{2}}{2} \cdot \frac{\pi}{4} + c$.
Mit $c = \frac{\sqrt{2}}{2} - \frac{\sqrt{2}}{8} \cdot \pi$ erhält man $y = \frac{\sqrt{2}}{2} \cdot x + \frac{\sqrt{2}}{2} - \frac{\sqrt{2}}{8} \cdot \pi \approx 0{,}707 \cdot x + 0{,}152$.
b) *Es muss $f'(x) = 0$ gelten.*
$\cos(x) = 0$ für $x = \frac{\pi}{2} + z \cdot \pi$; $z \in \mathbb{Z}$
Der Graph von f besitzt waagerechte Tangenten für $x = \frac{\pi}{2} + z \cdot \pi$, $z \in \mathbb{Z}$.

Aufgaben

1 Bestimme die Ableitungsfunktion.

a) $f(x) = 12 \cdot \sin(x)$ b) $f(x) = -2 \cdot \cos(x)$ c) $f(x) = \sqrt{5} \cdot \cos(x)$

d) $f(x) = \frac{1}{\pi} \cdot \sin(x)$ e) $f(x) = 5x^3 - \sin(x)$ f) $f(x) = 2\cos(x) - \sin(x)$

2 Bestimme die Steigung des Graphen der Funktion f an der Stelle $x = \pi$.

a) $f(x) = -9\sin(x)$ b) $f(x) = 5 + \cos(x)$ c) $f(x) = 5x - \cos(x)$

d) $f(x) = x^2 - \frac{1}{2}\cos(x)$ e) $f(x) = \frac{1}{x} + \frac{\sin(x)}{2}$ f) $f(x) = \frac{2}{x^2} + 2\sin(x)$

3 Bestimme rechnerisch die Gleichungen der Tangente und der Normalen an den Graphen von f im Punkt P.

a) $f(x) = \cos(x)$; $P\left(\frac{7}{4}\pi \middle| ?\right)$ b) $f(x) = 3\sin(x)$; $P\left(\frac{5\pi}{3} \middle| ?\right)$ c) $f(x) = x + 2\sin(x)$; $P\left(\frac{\pi}{4} \middle| ?\right)$

Bist du sicher?

1 Bestimme die Steigung der Tangente an den Graphen der Kosinusfunktion an der Stelle x_0.

a) $x_0 = \frac{\pi}{4}$ b) $x_0 = -\frac{3}{2}\pi$

2 Bestimme die Gleichung der Tangente an den Graphen der Funktion f im Punkt $P(x_P | y_P)$.

a) $f(x) = -2\sin(x)$; $x_P = 0$ b) $f(x) = x^2 + \sin(x)$; $x_P = \frac{\pi}{2}$

4 In welchen Punkten hat der Graph der Sinusfunktion in $[0; 2\pi]$ eine Steigung wie

a) die 1. Winkelhalbierende, b) die x-Achse, c) die Gerade mit der Gleichung $y = \frac{1}{2}x$?

5 Begründe, dass die Tangenten an den Graphen der Sinusfunktion maximal die Steigung 1 besitzen. Welche minimale Steigung können die Tangenten haben?

6 Gegeben sind die Funktionen f und g mit $f(x) = x + \sin(x)$ und $g(x) = x + \cos(x)$.

a) Bestimme Punkte, in denen die zugehörenden Graphen die Steigung 2 haben.

b) Bestimme Punkte, in denen die zugehörenden Graphen die Steigung 0 haben.

7 In welchen Punkten $P(x_0 | f(x_0))$ und $Q(x_0 | g(x_0))$ mit $0 \leq x_0 \leq 2\pi$ haben die Graphen von f und g parallele Tangenten? Runde sinnvoll.

a) $f(x) = 2\sin(x)$; $g(x) = x^2$ b) $f(x) = \sin(x) + 2\cos(x)$; $g(x) = x^3$

*Eine Gerade n durch einen Punkt P heißt **Normale** des Graphen von f im Punkt P, wenn n senkrecht zur Tangente an den Graphen von f im Punkt P ist.*

8 In Fig. 1 ist zum Graphen der Funktion $f: x \to \sin(x)$ außer der Tangente t im Punkt $(u | f(u))$ zusätzlich die Normale n eingezeichnet. Betrachte das Dreieck, das von der Tangente t, der Normalen n und der y-Achse eingeschlossen wird.

a) Überlege, ob es für jede Stelle u ein solches Dreieck gibt. Begründe deine Aussage.

b) Bestimme den Flächeninhalt des betrachteten Dreiecks für $u = \frac{3}{4}\pi$, für $u = -\pi$ und für $u = \frac{\pi}{3}$.

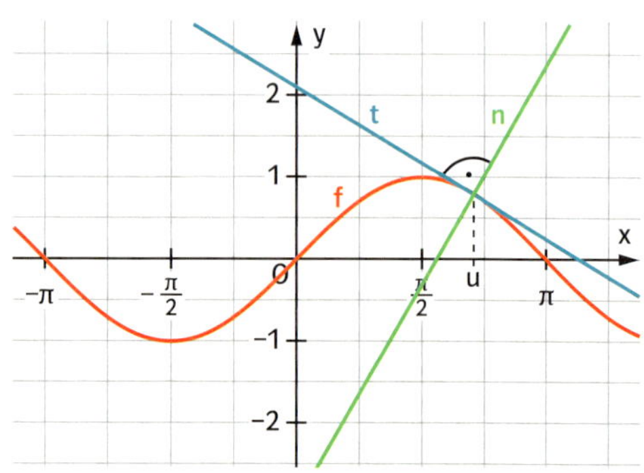

Fig. 1

6 Monotonie

Der Pegel steigt heute Abend nicht mehr so schnell. Das lässt hoffen, dass der Scheitelpunkt der Hochwasserwelle bald erreicht ist. Dann wird nach den starken Regenfällen der letzten Tage der Pegel wieder fallen.

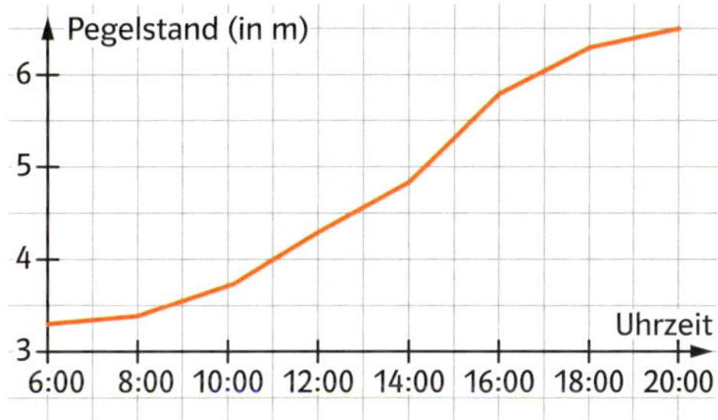

Viele Funktionen enthalten Abschnitte, in denen die Funktionswerte nur zunehmen oder nur abnehmen. Am Graphen der Funktion $f: x \to x^2$ erkennt man zwei solche Abschnitte (Fig. 1). Man betrachtet dabei, wie sich die Funktionswerte verändern, wenn die x-Werte zunehmen.

Die Funktionswerte der Funktion f nehmen für $x \leqq 0$ ab.
Man nennt die Funktion f im Intervall $]-\infty; 0]$ **monoton abnehmend**.
Für $x \geqq 0$ dagegen nehmen die Funktionswerte zu.
Man nennt die Funktion f im Intervall $[0; \infty[$ **monoton zunehmend**.
Diese Sprechweise kann man auf beliebige Funktionen übertragen.

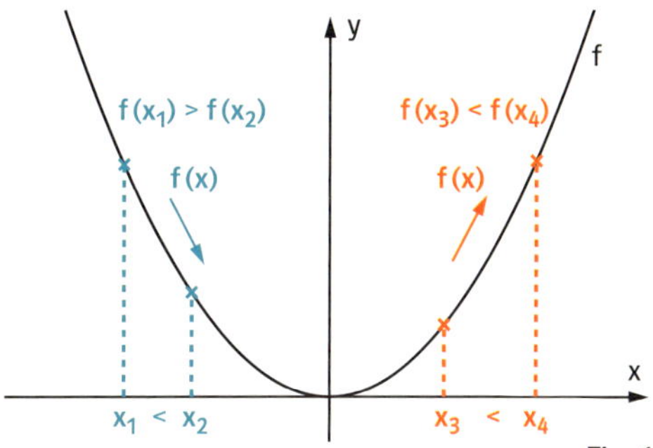

Fig. 1

Es ist f eine Funktion mit der Definitionsmenge D_f und I ein Intervall mit $I \subseteq D_f$.
Wenn für alle $x_1, x_2 \in I$ mit $x_1 < x_2$ gilt

$f(x_1) \leqq f(x_2)$,	$f(x_1) \geqq f(x_2)$,
so ist f im Intervall I	
monoton zunehmend.	**monoton abnehmend.**
Ist die Gleichheit ausgeschlossen, so heißt f in I	
streng monoton zunehmend.	**streng monoton abnehmend.**

Die Schreibweise $A \subseteq B$ bedeutet, dass die Menge A eine Teilmenge der Menge B ist.

Intervalle, in denen die Werte einer Funktion monoton zunehmen oder monoton abnehmen (Monotonieintervalle), können bei differenzierbaren Funktionen mithilfe der Ableitung bestimmt werden:
Ist die Ableitung f′ positiv, so ist der Graph von f streng monoton steigend. Die Funktionswerte nehmen also zu (Fig. 2, links).
Ist f′ negativ, so ist der Graph von f streng monoton fallend. Die Funktionswerte nehmen in diesem Fall ab (Fig. 2, rechts).

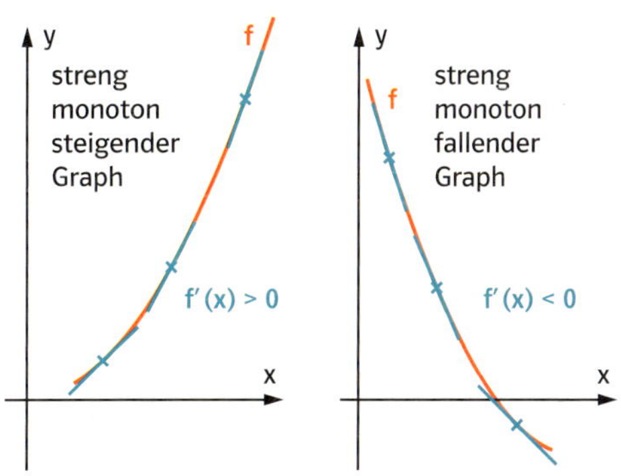

Fig. 2

*Ist in einem Intervall I eine der Monotoniebedingungen erfüllt, so bezeichnet man I als **Monotonieintervall**.*

Es ist f eine Funktion mit der Definitionsmenge D_f. Wenn f in einem Intervall $I \subseteq D_f$ differenzierbar ist und für alle $x \in I$

$f'(x) \geqq 0$	$f'(x) \leqq 0$
gilt, dann ist f im Intervall I	
monoton zunehmend.	**monoton abnehmend.**
Der Graph der Funktion f ist dann	
monoton steigend.	**monoton fallend.**

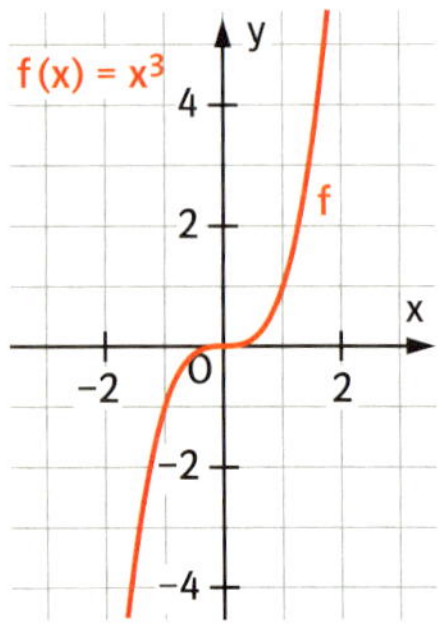

Fig. 1

Ist in einem Intervall $I \subseteq D_f$ sogar $f'(x) > 0$, so ist die Funktion streng monoton zunehmend. Das Beispiel der Funktion f mit $f(x) = x^3$ zeigt, dass es auch bei streng monotonen Funktionen einzelne Stellen geben kann, an denen $f'(x) = 0$ gilt. Die Funktion f ist streng monoton zunehmend, aber es gilt $f'(0) = 0$ (Fig. 1).

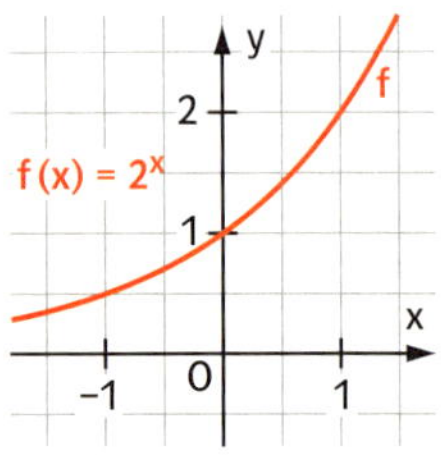

Fig. 2

Beispiel 1

Untersuche die Funktion $f\colon x \to 2^x$ auf Monotonie.

Lösung:

Die Definitionsmenge der Funktion f ist $D_f = \mathbb{R}$.

Sind x_1 und x_2 zwei reelle Zahlen mit $x_1 < x_2$, dann ist $x_2 = x_1 + d$ mit $d > 0$. Für die Funktionswerte gilt $f(x_1) = 2^{x_1}$ und $f(x_2) = 2^{x_2} = 2^{x_1 + d} = 2^{x_1} \cdot 2^d$.

Wegen $d > 0$ ist $2^d > 1$. Also ist $f(x_2) = 2^{x_1} \cdot 2^d > 2^{x_1}$ und damit $f(x_2) > f(x_1)$.

Die Funktion $f\colon x \to 2^x$ ist in ihrer gesamten Definitionsmenge streng monoton zunehmend (Fig. 2).

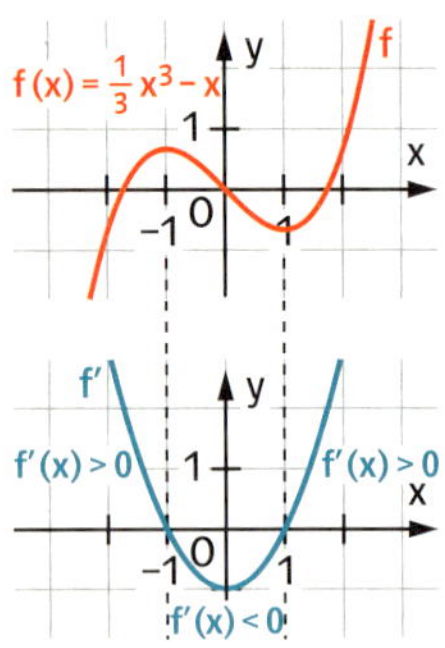

Fig. 3

Beispiel 2

Bestimme die Monotonieintervalle der Funktion f mit $f(x) = \frac{1}{3}x^3 - x$. In welchen Intervallen ist f monoton zunehmend, wo ist f monoton abnehmend?

Lösung:

Es ist $f'(x) = x^2 - 1$. Also ist $f'(x) \geqq 0$ für $|x| \geqq 1$ und $f'(x) \leqq 0$ für $-1 \leqq x \leqq 1$.

Daraus ergeben sich die Monotonieintervalle $I_1 =]-\infty; -1]$, $I_2 = [-1; 1]$ und $I_3 = [1; \infty]$.

Die Funktion f ist in I_1 und in I_3 monoton zunehmend und in I_2 monoton abnehmend.

Die Stellen $x = -1$ und $x = 1$ sind die einzigen Stellen, an denen die Ableitung gleich null ist. Deshalb ist die Funktion f in I_1 und in I_3 sogar streng monoton zunehmend und in I_2 streng monoton abnehmend (Fig. 3).

Aufgaben

1 Zeichne zwei mögliche Graphen einer Funktion f mit den gegebenen Eigenschaften. Der Definitionsbereich der Funktion ist $\mathbb{R}$.

a) f ist in $I_1 =]-\infty; -1]$ streng monoton zunehmend und in $I_2 = [-1; \infty[$ monoton abnehmend.

b) f ist in $I_1 = [-2; 4]$ monoton abnehmend, sonst streng monoton zunehmend.

c) f ist überall streng monoton zunehmend mit Funktionswerten nicht größer als 3,

d) f ist überall streng monoton abnehmend mit Funktionswerten aus dem Intervall $]-1, 1[$.

e) f ist für $x \leqq 3$ streng monoton zunehmend und für $x \geqq 3$ monoton abnehmend.

f) f ist überall monoton abnehmend, aber in $I = [1; 3]$ nicht streng monoton.

2 Bestimme anhand des Graphen die Monotonieintervalle, der Funktion f $(D_f = \mathbb{R})$.

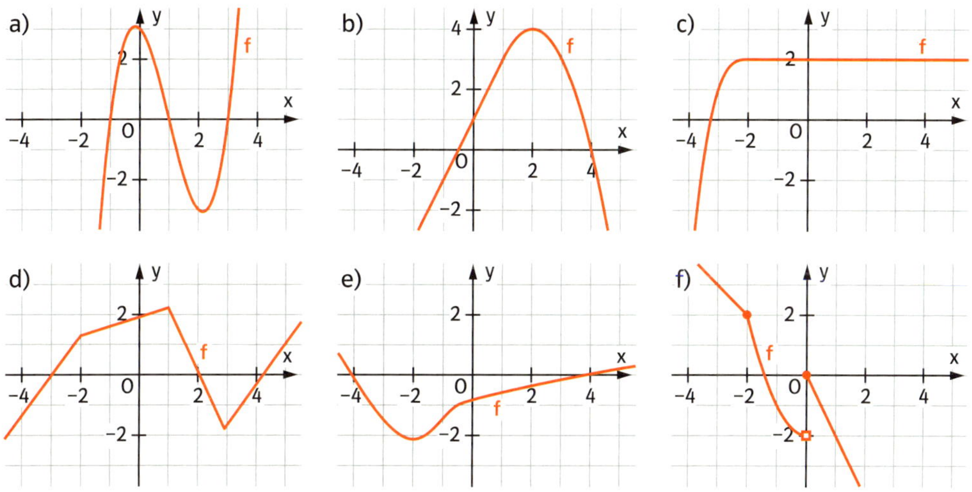

3 Gib die Gleichungen zweier Funktionen f und g an, die die angegebene Bedingung erfüllen. Die Funktion ist
a) für alle $x \in \mathbb{R}$ streng monoton abnehmend,
b) für $x \leqq 1$ monoton abnehmend und für $x \geqq 1$ monoton zunehmend,
c) im Intervall $I_1 = [0, \pi]$ monoton abnehmend und im Intervall $I_2 = [\pi, 2\pi]$ monoton zunehmend.

4 Begründe, dass die Funktion f nur ein Monotonieintervall besitzt.
a) $f(x) = 3x - 5$ b) $f(x) = 4 - 2^x$ c) $f(x) = \left(\frac{1}{2}\right)^x$ d) $f(x) = (x - 2)^5$

5 Bestimme möglichst große Intervalle, in denen die Funktion f streng monoton ist.
a) $f(x) = 4x + x^2$ b) $f(x) = \frac{1}{3}x^2 - 9x + 1$
c) $f(x) = \frac{1}{5}x^5 - \frac{1}{4}x^4$ d) $f(x) = \frac{1}{8}x^4 + 4x$
e) $f(x) = \sin\left(x - \frac{\pi}{2}\right)$ f) $f(x) = \frac{2}{x}$

6 Fig. 1 zeigt den Graphen der Ableitungsfunktion f' einer Funktion f. Ist die Aussage zutreffend? Begründe.
Die Funktion f ist im Intervall
a) [0; 2], b) [−3,5; −2], c) [1; 3]
streng monoton abnehmend.

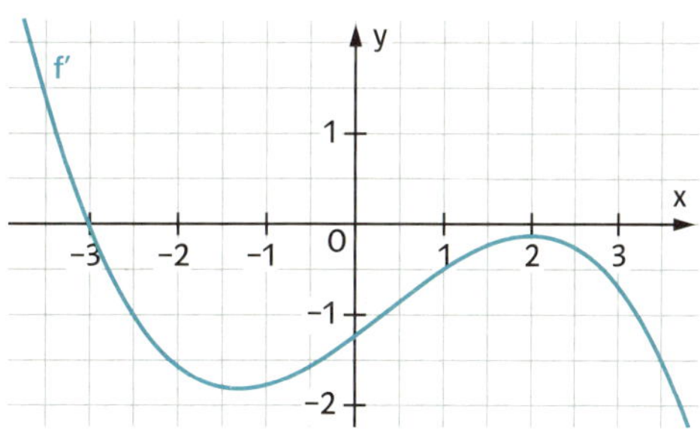

Fig. 1

7 Untersuche die beschriebene Funktion auf Monotonie.
a) bei einem Metalldraht: *Länge des Drahtes → Gewicht*
b) während einer Autofahrt: *Fahrstrecke → Tankinhalt*
c) im Parkhaus: *Parkzeit → Parkgebühr*
d) beim freien Fall: *Fallzeit → Fallgeschwindigkeit*, *Fallzeit → Höhe über dem Boden*

8 Die Funktion f mit $f(x) = mx + b$ ist monoton. Für welche Werte von m und b ist sie
a) streng monoton zunehmend, b) streng monoton abnehmend,
c) sowohl monoton zunehmend, als auch monoton abnehmend?

7 Extremstellen und Extremwerte

Jahr	Schüler-anzahl
1997	1345
2000	1396
2003	1422
2006	1438
2009	1435

„Seit 2006 steigen die Schülerzahlen nicht mehr."
„2009 war das erste Jahr, in dem die Schülerzahlen rückläufig waren."
„Die höchste Schülerzahl gab es im Jahr 2008."

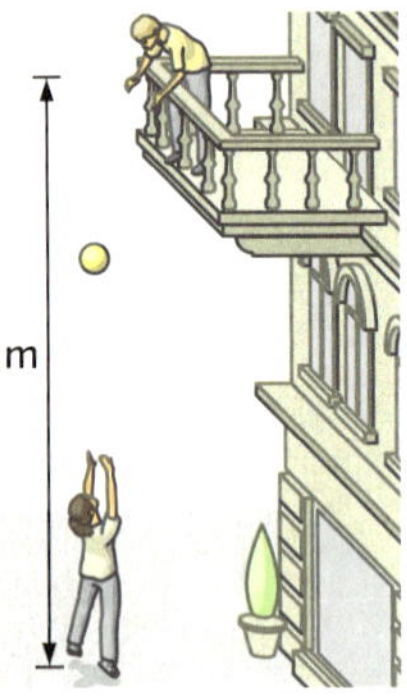

Fig. 1

Zeit t (in s)	Höhe h (in m)
0	1,5
0,5	5,25

Tab. 1

Wirft man einen Ball vertikal nach oben, so kann man seine Höhe in Abhängigkeit von der Zeit bestimmen, die seit dem Abwurf vergangen ist.
Solch eine Abhängigkeit kann durch eine Funktion h mit $h: t \to -5t^2 + at + b$ beschrieben werden. Mithilfe der Messwerte in Tab. 1 kann man herausfinden, ob der Ball die Balkonhöhe (Fig. 1) erreicht oder nicht. Setzt man die Wertepaare in die Funktionsgleichung ein, so erhält man zunächst $h(0) = 1{,}5$, also $b = 1{,}5$. Wegen $h(0{,}5) = 5{,}25$ ergibt sich $-5 \cdot 0{,}5^2 + a \cdot 0{,}5 + 1{,}5 = 5{,}25$, also $a = 10$.

Man erhält so die quadratische Funktion mit der Gleichung $h(t) = -5t^2 + 10t + 1{,}5$.
Den Scheitelpunkt S der zugehörigen Parabel findet man mithilfe quadratischer Ergänzung. Aus $h(t) = -5(t-1)^2 + 6{,}5$ liest man $S(1\,|\,6{,}5)$ ab. Der Ball erreicht nach einer Sekunde seine maximale Höhe von 6,5 m. Er steigt also höher als der Balkon.

An der Stelle $t = 1$ nimmt die Funktion h ihren größten Funktionswert an. Die Stelle $t = 1$ heißt **Extremstelle** von h. Der Funktionswert $h(1)$ heißt **Extremwert**. Der Extremwert von h ist ein **Maximum**. Der zugehörige Extrempunkt des Graphen ist ein **Hochpunkt**.

Zur Bestimmung von Hochpunkten des Funktionsgraphen von f kann man auch die Ableitung h′ verwenden. Die Ableitung von h hat die Gleichung $h'(t) = -10t + 10$.
h hat also zwei Monotonieintervalle:
Für $t \leqq 1$ ist $h'(t) > 0$. Deshalb ist h für $t \leqq 1$ streng monoton zunehmend.
Für $t \geqq 1$ gilt $h'(t) < 0$. Die Funktion h ist also für $t \geqq 1$ streng monoton abnehmend.
Der Graph hat an der Stelle $t = 1$ einen Hochpunkt.
An dieser Stelle hat die Ableitung h′ den Wert 0.
Die Tangente an den Graphen von h verläuft parallel zur x-Achse.
Die Funktion h hat an dieser Stelle das Maximum $h(1) = 6{,}5$.
Der Hochpunkt des Graphen ist $H(1\,|\,6{,}5)$.

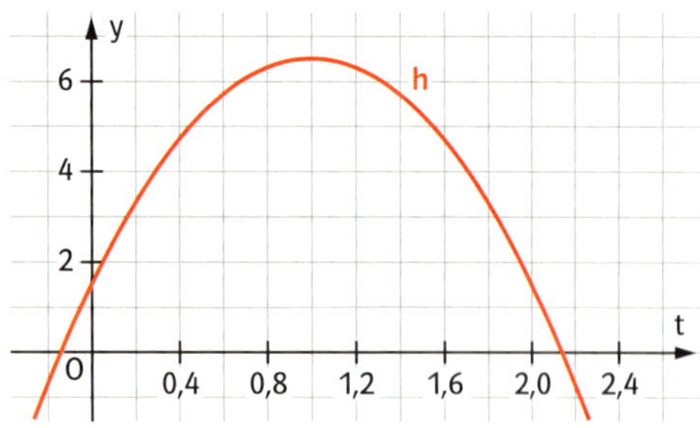

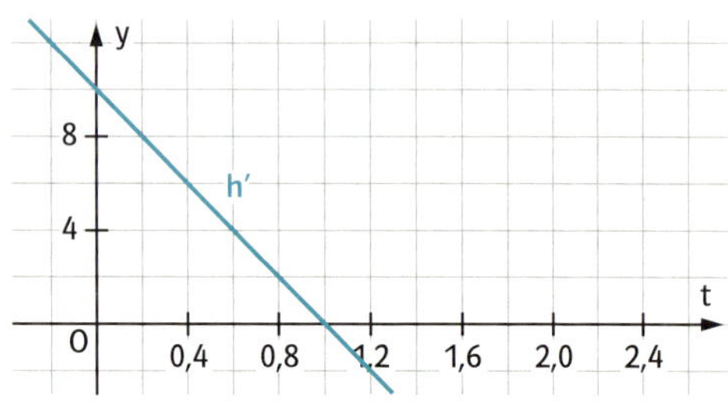

Diese Überlegungen lassen sich auf beliebige Funktionen f übertragen. Wenn deren Extremwert ein **Minimum** ist, muss an der entsprechenden Stelle x_0 wie bei einem Maximum $f'(x_0) = 0$ gelten. Anders als bei einem Maximum ist jetzt aber $f'(x) < 0$ für $x < x_0$ und $f'(x) > 0$ für $x > x_0$.
Allgemein gilt: Wenn eine differenzierbare Funktion an der Stelle x_0 ein **Maximum** oder ein **Minimum** besitzt, dann ist stets $f'(x_0) = 0$, denn die Tangente an den Graphen verläuft parallel zur x-Achse.
An Stellen, an denen $f'(x) \neq 0$ ist, kann f keine Extremwerte besitzen. Extremwerte kann es also nur dort geben, wo die Ableitung den Wert null annimmt.

Notwendige Bedingung für Extremstellen:
$f'(x) = 0$

Nicht alle Stellen x_0, an denen $f'(x_0) = 0$ gilt, sind auch Extremstellen. Fig. 1 zeigt eine Stelle x_0, an der $f'(x_0) = 0$ gilt. Für alle anderen x-Werte ist aber $f'(x) > 0$. Die Funktion hat bei x_0 keinen Extremwert. Einen Punkt, an dem die Tangente an den Graphen parallel zur x-Achse verläuft, an dem die Ableitung f' aber ihr Vorzeichen nicht wechselt, nennt man **Sattelpunkt**.

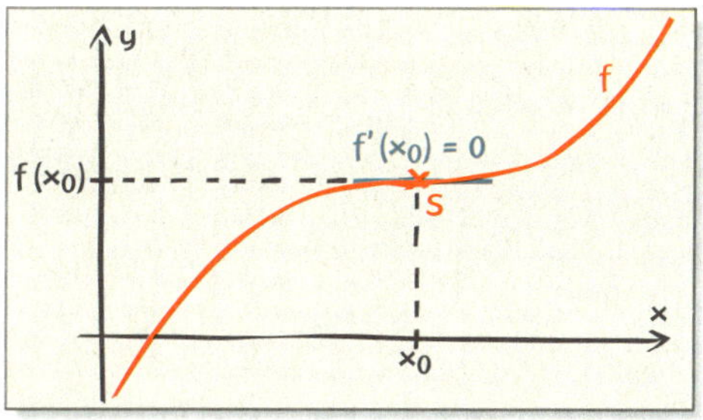

Fig. 1

Wenn an einer Stelle die Ableitung den Wert null hat und dort das Vorzeichen wechselt, dann hat die zugehörige Funktion dort eine Extremstelle. An der Art des Vorzeichenwechsels erkennt man, ob der Graph der Funktion einen Hochpunkt oder einen Tiefpunkt hat.

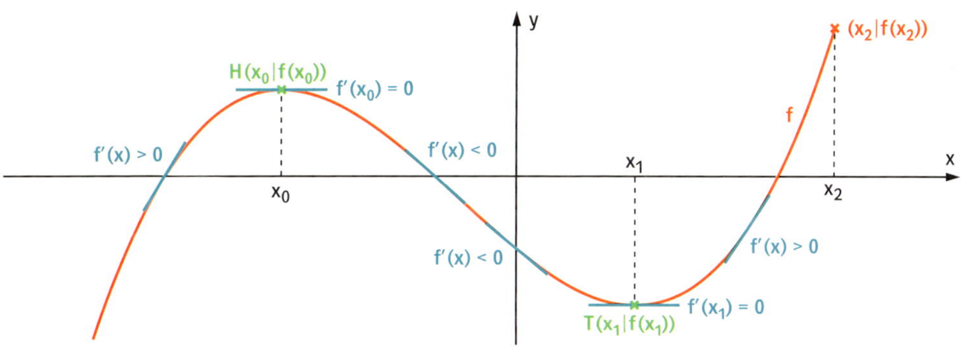

Fig. 2

*An der Stelle x_0 hat die Funktion f ein **relatives** Maximum, denn es gilt zum Beispiel $f(x_2) > f(x_0)$.*

Vorzeichenwechselkriterium für Extremstellen:
Die Stelle x_0 einer Funktion f ist eine Extremstelle von f, wenn gilt:
$f'(x_0) = 0$ und f' wechselt an der Stelle x_0 das Vorzeichen.

Wechselt die Ableitung das Vorzeichen an der Stelle x_0 von

„+" nach „–",	„–" nach „+",
dann hat f an der Stelle x_0 ein **Maximum**.	**Minimum**.
Der Graph der Funktion f hat dort den **Hochpunkt** $H(x_0 \mid f(x_0))$.	**Tiefpunkt** $T(x_0 \mid f(x_0))$.

Extremstellen finden und Extremwerte berechnen:
– Nullstellen von f' bestimmen und f' dort auf Vorzeichenwechsel untersuchen
– Funktionswerte berechnen

Beispiel 1

Gegeben ist die ganzrationale Funktion f mit der Gleichung $f(x) = \frac{1}{4}x^4 - \frac{2}{3}x^3$.

a) Bestimme die Nullstellen von f′. Welche Eigenschaft hat der Graph von f dort?

b) Berechne die Nullstellen von f und skizziere die Graphen von f′ und f.

Lösung:

a) Aus $f'(x) = x^3 - 2x^2 = x^2(x - 2) = 0$ folgt:
Die Nullstellen von f′ sind $x_1 = 0$ und $x_2 = 2$.
Der Faktor x^2 ist für alle Werte von x positiv. Deshalb wird das Vorzeichen von f′ allein von dem Faktor $(x - 2)$ bestimmt. Bei $x_1 = 0$ hat f′ keinen Vorzeichenwechsel. Der Faktor $x - 2$ ist negativ für $x < 2$ und positiv für $x > 2$. Die Ableitung wechselt also bei $x_2 = 2$ das Vorzeichen von „−" nach „+". Der Graph von f hat deshalb bei $x_1 = 0$ einen Sattelpunkt und bei $x_2 = 2$ einen Tiefpunkt.
Wegen $f(0) = 0$ und $f(2) = \frac{1}{4} \cdot 2^4 - \frac{2}{3} \cdot 2^3 = -\frac{4}{3}$ erhält man $S(0|0)$ und $T\left(2\middle|-\frac{4}{3}\right)$.

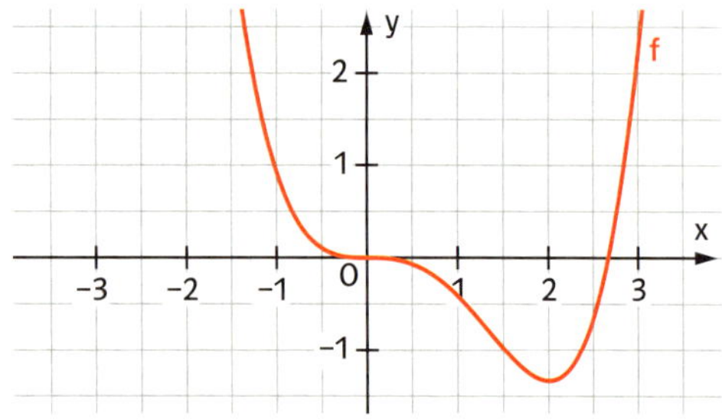

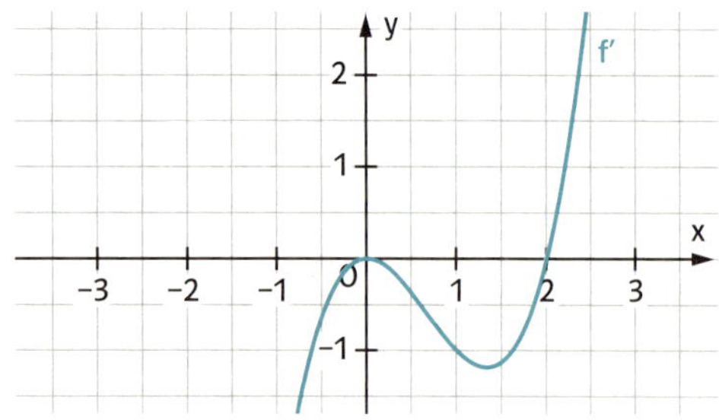

An der Stelle $x_2 = 2$ hat die Funktion f ein ***absolutes*** *Minimum, denn es gibt keinen Wert x mit der Eigenschaft $f(x) < f(x_2)$.*

b) Aus $f(x) = \frac{1}{4}x^4 - \frac{2}{3}x^3 = x^3\left(\frac{1}{4}x - \frac{2}{3}\right) = 0$ ergeben sich die Nullstellen $x_3 = 0$ und $x_4 = \frac{8}{3}$.
Der Graph von f schneidet die x-Achse in den Punkten $N_1(0|0)$ und $N_2\left(\frac{8}{3}\middle|0\right)$.

Beispiel 2

Fig. 1 zeigt den Graphen der Ableitung f′ einer Funktion f, Fig. 2 den Graphen der Ableitung g′ einer Funktion g. Beschreibe und skizziere einen möglichen Verlauf der Graphen von f und g.

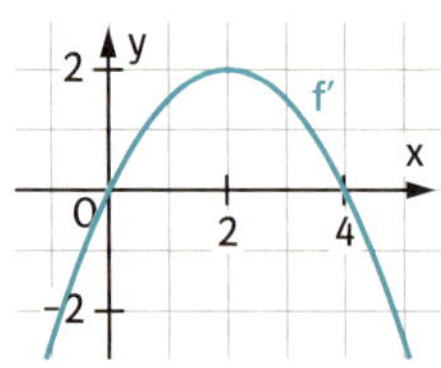

Fig. 1

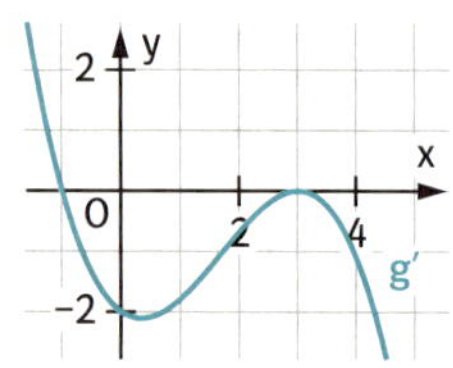

Fig. 2

Möglicher Verlauf der Graphen:

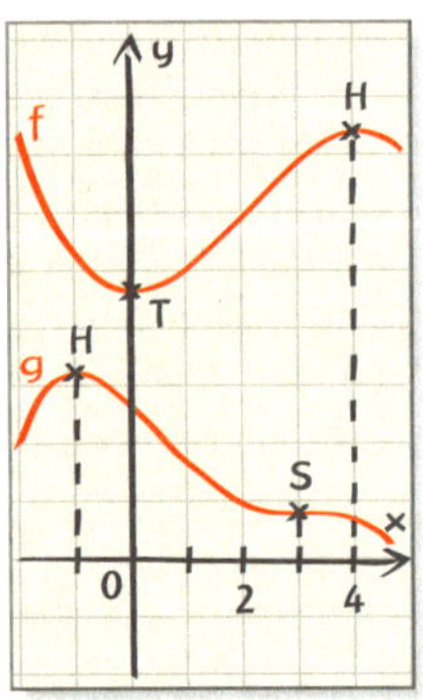

Lösung:

Die Ableitungsfunktion f′ hat die Nullstellen 0 und 4. Bei 0 wechselt sie das Vorzeichen von „−" nach „+" und bei 4 gibt es einen Vorzeichenwechsel von „+" nach „−".
Der Graph von f fällt also für $x \leqq 0$ und hat bei $x = 0$ einen Tiefpunkt. Er steigt im Intervall $[0; 4]$. Bei $x = 4$ befindet sich ein Hochpunkt. Für $x > 4$ ist der Graph fallend.
Die Ableitungsfunktion g′ ist nur für $x < -1$ positiv. Ihre Nullstellen liegen bei $x = -1$ und $x = 3$. Bei $x = -1$ wechselt g′ das Vorzeichen von „+" nach „−", bei $x = 3$ wechselt g′ das Vorzeichen nicht.
Der Graph von g ist also für $x \leqq -1$ streng monoton steigend und für $x \geqq -1$ streng monoton fallend. Bei $x = -1$ hat er einen Hochpunkt und bei $x = 3$ liegt ein Sattelpunkt vor.

Aufgaben

1 Skizziere einen möglichen Funktionsgraphen einer ganzrationalen Funktion, der

a) einen Hochpunkt bei $H(-2|3)$ und einen Tiefpunkt bei $T(2|-3)$ hat,

b) einen Tiefpunkt bei $T(-1|-4)$, einen Sattelpunkt bei $S(1|0)$ und einen Hochpunkt bei $H(4|3)$ hat,

c) weder Hoch- noch Tiefpunkte, aber genau zwei Sattelpunkte besitzt,

d) genau zwei Hochpunkte und genau einen Tiefpunkt besitzt.

2 Bestimme die Nullstellen der Ableitungsfunktion und untersuche f′ auf Vorzeichenwechsel. Welche Eigenschaften des Graphen von f lassen sich aus den Ergebnissen ablesen?

a) $f(x) = x^2 - 6x + 11$ b) $f(x) = 3x^2 - 2x + 1$ c) $f(x) = -2x^2 - 11x + 15$

d) $f(x) = x^3 - 3x$ e) $f(x) = x^3 - 2x - 5$ f) $f(x) = 3x^3$

g) $f(x) = \frac{1}{4}x^4 - \frac{2}{3}x^3 - \frac{3}{2}x^2$ h) $f(x) = -\frac{1}{4}x^4 + x^3 - 4$ i) $f(x) = (x^2 - 1)^2$

3 Bestimme alle Extremwerte von f und skizziere den zugehörigen Graphen.

a) $f(x) = x^3 + x$ b) $f(x) = x^5 + x^3$ c) $f(x) = 0{,}02x^5 - 0{,}1x^4$

4 Gib die Definitionsmenge an und berechne die relativen Extrempunkte des Graphen von f mithilfe der Ableitungsfunktion f′.

a) $f(x) = x + \frac{1}{x}$ b) $f(x) = \sqrt{x} - x$ c) $f(x) = \frac{1}{x^2} - x^2$

5 Gegeben ist die Ableitung f′ einer Funktion f. Berechne die x-Werte aller Punkte, in denen die Tangente an den Graphen von f parallel zur x-Achse verläuft. Entscheide, ob ein Hochpunkt, ein Tiefpunkt oder ein Sattelpunkt vorliegt.

a) $f'(x) = 3x + 2$ b) $f'(x) = x^2 + x - 6$ c) $f'(x) = x^3 - 3x^2$

6 Wo hat der in Fig. 2 dargestellte Funktionsgraph von f Hoch-, Tief- oder Sattelpunkte? Lies die jeweiligen Koordinaten ab. Beschreibe, wie sich das Steigungsverhalten und damit das Vorzeichen der Ableitung in der Umgebung der jeweiligen Stellen verändert.

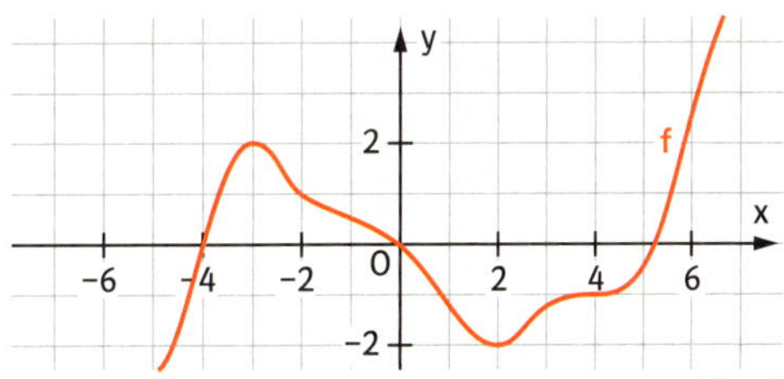

Fig. 2

7 In Fig. 3 ist der Graph der Ableitung einer ganzrationalen Funktion f skizziert.

a) An welchen Stellen hat der Graph von f Hochpunkte, an welchen Stellen hat er Tiefpunkte?

b) An welchen Stellen hat der Graph von f Sattelpunkte?

c) Skizziere anhand der Ergebnisse aus a) und c) einen möglichen Graphen von f.

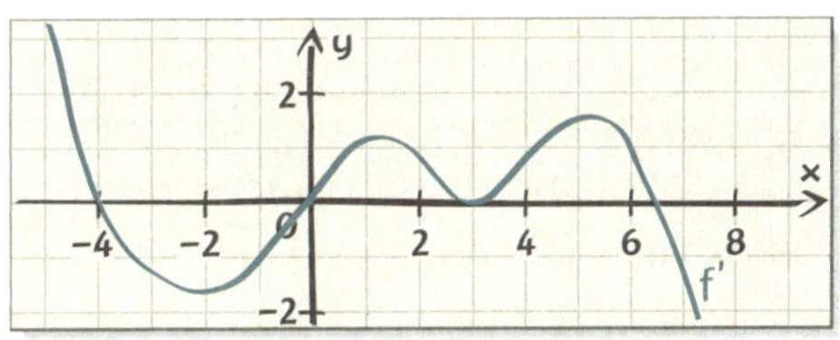

Fig. 3

Bist du sicher?

1 Fig. 1 zeigt den Graphen einer ganzrationalen Funktion f.

a) Lies die Koordinaten von Hoch-, Tief- und Sattelpunkt ab.

b) Skizziere anhand der Ergebnisse aus Teilaufgabe a) einen möglichen Verlauf des Graphen von f′.

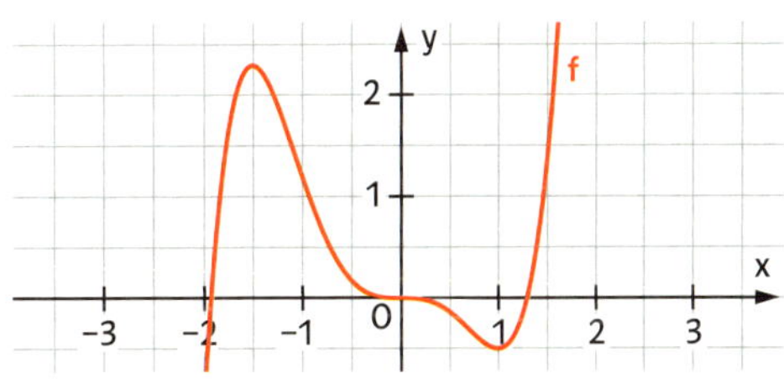

Fig. 1

2 Bestimme die Punkte, in denen die Tangente an den Graphen von f parallel zur x-Achse verläuft. Skizziere den Graphen und markiere Hoch-, Tief- und Sattelpunkte.

a) $f(x) = x^2 + 2x$ b) $f(x) = \frac{1}{2}x^3 - 3x^2 + 6x - 3$ c) $f(x) = x^4 - 4x^3 + 4x^2$

8 Extremwertprobleme

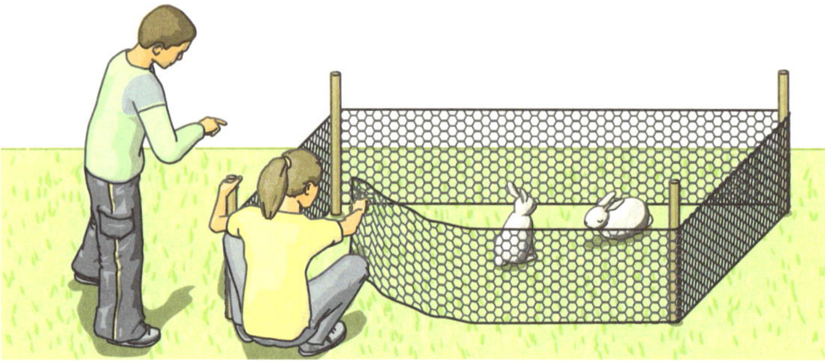

Marc: „Warum machst du das Gehege nicht quadratisch?“

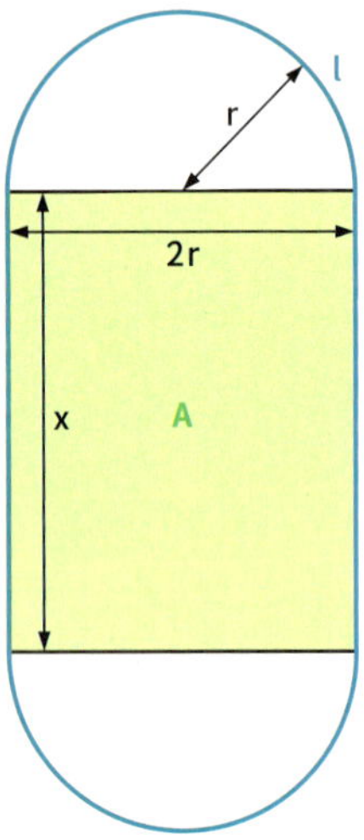

Fig. 1

Maße eines Fußballfeldes:
Länge: 90 m bis 120 m
Breite: 45 m bis 90 m
Üblich sind eine Länge von 105 m und eine Breite von 70 m.

Länge und Breite von Fußballfeldern sind nicht exakt festgelegt. Häufig ist das Feld von einer 400-m-Laufbahn umgeben, das sich aus zwei geraden Stücken der Länge x und zwei Halbkreisen mit dem Radius r zusammensetzt (Fig. 1). Man kann untersuchen, ob es möglich ist, ein Fußballfeld mit möglichst großem Flächeninhalt A zu bauen.

Es ergibt sich ein **Extremwertproblem**, das man wie folgt lösen kann:
Durch $A = x \cdot 2r$ wird eine **Zielfunktion** definiert. Da diese von zwei Variablen x und r abhängt, schreibt man $A(x, r) = x \cdot 2r$.
Die Länge der Laufbahn lässt sich durch $l = 2x + 2\pi r$ berechnen. Da die Laufbahn 400 m lang sein soll, gilt $400 = 2x + 2\pi r$. Diese Abhängigkeit nennt man **Nebenbedingung**. Löst man diese Gleichung z. B. nach r auf, so erhält man $r = \frac{1}{\pi}(200 - x)$. Setzt man diesen Term für r in die Gleichung der Zielfunktion ein, so erhält man
$A(x, r) = x \cdot 2r = x \cdot 2 \cdot \frac{1}{\pi}(200 - x) = \frac{1}{\pi}(400x - 2x^2)$.

Jetzt hängt die Zielfunktion nur noch von der Variablen x ab: $A(x) = \frac{1}{\pi}(400x - 2x^2)$.
Um herauszufinden, welche Länge x den größten Flächeninhalt ergibt, muss die Zielfunktion auf Extremwerte untersucht werden. Es gilt: $A'(x) = \frac{1}{\pi}(400 - 4x)$ und $A''(x) = -\frac{4}{\pi}$.

Notwendige Bedingung: $A'(x_0) = 0 \iff \frac{1}{\pi}(400 - 4x_0) = 0$
$x_0 = 100$

Hinreichende Bedingung: $A'(x_0) = 0$ und $A''(x_0) \neq 0$
$A''(100) = -\frac{4}{\pi} < 0$

Es liegt also bei $x_0 = 100$ ein Maximum vor. Damit erhält man $r = \frac{100}{\pi} \approx 31{,}84$.
Es ist also möglich, ein Fußballfeld mit maximalem Flächeninhalt zu bauen, das den Vorschriften entspricht. Ein solches Feld ist 100 m lang und etwa 64 m breit. Sein Flächeninhalt beträgt etwa 6400 m².

Lösen von Extremwertproblemen

1. Beschreiben der Größe, die extremal werden soll, durch einen Term. Hierdurch wird die Zielfunktion bestimmt. Diese kann von mehreren Variablen abhängen.
2. Formulieren der Nebenbedingung(en).
3. Auflösen der Nebenbedingung(en) nach einer Variablen und Einsetzen in die Zielfunktion.
4. Untersuchen der Zielfunktion auf Extremwerte und Formulieren des Ergebnisses.

Beispiel

Fig. 1 und Fig. 2 zeigen Glasplatten, aus denen eine Ecke herausgebrochen ist.

a) Wie lang müssen die in Fig. 1 gezeichneten Schnittlinien u und v sein, wenn man aus dem Rest eine rechteckige Scheibe mit größtmöglichem Flächeninhalt herausschneiden will?

b) Berechne ebenso die Längen von u und v für die in Fig. 2 dargestellte Platte.

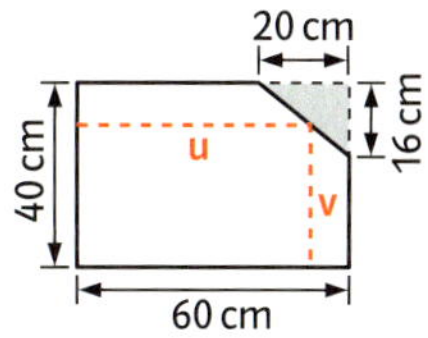

Fig. 1

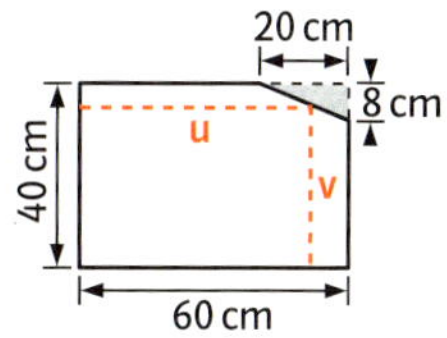

Fig. 2

Lösung:

a) 1. *Aufstellen der Zielfunktion:*

A(u, v) = u · v.

2. *Formulieren der Nebenbedingung:*

Wird die Glasplatte wie in Fig. 3 in ein Koordinatensystem gelegt, so lässt sich die Bruchkante $\overline{BC}$ als Teil einer Geraden auffassen, auf der der Eckpunkt P(u|v) des gesuchten Rechtecks liegt.

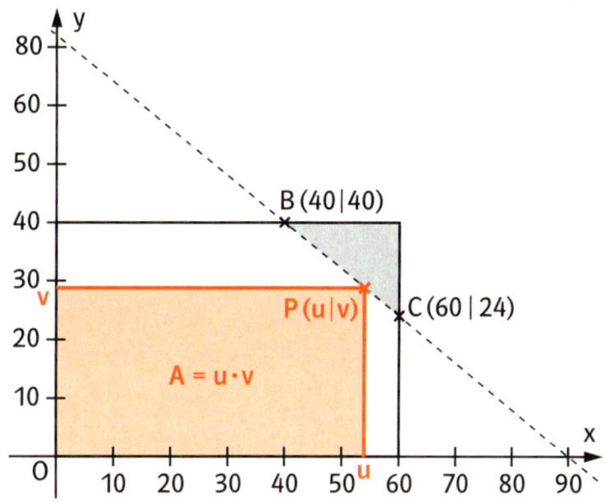

Fig. 3

Die Gerade durch die Punkte B und C hat die Gleichung $y = -\frac{4}{5}x + 72$. Für die Koordinaten von P gilt also $v = -\frac{4}{5}u + 72$ mit $40 \leqq u \leqq 60$.

3. *Einsetzen in die Zielfunktion:*

$A(u) = u\left(-\frac{4}{5}u + 72\right) = -\frac{4}{5}u^2 + 72u$

4. *Untersuchen der Zielfunktion auf Extremwerte und Formulieren des Ergebnisses:*

$A'(u) = -\frac{8}{5}u + 72$ $\qquad$ $A''(u) = -\frac{8}{5}$

Notwendige Bedingung: $A'(u_0) = 0 \iff -\frac{8}{5}u_0 + 72 = 0$

$u_0 = 45$

Hinreichende Bedingung: $A'(u_0) = 0$ und $A''(u_0) \neq 0$

$A''(45) = -\frac{8}{5} < 0$

Für $u_0 = 45$ liegt demnach ein Maximum vor. Mit der Nebenbedingung erhält man $v = 36$. Der Flächeninhalt wird also maximal, wenn aus der Glasplatte ein Rechteck mit den Seitenlängen $u = 45\,cm$ und $v = 36\,cm$ herausgeschnitten wird. Der Flächeninhalt beträgt dann $A = 45\,cm \cdot 36\,cm = 1620\,cm^2$.

b) Für die Glasplatte in Fig. 2 ändert sich die Gleichung der Geraden in der Nebenbedingung. Sie lautet nun $y = -\frac{2}{5}x + 56$. Für die Koordinaten von P gilt also $v = -\frac{2}{5}u + 56$ mit $40 \leqq u \leqq 60$. Daraus ergibt sich die Gleichung der Zielfunktion $A(u) = -\frac{2}{5}u^2 + 56u$. Diese hat ein Maximum für $u = 70$.

Wegen der Maße der Glasplatte ist ein solcher Schnitt aber nicht möglich; die Extremstelle liegt außerhalb des Intervalls $I = [40; 60]$.

Da die Funktion im Intervall I keine Extremstelle besitzt, können Scheiben mit maximalem Flächeninhalt nur entweder bei $u = 40\,cm$ oder bei $u = 60\,cm$, also an den Intervallrändern entstehen. Man erhält

$A(40) = -\frac{2}{5} \cdot 40^2 + 56 \cdot 40 = 1600,$

$A(60) = -\frac{2}{5} \cdot 60^2 + 56 \cdot 60 = 1920.$

Die Scheibe hat also höchstens den Flächeninhalt $1960\,cm^2$. Sie ist 60 cm breit und 32 cm lang (Fig. 4).

Fig. 4

Aufgaben

1 Zerlege die Zahl 12 so in zwei Summanden, dass
a) das Produkt der Summanden möglichst groß wird,
b) die Summe der Quadrate der Summanden möglichst klein wird.

2 Der Punkt P(u|v) in Fig. 1 liegt auf der Strecke $\overline{QR}$. An welcher Stelle muss der Punkt P liegen, damit der Flächeninhalt A des Rechtecks mit den Eckpunkten O(0|0), P'(u|0), P und P''(0|v) maximal wird?

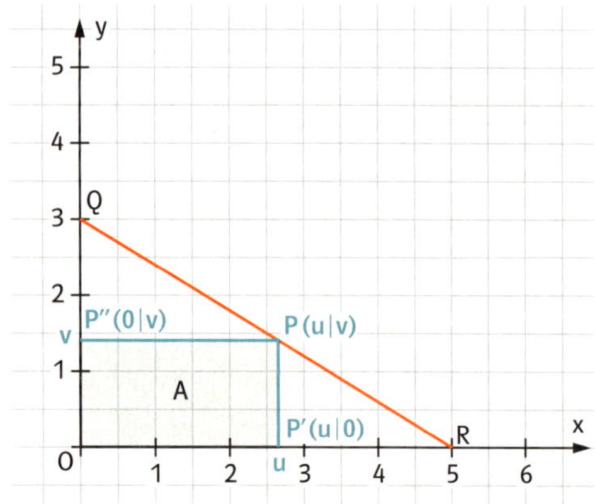

Fig. 1

3 Gegeben sind die Parabeln mit den Gleichungen $p(x) = x^2 - 2x + 2$ und $q(x) = 0{,}5x^2 + 2$. An welcher Stelle des Intervalls $I = [0; 4]$ wird die Summe, an welcher Stelle die Differenz der Funktionswerte extremal? Gib das Extremum an. Um welche Art handelt es sich?

Bist du sicher?

1 a) Welche beiden reellen Zahlen mit der Differenz 1 haben das kleinste Produkt?
b) Für welche positive Zahl wird die Summe der Zahl und ihres Kehrwertes minimal?

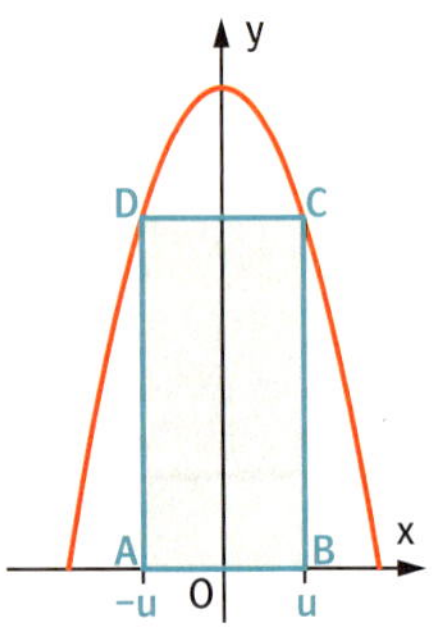

Fig. 2

2 Die Punkte A(−u|0), B(u|0), C(u|p(u)) und D(−u|p(u)) der Parabel mit der Gleichung $p(x) = 9 - x^2$ sind Eckpunkte eines Rechtecks (Fig. 2). Für welchen Wert von u, $0 \leqq u \leqq 3$, wird bei dem Rechteck das Maximum
a) des Flächeninhaltes,
b) des Umfangs
erreicht? Skizziere den Sachverhalt und gib auch den Extremwert an.

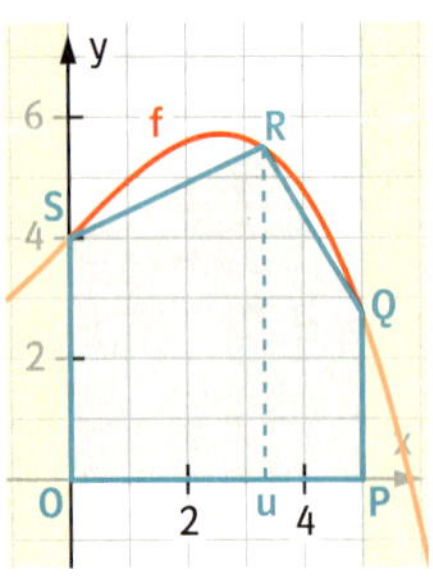

Fig. 3

4 Gegeben ist die Funktion f mit der Gleichung $f(x) = -0{,}05x^3 + x + 4$. Die Punkte O(0|0), P(5|0), Q(5|f(5)), R(u|f(u)) und S(0|f(0)) sind Eckpunkte eines Fünfecks (Fig. 3), bei dem die Lage von R von u abhängt $(0 \leqq u \leqq 5)$.
a) Verwende die Flächeninhaltsformel für Trapeze und zeige, dass sich der Flächeninhalt A des Fünfecks OPQRS mithilfe der Gleichung $A(u) = \frac{1}{2}(4 + f(u))u + \frac{1}{2}(f(u) + 2{,}75)(5 - u)$ berechnen lässt.
b) Für welchen Wert von u wird der Flächeninhalt A des Fünfecks OPQRS maximal? Gib auch das Maximum des Flächeninhalts an.

5 Die untere und obere Berandung des Querschnitts eines 6 m langen Betonfertigteils (Fig. 4) sind durch die Graphen der Funktionen $f\colon x \to -\frac{1}{4}x^2 + \frac{3}{2}x$ und $g\colon x \to -\frac{1}{10}x^3 + \frac{9}{10}x^2 - \frac{9}{5}x + 4$ gegeben (x, f(x) und g(x) jeweils in m).
Bestimme die Stellen, an denen die Höhe h des Betonteils extremal ist. Wie hoch ist das Betonteil an diesen Stellen jeweils?

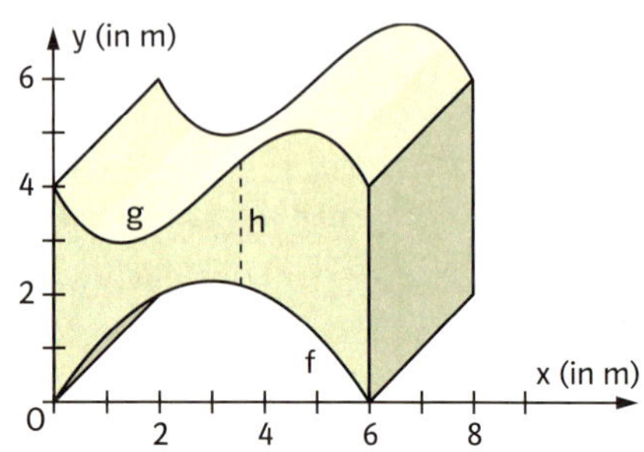

Fig. 4

6 Von welchem Punkt des Graphen von f hat der Punkt Q den kleinsten Abstand?

a) $f(x) = \frac{1}{x}$; Q(0|0)
b) $f(x) = x^2$; Q(0|1,5)
c) $f(x) = x^2$; Q(3|0)
d) $f(x) = \sqrt{x}$; Q(a|1,5), $a \geqq 0{,}5$

Bei der Berechnung von Abständen treten häufig Wurzelterme auf. Zur Bestimmung der Extremstellen einer Distanzfunktion d kann auch die quadrierte Distanzfunktion d^2 verwendet werden.

7 Welches Rechteck mit dem Umfang 30 cm (mit dem Umfang a cm) hat die kürzeste Diagonale?

8 Welches rechtwinklige Dreieck mit der Hypotenuse 6 cm erzeugt bei Rotation um eine Kathete (um die Hypotenuse) den Rotationskörper größten Volumens?

9 Ein Rechteck ABCD ist 12 cm lang und 8 cm breit; M ist die Mitte von $\overline{CD}$ (Fig. 1). Dem Rechteck soll ein Parallelogramm so einbeschrieben werden, dass zwei Seiten parallel zu $\overline{AM}$ sind. Für welche Lage des Punktes P wird der Flächeninhalt des Parallelogramms am größten?

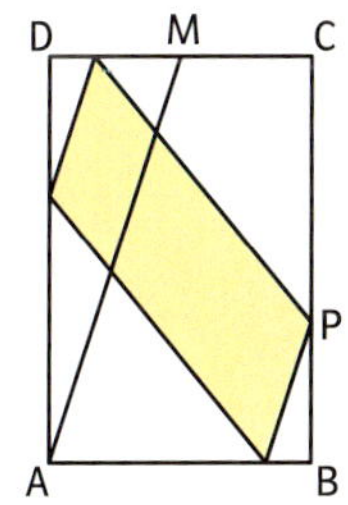

Fig. 1

10 Der Querschnitt eines Abwasserkanals hat die Form eines Rechtecks mit aufgesetztem Halbkreis. Wie müssen bei gegebenem Umfang U des Querschnitts die Rechteckseiten gewählt werden, damit der Querschnitt den größten Flächeninhalt hat?

11 Aus einem 40 cm langen und 20 cm breiten Karton soll durch Herausschneiden von sechs Quadraten eine Schachtel hergestellt werden, deren Deckel auf drei Seiten übergreift (Fig. 2). Wie groß sind die Quadrate zu wählen, damit das Volumen der Schachtel möglichst groß wird?

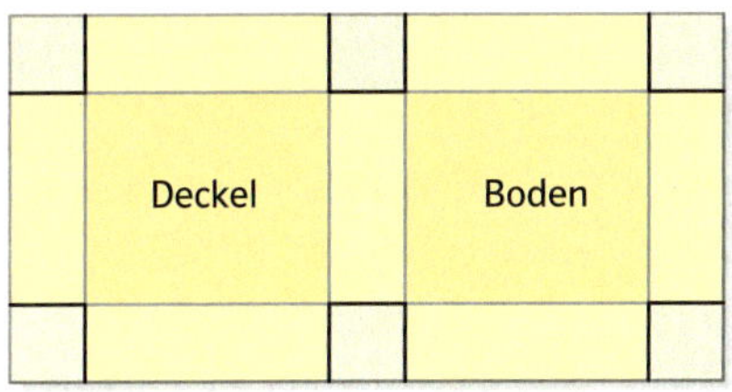

Fig. 2

12 Es sollen zylinderförmige Dosen mit dem Volumen V hergestellt werden (Fig. 3). Wie sind r und h zu wählen, damit

a) die gesamte Naht aus Mantellinie, Deckelrand und Bodenrand minimal wird,
b) der Oberflächeninhalt möglichst klein wird?

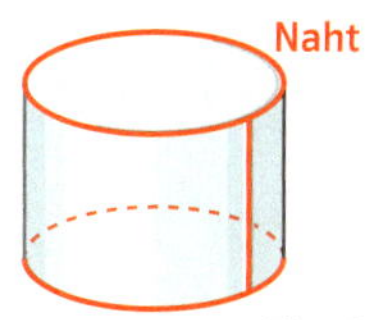

Fig. 3

13 Aus einem Kreis mit dem Radius r wird ein symmetrischer Stern ausgeschnitten (Fig. 4) und die vier Eckpunkte A, B, C und D zur Spitze einer quadratischen Pyramide hochgebogen. Wie groß kann das Volumen der entstehenden Pyramide höchstens werden? Wie groß ist in diesem Fall der Oberflächeninhalt der Pyramide?

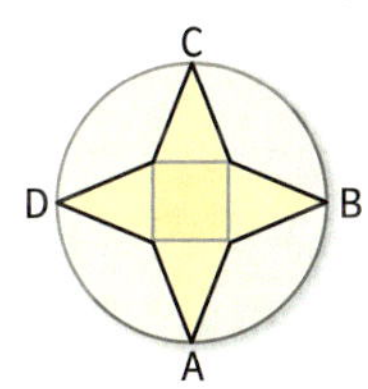

Fig. 4

14 Auf einem dreieckigen Grundstück soll eine rechteckige Lagerhalle gebaut werden. Bestimme für die Fälle A und B (Fig. 6) die größtmögliche Fläche der Halle, wenn diese

a) bis zur Grundstücksgrenze reichen darf,
b) 3 m Abstand zur Grenze haben muss.

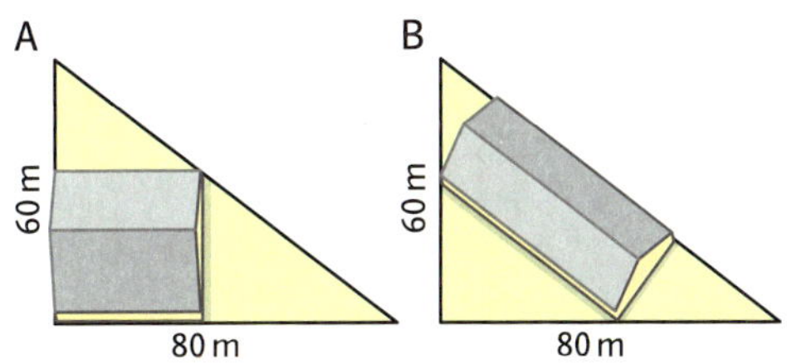

Fig. 6

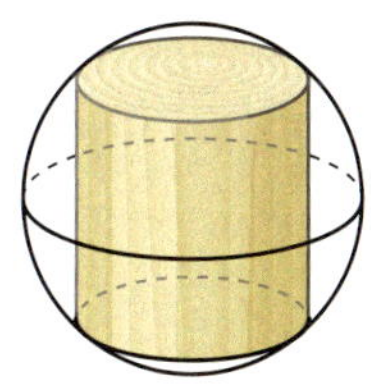
Fig. 5

15 Eine Holzkugel soll so bearbeitet werden, dass ein Zylinder mit möglichst großem Volumen entsteht (Fig. 5). Wie sind der Radius und die Höhe des Zylinders zu wählen?

16 Einer Kugel wird ein gerades Prisma mit einem gleichseitigen Dreieck als Grundfläche einbeschrieben (Fig. 7). Wie groß ist das maximal mögliche Prismavolumen?

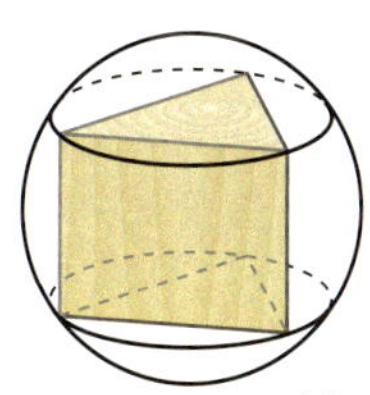
Fig. 7

Wiederholen – Vertiefen – Vernetzen

1 Bestimme die Ableitungsfunktion.

a) $f(x) = 2x^3$ b) $f(x) = x^{-3}$ c) $f(x) = -2x + 3x^5 + 2x$

d) $f(x) = \frac{1}{x^2}$ e) $f(x) = x^{-4} + x^5$ f) $f(x) = x + \sqrt{x}$

g) $f(x) = \sin(x) + 3x^2$ h) $f(x) = \sqrt{x} - 5\cos(x)$ i) $f(x) = 3\sin(x) + 3\cos(x)$

2 a) $f(x) = 1 + x^2$ b) $f(x) = 2(x + 1)$ c) $f(x) = (x + 1)^2$

d) $f(x) = x \cdot x$ e) $f(x) = x^5 : x$ f) $f(x) = \frac{1+x}{x}$

g) $f(x) = a x^c$ h) $f(x) = x^{2+c} + c^2$ i) $f(x) = x^3 + cx$

3 Bestimme die Funktionsgleichung der Tangente im Punkt $P_0(x_0 | f(x_0))$.

a) $f(x) = 0{,}1x^3;\ x_0 = 3$ b) $f(x) = \frac{2}{x};\ x_0 = 4$ c) $f(x) = 3x^2 - 2;\ x_0 = -1$

4 In welchem Punkt $P_0(x_0 | f(x_0))$ verläuft die Tangente an den Graphen von f parallel zur Geraden g mit der Gleichung $g(x) = 10 - 3x$?

a) $f(x) = 2\sqrt{x}$ b) $f(x) = -\frac{1}{x}$ c) $f(x) = -0{,}01x^3$

d) $f(x) = x^2 + a$ e) $f(x) = bx^2$ f) $f(x) = bx^3 + c$

5 Gegeben sind die Funktionen $f: x \to -x^2 - 2x + 1$ und $g: x \to x^3 + 1$.

a) An welchen Stellen sind die Funktionswerte der beiden angegebenen Funktionen gleich groß?

b) An welchen Stellen sind die Ableitungen der beiden angegebenen Funktionen gleich groß?

6 In welchen Punkten hat der Graph von f die Steigung m? Gib die jeweiligen Tangentengleichungen an.

a) $f(x) = \frac{1}{3}x^3 - 8x;\ m = 1$ b) $f(x) = (2x + 1)^2;\ m = 8$ c) $f(x) = x^3 - 3x^2 + 6;\ m = 0$

d) $f(x) = -\frac{4}{x};\ m = 1$ e) $f(x) = \frac{1}{x^2} + 2x;\ m = \frac{9}{4}$ f) $f(x) = x^5 + 5x^3 + 3;\ m = 4$

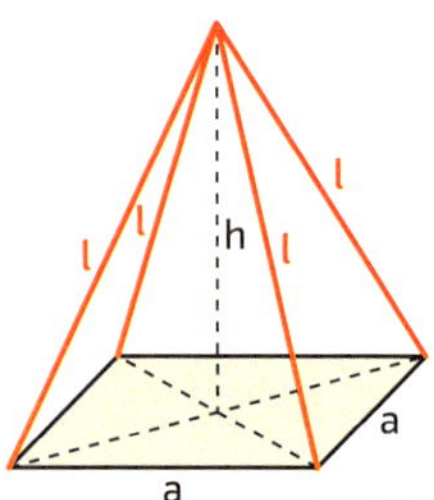

Fig. 1

7 Fig. 1 zeigt den Graphen der Ableitungsfunktion f′ einer Funktion f. Ist die folgende Aussage zutreffend? Begründe deine Antwort.

a) Die Funktion f ist im Intervall [0; 2] streng monoton abnehmend.

b) Der Graph von f hat an der Stelle −1 einen Tiefpunkt.

c) Der Graph von f hat genau einen Tiefpunkt und genau einen Hochpunkt.

d) Die zweite Ableitungsfunktion f″ von f hat genau drei Nullstellen.

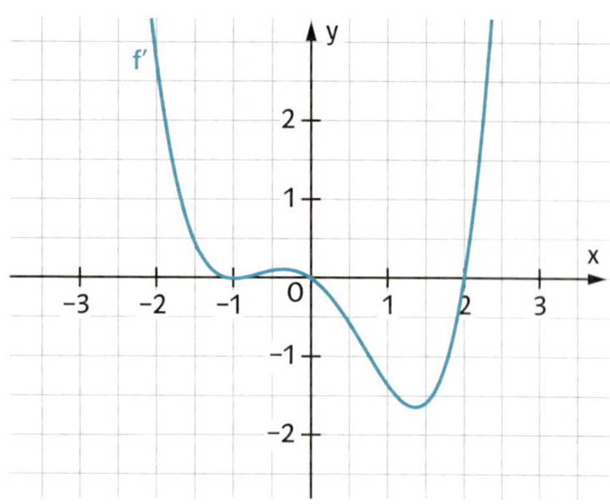

Fig. 2

8 Mithilfe von vier gleich langen Stäben der Länge l (l = 1,5 m) soll ein pyramidenförmiges Zelt mit quadratischer Grundfläche aufgestellt werden (Fig. 2).
Bei welcher Höhe h und welcher Kantenlänge a der Grundfläche ergibt sich das maximale Zeltvolumen? Wie viel Quadratmeter Zeltstoff sind in diesem Fall erforderlich?

Der Streit um die Ableitung

Der Ableitungsbegriff gehört zu den wohl größten geistigen Erkenntnissen in der Mathematik. Moderne Naturwissenschaft und Technik wären ohne Ableitungskalkül kaum denkbar. Die Betrachtung beliebig kleiner Größen war seit der Antike von Interesse. Vollständig hergeleitet wurde die Ableitung im 17. Jahrhundert im Zusammenhang mit Extremwertaufgaben und der Bestimmung von Tangenten und Flächeninhalten.

Ein Kalkül ist eine Methode zur systematischen Lösung bestimmter Probleme.

Nach Vorarbeiten von Fermat, Descartes, Barrows, Gregory und anderen waren es der Engländer Newton (Barrows Schüler) und der Deutsche Leibniz, die den Ableitungsbegriff systematisch entwickelten, Newton von 1665 bis 1666 und Leibniz von 1672 bis 1676. Beide veröffentlichten ihre Ergebnisse erst viel später: Newton 1671 (in „De Methodis Serierum et Fluxiorum“) und 1704 („Opticks“), Leibniz sogar erst 1684. Auch wenn sich die Ergebnisse von Newton und Leibniz formal unterschieden, waren sie inhaltlich gleichwertig.

Fermat löste das Tangentenproblem bereits 1640. Da er keine Grenzwertbetrachtung durchführte, konnte er seine Ergebnisse allerdings nicht mathematisch exakt begründen.

Sir Isaac Newton (1643–1727)
Newton war Professor in Cambridge und einer der größten Mathematiker und Physiker aller Zeiten. Das von Newton verfasste Werk „Principia Mathematica“, in dem er die Gravitation und die Bewegungsgesetze beschrieb, werden als eines der wichtigsten wissenschaftlichen Werke der Mathematik und Physik eingestuft.

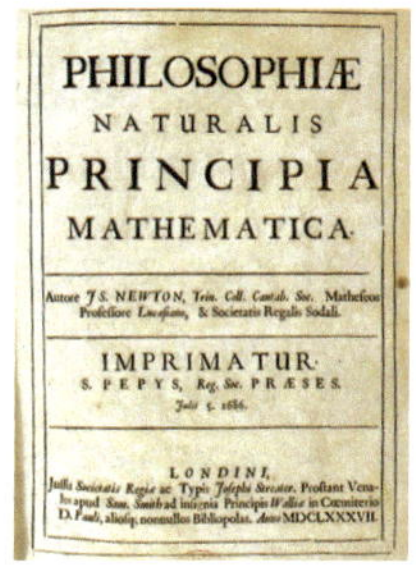

Newton fasste variable Größen wie x und y als zeitabhängig auf: x(t) und y(t). Diese nannte er „Fluenten“ (Fließende). Mit $\dot{x}(t)$ und $\dot{y}(t)$ bezeichnete er die Zeitableitungen von x und y, also deren „Geschwindigkeiten“, die er „Fluxionen“ nannte. Wie Newton mit diesen Fluxionen arbeitete, soll an einem Beispiel verdeutlicht werden:

Die Schreibweise $\dot{x}$ wird heute noch in der Physik für die Ableitung einer zeitabhängigen Größe x verwendet.

Eine Kugel wird von einem Tisch waagerecht aus einer Höhe von einem Meter mit einer waagerechten Anfangsgeschwindigkeit von $2{,}5\,\frac{m}{s}$ gestoßen. Die horizontale Entfernung vom Abwurfpunkt x zur Zeit t lässt sich mit der Gleichung $x = 2{,}5\,\frac{m}{s} \cdot t$ berechnen. Die Ableitung $\dot{x} = 2{,}5\,\frac{m}{s}$ gibt die hier konstante horizontale Momentangeschwindigkeit der Kugel an. Die Höhe y kann man mit der Gleichung $y = 1\,m - \frac{1}{2} g \cdot t^2$ $\left(g \approx 10\,\frac{m}{s^2}\right)$ bestimmen. Damit ist die vertikale Momentangeschwindigkeit $\dot{y} = -g \cdot t$. Newton deutete den Quotienten $\frac{\dot{y}}{\dot{x}}$ als Steigung der Bahnkurve: $\frac{\dot{y}}{\dot{x}} = \frac{-g \cdot t}{2{,}5\,\frac{m}{s}} = \frac{-g \cdot \frac{x}{2{,}5\,\frac{m}{s}}}{2{,}5\,\frac{m}{s}} = \frac{-g \cdot x}{\left(2{,}5\,\frac{m}{s}\right)^2} = -\frac{g}{\left(2{,}5\,\frac{m}{s}\right)^2} \cdot x$. Dabei ersetzte er die Zeit t durch $\frac{x}{2{,}5\,\frac{m}{s}}$. Die Gleichung der Bahnkurve erhält man durch die gleiche Ersetzung aus $y = 1\,m - \frac{1}{2} g \cdot t^2$, also $y = 1\,m - \frac{g}{2 \cdot \left(2{,}5\,\frac{m}{s}\right)^2} \cdot x^2$. Die Bahnkurve ist der Graph der Funktion $f\colon x \to 1\,m - \frac{g}{2 \cdot \left(2{,}5\,\frac{m}{s}\right)^2} \cdot x^2$. Leitet man diese nach den bekannten Regeln ab, so erhält man mit $f'(x) = -\frac{g}{\left(2{,}5\,\frac{m}{s}\right)^2} \cdot x$ das gleiche Ergebnis wie Newton für den Quotienten $\frac{\dot{y}}{\dot{x}}$.

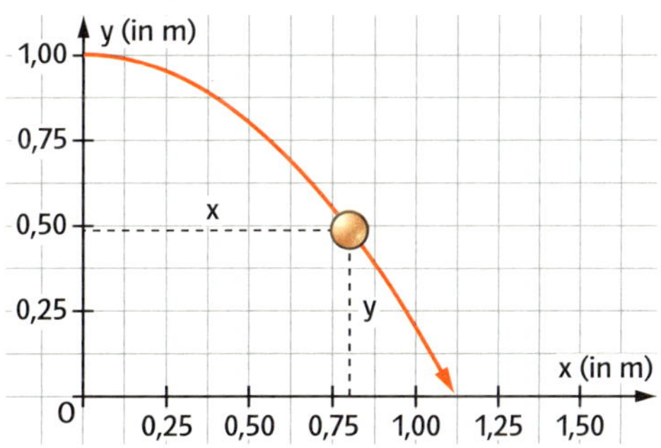

Fig. 1

Der Streit um die Ableitung

„Beim Erwachen hatte ich schon so viele Einfälle, dass der Tag nicht ausreichte, um sie niederzuschreiben."
G. W. Leibniz

Gottfried Wilhelm Leibniz (1646 – 1716)
Leibniz gilt als letzter Universalgelehrter. Er war Jurist, Diplomat, Politiker, Philosoph, Historiker, Theologe, Naturwissenschaftler und Mathematiker.
In einem Manuskript von Leibniz trat 1673 erstmals das Wort „functio" auf. Er gebrauchte dort „Funktion" im Sinne von „eine Funktion haben".

Leibniz ging bei der Lösung des Tangentenproblems ähnlich wie Newton vor, benutzte aber eine dem Problem besser angepasste Schreibweise.
Im Falle der quadratischen Funktion mit der Gleichung $y = x^2$ etwa bezeichnete er den Zuwachs von x mit dx und bestimmte damit den Zuwachs dy von y mit:
$dy = (x + dx)^2 - x^2 = x^2 + 2x \cdot dx + (dx)^2 - x^2 = 2x \cdot dx + (dx)^2$.
Indem er nun $(dx)^2$ vernachlässigte („weil es im Vergleich zu den restlichen Größen unendlich viel kleiner ist"), erhielt er $dy = 2x \cdot dx$ und damit $\frac{dy}{dx} = 2x$.
Für die verschwindend kleinen Größendifferenzen dx und dy führte Leibniz den Begriff „Differenziale" ein. Den „Quotienten" $\frac{dy}{dx}$ nannte Leibniz entsprechend Differenzialquotient. Da dieser „Quotient" der Differenziale kein Quotient im üblichen Sinne ist, wird er „dy nach dx" gelesen und als Ganzes gesehen.

*Der Teilbereich der Mathematik, der sich u. a. mit Ableitungen beschäftigt, wird inzwischen auch **Differenzialrechnung** genannt.*

Betrachtet man die Ableitung, wie sie in Lerneinheit 2 eingeführt wird, so ist der Differenzialquotient $\frac{dy}{dx}$ an der Stelle x_0: $\lim\limits_{h \to 0} \frac{f(x_0 + h) - f(x_0)}{h}$, also die Ableitung von f an der Stelle x_0.
Leibniz betrachtete den Differenzialquotienten nun geometrisch und beschrieb ihn mithilfe von verschwindend kleinen Dreiecken (heute würde man von Steigungsdreiecken sprechen). Die Ableitung ergibt sich dann über den Quotienten der Kathetenlängen dieser verschwindend kleinen Dreiecke, also der Differenziale $\frac{dy}{dx}$.
Auch wenn Leibniz noch nicht mathematisch exakt begründen konnte, wie man durch verschwindend kleine Größen dividieren soll, so konnte er doch mit dem von ihm entwickelten Ableitungsbegriff erfolgreich Probleme lösen, die zuvor nicht zugänglich waren. Hierzu nutzte er auch die in Lerneinheit 7 behandelten Ableitungsregeln, die also bereits von ihm gefunden wurden.

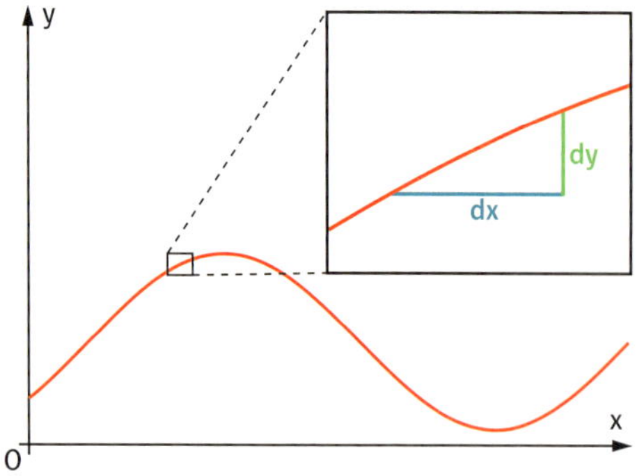

Fig. 1

Zunächst wurde weder die Idee von Newton noch die von Leibniz von der Wissenschaft akzeptiert.
Berühmt wurde eine Schrift des Philosophen und Bischofs Berkeley: „Und was sind diese Fluxionen? Die Geschwindigkeiten von verschwindenden Zunahmen? Sie sind weder endliche Größen noch unendlich kleine Größen noch gar nichts. Sollten wir sie nicht die Geister dahingeschiedener Größen nennen?"

Nach dem Bischof Berkeley wurde später die Universitätsstadt von Kalifornien benannt.

Der Streit um die Ableitung

Eine große Schwierigkeit lag darin, dass im 17. Jahrhundert der Grenzwertbegriff noch nicht zur Verfügung stand. Eine exakte Definition der Ableitung konnte daher weder von Newton noch von Leibniz gegeben werden, sondern nur jeweils eine mehr oder weniger anschauliche Beschreibung.
Da die damaligen Überlegungen zur Ableitung aber bereits zur Lösung von Extremwertproblemen oder zur Bestimmung von Tangenten sehr hilfreich waren, erkannte man schließlich doch die große Bedeutung der Ableitung. So kam es gegen Ende des 17. Jahrhunderts zu einem der wohl berühmtesten Prioritätenstreits in der Mathematik.

Der Konflikt schwelte zunächst für etwa ein Jahrzehnt, spitzte sich aber mit einer Antwort von Leibniz auf Newtons Veröffentlichung zu, die von Newtons Anhängern als Beleidigung angesehen wurde. Verschärft durch nationalistische Untertöne wurden dem Deutschen Leibniz 1710 aus dem britischen Umfeld Newtons heraus heftige Vorwürfe gemacht, er habe sich die Ideen von Newton aus zwei noch nicht veröffentlichten Schriften von diesem zunutze gemacht, ohne dies anzuerkennen.
Leibniz wehrte sich gegen die Vorwürfe durch einen förmlichen Einspruch. Eine von der Royal Society (deren Präsident übrigens Newton selbst war) eingesetzte Untersuchungskommission entschied 1712 jedoch gegen Leibniz, ohne diesen überhaupt anzuhören oder auch nur anzuschreiben. Damit war Leibniz kurz vor seinem Lebensende wissenschaftlich zutiefst diskreditiert.
Auf dem Kontinent sah man zwar den Schuldspruch der Kommission der Royal Society als nicht stichhaltig an; eine endgültige historische Rehabilitierung von Leibniz ergab sich aber erst 1949 durch das Bekanntwerden der mathematischen Manuskripte der Pariser Zeit (1671 – 1676) in allen Details. Hierdurch wurde deutlich, dass Newton und Leibniz ihre Entdeckungen unabhängig voneinander gemacht hatten.

Die „Royal Society" wurde 1660 in London gegründet und widmete sich der Förderung der Mathematik und der Naturwissenschaften. Von 1703 bis 1727 stand Sir Isaac Newton der Royal Society als Präsident vor.

Vermutlich wegen der einfacheren Darstellung hat sich der Formalismus von Leibniz, vor allem unter dem Einfluss des Schweizer Mathematikers Leonhard Euler, später durchgesetzt.
Euler erklärte, dass die unendlich kleinen Größen null seien, dass ihr Quotient aber durchaus einen endlichen Wert haben könne. Ihm gelang es, die Idee der Ableitung sowie deren Anwendungen maßgeblich weiterzuentwickeln.
Eine genaue Definition der Ableitung konnte im 19. Jahrhundert mithilfe des inzwischen exakt gefassten Grenzwertbegriffs unter anderem von dem Franzosen Augustin Louis Cauchy sowie dem deutschen Professor Karl Weierstraß geliefert werden.

Leonhard Euler (1707 – 1783)
Leonhard Euler gehörte zu den produktivsten Mathematikern des 18. Jahrhunderts. Insgesamt gibt es 866 Publikationen von ihm! Er führte unter anderem die Schreibweise f(x) für Funktionen und die Bezeichnung π für die Kreiszahl ein.

Karl Weierstraß (1815 – 1879)
Karl Weierstraß war zunächst 20 Jahre lang Gymnasiallehrer in Münster, bevor er als Professor in Berlin lehrte.

1 Erstelle eine Präsentation über den Prioritätenstreit zur Ableitung. Erläutere hierbei auch die mit der Ableitung verbundenen Schwierigkeiten sowie die Vor- und Nachteile der unterschiedlichen Ansätze.

Rechnerische Bestimmung der Ableitung einer Funktion

Man stellt den Differenzenquotienten im Intervall $[x_0; x_0 + h]$ auf. Der Differenzenquotient wird so umgeformt, dass h im Nenner wegfällt oder dass der Nenner für $h \to 0$ gegen einen von null verschiedenen Wert strebt. Die Ableitung ergibt sich dann als Grenzwert des Differenzenquotienten für $h \to 0$.

f mit $f(x) = x^2$

$$f'(x_0) = \lim_{h \to 0} \frac{f(x_0 + h) - f(x_0)}{h} = \lim_{h \to 0} \frac{(x_0 + h)^2 - x_0^2}{h} = \lim_{h \to 0} \frac{x_0^2 + 2x_0 h + h^2 - x_0^2}{h}$$
$$= \lim_{h \to 0} \frac{2x_0 h + h^2}{h} = \lim_{h \to 0} \frac{h \cdot (2x_0 + h)}{h} = \lim_{h \to 0} (2x_0 + h) = 2x_0$$

Es gilt also $f'(x) = 2x$.

Ableitungsfunktion

Ist eine Funktion f für alle $x \in D_f$ differenzierbar, so heißt die Funktion, die jeder Stelle x der Definitionsmenge D_f die Ableitung $f'(x)$ an dieser Stelle zuordnet, die Ableitungsfunktion f' oder Ableitung von f.

Ableitungsregeln

Potenzregel:
Für eine Funktion f mit $f(x) = x^n$, $n \in \mathbb{Q}$, gilt $f'(x) = n \cdot x^{n-1}$.

$f(x) = x^4$; $f'(x) = 4x^3$

Faktorregel:
Für die Funktion f mit $f(x) = r \cdot g(x)$, $r \in \mathbb{R}$, gilt $f'(x) = r \cdot g'(x)$.

$f(x) = 7 \cdot x^4$; $f'(x) = 7 \cdot 4x^3 = 28x^3$

Summenregel:
Für die Funktion f mit $f(x) = g(x) + h(x)$ gilt $f'(x) = g'(x) + h'(x)$.

$f(x) = 7 \cdot x^4 + x^{-2}$; $f'(x) = 28x^3 - 2x^{-3}$

Ableitung der Sinus- und Kosinusfunktion

Für die Funktion f mit $f(x) = \sin(x)$ gilt $f'(x) = \cos(x)$.
Für die Funktion g mit $g(x) = \cos(x)$ gilt $f'(x) = -\sin(x)$.

$f(x) = 2\sin(x) - 5\cos(x)$
$f'(x) = 2\cos(x) - 5(-\sin(x))$
$= 2\cos(x) + 5\sin(x)$

Extremstellen

Vorzeichenwechselkriterium:
Wenn $f'(x_0) = 0$ und f' das Vorzeichen bei x_0 wechselt, dann ist x_0 eine Extremstelle von f.
Wenn $f'(x_0) = 0$ und f' das Vorzeichen bei x_0 von „+" nach „–" wechselt, dann ist der Punkt $H(x_0 | f(x_0))$ ein Hochpunkt des Graphen.
Wenn $f'(x_0) = 0$ und f' das Vorzeichen bei x_0 von „–" nach „+" wechselt, dann ist der Punkt $T(x_0 | f(x_0))$ ein Tiefpunkt des Graphen.
Ableitungskriterium:
$f'(x_0) = 0$ und $f''(x_0) < 0$ (Maximum)
$f'(x_0) = 0$ und $f''(x_0) > 0$ (Minimum)

$f'(x) = x^2 - 1 = 0$ für $x_1 = -1$ oder $x_2 = 1$
$f''(-1) = 2 \cdot (-1) = -2 < 0$; Maximum bei x_1
$H\left(-1 \middle| \frac{2}{3}\right)$ ist ein Hochpunkt des Graphen.
f' wechselt bei $x_2 = 1$ das Vorzeichen von „–" nach „+"; Minimum bei x_2.
$T\left(1 \middle| -\frac{2}{3}\right)$ ist ein Tiefpunkt des Graphen.

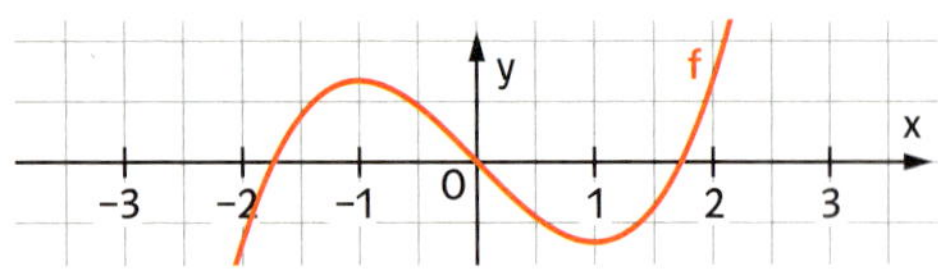

$x_3 = 0$ ist eine Nullstelle von f''.
$f'''(0) = 2 \neq 0$. $W(0|0)$ ist ein Wendepunkt.

Lösen von Extremwertproblemen

1. Beschreiben der Größe, die extremal werden soll, durch einen Term. Hierdurch wird die Zielfunktion bestimmt.
2. Formulieren der Nebenbedingung(en).
3. Auflösen der Nebenbedingung(en) nach einer Variablen und Einsetzen in die Zielfunktion.
4. Untersuchen der Zielfunktion auf Extremwerte.

Welche beiden Zahlen x und y mit Summe 16 haben das größte Produkt?
Zielfunktion: $P(x, y) = x \cdot y$
Nebenbedingung: $x + y = 16$
$P(x) = x \cdot (16 - x) = 16x - x^2$
$P'(x) = 16 - 2x$, also $0 = 16 - 2x_0 \iff x_0 = 8$
$P''(8) < 0$, es ist also $x = 8$ und $y = 8$.

Training

Runde 1

1 Bestimme die Funktionsgleichung der Ableitungsfunktion f'.

a) $f(x) = 7x^2$
b) $f(x) = 4x^2 - 5x$
c) $f(x) = \frac{1}{x} - 4x$
d) $f(x) = -3\sin(x) + \cos(x)$

2 Fig. 1 zeigt den Graphen einer Funktion f. Ist die Aussage über die zugehörige Ableitungsfunktion f' zutreffend? Begründe.

a) Der Graph der Ableitungsfunktion f' schneidet an der Stelle 2 die x-Achse.
b) Der Graph der Ableitungsfunktion f' verläuft durch den Koordinatenursprung.
c) Der Graph der Ableitungsfunktion f' verläuft für $1 \leqq x \leqq 2$ unterhalb der x-Achse.

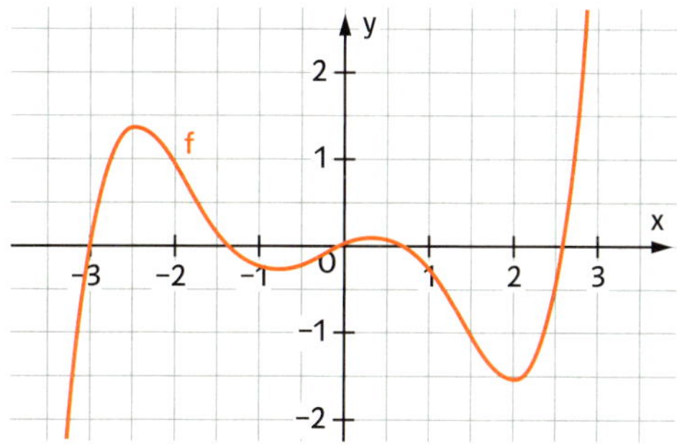

Fig. 1

3 Gegeben ist die Funktion f mit $f(x) = x^4 - 4x^2 + 4$.

a) Untersuche den Graphen von f auf Schnittpunkte mit der x-Achse.
b) Bestimme die Extrempunkte. Zeichne den Graphen für $-2 \leqq x \leqq 2$.
c) Der Graph einer ganzrationalen Funktion g vom Grad 2 schneidet den Graphen von f bei $x = 1$ und $x = -1$ rechtwinklig.
Bestimme alle Schnittpunkte der beiden Graphen.

4 Wie muss die Strecke x in Abhängigkeit von a gewählt werden, damit der Flächeninhalt des grün gefärbten Dreiecks in Fig. 2 möglichst groß wird?

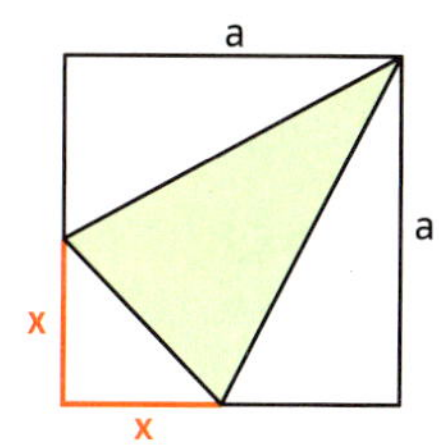

Fig. 2

Runde 2

1 Skizziere den Graphen von f'.

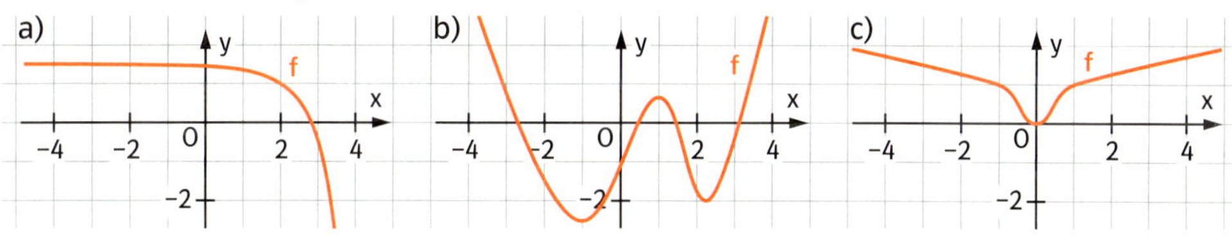

Fig. 3

2 Bestimme die Gleichung der Tangente t an den Graphen von f im Punkt P.

a) $f(x) = x^2 + 0{,}5x$; $P(-3\,|\,f(-3))$
b) $f(x) = -2\sin(x)$; $P\left(\frac{\pi}{4}\,\middle|\,f\left(\frac{\pi}{4}\right)\right)$

3 Untersuche die Funktion f auf Nullstellen, Extremstellen und Wendestellen. Skizziere den Funktionsgraphen.

a) $f(x) = -x^3 + 6x^2$
b) $f(x) = -\frac{1}{3}x^3 + x$
c) $f(x) = -\frac{1}{18}x^4 + x^2$
d) $f(x) = \frac{1}{6}x^3 - x^2 + \frac{8}{3}$
e) $f(x) = \frac{1}{6}x^4 - x^3 + 2x^2$
f) $f(x) = \frac{1}{10}x^4 - x^2 + \frac{9}{10}$

4 Fig. 4 zeigt den Graphen der zweiten Ableitungsfunktion f'' einer Funktion f. Welche Aussagen ergeben sich hinsichtlich der ersten Ableitungsfunktion f', welche Aussagen hinsichtlich der Funktion f? Skizziere einen möglichen Verlauf des Graphen von f' und einen möglichen Verlauf des Graphen von f.

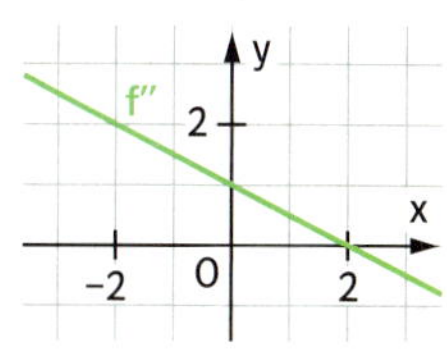

Fig. 4

Lösungen auf den Seiten 252–253.

Bankkaufmann

Michael Kohn ist Bankkaufmann und Leiter der Abteilung Organisation/IT einer Stadtsparkasse. Zu den Aufgabenbereichen gehören der Umbau von Geschäftsstellen, die Netzwerk-, Hardware- und Softwarebetreuung, die Geschäftsprozessoptimierung und der Bereich Eletronic Banking. „In meinem Studium und meiner Lehrzeit waren mathematische Kenntnisse die Grundlage für Vieles", erinnert sich der Diplom-Bankkaufmann. Vom Dreisatz über Zins und Zinseszinsrechnung in der Ausbildung bis hin zur Vektorrechung und den Lagrange-Multiplikatoren im Studium galt es, das mathematische Schulwissen anzuwenden und auszubauen. Beispielsweise hätten sie gelernt, wie man Kontostaffeln (Kontoabrechnungen) erstellt, deren Berechnung heute maschinell erfolgt. „Auch bei der Berechnung der Deckungslücke in der Altersvorsorge (Einkommensunterschiede beim Renteneintritt) braucht man die Zinseszinsrechnung."

Lagrange-Multiplikatoren werden bei Optimierungsaufgaben zum Auffinden eines Extremwertes eingesetzt.

Nun benötige er noch andere mathematische Inhalte. „Erst letztens haben wir bei der Anschaffung eines Geldausgabeautomaten eine **Investitionsrechnung** durchgeführt", berichtet Herr Kohn, „um beurteilen zu können, ob sich die Investition lohnt." Dazu mussten wir verschiedene Daten zusammentragen, um den so genannten **Break-even-Punkt** zu bestimmen – also den Zeitpunkt, bei dem die Einnahmen die Ausgaben übersteigen.

Der Saldo ist die Differenz aus Einzahlungen und Auszahlungen.

„Bei der **Kapitalwertmethode** handelt es sich um ein dynamisches Investitionsverfahren, weil hier mehrere Perioden (mehrere Jahre mit eventuell unterschiedlichen Zinssätzen) berücksichtigt werden. Der Sinn dieser Berechnung ist mit einem Satz gut umschrieben: *„Heute verfügbares Geld ist mehr wert als künftiges"*. Daher ermittelt man den heutigen Wert aller zu erwartenden Ein und Auszahlungen, indem man den Saldo der Zahlungen auf den heutigen Tag abzinst," erklärt Herr Kohn, „Ist der Saldo positiv, lohnt sich die Investion. Schwierig ist dabei immer die Wahl des richtigen Abzinsungszinssatzes".
Eine Investitionsrechnung ist in folgender Situation sinnvoll. Angenommen, ein Geldausgabeautomat kostet etwa 50 000,00 €. Die Wartungs- und Reparaturkosten pro Jahr würden sich schätzungsweise auf 1000,00 € belaufen. Die Kostenersparnis durch den Automaten (es werden Personalkosten eingespart) könnte man mit 10 000 € pro Jahr festlegen.

1 Bestimme den Break-even-Punkt für das geschilderte Beispiel. (Tipp: „Im Laufe des 6. Jahres" ist als Antwort beim vorgeschlagenen Zinssatz nicht richtig!)

Referent im Bundesministerium für Gesundheit

„Mathematik steckt in allen Bereichen der Sozialpolitik und ohnehin in allen Lebensbereichen“, sagt Dr. Margot Fälker, die Referentin im Bundesministerium für Gesundheit ist und sich dort mit der Finanzentwicklung der gesetzlichen Krankenversicherung und ökonomischen Grundsatzfragen der Gesundheitspolitik befasst. Zu ihren Aufgaben gehören die Berechnungen der Auswirkungen von gesetzlichen Maßnahmen auf die finanzielle Lage der gesetzlichen Krankenversicherung. Zudem bewertet sie Gutachten und analysiert Eckdaten über gesamtwirtschaftliche Entwicklungen bezüglich ihrer Auswirkungen auf die Einnahmen und Beitragssätze der Krankenkassen sowie mögliche Steigerungsraten in den unterschiedlichen Leistungsbereichen des Gesundheitswesens.

Bevor sie im Bundesministerium für Gesundheit gearbeitet hat, war Margot Fälker als wissenschaftliche Mitarbeiterin am Max-Planck-Institut für Gesellschaftsforschung beschäftigt. Auf die statistischen Analyseverfahren, die für die international vergleichende Studie über demokratische Einstellungen erforderlich waren, hatte sie sich bei ihrer Promotion spezialisiert. Schon während ihres Studiums der Sozialwissenschaften haben sie die Möglichkeiten der Mathematik und der Statistik fasziniert, weil man damit Realität und komplexe Sachverhalte gut strukturieren und erklären kann.

Die finanzielle Entwicklung der gesetzlichen Krankenversicherung hängt von Entwicklungen der Konjunktur und des Arbeitsmarktes, der Demografie, dem Gesundheitszustand der Menschen, dem medizinisch-technologisichen Fortschritt und schließlich den Interventionen des Gesetzgebers ab. Prognosen sind daher von großen Unsicherheiten geprägt.

Ausgaben der gesetzlichen Krankenkassen

Jahr	1994	1995	1996	1997	1998	1999	2000
Ausgaben insgesamt in Mrd. €	117,38	124,00	127,92	125,29	127,47	130,92	133,70
Veränderung der Ausgaben in %		5,64	3,16	2,06	1,74	2,71	2,12

Jahr	2001	2002	2003	2004	2005	2006
Ausgaben insgesamt in Mrd. €	138,81	143,03	145,09	140,18	143,81	147,58
Veränderung der Ausgaben in %	3,82	3,04	1,44	3,38	2,59	2,62

Die Daten stammen aus der Sozialdatenbank des Bundesministeriums für Gesundheit.

2

a) Analysiere die Daten. Unterstelle, dass es keine Veränderungen gibt und prognostiziere, wie hoch die Ausgaben im Jahr 2010 bzw. im Jahr 2015 wären.
b) Wie würde die Entwicklung aussehen, wenn die Ausgaben z. B. in den Jahren 1997 um 3 Mrd. € und 2004 um 7 Mrd. € höher gewesen wären?

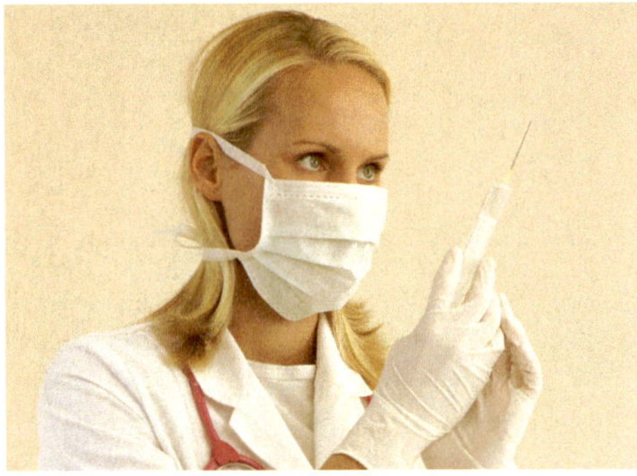

Anästhesist

Vitalfunktionen:
- *Atmung*
- *Herzfunktion*
- *Kreislauf*
- *Temperatur*
- *Ausscheidung*

Dr. Anne-Marie Müller arbeitet seit vier Jahren als Anästhesistin an einem Klinikum. Zu ihren Hauptaufgaben zählt es, Patienten während einer Operation in der **Narkose** zu halten und deren Vitalfunktionen zu überwachen. Wurde die Narkose früher mithilfe eines Narkosegases erreicht, so verabreicht man heute die Narkotika überwiegend intravenös.

Während einer Narkose können Medikamente mithilfe eines Perfusors kontrolliert injiziert werden.

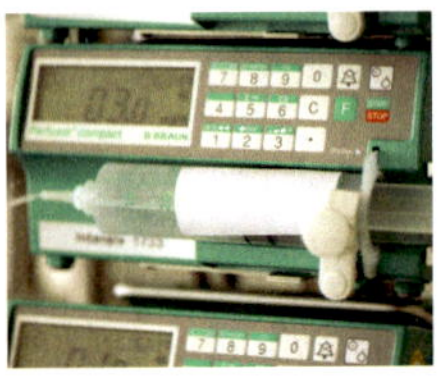

„Neben der Fähigkeit, möglichst viele Informationen in kurzer Zeit aufzunehmen, waren insbesondere in den ersten Semestern naturwissenschaftliche Kenntnisse erforderlich“, meint Anne-Marie Müller, „hierbei spielte die Mathematik eine wichtige Rolle.“ Als Anästhesistin ginge es häufig darum, die richtige Dosierung der Narkosemittel beim Patienten einzustellen. Hierbei werden üblicherweise zwei Medikamente eingesetzt: Für das „Einschlafen“ werde ein so genanntes Hypnotikum verwendet, für die Schmerzstillung geeignete Opiate. Durch eine geschickte Abstimmung der beiden Medikamente kann man bereits bei einer geringen (und damit für den Patienten wenig belastenden) Dosierung eine angemessene Narkose erzielen.

Die abgebildeten Graphen in Fig. 1 zeigen die Hypnotikum- und die Opiat-Konzentration bei einem Patienten bis um 10.00 Uhr während einer Narkose.

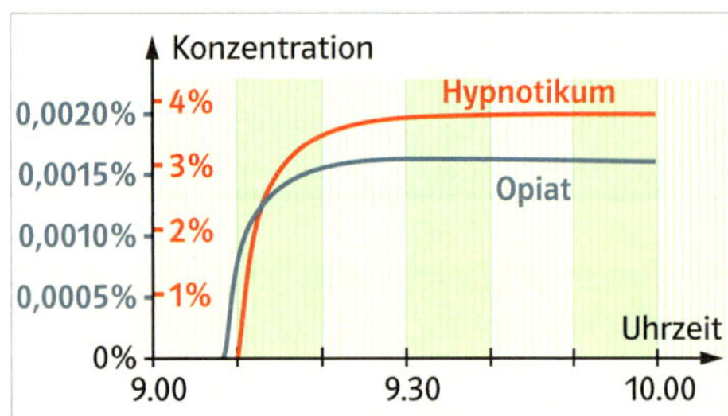

Fig. 1

Mithilfe der Initialdosis soll der Patient möglichst schnell einschlafen.

Zur Einleitung der Narkose wird eine Initialdosis gegeben. Nachdem eine gewisse Konzentration erreicht ist, wird die Dosierung der Medikamente reduziert. Die Wirkung des Medikaments richtet sich nach der sich im Blut befindlichen Konzentration.

H-Konz.	O-Konz.	Verhalten des Patienten
3,2%		P. nicht mehr ansprechbar
3,5%		P. schläft ein
	0,001%	Atmung des P. setzt aus
	0,0015%	P. spürt keine Hautschnitte

Gegen 10.00 Uhr wurden die beiden Narkotika abgesetzt. Nach der Absetzung der Medikamente werden diese vom Körper abgebaut. Hierbei beträgt die Halbwertszeit für das Hypnotikum etwa 77 Minuten und die des Opiates etwa 8 Minuten.

3
a) In welchem Zeitraum musste der Patient beatmet werden?
b) Nach welcher Zeit durfte der Operateur die Haut des Patienten aufschneiden?
c) Wann wird der Patient in etwa aufwachen?
d) Wann wird der Patient wieder ansprechbar sein?

Entwicklungsingenieur

Michael Beck arbeitet seit 20 Jahren als Entwicklungsingenieur bei einem großen deutschen Automobilhersteller. In seinen Aufgabenbereich fallen die Entwicklung und Erprobung geeigneter **Bremsregelsysteme**. Michael Beck hat sein Ingenieurs-Diplom an einer Fachhochschule erworben. „Ich habe mich für die FH entschieden", erinnert er sich, „weil das Studium hier wesentlich praxisorientierter als an den meisten Universitäten gehalten wird. Aber auch an der FH ist Mathematik ein absolutes Muss!"

„Bei der Entwicklung von neuen Bremsregelsystemen für Fahrzeuge müssen diese immer wieder auf Teststrecken mithilfe von Messdiagrammen überprüft werden. Die Auswertungen und die Interpretation dieser Messdaten gehören zu den typischen Arbeiten eines Entwicklungsingenieurs", beschreibt Michael Beck sein Arbeitsumfeld. Es komme darauf an, aus den Messdaten mit mathematisch-physikalischem Wissenshintergrund Erkenntnisse zu gewinnen, mit denen das System dann weiterentwickelt werden kann.

Bei der Entwicklung eines Bremsregelsystems versucht man, eine maximale Bremswirkung unter verschiedenen Bedingungen (Untergründe, Wetter u.a.) zu erreichen. Wird ein Fahrzeug abgebremst, so bezeichnet man die Drehzahl der bremsenden Räder mit d_b und die eines leer mitlaufenden Rades mit d_m. Bei einer Bremsung ist d_b kleiner als d_m.

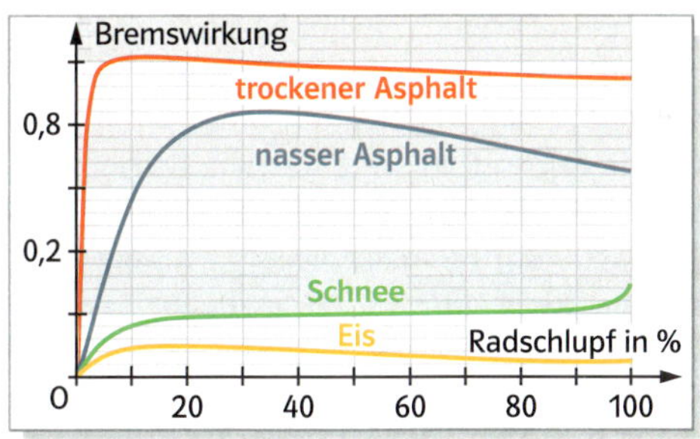

Fig. 1

Unter dem Radschlupf versteht man den Quotienten $\frac{dm - db}{dm}$. Dieser liegt zwischen 0 % (keine Bremsung) und 100 % (Vollbremsung mit blockierenden Reifen).
Bei Testfahrten zur Ermittlung der optimalen Bremswirkung werden Messdiagramme der Funktion *Radschlupf* → *Bremskraft* aufgenommen und anschließend analysiert (Fig. 1).

4
a) Begründe, warum der Radschlupf bei einer Vollbremsung 100 % beträgt.
b) Auf welchem Untergrund erzielt man die beste Bremswirkung?
c) Welche Bedingungen sind für den Bremsvorgang am unberechenbarsten? Begründe.
d) Wie ließe sich erklären, dass bei Schnee die maximale Bremswirkung beim maximalen Radschlupf erreicht wird?
e) Bei einer Bremsung soll der Radschlupf so geregelt werden, dass die Bremswirkung auf den angegebenen Untergründen möglichst groß ist. Gib hierzu ein Kurzgutachten an, in dem auch das Verhältnis der beiden Drehzahlen aufgeführt wird.

Unternehmensberater

Svenja Ballack arbeitet seit 15 Jahren als freie Unternehmensberaterin für Firmen in Süddeutschland. Bei der Beratung von Firmen gehe es häufig darum, wirtschaftliche Zusammenhänge in einem Unternehmen zu erkennen und zu analysieren, um komplexe, betriebliche Probleme beschreiben und lösen zu können.

„Wenn man Unternehmensberater werden will, stellt man schnell fest, dass es dafür gar keine eigene Ausbildung oder einen Studiengang gibt", beginnt Frau Ballack. „Im Gegenteil, Leute aus den verschiedensten Studiengebieten arbeiten als Berater: Betriebswirtschaftler, Informatiker, Ingenieure, Mediziner und auch Mathematiker." Wichtig sei in diesem Beruf vor allem, dass man gelernt habe, strukturiert und logisch (und an vielen Stellen eben auch mathematisch) zu denken.

Ein internationaler Konzern will ein Identifikationssystem einführen. Jeder Mitarbeiter soll hierzu eine Chip-Karte erhalten, um mit dieser weltweit alle Firmengelände betreten zu können. Dadurch erhofft sich der Konzern einerseits Zeit und Geldeinsparungen und zum anderen ein höheres Maß an Sicherheit. Darüber hinaus sollen die Chip-Karten Zusatzfunktionen erhalten, die zum Beispiel die bargeldlose Bezahlung in der Kantine erlauben sollen, so dass Verwaltungsaufwände entfallen.

Für die Einführung einer solchen Chip-Karte müsste der Konzern zunächst investieren: Die Karten müssen erzeugt werden, technische Systeme müssen eingekauft, aufgebaut und betrieben werden. Zusätzlich müssen die Karten personalisiert und ausgegeben werden. Und schließlich wollen die Mitarbeiter auch über das neue System, seine Anwendung und seinen Nutzen informiert werden. Das alles kostet Geld und Zeit. Weiterhin muss man bedenken, dass die Kosten und Zeiteinsparungen nicht sofort anfallen, sondern verteilt über mehrere Jahre. Sie sind also eine Funktion der Zeit.

5 a) Erstelle für den Konzern ein Empfehlungsgutachten, in dem die Vor- und Nachteile der Einführung des Identifikationssystems dargestellt sind.
b) Mit welchen Informationen könnte ein Gutachten genauer erstellt werden?

Der Konzern hat weltweit rund 14 200 Mitarbeiterinnen und Mitarbeiter in 85 Niederlassungen.

Würde man statt der Investition in die Chip-Karte das Geld anlegen, so könnte man mit einer Rendite von ca. 5% pro Jahr rechnen.

Die Produktions- und Personalisierungskosten für eine Chip-Karte beträgt 1,30 €, jedes Lesegerät € 1200 (wegen der hohen Sicherheitsanforderungen), jedes Drehkreuz 10 000 € und der Umbau der Eingangshallen jeweils 50 000 €.

Die Wartung der Lesegeräte und der Drehkreuze werden durch eine Fremdfirma durchgeführt, die für die Wartung der Lesegeräte 27% des Kaufpreises pro Jahr verlangt (15 % bei den Drehkreuzen).

Pro Niederlassung beschäftigt die Firma zurzeit im Durchschnitt 9 Pförtner, die alle – bis auf drei am Haupteingang – andere Aufgaben übernehmen können. Jeder verursacht Personalkosten von 30 000 € im Jahr.

Jedes Jahr müssen 10% der Karten ausgetauscht werden.

Konzernweit sind die durchschnittlichen Lohnkosten 60 000 € im Jahr bei 220 Arbeitstagen á 8 Stunden. Die Schulung der Mitarbeiter über die neue Regelung dauert 2 Stunden.

Jede Niederlassung hat im Durchschnitt vier Eingänge, die jeweils mit drei Lesegeräten und drei Drehkreuzen ausgestattet werden sollen.

Strahlenschutzbeauftragte

Melanie Brenner ist als Strahlenschutzbeauftragte bei einer Firma beschäftigt. Zu ihren Hauptaufgaben zählen der Bereich **Strahlenschutz** und Strahlenmesstechnik. Ihr Arbeitsplatz befindet sich im Kontrollbereich, in dem die beschäftigte Person, z. B. durch ein Stab- oder Filmdosimeter (Fig. 1), gesondert überwacht werden müssen.

„Nach dem Abitur besuchte ich drei Jahre die Berufsakademie und belegte die Fachrichtung Strahlenschutz. Mein Ausbildungsbetrieb war das Deutsche Krebsforschungszentrum. In der Einrichtung für Strahlenschutz und Dosimetrie absolvierte ich meine praktische Ausbildung. Ich hätte nie gedacht, dass die Schulmathematik so oft Anwendung findet." Als Diplom-Ingenieurin für Strahlenschutz müsse man die aktuelle Aktivität der radioaktiven Quellen im Betrieb (z. B. ^{137}Cs, ^{90}Sr, ^{60}Co, ^{125}J, …) kennen bzw. bestimmen. Dies ist wichtig, um Aussagen über die Empfindlichkeit z. B. eines Aktivitätsmessgerätes machen zu können.

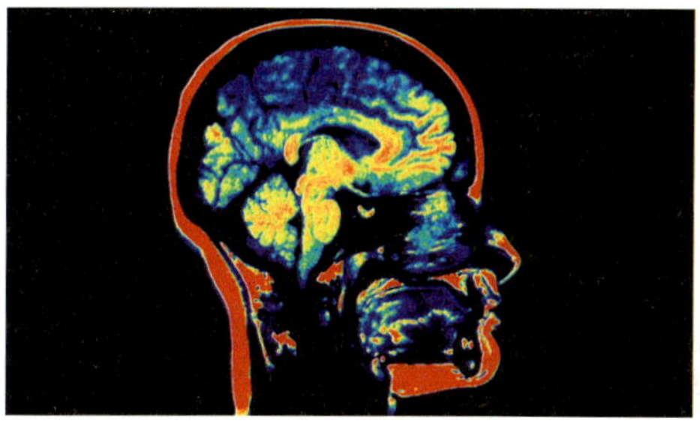

Aktivitätsmessgeräte werden u. a. in der Nuklearmedizin verwendet. Für bestimmte medizinische Untersuchungen, z. B. am Gehirn, wird einem Patienten eine radioaktive Substanz verabreicht. Damit der Patient nicht unnötig durch die Strahlung belastet wird, das Ergebnis der Untersuchung aber auch aussagekräftig ist, muss man die vorhandene Aktivität exakt kennen.

Ein Strahler Jod ^{125}J ist durch die Angaben auf seinem Aufbewahrungsbehälter gekennzeichnet. Die Aktivität gibt die Anzahl der Kernzerfälle pro Zeitintervall an. Ihre Einheit ist 1 Kernzerfall pro Sekunde = 1 Becquerel (Bq).

Fig. 1

6 a) Wie groß war die Aktivität des Strahlers ungefähr am 1. April 2007 und am 31. Dezember 2007? Wie groß wird sie etwa am 31.1.2020 sein? Wie groß war die Aktivität des Strahlers vermutlich am 1.1.2007?
b) Bestimme, bis zu welchem Datum der Strahler in Gebrauch sein darf, wenn hierfür eine Mindestaktivität von 37 MBq gefordert wird.
c) Hat der Strahler seine Mindestaktivität erreicht, so kann er nicht gleich im Anschluss entsorgt werden. Die Strahlenschutzverordnung schreibt einen Höchstwert der Strahlenbelastung von 100 Bq/g vor. Wie lange muss der Strahler mindestens unter Verschluss gelagert werden, bis er entsorgt werden darf?

Symbol für Radioaktivität

1 In einem rechtwinkligen Dreieck mit den Katheten a und b und der Hypotenuse c ist ein Seitenverhältnis gegeben. Berechne die beiden anderen Seitenverhältnisse.

a) $\frac{a}{b} = \frac{3}{4}$ b) $\frac{b}{c} = \frac{5}{9}$ c) $\frac{a}{c} = \frac{2}{7}$

2 Bestimme für ein rechtwinkliges Dreieck ABC mit den Katheten a und b die Hypotenuse c, $\sin(\alpha)$, $\cos(\alpha)$, $\sin(\beta)$ und $\cos(\beta)$. Runde gegebenenfalls deine Ergebnisse auf vier Dezimalstellen.

a) a = 3,3 cm und b = 6,5 cm b) a = 7,2 cm und b = 2,1 cm

3 Ein rechtwinkliges Dreieck ABC hat die Hypotenuse c = 10 cm und die Kathete b = 3 cm. Bestimme die Kathete a, $\sin(\alpha)$, $\cos(\alpha)$, $\sin(\beta)$, $\cos(\beta)$, $\tan(\alpha)$, und $\tan(\beta)$. Runde gegebenenfalls auf vier Dezimalstellen.

4 Bestimme mit dem Taschenrechner. Runde auf vier Nachkommastellen.

a) sin (6°) b) cos (84°) c) tan (6°) d) sin (32°)
e) cos (89,5°) f) tan (7,8°) g) sin (17,1°) h) cos (68,5°)
i) tan (69,41°) j) sin (27,85°) k) tan (77,89°) l) cos (0,64°)

5 Bestimme mit dem Taschenrechner den Winkel α zu den folgenden Funktionswerten. Runde auf Zehntelgrad.

a) sin (α) = 0,444 b) cos (α) = 0,777 c) tan (α) = 0,987 d) tan (α) = 12,5
e) cos (α) = 0,444 f) sin (α) = 0,888 g) tan (α) = 1,121 h) tan (α) = 10,5
i) tan (α) = 0,087 j) tan (α) = 1000 k) sin (α) = 0,043 l) cos (α) = 0,501

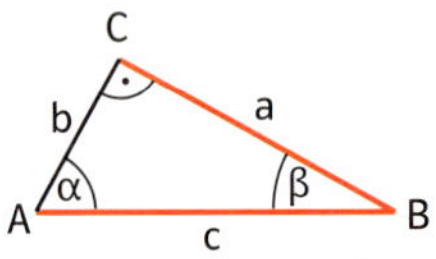

Fig. 1

6 In einem rechtwinkligen Dreieck ABC wie in Fig. 1 sind die Hypotenuse und eine Kathete gegeben. Berechne die Winkel und die fehlende Kathete. Runde sinnvoll.

a) a = 2,3 cm; c = 5,4 cm b) b = 3,5 cm; c = 35,2 cm c) a = 1,5 km; c = 8,2 km
d) b = 8,15 m; c = 21,25 m e) a = 76 m; c = 155 m f) b = 19,6 km; c = 28,2 km
g) a = 0,15 m; c = 1,54 m h) b = 0,181 m; c = 1,41 m i) a = 0,896 m; c = 2,821 m

7 Berechne für ein rechtwinkliges Dreieck ABC wie in Fig. 1 die fehlenden Seiten und Winkel. Runde sinnvoll.

a) a = 5,9 cm; α = 16,9° b) c = 115 m; β = 62,5° c) b = 436 mm; β = 9,6°
d) c = 8 cm; β = 70,5° e) a = 48,2 m; α = 32° f) b = 126 m; α = 32,3°
g) c = 7,8 cm; α = 26,8° h) c = 215 mm; β = 72,3° i) c = 1,36 m; β = 8,8°

8 Berechne für ein rechtwinkliges Dreieck ABC mit den Katheten a, b und der Hypotenuse c die fehlenden Seiten und Winkel. Markiere sie zunächst in einer Skizze.

a) c = 6 cm; α = 50° b) b = 24,5 cm; β = 27,5° c) b = 5,4 cm; c = 7,2 cm
d) a = 8 cm; β = 70,5° e) b = 47 m; α = 38° f) a = 3,0 cm; c = 15,1 cm
g) a = 6,0 m; α = 32,7° h) a = 25,1 m; b = 12,4 m i) c = 101 m; β = 2,2°
j) a = 320 m; c = 251 m k) b = 12,4 km; β = 25,3° l) a = 320 m; α = 10,1°

Rechentraining

Kapitel III

1 Berechne h bzw. a der quadratischen Pyramide (Fig. 1).

a) $V = 510\,cm^3$, $a = 9{,}5\,cm$
b) $V = 2000\,cm^3$, $h = 14\,cm$
c) $G = 64\,cm^2$, $h = 7{,}5\,cm$
d) $d = 19\,cm$, $V = 1000\,cm^3$

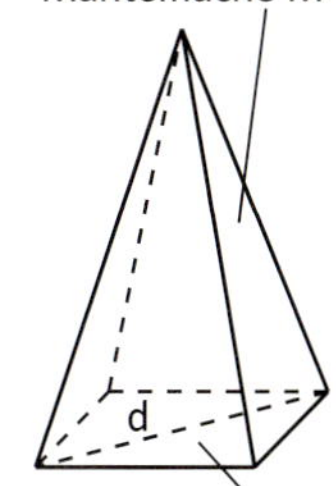

Fig. 1

Pyramiden werden nach ihren Grundflächen benannt.

2 Übertrage die Tabelle ins Heft. Berechne die fehlenden Größen des Kegels.

	Radius r	Höhe h	Seitenhöhe s	Oberfläche O	Volumen V
a)	7 cm	18 cm			
b)		23 cm			$2408{,}1\,cm^3$
c)	5,5 cm				$823{,}6\,cm^3$
d)	6,3 cm			$1500\,cm^2$	
e)	8 cm		20 cm		
f)			40 cm	$2200\,cm^2$	

3 Wie lang ist die Seite a bzw. der Radius r?

a) Kegel
$V = 1400\,cm^3$
$h = 14\,cm$

b) quadratische Pyramide
$V = 1400\,cm^3$
$h = 14\,cm$

c) Kegel
$O = 1400\,cm^2$
$s = 14\,cm$

d) quadratische Pyramide
$O = 1400\,cm^2$
$h' = 14\,cm$

4 Berechne den Oberflächeninhalt O und das Volumen V einer Kugel.

a) $r = 12\,cm$ b) $r = 24\,mm$ c) $d = 1\,m$ d) $d = 9{,}6\,cm$ e) $r = 7{,}8\,dm$ f) $d = 3{,}5\,m$

5 Wie groß ist der Kugelradius?

a) $O = 10\,cm^2$
$O = 100\,cm^2$
$O = 1000\,cm^2$

b) $V = 10\,cm^3$
$V = 100\,cm^3$
$V = 1000\,cm^3$

6 Berechne die fehlenden Größen der Kugel.

	Radius r	Oberfläche O	Volumen V
a)	70 cm		
b)		$70\,cm^2$	
c)			$70\,cm^3$

Rechentraining

Kapitel V

1 Prüfe, ob die Tabellen zu einem linearen oder einem exponentiellen Wachstum gehören können.

a)

x	0	1	2	3
y	8	12	18	27

b)

x	0	1	2	3
y	11	9	7	5

c)

x	0	1	2	3
y	32	16	8	4

2 Ergänze im Heft die fehlenden Werte so, dass ein exponentielles Wachstum vorliegt.

a)

x	0	1	2	3	4	5
y	20	15				

b)

x	0	1	2	3	4
y			2,5	3,5	

3 Stelle eine Wertetabelle für x-Werte von −3 bis 3 mit der Schrittweite $\frac{1}{2}$ auf.

a) $x \to 1{,}2^x$ b) $x \to 2{,}5^x$ c) $x \to 0{,}8^x$ d) $x \to 0{,}4^x$
e) $x \to \left(\frac{3}{4}\right)^x$ f) $x \to \left(\frac{4}{3}\right)^x$ g) $x \to (\sqrt{3})^x$ h) $x \to (\sqrt[3]{2})^x$

4 Stelle eine Wertetabelle für x-Werte von −3 bis 3 auf.

a) $x \to 3 \cdot 2^x$ b) $x \to 0{,}1 \cdot 3^x$ c) $x \to 2 \cdot \left(\frac{1}{2}\right)^x$ d) $x \to 3 \cdot \left(\frac{2}{3}\right)^x$
e) $x \to 1{,}5^{x-1}$ f) $x \to 1{,}5^{x+3}$ g) $x \to 3 \cdot 2^{x+1}$ h) $x \to 3 \cdot 2^{x-2}$

5 Bestimme a und b so, dass der Graph der Exponentialfunktion $x \to b \cdot a^x$ durch die Punkte P und Q geht.

a) $P(0|5)$; $Q(1|1)$ b) $P\left(0\middle|\frac{1}{2}\right)$; $Q(1|1)$ c) $P(0|\sqrt{2})$; $Q(1|2)$
d) $P(2|1)$; $Q(3|5)$ e) $P(1|5)$; $Q(4|40)$ f) $P(5|24)$; $Q(8|3)$
g) $P(2|3)$; $Q(6|75)$ h) $P(3|15)$; $Q(5|3)$ i) $P(4|8)$; $Q(7|5)$
j) $P(0|b)$; $Q(1|d)$ k) $P(0|b)$; $Q(c|1)$ l) $P(0|b)$; $Q(c|d)$

6 Schreibe die Funktion in der Form $x \to b \cdot a^x$.

a) $x \to 2^{x-1}$ b) $x \to 2^{2x}$ c) $x \to 2^{2x+4}$ d) $x \to \left(\frac{1}{2}\right)^{x-1}$
e) $x \to (\sqrt{2})^{2x+4}$ f) $x \to (\sqrt{3})^{4x-2}$ g) $x \to (\sqrt{2})^{3x+5}$ h) $x \to (\sqrt[3]{5})^{6x-3}$

7 Berechne.

a) $\log_2(4)$ b) $\log_2(16)$ c) $\log_2(64)$ d) $\log_3(27)$ e) $\log_5(625)$
f) $\lg(100)$ g) $\lg(10\,000)$ h) $\lg(10)$ i) $\log_2(2)$ j) $\log_3(3)$
k) $\log_2(1)$ l) $\lg(1)$ m) $\log_5(1)$ n) $\log_3\left(\frac{1}{3}\right)$ o) $\log_4\left(\frac{1}{4}\right)$
p) $\lg(0{,}1)$ q) $\log_5\left(\frac{1}{125}\right)$ r) $\log_2\left(\frac{1}{16}\right)$ s) $\lg(0{,}001)$ t) $\log_5\left(\frac{1}{625}\right)$

$3^{\log_{\sqrt{3}}(17)} = ?$

8 Berechne.

a) $\log_2(\sqrt{2})$ b) $\lg(\sqrt{10})$ c) $\log_3(\sqrt{3})$ d) $\log_4(\sqrt{4})$ e) $\lg(\sqrt{1000})$
f) $\log_2\left(\frac{1}{\sqrt{2}}\right)$ g) $\log_5\left(\frac{1}{\sqrt{5}}\right)$ h) $\log_8\left(\frac{1}{\sqrt{8}}\right)$ i) $\log_6\left(\frac{1}{\sqrt[3]{6}}\right)$ j) $\log_2\left(\frac{1}{\sqrt{8}}\right)$

9 Löse die Exponentialgleichungen möglichst geschickt.

a) $3^x = \frac{1}{9}$ b) $5^x = 0{,}04$ c) $32^x = 8$ d) $8^x = 0{,}25$
e) $25^x = 0{,}2$ f) $16^x = \frac{1}{\sqrt{2}}$ g) $625^x = 125$ h) $243^x = \frac{1}{9}$
i) $0{,}5^x = 16$ j) $0{,}2^x = 125$ k) $0{,}25^x = 128$ l) $0{,}04^x = 125$

Rechentraining

1 Fig. 1 zeigt die Graphen verschiedener Logarithmusfunktionen $x \to \log_a(x)$. Bestimme a mithilfe geeigneter Punkte.

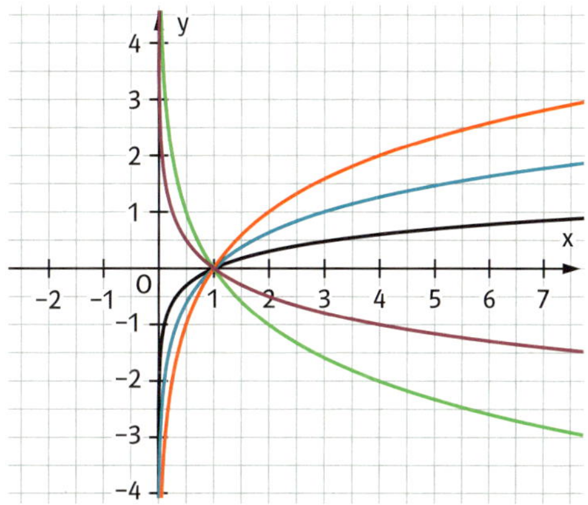

Fig. 1

2 Bestimme ohne Taschenrechner alle x mit $0 \leqq x \leqq 2\pi$, für die gilt:

a) $\sin(x) = 1$ b) $\cos(x) = \frac{1}{2}\sqrt{2}$
c) $\sin(x) = \frac{1}{2}$ d) $\cos(x) = -\frac{1}{2}$

3 Bestimme jeweils die Amplitude und die Periode der Funktion.

a) $x \to 2{,}5\sin(x)$ b) $x \to -2\sin(x)$
c) $x \to \frac{1}{2} \cdot \sin(x)$ d) $x \to \sin\left(\frac{1}{3}x\right)$
e) $x \to \sin\left(\frac{3}{2}x\right)$ f) $x \to \sin\left(\frac{2}{3}x\right)$

4 Berechne $f'(x_0)$.

a) $f(x) = \frac{1}{2}x^2$ und $x_0 = 2$ b) $f(x) = x^2 - x + 2$ und $x_0 = \frac{4}{3}$
c) $f(x) = 2x^3 - x^2$ und $x_0 = 1$ d) $f(x) = x^4 - 2x^2$ und $x_0 = 1$
e) $f(x) = \frac{6}{x+3}$ und $x_0 = 3$ f) $f(x) = \sqrt{2x - 3}$ und $x_0 = 2$

5 Bestimme $f'(x)$.

a) $f(x) = x^4$ b) $f(x) = x^6$ c) $f(x) = x^9$ d) $f(x) = x^{12}$
e) $f(x) = x^{35}$ f) $f(x) = x^{-5}$ g) $f(x) = x^{-7}$ h) $f(x) = x^{-10}$
i) $f(x) = x^{-13}$ j) $f(x) = x^{-75}$ k) $f(x) = \frac{1}{x^4}$ l) $f(x) = \frac{1}{x^6}$
m) $f(x) = \frac{1}{x^8}$ n) $f(x) = \frac{1}{x^{-9}}$ o) $f(x) = \frac{1}{x^{39}}$ p) $f(x) = \frac{1}{x^{-100}}$

6 Wo hat der Graph der Funktion f die Steigungen 1; 0; −2; $\frac{1}{2}$?

a) $f(x) = x^3$ b) $f(x) = x^4$ c) $f(x) = x^{-2}$ d) $f(x) = x^{-3}$

7 Bestimme die Ableitung.

a) $f(x) = x^3 + x^4$ b) $f(x) = x^3 + x^{-5}$ c) $f(x) = x^3 + x^9$ d) $f(x) = x^{12} - x^{-3}$
e) $f(x) = x + \sqrt{x}$ f) $f(x) = \frac{1}{x} + x^{-4}$ g) $f(x) = x^{-3} - x^3$ h) $f(x) = \sqrt{x} + x^{-8}$

8 Nenne Extremstellen und Extremwerte, falls solche vorhanden sind. Gib die Koordinaten der Hoch- und Tiefpunkte an.

a) $f(x) = x^2$ b) $f(x) = x^3$ c) $f(x) = \frac{1}{x}$ d) $f(x) = \sin(x);\ 0 \leqq x \leqq 2\pi$
e) $f(x) = \sqrt{x}$ f) $f(x) = |x|$ g) $f(x) = 2^x$ h) $f(x) = \cos(x);\ x \in [-\pi; \pi]$

Trigonometrie, Kapitel I

1 a) $\frac{a}{c} = \frac{3}{5}$; $\frac{b}{c} = \frac{4}{5}$ b) $\frac{a}{b} = \frac{\sqrt{56}}{5}$; $\frac{a}{c} = \frac{\sqrt{56}}{9}$ c) $\frac{a}{b} = \frac{2}{\sqrt{45}}$; $\frac{b}{c} = \frac{\sqrt{45}}{7}$

2 a) $c \approx 7{,}2897\,\text{cm}$; $\sin(\alpha) \approx 0{,}4527$; $\cos(\alpha) \approx 0{,}8917$
$\sin(\beta) \approx 0{,}8917$; $\cos(\beta) \approx 0{,}4527$
b) $c = 7{,}5\,\text{cm}$; $\sin(\alpha) = 0{,}96$; $\cos(\alpha) = 0{,}28$
$\sin(\beta) = 0{,}28$; $\cos(\beta) = 0{,}96$

3 $a \approx 9{,}5394\,\text{cm}$; $\sin(\alpha) \approx 0{,}9539$; $\cos(\alpha) \approx 0{,}3$; $\tan(\alpha) \approx 3{,}1793$; $\sin(\beta) \approx 0{,}3$; $\cos(\beta) \approx 0{,}9539$; $\tan(\beta) \approx 0{,}3145$

4 a) 0,1045   b) 0,1045   c) 0,1051   d) 0,5299
e) 0,0087   f) 0,1370   g) 0,2940   h) 0,3665
i) 2,6619   j) 0,4672   k) 4,6606   l) 0,9999

5 a) 26,4°   b) 39,0°   c) 44,6°   d) 85,4°
e) 63,6°   f) 62,6°   g) 48,3°   h) 84,6°
i) 5,0°   j) 89,9°   k) 2,5°   l) 59,9°

6 a) $b \approx 4{,}9\,\text{cm}$; $\alpha \approx 25{,}2°$; $\beta \approx 64{,}8°$
b) $a \approx 35{,}0\,\text{cm}$; $\alpha \approx 84{,}3°$; $\beta \approx 5{,}7°$
c) $b \approx 8{,}1\,\text{km}$; $\alpha \approx 10{,}5°$; $\beta \approx 79{,}5°$
d) $a \approx 19{,}62\,\text{m}$; $\alpha \approx 67{,}4°$; $\beta \approx 22{,}6°$
e) $b \approx 135{,}1\,\text{m}$; $\alpha \approx 29{,}4°$; $\beta \approx 60{,}6°$
f) $a \approx 20{,}3\,\text{km}$; $\alpha \approx 46{,}0°$; $\beta \approx 44{,}0°$
g) $b \approx 1{,}53\,\text{m}$; $\alpha \approx 5{,}59°$; $\beta \approx 84{,}41°$
h) $a \approx 1{,}398\,\text{m}$; $\alpha \approx 82{,}6°$; $\beta \approx 7{,}4°$
i) $b \approx 2{,}675\,\text{m}$; $\alpha \approx 18{,}5°$; $\beta \approx 71{,}48°$

7 a) $\beta = 73{,}1°$; $b \approx 19{,}4\,\text{cm}$; $c \approx 20{,}3\,\text{cm}$
b) $\alpha = 27{,}5°$; $a \approx 53{,}1\,\text{m}$; $b \approx 102\,\text{m}$
c) $\alpha = 80{,}4°$; $b \approx 2578\,\text{mm}$; $c \approx 2614\,\text{mm}$
d) $\alpha = 19{,}5°$; $b \approx 7{,}5\,\text{cm}$; $a \approx 2{,}7\,\text{cm}$
e) $\beta = 58°$; $b \approx 77{,}1\,\text{m}$; $c \approx 91{,}0\,\text{m}$
f) $\beta = 57{,}8°$; $a \approx 80\,\text{m}$; $b \approx 149\,\text{m}$
g) $\beta = 63{,}2°$; $a \approx 3{,}5\,\text{cm}$; $b \approx 7{,}0\,\text{cm}$
h) $\alpha = 17{,}7°$; $a \approx 65\,\text{mm}$; $b \approx 205\,\text{mm}$
i) $\alpha = 81{,}2°$; $a \approx 1{,}34\,\text{m}$; $b \approx 0{,}21\,\text{m}$

8

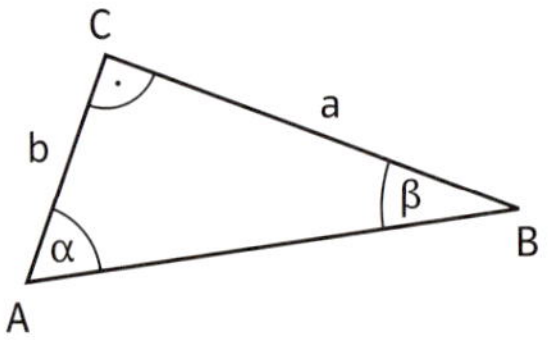

a) $\beta = 40°$; $a \approx 4{,}6\,\text{cm}$; $b \approx 3{,}9\,\text{cm}$
b) $\alpha = 62{,}5°$; $a \approx 47{,}1\,\text{cm}$; $c \approx 53{,}1\,\text{cm}$
c) $\alpha = 41{,}4°$; $\beta \approx 48{,}6°$; $a \approx 4{,}8\,\text{cm}$
d) $\alpha = 19{,}5°$; $b \approx 22{,}6\,\text{cm}$; $c \approx 24{,}0\,\text{cm}$
e) $\beta = 52°$; $a \approx 36{,}7\,\text{m}$; $c \approx 59{,}6\,\text{m}$
f) $\alpha = 11{,}5°$; $\beta \approx 78{,}5°$; $b \approx 14{,}8\,\text{cm}$
g) $\beta = 57{,}3°$; $b \approx 9{,}3\,\text{m}$; $c \approx 11{,}1\,\text{cm}$
h) $\alpha = 63{,}7°$; $\beta \approx 26{,}3°$; $c \approx 28{,}0\,\text{m}$
i) $\alpha = 87{,}8°$; $a \approx 100{,}9\,\text{m}$; $b \approx 3{,}9\,\text{m}$

Körper, Kapitel III

1 a) $h \approx 17{,}0\,\text{cm}$ b) $a \approx 20{,}7\,\text{cm}$
c) $a = 8\,\text{cm}$ d) $a \approx 13{,}4\,\text{cm}$; $h \approx 16{,}6\,\text{cm}$

2

	r (cm)	h (cm)	s (cm)	O (cm²)	V (cm³)
a)	7	18	**19,3**	**578,4**	**923,6**
b)	**10**	23	**25,1**	**1102,7**	2408,1
c)	5,5	**26**	**26,6**	**554,6**	823,6
d)	6,3	**69,2**	**69,5**	1500	**2876,2**
e)	8	**18,3**	20	**703,7**	**1226,5**
f)	**13,2**	**37,8**	40	2200	**6897,1**

3 a) $r = \sqrt{\frac{3V}{\pi \cdot h}}$; $r \approx 9{,}8\,\text{cm}$ b) $a = \sqrt{\frac{3V}{h}}$; $a \approx 17{,}3\,\text{cm}$

c) $O = \pi r^2 + \pi r s$
$r^2 + s r - \frac{O}{\pi} = 0$
$r_{1,2} = -\frac{s}{2} \pm \sqrt{\left(\frac{s}{2}\right)^2 + \frac{O}{\pi}}$
$r \approx 15{,}2\,\text{cm}$

d) $O = 4\,A_{\text{Dreieck}} + G$
$O = 4 \cdot \frac{a \cdot h'}{2} + a^2$
$a_{1,2} = -h' \pm \sqrt{h'^2 + O}$
$a \approx 25{,}9\,\text{cm}$

4 a) $O \approx 1809{,}6\,\text{cm}^2$ $V \approx 7238{,}2\,\text{cm}^3$
b) $O \approx 7238{,}2\,\text{mm}^2$ $V \approx 57\,905{,}82\,\text{mm}^3$
c) $O \approx 314{,}2\,\text{dm}^2$ $V \approx 523{,}6\,\text{dm}^3$
d) $O \approx 289{,}5\,\text{cm}^2$ $V \approx 463{,}2\,\text{cm}^3$
e) $O \approx 764{,}5\,\text{dm}^2$ $V \approx 1987{,}8\,\text{dm}^3$
f) $O \approx 38{,}5\,\text{m}^2$ $V \approx 22{,}4\,\text{m}^3$

5 a) $r \approx 0{,}9\,\text{cm}$; $r \approx 2{,}8\,\text{cm}$; $r \approx 8{,}9\,\text{cm}$
b) $r \approx 1{,}3\,\text{cm}$; $r \approx 2{,}9\,\text{cm}$; $r \approx 6{,}2\,\text{cm}$

6

	r (cm)	O (cm²)	V (cm³)
a)	70	**61 575**	**1 436 755**
b)	**2,36**	70	**55,06**
c)	**2,56**	**82,35**	70

Exponentialfunktionen, Kapitel V

1 a) Exponentielles Wachstum; Wachstumsfaktor: 1,5

$$8 \xrightarrow{\cdot 1{,}5} 12 \xrightarrow{\cdot 1{,}5} 18 \xrightarrow{\cdot 1{,}5} 27$$

b) Lineares negatives Wachstum; Wachstumsrate: −2

$$11 \xrightarrow{-2} 9 \xrightarrow{-2} 7 \xrightarrow{-2} 5$$

c) Exponentielles negatives Wachstum; Wachstumsfaktor: 0,5

$$32 \xrightarrow{\cdot 0{,}5} 16 \xrightarrow{\cdot 0{,}5} 8 \xrightarrow{\cdot 0{,}5} 4$$

Rechentraining – Lösungen

2

a)

x	0	1	2	3	4	5
y	20	15	11,25	8,438	6,328	4,746

b)

x	0	1	2	3	4	5
y	1,276	1,786	2,5	3,5	4,9	6,86

3

x	−3	−2,5	−2	−1,5	−1	−0,5	0	0,5	1	1,5	2	2,5	3
a)	0,58	0,63	0,69	0,76	0,83	0,91	1,0	1,10	1,20	1,31	1,44	1,58	1,73
b)	0,06	0,10	0,16	0,25	0,40	0,63	1,0	1,58	2,50	3,95	6,25	9,88	15,63
c)	1,95	1,75	1,56	1,40	1,25	1,12	1,0	0,89	0,80	0,72	0,64	0,57	0,51
d)	15,63	9,88	6,25	3,95	2,50	1,58	1,0	0,63	0,40	0,25	0,16	0,10	0,06
e)	2,37	2,05	1,78	1,54	1,33	1,15	1,0	0,87	0,75	0,65	0,56	0,49	0,42
f)	0,42	0,49	0,56	0,65	0,75	0,87	1,0	1,15	1,33	1,54	1,78	2,05	2,37
g)	0,19	0,25	0,33	0,44	0,58	0,76	1,0	1,32	1,73	2,28	3,00	3,95	5,20
h)	0,50	0,56	0,63	0,71	0,79	0,89	1,0	1,12	1,26	1,41	1,59	1,78	2,00

4

x	−3	−2,5	−2	−1,5	−1	−0,5	0	0,5	1	1,5	2	2,5	3
a)	0,38	0,53	0,75	1,06	1,50	2,12	3,00	4,24	6,00	8,49	12,00	16,97	24,00
b)	0,00	0,01	0,01	0,02	0,03	0,06	0,10	0,17	0,30	0,52	0,90	1,56	2,70
c)	16,00	11,31	8,00	5,66	4,00	2,83	2,00	1,41	1,00	0,71	0,50	0,35	0,25
d)	10,13	8,27	6,75	5,51	4,50	3,67	3,00	2,45	2,00	1,63	1,33	1,09	0,89
e)	0,20	0,24	0,30	0,36	0,44	0,54	0,67	0,82	1,00	1,22	1,50	1,84	2,25
f)	1,00	1,22	1,50	1,84	2,25	2,76	3,38	4,13	5,06	6,20	7,59	9,30	11,39
g)	0,75	1,06	1,50	2,12	3,00	4,24	6,00	8,49	12,00	16,97	24,00	33,94	48,00
h)	0,09	0,13	0,19	0,27	0,37	0,53	0,75	1,06	1,50	2,12	3,00	4,24	6,00

5 a) $a = \frac{1}{5};\ b = 5$ b) $a = 2;\ b = \frac{1}{2}$
c) $a = \sqrt{2};\ b = \sqrt{2}$ d) $a = 5;\ b = \frac{1}{25}$
e) $a = 2;\ b = 2{,}5$ f) $a = \frac{1}{2};\ b = 768$
g) $a = \sqrt{5};\ b = \frac{3}{5}$ h) $a = \sqrt{\frac{1}{5}};\ b = 75 \cdot \sqrt{5}$
i) $a = \sqrt[3]{\frac{5}{8}};\ b = \frac{8}{\sqrt[3]{\frac{5}{8}}^4}$ j) $a = \frac{d}{b}$
k) $a = \sqrt[c]{\frac{1}{b}}$ l) $a = \sqrt[c]{\frac{d}{b}}$

6 a) $x \to \frac{1}{2} \cdot 2^x$ b) $x \to 4^x$ c) $x \to 16 \cdot 4^x$
d) $x \to 2 \cdot \left(\frac{1}{2}\right)^x$ e) $x \to 4 \cdot 2^x$ f) $x \to \frac{1}{3} \cdot 9^x$
g) $x \to 4\sqrt{2} \cdot (2\sqrt{2})^x$ h) $x \to \frac{1}{5} \cdot 25^x$

Randspalte
$3^{\log_{\sqrt{3}}(17)} = 289$

7 a) 2 b) 4 c) 6 d) 3 e) 4
f) 2 g) 4 h) 1 i) 1 j) 1
k) 0 l) 0 m) 0 n) −1 o) −1
p) −1 q) −3 r) −4 s) −3 t) −4

8 a) $\lg\left(\frac{x^2 \cdot y^3}{z}\right)$ b) $\log_a\left(\frac{p \cdot \sqrt[4]{r}}{\sqrt{q}}\right)$
c) $\lg(a^3 \cdot \sqrt{a + x})$ d) $\log_a\left(\frac{\sqrt[4]{a + b}}{\sqrt[3]{a - b}}\right)$
e) $\log_a(2)$ f) $\lg(x^2)$

9 a) $x = -2$ b) $x = -2$ c) $x = \frac{3}{5}$ d) $x = -\frac{2}{3}$
e) $x = -\frac{1}{2}$ f) $x = -\frac{1}{8}$ g) $x = \frac{3}{4}$ h) $x = -\frac{2}{5}$
i) $x = -4$ j) $x = -3$ k) $x = -\frac{7}{2}$ l) $x = -\frac{3}{2}$

Änderungsverhalten von Funktionen, Kapitel VII

1 rot: 2; blau: 3; schwarz: 8; lila: $\frac{1}{4}$; grün: $\frac{1}{2}$

2 a) $x = \frac{\pi}{2}$ b) $x_1 = \frac{\pi}{4};\ x_2 = \frac{7\pi}{4}$
c) $x_1 = \frac{\pi}{6};\ x_2 = \frac{5\pi}{6}$ d) $x_1 = \frac{2\pi}{3};\ x_2 = \frac{4\pi}{3}$

3 a) $A = \frac{5}{2};\ P = 2\pi$ b) $A = 2;\ P = 2\pi$ c) $A = \frac{1}{2};\ P = 2\pi$
d) $A = 1;\ P = 6\pi$ e) $A = 1;\ P = \frac{4}{3}\pi$ f) $A = 1;\ P = 3\pi$

4 a) $f(x) = \frac{1}{2}x^2$ und $x_0 = 2$
$m(h) = \frac{\frac{1}{2}(2 + h)^2 - 2}{h} = 2 + \frac{1}{2}h \to 2$ für $h \to 0$
b) $f(x) = x^2 - x + 2$ und $x_0 = \frac{4}{3}$
$m(h) = \frac{\left(\frac{4}{3} + h\right)^2 - \left(\frac{4}{3} + h\right) + 2 - \frac{22}{9}}{h} = \frac{5}{3} + h \to \frac{5}{3}$ für $h \to 0$
c) $f(x) = 2x^2 - x^2$ und $x_0 = 1$
$m(h) = \frac{2(1 + h)^2 - (1 + h)^2 - 1}{h} = 4 + 5h + 2h^2 \to 4$ für $h \to 0$
d) $f(x) = x^4 - 2x^2$ und $x_0 = 1$
$m(h) = \frac{(1 + h)^4 - 2(1 + h)^2 + 1}{h} = 4h + 4h^2 + h^3 \to 0$ für $h \to 0$
e) $f(x) = \frac{6}{x + 3}$ und $x_0 = 3$
$m(h) = \frac{\frac{6}{(3 + h) + 3} - 1}{h} = \frac{-1}{6 + h} \to -\frac{1}{6}$ für $h \to 0$
f) $f(x) = \sqrt{2x + 3}$ und $x_0 = 2$
$m(h) = \frac{\sqrt{2(2 + h) - 3} - 1}{h} = \frac{(\sqrt{1 + 2h} - 1)(\sqrt{1 + 2h} + 1)}{h(\sqrt{1 + 2h} + 1)}$
$= \frac{2h}{h(\sqrt{1 + 2h} + 1)} = \frac{2}{\sqrt{1 + 2h} + 1} \to 1$ für $h \to 0$

5 a) $f'(x) = 4x^3$ b) $f'(x) = 6x^5$ c) $f'(x) = 9x^8$
d) $f'(x) = 12x^{11}$ e) $f'(x) = 35x^{34}$ f) $f'(x) = -5x^{-6}$
g) $f'(x) = -7x^{-8}$ h) $f'(x) = -10x^{-11}$ i) $f'(x) = -13x^{-14}$
j) $f'(x) = -75x^{-76}$ k) $f'(x) = \frac{-4}{x^5}$ l) $f'(x) = \frac{-6}{x^7}$

6 a) $f(x) = x^3;\ f'(x) = 3x^2$

f′(x)	1	0	−2	$\frac{1}{2}$
x	$\pm\frac{1}{3}\sqrt{3}$	0	—	$\pm\frac{1}{6}\sqrt{6}$

b) $f(x) = x^4;\ f'(x) = 4x^3$

f′(x)	1	0	−2	$\frac{1}{2}$
x	$\frac{1}{2}\sqrt[3]{2}$	0	$-\frac{1}{2}\sqrt[3]{4}$	$\frac{1}{2}$

c) $f(x) = \frac{1}{x^2};\ f'(x) = \frac{-2}{x^3}$

f′(x)	1	0	−2	$\frac{1}{2}$
x	$-\sqrt[3]{2}$	—	1	$-\sqrt[3]{4}$

d) $f(x) = \frac{1}{x^3};\ f'(x) = \frac{-3}{x^4}$

f′(x)	1	0	−2	$\frac{1}{2}$
x	—	—	$\pm\frac{1}{2}\sqrt{2}\sqrt[4]{6}$	—

7 a) $f'(x) = 3x^2 + 4x^3$ b) $f'(x) = 3x^2 - 5x^{-6}$
c) $f'(x) = 3x^2 + 9x^8$ d) $f'(x) = 12x^{11} + 3x^{-4}$
e) $f'(x) = 1 + \frac{1}{2\sqrt{x}}$ f) $f'(x) = \frac{-1}{x^2} - 4x^{-5}$
g) $f'(x) = -3x^{-4} - 3x^2$ h) $f'(x) = \frac{1}{2\sqrt{x}} - 8x^{-9}$

8 a) $f(x) = x^2$, $x \in \mathbb{R}$ hat als Schaubild die Normalparabel.
Extremstelle $x_0 = 0$; Extremwert $f(0) = 0$ lokales Minimum.
Tiefpunkt $T(0|0)$
b) $f(x) = x^3$, $x \in \mathbb{R}$ ist wegen $f'(x) = 3x^2 \geqq 0$ in $\mathbb{R}$ (und = 0 nur für $x_0 = 0$). Also ist f streng monoton zunehmend und hat damit keine Extremstellen.
c) $f(x) = \frac{1}{x}$; $x \in \mathbb{R}\setminus\{0\}$
f ist in $(-\infty; 0)$ und $(0; \infty)$ streng monoton abnehmend und hat somit keine Extremstellen.
d) $f(x) = \sin(x)$; $0 \leqq x \leqq 2\pi$
Extremstellen $x_1 = 0$; $x_2 = \frac{\pi}{2}$; $x_3 = \frac{3\pi}{2}$; $x_4 = 2\pi$
Lokale Maxima $f\left(\frac{\pi}{2}\right) = 1$ und $f(2\pi) = 0$ (Randmaximum)
Lokale Minima $f(0) = 0$ (Randminimum) und $f\left(\frac{3\pi}{2}\right) = -1$
Hochpunkte $H_1\left(\frac{\pi}{2}\middle|1\right)$ und $H_2(2\pi|0)$
Tiefpunkte $T_1(0|0)$ und $T_2\left(\frac{3\pi}{2}\middle|-1\right)$
e) $f(x) = \sqrt{x}$; $x \geqq 0$
Einzige Extremstelle $x_0 = 0$.
lokales Randminimum $f(0)$; $T(0|0)$ ist Tiefpunkt.
f) $f(x) = |x|$; $x \in \mathbb{R}$
Einzige Extremstelle $x_0 = 0$
lokales Randminimum $f(0) = 0$;
$T(0|0)$ ist Tiefpunkt.
g) $f(x) = 2^x$; $x \in \mathbb{R}$
f ist monoton zunehmend und überall definiert. f hat deshalb keine Extremstelle.
h) $f(x) = \cos(x)$; $I = [-\pi; \pi]$
Extremstellen sind $x_1 = -\pi$; $x_2 = 0$ und $x_3 = \pi$
lokales Maximum $f(0) = 1$
lokales Minimum $f(-\pi) = f(\pi) = -1$ (Randminima)
$H(0|1)$; $T_1(-\pi|-1)$; $T_2(\pi|-1)$

Lösungen

Kapitel I, Bist du sicher? Seite 13

1

a) $b = 6{,}1\,cm$; $\alpha = 36{,}3°$; $\beta = 53{,}7°$
b) $a = 3{,}77\,dm$; $c = 7{,}74\,dm$; $\gamma = 64°$
c) $a = 38{,}34\,dm$; $\beta = 69{,}9°$; $\gamma = 20{,}1°$

2

a) $\sin(\alpha) = \frac{k}{f}$ b) $\sin(\gamma) = \frac{h}{f}$ c) $\sin(\delta) = \frac{g}{f}$ d) $\sin(\beta) = \frac{e}{f}$

Kapitel I, Bist du sicher? Seite 16

1

$x \approx 7{,}0\,cm$

$\tan(\gamma) = \frac{3{,}8\,cm}{5{,}9\,cm}$ daraus folgt $\gamma \approx 32{,}8°$ und $\delta \approx 57{,}2°$

2

$\sin(\beta) = \frac{h}{c} = \frac{b}{v+w}$; $\cos(\gamma) = \frac{v}{b} = \frac{b}{v+w}$; $\tan(\beta) = \frac{h}{w} = \frac{b}{c}$

Kapitel I, Kannst du das noch? Seite 17

19

a) 100 000 b) 80 c) 80 d) 1250
e) −69 f) 900 000 g) −1 100 000

20

a) 12; 1,2; 0,1; 0,5; 60 b) 2,5; 2,5; 0,04; −0,008
c) $19\sqrt{2}$; $-4\sqrt{3}$; $4\sqrt{10}$; 4

Kapitel I, Bist du sicher? Seite 20

1

Die Symmetrieachse teilt das gleichschenklige Dreieck in Fig. 4 in zwei kongruente rechtwinklige Dreiecke. Es gilt:

$\tan(\alpha) = \frac{h}{\frac{b}{2}} = \frac{5{,}4\,m}{4{,}2\,m}$, also $\alpha \approx 52{,}1°$;

$a = \sqrt{h^2 + \left(\frac{b}{2}\right)^2} = \sqrt{5{,}4^2 + 4{,}2^2}\,m \approx 6{,}84\,m.$

Das Dach hat eine Neigung von etwa 52,1°; die Dachkante ist etwa 6,84 m lang.

2

Mit h für den Abstand der parallelen Trapezseiten gilt

$\tan(72°) = \frac{h}{\frac{1}{2}(12{,}8 - 9{,}6)\,m}$, also $h = 1{,}6\,m \cdot \tan(72°) \approx 4{,}92\,m.$

Damit hat die trapezförmige Dachfläche, die mit Dachziegeln eingedeckt werden muss, den Flächeninhalt

$A = \frac{1}{2}(12{,}8\,m + 9{,}6\,m) \cdot h \approx 55{,}15\,m^2.$

Kapitel I, Kannst du das noch? Seite 24

8

a) $-3a^3 - 4a^2 + 2a - 37$ b) $-2xy + 4xz - 2yz$

9

a) $7a^3 - 43a^2 + 6a$ b) $16c^4 - 40c^2d + 25d^2$
c) $-x^4 + 25x^2y^4$

10

a) $8(t^2n^2 - 1)(t^2n^2 + 1)$ b) $-4k(-1 + p^2 + p^4)$
c) $2(25x^2 + 4z^2)$ d) $3a(9b^2 - 25) = 3a(3b - 5)(3b + 5)$

Kapitel I, Training Runde 1, Seite 33

1

a) $\sin(\delta) = \frac{x}{z} = \frac{4{,}80\,m}{6{,}40\,m}$ und damit $\delta \approx 48{,}6°$

$\varepsilon = 90° - \delta \approx 41{,}4°$

$y = \sqrt{z^2 - x^2} = \sqrt{6{,}4^2 - 4{,}8^2}\,m \approx 4{,}2\,m$

b) $\varepsilon = 90° - \delta = 26°$

$\tan(\delta) = \frac{x}{y}$, also $x = y \cdot \tan(\delta) = 12{,}5\,km \cdot \tan(64°) \approx 25{,}6\,km$

$z = \sqrt{x^2 + y^2} \approx 28{,}5\,km$

c) $\delta = 90° - \varepsilon = 65°$

$\cos(\varepsilon) = \frac{x}{z}$, also $x = z \cdot \cos(\varepsilon) = 5{,}4\,mm \cdot \cos(25°) \approx 4{,}9\,mm$

$\sin(\varepsilon) = \frac{y}{z}$, also $y = z \cdot \sin(\varepsilon) = 5{,}4\,mm \cdot \sin(25°) \approx 2{,}3\,mm$

2

Mit x für den Teil der Balkenlänge von A bis zum First

ergibt sich $\cos(42{,}5°) = \frac{\frac{1}{2} \cdot 7{,}20\,m}{x}$, also $x = \frac{3{,}60\,m}{\cos(42{,}5°)} \approx 4{,}88\,m.$

Der Balken ist somit etwa $4{,}88\,m + 1{,}20\,m = 6{,}08\,m$ lang.

3

$\tan(\alpha) = \frac{a}{\frac{a}{2}\sqrt{2}} = \sqrt{2}$, also $\alpha = 54{,}7°$

4

a) $1 + \tan^2(\alpha) = 1 + \frac{\sin^2(\alpha)}{\cos^2(\alpha)} = \frac{1}{\cos^2(\alpha)}$

b)

sin(α)	0,11	0,68	0,82	0,54	0,99	0,168
cos(α)	0,99	0,73	0,57	0,84	0,13	0,986
tan(α)	0,11	0,94	1,45	0,64	7,63	0,17

Kapitel I, Training Runde 2, Seite 33

1

a) $h = 6{,}5\,cm \cdot \sin(48°) \approx 4{,}8\,cm$

$s = 2 \cdot 6{,}5\,cm \cdot \cos(48°) \approx 8{,}7\,cm$

b) $\tan(\alpha) = \frac{4{,}8\,cm}{2{,}4\,cm} = 2$, also $\alpha \approx 63{,}4°$; $r = \frac{4{,}8\,cm}{\sin(\alpha)} \approx 5{,}4\,cm$

c) $\tan\left(\frac{\delta}{2}\right) = \frac{3\,cm}{5\,cm} = 0{,}6$, also $\delta \approx 61{,}9°$; $\gamma = 90° - \frac{\delta}{2} \approx 59{,}05°$

2

a) Für den Gleitwinkel α gilt: $\sin(\alpha) = \frac{1000\,m}{8200\,m}$, also $\alpha \approx 7{,}0°$.

b) Für die Gleitstrecke s gilt:

$\frac{1000\,m}{s} = \sin(5°)$, also $s = \frac{1000\,m}{\sin(5°)} \approx 11\,474\,m \approx 11{,}5\,km.$

3

- $\sin(\beta) = \frac{h}{b} \Rightarrow \beta = 41{,}8° = \alpha$
- $\frac{h}{3{,}1\,cm} = \frac{2}{3} \Rightarrow h = 2{,}07\,cm$; $d = b = 3{,}1\,cm$
- $\cos\beta = \frac{x}{b} \Rightarrow x = 2{,}31\,cm$; $c = a - 2 \cdot x = 3{,}58\,cm$
- $A = \frac{1}{2}(a + c) \cdot h = 12{,}2\,cm^2$

Kapitel II, Bist du sicher? Seite 40

1

a) $\frac{1}{12} \cdot \frac{1}{12} \cdot \frac{1}{12} = \frac{1}{1728}$ b) $\frac{3}{12} \cdot \frac{3}{12} \cdot \frac{3}{12} \cdot \frac{3}{12} = \frac{1}{256}$

c) $1 - P(\text{keine } 12) = 1 - \left(\frac{11}{12}\right)^8 \approx 0{,}5$ d) $6 \cdot \frac{1}{12} \cdot \frac{1}{12} \cdot \frac{11}{12} \cdot \frac{11}{12} = \frac{121}{3456}$

Kapitel II, Bist du sicher? Seite 47

1

a) Es gibt $2^3 = 8$ Möglichkeiten.

b) (1) $\frac{1}{8}$ (2) $\frac{3}{8}$ (3) $1 - \frac{1}{8} = \frac{7}{8}$

Kapitel II, Kannst du das noch? Seite 47

8

a) $f(-2) = 7$, d.h. P liegt auf dem Graphen von f.

b) $f(1) = 0 \neq -1$, d.h. P liegt nicht auf dem Graphen von f.

9

a) $y = -x^2$ b) $y = x^2 - 4$ c) $y = 3x^2$ d) $y = -3x^2 + 3$

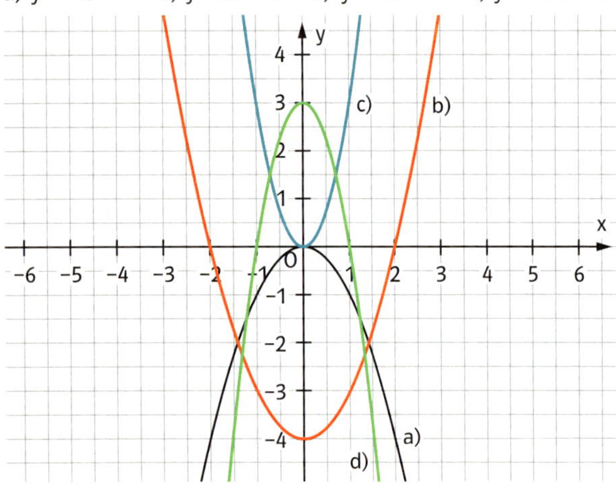

10

a) Spiegelung der Normalparabel an der x-Achse.

b) Verschiebung der Normalparabel um 4 nach unten.

c) Streckung der Normalparabel mit dem Faktor 3.

d) Hintereinanderausführung der folgenden Abbildungen:
- Streckung der Normalparabel mit dem Faktor 3
- Spiegelung der gestreckten Parabel an der x-Achse
- Verschiebung der gespiegelten Parabel um 2 nach oben.

Kapitel II, Bist du sicher? Seite 51

1

$\frac{1}{10} \cdot \frac{1}{9} \cdot \frac{1}{8} = \frac{1}{720} = \frac{7!}{10!}$

2

a) $\frac{2}{32} \cdot \frac{1}{31} = \frac{1}{496} = \frac{1}{\binom{32}{2}}$ b) $\frac{4}{32} \cdot \frac{3}{31} = \frac{3}{248} = \frac{\binom{4}{2}}{\binom{32}{2}}$

Kapitel II, Bist du sicher? Seite 54

1

a) $P(\text{zweimal grün}) = \binom{6}{2} \cdot \left(\frac{1}{4}\right)^2 \cdot \left(\frac{3}{4}\right)^4 \approx 0{,}2966$

b) $P(\text{zweimal rot}) = \binom{6}{2} \cdot \left(\frac{3}{4}\right)^2 \cdot \left(\frac{1}{4}\right)^4 \approx 0{,}0300$

c) P(höchstens zweimal grün)

= P(keinmal grün) + P(einmal grün) + P(zweimal grün)

$= \binom{6}{0} \cdot \left(\frac{1}{4}\right)^0 \cdot \left(\frac{3}{4}\right)^6 + \binom{6}{1} \cdot \left(\frac{1}{4}\right)^1 \cdot \left(\frac{3}{4}\right)^5 + \binom{6}{2} \cdot \left(\frac{1}{4}\right)^2 \cdot \left(\frac{3}{4}\right)^4$

$= 0{,}1780 + 0{,}3560 + 0{,}2966 = 0{,}8306$

d) P(mindestens zweimal rot)

= 1 − [P(keinmal rot) + P(einmal rot)]

$= 1 - \left[\binom{6}{0} \cdot \left(\frac{3}{4}\right)^0 \cdot \left(\frac{1}{4}\right)^6 + \binom{6}{1} \cdot \left(\frac{3}{4}\right)^1 \cdot \left(\frac{1}{4}\right)^5\right]$

$= 1 - [0{,}0002 + 0{,}0044] = 0{,}9954$

2

a) P(„Lea trifft bei 10 Versuchen mindestens achtmal“)

$= \binom{10}{8} \cdot 0{,}8^8 \cdot 0{,}2^2 + \binom{10}{9} \cdot 0{,}8^9 \cdot 0{,}2^1 + \binom{10}{10} \cdot 0{,}8^{10} \cdot 0{,}2^0$

$= 0{,}3020 + 0{,}2684 + 0{,}1074 = 0{,}6778 \approx 67{,}8\,\%$

b) P(„Richard trifft bei 7 Versuchen genau fünfmal oder sechsmal“)

$= \binom{7}{5} \cdot 0{,}75^5 \cdot 0{,}25^2 + \binom{7}{6} \cdot 0{,}75^6 \cdot 0{,}25^1$

$= 0{,}3115 + 0{,}3115 = 0{,}623 = 62{,}3\,\%$

Man sollte eher auf Leas Erfolg wetten.

Kapitel II, Training Runde 1, Seite 61

1

a) $6 \cdot 5 \cdot 4 \cdot 3 = 360$ Möglichkeiten

b) Die Personen w, x, y und z zu dritt auf eine Seite zu setzen ergibt: wxy, wxz, wyz, wyx, wzx, wzy, …, zwx, d.h. $4! = 24$ Möglichkeiten.

Die Person auf der anderen Seite kann sich 3 verschiedene Positionen aussuchen $\Rightarrow 24 \cdot 3 = 72$ Möglichkeiten.

Berücksichtigt man noch die 2 Sitzreihen, ergeben sich 144 Möglichkeiten.

2

a) $\frac{5}{12} \cdot \frac{4}{11} \cdot \frac{3}{10} \cdot \frac{2}{9} = \frac{120}{11880} = \frac{1}{99}$

b) P(mind. 1 grüner Apfel) = 1 − P(kein grüner Apfel)

$= 1 - \frac{9}{12} \cdot \frac{8}{11} \cdot \frac{7}{10} \cdot \frac{6}{9} = \frac{41}{55}$

$\approx 74{,}5\,\%$

3

a) $\frac{1}{5}$

b) P(mind. 1 Frage richtig) = 1 − P(keine Frage richtig)
$= 1 - \left(\frac{4}{5}\right)^{10} \approx 0{,}893$

4

$\frac{4}{6} \cdot \frac{3}{5} \cdot \frac{2}{4} \cdot \frac{1}{3} = \frac{1}{15} = \frac{1}{\binom{6}{4}}$

Kapitel II, Training Runde 2, Seite 61

1

a) Es gibt sechs Möglichkeiten

b) $\frac{1}{3} \cdot \frac{1}{2} \cdot 1 = \frac{1}{6}$

2

a) P(mind. 1-mal) = 1 − P(keinmal)
$= 1 - (0{,}8)^6 \approx 0{,}738$

b) $6 \cdot (0{,}8)^5 \cdot 0{,}2 + (0{,}8)^6 \approx 0{,}655$

3

$4 \cdot \left(\frac{1}{2}\right)^3 \cdot \frac{1}{4} + \left(\frac{1}{2}\right)^4 = \frac{3}{16}$

4

$\frac{1}{10} \cdot \frac{1}{9} \cdot \frac{1}{8} = \frac{1}{720}$

5

1 − P(„alle Züge sind pünktlich") $= 1 - \binom{5}{5} \cdot 0{,}95^5 \cdot 0{,}05^0$
$\approx 0{,}2262$

Kapitel III, Bist du sicher? Seite 71

1

a)

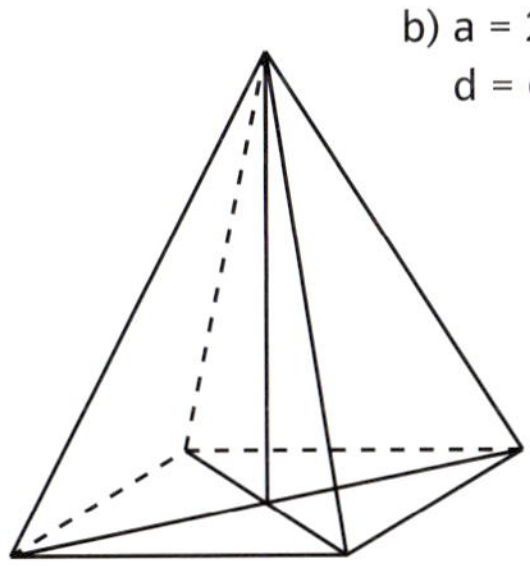

b) $a = 2 \cdot \sqrt{6{,}75}\,\text{cm}$
$d = 6\,\text{cm}$

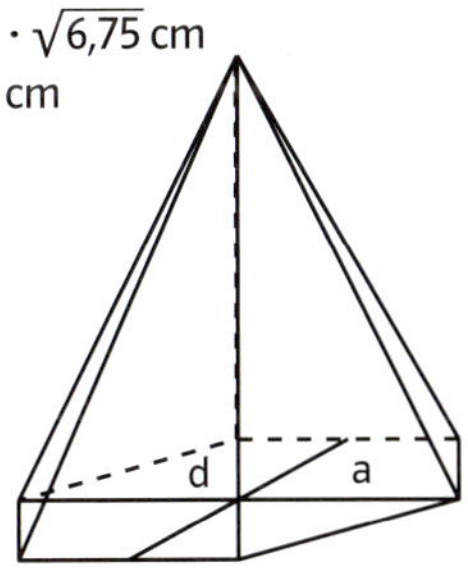

c) $h_D = \frac{a \cdot \sqrt{3}}{2}$

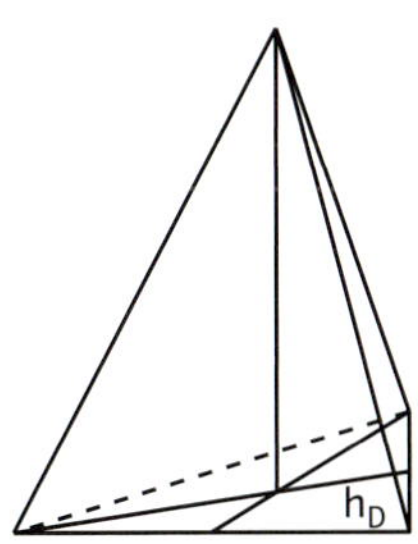

Kapitel III, Bist du sicher? Seite 75

1

a) $V \approx 106{,}7\,\text{cm}^3$ $O \approx 166{,}4\,\text{cm}^2$ $(h_s \approx 6{,}4\,\text{cm})$

b) $V = V_{Quader} + V_{Pyramide}$
$= 269{,}75\,\text{m}^3 + 61{,}75\,\text{m}^3 = 331{,}5\,\text{m}^3$
$O = 12{,}5\,\text{m} \cdot 5{,}2\,\text{m} + 2 \cdot (12{,}5\,\text{m} \cdot 4{,}15\,\text{m} + 5{,}2\,\text{m} \cdot 4{,}15\,\text{m})$
$+ 2 \cdot \frac{12{,}5\,\text{m} \cdot 6{,}9\,\text{m}}{2} + 2 \cdot \frac{5{,}2\,\text{m} \cdot 3{,}9\,\text{m}}{2} \approx 318\,\text{m}^2$

Kapitel III, Bist du sicher? Seite 78

1

a) mit $r = 4{,}5\,\text{cm}$; $V \approx 63{,}33\,\text{cm}^3$; $O \approx 140\,\text{cm}^2$

b) $V = V_{Quader} + V_{Kegel}$
$\approx 98\,\text{cm}^3 + 9{,}4\,\text{cm}^3 = 107{,}4\,\text{cm}^3$
$O = 2 \cdot (7\,\text{cm} \cdot 2\,\text{cm} \cdot 2 + 7\,\text{cm} \cdot 7\,\text{cm}) + \pi \cdot 1\,\text{cm} \cdot \sqrt{8}\,\text{cm}$
$- (1\,\text{cm})^2 \cdot \pi \approx 160\,\text{cm}^2$

Kapitel III, Bist du sicher? Seite 81

1

	r	V	O
a)	8,5 dm	**2572 dm³**	**908 cm²**
b)	**15 cm**	**14 137 cm³**	2826 cm²
c)	**3,8 cm**	226 cm³	**179 cm²**
c)	**6,2 cm**	1 l	**484 cm²**

Kapitel III, Training Runde 1, Seite 95

1

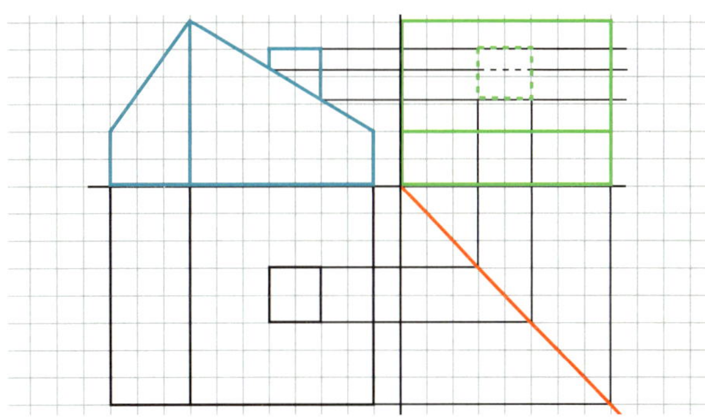

b) Schrägbild mit $\alpha = 45°$, $k = \frac{1}{2}$

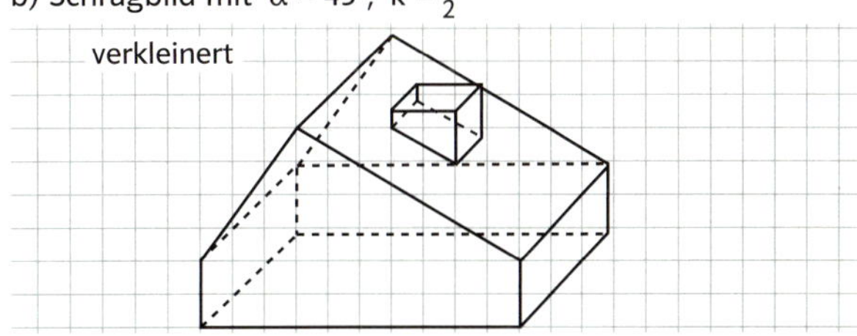

Schrägbild mit $\alpha = 30°$, $k = \frac{2}{3}$

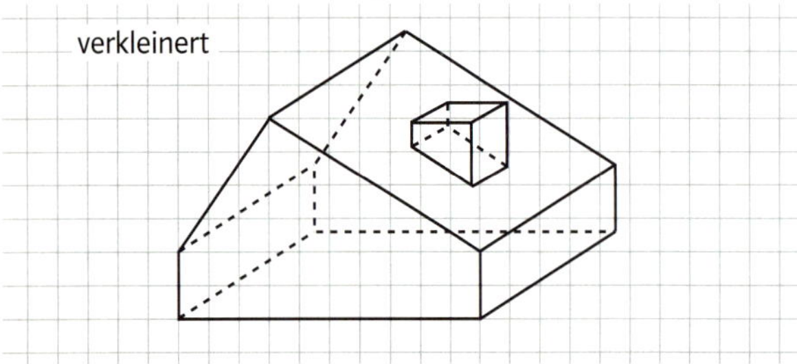

2

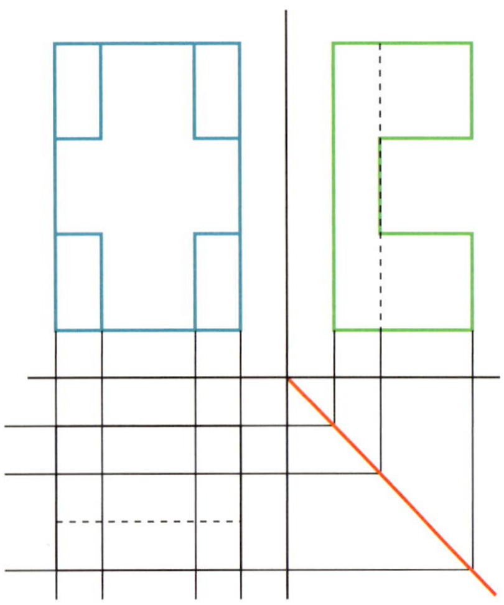

3

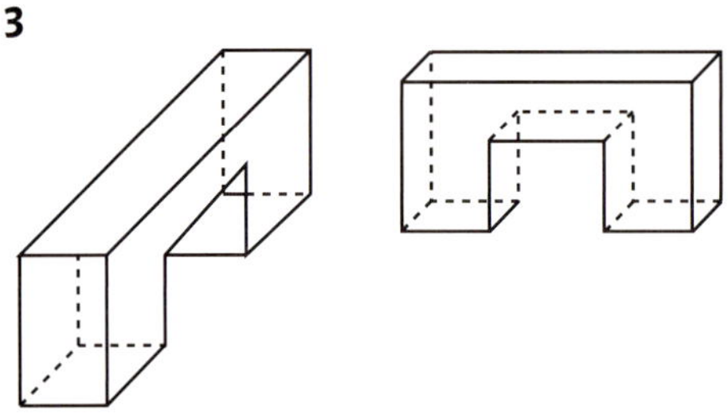

4

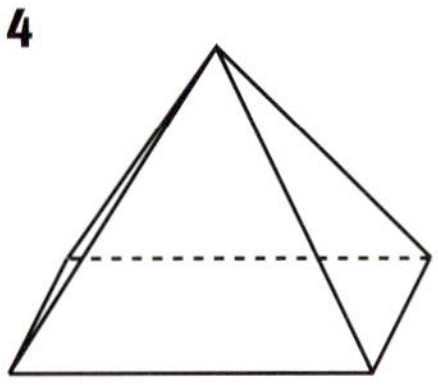

Kapitel III, Training Runde 2, Seite 95

1

a) $V \approx 40{,}8\,\text{cm}^3$ $\quad O \approx 83{,}3\,\text{cm}^2$
b) $V \approx 350\,483{,}4\,\text{cm}^3$ $\quad O \approx 34\,782\,\text{cm}^2$

2

a) $V \approx 1052\pi\,\text{cm}^3 \approx 3306\,\text{cm}^3$; $M = 360\pi\,\text{cm}^2 \approx 1131\,\text{cm}^2$
$O = 441\pi\,\text{cm}^2 \approx 1385\,\text{cm}^2$
b) $V = 34\,496\pi\,\text{cm}^3 \approx 108\,372\,\text{cm}^3$; $M = 3640\pi\,\text{cm}^2 \approx 11\,435\,\text{cm}^2$
$O = 6776\pi\,\text{cm}^2 \approx 21\,287\,\text{cm}^2$
c) $V = 756{,}25\pi\,\text{m}^3 \approx 2376\,\text{m}^3$; $M \approx 788{,}3\,\text{m}^2$
$O = 440\pi\,\text{m}^2 \approx 1382{,}30\,\text{m}^2$

3

a) $V \approx 100{,}9\pi\,\text{m}^3 \approx 317{,}0\,\text{m}^3$; $\quad O \approx 71{,}57\pi\,\text{m}^2 \approx 224{,}9\,\text{m}^2$
b) $r = 27\,\text{dm}$; $\quad O = 2916\pi\,\text{dm}^2 \approx 9161\,\text{cm}^2$

4

a) $V = (5250\pi + 3375)\,\text{mm}^3 \approx 19\,870\,\text{mm}^3$
b) $V = 8000\pi\,\text{mm}^3 \approx 25\,133\,\text{mm}^3$

5

a) Der Drehkörper besteht aus Kegel und Halbkugel.
b) $V = 2\pi r^3$ $\quad O = (\sqrt{5} + 5)r^2 \cdot \pi$
c) $r = 3{,}5\,\text{cm}$

Kapitel IV, Bist du sicher? Seite 106

1

	a	b	c	α	β	γ
a)	2,7 cm	**2,24 cm**	**0,75 cm**	120°	46°	**14°**
b)	**6,8 cm**	7,9 cm	3,1 cm	**57,3°**	101°	**22,7°**
c)	7,2 cm	**6,24 cm**	3,6 cm	**90°**	**60°**	30°

Die Lösungen sind **fett** gedruckt, teilweise handelt es sich um gerundete Werte.

Kapitel IV, Bist du sicher? Seite 110

1

	a	b	c	α	β	γ
a)	5,9 cm	6,3 cm	10,4 cm	**30,4°**	**32,7°**	**116,9°**
	Eindeutig, da zur Berechnung der Winkel der Sinussatz nicht benötigt wird.					
b)	3,2 cm	**9,8 cm**	7,5 cm	**14,9°**	**128,1°**	37°
	Eindeutig, da der mögliche zweite Winkel α = 165,1° zusammen mit γ eine Winkelsumme von mehr als 180° ergibt.					
c)	**4,1 cm**	**8,3 cm**	6,6 cm	29°	99°	**52°**
	Eindeutig, da der dritte Winkel mithilfe der Winkelsumme im Dreieck berechnet werden kann.					
d)	6,3 cm	**5,9 cm**	4,0 cm	**76,8°**	65°	**38,2°**
	Eindeutig, da zur Bestimmung der Winkel der Sinussatz nicht benötigt wird.					

Die Lösungen sind **fett** gedruckt, teilweise handelt es sich um gerundete Werte.

2

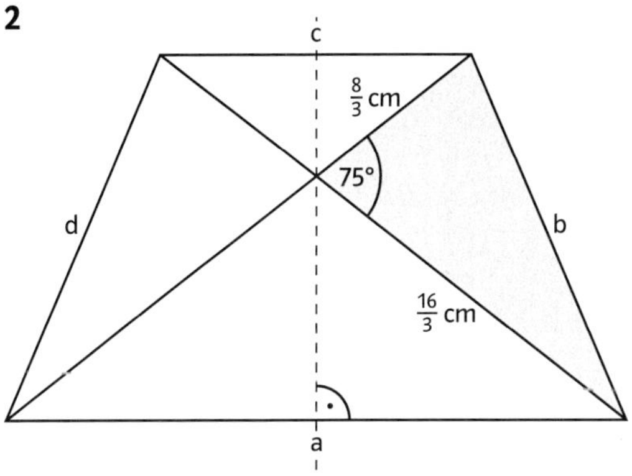

Im schraffierten Teildreieck sind zwei Seiten und der eingeschlossene Winkel bekannt (sws). Es gilt

$b^2 = \left(\frac{8}{3}\text{cm}\right)^2 + \left(\frac{16}{3}\text{cm}\right)^2 - 2 \cdot \frac{8}{3}\text{cm} \cdot \frac{16}{3}\text{cm} \cdot \cos(75°)$, also

$b = d \approx 5{,}3\,\text{cm}$.

Die Längen der Seiten a und c lassen sich berechnen, indem man zum Beispiel die rechtwinkligen Teildreiecke nutzt, die durch das Einzeichnen der Symmetrieachse entstehen:

$\sin\left(\frac{1}{2}(180° - 75°)\right) = \frac{\frac{a}{2}}{\frac{16}{3}}$, also $a = \frac{32}{3}\text{cm} \cdot \sin(52{,}5°) \approx 8{,}5\,\text{cm}$

und $\sin(52{,}5°) = \frac{\frac{c}{2}}{\frac{8}{3}}$, also $c = \frac{16}{3}\text{cm} \cdot \sin(52{,}5°) \approx 4{,}2\,\text{cm}$.

Kapitel IV, Kannst du das noch? Seite 119

13

a)

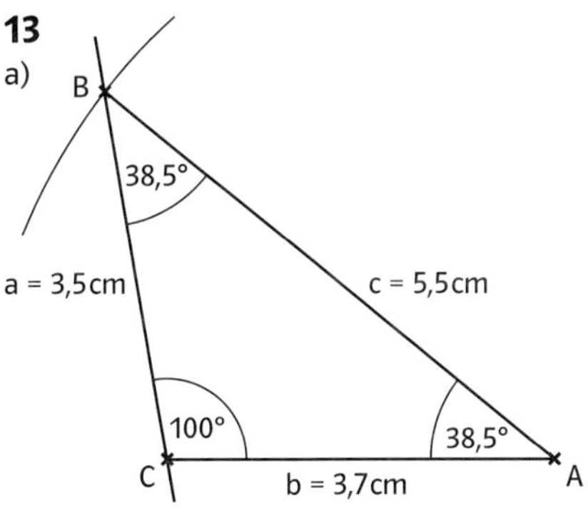

b) nicht konstruierbar

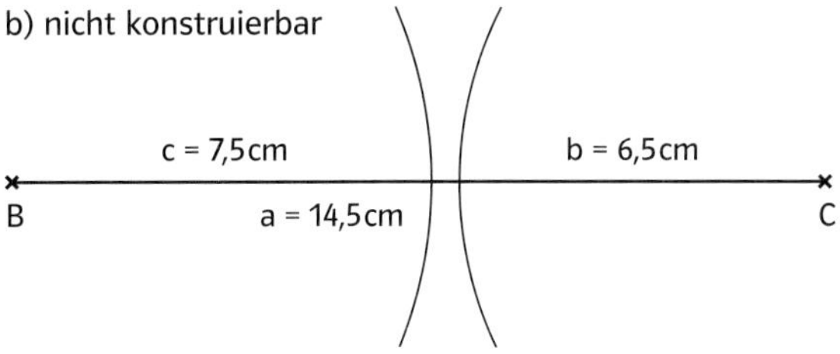

c)

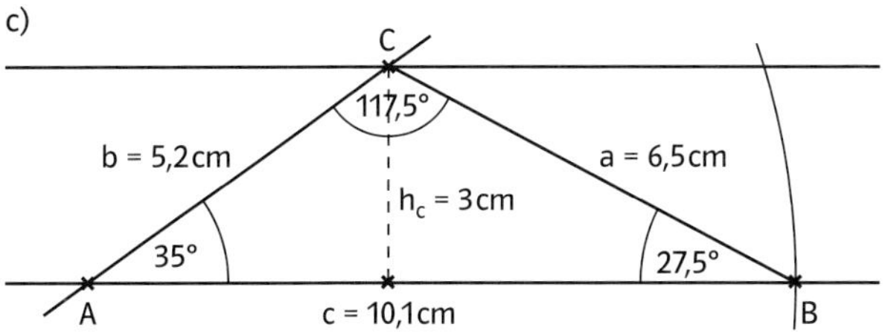

d) Es gibt zwei mögliche nicht kongruente Dreiecke, AB_1C und AB_2C

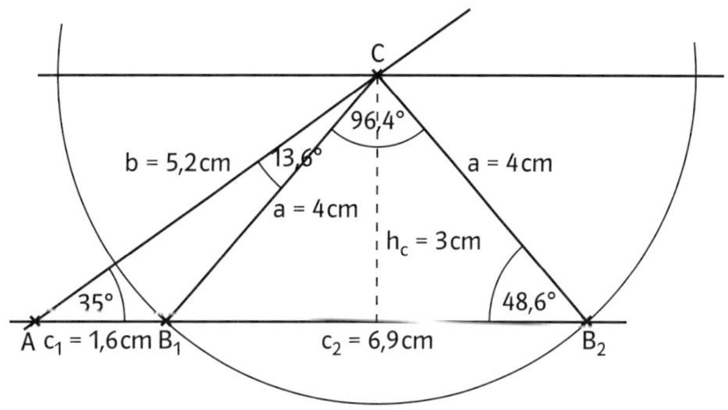

e) nicht konstruierbar

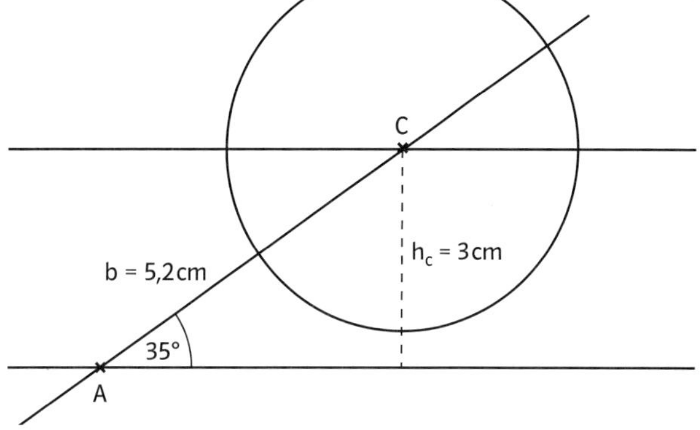

f)

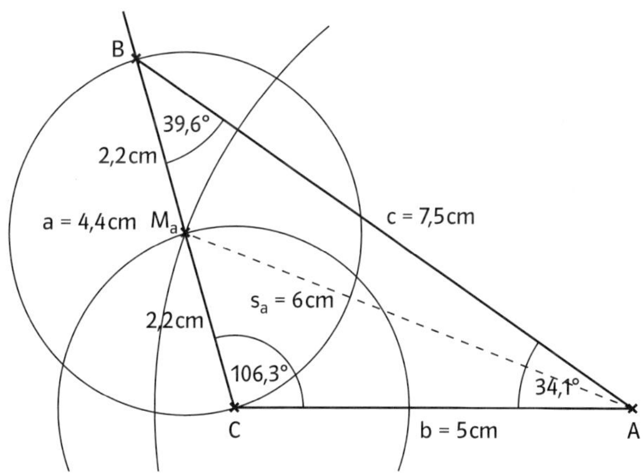

14

a) (1) $a^2 + b^2 = c^2 \Rightarrow c = \sqrt{41}\,\text{cm} \approx 6{,}4\,\text{cm}$

(2) $b^2 - a^2 = c^2 \Rightarrow c = \sqrt{9}\,\text{cm} = 3\,\text{cm}$

b) (1) Bei diesem Dreieck liegt der rechte Winkel zwischen den Seiten a und b.

$A = \frac{a \cdot b}{2} = 10\,\text{cm}^2$

(2) Hier liegt der rechte Winkel zwischen den Seiten a und c.

$A = \frac{a \cdot c}{2} = 6\,\text{cm}^2$

Kapitel IV, Bist du sicher? Seite 123

1
$s(t) = 1{,}5\sin\left(4\pi t - \frac{\pi}{4}\right)$

2
a) Verschiebung um π Einheiten nach links.
b) Beide Graphen sind identisch.
c) Spiegelung an der x-Achse; Verschiebung um π nach rechts; Verschiebung um π nach links; Verschiebung um 2π nach rechts (oder links) und anschließende Spiegelung an der y-Achse.

Kapitel IV, Training Runde 1, Seite 131

1
a) $b \approx 1{,}5\,m$; $\alpha \approx 40{,}0°$; $\gamma \approx 100{,}0°$
b) $\alpha \approx 38{,}7°$; $\beta \approx 76{,}7°$; $\gamma \approx 64{,}6°$
c) $\alpha = 44{,}3°$; $a \approx 2{,}84\,m$; $c \approx 3{,}93\,m$
d) Hier gibt es zwei Dreiecke:
$\beta_1 \approx 36{,}6°$; $\alpha_1 \approx 127{,}9°$; $a_1 \approx 10{,}3\,km$
$\beta_2 \approx 143{,}4°$; $\alpha_2 \approx 21{,}1°$; $a_2 \approx 4{,}7\,km$

2
a) 207,1° und 332,9°　　b) 48,9° und 311,1°
c) 214,6° und 325,4°

3

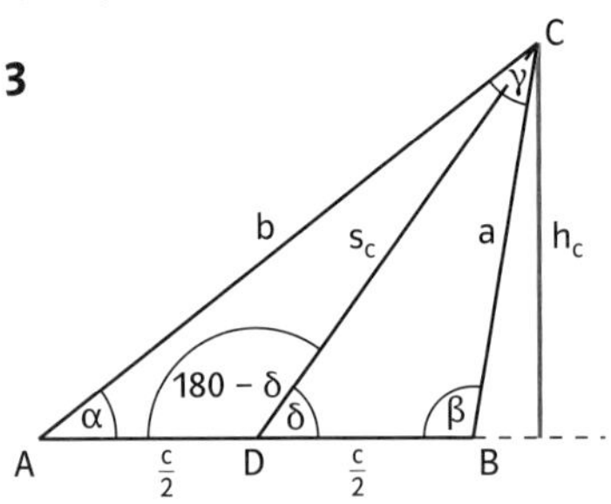

a) Erst sind die Winkel β und δ mit dem Kosinussatz im Dreieck DBC zu bestimmen. Danach können im Dreieck ADC mit dem Kosinussatz die Seite b und mit dem Sinussatz der Winkel α bestimmt werden.
$\delta \approx 57{,}5°$; $\beta \approx 92{,}5°$; $b \approx 6{,}0\,cm$; $\alpha \approx 39{,}1°$
also: $\gamma \approx 48{,}4°$;
b) $h_c \approx 3{,}8\,cm$

4
a) $b \approx 12{,}5\,cm$; also $U \approx 25{,}8\,cm$
$h_b = c \cdot \sin(\alpha)$; $h_b \approx 2{,}2\,cm$;
also $A \approx 13{,}8\,cm^2$
b) $s_b \approx 2{,}7\,cm$

5
a) $\overline{BC} \approx 505\,m$　　b) $\sphericalangle ABC \approx 41{,}5°$
$\sphericalangle BCA \approx 65{,}5°$

Kapitel VI, Training Runde 2, Seite 131

1
a) $\alpha = 44{,}3°$; $a \approx 2{,}84\,m$; $c \approx 3{,}93\,m$
b) Hier gibt es zwei Dreiecke:
$\beta_1 \approx 36{,}6°$; $\alpha_1 \approx 127{,}9°$; $a_1 \approx 10{,}3\,km$
$\beta_2 \approx 143{,}4°$; $\alpha_2 \approx 21{,}1°$; $a_2 \approx 4{,}7\,km$
c) $\beta \approx 21{,}6°$; $\gamma \approx 111{,}1°$; $c \approx 2{,}87\,m$
d) $\alpha = 60{,}2°$; $b \approx 1{,}35\,cm$; $c \approx 3{,}48\,cm$

2
a) 41,1° und 318,9°　　b) 33,3° und 146,7°
c) 106,7° und 253,3°

3
a) 0,557 und 2,585　　b) 3,802 und 5,223
c) 2,722 und 3,561

4
a)

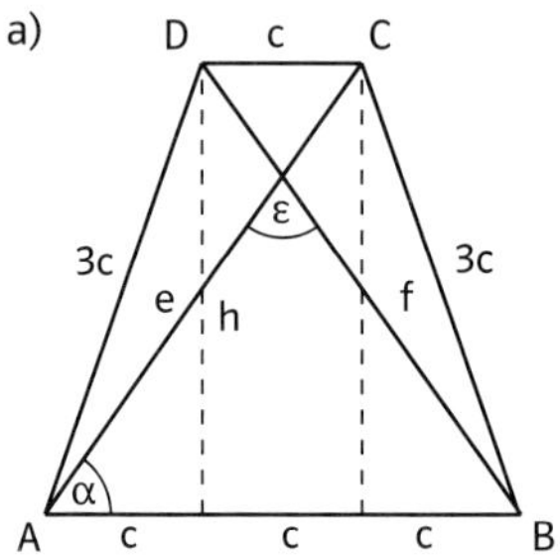

Mit $h = 2\sqrt{2}\,c$ und $f = 2\sqrt{3}\,c$ ergibt sich $\sin(\alpha_1) = \sqrt{\frac{2}{3}}$ und damit $\alpha_1 \approx 54{,}7°$.
Also: $\varepsilon = 180° - 2\alpha_1 \approx 70{,}6°$.
b)

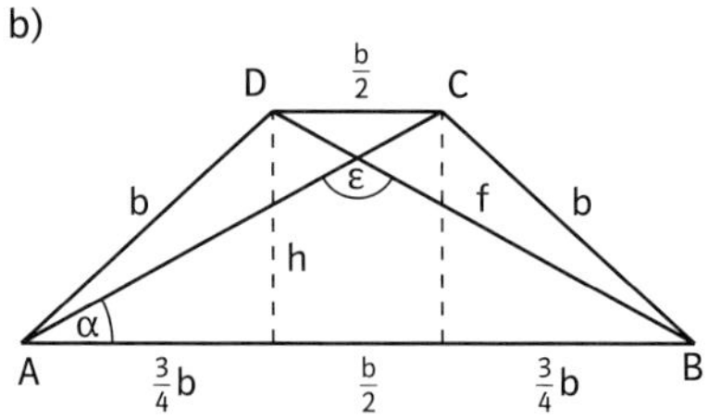

Mit $h = \frac{1}{4}\sqrt{7}\,b$ und $f = \sqrt{2}\,b$ ergibt sich $\sin(\alpha_1) = \frac{1}{8}\sqrt{14}$ und damit $\alpha_1 \approx 27{,}9°$.
Also: $\varepsilon = 180° - 2\alpha_1 \approx 124{,}2°$.

Kapitel V, Bist du sicher? Seite 136

1

N	0	1	2	3	4
B(t)	80	76	80	100	80
Änderung	−4	4	20	−20	
relative Änderung	$\frac{-4}{80} = -0{,}050$ 5% Abnahme	$\frac{4}{76} \approx 0{,}053$ etwa 5,3% Zunahme	$\frac{20}{80} = 0{,}25$ 25% Zunahme	$\frac{-20}{100} = -0{,}2$ 20% Abnahme	

2

a) $B(9) = 2500 \cdot 0{,}75 = 1875$
b) $B(9) = 2500 \cdot 1{,}003 = 2507{,}5$
c) $B(9) = 2500 + 8 = 2508$
d) $B(9) = 2500 \cdot 2 = 5000$

Kapitel V, Bist du sicher? Seite 140

1

a) Die Quotienten $\frac{29{,}70}{33{,}00}$; $\frac{26{,}73}{29{,}70}$ usw. ergeben angenähert immer den Wert 0,9. Es handelt sich um exponentielles Wachstum mit dem Wachstumsfaktor $q = 0{,}9$.
$B(9) = 33{,}00 \cdot 0{,}9^9 \approx 12{,}78$
b) Die Differenzen $4{,}88 - 5{,}03$; $4{,}73 - 4{,}88$ usw. ergeben immer $-0{,}15$. Es handelt sich um lineares Wachstum mit der Änderung $d = -0{,}15$.
$B(9) = 5{,}03 - 9 \cdot 0{,}15 = 3{,}68$

2

Nach 9 Wochen beträgt die Abweichung 1 min.

3

a)

Jahr	0	1	2	3	4	5	6
Wert (in €)	120000	117600	115200	112800	110400	108000	105600

Wert in 20 Jahren: $B(20) = 120\,000 - 20 \cdot 2400 = 72\,000$ €

b)

Jahr	0	1	2	3	4	5	6
Wert (in €)	120000	121800	123627	125481	127364	129274	131213

Wert in 20 Jahren: $B(20) = 120\,000 \cdot 1{,}015^{20} \approx 161\,623$ €

Kapitel V, Bist du sicher? Seite 143

1

Die Graphen von g, h und i gehen aus dem Graphen von f hervor. Hierbei erhält man den Graphen von
- g durch Spiegelung des Graphen von f an der y-Achse und anschließender Streckung um 3,
- h durch Spiegelung des Graphen von f an der y-Achse und anschließender Streckung um 3 sowie Spiegelung an der x-Achse,
- i durch Streckung des Graphen mit $\frac{1}{2}$.

2

a) $K(t) = 1000 \cdot 1{,}025^t$
b) Nach einem Jahr 1025 €, nach zwei Jahren 1050,63 € und nach dreieinhalb Jahren 1090,27 €.

Kapitel V, Bist du sicher? Seite 146

1

a) $f(x) = 0{,}5 \cdot 10^x$. R liegt nicht auf dem Graphen.
b) $f(x) = 3 \cdot 2^x$. R liegt auf dem Graphen.
c) $f(x) = 9 \cdot \sqrt[5]{\frac{1}{81}}^{\,x}$. R liegt nicht auf dem Graphen.

2

$a^6 = 2$; $a = \sqrt[6]{2} \approx 1{,}122$; $b = 0{,}3$ kg

Kapitel V, Kannst du das noch? Seite 147

12

a) $a^2 + b^2 \neq c^2$; $36 + 64 \neq 144$
b) $\gamma = 117{,}3°$
c) $\beta = 36{,}3°$
d) $h = 3{,}55$ cm
e) Konstruktion nach SSS
f) $A = 21{,}31\,\text{cm}^2$
g) 14,42 cm oder 8,94 cm

Kapitel V, Bist du sicher? Seite 150

1

a) $\log_3(81) = \log_3(3^4) = 4 \cdot \log_3(3) = 4$
b) $\log_7(\sqrt{7}) = \log_7(7^{\frac{1}{2}}) = \frac{1}{2} \cdot \log_7(7) = \frac{1}{2}$
c) $\log_2(0{,}25) = \log_2(2^{-2}) = (-2) \cdot \log_2(2) = -2$
d) $\lg(1) = \log_{10}(10^0) = 0 \cdot \log_{10}(10) = 0 \cdot 1 = 0$

2

a) $\lg(4) \approx 0{,}60$
b) $\lg(0{,}25) = -\lg(4) \approx -0{,}60$
c) $\log_4(30) = \frac{\lg(30)}{\lg(4)} \approx 2{,}45$
d) $\log_{0{,}25}(30) = -\log_4(30) \approx -2{,}45$
e) $\log_4\left(\frac{1}{30}\right) = -\log_4(30) \approx -2{,}45$
f) $\log_3(2) = \frac{\lg(2)}{\lg(3)} \approx 0{,}63$
g) $\log_3(6) = \frac{\lg(6)}{\lg(3)} \approx 1{,}63$
h) $\log_3(18) = \frac{\lg(18)}{\lg(3)} \approx 2{,}63$

Kapitel V, Kannst du das noch? Seite 151

18

a) $A'(1|1)$; $B'(0|4)$; $C'(3|5)$
b), c) Die beiden Achsenspiegelungen an den Winkelhalbierenden und die Punktspiegelung am Ursprung führen zum selben Ergebnis.

19

Gleichung der Bildgeraden: $y = x + 1$

Kapitel V, Bist du sicher? Seite 155

1

a) $x = -4$
b) $x \approx 0{,}602$
c) $x \approx 0{,}139$
d) $L = \{\,\}$

2

Es muss gelten: $0{,}5 \cdot B(0) = B(0) \cdot 0{,}95^n$, also $n = \frac{\lg(0{,}5)}{\lg(0{,}95)} \approx 13{,}51$
Die Bleiplatte müsste eine Dicke von etwa 13,51 cm haben.

Kapitel V, Training Runde 1, Seite 165

1

a) $3 = \log_5(125)$
b) $-3 = \log_2\left(\frac{1}{8}\right)$
c) $\frac{2}{3} = \lg(\sqrt[3]{100})$
d) $-\frac{1}{2} = \log_3\left(\frac{1}{\sqrt{3}}\right)$

2

a) Die Exponentialgleichung $10^x = 0{,}01$ hat die Lösung $\lg(0{,}01) = \lg(10^{-2}) = -2$.
b) Umformen der Exponentialgleichung $3^{2x} - 15 = 12$ führt auf $2x = \log_3(27)$ und damit auf die Lösung 1,5.
c) Umformen der Exponentialgleichung $4^{x+1} = 0{,}5$ führt auf $x + 1 = \log_4(0{,}5)$ und damit auf die Lösung −1,5.
d) Wegen $2^{2-x} = 2^2 \cdot 2^{-x} = 4 \cdot 2^{-x}$ lässt sich die gegebene Gleichung umformen zu $2^{-x} = 8$. Die Lösung ist −3.

3

a) $x \to 6 \cdot \left(\frac{1}{3}\right)^x$ b) $x \to \frac{1}{9} \cdot 3^x$ c) $x \to 4 \cdot \left(\frac{1}{2}\right)^x$ d) $x \to 10 \cdot (\sqrt{2})^x$

4

a) Es handelt sich um exponentielles Wachstum mit dem Wachstumsfaktor $q = 1{,}027$.
$B(10) = 14\,000\,000 \cdot 1{,}027^{10} \approx 18\,273\,952$. Für das Jahr 2018 ist eine Bevölkerungszahl von 18 273 952 zu erwarten.
b) Ansatz: $1{,}5 \cdot 14\,000\,000 = 14\,000\,000 \cdot 1{,}027^n$.
Gesucht ist n: $n = \frac{\log(1{,}5)}{\log(1{,}027)} \approx 15{,}22$.
Nach etwa 15 Jahren und 80 Tagen ist die Zahl auf das Eineinhalbfache gestiegen.
c) Die absolute Zunahme beträgt jährlich 378 000.
Bevölkerungszahl im Jahr 2018: 17 780 000.
Zunahme auf das Eineinhalbfache:
$1{,}5 \cdot 14\,000\,000 = 14\,000\,000 + m \cdot 378\,000$
$m \approx 18{,}52$
Nach etwa 18 Jahren und 6 Monaten ist die Zahl auf das Eineinhalbfache gestiegen.

5

a) Ansatz: $0{,}5 \cdot B(0) = B(0) \cdot q^5$ mit $B(0) = 100\,\text{mg}$.
$q \approx 0{,}871$
Nach 30 Tagen ist noch $B(30) = 100\,\text{mg} \cdot 0{,}871^{30} \approx 1{,}6\,\text{mg}$ Radium E vorhanden.
Anderer Lösungsweg: 30 Tage entsprechen sechs Halbwertzeiten. $B(30) = 100\,\text{mg} \cdot (0{,}5)^6 \approx 1{,}6\,\text{mg}$.
b) 99,9 % zerfallenes Radium E bedeutet, dass noch 0,1 % der Anfangsmenge oder 0,1 mg vorhanden sind. Ansatz:
$0{,}1\,\text{mg} = 100\,\text{mg} \cdot 0{,}871^n$. Gesucht ist n: $n = \frac{\log(0{,}001)}{\log(0{,}871)} \approx 50$.
Nach 50 Tagen sind 99,9 % der ursprünglichen Menge zerfallen.

Kapitel V, Training Runde 2, Seite 165

1

a) 3 b) −3 c) −3 d) −6

2

a) $\frac{1}{2} \cdot \left(1 - \frac{\lg(17)}{\lg(5)}\right) \approx -0{,}380$ b) $\frac{1}{2} \cdot \left(\frac{\lg(6)}{\lg(7)} + 1\right) \approx 0{,}960$
c) 3 d) 1

3

a) Für das 2. Schuljahr ergibt sich ein täglicher Zeitbedarf (in min) von $20 \cdot 1{,}5 = 30$, für das dritte Schuljahr $30 \cdot 1{,}5 = (20 \cdot 1{,}5) \cdot 1{,}5 = 20 \cdot (1{,}5 \cdot 1{,}5) = 20 \cdot 1{,}5^2$.
Für das n-te Schuljahr erhält man entsprechend $20 \cdot 1{,}5^{n-1}$.
b) Die Ungleichung $20 \cdot 1{,}5^{n-1} > 240$ führt auf
$n > \log_{1,5}(12) + 1 = \frac{\lg(12)}{\lg(1{,}5)} + 1 = 7{,}128\ldots$
Im 7. Schuljahr läge der tägliche Zeitbedarf mit etwa 227,8 min noch unterhalb von 4 h = 240 min, im 8. Schuljahr läge er mit etwa 341,7 min = 5 h 41,7 min erstmals über 4 h.
Das Vorhaben des Kindes ist auf lange Sicht gesehen nicht umsetzbar und damit unrealistisch.

4

a) Aus dem Graphen entnimmt man: Die Halbwertszeit von Jod 131 beträgt acht Tage. Für q gilt: $q^8 = 0{,}5$; $q \approx 0{,}917$.
Das Zerfallsgesetz lautet: $B(n) = B(0) \cdot 0{,}917^n$; n in Tagen.
b) $B(1) = B(0) \cdot 0{,}917$. Nach einem Tag sind noch 91,7 % vorhanden; es sind 8,3 % der ursprünglichen Stoffmenge zerfallen.

Kapitel VI, Bist du sicher? Seite 172

1

a) Aufgrund des Plots versucht man eine lineare Regression und erhält mit dem GTR die Funktionsgleichung $y \approx 0{,}5824x - 1122{,}1175$.

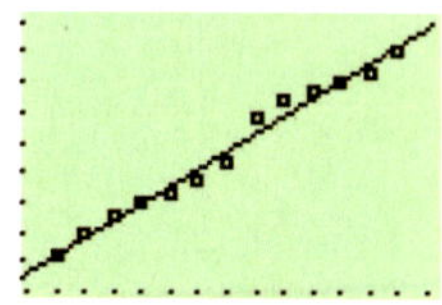

b)

Jahr	1994	1995	1996	1997	1998
Daten	39,2	39,9	40,5	41	41,3
berechnete Daten	39,1881	39,7705	40,3529	40,9353	41,5177
Abweichung	−0,0119	−0,1295	−0,1471	−0,0647	0,2177

Jahr	1999	2000	2001	2002	2003
Daten	41,7	42,4	43,8	44,4	44,66
berechnete Daten	42,1001	42,6825	43,2649	43,8473	44,4297
Abweichung	0,4001	0,2825	−0,5351	−0,5527	−0,2303

Jahr	2004	2005	2006
Daten	45,02	45,36	46,09
berechnete Daten	45,0121	45,5945	46,1769
Abweichung	−0,0079	0,2345	0,0869

Wenn man alle Werte mithilfe der Funktionsgleichung berechnet, erhält man nur bei drei Werten größere Abweichungen (größer als 0,24 für die Jahre 2000, 2001 und 2002). Daher beschreibt das Modell die Situation bis auf wenige Ausnahmen recht gut.
c) Jahr 2015: $0{,}5824 \cdot 2015 + 1122{,}1175 = 51{,}4185$
Nach der gewählten Beschreibung würde im Jahr 2015 die Anzahl der Personenautos in Deutschland etwa 51,42 Millionen betragen.

Kapitel VI, Bist du sicher? Seite 181

1

Je nach Form des Luftballons lässt sich das Volumen zum Beispiel mithilfe einer Kugel, mithilfe einer Halbkugel mit aufgesetztem Kegel oder mithilfe eines Zylinders mit aufgesetzten Halbkugeln näherungsweise berechnen.
In jedem Fall muss dazu der Radius r bestimmt werden. Dieses ist zum Beispiel durch eine Umfangsmessung möglich, aus der sich der Radius ergibt, wenn man durch 2π dividiert. Weitere von der jeweiligen Modellierung abhängige Messgrößen (zum Beispiel Kegelhöhe h oder Zylinderhöhe a) sind zu den Vorschlägen in der Figur eingezeichnet.

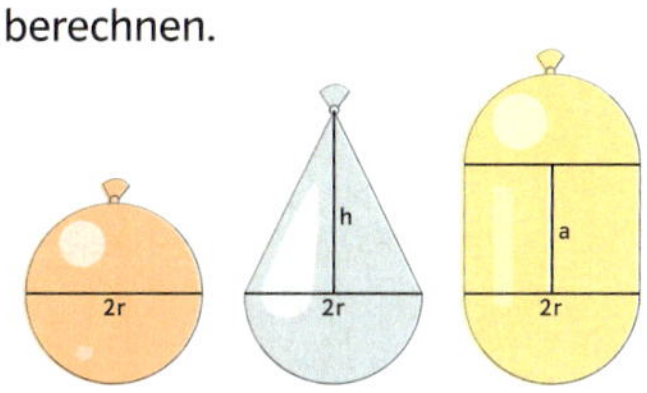

Die Qualität des Berechnungsmodells kann überprüft werden, indem man den Ballon mit Wasser füllt, die für die Modellrechnung erforderlichen Maße bestimmt und mit diesen einen Näherungswert für das Volumen berechnet. Dieses Rechenergebnis kann nun mit dem tatsächlichen Volumen verglichen werden, das sich zum Beispiel mit einem Messzylinder bestimmen lässt.

Kapitel VI, Training Runde 1, Seite 189

1

a) Aus dem Plot der Daten vermutet man einen exponentiellen Zusammenhang.
Führt man eine neue Skalierung ein, sodass das Jahr 1790 dem Wert für $x = 0$ entspricht, erhält man mit dem GTR für eine exponentielle Regression die Funktionsgleichung
$f(x) = 3{,}958 \cdot 1{,}02994752^x$.
b) Das Jahr 2003 ist 213 Jahre nach 1790, deshalb ist $x = 213$ einzusetzen. Man erhält $f(213) \approx 2123{,}7$.
Nach dem Modell wäre die Bevölkerung demnach bis zum Jahr 2003 auf ca. 2,1 Milliarden Einwohner angewachsen.
Das Modell liefert einen Wert, der mehr als 7-mal so groß ist wie die tatsächliche Einwohnerzahl von 300 Millionen. Für Langzeitprognosen ist das Modell also ungeeignet.

2

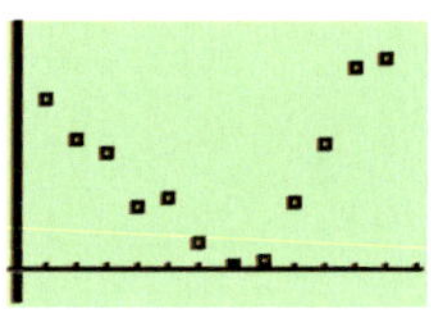

a) Weil es sich hier um einen periodischen Vorgang handelt, bei dem die Niederschlagsmengen in Abhängigkeit vom Monat in verschiedenen Jahren als „ähnlich" angenommen werden können, kann man versuchen, den Sachzusammenhang mithilfe einer Sinusfunktion zu modellieren.
1. Möglichkeit (ohne GTR)
Die Zeit wird in Monaten gerechnet; dabei wird dem Monat Januar der x-Wert 1 zugeordnet, dem Monat Februar der x-Wert 2 usw. Die Amplitude entspricht dem halben Wert zwischen Maximum (im Dezember bei 135 mm) und Minimum (im Juli bei 2 mm). Daher gilt $a = \frac{135-2}{2} = 66{,}5$. Die Periode beträgt ein Jahr, also $p = 12$ (Monate). Man erhält $b = \frac{2\pi}{12} = \frac{\pi}{6}$. Der Mittelwert zwischen minimaler und maximaler Niederschlagsmenge liegt genau zwischen September $(x = 9)$ und Oktober $(x = 10)$, und zwar bei errechneten 68,5 mm $\left(e = \frac{135+2}{2} = 68{,}5\right)$.

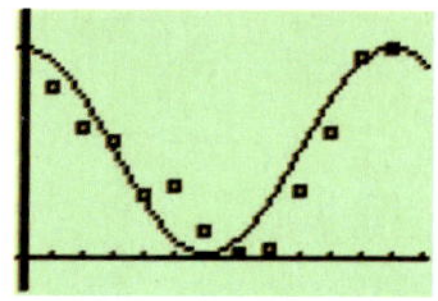

Der Parameter d ergibt sich also zu $d = b \cdot 9{,}5 = \frac{19}{12}\pi$. Es ergibt sich $f(x) = 66{,}5 \cdot \sin\left(\frac{\pi}{6}x - \frac{19}{12}\pi\right) + 68{,}5$.
2. Möglichkeit (mit GTR)
Man nimmt eine Regression durch eine Sinusfunktion vor.
Man erhält als Funktion
$g(x) = 58{,}13401 \cdot \sin(0{,}52206x + 1{,}35574) + 63{,}54582$.

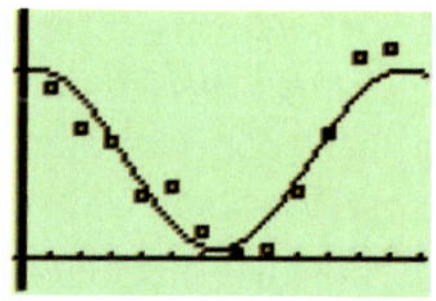

b) 1. Möglichkeit (ohne GTR)

Monat	Januar	Feb.	März	April	Mai	Juni
x	1	2	3	4	5	6
Niederschlag laut Originaldaten	110	83	74	41	46	17
berechneter Niederschlag f(x)	132,7	115,5	85,7	51,3	21,5	4,3
Abweichung	22,7	32,5	11,7	10,3	−24,5	−12,7

Monat	Juli	August	Sept.	Okt.	Nov.	Dez.
x	7	8	9	10	11	12
Niederschlag laut Originaldaten	2	4	42	80	128	135
berechneter Niederschlag f(x)	4,3	21,5	51,3	85,7	115,5	132,7
Abweichung	2,3	17,5	9,3	5,7	−12,5	−2,3

Die Tabelle zeigt, dass die maximale Abweichung von 24,5 mm im Mai auftritt. Weiterhin gibt es größere Abweichungen für die Monate Januar und August. Auf einen Blick kann man anhand von Fig. 2 erkennen, in welchen Bereichen die Sinusfunktion f den Sachzusammenhang zufriedenstellend beschreibt.
2. Möglichkeit (mit GTR)

Monat	Januar	Feb.	März	April	Mai	Juni
x	1	2	3	4	5	6
Niederschlag laut Originaldaten	110	83	74	41	46	17
berechneter Niederschlag g(x)	119,0	102,8	76,2	46,2	20,9	6,9
Abweichung	9,0	19,8	2,2	5,2	−25,1	−10,1

Monat	Juli	August	Sept.	Okt.	Nov.	Dez.
x	7	8	9	10	11	12
Niederschlag laut Originaldaten	2	4	42	80	128	135
berechneter Niederschlag g(x)	8,0	23,9	50,4	80,3	105,9	120,1
Abweichung	6,0	19,9	8,4	0,3	−22,1	−14,9

Die Tabelle zeigt, dass die maximale Abweichung von 25,1 mm im Mai auftritt. Weiterhin gibt es größere Abweichungen für die Monate Februar, August und November. Auf einen Blick kann man anhand von Fig. 3 erkennen, in welchen Bereichen die Sinusfunktion g den Sachzusammenhang zufriedenstellend beschreibt.

3

Strohballen

Dem Foto kann man nicht sicher entnehmen, wie der Strohballenturm gestapelt ist. Daher kann man aufgrund des Fotos nur Vermutungen anstellen. Wenn man davon ausgeht, dass der Turm aus lauter Strohballenebenen besteht, die alle rechteckig sind und bei denen die oberste Ebene aus einem einzigen Ballen besteht, dann liegen in der zweitobersten Ebene vier Ballen. In der dritten Ebene von oben würden dann neun Ballen liegen usw. Wenn man nun weiter davon ausgeht, dass die Person, von der man nur den Kopf sieht, auf dem Boden steht, hat der Turm insgesamt etwa sechs Ebenen, also $1 + 4 + 9 + 16 + 25 + 36 = 91$ Strohballen. Man würde unter den getroffenen Annahmen demnach etwa 91 Ballen benötigen. (Hier sind auch andere Lösungen denkbar – wichtig ist die Begründung des Lösungsweges.)

Sandhaufen

Den Sandhaufen kann man grob als spitzen Kegel modellieren. Das Volumen eines Kegels wird mit der Formel $V = \frac{1}{3}\pi r^2 h$ berechnet, wobei h die Höhe des Kegels und r den Radius der Grundfläche des Kegels darstellen. Man benötigt demnach zur Berechnung des Sandvolumens den Radius der Grundfläche und die Höhe des Sandhaufens. Wenn man grob davon ausgeht, dass die sitzenden Kinder eine Höhe von etwa 0,45 m haben und etwa 2 m vom Sandhaufen entfernt sitzen, hat der Kegel eine Höhe von etwa 2,30 m und die Grundfläche einen Durchmesser von etwa 4,50 m. Also gilt $r = 2{,}25\,m$, $h = 2{,}30\,m$ und somit $V \approx 12{,}19\,m^3$. Es werden also etwa $12{,}2\,m^3$ Sand benötigt.

Kapitel VI, Training Runde 2, Seite 189

1

a) Bei der beschriebenen Modellierung wird lineares Wachstum angenommen. Je Zinsperiode wächst das Kapital um den Betrag $K_0 \cdot p$.
Die Formel $K_n = K_0(1 + np) = K_0 + K_0 \cdot n \cdot p$ kann durch eine Gerade mit der Steigung $K_0 \cdot p$ und dem Ordinatenabschnitt K_0 veranschaulicht werden.
b) Addiert man die Zinsen $K_0 \cdot p$ zum jeweiligen Kapital, so erhält man: $K_1 = K_0 + K_0 \cdot p$,
$K_2 = K_1 + K_0 \cdot p = K_0 + K_0 \cdot p + K_0 \cdot p = K_0 + 2K_0 \cdot p$.
Entsprechend muss man n-mal die Zinsen $K_0 \cdot p$ zu K_0 hinzuaddieren, um K_n zu erhalten. Also ist die Aussage zutreffend.
c) Die Kapitalentwicklung nach dem Modell des einfachen Zinses ist nicht realistisch, weil hierbei anfallende Zinseszinsen unberücksichtigt bleiben.

2

a) Die dargestellten Daten zeigen, dass die Messreihe in guter Näherung durch eine Exponentialfunktion beschrieben werden kann (Fig. 1). Die exponentielle Regression mit dem GTR liefert die Gleichung $B(t) = 12{,}103 \cdot 1{,}300^t$ (Fig. 2).
Fig. 3 zeigt, wie gut die Messpunkte durch den Graphen der Näherungsfunktion angenähert werden.

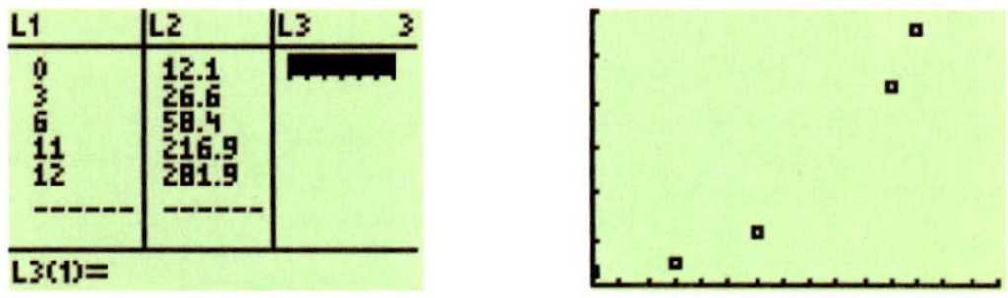

Fig. 1

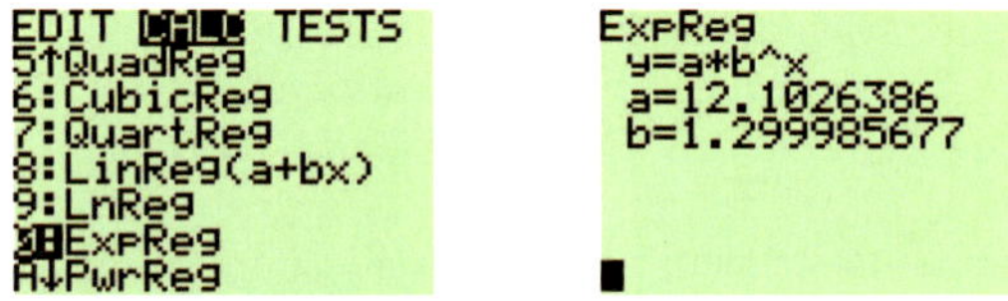

Fig. 2

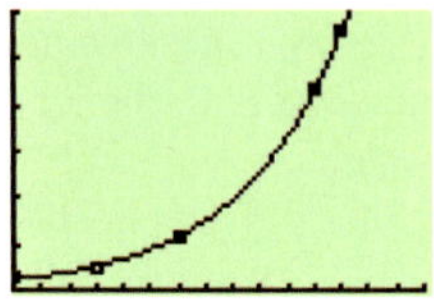
Fig. 3

b) Die dargestellten Daten zeigen, dass die Messreihe in guter Näherung durch eine Exponentialfunktion beschrieben werden kann (Fig. 4). Die exponentielle Regression mit dem GTR liefert die Gleichung $B(t) = 8{,}112 \cdot 0{,}812^t$ (Fig. 5).
Fig. 6 zeigt den Graphen der Näherungsfunktion.

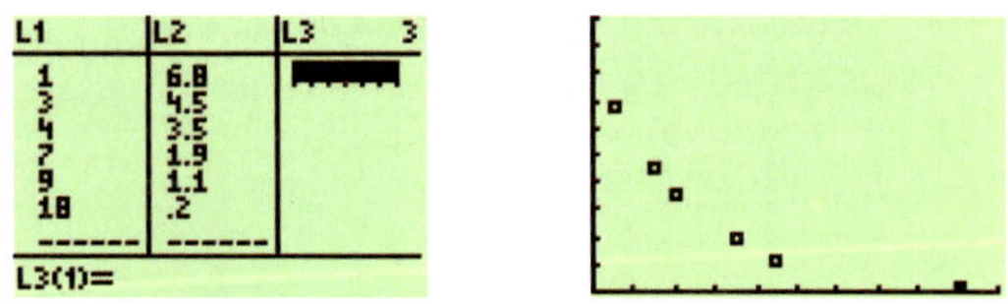

Fig. 4

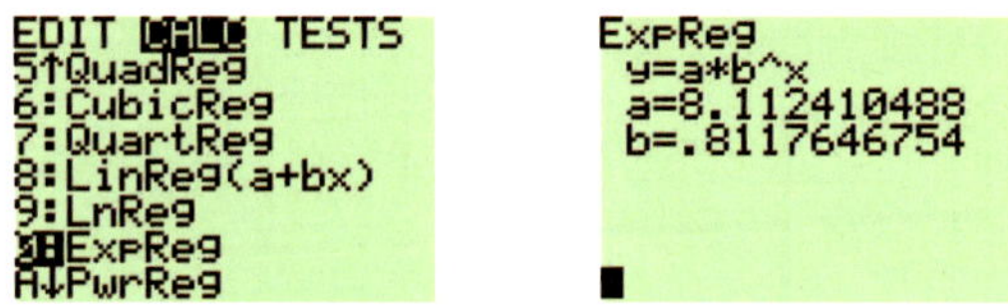

Fig. 5

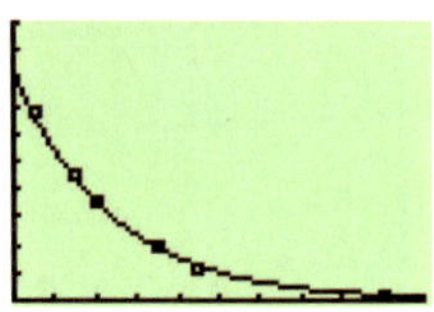
Fig. 6

Kapitel VII, Bist du sicher? Seite 195

1

a) $m = \frac{f(2) - f(0)}{2 - 0} = \frac{4 - 0}{2} = 2$ b) $m = \frac{f(3) - f(-1)}{3 - (-1)} = \frac{9 - 1}{4} = 2$

c) $m = \frac{f(1) - f(-1)}{1 - (-1)} = \frac{1 - 1}{2} = 0$ d) $m = \frac{f(-1) - f(-2)}{-1 - (-2)} = \frac{1 - 4}{1} = -3$

Kapitel VII, Bist du sicher? Seite 198

1

a) $f'(-3) = \lim\limits_{h \to 0} \frac{f(-3+h) - f(-3)}{h}$
$= \lim\limits_{h \to 0} \frac{4 \cdot (-3+h)^2 + 2 - [4 \cdot (-3)^2 + 2]}{h}$
$= \lim\limits_{h \to 0} (4h - 24) = -24$

b) $f'(3) = \lim\limits_{h \to 0} \frac{f(3+h) - f(3)}{h}$
$= \lim\limits_{h \to 0} \frac{\frac{1}{3+h} - \frac{1}{3}}{h}$
$= \lim\limits_{h \to 0} \left(-\frac{1}{(3+h) \cdot 3}\right) = -\frac{1}{9}$

2

a) $f'(-2) = \lim\limits_{h \to 0} \frac{f(-2+h) - f(-2)}{h}$
$= \lim\limits_{h \to 0} \frac{-0{,}5 \cdot (-2+h)^2 + 3 - [-0{,}5 \cdot (-2)^2 + 3]}{h}$
$= \lim\limits_{h \to 0} (-0{,}5h + 2) = 2$

b) $f'(0) = \lim\limits_{h \to 0} \frac{f(0+h) - f(0)}{h}$
$= \lim\limits_{h \to 0} \frac{-0{,}5 \cdot (0+h)^2 + 3 - [-0{,}5 \cdot (0)^2 + 3]}{h}$
$= \lim\limits_{h \to 0} -0{,}5h = 0$

c) $f'(5) = \lim\limits_{h \to 0} \frac{f(5+h) - f(5)}{h}$
$= \lim\limits_{h \to 0} \frac{-0{,}5 \cdot (5+h)^2 + 3 - [-0{,}5 \cdot 5^2 + 3]}{h}$
$= \lim\limits_{h \to 0} (-0{,}5h - 5) = -5$

Kapitel VII, Bist du sicher? Seite 202

1

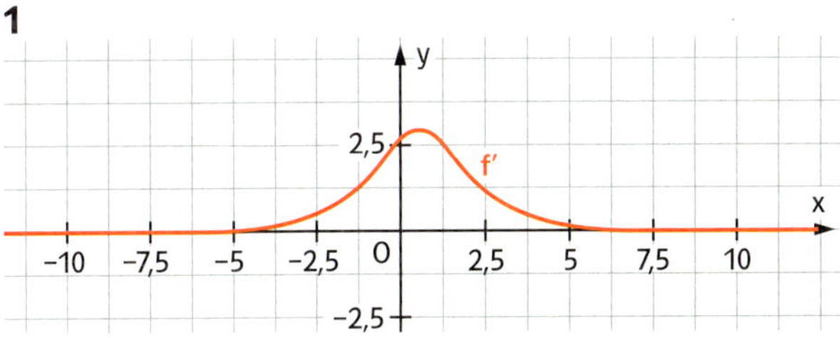

2

a) $f'(x) = \lim\limits_{h \to 0} \frac{f(x+h) - f(x)}{h}$
$= \lim\limits_{h \to 0} \frac{(x+h)^2 + (x+h) - [x^2 + x]}{h}$
$= \lim\limits_{h \to 0} (2x + h + 1) = 2x + 1$

b) $f'(x) = \lim\limits_{h \to 0} \frac{f(x+h) - f(x)}{h}$
$= \lim\limits_{h \to 0} \frac{(x+h)^3 - 2 - [x^3 - 2]}{h}$
$= \lim\limits_{h \to 0} (3x^2 + 3xh + h^3) = 3x^2$

Kapitel VII, Bist du sicher? Seite 207

1

a) $f(x) = \frac{3}{x} + 3x = 3 \cdot x^{-1} + 3x$
$f'(x) = 3 \cdot (-1) \cdot x^{-1-1} + 3 = -3x^{-2} + 3 = -\frac{3}{x^2} + 3$

b) $f(x) = x^5 - \frac{12}{x^4} = x^5 - 12 \cdot x^{-4}$
$f'(x) = 5x^4 - 12 \cdot (-4) \cdot x^{-4-1} = 5x^4 + 48x^{-5} = 5x^4 + \frac{48}{x^5}$

c) $f(x) = ax^3 + cx + d$
$f'(x) = 3ax^2 + c$

2

$f(x) = 2x^3 - x^{-3} = 2x^3 - \frac{1}{x^3}$
$f'(x) = 6x^2 - (-3) \cdot x^{-4} = 6x^2 + 3x^{-4} = 6x^2 + \frac{3}{x^4}$
$f(1) = 2 \cdot 1^3 - \frac{1}{1^3} = 1$. Gesucht wird die Gleichung der Tangente im Punkt $(1|1)$. $f'(1) = 6 \cdot 1^2 + \frac{3}{1^4} = 9 = m$. Es ist also $y = 9x + b$.
Einsetzen der Koordinaten von P: $1 = 9 + b$, also $b = -8$.
Die Gleichung der Tangente lautet $y = 9x - 8$.

Kapitel VII, Bist du sicher? Seite 210

1

$f(x) = \cos(x)$; $f'(x) = -\sin(x)$

a) $f'\left(\frac{\pi}{4}\right) = -\sin\left(\frac{\pi}{4}\right) \approx -0{,}7071 = \frac{1}{\sqrt{2}}$

b) $f'\left(-\frac{3}{2}\pi\right) = -\sin\left(-\frac{3}{2}\pi\right) = -1$

2

a) $f(x) = -2 \cdot \sin(x)$; $f'(x) = -2 \cdot \cos(x)$
$f(0) = -2 \cdot \sin(0)$, also $P(0|0)$
$f'(0) = -2 \cdot \cos(0) = -2 = m$
$y = -2x + b$ | Koordinaten von P einsetzen
$0 = 0 + b \Longrightarrow b = 0$
Gleichung der Tangente: $y = -2x$

b) $f(x) = x^2 + \sin(x)$; $f'(x) = 2x + \cos(x)$
$f\left(\frac{\pi}{2}\right) = \left(\frac{\pi}{2}\right)^2 + \sin\left(\frac{\pi}{2}\right) = \frac{\pi^2}{4} + 1$, also $P\left(\frac{\pi}{2}\middle|\frac{\pi^2}{4} + 1\right)$
$f'\left(\frac{\pi}{2}\right) = -2 \cdot \frac{\pi}{2} + \cos\left(\frac{\pi}{2}\right) = \pi = m$
$y = \pi \cdot x + b$ | Koordinaten von P einsetzen
$\frac{\pi^2}{4} + 1 = \pi \cdot \frac{\pi}{2} + b$
$b = \frac{\pi^2}{4} + 1 - \frac{\pi^2}{2} = 1 - \frac{\pi^2}{4}$
Gleichung der Tangente: $y = \pi \cdot x + 1 - \frac{\pi^2}{4}$

Kapitel VII, Bist du sicher? Seite 217

1

a) $H(-1{,}5|2{,}25)$;
$T(1|-0{,}5)$;
$S(0|0)$

b)

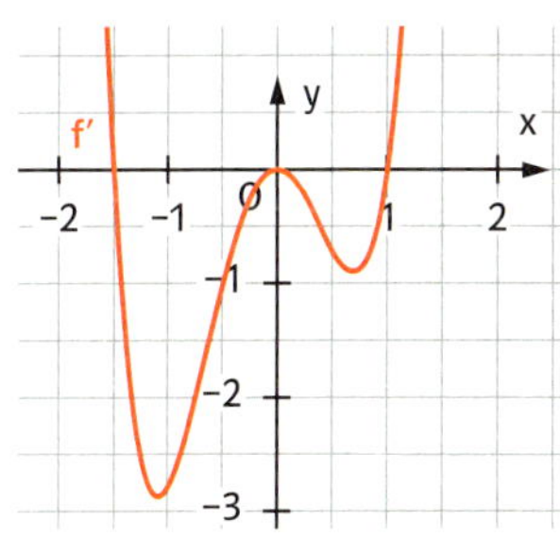

2

a) $f'(x) = 2x + 2 = 0$;
Lösung: -1; $f(-1) = -1$
Die Ableitungsfunktion f' wechselt an der Stelle -1 von negativen zu positiven Werten. Also hat der Graph von f den Tiefpunkt $T(-1\,|\,-1)$.

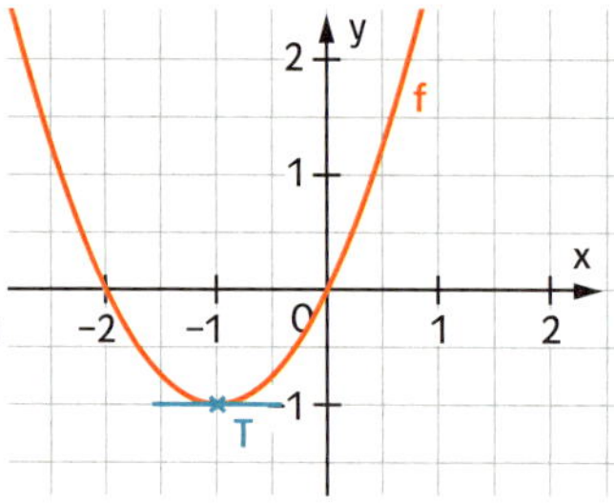

b) $f'(x) = \frac{3}{2}x^2 - 6x + 6$
$= \frac{3}{2}(x^2 - 4x + 4)$
$= \frac{3}{2}(x - 2)^2 = 0$;
Lösung: 2; $f(2) = 1$
Die Ableitungsfunktion f' hat an der Stelle 2 eine Nullstelle, jedoch keinen Vorzeichenwechsel. Also hat der Graph von f den Sattelpunkt $(2\,|\,1)$.

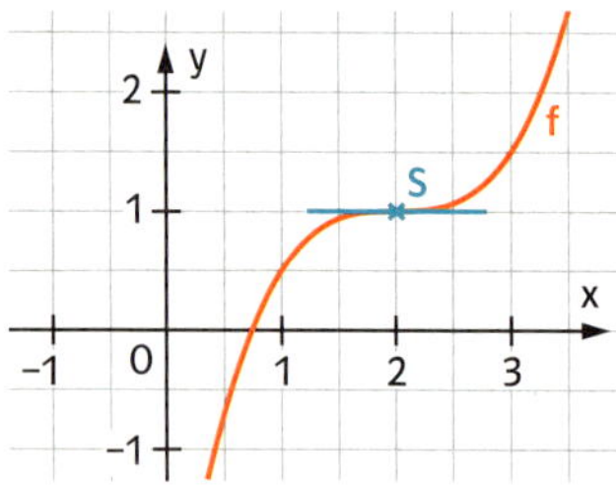

c) $f'(x) = 4x^3 - 12x^2 + 8x$
$= 4x(x^2 - 3x + 2) = 0$
Lösungen: $x = 0$, $x = 1$ und $x = 2$; $f(0) = f(2) = 0$, $f(1) = 1$
Die Ableitungsfunktion f' wechselt an den Stellen 0 und 2 von negativen zu positiven Werten, an der Stelle 1 umgekehrt von positiven zu negativen Werten. Also hat der Graph von f die Tiefpunkte $T_1(0\,|\,0)$ und $T_2(2\,|\,0)$ sowie den Hochpunkt $H(1\,|\,1)$.

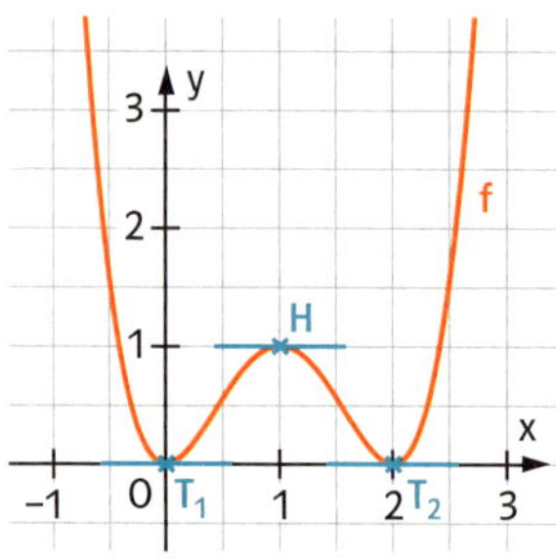

Kapitel VII, Training Runde 1, Seite 227

1

a) $f'(x) = 14x$
b) $f'(x) = 8x - 5$
c) $f'(x) = -1 \cdot x^{-2} - 4 = -\frac{1}{x^2} - 4$
d) $f'(x) = -3 \cdot \cos(x) + (-\sin(x)) = -3 \cdot \cos(x) - \sin(x)$

2

a) Zutreffend. Für $x < 2$ ist die Steigung negativ, für $x = 2$ ist die Steigung $= 0$ und für $x > 2$ ist die Steigung positiv.
b) Falsch. Die Steigung des Graphen im Punkt $(0\,|\,f(0))$ ist positiv, daher schneidet der Graph der Ableitungsfunktion an dieser Stelle nicht die x-Achse.
c) Falsch. Die Steigung ist für $-1 \leqq x < 2$ negativ, in diesem Bereich verläuft der Graph unterhalb der x-Achse. Für $x = 2$ ist die Steigung $= 0$, der Graph der Ableitungsfunktion schneidet an dieser Stelle die x-Achse, verläuft also nicht unterhalb von ihr.

3

a) Der Graph ist achsensymmetrisch.
Nullstellen: $x_1 = \sqrt{2}$; $x_2 = -\sqrt{2}$.
b) Hochpunkt $H(0\,|\,4)$; Tiefpunkte: $T_1(\sqrt{2}\,|\,0)$ und $T_2(-\sqrt{2}\,|\,0)$.
Wendepunkte: $W_1\left(\frac{1}{3}\sqrt{6}\,\middle|\,\frac{16}{9}\right)$ und $W_2\left(-\frac{1}{3}\sqrt{6}\,\middle|\,\frac{16}{9}\right)$.

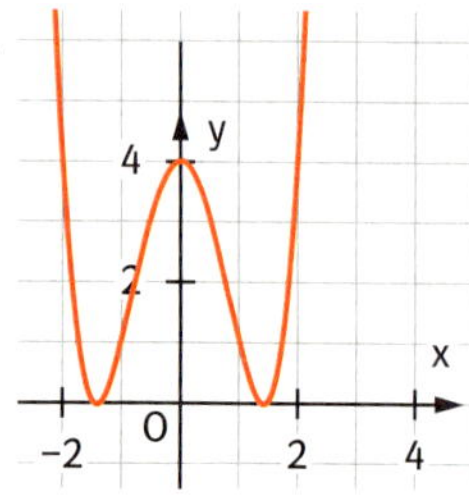

c) Ansatz: $g(x) = ax^2 + bx + c$
Aus $g(1) = f(1)$; $g'(1) = -\frac{1}{f'(1)}$ und $g(-1) = f(-1)$ folgt $g(x) = \frac{1}{8}x^2 + \frac{7}{8}$.
Schnittpunkte der beiden Graphen:
$S_1(1\,|\,1)$; $S_2(-1\,|\,1)$; $S_3\left(\frac{5}{4}\sqrt{2}\,\middle|\,\frac{81}{64}\right)$; $S_4\left(-\frac{5}{4}\sqrt{2}\,\middle|\,\frac{81}{64}\right)$.

4

a) $f(x) = \frac{x}{2} + \frac{2}{x} = \frac{1}{2}x - 2x^{-1}$; $x > 0$
$f'(x) = \frac{1}{2} - 2x^{-2} = \frac{1}{2} - \frac{2}{x^2} = 0$; Lösung: 2 (da $x > 0$)
Extremwert: $f(2) = \frac{2}{2} + \frac{2}{2} = 2$
Art des Extremums: $f''(x) = 4x^{-3} = \frac{4}{x^3}$,
also $f''(2) = \frac{4}{2^3} = \frac{4}{8} = \frac{1}{2} > 0$
Der Extremwert 2 an der Stelle 2 ist ein lokales Minimum.
Der Graph von f hat im Punkt $T(2\,|\,2)$ einen Tiefpunkt.
b) Der Graph von f ist für alle $x > 0$ linksgekrümmt, weil $f''(x) = \frac{4}{x^3}$ für alle $x > 0$ positiv ist.

Kapitel VII, Training Runde 2, Seite 227

1

a)

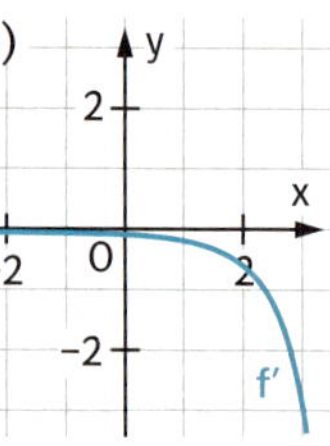

b)

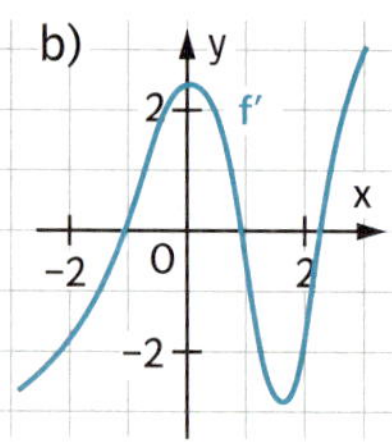

c)

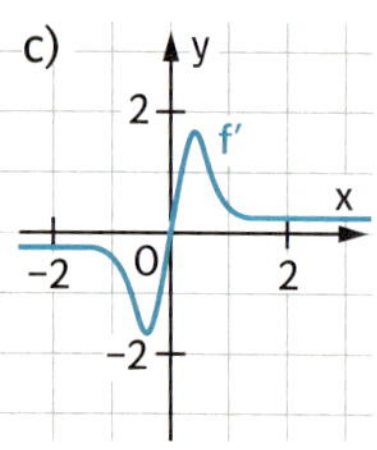

2

a) $f(x) = x^2 + 0{,}5x$; $f'(x) = 2x + 0{,}5$
$f(-3) = (-3)^2 + 0{,}5 \cdot (-3) = 7{,}5$, also $P(-3\,|\,7{,}5)$
$f'(-3) = 2 \cdot (-3) + 0{,}5 = -5{,}5 = m$
$y = -5{,}5x + b$ | P einsetzen
$b = -9$
Gleichung der Tangente: $y = -5{,}5x - 9$
b) $f(x) = -2 \cdot \sin(x)$; $f'(x) = -2 \cdot \cos(x)$
$f\left(\frac{\pi}{4}\right) \approx -1{,}4142 = \frac{\sqrt{2}}{2} \cdot (-2)$, also $P\left(\frac{\pi}{4}\,\middle|\,-1{,}4142\right)$
bzw. $P\left(\frac{\pi}{4}\,\middle|\,-\sqrt{2}\right)$
$f'\left(\frac{\pi}{4}\right) = -\sqrt{2} = m$
$y = -\sqrt{2}x + b$ | P einsetzen
$b \approx -0{,}3035$
Gleichung der Tangente: $y = -\sqrt{2}x - 0{,}3035$

3

a) Funktionsgleichung und Ableitungen:
$f(x) = -x^3 + 6x^2 = -x^2(x-6)$;
$f'(x) = -3x^2 + 12x = -3x(x-4)$;
$f''(x) = -6x + 12 = -6(x-2)$;
$f'''(x) = -6 \neq 0$

Nullstellen: 0 und 6;
Extremstellen: 0 und 4;
Wendestelle: 2;
Funktionswerte: $f(0) = 0$, $f(4) = 32$ und $f(2) = 16$

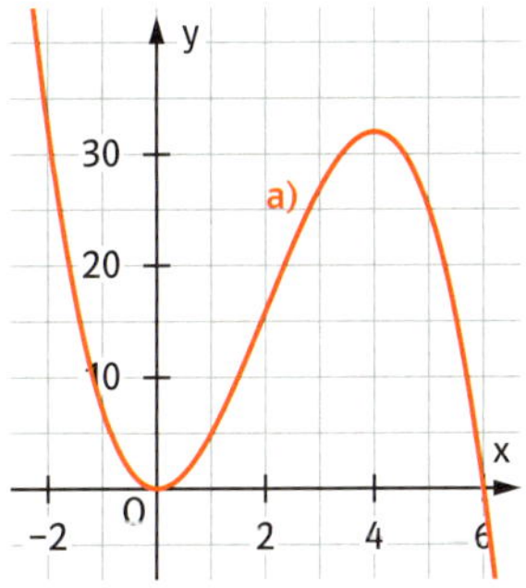

b) Funktionsgleichung und Ableitungen:
$f(x) = -\frac{1}{3}x^3 + x = -\frac{1}{3}x(x^2-3)$; $f'(x) = -x^2 + 1$;
$f''(x) = -2x$; $f'''(x) = -2 \neq 0$

Nullstellen: $-\sqrt{3}$, 0 und $\sqrt{3}$;
Extremstellen: −1 und 1;
Wendestelle: 0;
Funktionswerte: $f(-1) = -\frac{2}{3}$, $f(1) = \frac{2}{3}$ und $f(0) = 0$

c) Funktionsgleichung und Ableitungen:
$f(x) = -\frac{1}{18}x^4 + x^2$
$= -\frac{1}{18}x^2(x^2 - 18)$;
$f'(x) = -\frac{2}{9}x^3 + 2x$
$= -\frac{2}{9}x(x^2 - 9)$;
$f''(x) = -\frac{2}{3}x^2 + 2$
$= -\frac{2}{3}(x^2 - 3)$; $f'''(x) = -\frac{4}{3}x$

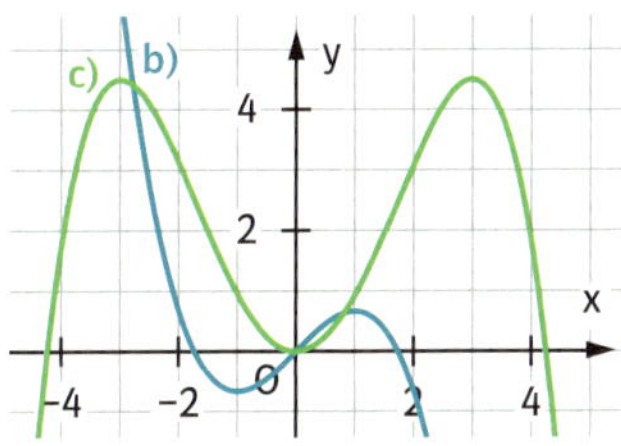

Nullstellen: $-3\sqrt{2}$, 0 und $3\sqrt{2}$;
Extremstellen: −3, 0 und 3;
Wendestellen: $-\sqrt{3}$ und $\sqrt{3}$;
Funktionswerte: $f(-3) = f(3) = 4{,}5$, $f(0) = 0$ und $f(-\sqrt{3}) = f(\sqrt{3}) = 2{,}5$

d) Funktionsgleichung und Ableitungen:
$f(x) = \frac{1}{6}x^3 - x^2 + \frac{8}{3}$; $f'(x) = \frac{1}{2}x^2 - 2x = \frac{1}{2}x(x-4)$;
$f''(x) = x - 2$; $f'''(x) = 1 \neq 0$

Nullstellen: $2 - 2\sqrt{3}$, 2 und $2 + 2\sqrt{3}$;
Extremstellen: 0 und 4; Wendestelle: 2;
Funktionswerte: $f(0) = \frac{8}{3}$, $f(4) = -\frac{8}{3}$ und $f(2) = 0$

e) Funktionsgleichung und Ableitungen:
$f(x) = \frac{1}{6}x^4 - x^3 + 2x^2 = \frac{1}{6}x^2(x^2 - 6x + 12)$;
$f'(x) = \frac{2}{3}x^3 - 3x^2 + 4x = \frac{2}{3}x\left(x^2 - \frac{9}{2}x + 6\right)$;
$f''(x) = 2x^2 - 6x + 4$; $f'''(x) = 4x - 6$

Nullstelle: 0; Extremstelle: 0;
Wendestellen: 1 und 2;
Funktionswerte: $f(0) = 0$, $f(1) = \frac{7}{6}$ und $f(2) = \frac{8}{3}$

f) Funktionsgleichung und Ableitungen:
$f(x) = \frac{1}{10}x^4 - x^2 + \frac{9}{10}$
$= \frac{1}{10}(x^4 - 10x^2 + 9)$;
$f'(x) = \frac{2}{5}x^3 - 2x$
$= \frac{2}{5}x(x^2 - 5)$;
$f''(x) = \frac{6}{5}x^2 - 2$
$= \frac{6}{5}\left(x^2 - \frac{5}{3}\right)$;
$f'''(x) = \frac{12}{5}x$

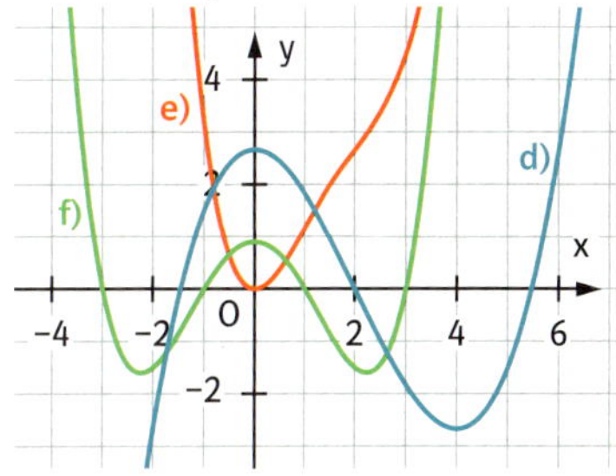

Nullstellen: −3, −1, 1 und 3;
Extremstellen: $-\sqrt{5}$, 0 und $\sqrt{5}$;
Wendestellen: $-\sqrt{\frac{5}{3}}$ und $\sqrt{\frac{5}{3}}$;
Funktionswerte: $f(-\sqrt{5}) = f(\sqrt{5}) = -1{,}6$, $f(0) = 0{,}9$ und $f\left(-\sqrt{\frac{5}{3}}\right) = f\left(\sqrt{\frac{5}{3}}\right) = -\frac{22}{45}$

4

Der Graph von f′ steigt für $x < 2$ streng monoton (f″ hat hier positive Werte), hat im Punkt $(2 \mid f'(2))$ einen Hochpunkt und fällt für $x > 2$ streng monoton (f″ hat hier negative Werte).
Aus $f''(x) = -\frac{1}{2}x + 1$ ergibt sich zum Beispiel
$f'(x) = -\frac{1}{4}x^2 + x$.
(Zu dem angegebenen Funktionsterm von f′ kann eine beliebige additive Konstante c hinzugefügt werden.)
Der Graph von f ist für $x < 2$ linksgekrümmt, für $x > 2$ rechtsgekrümmt, im Punkt $(2 \mid f(2))$ ergibt sich ein Krümmungswechsel. Aus $f'(x) = -\frac{1}{4}x^2 + x$ ergibt sich als mögliche Funktionsgleichung von f zum Beispiel
$f(x) = -\frac{1}{12}x^3 + \frac{1}{2}x^2$ (Fig. 2).
Hinweis: Die Funktionsgleichung von f kann allgemein die Form $f(x) = -\frac{1}{12}x^3 + \frac{1}{2}x^2 + cx + d$ mit beliebigen Konstanten c und d haben. Fig. 2 zeigt die Graphen jeweils für $c = 0$ und für $d = 0$, $d = 1$ und $d = -1$.

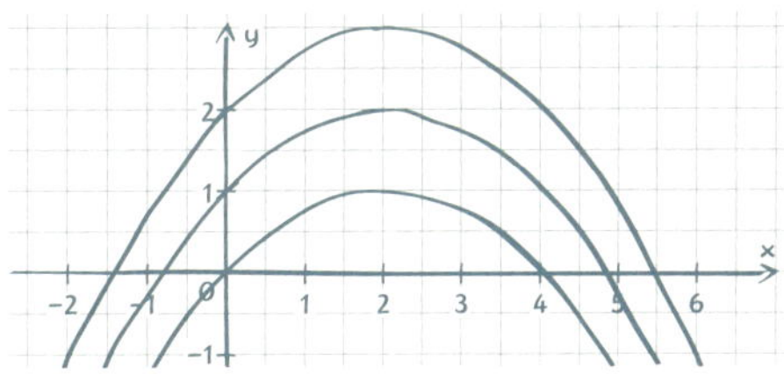

Fig. 1

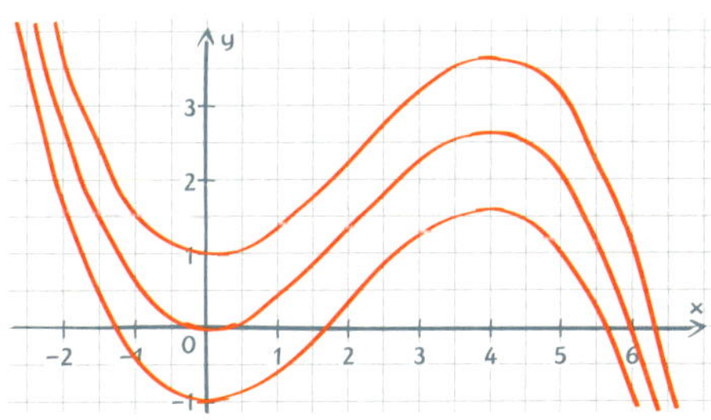

Fig. 2

Register

A

B

C

D

E

F

G

H

K

L

M

Bildquellennachweis

Umschlag.1 Getty Images RF (PhotoDisc/Reese), München; **Umschlag.2** Getty Images (Neleman), München; **4.1** Bernd Blume, Klitzschen; **4.2** Getty Images (photonica), München; **4.3** VISUM Foto GmbH (Pflaum), Hamburg; **4.4** phæno gGmbH, Wolfsburg; **5.1** Okapia (David Scharf/P. Arnold, Inc.), Frankfurt; **5.2** Getty Images (Husmo-Foto, Skoye), München; **5.3** Klett-Archiv, Stuttgart; **8** iStockphoto (RF/ Buxton), Calgary, Alberta; **9.1** Bernd Blume, Klitzschen; **9.2** iStockphoto (fotoVoyager), Calgary, Alberta; **9.3** iStockphoto (Guenther Dr. Hollaender), Calgary, Alberta; **10** shutterstock (pjmorley), New York, NY; **14** Tourismusverband Mayrhofen, Mayrhofen; **17** iStockphoto (Johan Ramberg), Calgary, Alberta; **18** Ulrich Schönbach, Hannover; **20** iStockphoto (William Fawcett), Calgary, Alberta; **22** iStockphoto (Jan Tyler), Calgary, Alberta; **24** Mauritius Images (Pascal), Mittenwald; **25** Casio GmbH, Norderstedt; **29** BPK, Berlin; **30.1** AKG, Berlin; **30.2** Getty Images (Hulton Archive), München; **31.1** Corbis (Bettmann), Düsseldorf; **31.2** Picture-Alliance (maxppp), Frankfurt; **31.3** Ullstein Bild GmbH (Granger Collection), Berlin; **31.4** Niedersächsische Staats- und Universitätsbibliothek Goettingen - Kartensammlung; **34.1** Getty Images (photonica), München; **34.2** VISUM Foto GmbH; **34.3** Avenue Images GmbH (PhotoDisc), Hamburg; **35.1** Humboldt-Universität, Berlin; **35.2** Avenue Images GmbH (Stock Disc), Hamburg; **35.3** Alamy Images (Coulam), Abingdon, Oxon; **36** Deutsches Museum, München; **41.1** Getty Images, München; **41.2** iStockphoto (Bojan Tezak), Calgary, Alberta; **43** Getty Images (stone/Sean Justice), München; **45** Mauritius Images, Mittenwald; **47** Avenue Images GmbH (image source), Hamburg; **49** Imago Stock & People (Baptista), Berlin; **51** Corbis (Bruno Morandi), Düsseldorf; **52** Deutsches Museum, München; **56** Getty Images (Taxi/FPG), München; **58** Fotosearch Stock Photography, Waukesha, WI; **59** Picture-Alliance (Porträtdienst Lenz), Frankfurt; **61.1** MEV Verlag GmbH, Augsburg; **61.2** Mauritius Images (H. Schön), Mittenwald; **62.1** Corbis (Lovell), Düsseldorf; **62.2** Corbis (Xiaoyang Liu), Düsseldorf; **62.3** VISUM Foto GmbH (Pflaum), Hamburg; **62.4** Bildagentur Schapowalow (Huber), Hamburg; **63.1** Das Fotoarchiv (123luftbild), Essen; **63.2** Allover, Kleve; **66.1** Das Fotoarchiv (Paas), Essen; **66.2; 66.3** vario images GmbH & Co.KG (Baumgarten), Bonn; **69** Klett-Archiv (Simianer & Blühdorn), Stuttgart; **72.1; 72.3** Klett-Archiv, Stuttgart; **72.2** Klett-Archiv (Simianer & Blühdorn), Stuttgart; **73** Deutsches Museum, München; **76** laif; **79.1** Corbis (Roger Ressmeyer), Düsseldorf; **79.2** MEV Verlag GmbH, Augsburg; **80** Klett-Archiv, Stuttgart; **81.1** iStockphoto; **81.2** EnBW AG, Karlsruhe; **86** Corbis (Hulton-Deutsch Collection), Düsseldorf; **89.1** f1 online digitale Bildagentur (Mark Hamblin/AGE/F1online), Frankfurt; **89.2** Pascal-Gymnasiums in Grevenbroich; **90** AKG, Berlin; **91.1** Artothek (Joseph S. Martin), Weilheim; **91.2; 91.4** AKG, Berlin; **91.3** CCC, www.c5.net (Clusellas), Pfaffenhofen a.d. Ilm; **91.5** M.C. Escher's "Waterfall" (C) 2008 The M.C. Escher Company-Holland. All rights reserved. www.mcescher.com; **96** Getty Images RF (Arrnulf Husmo), München; **97.1** phæno gGmbH, Wolfsburg; **97.2** Corel Corporation Deutschland, Unterschleissheim; **99** Prof. Dr. Manfred Keil, Neckargemünd; **116** Getty Images RF (Arrnulf Husmo), München; **132.1** Bildagentur-online (Begsteiger), Burgkunstadt; **132.2** Mauritius Images (George Mattei), Mittenwald; **132.3** Okapia (Claude Cortier), Frankfurt; **133** Okapia (Claude Cortier), Frankfurt; **134** Varnhorn, Andreas, Bad Vilbel; **137** Klett-Archiv (Aribert Jung), Stuttgart; **140** shutterstock, New York, NY; **144.1; 144.2; 144.3** Cira Moro, Stuttgart; **144.4** Okapia (David Scharf/P. Arnold, Inc.), Frankfurt; **146** Getty Images (FoodPix), München; **148** NASA (Public domain), Washington, D.C.; **157** Okapia (Konrad Wothe), Frankfurt; **160.1** Stadtbibliothek, Nürnberg; **160.2; 160.3** Deutsches Museum, München; **161.1** Deutsches Museum, München; **161.2** Klett-Archiv (Cira Moro), Stuttgart; **162** Getty Images (Altrendo), München; **163.1** South Tyrol Museum of Archaeology, Bolzano, Italy/Wolfgang Neeb/The Bridgeman Art Library; **163.2; 163.3** Ruth Hecker, Lautert; **165** Keystone (Volkmar Schulz), Hamburg; **166.1** FOCUS (GustoImages/SPL), Hamburg; **166.2** FOCUS (Ashfield/SPL), Hamburg; **166.3** FOCUS (Howle/SPL), Hamburg; **167** FOCUS (SPL), Hamburg; **168** iStockphoto (Jeroen Peys), Calgary, Alberta; **173** Wikimedia Foundation Inc., St. Petersburg FL (Foto: Kolossos), http://upload.wikimedia.org/wikipedia/commons/a/af/Artesischer_Brunnen2.JPG, Lizenz: CC-BY-2.5; **174** Getty Images (Husmo-Foto, Skoye), München; **175** Corel Corporation Deutschland, Unterschleissheim; **178.1** Picture-Alliance (ZB-FUNKREGIO OST), Frankfurt; **178.2** shutterstock (Baloncici), New York, NY; **180.1** Fotolia LLC (Steven Gibson), New York; **180.2** Göckler-Feuerschutz, Kehl; **181.1** Teamwork GmbH (Duwentaester), Essen; **181.2** shutterstock (Bateleur), New York, NY; **181.3** Ullstein Bild GmbH, Berlin; **181.4** Corel Corporation Deutschland, Unterschleissheim; **181.5** Alamy Images (Friedrich von Hörsten), Abingdon, Oxon; **182** Conrad Electronic SE, Hirschau; **183.1** all images direct (Michael Hartmann), Deisenhofen; **183.2** Fotolia LLC (Monja Wessel), New York; **184.1** shutterstock (Tropinina Olga), New York, NY; **184.2** MEV Verlag GmbH, Augsburg; **185** Getty Images (iconica/Bryan Mullennix), München; **186** Corbis (Thierry Prat/Sygma), Düsseldorf; **189.1** Klett-Archiv, Stuttgart; **189.2** imago sportfotodienst, Berlin; **190** f1 online digitale Bildagentur (Score. by Aflo), Frankfurt; **191.1** Klett-Archiv, Stuttgart; **191.2** Corbis (Schlegelmilch), Düsseldorf; **192.1** Cinetext GmbH (Schultes), Frankfurt; **192.2** Verein Förderer und Freunde der Nerobergbahn, Wiesbaden; **203.1** Keystone (Zick, Jochen), Hamburg; **203.2** Avenue Images GmbH (Corbis RF), Hamburg; **211** ddp Deutscher Depeschendienst GmbH (ddp/Latz), Berlin; **214** Roland Sigwart Photographie, Hüfingen; **223.1** Deutsches Museum, München; **223.2** Interfoto, München; **224** Corbis (Bettmann), Düsseldorf; **225.1; 225.2** AKG, Berlin; **228.1** Michael Kohn, Remscheid; **228.2** Caro Fotoagentur (Jandke), Berlin; **229** Dr. Margot Fälker, Hürth; **230.1** MEV Verlag GmbH, Augsburg; **230.2** Freelens Media GmbH (Olaf Doering), Hamburg; **231.1** Siemens Pressebild; **231.2** Jürgen Christ (Christ, Jürgen), Köln; **232.1** Corbis (M. Thomsen/zefa), Düsseldorf; **232.2** vario images GmbH & Co.KG (Imago), Bonn; **233.1** Argus (Mike Schroeder), Hamburg; **233.2** Okapia, Frankfurt

Nicht in allen Fällen war es uns möglich, den Rechteinhaber der Abbildungen ausfindig zu machen. Berechtigte Ansprüche werden selbstverständlich im Rahmen der üblichen Vereinbarungen abgegolten.